新世纪高等学校教材 | *NEW CENTURY*

U0646207

心理学基础课系列教材

现代心理与教育统计学（第5版）

- "十二五"普通高等教育本科国家级规划教材
- 北京市高等教育精品教材
- 北京市高等教育经典教材

Modern Psychological and Educational Statistics

张厚粲　徐建平　著

北京师范大学出版集团
BEIJING NORMAL UNIVERSITY PUBLISHING GROUP
北京师范大学出版社

图书在版编目(CIP)数据

现代心理与教育统计学 / 张厚粲，徐建平著. —5 版. —北京：
北京师范大学出版社，2020.1(2025.8 重印)
新世纪高等学校教材. 心理学基础课系列教材
ISBN 978-7-303-25426-2

Ⅰ. ①现… Ⅱ. ①张… ②徐… Ⅲ. ①心理统计－高等学校－教材
②教育统计－高等学校－教材 Ⅳ. ①B841.2 ②G40-051

中国国家版本馆 CIP 数据核字(2020)第 001256 号

XIANDAI XINLIYUJIAOYU TONGJIXUE

出版发行：北京师范大学出版社 https://www.bnupg.com
　　　　　北京市西城区新街口外大街 12-3 号
　　　　　邮政编码：100088
印　　刷：天津旭非印刷有限公司
经　　销：全国新华书店
开　　本：787 mm×1092 mm　　1/16
印　　张：29
字　　数：585 千字
版　　次：2020 年 1 月第 5 版
印　　次：2025 年 8 月第 57 次印刷
定　　价：66.00 元

策划编辑：周雪梅　　　　　　　　责任编辑：杨磊磊　葛子森
美术编辑：焦　丽　李向昕　　　　装帧设计：焦　丽　李向昕
责任校对：陈　荟　　　　　　　　责任印制：马　洁

第 5 版序

《现代心理与教育统计学》自 2003 年出版以来，已历经五次修订。作为心理学基础课在全国最有影响力的专业教材之一，它被多所高校心理学专业心理统计课程选用，被多所高校列为心理学研究生入学考试参考教材，被广大心理和教育专业师生推崇与喜爱，读者众多，已成为高等学校经典教材。几十年来，它在心理和教育专业本科生、研究生的统计课程教学中发挥了重要作用。作为编者，我们感到十分荣幸并深受鼓舞。2019 年，应出版社之约，根据《普通高等学校本科专业类教学质量国家标准》的最新要求，我们对此书进行了第五次修订，对部分章节内容做了较大调整和改写，增加了一些新的内容。

一、本书的成长历程

《现代心理与教育统计学》是 2002 年北京市高等教育精品教材建设项目成果，自 2003 年第 1 版出版，2004 年第 2 版出版，在第六届全国高校出版社优秀畅销书评选活动中获二等奖，2007 年由心理出版社股份有限公司购买繁体字版版权之后在台湾出版。

本书第 3 版于 2009 年出版。为帮助学习者更好地掌握本书所讲述的心理统计原理和方法，与其配套的学习辅导材料《〈现代心理与教育统计学〉学习指导》一书于 2011 年出版。2012 年本书入选第一批"十二五"普通高等教育本科国家级规划教材，且于 2013 年入选北京高等教育经典教材，并于 2021 年获得首届全国优秀教材二等奖。

2013 年本教材第 4 版修订工作启动，并被认定为当年度北京师范大学教学建设与改革项目，获得了北京师范大学和北京师范大学出版社的经费资助。2014 年，应北京师范大学教务处推荐，该书作者撰写论文，参加了北京市高等教育学会教材工作研究会组织的"北京高等教育教材建设研讨会"征文活动。2015 年，第 4 版正式印行。

这几年，在大家的勉励与出版社的督促下，经多次修订，本书第 5 版终于与大家见面了，且已按《习近平新时代中国特色社会主义思想进课程教材指南》和中国共产党第 20 次全国代表大会报告关于教育和文化的要求进行修订。

二、本书的内容结构

（一）核心基础内容展现全面

心理统计是心理学本科专业的一门核心基础课。作为一门方法类课程，其所学内容对于心理测量、实验设计、研究方案、研究数据处理和论文报告撰写等都有重要影响。其所学知识和技能有很大的迁移性，对于研习任何一个心理学分支领域或其他学科领域都有帮助。特别是其传授的统计思维模式，会成为个体观察、认识、了解、探索自身、人类社会和自然界的重要思维方式之一。基于这种认识，本书选择了心理与教育统计学这一学科的核心内容，包括描述统计、推断统计、与实验设计相关的统计三大模块内容，涉及基础统计和高级统计初步两个水平，保持学科教学内容的相对稳定性，尽力为使用者提供一本脉络清晰的用于本科生心理与教育统计学教学的基础教材，有效帮助使用者掌握统计思想、原理、方法和技术。同时，吸收统计学发展的新成果，关注其新的进展动向，对诸如"统计检验力""效果量"这样较新的专用术语，也在教材相应章节中做了专门讲解，以适应当前心理学研究的要求。

（二）体例结构设计独特新颖

好的形式，可以让内容得到更佳的呈现。本书的章节结构的安排尽可能依据各章内容，满足适合使用者的需求。除了主体内容之外，有供教师设计教学计划的"教学目标"，为学生勾勒的"学习重点"，章后有精炼浓缩的内容"小结"，用于补充加深理解的"进一步阅读资料"，运用 Excel 和 SPSS 统计分析软件的"计算机统计技巧提示"，用于拓展视野的"在线资源"网址、供温习和巩固的"思考与练习题"等。章节主体内容中还穿插了相关的"资料卡"，对于重点概念和知识点进行深入讲解或补充。

"千言万语，难抵一图"。在解释统计变量和参数时，我们尽可能地采用图形方式形象地呈现，使难懂的概念变得容易理解。我们在书中的专有名词后面加注了英文术语，章后的补充资料中也列了一些英文教材和英文网络文献，目的是引导学习者自觉地研习中英文心理统计资料，为今后的深入学习奠定基础。

三、本书的更新完善

（一）补充更新网络资源

随着互联网技术的发展，许多心理统计学习资料由静态的网页资料，转化成为动态的拥有版权和收费的短视频资料。加上统计软件版本迭代更新速度快，网络上统计软件的学习资料相对滞后。因此，新版删除了失效的全部链接，尽可能多地给大家提供一些能够浏览的免费网络资料和动态交互学习资料。相对于信息海洋而言，这些资料充其量只是少量的珍珠。信息搜寻能力是现代人的核心技能之一。建议学习者充分利用网络搜索功能，提升自己的专题信息搜寻能力，利用互联网这一无尽的宝藏，自行查找更多的相关资料和资源，拓宽加深自己的学习。

（二）勘校修正各类错误

在完成新版的过程中，广泛听取各方建议，及时总结老师们提供和反馈的教学经验，改写了部分内容，修订了一些使用不准确的术语，全面修正了书中的各类错误。

四、未来目标与使命

随着高等教育优质教学资源网络平台的构建，教育者转化为资源的提供者和分享者，学生成为资源的挖掘者和利用者，这会成为必然趋势。主动向国外同行学习，自觉总结实际教学经验，编撰反映本土学科发展趋势的高水平专业新教材，是提高国内高等教育本科教学质量和水平的重要保证。一本通俗易懂、简洁明了、脉络清晰、逻辑分明、重点突出、主次有别的优秀教材，必将会使无数人受益！对于学习者而言，拥有这样一本教材，可以节省大量宝贵的学习时间，提升其对学科的学习兴趣，促进其学习效果；对于教授者而言，选择这样一本教材，能够让教学变得事半功倍，促进教学效果；对于著书人而言，编著这样一本教材，则是其梦寐以求的目标。

一剑磨砺成，岂止十年功。即成经典，必将留传！近年来统计科学和大数据发展快速，统计学教学水平和手段大大提高，借助互联网交互式的智能化教学也日渐流行，学生对统计方法和技术的需求也在不断增长。面对这种迫切需要，不负光阴，只争朝夕，推陈出新，撰写能够得到学习者和讲授者都喜欢的优秀教材，为心理和教育专业本科生统计课程教学发挥重要作用，共同迎接心理科学大发展的到来，这将是所有心理统计教学者的目标和使命。

最后，我们诚挚地感谢参加本书教改项目的咨询专家，感谢编著过程中提供反馈意见的师生，感谢本书的策划编辑周雪梅博士，也感谢本教材所引用的各类资料的作者。然而，凡事都不可能尽善尽美。我们虽力求完美，仍难免书中有所疏漏，若有不足之处，敬请大家批评指正！

张厚粲　徐建平

2022 年 12 月北京师范大学新主楼

原　序

1988 年，北京师范大学出版社出版了由我主编的《心理与教育统计学》，作为高等学校教学用书。该书到 2002 年共印刷 13 次，印量达 46750 册。十多年来，它在心理和教育专业本科生的统计课程教学中发挥了重要作用。许多大学都将它作为心理、教育专业本科生的专业教材，同时它也是许多大学报考心理学硕士的指定参考书目之一。作为编者我从中受到了极大的鼓舞。

近年来，统计科学发展很快，统计学的教学水平和手段得到了极大提高，学生对统计方法和技术的需求也在不断增长。随着社会对心理学人才需求的增加，国内许多院校开设了心理学专业，有些还成立了心理学系或心理学院，为了保证高质量的教学，建设高水平的专业教材就成为一项非常重要的任务。鉴于原《心理与教育统计学》出版时间已久，印刷错误也发现很多，经过一年多时间的反复修改，在来我校学习的徐建平副教授的协助下，我们修正了原书稿的一些错误，对部分章节内容做了较大的调整和改写，增加了一些新内容，共同完成了目前这本《现代心理与教育统计学》。

本书的编写体例遵照心理与教育统计学这一学科的基本结构和内容，同时，与时俱进，吸收了统计学发展的新成果，增加了少量计算机应用技术，试图为学习者提供一本脉络清晰的关于心理与教育统计学的基础教材。在内容方面每章前面都增加了"教学目标"和"学习重点"，每章的后面都有一个"小结"，并提供了进一步延伸性读物、使用 Excel 和 SPSS 软件进行统计分析的一些技巧和提示、在线资源网址、复习与思考题等。部分章节中还附加了一些与章节内容相关的资料卡。希望这本书的出版，能够为我国心理统计教学提供最基本的教学材料，为心理学人才的培养做出应有的贡献。

本书的撰写获准北京市教委高等教育精品教材建设项目立项，并得到了北京市教委研究经费支持（项目编号：2002—01—04—038），在此表示感谢。在撰写过程中，由于时间关系，没有请前书的两位副主编参加，但他们的贡献仍继续发挥着作用，深表谢意。同时，也感谢北京师范大学出版社及其副编审仇春兰为本书的出版所付出的辛劳。

限于我们的水平与精力，书中肯定还存在着一些不足或错误，望读者不吝指正。

张厚粲

2003 年 7 月于北京师范大学英东楼

目　录

第一章
绪　论

【教学目标】了解心理与教育统计的定义、发展历史、研究内容，选择使用统计方法的步骤，理解统计数据的基本类型，以及心理与教育统计的一些基本概念。

【学习重点】心理与教育统计的研究内容，选择使用统计方法的基本步骤，统计数据的基本类型，心理与教育统计的基本概念。

在调查、实验等不同类型的心理与教育科学研究中，研究者经常要接触大量具有随机性质的数字资料。如何整理这些数字资料，充分利用其所提供的信息，探索其中的规律，得出科学的结论，是摆在心理与教育科学研究工作者面前的一个重要问题。在心理与教育科学研究中，心理与教育统计就是处理这些随机数据的一类研究方法和技术。本章主要介绍心理与教育统计的定义、历史、内容，一些基本概念以及学习心理与教育统计应该注意的一些主要问题。

第一节 统计方法在心理与教育科学研究中的作用

一、心理与教育统计的定义与性质

心理与教育统计学是专门研究如何运用统计学原理和方法，收集、整理、分析心理与教育科学研究中获得的随机性数据资料，并根据这些数据资料传递的信息进行科学推论，找出心理与教育活动规律的一门学科。具体讲，就是在心理与教育研究中，通过调查、实验、测量等手段有意地获取一些数据，并将得到的数据按统计学原理和步骤加以整理、计算、分析、判断、推理，最后得出结论的一种研究方法。

统计学大致分为理论统计学（theoretical statistics）和应用统计学（applied statistics）两部分。前者侧重统计理论与方法的数理证明，后者侧重统计理论与方法在各个实践领域中的应用。心理与教育统计学属于应用统计学范畴，是应用统计学的一个分支。类似的还有生物统计、社会统计、医学统计、人口统计、经济统计等。

心理与教育统计学作为一门应用学科，与数理统计学既有密切联系，又不完全相同。从局部的观测到整体的估计，从特殊到一般，从假设到实验验证，这是每一个科学工作者最常用的科学方法。数理统计学研究的领域包括怎样设计一个实验，如何从局部观测推论整体情况，如何从特殊情况推论一般规律，如何对假设进行推论估计与检验，等等。科学实验中所获得的各种数据，大都具有随机性质，数理统计学就是要分析这种随机变量的规律性，它的理论基础是专门研究随机现象的科学——概率论，侧重于基本原理与方法的数学证明。心理与教育统计则偏重于数理统计方法在心理与教育科学研究中的应用，因而对各种统计公式的推导及理论上的证明较少，着重介绍各种统计方法在不同的心理与教育研究中应用的条件和具体方法，以及对其统计计算结果的解释。一般来讲，心理与教育统计介绍的方法，大都是数理统计学已确认的，但是，随着心理与教育科学研究的发展与深入，实践中会提出更多的如何处理数据的问题，需要心理与教育统计学加以研究解决，这又为数理统计提供或补充了新的研究内容。可见，数理统计与应用统计二者之间是理论与实践的关系，相辅相成，互相促进。心理与教育统计只是应用统计的一个分支。

总之，心理与教育统计是心理与教育科学研究中广泛应用的，也是最基本的一种定量化的研究工具。尤其是随着科学的发展，心理与教育科学研究对实验方法更加重视，对质性研究的资料做定量处理的需求日益增大，心理与教育统计的意义和作用就更加明显。因此，心理与教育统计被人们公认为心理与教育科学研究中不可缺少的思想、观念、方法和技术。

二、心理与教育科学研究数据的特点

（一）心理与教育科学研究数据与结果多用数字形式呈现

在科学研究中，收集到的数据都是以

一个个分散的数字形式出现的，离开了数字就没有统计的存在。在心理与教育科学领域中，大量研究工作是通过科学实验或调查进行的，研究工作者必须对所欲研究的事物进行观察或通过一定的手段进行测量，然后将观察和测量的结果用一定的数量化方式加以表示，即用数字方式来记录观察和实验的结果。如果观察和测量的结果可靠、准确，那么，这些数据就能够在一定程度上反映出研究对象的特征。但是这些数据所提供的信息，有时并不一目了然。

（二）心理与教育科学研究数据具有随机性和变异性

在心理与教育科学领域中，因研究人员、研究工具、研究条件的变化，研究获得的数据资料具有一定的随机性质。研究数据的这种特点被称为变异性。即便使用同一种测量工具，观测同一事物，只要是进行多次，那么获得的数据就不会完全相同。随着测量工具的完善和精确，数据的这种随机性变化就更加明显。例如，人们对同一年级或同一年龄儿童甚至对同一个人进行同一学科的学业测试，或对同一个心理特点进行评量、观察多次，得到的数据绝不会全然相同，这些数据总是在一定的范围内变化。

数据变异的原因，出自观测过程中一些偶然的不可控制的因素，被称为随机因素。由随机因素所产生的测量误差被称为随机误差。由于随机误差的存在，在相同条件下观测的结果常常不止一个，并且事前无法确定，这是客观世界存在的一种普

遍现象，人们称其为随机现象。在心理与教育科学的各类研究中，研究的对象是人内在的各种心理现象，不仅客观存在的一些偶然因素会引起测量误差，而且实验者和被试在主观上一些不可控制的偶然因素也会造成测量误差。这些偶然因素十分复杂，因而造成的随机误差就更大，也就使心理与教育科学研究中得到的数据具有更明显的变异性。

（三）心理与教育科学研究数据具有规律性

尽管心理与教育科学研究数据受随机因素的影响，呈现随机变化，具有一定的随机性和变异性，但随着实验观测次数的增加，这些变异性很大的数据总会呈现出一定的规律性，这种规律性可以通过大量的观察揭示出来。就某一项研究的某一次观测而言，其结果受随机误差的影响，数值是不能事先确定的，因此我们称它为一种变量。但通过大量的观测，我们可以揭示出这一随机现象的规律性。怎样从大量纷繁的随机数据中，找出其所反映的事物的特征和规律，这是心理与教育科学研究需要解决的重要问题。

（四）心理与教育科学研究的目标是通过部分数据来推测总体特征

统计学的研究目标是总体而不是个别事件，这是一切统计的共性。比如，研究儿童智慧的发展，其对象可能是某一学校、某一班组或某一年龄组的几个儿童，但研究的目标则是这些对象所能代表的全体，这样得出

的结论才具有普遍意义。在实际研究中，由于人、财、物、时间等因素限制，我们不可能对某一心理属性或教育现象的全体进行研究，只能研究有一定代表性的部分对象，但最终的目标是希望通过这些部分数据，对所要研究的全部心理属性或教育现象做出有效可靠的推论。例如，在学业成就测验中，想了解全市所有小学生的平均成绩，通常的做法是抽取部分学生的平均成绩，来推论该市所有小学生的平均成绩。心理和教育方面的科学实验或调查，总是在一定局部范围内进行，研究观测的数字资料一般总是由局部获得的，如何通过从局部得来的数据资料推论全局的情形，得出合乎规律的科学结论，只有借助心理与教育统计学提供的科学方法才能实现。

另外，除心理与教育科学实验中经常遇到大量的数据要处理外，教育管理人员也会经常遇到各种各样的数据。为了更好地了解教学及教育工作的进展情况以开展指导工作，各级教育领导机构常常要向下级机关进行调查，接触数字资料，这些数据也有很多具有变异性与规律性的特点。总之，在心理与教育科学实验或调查中，以及在教育管理工作中，所获得的数据都具有变异性与规律性的特点。

三、学习心理与教育统计应注意的事项

(一) 学习心理与教育统计学要注意的几个问题

心理与教育统计是心理与教育科学研究中重要的研究工具。它使用的推理及思考问题的方法，对心理与教育科学研究有十分重要的方法学价值。学会并熟练地掌握各种心理与教育统计方法，有利于开展心理与教育科学研究，阅读、撰写专业性研究报告和论文；有利于教育管理的科学化，提高教育管理工作效率及水平；有利于训练和提高学习者的科学素养，形成科学的统计思想和方法。因此，对于学习者来说，学习心理与教育统计对未来从事研究工作非常有必要，有非常重要的意义和价值，但要注意下面一些问题。

第一，在学习心理与教育统计学时，必须要克服畏难情绪。很多人认为统计学是一门很深奥的课程，在学习之前就有怯意，这会影响学习的积极性。心理与教育统计学偏重于应用，对公式的原理及推导一般不做或少做数学证明，所用数学计算知识并不复杂，因而我们在学习时，只需要进行简单的数学计算，通常是一般的代数运算，加上严密的逻辑推理。对于一些用到较复杂数学方法的内容，我们也尽量介绍一些由简单计算可以替代的方法。这样，不论是文科，还是理科的学生，只要有中学数学知识就具备了学好心理与教育统计学的前提。当然，为了能更好地理解各种统计方法的原理，如果能有高等数学的训练显然会收到更好的效果。

第二，在学习时要注意重点掌握各种统计方法的使用条件。心理与教育统计学中所介绍的各种统计方法，都是在一定理论假设条件下推导而来的。因此，在学习心理与教育统计学中介绍的各种统计方法

时，我们必须注意各种统计方法的原假设是什么，这个原假设就是统计方法应用的条件。另外，对同一个问题可以用不同的方法及计算公式去表示，究竟用哪个方法更贴切，这也是需要在学习时予以注意的问题。

第三，要做一定的练习。在学习心理与教育统计时，理解所讲授的内容，记忆一些公式，并不困难，但若要较好地运用这些知识，并不容易。当然能做到较好地应用是一个较复杂的问题，解决这个问题的第一步是要做适当的练习，完成一定量的作业，这一点很重要。如果能将所学的统计方法直接应用于研究中的实际问题，则效果会更好。

（二）应用心理与教育统计方法时切记的要点

在应用心理与教育统计的各种方法时，要切记以下几点。

1. 克服"统计无用"与"统计万能"的思想，注意科研道德

将统计方法应用于心理与教育科学研究时，必须以辩证唯物论为指导思想，以心理学与教育学的科学理论为基础，具有正确的观点与思想方法，才能使统计学发挥它应有的作用。有些人在心理与教育科学研究中只凭主观经验判断，仅凭数字的表面值就得出实验研究各组间的差异。当两个数字表面值相差很大时，这种主观经验判断也可能正确，但这只是一种偶然可能，并不是科学的方法。大多数情况下，表面值可能有差别，而经过统计处理后其

差异并不显著。因此在统计方法的应用中一定要克服"统计无用"的思想，如果能正确地使用统计方法，则该方法可以帮助我们正确地认识客观事物，阐明事物的规律性，对于指导心理与教育实践有很大好处。

统计也不是万能的，它不能改变事物的本来面目，把"规律"创造出来。心理与教育统计学只是心理与教育科学研究的科学工具，它本身并不能决定一项科研实验的价值。一项心理与教育科学研究水平的高低，取决于多种因素，如研究问题本身是否有价值、研究问题在心理与教育领域的理论与实践意义、研究过程中对实验变量控制的程度和反应变量观测的准确可靠程度、分析实验数据的统计方法是否恰当正确等，心理与教育统计方法只是决定研究水平的其中一个因素。低劣的实验研究，再好的统计方法也不能将其研究水平提高。因此，在研究中，应把重点放在研究问题的提出及研究设计上，应用统计方法只是为了更好地分析、总结研究的成果，而不能用一些统计术语掩饰低劣的研究，更不能用统计方法去凑合自己的主观臆断。

在应用心理与教育统计的各种方法时，要注意科研道德，切忌只凭主观经验判断，仅凭数字的表面值就得出研究结论；也要避免在研究设计中，事先没有考虑统计处理，在实验研究之后硬性套用统计方法，以此弥补实验研究的不足；更不能从研究预期的主观结果出发，不遵守统计学上处理数据的原则，随心所欲地挑选能够说明自己主观臆断的数据，或修改编造研究数

据，用统计方法去迎合期望的结论，这是一种完全违背实事求是原则、严重违背科学研究规范和缺乏起码科研道德的行为，从事心理与教育科学研究的人应注意避免，并规范自己的研究行为。

【资料卡 1-1】

有争议的伯特事件

这是一起有关篡改统计数据的事件。它发生在英国，与智力遗传性研究有关。这一工作由心理学界第一位获得爵士称号的人——著名心理学家伯特（C. Burt，1883—1971）主持。其工作曾引起很大的争议。他在 20 世纪 50 年代到 60 年代初发表了一系列文章，指出以智商（IQ）测验为度量的智能是高度遗传的，并且与社会阶层有关。这一结论被教育界的权威们接受并成为制定某些教育方针的基础。但是，在 1976 年和 1977 年，他的工作受到了公开批评，人们指责他通过伪造数据来支持自己的假说。大部分批评者认为，根据现代统计方法的调查，伯特的数据是不能公正地被接受的，因而他的结论也是不能得到证明的。但是，人们对于伯特究竟是蓄意作伪，还是由于无意识的偏见抑或粗心大意所犯的错误，并没有弄清楚。

长期以来，关于伯特是否捏造数据支持他的双生子研究这一事件存在争议。1994 年，美国心理学家多尔夫曼（D. D. Dorfman）重新审慎地研究了全部问题。得出的结论为：可以肯定伯特编造了一些数字作为观察资料提出，目的是支持自己的结论。斯卡（S. Scarr）认为有充足的证据表明伯特使用了欺骗性的数据来支持他的观点。莱斯利·赫恩肖（L. Hearnshaw），一位受人尊重的心理史学家，在他出版的《伯特传记》中称，伯特欺骗性的数据是由于受其他一些因素的影响：心理疾病、助手的错误、童年时期的影响等。但是这一说法缺少足够的证据。他的结论来自一些不完整的记录、不确实的记载及同事的回忆资料。但当他的书出版后，伯特被认为是一个真正的骗子。

由于赫恩肖的研究，伯特事件似乎有了最终结论。但是心理学家乔因森（R. B. Joynson）和社会学家弗莱彻（R. Fletcher）并不同意。他们两人提出，并不能证实对伯特的指责是真实的。弗莱彻和乔因森在翻阅了伯特的日记后，并没有发现伯特伪造虚假数据的具体证据。他们提出了两点辩护：①展示了先前未被怀疑的弱点、误传，甚至实际上不存在的一些事情，以及想象出来的诅咒式的证据；②严密地检查了那些引起怀疑的要点，提供了表明其清白的解释，认为至少伯特提出的那些被认为是虚假的解释是似是而非的。

尽管伯特被指责是一个骗子，但他对教育心理学领域依然有许多贡献。最近关于双生子的研究也证实了伯特的理论：遗传因素是个体智力差异的重要条件。

2. 正确选用统计方法，防止误用和乱用统计

一项实验研究结果要用何种统计方法去分析，首先需要对实验数据进行认真的分析。只有做到对数据分析正确，才能对统计方法做出正确的选用。首先要分析实验设计是否合理，即所获得的数据是否适合用统计方法去处理。正确的数量化是应用统计方法的起步，如果对数量化的过程及其意义没有了解，将一些不着边际的数据加以统计处理是毫无意义的。其次要分析实验数据的类型。不同的数据类型所使用的统计方法有很大差别，了解实验数据的类型和水平，对选用恰当的统计方法至关重要。最后要分析数据的分布规律，如总体方差的情况，确定其是否满足所选用的统计方法的前提条件。这些内容将分别在以后的各章中详细阐述。

第二节 心理与教育统计学的内容

如何设计心理或教育方面的实验或调查，使收集的资料充分地反映所欲研究的问题，使数据最有意义；又采用什么方法对收集到的这些随机变量进行整理、分析，使其所反映的信息得以最大程度的显现，揭示事物的客观规律等，这些都是心理与教育统计学研究的内容。心理与教育统计学的研究内容，可依据不同的分类标志划分为不同的类别。如果依据统计方法的功能进行分类，心理与教育统计可分为下述三种类别，如图 1-1 所示。这是由数理统计的发展历史所决定的，也是最常见的分类方法。

```
                                    ┌ 统计图表
                                    │ 集中量数
                    1. 描述统计 ────┤
                                    │ 差异量数
                                    └ 相关分析

                                                        ┌ 点估计
                                    ┌ 统计估计 ┌ 参数估计┤
                                    │          │        └ 区间估计
                    2. 推论统计 ────┤          └ 非参数估计
心理与教育统计 ─────┤              │          ┌ 参数检验
                    │              └ 假设检验 ┤
                    │                         └ 非参数检验
                                    ┌ 样本选择与分配
                                    │ 实验误差分析
                                    │ 方差分析
                    3. 实验设计 ────┤ 协方差分析
                                    │ 回归分析
                                    │ 因子分析
                                    └ ……
```

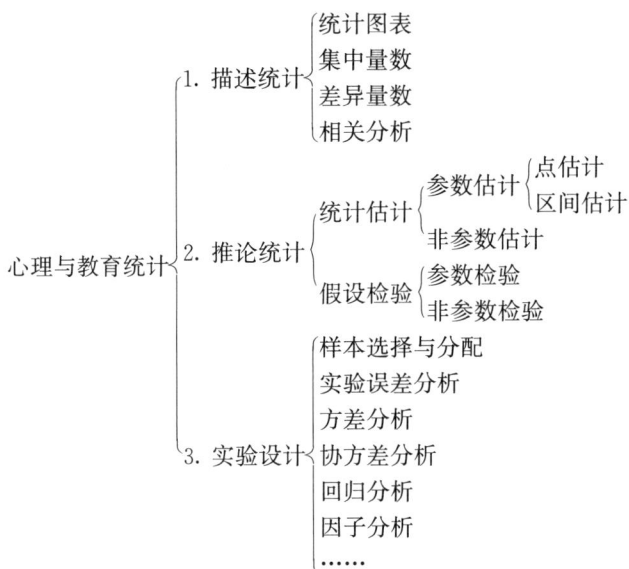

图 1-1 心理与教育统计研究内容

一、描述统计

描述统计（descriptive statistics）主要研究如何整理心理与教育科学实验或调查得来的大量数据，描述一组数据的全貌，表达一件事物的性质。具体内容包括以下几点。

第一，数据如何分组，以及如何使用各种统计图表描述一组数据的分布情况。

第二，怎样计算一组数据的特征值，简缩数据，进一步描述一组数据的全貌。例如，表示数据集中情况的特征值的计算与表示方法，像算术平均数、中数、众数、几何平均数、调和平均数等的计算方法与应用。表示数据分散情况的各种特征值的计算与表示方法，像平均差、标准差、变异系数与标准分数的计算方法及其应用等。

第三，表示某一事物两种或两种以上属性间相互关系的描述及各种相关系数的

计算及应用条件，描述数据分布特征的峰度系数及偏度系数的计算方法等。

上述内容都属于描述统计方法，可以用于只表示局部的、一组数据的情况，也可以用于通过调查或实验所获得的表示整体情况的数据。它可以使杂乱无章的数字更好地显示出事物的某些特征，有助于说明问题的实质。

二、推论统计

推论统计（inferential statistics）主要研究如何通过局部数据所提供的信息，推论总体的情形。这是统计学中较为重要，也是应用较多的内容。心理与教育科学的实验研究，很难对要研究问题的总体逐一进行观测，这就存在如何从局部数据估计总体情况，如何对假设进行检验与估计，如何对影响事物变化的因素进行分析，如

何对两种事物或多种事物之间的差异进行比较，等等。这是推论统计要研究的内容。在这部分中要讲述的统计方法大致包括以下几个方面。

第一，如何对假设进行检验，即各种各样的假设检验，包括大样本检验方法（Z 检验），小样本检验方法（t 检验），各种计数资料的检验方法（百分数检验、χ^2 检验等），方差分析的方法（F 检验），回归分析方法，等等。

第二，总体参数特征值的估计方法，即总体参数的估计方法。

第三，各种非参数的统计方法等。

上述方法的使用，必须以一定的统计理论为基础。推论统计的理论和原理包括抽样理论、估计理论和统计检验原理。抽样理论及其方法主要讨论在什么情况下可以从样本的特性推论出总体的特性。其中一个最重要的条件就是样本抽取的原则，只有抽样具有随机性，才能保证推论具有某种程度的准确性。估计理论主要根据随机抽样的结果来估计总体分布的参数值，分为点估计和区间估计。统计检验主要根据实际的抽样结果来推论有关总体特征的假设是否与具体的随机抽样所提供的信息相一致。为了在抽样基础上对某种假设是否成立做出决断，就得进行检验，有关内容将在后面的章节中做深入描述。

三、实验设计

实验设计（experimental design）的主要目的在于研究如何科学地、经济地及更有效地进行实验，它是统计学近几十年发展起来的一部分内容。一个严谨的实验研究，在实验以前要对研究的基本步骤、取样的方法、实验条件的控制、实验结果数据的统计分析方法等做出严格的规定。

心理与教育统计的这几部分内容之间有密切联系。描述统计是推论统计的基础，后者离不开前者计算获得的特征值。描述统计只是对数据进行一般的分析归纳，如果不应用推论统计做进一步分析，描述统计的结果就不会产生更大的价值和意义，达不到统计分析的最终目的和要求。同样，只有良好的实验设计才能使获得的数据具有意义，才能使进一步的推论统计说明问题。一个好的实验设计，也必须符合基本的统计方法要求，否则，再好的设计，如果事先没有确定适当的统计处理方法，在处理研究结果时都可能会遇到许多麻烦问题。

另外，如果以心理与教育统计研究的问题实质来划分，可将其内容划分为：①描述一件事物的性质；②比较两件事物之间的差异；③分析影响事物变化的因素；④一件事物两种不同属性之间的相互关系；⑤取样方法；等等。

在心理科学与教育科学这两门学科领域中，应用的统计方法有很多相同之处。因为二者的研究对象都是人，教育现象在很多情况下要通过人的心理现象去观察和分析。例如，研究不同教学方法的效果，这是教育现象，但观测结果时必须从受教育者对知识的掌握及能力的提高方面去考察，这些就决定了二者的统计方法基本相同。但二者也有不同之处：在教育研究中，大样本的统计方法应用较多，而在心理学上小样本的统计方法应用较多；在实验设计上二者也有差别，教育实验中对各种因素的控制较难，采用自然实验、准实验设计方式较多，对统计结果的解释需要特别谨慎，心理学实验则在实验室条件下进行的较多，对各种实验变量的控制相对容易，对统计处理结果的解释也较易进行。不过，

针对当前心理学实验研究中的生态化倾向，心理学实验为克服人为的实验室情境的影响，力求实验研究情境与研究对象的生活情境更接近，也在大量地运用准实验设计方式，尤其是在教育心理学研究中更是如此。总之，考虑到心理统计与教育统计有很多相同之处，本书将二者综合叙述，有时在举例上加以比较，是希望能更有利于对各种统计方法的学习与掌握。

第三节 心理与教育统计学的发展

要了解心理与教育统计学的历史，首先要对统计学的历史发展有一个大概的了解。统计学原理与方法普遍地运用于心理与教育科学研究中，是近百年的事，但统计学整个发展过程则经历了漫长的历史阶段。

一、统计学的发展历程

统计学（statistics）作为一门科学始于19世纪，但统计工作自古就有。统计工作最初是为了满足统治者治理国家的需要而组织的收集资料的工作，迄今已有几千年的历史。早在古埃及时期，国王为修建金字塔征收税款，就曾对全国人口与财产做过调查统计。古希腊及罗马时期，许多

国家用统计方法进行人口调查和财产登记，并且从各国统计数字的差别中研究各国的政治经济情况，曾称其为"政治算术"。中国也曾在大禹治水时，划全国为九州，分田赋为九等，编制《禹贡九州篇》作为分配贡赋的依据。

从语源角度看，英语中的"statistics"一词源自拉丁文"status"，意思是"对各种现象或基本情况进行简单的估量"。在拉丁语系中，"统计"（statistic）和"国家"（state）出自同一语源。意大利人根据"status"一词，把它演变成意大利文"stato"，其含义为"国家概念、国家机构和国力的总称"。这时的"stato"与"计量"只有隐含的联系。到了17世纪，德国人又在"stato"基础上，把它明确地发展成为德文的"statistika"，正式命名为"统计学"，意思是"国家应该注意的事实学问"，包括国家的组织、人口、军队、国民

职业和地上地下资源等。但当时"统计"多用文字表述，极少用数字。直到1749年，德国统计学中的国势学派仍把统计学的目标定为"国家显著事实的记载"。当时，统计学尚未成为真正的科学。随后，英国数学家配第（W. Petty，1623—1687）把德文的"statistika"改成英文的"statis-tics"，意思是"专门研究各种数量"，数字是它的专用语言形式，于是人们称之为"统计学"。现在，英文"statistics"一词有好几个意思：第一个是指这门学科本身，指它的知识总体；第二个是指许多统计测量值组成的一个集合；第三个是指统计技术或统计量。

【资料卡 1-2】

威廉·配第——统计学之父

威廉·配第，英国数学家，一个多才多艺学识渊博的人。他一生有过许多发明，最有名的是复印机，并于1647年获得专利，最著名的作品是他逝世后才出版的《政治算术》（1690年）（陈冬野译，商务印书馆，1963年）。《政治算术》亦即用数字表达国情事实。他有一句至今仍流行的名言："我们用长度和重量来反映一个国家的情况。"

马克思在《资本论》中写道，配第是政治经济学之父，在某种程度上也可以说是统计学的创始人。配第在统计方法方面的贡献非常杰出，在计量方法、图表方法、分组方法、推算方法等方面都有建树。正如他的长子查理·配第（C. Petty，1673—1696）在写给国王威廉三世的呈文中所说，"千万人都把先父看作这一启示方法的发明人"。从统计理论和统计方法来看，配第的贡献已初步地为近代统计学奠定了基础。

——资料来源：高庆丰. 欧美统计学史. 北京：中国统计出版社，1987：33~38.

随着社会的发展和科学技术的进步，统计学的应用范围日益扩大，由社会经济方面扩展到自然科学技术方面，最后形成了经济统计学与数理统计学两个系统。数理统计的发展又经历了两个阶段：描述统计学与推论统计学。在这一发展历程中，出现了一些影响统计学科产生和发展的重大事件与里程碑式的人物。

(一) 统计学的理论基础——概率论与正态分布曲线方程的产生

16世纪，伽利略为解答赌徒们的问题提出了概率论的基本理论。17世纪中期，法国数学家帕斯卡（B. Pascal，1623—1662）和费马（P. de Fermat，1601—1665）在讨论解决赌博难题中，创立了概率论，为统计学的发展奠定了重要理论基础。

17世纪末18世纪初，瑞士数学家贝努里（J. Bernoulli，1654—1705）创立了贝努里定理，并提出概率论可应用于社会、伦理及经济事务的见解。贝努里定理的产生，为发现正态概率分布创造了条件。1733 年，棣莫弗（A. de Moivre，1667—1754）提出了正态分布概率和概率的乘法运算法则，推广了贝努里定理，推导出"正态曲线方程"。几十年后，高斯（C. F. Gauss，1777—1855）和拉普拉斯（P. S. Laplace，1749—1827）各自独立发现了这个方程。高斯还首次提出了正态分布曲线。到 19 世纪初期，泊松（S. D. Poisson，1781—1840）积极推广贝努里定理，提出"大数定理"。这些数学家为概率论的发展做出了很大贡献，这个时期的概率论被称为古典概率论。

（二）数理统计的产生与发展——描述统计学与推论统计学

数理统计学的奠基人是比利时的统计学家凯特勒（L. A. J. Quételet，1796—1874），他首先提出要把统计学与数学中的概率论相结合，以概率论为理论基础确立统计研究方法。1867 年，德国的韦特斯坦（T. Wittstein）第一次提出"数理统计"一词，之后又发展为数理统计学派。数理统计的发展经历了两个阶段：描述统计学与推论统计学。描述统计学产生于 20 世纪 20 年代之前，以高尔顿（F. Galton，1822—1911）和皮尔逊（K. Pearson，1857—1936）为代表。推论统计学产生于 20 世纪 20 年代之后，以费舍（R. A. Fisher，1890—1962）为代表。这两个阶段是渐进发展的，在时间上并无明显的分界。

19 世纪末期，在生物学、优生学、心理学的研究中，高尔顿努力探索简化数据的途径和方法，提出了中位数、百分位数、四分位差等描述统计学的重要概念。在与其学生皮尔逊研究人类智力与体力的遗传等问题时，高尔顿提出了相关与回归概念、相关与回归系数的计算方法。皮尔逊发表了频率曲线理论，提出直线相关系数的计算方法。1900 年，皮尔逊推导并系统地阐明了配合度检验方法，并将相关与回归理论扩展到许多领域，为大样本理论奠定了基础。他们的贡献，为推论统计学的发展提供了一定的条件。

1908 年，英国数理统计学家格赛特（W. S. Gosset，1876—1937）有感于大样本理论的限制，开始建立小样本理论，提出了一种根据样本资料估计均数的检验方法，即 t 分布理论，从而开辟了在样本数目较小情况下进行统计推论的新途径，但这一工作未能得到老师皮尔逊的重视。直到 1923 年经费舍数理论证，指出其应用价值后，这种小样本技术才得到广泛承认。t 检验也成为今天应用非常广泛的统计检验方法之一。

推论统计真正的创始者是英国的费舍，凯特勒是 20 世纪初对统计学做出最大贡献的科学家。他将皮尔逊及格赛特的工作发扬光大，对 t 分布给出理论论证，最先提出 F 分布理论，后被命名为 F 分布，使方差分析系统化。第一次世界大战后，他在农业试验中首倡"实验设计"，提出了随机化概念，建立了点估计与区间估计理论，发展并确立了推论统计思想，使统计方法的应用范围更为广泛。1925 年，他出版了数理统计名著《研究工作者用统计方法》一书，对促进推论统计学的发展影响很大。1938 年他与耶茨（F. Yates，1902—1994）合编了《供生物、农业与医学研究用统计表》，1956 年出版了《统计方法与科学推论》。第二次世界大战以后，非参数方法、序列分析、随机过程的研究、小样本分布这些都逐渐被认识和应用。而且随着一元统计方法的逐步完善与拓宽，多元统计理论与方法也被应用到各种实际研究中去。数理统计由此产生了许多应用分支学科，为工农业生产及科学研究开辟了广阔的应用前景。同时，实践的发展又为数理统计的发展提出了很多新课题。

二、统计在心理与教育研究中的应用

19 世纪中期，凯特勒在发展与运用概率统计方法时，提出大量与人有关的量数，如身高、体重等非常近似地遵循正态分布曲线。并且，他将统计方法应用于教育学和社会学的研究。这表明，在一个研究领域中发展起来的统计技术可以应用于其他很多领域。他是第一位提出这一思想的统计学家。自此，正态分布理论开始在各学科领域中得到广泛应用，也为以后在教育、心理统计和测量方面的应用开辟了广阔的道路。之后，教育学家就根据这一理论，不断地把统计理论作为教育科学的研究方法之一，最终形成一门科学的教育统计学。

19 世纪末，随着心理科学的独立，教育学与心理学已脱离了传统上的主观判断，而注重以数据进行分析和推论，奠定了注重数据研究方法的方向。

作为一门应用统计的分支学科，心理与教育统计基本上是随着数理统计的发展而发展的，但也有个别情况与数理统计发展配合并进。心理学研究对统计技术的强烈需要，在某种意义上推动了统计学的发展。例如，因子分析源于心理学，χ^2 理论来自社会科学的研究。最早将统计方法应用于心理学研究的是英国的高尔顿，他把高斯的误差理论推广到人类行为的测量中，首创回归原理。他的学生皮尔逊也将相关系数及 χ^2 检验等应用于心理与教育研究中。同时期英国的心理学家斯皮尔曼（C. E. Spearman，1863—1945）对心理统计的发展做了很多工作，延伸了相关系数的概念，导出等级相关系数的计算方法。1904 年，他又提出因子分析的思想，用统计方法处理心理实验结果。20 世纪初，欧洲各国很多从事心理学研究的人，都在研究中应用了统计方法。此后，美国布朗大学的韦兰、密歇根大学的安吉尔、哈佛大学的埃利奥特和哥伦比亚大学的巴纳德等美国心理学家，相继创设各种与心理学有关的研究中心，致力于统计方法的应用。贡献较大的有卡特尔、桑代克、瑟斯顿等人。1904 年，桑代克出版《心理与社会测量》一书，极力提倡以心理学与统计学为工具来研究教育学，推广运用统计方法研究心理与教育方面的实验结果。20 世纪 20 年代，瑟斯顿等人对因素分析在心理学研究中的广泛应用也做了很大贡献。

统计学作为一门课程讲授是在 20 世纪初，美国人在经济学科中开设了几门统计学专题课程，正式开展统计学教育。第一次世界大战后，各种社会调查增多，统计学全方位进入人类各个知识领域，成为有力的研究方法与工具。到了 30 年代，心理科学研究才开始强调统计学的重要性，心理与教育统计专著开始出版，高等院校有关学科也开始开设心理与教育统计课程。40 年代，统计学较普遍地应用于研究心理与教育问题。当时，有关教材只是讲授小样本理论、实验设计、方差分析、回归分析等主要内容。目前，在国外的大学，统计学作为一门方法学课程，几乎每个专业的大学生都要学习。

三、心理与教育统计在中国的发展与应用

在我国，统计方法是在辛亥革命以后随着欧美各国的科学技术成就一起被介绍进来的。20 世纪 20 年代以后，曾有不少关于心理与教育统计方面的译著和专著出版发行，这对介绍、传播、普及统计思想和技术起到了重要作用，如薛鸿志等编《教育统计法》(1925)，周调阳著《教育统计学》(1925)，朱君毅著《教育统计学》(1930)，沈有乾著《教育统计学讲话》(1946)、《实验设计与统计方法》(1947)，艾伟著《高级统计学》(1933)，王书林著《教育测验与统计》(1935)、《心理与教育测量》(1935)等。翻译的作品有麦柯尔的

《教育实验法》(薛鸿志译，1925)，瑟斯顿的《教育统计学纲要》(朱君毅译，1933)，葛雷德的《心理与教育之统计法》(朱君毅译，1934)等。当时的教育统计、心理统计与测量都作为高等和中等师范院校的必修课程，一大批学者从事这门课程的讲授工作，因而心理与教育统计得到一定程度的普及和应用。

20 世纪 50 年代以后，心理学受挫，教育工作只重视理论探讨，量化研究不被重视，高等院校停开了心理与教育统计课程，严重地影响了心理与教育科学研究的开展。

20 世纪 80 年代初期，心理学恢复新生，心理与教育统计学也开始复苏。为了满足各高校相关课程的教学需求，国内出版了一些有代表性的著作和教材，较有影响的有：《心理与教育统计》(张厚粲、孟庆茂著，1982)，《教育统计学》(叶佩华等编著，1982)，《教育与心理统计》(郝德元编著，1982)，《教育与心理统计学》(左任侠编著，1982)，《教育与心理统计方法入门》(周淮水著，1983)。到了 80 年代末期，各师范院校相继恢复开设了"教育统计学"和"心理统计学"课程，该学科的教学和研究进入发展阶段，并再次出版了一批教材，如《心理统计》(车宏生、朱敏主编，1987)，《心理与教育统计学》(张厚粲主编，1988)，《教育统计学》(杨宗义主编，1990)，《教育与心理统计学》(张敏强主编，1993)，《教育统计学》(王孝玲编著，1993)等。到了 90 年代末期，紧密结合计算机科学的发展，紧随该学科国际发展前沿动态，新出版的有关著作中开始结

合实际的心理与教育研究，重视计算机在统计中的应用，介绍 SPSS、SAS、Minitab、STATISTICA 等有关统计软件包的应用。另外，一些新的统计技术和方法，如结构方程模型（SEM），以及进行模型建构与分析的软件，如 LISERL、Amos、EQS、Mplus、R 软件等也开始在心理与教育研究中被广泛应用。总的来说，在这几十年间，我国的心理与教育统计学科在教学、研究、培养人才等各个方面，取得了非常丰硕的成果。目前，心理与教育统计的教学和研究进入稳步快速发展时期。

第四节 心理与教育统计基础概念

一、数据类型

对研究数据进行分类，了解数据类型和水平，对选用恰当的统计方法至关重要。因为不同类型的数据，适用的统计方法不同，也就是说各种统计方法各有其适宜的数据水平。根据不同的分类标准，心理与教育科学研究中的数据可以区分为不同的类型。

（一）根据数据的观测方法和来源，可分为计数数据和测量数据

所谓计数数据（count data），是指计算个数的数据，一般属性的调查获得的是此类数据，它具有独立的分类单位，如人口数、学校数、男女数等，一般都取整数形式。测量数据（measurement data）是指借助于一定的测量工具或一定的测量标准而获得的数据，如身高、体重、考试分数、智力测验分数、各种感觉阈值等。

（二）根据数据反映的测量水平，可分为称名数据、顺序数据、等距数据和比率数据

称名数据（nominal data）只说明某一事物与其他事物在属性上的不同或类别上的差异，它具有独立的分类单位，其数值一般都取整数形式，只计算个数，并不说明事物之间差异的大小，如性别、颜色类别，人口数，学校数，被试对某一事物的态度（赞成、反对、没有意见），等等，它们只能用具有相同属性的个体数目来统计。在教育和心理类调查研究中，有关被试属性的调查资料，大多属于这类数据。

顺序数据（ordinal data）是指既无相等单位，也无绝对零点的数据，是按事物某种属性的多少或大小，按次序将各个事物加以排列后获得的数据资料，如学生的等级评定、喜爱程度、品质等级、能力等级、兴趣等。这种数据不具有相等单位，也没有绝对零点，只能排出一个顺序，不能指出相互间的差别大小。例如，五名学

生 的 身 高 分 别 为 1.81 m、1.79 m、1.75 m、1.70 m、1.69 m，由高到低对应的排名次序为 1、2、3、4、5。在这个例子中，身高排名第 1 的学生与排名第 2 的学生，身高差距并不等于身高排名第 2 的学生与第 3 名学生之间的差距。也就是说，这类数据不能进行加减乘除运算。

等距数据（interval data）是有相等单位，但无绝对零点的数据，如温度、各种能力分数、智商等。等距数据只能使用加减运算，不能使用乘除运算。例如，在某一能力测验中，学生 A 得了 80 分，学生 B 得了 75 分，学生 C 得了 70 分。鉴于这类数据的特点，在这个例子中，比较 3 个学生之间的能力分数时，可以说学生 A 的分数高于学生 B，学生 B 高于学生 C，而且还可以说学生 A 的分数与学生 B 的分数之差等于学生 B 与学生 C 的分数之差，因为等距数据在某个区间里具有相等单位。但由于这类数据不是从绝对零点算起的，所以不能认为在该能力测验中得零分的学生在这一方面的知识、能力就为零。比较等距数据时只能用加减法，不能使用乘除法。在这个例子中，也就不能说学生 A 的知识、能力是学生 B 的多少倍。

比率数据（ratio data）既表明量的大小，也有相等的单位，同时还具有绝对零点，如身高、体重、反应时、各种感觉阈值的物理量等都属于这种数据类型。例如，在一个家庭中，父亲的身高是 1.80 m，母亲的身高是 1.65 m，5 岁儿子的身高是 0.90 m。在这个例子中，可以说父亲的身高是他儿子身高的两倍。

（三）根据数据是否具有连续性，可分为离散数据和连续数据

离散数据（discrete data）又被称为不连续数据，如从事某一职业的人数、球赛比分、班级个数等。这类数据在任何两个数据点之间所取数值的个数是有限的。连续数据（continuous data）指任意两个数据点之间都可以细分出无限多个大小不同的数值，如年龄、长度、质量、自信心分数等，至少在理论上从最高到最低之间都可以进一步细分。对于连续性数据的进一步细分，一是取决于测量技术所允许的精确程度，二是取决于测量值所需要的精确程度。而离散数据一般是取整数，两个单位之间不能再划分细小单位。在心理和教育调查研究、问卷研究、访谈研究等质性研究的实践操作中，这两种数据的区分非常明显。这两种数据的分布规律不同，相应的制表作图方法也不同，所使用的统计方法也有区别。另外，在一般情况下计数数据大都是离散数据。

二、变量、观测值、随机变量

所谓变量（variables），就是指心理与教育实验、观察、调查中想要获得的数据。数据获得前用"X"表示，即一个可以取不同数值的物体的属性或事件，其数值具有不确定性，因而被称为变量。比如，头发的颜色，它是头发的一个属性，可以取棕色、黄色、红色、灰色等不同的值。在心理学研究中，像自信心、社会支持度、个人自控力等都能成为研究的变量。一旦

确定了某个值，就称这个值为某一变量的观测值（observation），也就是具体数据（data）。

　　由于在测查变量之前，我们不能准确地预料会获得什么样的值。在统计学上，把取值之前不能预料到取什么值的变量，称为随机变量。与变量相反的是常数（constant），它在一定范围内数值不会随意改变，如圆周率为 3.1415926。

　　一般用大写的 X 或 Y… 表示随机变量。为了表示区分不同实验或不同测量方法得到的随机变量，有时用 X_1，X_2，…，X_n 或 X_i 表示一列随机变量，而用 Y_i 表示另一列随机变量，或简写为 X，Y。

　　由于变量的变异性，测量时数据不是绝对精确，特别是连续变量，其数值只是表示连续变量的中央点值，在数轴上表示的是一段距离，或一个区间。因此，一个随机变量不管是写成整数或小数，实际上是用一个单位的中央点表示在它以上和以下各有一段距离，这牵涉到数的上、下实限问题。在心理与教育统计中也有特殊的情况。例如，年龄的表示，一般 5 岁是指 5 岁开始到 5 岁 11 个月又 30 天，即从 5 周岁到 6 周岁生日纪念之前，年龄的数值不是代表中间点，而是指开始点。

三、总体、样本与个体

　　总体（population），又称母全体、全域，指具有某种特征的一类事物的全体。总体是所欲研究的某一类对象的全体，总体的大小随研究问题的改变而改变。构成

总体的每个基本单元称为个体（individual）。在心理与教育研究中，有时是指"人"，有时是指某种实验条件下的某一个反应，或指每一个实验结果、每一个数据等。从总体中抽取的一部分个体，被称为总体的一个样本（sample）。样本是由总体的一部分构成的。有时个体又叫作一个随机事件或样本点。这样，总体就被称作样本空间，样本也就被称作样本点的某个集合。在心理与教育研究中，样本可以是在实验中所选取的一组被试的实验结果，或一个被试的多次结果等。实验中被试的数目，或一个观测重复的次数，称作样本大小（sample size）或样本容量（capacity of sample），通常用 n 来表示。一般情况下，在心理与教育统计学中，把样本容量超过 30 的样本称为大样本，等于或小于 30 的样本称为小样本。样本越大，对总体的代表性就越强。当样本小时，个别数值的变化会对整个统计结果产生重大影响。因此，样本容量数目不同，统计方法也不同。

　　总体中包含的个体有时是有限的，有时是无限的。有限个体的数目通常用 N 来表示。构成总体的个体不限于人或物，也可指某种心理活动，如反应时、推理能力、学习方法、对人面部特征的识记能力、解决问题的能力、对幸福的体验等。如果研究的对象是某区域某些人的某种心理特点，这时总体所包含的个体是有限的，如果只是研究某种心理特点，则这一总体就是无限的。因为对于某种心理特点，测查这个区域的人可以得到，测查另外区域的人也能得到，因而这个总体就是无限的。总体

本身的大小，有限还是无限，要依据研究问题的推论范围而定。

同时，总体与样本也可以互相转换变化。例如，某校三年级学生，可作为该校学生的一个样本，同时也可当作该校现在三年级的总体，同时也是该校所有三年级学生的一个样本（所有三年级包括过去的、现在的及未来的）。总体的性质由组成总体的各个个体的性质而定，要了解总体的性质，就必须对构成总体的个体进行观测。一般情况下，心理与教育研究中的总体常为无限总体，若对总体中所有的个体加以观测是不可能的。因此，在心理与教育科学研究中，当面对无限多个个体时，只有采用随机取样，通过样本来进行研究，然后通过样本对总体加以推论。样本的代表性越强，就越能准确地反映总体的情况。另外，在一定情况下样本亦可转变为总体，这需要依实际研究而定。

四、次数、比率、频率与概率

在一项研究中，我们对随机现象进行观察试验，在一定条件下，本质不同的事情可能出现，也可能不出现，这种事情称为随机事件，简称事件。次数是指某一事件在某一类别中出现的数目，又称为频次（frequency），用 f 表示。例如，在某一反应时实验中，反应时为 180 ms 这一事件在整个反应时测定中出现的数目就称为它的次数。再如，一个班施测某测验时，成绩为 90 分的共有几个，这便是 90 分这一事件出现的次数。

两个数的比称为比率。当所比的两个数中，分子所表示的事物是做分母的那个数（基数）所表示事物的一部分时，比率又称为比例，百分数或百分率是比例的另一种表示形式。

频率，又称相对次数，即某一事件发生的次数被总的事件数目除，亦即某一数据出现的次数被这一组数据总个数除。频率通常用比例（proportion）或百分数（percent）表示。

概率，又称几率、或然率（probability），用符号 P 表示，指某一事件在无限的观测中所能预料的相对出现的次数，也就是某一事物或某种情况在某一总体中出现的比率。概率通常用比例表示。有的概率可知，有的不可知，但可用有限观察得到的某事件的频率作为估计值。如果知道了某事件的概率，就可知道该事件在实验中出现的可能性，因此概率又是反映某一事件发生可能性大小的量。

五、参数和统计量

在科学研究中，我们探寻的是关于所有事物总体的说明和解释。总体的那些特性称为参数（parameter），又称总体参数，是描述一个总体情况的统计指标。与此相对，样本的那些特征值叫作统计量（statistics）。一个参数是从整个总体中计算得到的量数，通常是通过样本特征值来预测得到的。统计量是从一个样本中计算出来的一些量数，它可以描述一组数据的情况。参数代表总体的特性，它是一个常数。统计量代表样本的特性，它是一个变量，随着样本的变化而变化。

参数和统计量之间最明显的区别是参数常用希腊字母表示，而样本统计量则用英文字母表示。例如，反映总体集中情况的统计指标，即总体平均数或期望值通常用小写希腊字母 μ（读作 mu）表示，与此对应的样本平均数的表示符号是 $\overline{X}$ 或 $\overline{Y}$。反映总体分散情况的统计指标标准差用小写希腊字母 σ（读作 sigma）表示，方差常用 σ^2 表示，对应的样本符号是 s（或 SD）和 s^2。表示某一事物两个特性总体之间关系的统计指标相关系数用小写希腊字母 ρ（读作 rho）表示，对应的样本符号为 r。表示两个特性总体之间数量关系的回归系数用小写希腊字母 β（读作 beta）表示，样本用符号 b_{XY} 或 b_{YX} 表示，等等。从上面所述可见，统计量是描述一组数据情况的统计指标，参数和统计量二者所用名称基本相同，但符号不一样，学习时要注意区别。在统计分析中，还要注意大、小写字母的区别。例如，"t 检验"中的字母要用小写字母 t，不能用大写字母。另外，n 与 N 之间也有一定的差异。

当已知某一总体参数时，该总体所有数据——随机变量的分布特点，也意味着已知。总体分布常用分布函数表示，决定这个分布函数的主要参变量就是总体参数。总体参数与统计量之间还有一定的关系。从数值计算上讲，当总体大小已知并与实验观察的总次数相同时，它们是同一统计指标。当总体无限时，统计量与总体参数不同，但统计量可在某种程度上作为总体参数的估计值。通过样本统计量，对总体参数能够做出预测和估计。究竟如何估计，使用的公式有何不同，这是心理与教育统计学所要讲述的内容之一。

小　结

本章介绍了心理与教育统计的基本概论性的知识，包括发展历史、研究内容、基本概念等。

1. 心理与教育统计是心理教育科学研究中一种重要的定量研究工具。它处理的数据具有随机性、变异性、规律性等特点。

2. 心理与教育统计是统计学的一个应用分支，它随着数理统计学的发展而发展；同时，心理与教育研究实践活动也进一步促进了数理统计学的发展。

3. 心理与教育统计的研究内容包括描述性统计、推论性统计、实验设计三个部分。

4. 心理与教育统计数据可分为不同类型，如计数数据和测量数据，称名数据、顺序数据、等距数据和比率数据，离散数据和连续数据。它们之间既有区别，又相互联系。不同类型的数据，相适应的统计处理方法也不同。

5. 变量、观测值与随机变量，总体、样本与个体，次数、比率、频率和概率，参数与统计量，这些概念是心理与教育统计的基本概念，正确地理解它们，有利于更好地学习有关的统计方法。

进一步阅读资料

1. 艾伦 (A. Aron)，艾伦 (E. N. Aron)，库普思 (E. Coups). 心理统计（第 4 版）(影印版). 北京：世界图书出版公司北京公司，2006：1～6.

2. 哈夫 (D. Huff). 统计陷阱. 廖颖林，译. 上海：上海财经大学出版社，2002.

3. 鲁尼恩 (R. P. Runyon)，科尔曼 (K. A. Coleman)，皮滕杰 (D. J. Pittenger). 心理统计（第 9 版）(英文版). 北京：人民邮电出版社，2004：26～50.

4. 帕加诺 (R. R. Pagano). 行为科学中的统计学入门（第 6 版）(影印版). 北京：中国统计出版社，2002：1～33.

计算机统计技巧提示

本书介绍的统计软件为 Excel 和 SPSS。学习使用它们有以下 5 种方法。①使用软件的"帮助"功能。②使用电子"教程"，如 SPSS 软件中的"Tutorials"。③直接登录该软件的官方网站。④利用互联网查找该软件的在线资源。⑤阅读软件用户手册或相关书籍。

在线资源

一个学习使用 Excel 做统计的网址：http://www.real-statistics.com/。

可以在线学习 SPSS 的网址：https://www.spss-tutorials.com/或 https://statistics.laerd.com/。

思考与练习题

1. 名词概念

   随机变量　　总体　　样本　　个体　　次数　　比率　　频率　　概率

   统计量　参数　　观测值

2. 何谓心理与教育统计学？学习它有何意义？

3. 选用统计方法有哪几个步骤？

4. 心理与教育科学实验的数据是否属于随机变量？为什么？

5. 怎样理解总体、样本与个体？

6. 统计量与参数之间有何区别和关系？

7. 试举例说明各种数据类型之间的区别。

8. 下列数据，哪些是测量数据？哪些是计数数据？其数值意味着什么？

   (1) 17.0 千克　　　(2) 89.85 厘米　　　(3) 199.2 秒

   (4) 17 人　　　　(5) 25 本　　　　　(6) 93.5 分

9. 说明下面符号代表的意义。

   μ　　$\overline{X}$　　ρ　　r　　σ　　s　　β　　N　　n

10. 结合所学心理学知识，谈谈你对心理统计思想的初步理解。

11. 熟悉 Excel 软件，初步了解计算机在统计工作中的应用情况。

第二章
统计图表

【**教学目标**】熟悉整理统计数据的排序与分组方法，理解各种统计图表的基本结构及制作要求，熟练绘制各种统计图表，针对不同的数据类型和研究需求，灵活运用统计图表。

【**学习重点**】各种统计图表的基本结构与编制方法，各种次数分布表与次数分布图，直方图、条形图与线形图。

各种科学研究的结果大多以数据的形式出现。这些直接获得的数据被称为原始数据或观测数据，它们纷乱无章，初看起来难以发现问题，只有经过整理分析才能从中提取出有用的信息，构成规律性的知识。因此，科学工作者在实验或调查结束后的第一项工作就是依据研究目的的要求，对原始数据加以初步整理与分析，制成简单的统计图或统计表，从中发现这些数据分布的形式和特点，再选择必要的统计方法进一步做深入研究。另外，研究结果的呈现既可以采用数字或文字形式，同时，也可以绘制成统计图表，用简单明了的形式来呈现。统计表和统计图简单明确、生动直观地表达数量关系，具有一目了然、整洁美观、容易理解等特点，在科研结果的展示中是一个不可忽视的重要方面。本章主要介绍对数据进行初步整理的方法和各种统计图表的制作与应用。

第一节 数据的初步整理

远在数理统计的理论体系建立起来以前，人们就在广泛地使用一些直观易行的方法来处理数据，从中获得有用的信息。统计表和统计图就是对数据进行初步整理，以简化的形式加以表现的两种最简单的方式。

在对数据进行统计分类以后，得到的各种数量结果被称为统计指标，把统计指标和被说明的事物之间的关系用表格的形式表示就成为统计表（tabulation）。统计表具有简明、清晰、准确的特点，表中的数据易于比较分析。统计图（graph 或 chart）是依据数字资料，应用点、线、画、面、体、色等描绘制成，简明而有规律，并且能显示数量的图形，它是统计数据资料的可视化显示方式。一张简单的图形，可以把一大堆数据中有用的信息概括地表现出来。图形比数字更为具体形象，能形象化地呈现事实或现象的全貌，给人以简明扼要、清晰易懂的印象，便于学习和记忆。

在制作统计表和统计图时，首先要对收集的数据资料进行初步整理。整理的基本方式有数据排序和统计分组两种。

一、数据排序

数据排序（sort 或 order），就是按照某种标准，将收集到的杂乱无章的数据按照一定顺序标准进行排列，如按照被试的年龄或性别，或者调查问卷的标识码等标准进行排列。排列后会使数据之间的某种关系有所显示。数据排序是整理数据最简单的方法。

将一组数据按照数值大小、高低、长短、多少，依升序（ascending order）或降序（descending order）排列后，就可显示出数据的分布情况。对字符型数据，如性别、职业类别等数据排序时，汉字可依照汉语拼音、笔画数排序，英文可按字母顺序排序。将数据排序后，可以再进一步划分等级，如考试分数排序之后能够转化成优良中差四个级别，也可确定名次。至于等级排列的顺序用升序还是降序，则要视数据及所反映的事物本身的性质和研究目的而定。

二、统计分组

所谓统计分组（grouping），就是根据被研究对象的特征，将所得数据划分到各个组别中去。对研究中所获得的大量数据进行统计分组是整理数据的重要步骤。

（一）统计分组前的准备

将数据进行分组前，先要对观测数据做进一步的核对和校验。校核数据的目的是尽可能地消除记录误差，以便使后续的统计分析建立在一个坚实的基础上。

在研究中，采用一定的观测手段会得到大量数据。但是这些数据在获得过程中，由于不同研究者掌握的观测标准不同，观测仪器的灵敏度不稳，以及观测时某些异常因素的影响，观测结果会产生一些因过失而造成的误差。因此，在对数据进行分组之前，要进一步核实，如果有充分的理由证明某个数据是受到了这些过失的影响，那就要将这些数据删除出去，以免它们影响对结果的分析。在这个过程中，切忌随心所欲地删除那些不符合自己主观假设的数据。如果那样做，不仅违背科学原则，还是缺乏科研道德的表现。

尤其在心理与教育科学实验中，研究者常常会收集到一些变异性较大的实验数据。在进行整理时，如果没有充足的理由证明某数据是由实验中的过失造成的，就不应轻易将其排除。如果要删除它们，也应遵循三个标准差准则（简称 3σ），即该数据是否落在平均数加减三个标准差之外，有关具体方法将在第四章中介绍。对于不能解释其产生原因的异常数据，都应遵循这个准则取舍。

（二）统计分组应注意的问题

1. 分组要以被研究对象的本质特性为基础

对大量原始数据进行分组时，有时需要先做初步的分类，分类或分组一定是要选择与被研究现象的本质有关的特性为依据，才能确保分类或分组的正确。在心理学与教育学研究方面，专业知识的了解和熟悉对分组的正确进行有重要作用。例如，在学业成绩研究中按学科性质分类，在整理智力测验结果时，按言语智力、操作智力和总的智力分数分类等。

2. 分类标志要明确，要能包括所有的数据

对数据进行分组时，所依据的特性称为分组或分类的标志。整理数据时，分组标志要明确并且在整理数据的过程中前后一致。另外，所依据的分类标志必须能将全部数据包括进去，不能有遗漏，也不能中途改变。

（三）分组的标志

分类标志各种各样。这些分类标志按形式大致可分为性质类别与数量类别两种。

1. 性质类别

性质类别主要是根据事物的不同属性将被观测的事物加以划分，反映事物在组别、种类上的不同，不说明事物之间的数量差异。例如，将一组被试分为男性与女性，按年龄将其分为老年、中年及青年等，这些不同的类别之间不说明数量的差别。如果分类标志是成绩优劣，并分为优良中差等，也是不同的性质类别。这里分类标志本身包含着好与坏，但不能直接比较其相差的多少。

性质类别可根据事物的性质及研究的需要分成不同的层次，每个层次又可分为不同数量的细目。在对观测数据按性质标志分组时，究竟分多少层次和细目，这要看研究的需要。如果要对分类的数据做进一步分析，就还要看统计方法所提供的可能性。

2. 数量类别

数量类别是以数据的取值大小为分类标志，把数据按数值大小以分组或不分组的形式排出一个顺序来。在这种排序中，项目本身就显示了分类的数量信息，这一点与性质类别明显不同。

对原始数据进行排序和分类以后，数

量小的就可以直接计算，数量大时再做进一步分组，可制成次数分布表，便于了解数据的总体情况，并对于以后的统计分析或制作图表具有重要的意义。

三、统计表

统计表的结构一般包括几个组成要素，它们的名称和编制要求如下：

表号 表的序号位于表的左上方，一般以出现的先后顺序排列。

标题 又称名称，是一个表格的名称，应写在表的上方。标题用语要简练扼要，准确得体，一望即知该表的内容。如有必要，可在表的下面附加说明，但这种情况不宜多用。表的序号和标题之间留一个汉字的空格，二者居中排在顶线的上方，长度不宜超过表的宽度，若标题字数过多，应转行排列。

标目 即分类的项目。标目的好坏决定了统计表的质量，要认真酌定。标目一般在表的上面一行（table spanner）或左侧一列（stub column）。如果分类的标志只有一个，写在表的上行或左列都可以；如果分类的标志有两个，且二者没有隶属关系，则左列与上行各一个；如果两个分类标志有隶属关系，则要放在一个方向（或上面或左侧）分两行分述。标目确立了数据组织的逻辑，并确定了栏目下数据栏的性质。

数字 数字是统计表的语言，又称统计指标。它占据统计表的大部分空间，书写要整齐划一，数字应以个数位（或小数点）对准上下对齐，缺数字的项要划"—"。表中的数字一般不带单位、百分号（％）等，单位和百分号一般归在标目中。表中的数字构成了表体。

表注 写于表的下面，是对统计表或者表内的某些内容进行补充说明和解释。数据来源、附记等都可作为表注的内容，文字可长可短。

统计表的结构和组成要素如图 2-1 所示。

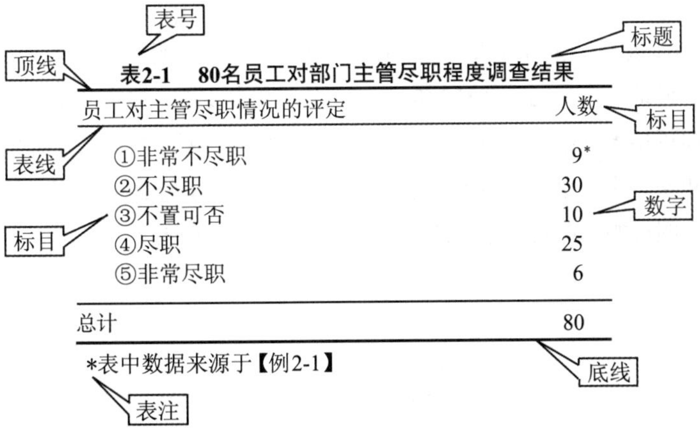

图 2-1 统计表的结构和组成要素图示

此外，在一般统计表的制作中，表的各纵列之间要用线条隔开，表的两边有纵线，上下两边有横线，标目与数字间，数字与总计间，两个总标目之间都用线条隔开。表的上下两横线，即顶线和底线要略粗一些。但是，心理学研究中常用简单的三线表。这种表格通常只有三条线，即顶线、底线和栏目线，并且不用竖线隔开。

四、统计图

统计图一般采用直角坐标系，通常横坐标（abscissa）或横轴（horizontal axis）表示事物的组别或自变量 X，称为分类轴（category axis）；纵坐标（ordinate）或纵轴（vertical axis）表示事物出现的次数或因变量 Y，称为数值轴（scale axis）。除直角坐标外，还有角度坐标等，如圆形图。统计图一般由下面几个部分组成。

图号及图题　图号是图的序号。图题或标题是统计图的名称。图题的文字要言简意赅，具有说明性和专指性，使人一看就能知道该图所要显示的是何事、何物，发生于何时、何地。如果图示资料比较复杂，这时图题可用大标题与小标题。图题与图号之间也空一个汉字。与统计表格不同的是，统计图形的标题常置于图的正下方。图题的字体要与整个图形的大小相称，一般是图中使用的最大号的文字。书写顺序一般与图形标目一致，自左至右书写。

图目　写在图形基线上的各种不同类别、名称，或时间、空间的统计数量值，即横坐标上所用的各种单位名称，也叫刻度线标签。

图尺　在统计图的横坐标及纵坐标上都要用一定的距离表示各种单位，这些单位称为图尺（ruler 或 scale）。图尺分点（tick）要清楚，整个图尺大小要包括所有的数据值，如果数据值大小相差悬殊，图尺可用断尺法或回尺法，减少图幅。

图形　是图的主要部分，图形线条要清晰，一般除图形线外，避免书写文字。要表示不同的结果，用不同的图形线以示区别。

图例　用来表示并标明各种图形的含义。图例（legend）的位置可选图中或图外适当的地方，注意保证整个统计图的和谐、美观和均衡。

图注　凡是图形中需要借助文字或数字加以补充说明的，均称为图注。图注部分的文字要少，字号要小。它可以帮助读者理解图形所示资料，提高统计图的使用价值，又不破坏图的美观。统计图的结构和组成要素如图 2-2 所示。

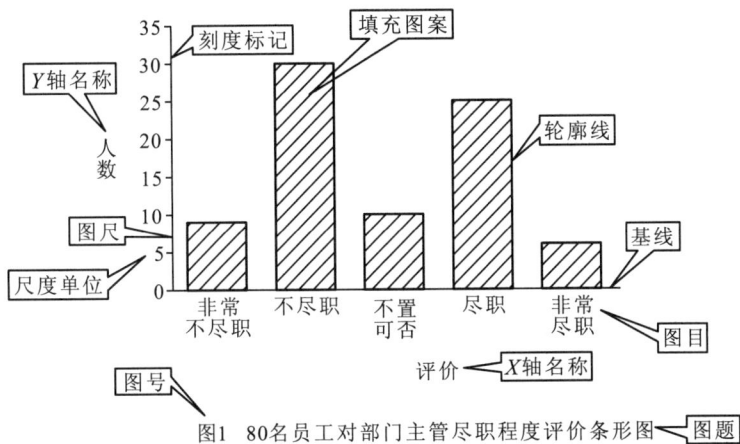

图1　80名员工对部门主管尽职程度评价条形图

图2-2　统计图的结构和组成要素示意图

此外，一个统计图使用的线条，除图形基线（横坐标）、尺度线（纵坐标）、轮廓线（图形的边框）外，有时也可以加参考线（也称网格线，grid）。

【资料卡 2-1】

图表的起源

关于图表的起源，统计学史家可以追溯到遥远的过去。沃克曾说："表记统计在中世纪某些原始记录中已经开始应用。起初以土地为对象，后来以应服兵役的壮丁为对象。"威廉·配第在其1691年出版的《爱尔兰的政治解剖》一书中，已经利用图表来反映、分析统计资料。但大多数欧美统计学史家认为始创"表记统计"（table statistics）的是丹麦历史学家安彻逊教授和德国地理学家克罗姆教授。

安彻逊（H. P. Anchersen，1700—1765）教授在他1741年出版的《文明国家一览表》一书中，提供了一个包括15个欧洲国家的简表。每个国家占一纵列，题目占若干个横行，如人口、面积、宗教、军事、行政组织、货币、度量衡等。这种表现方法自然地利用了数字，但并没有完全摆脱文字的记述。尽管这种统计表与今天我们使用的统计表有所不同，但是它朝着这个方向发展。

克罗姆（A. F. Crome，1753—1833）1786年在基森大学（Giessen）任统计学教授时，利用图表帮助教学，由于其著作《普通德国志》和《欧洲各国领土面积和人口》不仅使用了表，而且使用了图，特别是几何图形来实现，因而博得"统计学拓荒者"的荣誉，比安彻逊又前进了一步。

此后，美国经济学家普莱费尔（W. Playfair，1759—1823）的经济学著作大量借助统计表、直方图、圆形图、条形图、颜色描述经济现象。《图示法发展史》（*A Note on the History of the Graphical Presentation of Data*）的作者罗伊斯顿（E. Royston）说："普莱费尔即使不算今天图示法的发明者，也是把图示法引进统计学的第一人。"

总之，安彻逊偏重于利用图表说明历史，克罗姆偏重于利用图表说明地理，而普莱费尔则利用图表说明社会经济现象。

——资料来源：高庆丰. 欧美统计学史. 北京：中国统计出版社，1987：25～26，37，50～51.

第二节 次数分布表

次数分布（frequency distribution）显示初步整理后一组数据的分布情况，如同一个观测值出现的次数，或者是每一个分数区间内包含的观测分数的个数。它主要表示数据在各个分组区间内的散布情况。依据它所显示的次数如何产生，次数分布可区分为简单次数分布、分组次数分布、相对次数分布、累积次数分布等。次数分布表和次数分布图就是各种次数分布的列表形式和图示形式。

编制次数分布表、图，是对数据进行初步整理的结果，它有助于了解一组数据的分布情况，不仅使少量数字有效地概括了大量原始数据，揭示它们的意义，还可以节约呈现数据的时间。编制良好适用的次数分布表可以为做好统计计算奠定重要的基础。

一、简单次数分布表

简单次数分布表（simple frequency table）就是依据每一个分数值在一列数据中出现的次数或总计数资料编制成的统计表。举例如下。

【例 2-1】某公司人力资源部为了评估本公司某一部门主管人员的绩效，使用调查问卷对该部门员工实施民意调查。其中有一道选择题为："你认为本部门现任主管尽职尽责的程度如何？①非常不尽职；②不尽职；③不置可否；④尽职；⑤非常尽职。"要求参加调查的 80 名员工从选项中做出选择。总的结果依选项顺序分别为 9，30，10，25，6，试制作一个简单次数分布表。

解：表 2-1 就是根据这些员工在这道题目上的意见统计结果制作的一个简单次数分布表。

表 2-1　80 名员工对部门主管尽职程度调查结果

员工对主管尽职情况的评定	人数
① 非常不尽职	9
② 不尽职	30
③ 不置可否	10
④ 尽职	25
⑤ 非常尽职	6
总计	80

在心理与教育研究中，态度、兴趣、偏好等许多测验或调查的结果，都能制作成这种简单次数分布表。另外，不管是按类别分的计数数据，还是连续性的测量数据资料，它们都适合编制这种统计表。当然，当一列连续性测量数据的个数很多，分数的分布范围又比较大的时候，就更适合于使用下面的分组次数分布表了。

二、分组次数分布表

当数据量很大时，应该把所有的数据先划分为若干分组区间，然后将数据按其数值大小划归到相应的组别内，分别统计各个组别中包括的数据个数，再用列表形式呈现出来，就构成了分组次数分布表（grouped frequency table）。

（一）编制分组次数分布表的步骤

1. 求全距

全距（range）指最大数与最小数两个数据值之间的差距。从被分组的数据中找出最大数与最小数，二者相减所得差数就是全距。

2. 决定组距与组数

组距（interval）是指任意一组的起点和终点之间的距离，用符号 i 表示。决定组距的大小，需要以全距为参考。全距大，则组距可大一些；全距小，则组距可小一些。组距经常取 2，3，5，10，20 等数值，这样便于分组，便于计算分组区间和组中值。如果先确定了组数，就可以用全距除以组数后，取整数表示组距。

组数（分组数目）的多少要根据数据的多少来定。如果数据个数在 100 以上，习惯上一般分 10～20 组，经常取 12～16 组。数据个数较少时，一般分为 7～9 组。如果数据的总体分布为正态，可用下面的经验公式计算组数（K），这样可使分组满足渐近最优关系。

$$K = 1.87 (N-1)^{\frac{2}{5}}$$

（N 为数据个数，K 取近似整数）

用这个公式计算出的组数，只是一个近似数。因为究竟能分多少组，与分组时最低组的下限值和组距 i 有关，因为 $i = \dfrac{\text{全距}}{K}$。有关研究指出，经验和理论都证明，如果任一组观测数值被分为 10～15 组，全部信息就都被保留下来了。一般说来，分组数目或组距变化较小时，对次数分布表作用的显示和计算的准确性，不会产生很大影响。因此并不要求严格界定组数与组距。

那么，应该如何掌握分组的标准呢？一般来说，分组数目多，则组距小，计算精确，但它要求总的数据量大，否则会出现有的组距内无次数分布的现象，那将使整个数据的分布规律不明显，也就不能发挥次数分布表的作用。如果分组少，组距就大，计算简单，但引进计算误差较大。因此，要做到既不增加收集数据的工作量，又能使分组后的计算精确到最大限度，使用上述公式分组是一个较好的方法。

3. 列出分组区间

分组区间即一个组的起点值和终点值之间的距离，又叫组限。起点值称组下限，终点值称组上限，组限有表述组限和精确组限两种。例如，一组组距为10的分组数据，它们的表述组限为10～19，20～29，30～39，40～49等，实际上它们的精确组限（或称实际组限）分别为9.5～19.499，19.5～29.499，29.5～39.499，39.5～49.499等。这种做法既简便也易于计算。在写分组区间时要注意这样几点：在列出的分组区间内，最高组区间应包含最大的数据，最低组区间应包含最小的数据；最高组或最低组的下限最好是组距 i 的整数倍；各分组区间一般在纵坐标上按顺序排列，数值大的分组区间排在上面，数值小的分组区间排在下面；在呈现表格时，各分组区间使用表述组限，并且为了书写方便，通常只用整数写下限值，然后在右侧画一横线。例如，前面组距为10的一列数据的分组区间可写为10～，20～，30～，40～等。不过在登记次数时必须明确，一定要按精确组限将数据归类划分到相应的组别中。

4. 登记次数

依次将数据登记到各个相应的组别内，一般用画线记数（卌）或写"正"字的方法。为确保登记准确，第一次登记后需再核实。

5. 计算次数

根据登记的结果计算各组的次数，计算各组次数的总和即总次数，并核对各组次数总和与数据的总个数是否相等。

然后，取消画线登记次数一列，重新制表。新表包括的栏目有：第一列为分组区间，第二列为各分组间的组中值。组中值是每组精确下限加上组距的二分之一，或精确下限与精确上限之和的一半。第三列为次数（f）。这样整理的统计表就是次数分布表，见表2-3。表2-3中第四列和第五列为相对次数，分别用频数比率（f/N）和百分次数表示，这两列有时可不用列出。

为了进一步熟悉并掌握编制分组次数分布表的具体方法，下面是一个具体实例。

【例2-2】下面是100名学生在某项测验中的成绩分数，试将它制成一个次数分布表。

76.0	77.5	82.0	90.5	81.0	85.5	71.0	80.5	92.5	77.0
88.0	81.0	76.5	67.0	83.0	84.0	84.0	62.0	79.0	72.0
89.0	78.0	78.0	80.0	78.5	76.5	75.0	79.5	86.0	81.5
75.0	84.0	90.0	80.0	86.0	84.5	68.5	71.0	86.0	81.5
79.5	80.5	73.0	93.0	83.0	72.0	68.0	71.0	87.0	78.0
66.0	83.0	87.0	82.5	79.5	80.0	82.0	81.0	86.5	83.5

71.5	83.0	91.0	96.0	75.5	89.0	87.5	69.0	74.0	70.0
77.5	75.0	79.0	79.0	80.5	74.5	77.0	82.5	72.5	73.5
73.5	76.0	88.5	85.0	89.5	78.5	76.0	74.0	<u>98.0</u>	73.0
94.0	79.0	80.0	75.5	83.5	82.0	65.0	74.5	80.0	70.5

这一组学生成绩分数的分布范围在 62～98，测验分数属于连续性随机变量，编制分组次数分布表的方法步骤如下。

第一步，找出最大值与最小值分别为 98.0、62.0，全距为 98－62＝36。

第二步，确定组数与组距。一般测验成绩的总体分布为正态分布，故将 $N=100$ 代入公式 $K=1.87 (N-1)^{\frac{2}{5}}$ 计算得到 $K=11.75$。受组距及分组区间下限取值的影响，使用公式计算组数并不能得到一个确切的值。在此例中将组数确定为 12，定组距为 3.0。也可使用其他方式来确定组数。

第三步，列分组区间。因为这组数据最小值为 62.0，组距定为 3.0，所以以最低组的下限取为 60.0，既可将最小值 62.0 包含在最低组内，其值又是 3.0 的整数倍，这样比较好。各组区间可写为：60.0～，63.0～，66.0～，69.0～，72.0～，75.0～，78.0～，81.0～，84.0～，87.0～，90.0～，93.0～，96.0～，最高组 96.0～99.0，也可将最高分 98.0 包括进去。为书写方便，这里各分组区间用整数表示。在对数据进行分组时，按各组的精确组限归类，如 59.5～62.499，62.5～65.499，以此类推。

第四步，登记与计算次数。登记次数时要特别注意处于分组区间分界点（breakpoint）上的几个值，如 62.5，65.5，68.5，71.5，74.5，77.5，80.5，83.5，86.5，89.5，92.5，95.5，都应登记到上一组。表 2-2 是登记结果。登记完毕后应再核实一次，确保无误后，计算次数。

表 2-2　次数分布表的登记表

分组区间	登记次数	次　　数
96～	||	2
93～	|||	3
90～	||||	4
87～	卌 |||	8
84～	卌卌 |	11
81～	卌卌卌 ||	17
78～	卌卌卌卌 ||||	19
75～	卌卌 ||||	14
72～	卌卌	10

表2-2续

分组区间	登记次数	次　数
69～	⊞⊞ ‖	7
66～	‖‖	3
63～	‖	1
60～	‖	1
合计		100

第五步，编制次数分布表。这一步要注意组中值的计算。表 2-3 是一个综合的次数分布表，其中的第一、第二、第三列共同组成了一个分组次数分布表，主要包括分组区间、组中值 (midpoint of interval) 和次数。第四、第五列为相对次数，这两列可根据需要决定是否列出。

表 2-3　次数分布表

分组区间	组中值（X_c）	次数（f）	频率（P）	百分次数（％）
96～	97	2	0.02	2
93～	94	3	0.03	3
90～	91	4	0.04	4
87～	88	8	0.08	8
84～	85	11	0.11	11
81～	82	17	0.17	17
78～	79	19	0.19	19
75～	76	14	0.14	14
72～	73	10	0.10	10
69～	70	7	0.07	7
66～	67	3	0.03	3
63～	64	1	0.01	1
60～	61	1	0.01	1
合计		100	1.00	100

(二) 分组次数分布表的意义与缺点

编制分组次数分布表，可将一堆杂乱无序的数据排列成序。从表中我们可以发现各个数据的出现次数是多少，其分布的状况如何，如表 2-3 告诉我们 77.5～80.499 这一组人数最多，90 分以上及 70 分以下的人数较少。同时，次数分布表还可显示这一组数据的集中情况（平均值大约在 78～80）及差异情况等。

分组次数分布表也有缺点。从表 2-3 看，原始数据不见了，只见到各分组区间及各组的次数，所有的分组次数分布表都是这样的。根据这样的统计表提供的数据资料计算得到的平均值，会与用原数据计算的值有一定的出入。这是由于用分组数据编制次数分布表时，假设各区间的数据均匀分布，并用各组的组中值代表各原始数据，而不管数据原来的情况所造成的误差，这个误差被称为归组效应。同一组数据，随着分组组距的加大，分组数目减少，引入的误差就会变大，反之则变小。不过根据次数分布表的编制要求，分组区间不能无约束变大。因此，就一组数据而言，组距的变化引入的计算误差也不会很大，对以后的进一步统计分析，一般不会带来需要注意的影响。从另一个角度讲，将不规则的数据按一定的规律加以调整，对以后进一步统计分析也有利。

三、相对次数分布表

将次数分布表中各组的实际次数转化为相对次数，即用频数比率 $\left(\dfrac{f}{N}\right)$ 或百分比 $\left(\dfrac{f}{N}\cdot 100\%\right)$ 来表示次数，就可制成相对次数分布表。表 2-3 中，由第一、第二、

第三列和第四列或者第五列组成的表，就是一个相对次数分布表。

四、累加次数分布表

在一般的分组次数分布表中，只标出各分组区间的数据次数。如果想知道某个数值以下或以上的数据的数目，就要用累加次数。累加次数（cumulative frequency）是把各组的次数由下而上，或由上而下累加在一起。最后一组的累加次数应等于数据的总次数。用累加次数表示的次数分布称为累加次数分布（cumulative frequency distribution）。累加次数的方法有两种。一种是从分布表的小数端，逐区间进行次数累加，这种累加次数可回答次数分布表某一分组区间上限以下的次数是多少。另一种是从分布表的大数端逐区间累加次数，这种累加次数可回答某一分组区间下限以上的次数是多少。在心理实验中对感知阈限的测定、各种心理量表的编制、心理测验中的项目分析、教育管理及成绩比较（如百分位数与百分等级）等，经常会用到这种累加次数分布表。根据表 2-3 中的次数分布，可整理成表 2-4 这样一个累加次数分布表。

表 2-4　累加次数分布表

分组区间	次数 (f)	向上累加次数		向下累加次数	
		实际累加次数（cf）	相对累加次数	实际累加次数（cf）	相对累加次数
96～	2	100	1.00	2	0.02
93～	3	98	0.98	5	0.05

表2-4续

分组区间	次数 (f)	向上累加次数		向下累加次数	
		实际累加次数（cf）	相对累加次数	实际累加次数（cf）	相对累加次数
90～	4	95	0.95	9	0.09
87～	8	91	0.91	17	0.17
84～	11	83	0.83	28	0.28
81～	17	72	0.72	45	0.45
78～	19	55	0.55	64	0.64
75～	14	36	0.36	78	0.78
72～	10	22	0.22	88	0.88
69～	7	12	0.12	95	0.95
66～	3	5	0.05	98	0.98
63～	1	2	0.02	99	0.99
60～	1	1	0.01	100	1.00

在表2-4中，所列的累加次数有向上累加次数和向下累加次数，实际累加次数和相对累加次数几种情况，可根据需要选用，不必一一列出。有了这个累加次数表，就可以比较方便地了解到某一分组区间上限以下的数据总数，或下限以上的数据总数。

五、双列次数分布表

双列次数分布表又称相关次数分布表，是对有联系的两列变量用同一个表表示其次数分布。所谓有联系的两列变量，是指在同一组被试中每个被试两门学业成绩分数，或两种能力分数，或两种心理特点的指标，或同一组被试在两种实验条件下获得的结果等。再如，各方面基本相同（如孪生子或智商相同）的两个被试进行同一测量所得到的结果也是有联系的。如果有多个这样的被试，他们的测试数据也构成有联系的两列变量。

编制双列次数分布表，首先按照分组次数分布表的编制方法，分别列出各变量的分组区间，将一列变量的分组区间竖列，将另一列变量横列。竖列的小数端在下，大数端在上，横列的小数端在左而大数端在右。登记时，每次同一对变量（有联系的两个变量）同时登记在相应的格内。例如，有 X 为 50，Y 为 60 两个变量，那就在横列包含 50 的分组区间、竖列包含 60 的分组区间两者相交处的方格内登记一次。表2-5中的数据是分别测查得到的每一个被试的视觉及听觉反应时间。

表 2-5　31 人的视、听反应时（单位：毫秒）

被试	听	视	被试	听	视	被试	听	视
1	174.1	177.5	12	128.0	138.0	23	211.5	242.2
2	136.4	167.4	13	168.0	191.0	24	141.9	212.8
3	118.3	116.7	14	143.0	171.5	25	130.6	171.0
4	178.1	130.9	15	154.5	147.0	26	150.0	241.0
5	186.3	199.1	16	171.0	172.0	27	140.0	176.1
6	135.2	198.3	17	205.5	195.5	28	166.8	165.4
7	203.0	225.0	18	161.1	190.0	29	164.5	201.0
8	229.0	212.0	19	179.5	206.7	30	133.4	145.5
9	163.0	180.0	20	140.1	153.2	31	147.0	163.0
10	146.5	171.0	21	195.6	217.0			
11	144.5	144.0	22	181.3	179.2			

根据表 2-5 中的结果，确定听反应时组距为 20 毫秒，将其横列；视反应时的组距也为 20 毫秒，将其竖列。编制双列次数分布表如表 2-6。

表 2-6　双列次数分布表

视＼听	100～	120～	140～	160～	180～	200～	220～	Y_f
230～			|			|		2
210～			|		|	|	|	4
190～		|		|||	||	|		7
170～		|	|||	|||	|			8
150～		|	||	|				4
130～		||	||	|				5
110～	|							1
X_f	1	5	9	8	4	3	1	31

注：正式表要将格内次数用数字表示。

六、不等距次数分布表

一般次数分布表都是等距的。但在实际研究中常遇到不等距的情况，如工资级别、年龄分组等，若按等距分组不能确切地反映实际情况，这时可采取不等距分组的方法。

第三节　次数分布图

　　在次数分布表的基础上，若对分布进行粗略分析：看其变动趋势、差异细节，获得更为直观印象就要绘制次数分布图。常用的次数分布图有直方图、次数多边形图及累加次数分布图等。

一、直方图

　　直方图（histogram），又名等距直方图，是以矩形的面积表示连续性随机变量次数分布的图形。一般用纵轴表示数据的频数，横轴表示数据的等距分组点，即各分组区间的上下限，有时用组中值表示。纵轴的刻度通常从零开始，横轴的刻度可以从任何合适的数字开始，与数据的分布范围和组距有关。组距的大小直接影响矩形的宽度，矩形的高度是由每组的频数表示的。在制作直方图时，以组距为底边，以分组区间的精确上下限为底边二端点，以次数为高画矩形，各直条矩形之间不留空隙，没有间隔。直方图下的总面积代表总次数，因此一个矩形的面积大小与每组的频数分布大小是等价的。如果将总面积定为1，那么，直方图中每一部分矩形的面积就是该矩形表示的分组区间内的次数与总次数的比值。

　　图2-3和图2-4是根据表2-3的资料绘制的，它们要比表2-3显示数据分布的情况更生动、直观。对于各组次数的多少，分布是否对称，是峻峭还是低平，显示得更清楚。

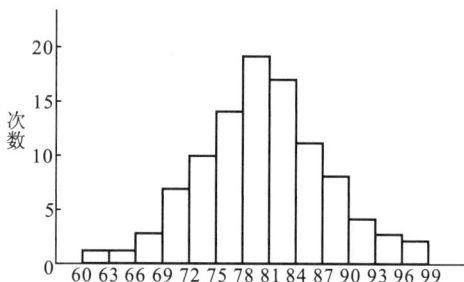

图2-3　100名学生某项测验成绩直方图

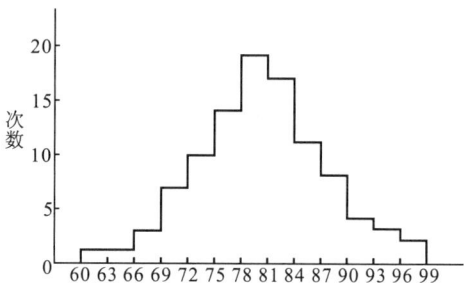

图2-4　100名学生某项测验成绩组织图

　　其中图2-4没有画矩形，只使直方图包围的面积成封闭的图形，这种图又叫组织图，是直方图的另一种形式。

　　直方图是统计学中常用而且有特殊意义的一种统计图，有重要的应用价值。

二、次数多边形图

　　次数多边形图（frequency polygon）是一种表示连续性随机变量次数分布的线形图，属于次数分布图。凡是等距分组的可以用直方图表示的数据，都可用次数多边形图来表示。绘制时，横坐标是用各分组区间组中值表示的连续变量，纵坐标是数据的频数。以每个分组区间的组中值为横坐标，以各组的次数为纵坐标标点，连接各点，就成为一条折线。为使计算面积与直方图相等，可将折线两端画至前一组及后一组的组中值点，这样便连接成一个多边形了。例如，图 2-5 就是在横坐标上向两端各延伸一个分组区间，用虚线与各组中值 58 及 100 相连接，而构成的一个多边形图。

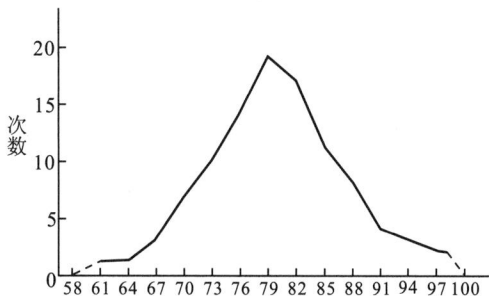

图 2-5 100 名学生某项测验成绩次数多边形图

多边形图与直方图虽然都是以面积表示连续性数据的次数分布，但次数多边形对次数的轮廓显示得更好，组与组之间的次数过渡是连续而直接的。如果样本很大，能描绘出一条分布曲线，还可据此找到次数分布的经验公式，这样就能够对于某总体的理论次数分布的分析提供很多有用的信息。次数多边形还可用于多个同质的次数分布的比较，尽管各次数分布的总次数不等，但只要将次数用相对次数表示，并且组距相同，即可在同一个图中，表示两个或两个以上不同总数的次数分布，这样绘制的图也就是一个相对次数分布图，见表 2-7 及图 2-6。

表 2-7 两组被试通过同一测验的分数分布

分组区间	第一组		第二组	
	f_1	P_1	f_2	P_2
95～	1	0.01	1	0.02
90～	3	0.03	2	0.04
85～	5	0.05	4	0.08
80～	6	0.06	5	0.10
75～	10	0.10	7	0.14
70～	14	0.14	11	0.22
65～	18	0.18	8	0.16
60～	15	0.15	5	0.10
55～	11	0.11	4	0.08
50～	7	0.07	2	0.04
45～	5	0.05	1	0.02
40～	3	0.03	—	—
35～	2	0.02	—	—
合计	100	1.00	50	1.00

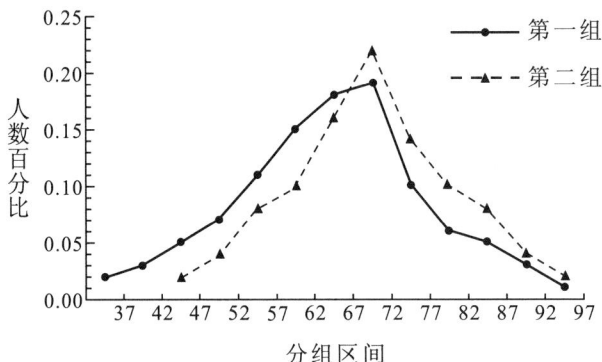

图 2-6　不同总次数的次数分布比较

三、累加次数分布图

累加次数分布图有累加直方图与累加曲线两种，它们都是在累加次数分布表基础上绘制的。

（一）累加直方图

累加直方图的横坐标同直方图一样，标以分组区间，纵坐标是累加次数，其余步骤同绘制直方图的要求一样。图 2-7 是根据表 2-4 绘制的累加直方图。从图 2-7 中我们可以看出累加直方图的形式有两种。

有了累加直方图我们可以清楚地看出某精确上限以下的累加次数。如果在累加直方图右侧纵线自上而下地标出次数，又可看到某精确下限以上的累加次数。

（二）累加曲线

累加曲线又称递加线。它的画法同次数多边形基本相同，不同点是横坐标为每分组区间的精确上限或精确下限，纵坐标是各分组的累加次数，分别标出各个交点，连接各交点即可画成累加曲线。如果有累加直方图，连接各组矩形的右顶点可画出累加曲线。累加曲线的形式总是上升的，没有下降的情况，即使有的分组内无次数，曲线也不会下降。图 2-8 是根据表 2-4 中的数据绘制的累加曲线图。

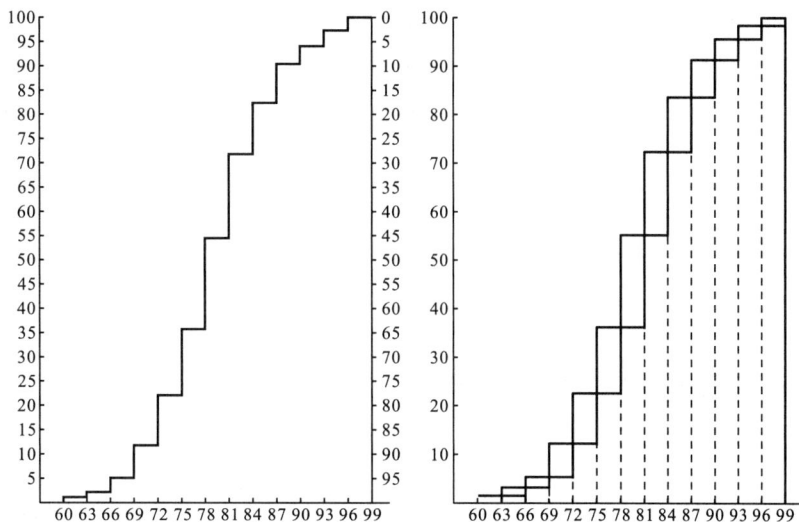

图 2-7　累加直方图

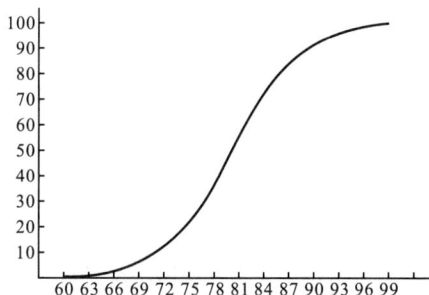

图 2-8　累加曲线图

累加曲线的形状大约有以下三种：第一种是曲线的上支（曲线靠近上端的部分）长于下支（曲线靠近基线的部分），第二种形状是下支长于上支，第三种形状是上支与下支长度相当。曲线上支长，说明大数端各组次数偏少且组数较多，各组的次数变化小，因此这种次数分布称为正偏态分布。若小数端出现这种情况，则称这种次数分布为负偏态分布。若曲线的上下支相当，说明次数分布的大数端与小数端分组的数目及各组的次数相当，各组次数的变化也基本相同，次数分布的这种情形称为正态分布，见图 2-9。

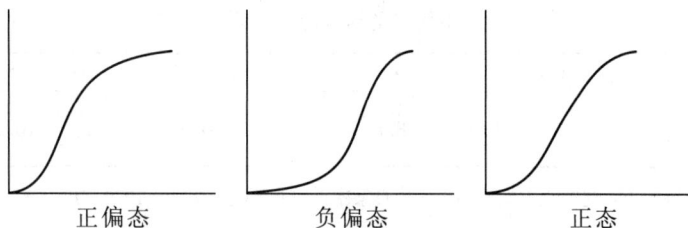

| 正偏态 | 负偏态 | 正态 |

图 2-9　累加曲线的三种形状

累加曲线的纵坐标可以不用实际累加次数，而用相对次数作为图尺表示，如果纵坐标是用累加百分数作为图尺，则此累加曲线称为累加百分数曲线。若用频率作为图尺，则此曲线称为累加频率曲线。这些曲线形式在心理与教育科研数据的整理中亦常有应用。

第四节 其他类型的统计图表

以上介绍了次数分布表和次数分布图的基本绘制方法，常用的统计图表具有多种类型。它们的具体功能不同，用途也有差异。下面将对其他几种最常用的统计图表做一些简要介绍。

一、其他常用的统计表类型

统计表可按形式及内容，划分成不同的类型。

（一）简单表
简单表是指只列出名称、地点、时序或统计指标名称的统计表，见表 2-8。

表 2-8　某运动队队员的几项心理指标测试平均结果

指标名称	人数	闪光融合（Hz）	错觉量（mm）	反应时（ms）
数值	25.0	37.5	2.8	178.6

（二）分组表
分组表是指只有一个分类标志的统计表，也称单向表（one-way table），见表 2-9。这个表中所列数据的分组标志只有一个，即"年龄"，在这个标志下，分出不同的年龄组别。不同年龄组脑电的平均频率从表中一望而知，清楚明白。

表 2-9　不同年龄组脑电平均频率分布

年龄组	0~1月	1月~1岁	1岁~	3岁~	7岁~	12岁~	20岁~	60岁~	80岁~
平均频率（周/秒）	2.0	4.0	6.4	8.5	8.5	10.4	10.4	10.0	9.0

资料来源：陈帼眉，沈德立. 幼儿心理学. 石家庄：河北人民出版社，1979：48.

（三）复合表

复合表是指统计分组的标志有两个或两个以上的表。只有两个分组指标的称为双向表（two-way table），有三个分组指标的称为三向表（three-way table）。表 2-10 就是按年级、组别与学习成绩三项分类标志划分而制作的一个复合表。

表 2-10　不同年级控制组与实验组的学习成绩

年级	组别	成绩（人数）			
		优	良	中	差
二	控制组	22	15	30	33
	实验组	35	8	52	5
四	控制组	23	13	48	16
	实验组	33	29	33	5
六	控制组	25	20	35	20
	实验组	36	24	30	10

统计表按形式可分为定性式、统计式、函数式。上述所列诸表属于定性式和统计式。函数式的表在心理学实验中使用较多。函数式表的特征，主要在于自变量 X 与因变量 Y 的各对应的数值要按自变量 X 的大小顺序排列出来。有了这种数值排列，就可以做出因变量随自变量变化的函数曲线，因此称函数表，见表 2-11。

表 2-11　不同光源不同照度下的视敏度

光源	照度 /lux					
	1.7	10	60	360	1000	2160
白炽灯	0.70	1.23	1.44	1.72	—	1.89
荧光灯	—	1.10	1.43	1.72	—	1.89
自然光	—	1.33	1.56	1.89	2.00	—

资料来源：喻柏林，焦书兰，荆其诚，等. 不同光源对视觉辨认的影响. 心理学报，1980，12（1）：48-58. 引用时有改动。

表 2-11 中自变量为不同的照度水平（单位：勒克斯，lux），表中所列的数值为不同光源在各不同照度水平下的视敏度值，这些值被称为因变量，实验中的自变量值可以是等距变化的，也可以是不等距变化的，可由实验者根据实际情况确定。

二、其他常用的统计图

除了次数分布图，心理与教育统计中常用的统计图还有条形图、圆形图、线形图、散点图等。下面分述各种图形的绘制方法、功用及特点。

（一）条形图

条形图（bar chart），也叫直条图，主要用于表示离散型数据资料，即计数资料。它是以条形的长短表示各事物间数量的大小与数量之间的差异情况。条形图中一个轴是分类轴，表示类别，描述计数数据；

另一个轴是数量轴，表示大小多少，描述计量数据，在这个轴上数据单位（data unit）的大小取决于原始数据。条形图因使用的条形形状不同而有多种名称，如矩形条图、梯形条图、尖形条图等，其中矩形条图应用最多，一般说的条形图就是指这种矩形条图。条形图又可分为简单条形图（simple）、分组条形图（clustered）、分段条形图（stacked）三种，见图 2-10 。

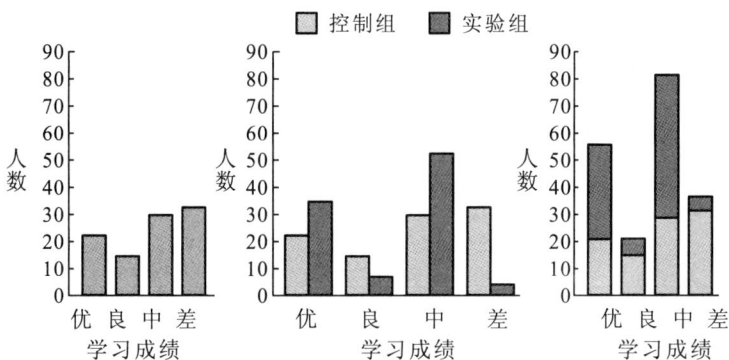

图 2-10　三种类型的条形图

注：数据来源于表 2-10 中的二年级组。

绘制条形图时要注意以下几点。

第一，尺度须从 0 点开始。要等距分点，一般不能断开，否则会使长条间的比例发生错误，不易显示资料的差异情形。在不得已而断开的时候，应将数值在折断处注明。

第二，条宽与间隔的比例要适当。条形图是以条形的长短表明数量的多少，宽度与数量大小无关，但过宽或过窄会影响美观，因而各直条的宽窄要一致、适度，应有一条共同的直线，如以 X 轴或 Y 轴为基线。为使图形区域美观大方，各条形之间的间隔（分类间距）要一致，一般为直条宽度的 0.5～1 倍比较合适。

第三，直条的排列顺序可按时间序列、数量多少，以及相比较事物的固有序列，或根据具体情况来定。相比较的数目不宜太多。

第四，图形区域中条形的顶端和下端尽量少用数据标签，如数值、系列名称、类别名称。如果需要，应注意协调美观。

第五，调节过长条形的方法有两种。一种方法是调整图尺。要么改变图尺的刻度单位，即改变每一间隔的增量（increment），要么采用断裂法，将图尺变为一条中间有间隙（gap）的断线（broken line）。另一种方法是使用折叠法、回转法来调整条形本身。后一种方法应尽量少用，因为这样调节后，容易影响图形的形状和大小，削弱图形直观比较的特性。

第六，在分组和分段这种复式条形图中，互相比较的长条拼在一起，不留空隙。各组内长条排列次序必须一致，以便比较。这种条形图必须有图例，以区分比较的数据。简单条形图可以不要图例。

从表面上看，条形图似乎与前面介绍的直方图相似，事实上它们有严格的区别。①描述的数据类型不同。条形图用来描述称名数据或计数数据，而直方图主要用来描述分组的连续性数据。②表示数据多少的方式不同。条形图用直条的长短或高低表示数据的多少和大小，而直方图用面积表示数据的多少和大小。直方图的总面积与总次数相等。③坐标轴上的标尺分点意义不同。条形图的一个坐标轴是分类轴，而直方图的一个坐标轴上表示的是另一个刻度值。④图形直观形状不同。条形图之间有间隔，直条与直条之间的间隔大小没有任何关系，不表示任何意义。直方图各个直方块之间紧密相接，没有间隙，当在某一数据上面分布的人数极少或没有时，会出现断点。因此，在使用过程中，要注意二者之间的区别。

（二）圆形图

圆形图（circle graph），又称饼图（pie），主要用于描述间断性资料，目的是显示各部分在整体中所占的比重大小，以及进行各部分之间的比较。圆形图显示的资料多以相对数（如百分数）为主。圆形图的图尺为圆周，分度是将圆周等分为100份，每百分之一相当于3.6°，一般以圆的上方，即时钟的指针在12时的位置的半径为基线。整个360°圆代表要显示的全部数量，圆形图中每一个楔形（wedge）或每一片（slice）表示整个数量中的一部分，它的度数取决于这部分在整体中所占

的比例。绘制图形时可用下面的公式计算代表每部分数量的楔形的度数：

$$\frac{部分}{整体} = \frac{X}{360°}$$

例如，某大学心理学系有教职工58人，其中教师48人，行政、教辅和产业人员10人。48位教师中，教授18人，副教授15人，讲师15人。教职工圆形比例如图2-11所示，图中各扇区面积和旁边标注的数字为百分比。

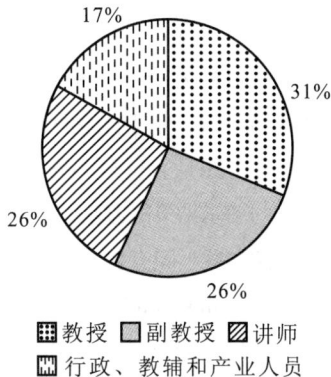

图2-11 某大学心理学系教职工比例

绘制圆形图时要注意以下几点。

第一，基线确定后，各部分按顺时针方向由大而小排列，或按相比较事物固有顺序排列。

第二，图中各扇区用线条分开，注明简要文字及百分比，也可用不同颜色或不同线条将图中各部分分开，如果不在图中注明文字，可在图例中用文字说明图中各部分的内容。

第三，在比较两种性质类似的资料时，两圆的直径应相同，图中各部分排列顺序也要一致。

第四，图形中各个扇区或所有楔形的

度数加起来应该等于 360°。但是，由于我们不能使用量角器精确地测量度数，计算的度数值一般使用四舍五入法处理，因此，实际上所有角度加起来可能不一定恰好就是 360°。

（三）线形图

线形图（line graph）更多用于连续性资料，凡欲表示两个变量之间的函数关系，或描述某种现象在时间上的发展趋势，或一种现象随另一种现象变化的情形，用线形图表示是较好的方法。也可在线形图中画两条线或多条线，用于比较两组或多组数据资料。线形图是教育与心理学实验报告中最常用的图示结果的方法。

常见的两种线形图有折线图和曲线图。折线图（broken line graph）是由条形图中每个条形顶部的中点连接而成，曲线图（curve）是折线分布修匀后比较平滑的线形图。绘制线形图的基本要点如下。

第一，通常横轴表示时间或自变量，纵轴表示频数或因变量。

第二，通常纵轴从零点开始，零点在纵轴与横轴相交处称为原点（对数尺度除外）。

第三，线与横轴间不应有说明文字或数目等，线条要粗于坐标纸格线。如有几条线，最好应用诸如虚线、实线、点线等不同线形以示区别，并用图例说明。一般比较的线不要超过五条。

第四，若横轴表示组距，坐标上的刻度只需标明组距起点的数值或组中值，线图上与横轴各组段相当的点应画在该组段

中点的垂线上。

第五，根据资料的性质，横轴与纵轴可分别取对数单位，也可同时取对数单位。横轴与纵轴分别取对数单位的称作半对数曲线，同时取对数单位的称为对数曲线。

图 2-6 就是根据表 2-7 的数据资料绘制的线形图。

（四）散点图

散点图（scatter plot），又称点图、散布图（scatter diagram 或 scattergram, scattergraph），它是用相同大小圆点的多少或疏密表示统计资料数量多少以及变化趋势的图。通常以圆点分布的形态表示两种现象间的相关程度，有关散布图的详细内容将在第五章做进一步介绍。图 2-12 是根据表 2-5 绘制的散点图。

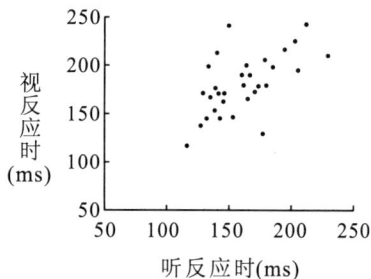

图 2-12　31 人的视、听反应时散点图

这些常用的统计图形，根据表现的作用和内容，可分为五类。第一种是表现分布的图形，如直方图。第二种是表现内容的图，如条形图和圆形图。圆形图由于无方向，所以与条形图相比，应用得较少。第三种类型是表现变化的图，这种图形的代表是线形图。第四种类型的图形主要用于表现比较，如内容的比较、分布的比较、

变化的比较，这几种图形都能采用，究竟选用哪种图形，要针对表现的对象，充分发挥各种图的优势，择优选用。第五种图形是表现相关的图形，即散点图。此外，用来直观描述观测值的图示方法还有茎叶图（stem-and-leaf display）与盒状图（boxplot），本章就不一一讨论了。

【资料卡 2-2】

茎　叶　图

茎叶图是普林斯顿大学约翰·托奇教授于 1977 年发展出来的一种直观描述数据分布的方法。当观测数据不是很多（通常在 100 个以下）时，用茎叶图刻画数据的分布特征，非常形象直观有效，而且不丢失信息。在茎叶图中，茎是指观测值中十位数部分，各个叶代表数据中的个位数部分。如果是分组数据，茎就是分组区间，叶为落在各分组区间的每个数。原则上茎叶图的茎一般用数据中十位数及以上的数字，叶为最后一位。如果数据是整数，叶就为个位数，如果是小数，就取分位数，如果遇到小数点后有几位小数，可以采取适当进位的方法，保留一位小数。如果叶子过于集中，有时还可以把茎再一分为二。茎和叶完全取决于数值的大小、分布的范围，它最适合于表现两位数数据。

绘制茎叶图的基本程序为：先把数据区分为茎和叶，数据中除了最后一位数字以外的数字作为茎，将茎由小至大从上往下依序垂直排列在左侧。如果每个数字只填写 1 次，代表以 10 为组距，若写两次，则表示以 5 为组距，以此类推。把观测值的最后一位数，也就是个位数值写在对应的茎的右边作为叶子。叶子的排序应该从左至右由小到大排列。叶子填写完毕后，计算其次数，记录在茎的左侧，形成一个次数分布表，这样一个完整的茎叶图就完成了。右面的茎叶图是根据本章【例 2-1】看的数据用 SPSS 软件绘制的。所有数据四舍五入为整数，茎取十位数，叶子取个位数，因为茎部分的数字每个都重复 5 次，组距为 2。

频次		茎 & 叶
0	6 .	
1	6 .	2
1	6 .	5
2	6 .	67
3	6 .	889
6	7 .	001111
7	7 .	2223333
9	7 .	444455555
9	7 .	666667777
12	7 .	888889999999
13	8 .	0000000011111
11	8 .	22222333333
6	8 .	444455
7	8 .	6666777
5	8 .	88999
3	9 .	001
2	9 .	23
1	9 .	4
1	9 .	6
1	极值	（≥98）

茎宽：　　10.0

每叶：　　1 个个案

茎叶图像一个侧放的直方图，主要优点是保留了全部原始数据，同时呈现出直方图的形式，兼具次数分配表与直方图的双重优点，将二者同时以图的方式表现出来，有非常实用的价值，为准确便捷地计算统计特征值提供了可能，是探索性数据分析的常用方法。

在教育与心理科学研究中，图表有重要的作用。但是如果绘制的图表不准确，图示的数量不精确，反而会掩蔽事实真相，因而在使用时应倍加注意。早期绘制图表主要使用坐标纸、绘图专用笔、绘图专用墨水等工具，绘制一幅精美的图表花费时间很长。目前，许多计算机软件中都有作图模块，一些专用的统计程序和作图程序的使用也越来越广泛。运用计算机程序绘制各种图表，使这一工作变得简单轻松。因此，熟悉各种统计图表的绘制方法，熟练掌握手工、计算机绘制统计图表的技能，准确绘制各种统计图表是心理与教育类专业学生的基本功。

【资料卡 2-3】

APA 格式中对表格、图形、符号和数据书写的规定

APA 格式是指美国心理学会（American Psychological Association）出版的《美国心理协会刊物准则》。它是目前在国际上被广泛接受的研究论文撰写格式之一，各国心理学专业学术期刊和著作撰写出版中绝大多数也在遵循此格式中的规定。在 APA 格式中，对表格、图表的编排，统计符号和数据的书写格式规定如下。

表格主要包括标题、内容及注记三个部分，制作表格时要求注意以下几点。①表格标题："表× 标题"，置于表格之上居中。②表格内容：格内如无适当数据则留空白；格内如有数据但无须列出则画"—"号；相关系数列表对角线一律画"—"号；列数可酌情增加但行数越少越好；同一行数据小数位的数目要一致。一般而言，平均数和标准差等描述统计值保留两位小数，p 值、t 值、F 值和 χ^2 值等推论统计值保留三位小数。③表格注记：在表格下方靠左对齐第一个字起，第一项写总表的说明，注明该表或表中数据的来源；第二项另起一行写特定行或列的批注；第三项另起一行说明标注显著性水平的"＊"号的含义，如"＊$p<0.05$，＊＊$p<0.01$，＊＊＊$p<0.001$"。当同一表格内既有单侧（one-tailed），也有双侧检验（two-tailed test）时，可用"＊"号标注双侧检验显著性水平，用"＋"号标注单侧检验显著性水平，如"＊$p<0.05$（双侧），＋＋$p<0.01$（单侧）"。如必须要用表格对数据进行比较，以上下对照方式呈现，不要使用左右对照方式。对于复杂统计数据的表格呈现，APA 格式要求以简要为原则，如方差分析（ANOVA）表只需列出自由度 df 及 F 值，回归分析表只需列出未标准化回归系数 β 及其标准误 SE，标准化回归系数 b。

图形通常只用来呈现必要而且重要的资料。绘图的原则是简明、扼要、易懂。图形也包括标题、内容、注记三部分。绘制图形时有以下要求。①图形标题："图× 标题"，置于图形下方居中，在用英文投稿时，要求所有图形标题全部另纸打印在一张纸上。②图形内容：纵、横坐标各自的单位要一致，并有明确的坐标轴的名称。③图形注记：与表格格

式相同。

　　表格和图形在论著中的放置顺序是先表后图。每个图表大小最好不超过一页。如超过时，须在后表表号之后注明（续）/（continued），但无须重复标题，如 Table 1（continued）或表 1（续）。在中文文献中，则习惯于在前表的右下方注明"（续后页）"，在后表的左上方注明"（接前页）"。

　　对研究报告中用到的统计数字也有以下规定。①小数点之前 0 的使用：通常在小于 1 的数字的小数点之前要加"0"，如 0.12，0.96 等，当某些特定数字不可能大于 1 时，如相关系数、比率、概率值等，要去掉小数点之前的 0，如 $r=.26$，$p=.03$ 等。②小数位数：一个数字中小数位数的多少，取决于是否能够准确反映其数值大小。例如，0.00015 和 0.00011 这两个数，如果只取三位小数，则无法反映它们之间的差异，因此可以考虑增加小数位数。一般的原则是，依据原始分数的小数位数，再加取两位小数位。但相关系数以及比率值须取两位小数，百分比取整数，推论统计的数据取两位小数。③千位数字以上，逗号的使用格式：原则上整数部分，每三位数字用逗号分开，但小数位不用，如 1,002.1324。自由度、页数、二进制、流水号、温度、频率等一律不必分隔。

　　对统计符号的撰写格式规定，统计学意义的缩写字母，即统计符号需要用斜体标示，但 ANOVA、MANOVA 等缩写不使用斜体。例如，$M=12.31$，$SD=3.52$；$F(2, 16)=45.95$，$p=.02$；$Fs(3, 124)=78.32$，25.37，$ps=.12$，.24；$t(63)=2.39$，$p=.00$；$\chi^2(3, N=65)=15.83$，$p=.04$。此外，推论统计数据要标明自由度。

　　——整理自 American Psychological Association. *Publication Manual of the American Psychological Association*（6th），2009.

小　结

　　图表具有较好的视觉效果，能够让研究人员方便地查看数据的差异、形状和预测趋势，做出简单的比较。统计图能够把用数字表示的数据和资料图形化，使其形象直观，容易理解。本章主要介绍了各种常用的统计图表及其制作方法。

　　1. 在制作统计图表之前，要对原始数据做初步的整理。整理的基本方法有排序和分组。

2. 统计表的基本结构和要素包括表号、名称、标目、数字、表注。常用的统计表分为简单表、分组表和复合表。

3. 统计图的基本结构和要素包括图号、图目、图尺、图形、图例、图注。常用的统计图有直方图、条形图、圆形图、线形图和散点图。

4. 各种类型的次数分布表和次数分布图是最重要、最常用的统计表和统计图，尤其在数据量相当大的情况下非常有用。

进一步阅读资料

1. 艾伦（A. Aron），艾伦（E. N. Aron），库普思（E. Coups）. 心理统计（第 4 版）（影印版）. 北京：世界图书出版公司北京公司，2006：7~28.

2. 河南省职业技术教育教学研究室. 统计实务与制图. 北京：高等教育出版社，2000：208~270.

3. 鲁尼恩（R. P. Runyon），科尔曼（K. A. Coleman），皮滕杰（D. J. Pittenger）. 心理统计（第 9 版）（英文版）. 北京：人民邮电出版社，2004：136~159.

4. 纳迪（P. M. Nardi）. 如何解读统计图表：研究报告阅读指南. 汪顺玉，席仲恩，译. 重庆：重庆大学出版社，2009.

5. 乔治（D. George），麦勒瑞（P. Mallery）. 心理学专业：SPSS13.0 步步通（第 6 版）（影印版）. 北京：世界图书出版公司北京公司，2006：67~82.

6. 中国心理学会. 心理学论文写作规范（第 2 版）. 北京：科学出版社，2016：32~57.

计算机统计技巧提示

用 Excel 制作统计图形的方法。运行 Excel，输入数据，单击"插入"→"图表"，或单击工具栏中的绘图按钮，根据提示选择制作各种类型的统计图。直方图的制作用"工具"菜单中的"数据分析"功能。在 Excel 中排序用菜单中的"数据"→"排序"实现。数据频数的计数使用 COUNT 函数或 COUNTIF 函数，计算所有数据的总和用 SUM 函数或 SUMIF 函数。用 FREQUENCY 可以计算指定的分数范围内测验分数的个数，制作次数分布表。

　　用 SPSS 制作统计图形的方法有四种。第一种是在执行"Analyze"任务时，用户选择相应的图形，在提供统计结果的同时产生图形。第二种是建立数据文件，通过"Graphs"菜单，选用合适的图形模板，生成图形。SPSS 的"Graphs"菜单共提供了 18 种图形。双击用这两种方式生成的图形，会打开 Chart Editor（图形编辑）窗口，对图形进行编辑。第三种方法是利用"Graphs"菜单中的"Interactive"（交互作图），直接拖放变量生成图形。用这种方式能制作 11 种图形。双击生成的图形，利用出现的工具图标，能够对图形格式进行修饰和编辑。第四种作图方式是运用作图命令"GRAPH"以及相应的子命令和参数来实现。其中茎叶图的制作只能采用第一种方式或用作图命令。

　　用 SPSS 制作频数分布表的步骤：单击"Analyze"→"Descriptive Statistics"→"Frequencies…"，在对话框中选定变量，勾选频数分布表和 Charts 对话框中的有关复选框，即可产生频数分布表（含频数、相对频数、累积相对频数）。

　　用 SPSS 对数据排序的步骤：单击"Data"→"Sort Cases…"，在对话框中选择要排序的变量名和排序次序即可。

在线资源

　　Origin 是科技工作者常用的一个绘图与数据分析软件。它绘制的统计图种类齐全，功能十分强大。在 Origin 的官方网站 https：//originlab. com 上可下载。

　　一款统计绘图软件 prism 的网址为：https：//www. graphpad. com /。

思考与练习题

1. 统计分组应注意哪些问题？
2. 直条图适合哪种资料？自选数据绘制直条图。
3. 圆形图适合哪种资料？自选数据绘制圆形图。
4. 将下面的反应时测定资料编制成次数分布表、累加次数分布表、直方图、次数多边形图。

177. 5　167. 4　116. 7　130. 9　199. 1　198. 3　225. 0　212. 0　180. 0　171. 0　144. 0　138. 0
191. 0　171. 5　147. 0　172. 0　195. 5　190. 0　206. 7　153. 2　217. 0　179. 2　242. 2　212. 8
171. 0　241. 0　176. 1　165. 4　201. 0　145. 5　163. 0　178. 0　162. 0　188. 1　176. 5　172. 2
215. 0　177. 9　180. 5　193. 0　190. 5　167. 3　170. 5　189. 5　180. 1　217. 0　186. 3　180. 0
182. 5　171. 0　147. 0　160. 5　153. 2　157. 5　143. 5　148. 5　146. 4　150. 5　177. 1　200. 1
137. 5　143. 7　179. 5　185. 5　181. 6

5. 统计全班学生的"身高"和"体重"，然后制作一个双列次数分布表。

××班学生"身高"和"体重"双列次数分布表

身高/cm	体重/kg									
	40～	45～	50～	55～	60～	65～	70～	75～	80～	Y_f
185～										
180～										
175～										
170～										
165～										
160～										
155～										
150～										
X_f										

6. 运用 Excel 软件或 SPSS 软件，模拟数据，绘制条形图、圆形图、散点图、线形图。

7. 下面是一项美国高中生打工方式的调查结果。根据这些数据用手工方式和计算机方式各制作一个条形图，并通过自己的体会说明两种制图方式的差别和优缺点。

打工方式	高二（%）	高三（%）
看护孩子	26	5
商店销售	7.5	22
餐饮服务	11.5	17.5
其他零工	8	1.5

第三章
集中量数

【**教学目标**】理解各种集中量数的含义、性质和作用，熟练掌握集中量数的计算方法，恰当地应用集中量数描述一组数据的集中趋势。

【**学习重点**】各种集中量数的概念和性质，各种集中量数的计算方法，各种集中量数的具体应用。

集中趋势（central tendency）与离中趋势是次数分布的两个基本特征。数据的集中趋势是指数据分布中大量数据向某方向集中的程度，离中趋势是指数据分布中数据彼此分散的程度。用来描述一组数据这两种特点的统计量分别称为集中量数和差异量数。这两种量数一起共同描述或反映一组数据的全貌及其各种统计特征。

对一组数据集中趋势的度量，就是确定描述一组数据这种特点的代表性的统计量。用于描述数据集中程度的统计量，即集中量数（measures of central tendency）有多种，包括算术平均数、中数、众数、加权平均数、几何平均数、调和平均数等。这一章主要介绍这些集中量数的性质、计算方法和应用。

第一节 算术平均数

算术平均数（arithmetic average），一般简称为平均数（average）或均数、均值（mean）。

只有在与其他几种平均数，如几何平均数、调和平均数、加权平均数相区别的时候，才把它叫作算术平均数。平均数一般用字母 M 表示。如果平均数是由 X 变量计算的，就记为 $\overline{X}$（读作 X 杠），若由 Y 变量求得，则记为 $\overline{Y}$。本书采用 $\overline{X}$ 或 $\overline{Y}$ 表示平均数。

一、平均数的计算方法

（一）未分组数据计算平均数的方法

当一组数据未进行统计分类时，若想描述其典型情况，找出其代表值，可计算算术平均数，公式为：

$$\overline{X}=\frac{\sum X_i}{N} \qquad \text{（公式 3-1）}$$

式中：$\sum X_i$ 为原始分数的总和；

N 为分数的个数。

算术平均数的计算公式就是将所有的数据相加，再用数据总和去除数据的个数，很容易理解。另外，公式 3-1 中 $\sum X_i$ 的下角标有时可省略，写为 $\sum X$。这个公式是计算平均数的基本公式，需要牢记。

【例 3-1】现有一组实验观测数据如下，计算它们的平均数。

25 27 28 27 25 29 30 34 32 33

解：根据题意，已知 $N=10$，根据公式 3-1：

$$\overline{X}=\frac{25+27+\cdots+33}{10}=\frac{290}{10}=29$$

（二）用估计平均数计算平均数

当数据的数目以及每个观测数据值（数字）都很大时，应用基本公式计算比较麻烦。在这种情况下，利用估计平均数（estimated mean）可以简化计算。具体方法是先设定一个估计平均数，用符号 AM 表示，从每一个数据中减去 AM，使数值变小，便于计算。最后再在计算结果中加上这个估计平均数。计算公式如下：

$$\overline{X}=AM+\frac{\sum x'}{N} \qquad \text{（公式 3-2）}$$

式中：$x'=X_i-AM$；

AM 为估计平均数；

N 为数据个数。

【例 3-1】中数据的结果可计算如下：设 $AM=27$，

X_i	25	27	28	27	25	29	30	34	32	33
x'	-2	0	1	0	-2	2	3	7	5	6

$\sum x'=20$，$\overline{X}=27+\dfrac{20}{10}=29$

估计平均数的大小，可根据数据表面值的大小任意设定，但其值越接近平均数计算越简便。读者可以另设一个估计平均数做一比较。AM 值不同，但最终的平均数是相等的。

当数据编制成次数分布表之后，已看不到原始数据，在这种情况下，一般要使用次数分布表中各分组区间的组中值（X_c）以及各组次数（f）的乘积和，代替公式 3-1 中的 $\sum X_i$ 来计算平均数，参见资料卡 3-1。随着计算机和统计软件的普及与使用，目前，这种计算方法已很少使用。

【资料卡 3-1】

使用次数分布表计算平均数的方法

根据次数分布表计算平均数，需要使用各分组区间的组中值来代表落入该区间的各个原始数据，并假设散布在各区间内的数据围绕着该区间的组中值均匀分布。基于这一假设，根据计算平均数的基本公式，推演出计算分组数据平均数的公式如下：

$$\overline{X} = \frac{\sum fX_C}{N}$$

公式中 X_C 为各分组区间的组中值，f 为各组次数，f 的总和等于数据的总次数 N。各组的频数可视为各组组中值的权重，因而该公式被称为平均数的加权公式。用这个公式计算分组数据的平均数时，数字往往很大，比较麻烦。如果将每一区间的组中值减去估计平均数（一般选次数较多或位于分布表中间的分组区间的组中值），然后再将差数除以组距 i，便可以使计算的数字大大缩小。最后再总的乘以 i，恢复数值，计算过程会简便许多。可写作：

$$\overline{X} = AM + \frac{\sum fd}{N} \times i$$

公式中 AM 为估计平均数，i 为组距，$d = \dfrac{X_C - AM}{i}$，称为组差数。应用此公式计算分组数据的平均数时，切勿忘记"乘以 i"这一步。公式中 d 的计算方法为：将 AM 所在区间的 d 记为 0，然后向大数端区间依次写作 1，2，3，…向小数端区间依次写作 -1，-2，-3，…即可。

下表说明了分组数据求平均数的步骤。

分组区间	X_C	f	fX_C	d	fd
96～	97	2	194	6	12
93～	94	3	282	5	15
90～	91	4	364	4	16
87～	88	8	704	3	24
84～	85	11	935	2	22
81～	82	17	1394	1	17
78～	79	19	1501	0	0
75～	76	14	1064	−1	−14
72～	73	10	730	−2	−20
69～	70	7	490	−3	−21
66～	67	3	201	−4	−12
63～	64	1	64	−5	−5
60～	61	1	61	−6	−6
$i=3$		$\sum f=100$	$\sum fX_C=7984$		$\sum fd=28$

①将 $\sum fX_C$、N 代入上面第一个公式计算：

$$\overline{X}=\frac{\sum fX_C}{N}=\frac{7984}{100}=79.84$$

②设 $AM=79$，将 AM、$\sum fd$、N、i 代入上面第二个公式计算：

$$\overline{X}=AM+\frac{\sum fd}{N}\times i=79+\frac{28}{100}\times 3=79.84$$

这两个公式计算的结果完全相同，但第二个公式更简便。

需要指出的是，用原始数据及根据次数分布表计算的平均数，二者的数值有少许差异。这是因为用次数分布表计算平均数时，先假设落入各区间内的数据均匀分布在组中值上下，而实际情况不一定是这样的，这是由计算误差引起的。从计算的实际结果看，二者相差不是很大，在资料卡 3-1 这个例子中二者恰好相等。另外，当相同的数据按照不同的组距分成不同的组别时，因组距不同，计算的平均数也会有差异，但这并不影响以后的统计分析。

二、平均数的特点

根据公式 3-1 可推知平均数具有如下几个特点。

第一，在一组数据中每个变量与平均数之差（被称为离均差）的总和等于 0。设 $X_i-\overline{X}=x_i$ 则 $\sum x_i=0$。比如，【例 3-1】中的离均差之和 $\sum X=(25-29)+(27-29)+\cdots+(33-29)=0$。

第二，在一组数据中，每一个数都加上一个常数 C，则所得的平均数为原来的平均数加常数 C，即 $\frac{\sum(X_i+C)}{N}=C+\overline{X}$。估计平均数的公式就是根据这一特点建立的。

第三，在一组数据中，每一个数都乘以一个常数 C 所得的平均数为原来的平均数乘以常数 C，即 $\frac{\sum(X_i\times C)}{N}=C\times\overline{X}$。

在推演其他一些统计公式中，平均数的这些特点或性质经常被使用。

三、平均数的意义

算术平均数是应用最普遍的一种集中量数。它是"真值"（true score）渐近、最佳的估计值。在科研实验中，人们进行观测，是想知道被观测事物真正的值。例如，在研究人的反应时间时，人们用计时器进行测量，是想测到真正的反应时间。再如，研究者使用某种测验，是想测量某个人或某些人真实的能力水平。但是由于各种主客观随机因素，如测量对象的间接性特点、行为表现的多样性、取样的代表性、仪器的精密程度、测量方法、实验情景、人的观测能力及观测标准等的影响，测验都不能做到尽善尽美，因此想获得真值是不大可能的，人们只能用一些集中量数作为它的估计值。在大多数情况下，算术平均数是真值最好的估计值，对这一点我们可做如下的数学证明。

设：观测值与平均数的差为 $x_i = X_i - \overline{X}$，与真值的差为 $d_i = X_i - \mu$，

则 $\sum x = \sum X - n\overline{X}$，$\sum d = \sum X - n\mu$，

因为 $\sum x = 0$，$\sum X = n\overline{X}$，

代入 $\sum d = \sum X - n\mu$ 中，得：

$$\sum d = n\overline{X} - n\mu$$

$$\frac{\sum d}{n} = \overline{X} - \mu$$

当 $n \to \infty$ 时，$\dfrac{\sum d}{n}$ 趋近于 0，

故 $\overline{X} \to \mu$。

这就是说，当观测次数无限增加时，算术平均数趋近于真值 μ。

四、平均数的优缺点

算术平均数具备一个良好的集中量数应具备的一些条件。

第一，反应灵敏。观测数据中任何一个数值或大或小的变化，甚至细微的变化，在计算平均数时，都能反映出来。

第二，计算严密。计算平均数有确定的公式，不管何人在何种场合，只要是同一组观测数据，计算的平均数都相同。

第三，计算简单。计算过程只是应用简单的四则运算。

第四，适合用代数方法进一步演算。在求解其他统计特征值，如离均差、方差、标准差的计算时，都要应用平均数。

第五，简明易解。平均数概念简单明了，数学抽象较弱，容易理解。

第六，较少受抽样变动的影响。观测样本的大小或个体的变化，对计算平均数影响很小。在来自同一总体逐个样本的集中量数中，平均数的波动通常小于其他量数的波动，因此它总是最可靠、最正确的量数。

但是，算术平均数也有一些缺点，这在一定程度上限制了它的应用。

第一，易受极端数据的影响。由于平均数反应灵敏，因此当数据分布呈偏态时，受极值（extreme value /score）的影响，平均数就不能恰当地描述分布的真实情况。在心理与教育方面的实验观测中，偶然因素十分复杂，经常会出现极端数目。例如，在一个重点班里水平相当的 50 名学生，在通过一项教育测验时，绝大多数学生得分较高，但个别人由于身体不适或情绪状态不佳而得到很低的分数，这时若用平均数代表全班学生的知识水平，则肯定偏低，并且不符合实际情况。为此，我们还需要学习、了解表示一组事物典型情况的其他统计方法和统计值。在心理物理学实验、学习迁移实验和迷津学习实验等观测中，常出现极端数目。出现这类问题时，也可以使用修剪平均数来解决。修剪平均数（trimmed mean）也称截尾平均数，是从一组数据中去除一定百分比（如 5%）的最大值和最小值数据后，再次计算的算术平均值。当希望在分析中剔除一部分数据再计算平均数时，可以使用这种平均数。在计算平均数时除去极端值，对数据集中趋势的估计效果会更好，特别是数据不属于正态分布时，这种方法更妥当。在实际生活中，大家在各种知识竞赛或评比中常常会看到，计算某一选手的平均分时，经常会把多个评委评分中的最高分和最低分去掉，再算平均值，

这种做法更科学。

第二，若出现模糊不清的数据时，无法计算平均数。因为计算平均数时需要每一个数据都加入计算中。在次数分布中只要有一个数据含糊不清，都无法计算平均数。在这种情况下，一般采用中数作为该组数据的代表值，描述其集中趋势。

根据以上对平均数优缺点的分析，我们可以明确，如果一组数据比较准确，可靠又同质，而且需要每一个数据都加入计算，同时还要做进一步代数运算时，就要用算术平均数表示其集中趋势。如果一组数据中出现两个极端的数目，或有一些数据不清楚，数据不同质时，就不宜使用算术平均数。除此之外，还有一些适用几何平均数或调和平均数的情境，也不宜用算术平均数。

另外，在报告平均数时，要按特别指定的单位来表达。在书写时，习惯上平均数保留的小数位数要比原来的测量数据多一位数字。

五、计算和应用平均数的原则

平均数能够反映总体的综合特征。但由平均数的性质可知，在统计中，科学计算和运用平均数只有严格遵循以下原则，才能正确发挥它的作用。

（一）同质性原则

作为统计分析的重要手段，平均数只有在总体是由同类数据所组成且有足够多的数据单位时，才具有科学价值和认识意义。不同质的数据不能计算平均数。所谓同质数据是指使用同一个观测手段，采用相同的观测标准，能反映某一问题的同一方面特质的数据。如果把不同质的数据混合在一起计算平均数，则该平均数就不能作为这一组数据的代表值。一方面它违背了构成统计总体的必要条件，另一方面在此基础上所计算的平均数只能是"虚假"的平均数，它会掩盖事物的本来面貌，根本无法反映客观事物真实的一般水平，容易使人产生误解。例如，在教育中计算平均成绩时，如果各科考试的难易水平和评分标准等各不相同，这时若用总平均分数表示一个学生的学习成绩，就是不准确的，因为这是应用不同质的数据计算平均数的结果。即使是同一门课程，前后几次不同的考试，亦很难使每次的难易度和评分标准等相同。因此，如果用平均分数表示该门课程的学习成绩，也同样存在数据是否同质的问题。再如，在研究某个团体中人们的生活水平变化时，如果使用平均工资，常会掩盖所欲研究的问题。当大多数人收入少且仍在降低，但只有少数人财产急剧增加且数目很大时，计算出来的平均数可能增加，但实际上人们的平均生活水平不是提高而是下降了，这就是在计算平均数时使用了不同质的数据导致的结果，即工资在不同人的生活上起的作用不同。判断数据是否同质，并不是一件容易的事情，需要研究者根据实际情况认真分析。尽管平均数是一个较普遍应用的集中量数，但要用得恰到好处，也并非易事。

（二）平均数与个体数值相结合的原则

平均数作为整个总体的综合特征，它能够用一个抽象的代表数值反映客观事物的一般水平。但一个总体是由若干个千差万别的个别事物构成的，若要全面而正确地认识这些客观事物，仅仅靠平均数是不够的。就整个总体来说，差别会相互抵消，它往往会淹没个体之间的差异，但就个体来说并不是这样。如果过分看重平均数，就可能造成损失。因此，在运用平均数做统计分析时，切不要忘记结合个体数值予以参考。

（三）平均数与标准差、方差相结合的原则

平均数和标准差是用来描述数据总体特征的一对相互联系的统计指标。平均数反映的是总体数据的集中趋势。但平均数对于总体数据一般水平的代表性如何，要看各个数值之间差异的大小。数据差异大，平均数的代表性就小；差异小，平均数的代表性就大；当差异为 0 时，平均数就具有完全代表性。各个数值之间的差异大小是通过标准差和方差来描述的。标准差和方差反映总体的离中趋势，标准差越大，平均数的代表性就越小；反之，平均数的代表性就越大。因此二者必须结合起来，才能全面、准确地反映全部数据的总体特征。

第二节 中数与众数

一、中数

中数（median），又称中点数，中位数，中值，符号为 M_d 或 M_{dn}。中数是按顺序排列在一起的一组数据中居于中间位置的数，即在这组数据中，有一半的数据比它大，有一半的数据比它小。这个数可能是数据中的某一个，也可能根本不是原有的数。如果将数据依大小顺序排列，中数恰好位于中间，它将数据的数目分成较大的一半和较小的一半。中数是集中量数的一种，它能描述一组数据的典型情况，心理与教育研究工作中经常应用它。

根据数据是否分组，中数有不同的求法。

（一）未分组数据求中数的方法

根据中数的概念，首先将数据依其取值大小排序，然后找出位于中间的那个数，就是中数。此时又分几种情况。

1. 一组数据中无重复数值的情况

一组数据中没有相同的数，这时取处于序列中间位置的那个数为中数。此时又可分为两种情况。

第一，数据个数为奇数，则中数为 $\frac{N+1}{2}$ 位置的那个数。

【例 3-2】求数列 4，6，7，8，12 的中数。

解：$\frac{N+1}{2}$ 等于 3，数列中排在第 3 的数据为 7，故 $M_d = 7$。

第二，数据个数为偶数，则中数为居于中间位置两个数的平均数，即第 $\frac{N}{2}$ 与第 $\left(\frac{N}{2}+1\right)$ 位置的两个数据相加除以 2。

【例 3-3】有 2，3，5，7，8，10，15，19 共计 8 个数，求其中数。

解：数列中第 $\frac{N}{2}$ 位置的数是 7，处于第 $\left(\frac{N}{2}+1\right)$ 位置的数是 8，故 $M_d = \frac{7+8}{2} = 7.5$。

2. 一组数据中有重复数值的情况

一组数据中有相同数值的数据，这时计算中数的方法基本与无重复数值的单列数据相同。但根据重复数值数据在该组数据中所处的位置又细分为几种情况。当位于中间的那几个数是重复数值时，求中数的方法就比较复杂了。

第一，当重复数值没有位于数列中间时，求中数的方法与无重复数据时求中数的方法相同。

【例 3-4】求数列 5，5，6，10，12，15，17 的中数。

解：在这个数列中，重复数值为 5，但它排在数列的前端，故中数为 10。

第二，当重复数值位于数列中间，数据的个数为奇数的情形。

【例 3-5】求数列 11，11，11，11，13，13，13，17，17 的中数。

解：首先假设位于中间的几个重复数值为连续数值，取序列中上下各 $\frac{N}{2}$ 那一点上的数值为中数。此数列个数为奇数，因此中数所在的位置为 $\frac{9+1}{2} = 5$；数列中第 5 个数为 13，是重复数值，可以将其视作连续数，理解为三个 13 占据了一个分数单位的全距，即 12.5～13.5，它们均匀地分布在 12.5～13.5 这个区间内，如图 3-1 所示。

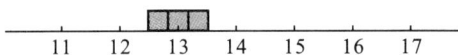

图 3-1　一列数据有重复数值时的中数示意图

每一个 13 占三分之一距离，在图中就用三个方块表示。第一个 13 落在 12.5～12.83 这个区间内，第二个 13 落在 12.83～13.16 这个区间内，第三个 13 落在 13.16～13.49 这个区间内。这样，三个 13 就落在不同的区间内。因为中数是一个点值，因此，需要计算出第一个 13 所在区间的组中值。这一点就是整个序列中位居最中间的那一点，就是这组数据的中数。第一个区间的中值为 $12.499 + \frac{0.33}{2} = 12.66$。因此，该组数据的中数是 12.66。

第三，当重复数值位于数列中间，数据的个数为偶数的情形。

如果数据的个数是偶数，计算方法与数据的个数为奇数时基本相同。

【例 3-6】求数列 11，11，11，11，13，13，13，17，17，18 的中数。

解：这道题目中的数列实际上是给【例3-5】中的数列增加了一个数据18，这时数列变成了一个数据个数是偶数，有重复数据的数列。$\frac{N}{2}$ 是5，那就是说，该组数据的中数应该是第五个数的上限，也是第六个数的下限。

因此，根据前面的计算可知位于序列中最前面那个13的上限是12.83，即该组数据的中数是12.83。

（二）分组数据求中数的方法

可以发现，通常在未分组的数据中，假设每一分数或测量占一个单位的全距，中数常常或落于那些单位之一的里面，或落于两个单位之间，处于某一上下限位置。当原始数据被整理成次数分布表后，求中数的原理同根据重复数列求中数的原理一样，也是取序列中将 N 平分为两半的那一点的值作为中数。设有 f_{M_d}（中数所在那一分组区间的数据个数）个数据均匀地落在距离为 i 的区间内，那么每个数据各占 $\frac{i}{f_{M_d}}$，那么至 $\frac{N}{2}$ 这一段距离为 $\frac{i}{f_{M_d}} \cdot \left(\frac{N}{2} - F_b\right)$，再加上该区间的精确下限值，就得到了中数值，见公式3-3a。

$$M_d = L_b + \frac{\frac{N}{2} - F_b}{f_{M_d}} \times i$$

（公式3-3a）

公式3-3a中，L_b 为中数所在分组区间的精确下限，F_b 为该组以下各组次数的累加次数，i 为组距。同理，也可用该区间的上限值减去至 $\frac{N}{2}$ 这一段距离，计算中数值，公式如下：

$$M_d = L_a - \frac{\frac{N}{2} - F_a}{f_{M_d}} \times i$$

（公式3-3b）

公式3-3b中，L_a 为中数所在分组区间的精确上限，F_a 为该组以上各组次数的累加次数，i 为组距。另外，也可用累加曲线求出中位数。图3-2是累加曲线求中数的示意图，图中表示的中数大约为80。

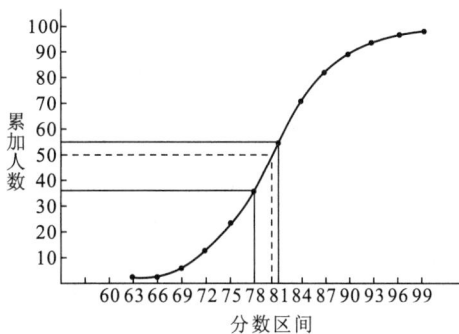

图3-2　累加曲线求中数示意图

（三）中数的优缺点与应用

从中数的计算可以看出：中数是根据观测数据计算而来的，不能主观臆定。中数的计算简单，容易理解，概念简单明白，这是它的优点。但是，它也有一些不足之处，如中数的计算不是每个数据都加入，其大小不受制于全体数据；反应不够灵敏，极端值的变化对中数不产生影响；中数受抽样影响较大，不如平均数稳定；计算时需要先将数据按大小排序；中数乘以总数与数据的总和不相等（中数等于平均数时例外）；中数不能作进一步代数运算，等等。因此，在一般情况下，中数不被普遍应用。

但在一些特殊情况下，它的应用受到重视。①一组观测结果中出现两个极端数目。这种情况在心理与教育科研实验中常常出现，因为心理与教育实验中的偶然因素非常复杂，有时实验中为了平衡各种误差，同一种观测经常要在同一个被试身上反复进行多次，而只取某一个代表值作为对该被试的观测结果。这时若出现两极端的数目，并且不能确定这些极端数目是否由错误观测造成，因而不能随意舍去，在这种情况下，只能用中数作为该被试的代表值。这样做并不影响进一步的统计分析。因为求中数不受极大值与极小值的影响，而决定中数的关键是居中的那几个数据的数值大小。②当次数分布的两端数据或个别数据不清楚时，只能取中数作为集中趋势的代表值。在心理与教育实验中，经常会出现个别被试不能坚持继续进行实验这一现象，有时只知个别被试的观测结果是在分布的哪一端，但具体数值不清楚，这种情况下就只能取中数，而不能计算平均数。③当需要快速估计一组数据的代表值时，也常用中数。

二、众数

众数（mode），又称为范数、密集数、

通常数等，常用符号 M_o 表示。众数是指在次数分布中出现次数最多的那个数的数值。它也是一种集中量数，也可用来代表一组数据的集中趋势。

（一）计算众数的方法

1. 直接观察求众数

不论是分组的数据还是未分组的数据，都可用观察法求众数。直接观察求众数的方法很简单，就是只凭观察找出出现次数最多的数据，这个就是众数。例如，有一组数据为 2，3，5，3，4，3，6，其中 3 出现的次数最多，因此 3 就是众数。

数据整理成次数分布表后，次数最多的那个分组区间的组中值为众数。依据次数分布表计算众数受分组的影响。因为，同一组数据，由于分组时组距大小不同，各区间的上下限也可能不一致，这样在次数分布表内，次数分布最多那一组的组中值就可能不同，故众数也可能不同。

2. 用公式求众数

用公式计算的众数称为数理众数。当次数分布曲线的形式已知时，可用积分的方法求众数。这种方法较复杂，一般在心理与教育统计中应用很少，而应用较多的是皮尔逊经验法和金氏（W. I. King）插补法。

【资料卡 3-2】

使用公式计算众数的方法

1. 皮尔逊经验法

皮尔逊研究了平均数、中数、众数之间的关系，发现三者之间的经验关系为：M 与

M_d 的距离占 M 与 M_o 的距离的三分之一，而 M_d 与 M_o 占三分之二，即

$$\frac{M-M_d}{M-M_o}=\frac{1}{3}$$

由上式可导出 $M_o=3M_d-2M$。

用皮尔逊经验法这个公式计算的众数，只能作为一个近似值，它不受次数分布的影响，也只能在分布接近正态的情况下应用。

2. 金氏插补法

$$M_o=L_b+\frac{f_a}{f_a+f_b}\times i$$

式中：L_b 为含众数这一区间的精确下限；

$\qquad f_a$ 为高于众数所在组一个组距的分组区间的次数；

$\qquad f_b$ 为低于众数所在组一个组距的分组区间的次数；

$\qquad i$ 为组距。

若 $f_a=f_b$，则 $M_o=L_b+\frac{1}{2}\times i$，即次数最多那一组区间的中值。

金氏插补法适合次数分布比较偏斜的情况，比较接近正态的分布也适用。

用这两种方法对同一组数据计算求得的众数一般都略有出入。

（二）众数的意义与应用

众数的概念简单明了，容易理解，但它不稳定，受分组影响，亦受样本变动的影响。计算众数时不需每一个数据都加入，因而较少受极端数目的影响，反应不够灵敏。用观察法得到的众数，不是经过严格计算得到的，用公式计算所得众数亦只是一个估计值。同时，众数不能做进一步代数运算。总数乘以众数，也与数据的总和不相等。由此可见，众数不是一个优良的集中量数，应用也不广泛。

在下述情况下，则会经常应用众数：①当需要快速而粗略地寻求一组数据的代表值时；②当一组数据出现不同质的情况时，可用众数表示典型情况，如工资收入、学生成绩等常以次数最多者为代表值；③当次数分布中有两极端的数值时，除了一般用中数外，有时也用众数；④当粗略估计次数分布的形态时，有时用平均数与众数之差，作为表示次数分布是否偏态的指标。另外，当一组数据中同时有两个数值的次数都比较多时，即次数分布中出现双众数（bimodal）时，也多用众数来表示数据分布形态。

三、平均数、中数与众数三者之间的关系

在一个正态分布中，平均数、中数、众数三者相等，因此在数轴上三个集中量完全重合，在描述这种次数分布时，只需报告平均数即可。

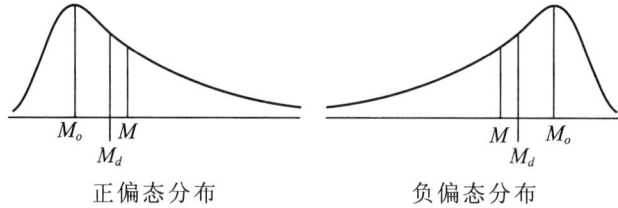

图 3-3　偏态分布中三个集中量的关系图示

在正偏态分布中 $M>M_d>M_o$，在负偏态分布中 $M<M_d<M_o$。见图 3-3。在偏态分布中，平均数永远位于尾端。中数位于把分布中的面积分成两等份的点值上。它在一边的数据个数等于它在另一边的数据个数。因此，在描述偏态分布时，应报告平均数与中数。一般偏态情况下，M_d 离平均数较近而距众数较远。皮尔逊的研究发现，它们三者之间存在着这样的经验关系：$M_o=3M_d-2M$。

在一组数据分布中，只有平均数乘以数据总个数与各数据的总和相等，只有平均数与各数据之差（离均差）的总和为 0，中数、众数都不能满足这一点。也只有各个变量与平均数之差的平方和为最小，即每个数据与任一常数包括中数或众数之差的平方和都大于每个数据与平均数之差的平方和，这就是平均数的"最小平方"原理。这一点也决定了平均数是较 M_d 与 M_o 应用更为广泛的一个集中量数。

平均数、众数、中数作为集中量数，各自描述的典型情况不同。图 3-4 中描述的是 2，3，5，6，7，10，10，14，15 一列数据的三种集中量数的情况，图中每一个方格代表一个相同单位的数据。

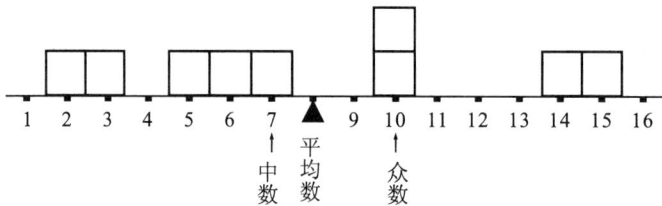

图 3-4　平均数、中数、众数关系示意图

在图 3-4 中，平均数为一个平衡点（balancing-point），是一组数据的重心（center of gravity）。它使数轴保持平衡，即支点两侧的力矩是相等的。如图 3-4 中，平均数等于 8，支点左侧为小于平均数的 5 个数值，从左到右这 5 个数值与平均数的离均差之和为（-6）×1+（-5）×1+（-3）×1+（-2）×1+（-1）×1=-17，支点右侧为大于平均数的 4 个数值，从右向左 4 个数值与平均数的离均差之和为 7×1+6×1+2×2=17。中数只使其两侧的数据个数相同，在这个例子中中数两侧各包含 4 个数。众数是指次数出现最多，即

重量较大的那个数据，本例中它的值为 10，在数列中出现了两次。

第三节 其他集中量数

除了算术平均数之外，还有几种平均数对于测量一组数据的集中趋势也很有用，这些统计指标有加权平均数、几何平均数、调和平均数。

一、加权平均数

有些测量中所得的数据，其单位权重（weight）并不相等。这时若要计算平均数，就不能用算术平均数，而应该使用加权平均数（weighted mean）。计算公式如下：

$$M_W = \frac{W_1 X_1 + W_2 X_2 + \cdots + W_n X_n}{W_1 + W_2 + \cdots + W_n}$$

$$= \frac{\sum W_i X_i}{\sum W_i} \qquad \text{（公式 3-4）}$$

公式中 W_i 为权数。所谓权数，是指各变量在构成总体中的相对重要性。每个变量的权数大小，由观测者依据一定的理论或实践经验而定。在教育心理研究中，我们时常会遇到对测量数据进行加权的情况。例如，在考试时教师共出 10 道考题，由于各题的大小不同，难易程度不同，在总分为 100 的条件下，绝不能每题都以 10 分来计分，而是有的题 5 分，有的题 10 分、20 分，甚至 30 分。在各种选拔性测试，如人员录取中，以及某些大型考试中用不同科目的考试分数最终合成总分时，经常会遇到根据每个因素和科目的重要性，确定它们计入总分的比例，也就是赋予权重的问题。

加权的道理不难理解，但有时容易被人忽略。例如，有人在研究学生的思维能力时，用一些几何题目测验学生，指标是每题用一个解法做出就给一分，用两个解法做出来就再加一分，给两分，如此类推。然后用每个学生得分多少比较各人的差异。这里就产生了一个问题：这些分数是等距的吗？譬如，有一个学生有很多题目做不出来，但对于某些题目却能用多种方法做出，远远地超过他人。从得分总数看，虽然可能仍低于他人，但你能据此说他的思维能力不如别人吗？显然不能。这里的问题就在于每使用一种解题方法，不应该得相同的分数，而是应该考虑加权。但权数是多少？那要根据经验或理论进行分析。类似的情况还有很多。例如，用同一道题测试不同年龄的儿童，其得分不应相同；对难易度不同的几次考试，不应在计算总平均数时使用相同的权重，等等。

由各小组平均数计算总平均数是应用

加权平均数的一个特例。在心理与教育研究中，研究者经常会遇到由各个平均数计算总平均数的问题。例如，在心理教育分工协作研究的课题中，有时候要将各协作小组的研究数据进行合成，在没有原始分数的情况下，最后总平均数的计算就要使用加权平均数计算方法。此时，我们可以把各协作小组的平均分数视为该小组每个个体的分数，而把每个小组的人数视为权数。根据加权平均数的公式，由各小组的平均数计算总平均数的公式就是：

$$\overline{X}_T = \frac{\sum n_i \overline{X}_i}{\sum n_i} \quad \text{（公式 3-5）}$$

【例 3-7】某课题组在 8 个省区进行一项调查，各省区的取样人数和平均分数见下表，求该项调查的总平均数。

省区代码	人数	平均分数
1	627	98
2	268	60
3	400	82
4	670	96
5	411	80
6	314	65
7	610	96
8	500	88
合计	3800	665

解：已知 $\overline{X}_i$（各省区平均数）、n_i（各省区取样人数），

那么 $\sum n_i = 627 + 268 + 400 + 670 + 411 + 314 + 610 + 500 = 3800$

A. 如果不加权，仅用 8 个省区的平均分数之和除以 8，便可得到：

$$\overline{X}_T = \frac{665}{8} = 83.13$$

B. 根据公式 3-5，则：

$$X_T = \frac{627 \times 98 + 268 \times 60 + \cdots + 500 \times 88}{3800}$$

$$= \frac{330496}{3800}$$

$$= 86.97$$

A、B 两种方法计算得到的平均值差异较大。显然，用 A 方法计算平均数是不合适的，这种方法实质上是假定每个省区的取样人数相等，这不符合实际情况。

答：该项调查 8 个省区的总平均分数应为 86.97（加权计算的结果）。

二、几何平均数

（一）计算公式

几何平均数（geometric mean），记作 M_g（或 GM），计算的基本公式如下：

$$M_g = \sqrt[N]{X_1 \cdot X_2 \cdot X_3 \cdot X_4 \cdots X_i \cdots X_N}$$

$$\text{（公式 3-6a）}$$

式中：N 为数据个数；

X_i 为数据（变量）值。

使用公式 3-6a 计算几何平均数时，要开多次方，难以进行。因此，在计算时常用取对数的方法，因而，几何平均数有时又称对数平均数。对数计算公式如下：

$$\lg M_g = \frac{\sum \lg X_i}{N} \quad \text{（公式 3-6b）}$$

（二）几何平均数的应用

在心理和教育科学研究的数据处理过程中，应用几何平均数表示集中趋势，有两种情形。

1. 直接应用基本公式计算几何平均数

属于这种情况的有：在一组实验数据中有少数数据偏大或偏小，数据的分布呈偏态。这时若计算算术平均数也会出现偏大或偏小，平均数就不能很好地反映一组数据的典型情况。而用几何平均数表示集中趋势，就比算术平均数优越。在心理与教育实验中，部分数据变异较大的情况经常出现，这种场合除应用中数或众数外，时常应用几何平均数。而在心理物理学的等距与等比量表实验中，只能用几何平均数。

【例 3-8】 有一研究者想研究介于 S_1 与 S_2 两种感觉之间的感觉的物理刺激是多少。他随机选 10 名被试，让其调节一个可变的物理刺激，使产生的感觉恰介于 S_1 与 S_2 之间，然后测量所调节刺激的物理量。10 名被试的结果为：5.7，6.2，6.7，6.9，7.5，8.0，7.6，10.0，15.6，18.0。问这 10 个被试两种感觉之间的感觉物理刺激量的平均值是多少？

解：这是心理物理学中的等距量表实验，几何平均数更能代表该组数据的集中趋势，因此用几何平均数计算这组实验数据的平均值。已知 $n=10$，难以直接计算 10 次方根，故用公式 3-6b。

$$\lg M_g = \frac{1}{10} \ (\lg 5.7 + \lg 6.2 + \cdots + \lg 18.0)$$

$$= 0.93$$

求反对数，得 $M_g = 8.55$

因此，介于 S_1 与 S_2 感觉之间的感觉物理刺激的平均值是 8.55。

2. 应用几何平均数的变式计算

属于这种情况的有：一组数据彼此间变异较大，几乎是按一定的比例关系变化，如教育经费的逐年增加数、学习、阅读的进步数，以及学生人数的增加数，等等。在这类研究中，一般不求平均数，而是求平均增长率，如教育经费的平均年增长率、学校人数的年增长率、学习的平均进步率、阅读速度的平均增加率等。这时都要用几何平均数计算平均比率，而不用算术平均数计算。

（1）学习方面的进步率

【例 3-9】 在一项有关阅读能力的实验中，得到这样的结果。阅读的遍数与每遍理解的程度依次是：第一遍为 40%，第二遍为 52%，第三遍为 65%，第四遍为 75%，第五遍为 86%，第 6 遍为 97%。在该实验研究中被试阅读能力的平均进步率是多少？阅读能力的平均增加比率又是多少？

解：这是有关阅读能力平均增长率的问题，用几何平均数计算。计算步骤和过程如下。

例 3-9 表

阅读遍数	理解程度（%）	增加比率	
		X_i/X_{i-1}（比例）	lg（X_i/X_{i-1}）（对数）
1	40（X_1）		
2	52（X_2）	1.30	0.11
3	65（X_3）	1.25	0.10
4	75（X_4）	1.15	0.06
5	86（X_5）	1.15	0.06
6	97（X_6）	1.13	0.05
合计	$N=6$	5.98	0.38

$$\lg M_g = \frac{0.38}{5}$$

$$= 0.076$$

反对数 $M_g = 1.19$

答：该实验研究的阅读能力的平均进步率是 1.19，阅读能力的平均增加比率即 0.19（注意结果要减去原有的基数比率，即 1.19－1.00）。

如果设 $X_1 = 40$ 为基数，那么学习第 6 遍应该理解多少？则 $X_6 = 40 \times 1.19^5 = 95.45 \approx 95$。若用算术平均数，计算得到的阅读能力的平均增加率则是 $\overline{X} = 5.98 / 5 = 1.20$。同样，以第 1 遍理解程度 $X_1 = 40$ 为基数，那么，第 6 遍应理解的程度就为 $X_6 = 40 \times 1.20^5 = 99.53$，比实际的理解程度还要高。因此，像这类计算平均增长率的题目必须要用几何平均数计算，不能使用算术平均数。

上表所列的计算步骤可以简化。先以 X_1 为基数，分别用后一遍的结果除以前一遍的结果求出数据变化的比率，然后用比率数作为 X_i，代入计算几何平均数的公式，开 $N-1$ 次方，所得结果就是平均增长的比率数。用公式表示就是：

$$M_g = \sqrt[N-1]{\frac{X_2}{X_1} \times \frac{X_3}{X_2} \times \frac{X_4}{X_3} \times \frac{X_5}{X_4} \times \cdots \times \frac{X_N}{X_{N-1}}}$$

（公式 3-6c）

$$M_g = \sqrt[N-1]{\frac{X_N}{X_1}} \quad \text{（公式 3-6d）}$$

式中：X_N 为最后的原始数据；

X_1 为最先的原始数据（基数）。

如果直接使用公式 3-6d 处理上面的例子，计算步骤可以大大简化，方法简便，同时又可减少计算误差。计算如下：

$$M_g = \sqrt[N-1]{\frac{X_N}{X_1}} = \sqrt[6-1]{\frac{97}{40}}$$

两边取对数 $\lg M_g = \frac{1}{5} \lg \frac{97}{40}$

反对数 $M_g = 1.19$。

【例 3-10】有一个学生第一周记住 20 个英文单词，第二周记住 23 个，第三周记住 26 个，第四周记住 30 个，第五周记住 34 个，问该生学习记忆英文单词的平均进步率是多少？

解：已知 $N=5$，$X_5 = 34$，$X_1 = 20$

代入公式 3-6d，得 $M_g = \sqrt[5-1]{\frac{34}{20}}$

两边取对数，则 $\lg M_g = \dfrac{1}{4}\lg 1.7 = 0.06$

求反对数，得 $M_g = 1.14$

答：该生学习记忆单词的平均进步率是 1.14，学习进步的增长率为 0.14。

（2）学生或人口增加率的估计

【例 3-11】某校连续四年的毕业人数为：980 人，1100 人，1200 人，1300 人，问毕业生平均增长率是多少？若该校毕业生一直按此增长率变化，问五年后的毕业人数是多少？

解：已知 $N = 4$，$X_1 = 980$，$X_2 = 1100$，$X_3 = 1200$，$X_4 = 1300$

历年毕业人数	变化的比率
980	—
1100	1.12
1200	1.09
1300	1.08

代入公式 3-6c，

$$M_g = \sqrt[4-1]{1.12 \times 1.09 \times 1.08}$$
$$= \sqrt[3]{1.32} = 1.10$$

代入公式 3-6d，

$$M_g = \sqrt[4-1]{1300 \big/ 980} = \sqrt[3]{1.33} = 1.10 \Rightarrow$$

增长率为 10%

$1300 \times (1.10)^5 = 1300 \times 1.61 = 2093$（人）

答：该校毕业生年增长率为 10%，若一直按此比率增长，五年后毕业生人数达 2093 人。

（3）教育经费增加率

【例 3-12】某校 1950 年的教育经费是 10 万元，1982 年的教育经费是 121 万元，问该校教育经费年增长率是多少？若一直按此比率增加，请问 1990 年该校的教育经费是多少？

解：已知 $X_1 = 10$，$X_N = 121$

根据题意知 $N - 1 = 1982 - 1950 = 32$

代入公式 3-6d，$M_g = \sqrt[32]{121 \big/ 10} = \sqrt[32]{12.1} = 1.08$

由此可知，教育经费的增长率是 1.08，1982 年到 1990 年中间为 8 年，故 $N - 1 = 8$，因此，1990 年的经费应该为：$121 \times (1.08)^8 = 121 \times 1.85 = 223.85$（万元）

答：该学校教育经费年均增长 8%，估计 1990 年的教育经费可达到 223.85 万元。

三、调和平均数

（一）计算公式

调和平均数（harmonic mean），用符号 M_H 表示。因在计算中先将各个数据取倒数平均，然后再取倒数，故又称倒数平均数。计算公式为：

$$M_H = \cfrac{1}{\dfrac{1}{N}\left(\dfrac{1}{X_1} + \dfrac{1}{X_2} + \cdots + \dfrac{1}{X_N}\right)}$$
$$= \cfrac{1}{\dfrac{1}{N} \times \sum \dfrac{1}{X_i}} = \cfrac{N}{\sum \dfrac{1}{X_i}} \qquad \text{（公式 3-7）}$$

式中：N 为数据个数；

X_i 为变量值，随实验研究设计不同其含义不同，具体见下面的实例。

（二）调和平均数的应用

在心理与教育研究方面，调和平均数主要是用来描述学习速度方面的问题。调和平均数作为一种集中量数，在描述速度方面的集中趋势时，优于其他集中量数。

在有关研究学习速度的实验设计中，反应指标一般取两种形式。一是工作量固定，记录各被试完成相同工作所用的时间。二是学习时间一定，记录一定时间内各被试完成的工作量。由于反应指标不同，在计算学习速度时也不一样，这是应用调和平均数要特别注意的地方。

第一，学习任务量相同而所用时间不等。这时先要求出单位时间的工作量，并以它为 X_i 代入公式 3-7 计算，所得结果就是欲求的平均学习速度。

【例 3-13】有一学生 15 分钟学会生词 30 个，后 10 分钟学会生词也是 30 个。问该生平均每分钟学会多少个生词？

解：用倒数平均计算，先要求出单位时间的工作量。在此即求平均每分钟学会的生词数，即 $X_1 = \frac{30}{15} = 2$，$X_2 = \frac{30}{10} = 3$

已知 $N = 2$，把 N 和计算得到的 X_1、X_2 代入公式 3-7 得：

$$M_H = \frac{1}{\frac{1}{2}\left(\frac{1}{2} + \frac{1}{3}\right)} = \frac{1}{\frac{5}{12}} = 2.4（个 / 分）$$

答：该生平均每分钟学会 2.4 个生词。

这类问题也可根据速度概念来求解。先求出单位工作所用的时间，即学会一个生词所用的时间，平均后再求单位时间的工作量，就是所求的速度。计算结果与用调和平均数计算的结果相同。在解决速度类问题时，经常会使用下面这两个公式：

$$距离＝速率×时间$$

$$平均速度 = \frac{总距离}{总时间}$$

如果将上例中的问题改为一个学生在 25 分钟内学会了 60 个生词，那么其平均速度就是 $\frac{60}{25} = 2.4$。仔细分析一下，我们会发现依照速度概念进行计算的过程与调和平均数的计算过程是一致的。先求单位时间的工作量 X，然后取其倒数即为单位工作所用的时间 $\frac{1}{X_i}$，再将单位工作所用的时间平均，即 $\frac{1}{N}\left(\frac{1}{X_1} + \frac{1}{X_2} + \cdots + \frac{1}{X_N}\right)$，最后用平均后的单位工作所用的时间去除单位时间，即 $\frac{1}{\frac{1}{N} \times \sum \frac{1}{X_i}}$，这就是所求的学习速度。

【例 3-14】在一个学习实验中，请 6 名被试分别完成相同的 10 道作业题。这 6 名被试花费的时间依次为 0.8 小时，1.0 小时，1.2 小时，1.5 小时，2.5 小时，5.0 小时。计算这 6 名被试完成这 10 道作业题的平均速度。

解：设 6 名被试在单位时间完成的作业题数依次为 X_1，X_2，X_3，X_4，X_5，X_6，则

$$X_1 = \frac{10}{0.8} = \frac{25}{2} \quad X_2 = \frac{10}{1.0} = 10$$

$$X_3 = \frac{10}{1.2} = \frac{25}{3} \quad X_4 = \frac{10}{1.5} = \frac{20}{3}$$

$$X_5=\frac{10}{2.5}=4 \qquad X_6=\frac{10}{5}=2$$

那么，每个被试完成单位工作所需的时间量，即完成每道题需要的时间就是：

$$\frac{1}{X_1}=\frac{0.8}{10}=\frac{2}{25} \qquad \frac{1}{X_2}=\frac{1.0}{10}=\frac{1}{10}$$

$$\frac{1}{X_3}=\frac{1.2}{10}=\frac{3}{25} \qquad \frac{1}{X_4}=\frac{1.5}{10}=\frac{3}{20}$$

$$\frac{1}{X_5}=\frac{2.5}{10}=\frac{1}{4} \qquad \frac{1}{X_6}=\frac{5}{10}=\frac{1}{2}$$

6 名被试完成每道题所需要的时间总量为：

$$\sum\frac{1}{X_i}=\sum\left(\frac{1}{X_1}+\frac{1}{X_2}+\frac{1}{X_3}+\frac{1}{X_4}+\frac{1}{X_5}+\frac{1}{X_6}\right)$$

$$=\sum\left(\frac{2}{25}+\frac{1}{10}+\frac{3}{25}+\frac{3}{20}+\frac{1}{4}+\frac{1}{2}\right)$$

$$=\frac{6}{5}$$

已知 $N=6$，把 N 和 $\sum\frac{1}{X_i}$ 代入公式

3-7 得：$M_H=\dfrac{1}{\dfrac{1}{6}\times\dfrac{6}{5}}=5$（题 /小时）

答：这 6 名被试平均完成作业的速度是每小时 5 题。

通过上例，我们明显地看到，利用速度概念计算平均速度与用调和平均数计算平均学习速度问题是一致的。

第二，学习任务的时间相同而工作量不等。这时亦要先求单位时间的工作量，并以它为 X_i 代入公式 3-7 计算平均学习速度。

【例 3-15】在一个学习实验中，研究者统计了 6 名被试在 2 小时的解题量，依次为 24 题，20 题，16 题，12 题，8 题，4 题。试问这 6 名被试平均每小时解多少道题？

解：设 6 名被试单位时间解题数依次为 X_1，X_2，X_3，X_4，X_5，X_6，则

$$X_1=\frac{24}{2}=12 \qquad X_2=\frac{20}{2}=10$$

$$X_3=\frac{16}{2}=8 \qquad X_4=\frac{12}{2}=6$$

$$X_5=\frac{8}{2}=4 \qquad X_6=\frac{4}{2}=2$$

$$M_H=\frac{1}{\frac{1}{6}\left(\frac{1}{12}+\frac{1}{10}+\frac{1}{8}+\frac{1}{6}+\frac{1}{4}+\frac{1}{2}\right)}$$

$$=\frac{720}{147}=4.9 \text{（题 /小时）}$$

答：在这个实验中，6 名被试平均解题速度为每小时 4.9 题。

类似前面两个例子中的问题，都不能使用算术平均数，它不符合速度概念，应该用调和平均数计算平均学习速度，只有调和平均数才符合速度概念。

小 结

集中量数主要用来描述一组数据的集中趋势，常用的代表性的集中量数有平均数、中数和众数。本章介绍了这几种统计量的概念、性质、计算方法和应用。

1. 平均数是数据分布的重心，它是一个平衡支点。通常人们描述一组数据时，常用的是算术平均数。平均数是集中量数中性能最好的一个统计量，具备优秀统计量的所有特点。

2. 中数是处于数据分布中间的那个数，众数是一组数据中出现次数最多的数值。

3. 在描述数据分布的总体特征时，要根据不同的数据分布类型和平均数、中数、众数的特性，灵活地选用。

4. 加权平均数、几何平均数、调和平均数这三种平均数各有不同的用途。加权平均数适合解决用各个平均数求整体总平均数之类的问题，几何平均数适用于解决求增长比率的平均数一类问题，调和平均数适用于求平均速率一类问题。

进一步阅读资料

1. 埃维森（G. R. Iversen），格根（M. Gergen）. 统计学：基本概念和方法. 吴喜之，程博，柳林旭，等译. 北京：高等教育出版社，施普林格出版社，2000：83～90.

2. 艾伦（A. Aron），艾伦（E. N. Aron），库普思（E. Coups）. 心理统计（第 4 版）（影印版）. 北京：世界图书出版公司北京公司，2006：39～48.

3. 弗里德曼（D. Freedman），皮萨尼（R. Pisani），柏维斯（R. Purves），阿德卡瑞（A. Adhikari）. 统计学（第 2 版）. 魏宗舒，施锡铨，林举干，等译. 北京：中国统计出版社，1997：63～72.

4. 鲁尼恩（R. P. Runyon），科尔曼（K. A. Coleman），皮滕杰（D. J. Pittenger）. 心理统计（第 9 版）（英文版）. 北京：人民邮电出版社，2004：34～71.

5. 帕加诺（R. R. Pagano）. 行为科学中的统计学入门（第 6 版）（影印版）. 北京：中国统计出版社，2002：34～71.

计算机统计技巧提示

应用 Excel 计算集中量数有两种方法。①使用相应的函数，如 AVERAGE（算术平均数函数）、MODE（众数函数）、MEDIAN（中数函数）、GEOMEAN（几何平均数函数）、HARMEAN（调和平均数函数）来实现。加权平均数的计算使用 SUMPRODUCT 函数（乘积和函数）与 SUM（总和函数）共同完成。修剪平均数函数为 TRIMMEAN。②使用数据分析功能。在 Excel 中加载"分析工具库"宏后，单击"工具"→"数据分析"，勾选"描述统计"，选定数据后会生成一个描述统计分析报表，包括平均值、标准误差、中值、标准偏差、样本方差、峰值、偏斜度、全距、最小值、最大值、总和、数据个数、置信度（95.0%）等信息。

应用 SPSS 计算集中量数有两种方法。①单击"Analyze"→"Descriptive Statistics"→"Frequencies…"，选定变量，打开 Statistics 对话框，单选 Central Tendency 下面的有关复选框，即会得到平均数、中数、中位数、总和、组中值等集中量。②单击"Analyze"→"Descriptive Statistics"→"Descriptives…"，选定变量后，打开"Options…"对话框，单选有关复选框。这种方法只能得出平均数、总和以及数据个数。

思考与练习题

1. 应用算术平均数表示集中趋势要注意什么问题？

2. 中数、众数、几何平均数、调和平均数各适用于心理与教育研究中的哪些资料？

3. 对于下列数据，使用何种集中量数表示集中趋势代表性更好？并计算它们的值。

(1) 4　5　6　6　7　2　9

(2) 3　4　5　5　7　5

(3) 2　3　5　6　7　8　9

4. 求下列次数分布的平均数、中数。

分组	f	分组	f
65～	1	35～	34
60～	4	30～	21
55～	6	25～	16
50～	8	20～	11
45～	16	15～	9
40～	24	10～	7

5. 求下列四个年级的总平均成绩。

年级	一	二	三	四
$\bar{x}$	90.5	91	92	94
n	236	318	215	200

6. 三个不同被试对某词的联想速度如下表，求平均联想速度。

被试	联想词数	时间/分
A	13	2
B	13	3
C	13	25

7. 下面是某校几年来毕业生的人数，求平均增加比率，并估计 10 年后的毕业人数。

年份	1978	1979	1980	1981	1982	1983	1984	1985
毕业人数	542	601	750	760	810	930	1050	1120

8. 计算第二章思考与练习题 4 中次数分布表资料的平均数、中数及原始数据的平均数。

第四章
差异量数

【教学目标】 识记各种差异量数的含义，理解百分位差、四分位差、标准差、方差的性质和作用，掌握百分位差、四分位差、标准差、方差、标准分数的计算方法，熟练运用百分位差、标准差、方差描述数据的离中趋势，标准分数的应用。

【学习重点】 百分位差、四分位差、标准差、方差、标准分数的概念、性质、作用、计算方法和应用。

在心理和教育研究中，要全面描述一组数据的特征，不但要了解数据的典型情况，而且还要了解其特殊情况。这些特殊性常表现为数据的变异性。例如，在考查同一个年级中几个教学班的某科成绩时，我们常会遇到有些班级平均成绩相同，但整齐程度不同的情况，如果只比较平均成绩并不能真实地反映这些班级对某课程学习的全貌；只有同时对各班成绩分数的离散程度也进行度量，才能做到较全面地描述。因此，集中量数不可能真实地反映数据的分布情形。为了全面反映数据的总体情况，除了必须求出集中量数外，我们还需要使用差异量数。

差异量数就是对一组数据的变异性，即离中趋势特点进行度量和描述的统计量，也称为离散量数（measures of dispersion）。这些差异量数有全距、四分位差、百分位差、平均差、标准差与方差等。本章主要讲述这些差异量数的含义、性质、作用、计算方法和应用。

第一节 全距与百分位差

一、全距

全距（range）又称两极差，用符号 R 表示。它是说明数据离散程度的最简单的统计量。把一组数据按从小到大的顺序排列，用最大值（maximum）减去最小值（minimum）就是全距。它的计算公式可以写作：

$$R = X_{\max} - X_{\min} \qquad （公式 4-1）$$

全距是最简单、最易理解的差异量数，计算也最简单，但也是最粗糙和最不可靠的值。这种差异量数仅利用了数据中的极端值，其他数据都未参与运算过程。如果两极端值有偶然性或属于异常值时，全距不稳定，不可靠，也不灵敏。全距明显地受取样变动的影响。因此，它只是一种低效的差异量数，一般情况下主要用于对数据做预备性检查，了解数据的大概分布范围，以便确定如何进行统计分组。

二、百分位差

我们在第二章介绍累加次数分布表和累加次数曲线时提到过百分位数（percentile），又称作百分位点。它是指量尺上的一个点，在此点以下，包括数据分布中全部数据个数的一定百分比。第 P 百分位数（P-percentile）就是指在其值为 P_p 的数据以下，包括分布中全部数据的百分之 p，其符号为 P_p。

由于以全距表示一组数据的离散程度时，受极端数的影响很不准确，因此，有人提出取消分布两端 10% 的数据，即用 P_{10} 和 P_{90} 之间的距离作为差异量数，即百分位差。

（一）百分位数的计算

公式如下：

$$P_p = L_b + \frac{\frac{P}{100} \times N - F_b}{f} \times i$$

（公式 4-2）

式中：P_p 为所求的第 P 个百分位数；

L_b 为百分位数所在组的精确下限；

f 为百分位数所在组的次数；

F_b 为小于 L_b 的各组次数的和；

N 为总次数；

i 为组距。

如果得到了向上累加频数分布表，求百分位数的步骤如下：

①找到 P 百分位数所对应的名次，即 $N \times P\%$；

②从累加频数中找到该名次所在的分组，以及该组的频数 f 和组距 i；

③找到该分组区间精确下限值 L_b 和此值以下的累加频数 F_b；

④将上面的这些数据代入公式即可计算 $N \times P\%$ 对应的数值。

【例 4-1】用下面的次数分布表计算该分布的百分位差 $P_{90} - P_{10}$。

组别	f	向上累加次数
65～	1	157
60～	4	156
55～	6	152
50～	8	146
45～	16	138
40～	24	122
35～	34	98
30～	21	64
25～	16	43
20～	11	27
15～	9	16
10～	7	7
合计	157	

解：先计算 P_{10} 和 P_{90} 两个百分位数。

$157 \times 10 / 100 = 15.70$

$157 \times 90 / 100 = 141.30$

$P_{10} = 14.5 + \dfrac{15.70 - 7}{9} \times 5 = 19.33$

$P_{90} = 49.5 + \dfrac{141.30 - 138}{8} \times 5 = 51.56$

$P_{90} - P_{10} = 51.56 - 19.33 = 32.23$

答：该分布的百分位差 $P_{90} - P_{10}$ 是 32.23。

常用的百分位差除 $P_{90} - P_{10}$ 外，还有 $P_{93} - P_7$。但这两种百分位差虽然比全距较少受两个极端数值的影响，但仍然不能很好地反映中间数据的散布情况，因此只

作为主要差异量数的补助量数，在实践中很少使用。

应该看到，计算百分位数的公式与前面提到的用分组数据计算中数的原理一致。事实上，中数就是百分位数 P_{50}，公式 4-2 中的 $P\%$ 等于 50％时，它就是中数公式。因为在中数以下或以上，刚好有全部数据个数的 50％。

（二）百分位数与百分等级

除了运用上面的公式计算百分位数外，我们也可运用相对累加次数分布曲线图求解百分位数。图 4-1 的相对累加次数分布曲线图是根据【例 4-1】中的数据绘制而成的，图中左边的数字表示频率，右边的数字是百分等级，横坐标上的数字是分组区间。比如，要计算 P_{10} 的百分位数，先从右边标有 10％的刻度位置向图中的曲线画一条与横轴平行的线，再从这条平行线与曲线的交点处向横坐标画垂直线，垂直线与横轴相交处的刻度值就是 P_{10} 的百分位数。需要注意的是，用这种方法求得的百分位数由于受图中曲线精确程度的影响，与用公式计算结果相比，它只是一个粗略的估计值。

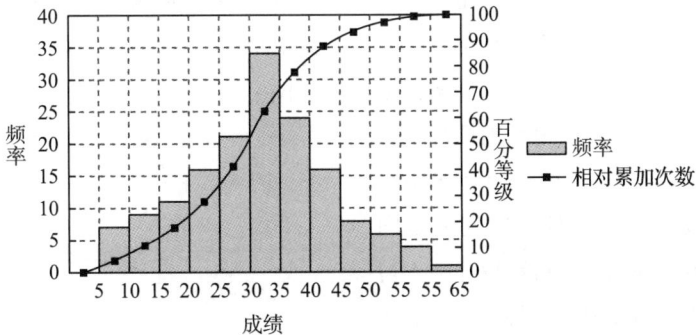

图 4-1 用累加次数分布曲线图求百分位数

反过来，利用百分位数的计算公式也可以计算出任意分数在整个分数分布中所处的百分位置，称为该分数的百分等级（percentile rank，P_R）。百分等级是一种相对位置量数，它是百分位数的逆运算，在心理和教育研究中广泛应用。当分数按照大小顺序排列后，用百分等级就可以表示任何一个分数在该团体中的相对位置。例如，某人考试成绩的百分等级 P_R 为 80，就意味着他的成绩比 80％的人要好，但比 20％的人要差。百分等级的计算公式是：

$$P_R = \frac{100}{N} \times \left[F_b + \frac{f\ (X - L_b)}{i} \right]$$

（公式 4-3）

式中：P_R 为百分等级；

X 为给定的原始分数；

f 为该分数所在组的频数；

L_b 为该分数所在组的精确下限；

F_b 为小于 L_b 的各组次数的和；

N 为总次数；

i 为组距。

读者可以用【例 4-1】中的数据，设定某个原始数据值，求它的百分等级，练习这一公式。同样，百分等级也可以用累加次数分布曲线图求得，只是方向相反。

有时无法从频数分布表中获得某个分数的百分等级的值，因为这些值并未直接显示在表中，此时，可以采用内插法来进行估算。这种计算方法的关键在于表中每个累积频数或百分比都对应它的分数区间的上实限。有兴趣的读者可利用【例 4-1】的分组频数表练习如何用这种方法来估计某一分数的百分等级。

三、四分位差

四分位差（quartile deviation，QD）也可被视为百分位差的一种，通常用符号 Q 来表示，指在一个次数分配中，中间 50％的次数的距离的一半。在一组数据中，它的值等于 P_{25} 到 P_{75} 距离的二分之一，也被称为半内四分间距（semi-interquartile range，SIR）。这个差异量数能够反映出数据分布中中间 50％数据的散布情况。

四分位差的计算基于两个百分位数，即 P_{25} 和 P_{75}。这两个点值与中数一起把整个数据的次数等分为四部分，因此我们称它们为四分值，或四分位数（quartile）。由于 P_{25} 之下占有总次数的四分之一，故 P_{25} 又称为第一四分位（Q_1），中数或 P_{50} 称为第二四分位（Q_2），P_{75} 称为第三四分位（Q_3）。四分位差就是第三四分位与第一四分位之差的一半。它的计算公式如下：

$$Q = \frac{Q_3 - Q_1}{2} \qquad （公式 4-4）$$

公式 4-4 中的 $Q_3 - Q_1$，被称为四分位距（interquartile range，IQR）。

如果是对未分组的数据求四分位差，Q_1 和 Q_3 可依照未分组数据求中数的方法求得。在分组数据中，Q_1 和 Q_3 计算方法如下：

$$Q_1 = L_b + \frac{\frac{1}{4} \times N - F_b}{f} \times i$$

$$Q_3 = L_b + \frac{\frac{3}{4} \times N - F_b}{f} \times i$$

用上面这两个公式计算的 Q_1 和 Q_3 实

际上就是 P_{25}、P_{75} 的值。依照【例 4-1】的数据，$Q_1 = 28.32$，$Q_3 = 43.61$，因此，$Q = 7.64$。

四分位差与 Q_1、Q_2 和 Q_3 之间的关系如图 4-2 所示。

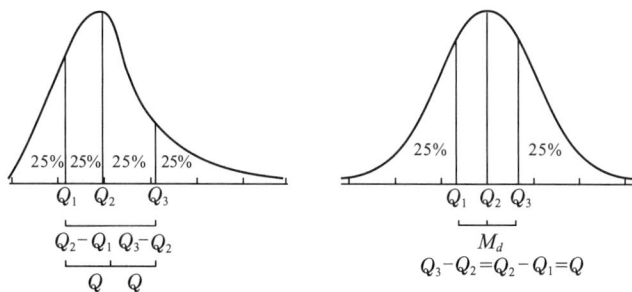

图 4-2　四分位差与 Q_1、Q_2 和 Q_3 之间的关系

四分位差通常与中数联系起来共同应用。中数可以看成第二四分位点，即 50％点，因此中数有时也常用 Q_2 表示。与全距相比，用百分位差表述数据的离散情况稍微好一些。比如，在两极端数据不清楚时，可以计算四分位差。但由于它没有把全部数据考虑在内，其稳定性会差一些。比如说，我们得到两组数据，这两组数据的值并不完全一致，但最后得到的四分位差则有可能完全一致。这是使用百分位差，尤其是用四分位差来表示数据分布的不足之处。另外，它也不适合代数方法运算，反应不够灵敏，故应用不多。

第二节　平均差、方差与标准差

一、动差体系

动差（moment）是力学上测量力的旋转趋势的名称。旋转趋势的大小随力点与原点距离大小而变化。动差就是力与该距离的乘积。统计学用此概念来表示次数分布的离散情况。它把各组次数当作力学上的力，用数值（或组中值）与原点之差作为距离来计算动差，并且把以平均数为原点的动差叫作中心动差（central moment）。常见的中心动差有：

一级动差　$\mu_1 = \dfrac{\sum f\ (X_i - \overline{X})}{N} = 0$

二级动差　$\mu_2 = \dfrac{\sum f\ (X_i - \overline{X})^2}{N} = \sigma^2$

三级动差　$\mu_3 = \dfrac{\sum f\ (X_i - \overline{X})^3}{N}$

四级动差　$\mu_4 = \dfrac{\sum f\ (X_i - \overline{X})^4}{N}$

其中：

μ_4 是用来表示一个分布中峰态性的指标;

μ_3 是用来表示一个分布中偏斜度或偏态性的指标;

μ_2 是用来表示一个分布中离中趋势的指标,也就是"方差"。它的平方根就是标准差,是应用最为广泛的一种差异量数;

μ_1 无法用来表示数据分布的差异度,因为 $\sum x_i = 0$。在实际应用过程中,一级动差一般不取其代数和 $(\sum fx)$,而是取绝对和 $(\sum | x |)$ 作为分子来反映分布的差异情况,这就是平均差。

二、平均差

平均差(average deviation 或 mean deviation)是次数分布中所有原始数据与平均数绝对离差的平均值。一般用符号 $A.D.$ 或 $M.D.$ 来表示。如果使用原始数据求平均差,使用下面的公式:

$$A.D. = \frac{\sum | X_i - \overline{X} |}{n} = \frac{\sum | x_i |}{n}$$

(公式 4-5)

式中:$A.D.$ 为平均差;

x_i 为离均差。

【例 4-2】有 5 名被试的错觉实验数据如下,求其平均差。

被 试	1	2	3	4	5
错觉量(ms)	16	18	20	22	17

解:已知 $n=5$,$\overline{X}=18.6$

$$A.D. = \frac{|16-18.6|+|18-18.6|+\cdots+|17-18.6|}{5}$$

$$=1.92$$

答:其平均差为 1.92。

如果使用归类分组数据计算平均差,使用的公式为:

$$A.D. = \frac{\sum f | x |}{n} \qquad (公式 4-6)$$

式中:f 为各组次数;

$| x |$ 为各组中点值对平均数离差的绝对值。

从以上计算中可以看出,平均差是根据分布中每一个观测值的离均差计算求得的,较好地反映了次数分布的离散程度。因为,平均数代表一组数据的集中趋势,把一组数据中的每个数据与平均数比较就可以知道每个数据与平均数偏离的程度,或者说与平均数差异的情况。如果把这组数据中每个数据与平均数差异的情况相加起来,那么所有数据的差异情况就一目了然。离均差(deviation from the mean 或 deviate)表示了每一个观测值与平均数的距离大小,正负号说明了重量施于什么方向,离均差的总和为 0,标志着完全平衡,有时简称为离差或偏差。由于 $\sum x_i = 0$,因此,在计算平均差时,先对每个数值的离均差取绝对值,再把它们相加求其平均值。平均差是根据分布中每一个观测值计算求得的,它较好地代表了数据分布的离散程度。然而,由于它在计算中要对离均差取绝对值,不利于进一步做统计分析,应用受到了限制,属于一种低效差异量数,在统计实践中不太常用。

三、方差与标准差

(一) 计算公式

根据求平均差的公式，为了避免负数出现，不能直接取离均差的数值，也不宜取其绝对值，最好的办法就是取离均差的平方。如果把每一个原始数据与平均数之差，即离均差的平方相加起来，就得到了离均差的平方和，即 $\sum(X-\overline{X})^2$。用这个平方和再除以总个数，得到的值就是方差。其基本公式表示如下：

$$\sigma^2 = \frac{\sum(X-\mu)^2}{N} = \frac{\sum x^2}{N} \qquad (公式\ 4\text{-}7a)$$

$$s^2 = \frac{\sum(X-\overline{X})^2}{n-1} = \frac{\sum x^2}{n-1} \qquad (公式\ 4\text{-}7b)$$

方差 (variance) 也称变异数、均方。方差作为样本统计量，用符号 s^2 表示，作为总体参数，用符号 σ^2 表示。它是每个数据与该组数据平均数之差乘方后的均值，即离均差平方后的平均数。在计算样本方差时，公式 4-7b 中的分母是 $n-1$。方差是度量数据分散程度的一个很重要的统计量。它就是前面讲过的动差体系中的二级动差，用二级动差表示全部数据分布的差异度，这种方法消除了平均差不便于代数运算的缺点。

标准差 (standard deviation) 即方差的平方根，用 s 或 SD 表示，若用 σ 表示，则是指总体的标准差。方差与标准差是最常用的描述次数分布离散程度的差异量数。本章只讨论样本数据，故方差的符号用 s^2，标准差的符号用 s。计算标准差的基本公式如下：

$$\sigma = \sqrt{\sigma^2} = \sqrt{\frac{\sum x^2}{N}} \qquad (公式\ 4\text{-}8a)$$

$$s = \sqrt{s^2} = \sqrt{\frac{\sum x^2}{n-1}} \qquad (公式\ 4\text{-}8b)$$

【例 4-3】计算 6，5，7，4，6，8 这一组样本数据的方差和标准差。

解：已知 $X_1=6$，$X_2=5$，$X_3=7$，$X_4=4$，$X_5=6$，$X_6=8$，$n=6$

①求平均数

$$\overline{X} = \frac{\sum X_i}{n}$$

$$= \frac{X_1+X_2+X_3+X_4+X_5+X_6}{n}$$

$$= \frac{6+5+7+4+6+8}{6} = \frac{36}{6} = 6$$

②求离均差的平方和

$$\sum x^2 = (X_1-\overline{X})^2 + (X_2-\overline{X})^2 +$$
$$(X_3-\overline{X})^2 + (X_4-\overline{X})^2 +$$
$$(X_5-\overline{X})^2 + (X_6-\overline{X})^2$$
$$= (6-6)^2 + (5-6)^2 +$$
$$(7-6)^2 + (4-6)^2 +$$
$$(6-6)^2 + (8-6)^2$$
$$= (0)^2 + (-1)^2 + (1)^2 +$$
$$(-2)^2 + (0)^2 + (2)^2 = 10$$

③代入公式 4-7b 和公式 4-8b，求方差与标准差

将 $\sum x^2$、n，代入公式 4-7b、公式 4-8b，得：

$$s^2 = \frac{\sum x^2}{n-1} = \frac{10}{5} = 2$$

$$s = \sqrt{s^2} = \sqrt{2} = 1.414$$

答：这组数据的方差为 2，标准差为 1.414。

运用公式 4-7 与公式 4-8 分别求方差与标准差，都要先求平均数，再求离均差。若平均数不一定是一个整数或者有不能除尽的数，那么在计算过程中就会引入计算误差，计算也会很冗繁。此时可以直接使用原始分数计算方差与标准差。公式如下：

$$\sigma^2 = \frac{\sum X^2}{N} - \left(\frac{\sum X}{N}\right)^2$$

$$= \frac{N\sum X^2 - (\sum X)^2}{N^2} \quad \text{(公式 4-9)}$$

$$\sigma = \sqrt{\frac{\sum X^2}{N} - \left(\frac{\sum X}{N}\right)^2}$$

$$= \frac{1}{N}\sqrt{N\sum X^2 - (\sum X)^2}$$

（公式 4-10）

式中：$\sum X^2$ 为原始数据的平方和；

$(\sum X)^2$ 为原始数据总和的平方；

N 为数据个数。

上面这两个公式分别与公式 4-7a、公式 4-8a 是等价的，它源于求方差与标准差的基本公式。有兴趣的读者可利用连加和的法则与平均数的特点的数学表达式推导证明。

【例 4-3】中的数据，如果采用公式 4-9 计算，其步骤如下。

①求原始数据的平方和

$$\sum X^2 = X_1^2 + X_2^2 + X_3^2 + X_4^2 + X_5^2 + X_6^2$$
$$= 6^2 + 5^2 + 7^2 + 4^2 + 6^2 + 8^2$$
$$= 36 + 25 + 49 + 16 + 36 + 64$$
$$= 226$$

②求原始数据的总和

$$\sum X = X_1 + X_2 + X_3 + X_4 + X_5 + X_6$$
$$= 6 + 5 + 7 + 4 + 6 + 8 = 36$$

③代入公式 4-9 求方差

将 $\sum X^2$、$\sum X$、N，代入公式 4-9，得：

$$\sigma^2 = \frac{\sum X^2}{N} - \left(\frac{\sum X}{N}\right)^2$$

$$= \frac{226}{6} - \left(\frac{36}{6}\right)^2 = 1.67$$

上述结果与公式 4-7a 计算的结果

相同。

在计算方差与标准差的这些公式中，公式 4-7 利用平均数计算，直观上容易理解，但平均数是一个导出分数值，当小数位有限制时，方差和标准差容易受平均数的影响而使精度受损。公式 4-9 则利用了每一个原始分数来计算方差，其精确度更高，可以消除计算误差，这一点需要读者注意。尤其利用计算机时既不怕计算繁复，又可消除计算误差使精确度更高，所以它就是经常使用的最好方法。

（二）计算分组数据的标准差与方差

当数据分组编制成次数分布表后，计算方差与标准差就可用下面的公式：

$$s = \sqrt{\frac{\sum f (X_C - \overline{X})^2}{n-1}} = \sqrt{\frac{\sum fx^2}{n-1}}$$

（公式 4-11）

$$s = \sqrt{\frac{\sum fd^2}{n-1} - \left(\frac{\sum fd}{n-1}\right)^2} \times i$$

（公式 4-12）

上面的公式是由计算方差与标准差的基本公式推演而来的，其中公式 4-12 被称为组距离差计算法。公式中 $d = (X_C - AM)/i$（其中 AM 为估计平均数，X_C 为各分组区间的组中值，i 为组距，f 为各组区间的次数，$n = \sum f$ 为总次数）。次数分布的原始数据分别用各分组区间的组中值 X_C 代表，落入各分组区间数据的总离均差用 f_x 表示。表 4-1（数据来源于表 2-3）说明了分组数据求方差与标准差的步骤。

表 4-1　分组数据计算标准差和方差

分组区间	X_C	f	d	fd	fd^2
96～	97	2	6	12	72
93～	94	3	5	15	75
90～	91	4	4	16	64
87～	88	8	3	24	72
84～	85	11	2	22	44
81～	82	17	1	17	17
78～	79	19	0	0	0
75～	76	14	−1	−14	14
72～	73	10	−2	−20	40
69～	70	7	−3	−21	63
66～	67	3	−4	−12	48
63～	64	1	−5	−5	25
60～	61	1	−6	−6	36
合计		100		28	570

将 $\sum fd^2$、$\sum fd$、n、i 代入公式 4-12，得：

$$s = \sqrt{\frac{\sum fd^2}{n-1} - \left(\frac{\sum fd}{n-1}\right)^2} \times i = \sqrt{\frac{570}{100-1} - \left(\frac{28}{100-1}\right)^2} \times 3$$

$$= \sqrt{5.76 - 0.08} \times 3 = \sqrt{5.68} \times 3 = 2.38 \times 3 = 7.14$$

计算得到的标准差为 $s = 7.14$。这个数值与根据【例 2-2】中的原始数据计算的标准差 $s = 6.99$ 略有出入，主要是由归组效应造成的。

（三）总标准差的合成

由于方差具有可加性特点，在已知几个小组的方差或标准差的情况下，可以计算出几个小组联合在一起的总的方差或标准差。这种计算常在科研协作中应用，如先了解各班学生情况，再了解全年级情况；或先了解各年级情况，再了解全校总的情况。在教育与心理的科研工作中，我们经常合成各实验点的资料，也会牵涉方差或标准差的合成。需要注意的是，只有在应用同一种观测手段，测量的是同一个特质，只是样本不同时，才能应用下面的公式合成方差和标准差。

计算总方差和总标准差的公式如下：

$$s_T^2 = \frac{\sum n_i s_i^2 + \sum n_i d_i^2}{\sum n_i} \qquad \text{（公式 4-13）}$$

$$s_T = \sqrt{\frac{\sum n_i s_i^2 + \sum n_i d_i^2}{\sum n_i}} \qquad \text{（公式 4-14）}$$

式中：s_T^2 为总方差，s_T 为总标准差；

s_i 为各小组标准差；

n_i 为各小组数据个数；

$d_i = \overline{X}_T - \overline{X}_i$（$\overline{X}_T$ 为总平均数，$\overline{X}_i$ 为各小组的平均数）。

【例 4-4】在三个班级进行某项能力研究，三个班测查结果的平均数和标准差分别如下，求三个班的总标准差。

班级	n	$\overline{X}$	s
1	42	103	16
2	36	110	12
3	50	98	17

解：利用公式 4-14，

①计算 $\sum n_i$、$\overline{X}_T$

$\sum n_i = 42 + 36 + 50 = 128$

$\overline{X}_T = \dfrac{\sum n_i \overline{X}_i}{\sum n_i} = \dfrac{42 \times 103 + 36 \times 110 + 50 \times 98}{128} = 103.02$

②计算 $\sum n_i s_i^2$、$\sum n_i d_i^2$

$\sum n_i s_i^2 = 42 \times 16^2 + 36 \times 12^2 + 50 \times 17^2$

$\qquad = 10752 + 5184 + 14450 = 30386$

$\sum n_i d_i^2 = 42 \times (103.02 - 103)^2 + 36 \times (103.02 - 110)^2 + 50 \times (103.02 - 98)^2$

$\qquad = 0.02 + 1753.92 + 1260.02 = 3013.96$

③计算 s_T

把 $\sum n_i s_i^2$、$\sum n_i d_i^2$、$\sum n_i$ 代入公式 4-14，得：

$s_T = \sqrt{\dfrac{\sum n_i s_i^2 + \sum n_i d_i^2}{\sum n_i}}$

$\quad = \sqrt{\dfrac{30386 + 3013.96}{128}}$

$\quad = \sqrt{\dfrac{33399.96}{128}} = \sqrt{260.94} = 16.15$

答：三个样本组的总标准差是 16.15。

【资料卡 4-1】

差异量数图示

下表是为了说明离差平方和、方差、标准差之间关系模拟的一组数据。

被　试	X	x	x^2
①	15	5	25
②	14	4	16
③	11	1	1
④	10	0	0
⑤	9	-1	1
⑥	7	-3	9
⑦	4	-6	36
$n=7$	$\sum X=70$		$\sum x^2=88$
	$\overline{X}=10.0$	$s^2=12.57$	$s=3.55$

从表中的数据计算得到离差平方和（sum of deviation square 或 sum of square，SS）$\sum x^2$ 为 88，也称为均方和；离差平方和的平均数，即样本方差（variance），也被称为均方（mean square，MS）的 s^2 是 12.57；均方的方根或称均方根差（root mean square deviation）为 $s=3.55$，就是上表中的标准差。下图是对 s^2，s，x，$\sum x^2$ 等概念间的相互关系的一个图示说明。

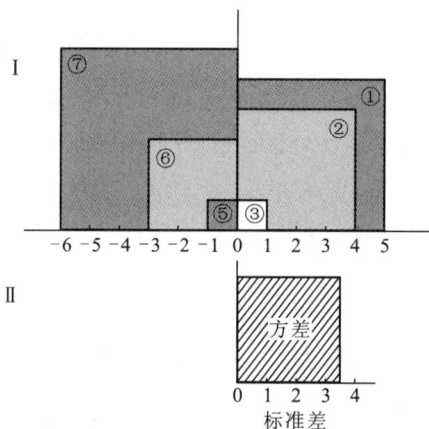

在这个图解的第 I 部分，坐标轴上以平均数为参考点，标记了 7 个被试原始分数的离均差。它以距参考点的直线距离来表示，与上表中第 3 列的数值一致。离均差的平方以各个正方形的面积来表示，对应的是表中第 4 列的数字。均方和（SS）以所有正方形面积的总和来表示，它包含 88 个单位面积，每一个单位面积等于图中被试③或被试⑤标记的正方形面积的大小。图中第 II 部分表示的是这组数据的方差与标准差。方差用单个正方形来表示，大小为第 I 部分所有正方形总面积除以 7 的结果。正方形的边长就是标准差。

（四）方差与标准差的性质和意义

1. 方差与标准差的性质

方差是对一组数据中各种变异的总和的测量，具有可加性和可分解性特点。统计实践中常利用方差的可加性去分解和确定属于不同来源的变异性（如组内、组间等），并进一步说明各种变异对总结果的影响，是以后统计推论中最常用的统计特征数。

标准差是一组数据方差的平方根，它有以下特性：

第一，每一个观测值都加一个相同常数 C 之后，计算得到的标准差等于原标准差，即如果 $Y_i = X_i + C$，则有 $s_Y = s_X$。这一性质表明，若一组数据中的每一个数都加上一个相同的常数，则这组数据彼此的离散程度并不改变，只是数据分布在数轴上以常数为距离做整体平移。

第二，每一个观测值都乘以一个相同的常数 C，则所得的标准差等于原标准差乘以这个常数，即若 $Y_i = C \times X_i$，则有 $s_Y = C \times s_X$。

第三，以上两点相结合，每一个观测值都乘以同一个常数 C（$C \neq 0$），再加一个常数 d，所得的标准差等于原标准差乘以这个常数 C，即若 $Y_i = C \times X_i + d$（C 为不等于零的常数），则有 $s_Y = C \times s_X$。

2. 方差与标准差的意义

方差与标准差是表示一组数据离散程度的最好指标。其值越大，说明次数分布的离散程度越大，该组数据较分散；其值越小，说明次数分布的数据比较集中，离散程度越小。它们是统计描述与统计推断分析中最常用的差异量数。在描述统计部分中，只需要标准差就足以说明一组数据的离中趋势。

标准差具备一个良好的差异量数应具备的条件：①反应灵敏，每个数据取值发生变化，方差或标准差都随之变化；②计算公式严密确定；③容易计算；④适合代数运算；⑤受抽样变动影响小，即不同样本的标准差或方差比较稳定；⑥简单明了，这一点与其他差异量数比较稍有不足，但其意义还是较明白的。

标准差与其他各种差异量数相比，具有数学上的优越性，特别是当已知一组数据的平均数与标准差后，就可以知道落在平均数上下各一个标准差、两个标准差，或三个标准差范围之内的数据所占的百分比。切比雪夫不等式指出，随机变量落在平均值附近的概率与标准差有一定的数量关系，即对于任何一个数据集合，至少有 $1 - \dfrac{1}{h^2}$ 的数据落在平均数的 h（h 为大于 1 的实数）个标准差之内。例如，一组数据的平均数为 50，标准差是 5，则至少有 $1 - \dfrac{1}{2^2} = 75\%$ 的数据落在 $50 \pm 2 \times 5 = 40 \sim 60$，至少有 $1 - \dfrac{1}{3^2} = 88.9\%$ 的数据落在 $50 \pm 3 \times 5 = 35 \sim 65$。如果数据呈正态分布，则数据将以更大的百分数落在平均数两侧，即落在上下两个标准差之内（95.45%），三个标准差之内（99.7%）（见附表 1）。

第三节 标准差的应用

作为一个非常优秀的差异量数,标准差有着非常广泛的用途。

一、差异系数

标准差反映了一个次数分布的离散程度,当对同一个特质使用同一种测量工具进行测量,所测样本水平比较接近时,直接比较标准差的大小即可知样本间离散程度的大小。标准差的单位与原数据的单位相同,因而有时我们称它为绝对差异量,但是,当遇到下列情况时,则不能直接比较标准差:①两个或两个以上样本所使用的观测工具不同,所测的特质不同;②两个或两个以上样本使用的是同一种观测工具,所测的特质相同,但样本间的水平相差较大。在第一种情况下,标准差的单位不同,显然不能直接比较标准差的大小。第二种情况虽然标准差的单位相同,但两样本的水平不同,这可以从平均数的大小明显不同来确定。通常情况下,平均数的值较大,其标准差的值一般也较大,平均数的值较小,其标准差的值也较小。在这种情况下,若直接比较标准差取值的大小,借以比较不同样本的分散情况是无意义的。可见,在上述两种情况下,不能用绝对差异量来比较不同样本的离散程度,而应使用相对差异量数。最常用的相对差异量数就是差异系数。

差异系数(coefficient of variation),又称变异系数、相对标准差等,它是一种相对差异量,用 CV 来表示,为标准差对平均数的百分比,其计算如下:

$$CV = \frac{s}{\overline{X}} \times 100\% \quad \text{(公式 4-15)}$$

式中:s 为某样本的标准差;

$\overline{X}$ 为该样本的平均数。

差异系数在心理与教育研究中常用于:①同一团体不同观测值离散程度的比较;②对于水平相差较大,但进行的是同一种观测的各种团体,进行观测值离散程度的比较。

【例 4-5】已知某小学一年级学生的平均体重为 25 千克,体重的标准差是 3.7 千克,平均身高 110 厘米,标准差为 6.2 厘米,问体重与身高的离散程度哪个大?

解:$CV_{体重} = \dfrac{3.7}{25} \times 100\% = 14.8\%$

$CV_{身高} = \dfrac{6.2}{110} \times 100\% = 5.64\%$

答:通过比较差异系数可知,体重的分散程度比身高的分散程度大 $(14.8\% > 5.64\%)$。

【例 4-6】通过同一个测验,一年级(7岁)学生的平均分数为 60 分,标准差为 4.02 分,五年级(11 岁)学生的平均分数为 80 分,标准差为 6.04 分,问这两个年级的测验分数中哪一个分散程度大?

解:$CV_{一年级} = \dfrac{4.02}{60} \times 100\% = 6.7\%$

$CV_{五年级} = \dfrac{6.04}{80} \times 100\% = 7.55\%$

答:五年级的测验分数分散程度大。

在应用差异系数比较相对差异大小时,一般应注意以下三点。第一,测量的数据要保证具有等距尺度，这时计算的平均数和标准差才有意义，应用差异系数进行比较也才有意义。第二，观测工具应具备绝对零值，这时应用差异系数去比较分散程度效果才更好。因此，差异系数常应用于重量、长度、时间编制得好的测验量表范围内。第三，差异系数只能用于一般的相对差异量的描述，至今尚无有效的假设检验方法，因此对差异系数不能进行统计推论。

二、标准分数

标准分数（standard score），又称基分数或 Z 分数（Z-score），是以标准差为单位表示一个原始分数在团体中所处位置的相对位置量数。离平均数有多远，即表示原始分数在平均数以上或以下几个标准差的位置，从而明确该分数在团体中的相对地位的量数。标准分数从分数对平均数的相对地位、该组分数的离中趋势两个方面来表示原始分数的地位。

（一）计算公式

$$Z = \frac{X - \overline{X}}{s} = \frac{x}{s} \quad （公式 4-16）$$

式中：X 为原始数据；

$\overline{X}$ 为一组数据的平均数；

s 为标准差。

从公式 4-16 中可以明了 Z 分数的意义。它是一个原始分数与平均数之差除以标准差所得的商数，它无实际单位，与原始分数和平均数的距离（$X - \overline{X}$）成正比，与该组分数的标准差成反比。如果一个数

小于平均数，其值为负数；如果一个数大于平均数，其值为正数；如果一个数的值等于平均数，其值为零。可见 Z 分数可以表明原分数在这组数据分布中的位置，故称为相对位置量数。当把原始分数转换为 Z 分数后，只需要看 Z 分数的数值和正负号，就立即可以明确每一个原始分数的相对地位。Z 分数表示其原分数在以平均数为中心时的相对位置，这比使用平均数和原分数表达了更多的信息。

【例 4-7】某班平均成绩为 90 分，标准差为 3 分，甲生得 94.2 分，乙生得 89.1 分，求甲、乙学生的 Z 分数各是多少？

解：已知 $\overline{X} = 90$，$s = 3$，$X_甲 = 94.2$，$X_乙 = 89.1$

根据公式 4-16

$$Z_甲 = \frac{X_甲 - \overline{X}}{s} = \frac{94.2 - 90}{3} = \frac{4.2}{3} = 1.4$$

$$Z_乙 = \frac{X_乙 - \overline{X}}{s} = \frac{89.1 - 90}{3}$$

$$= \frac{-0.9}{3} = -0.3$$

答：甲生的标准分数是 1.4，乙生的标准分数是 -0.3。

把原始分数转换成 Z 分数，就是把单位不等距的和缺乏明确参照点的分数转换成以标准差为单位，以平均数为参照点的分数。在一个分布中，标准差所表示的距离是相等的，因此以标准差为单位就使单位等距了。以平均数为参照点，也就是以 0 为参照点，因为等于 $\overline{X}$ 的原始分数转换成标准分数后，其值为 0。原始分数转换成 Z 分数，就是转换为以 1 为标准差，以 0 为参照点（平均值）的分数，从而可以

明确各个原始分数的相对地位，并且分数间也有了相互比较的基础。正因为它以 1（1 个标准差）为单位，以 0 为参照点，故名标准分数。

（二）标准分数的性质

第一，Z 分数无实际单位，是以平均数为参照点，以标准差为单位的一个相对量。

第二，一组原始分数转换得到的 Z 分数可以是正值，也可以是负值。凡小于平均数的原始分数的 Z 值为负数，大于平均数的原始分数的 Z 值为正数，等于平均数的原始分数的 Z 值为零。所有原始分数的 Z 分数之和为零，Z 分数的平均数也为零，即 $\sum Z=0$，$\bar{Z}=0$，根据求平均数及 Z 分数的公式可以证明。

第三，在一组原始数据中，各个 Z 分数的标准差为 1，即 $s_z=1$。根据 Z 分数的第二条性质和标准差公式可以推证。

第四，若原始分数呈正态分布，则转换得到的所有 Z 分数值的均值为 0，标准差为 1 的标准正态分布（standard normal distribution）。

了解标准分数的性质，对于标准分数的应用极为重要。

（三）标准分数的优点

1. 可比性

标准分数以团体平均分作为比较的基准，以标准差为单位。因此不同性质的成绩，一经转换为标准分数（均值为 0，标准差为 1），相当于处在不同背景下的分数，放在同一背景下去考虑，具有可比性。

2. 可加性

标准分数是一个不受原始分数单位影响的抽象化数值，能使不同性质的原始分数具有相同的参照点，因而可以相加。

3. 明确性

知道了某一被试的标准分数，利用标准正态分布函数值表，可以知道该分数在全体分数中的位置，即百分等级，也就知道了该被试分数在全体被试分数中的地位。所以，标准分数较原始分数意义更为明确。

4. 稳定性

原始分数转换为标准分数后，规定标准差为 1，保证了不同性质的分数在总分数中的权重一样。在心理测验中，使用标准分数可以弥补由于测试题目难易程度不同，造成不同性质测试之间标准差相距甚远，使得各个测试对总分所起的作用不同，即无形中增大了某一测试的权重的不足，使分数能更稳定、更全面、更真实地反映被试的水平。这在学科测验和人事选拔中尤其重要，有利于录取的公正性。

（四）标准分数的应用

Z 分数不仅能表明原始分数在分布中的地位，而且能在不同分布的各个原始分数之间进行比较，同时，还能用代数方法处理，因此，它被教育统计学家称为"多学科表示量数"，有着广泛的用途。

第一，用于比较几个分属性质不同的观测值在各自数据分布中相对位置的高低。

Z 分数可以表明各个原始数据在该组数据分布中的相对位置，它无实际单位，这样便可对不同的观测值进行比较。这里所说的数据分布中的相对位置包括两个意思：一个是表示某原始数据以平均数为中心以标准差为单位所处距离的远近与方向；另一个是表示某原始数据在该组数据分布中的位置，即在该数据以下或以上的数据各有多少。如果在一个正态分布（或至少是一个对称分布）中，这两个意思可合二为一。但在一个偏态分布中，这两个意思就不能统一。这一点在应用 Z 分数时要特别注意。例如，有一人的身高是 170 厘米，体重是 65 千克（也可以是另一人的体重），究竟身高还是体重在各自的分布中较高？这是属于两种不同质的观测，不能直接比较。但若我们知道各自数据分布的平均数与标准差，这样我们可分别求出 Z 分数进行比较。设 $Z_{身高170}=0.5$，$Z_{体重65}=1.2$，则可得出该人的体重离平均数的距离要比身高离平均数的距离远，即该人在某团体中身高稍微偏高，而体重更偏重些。如果该团体身高与体重的次数分布为正态，我们还可更确切地知道该人的身高与体重在次数分布的相对位置是多少，从而进行更确切（或更数量化）的比较。

在实际的教育与心理研究中，经常会遇到属于几种不同质的观测值，此时，不能对它们进行直接比较，但若知道各自数据分布的平均数与标准差，就可分别求出 Z 分数进行比较。

【例 4-8】 某年高考理科数学全国平均成绩是 65 分，标准差 12.5 分，考生 A、B、C 三人的数学原始分数是 50 分、65 分、85 分，求他们的标准分数是多少？

解：已知 $\overline{X}=65$，$s=12.5$，$X_A=50$，$X_B=65$，$X_C=85$

$$Z_A=\frac{50-65}{12.5}=\frac{-15}{12.5}=-1.2$$

$$Z_B=\frac{65-65}{12.5}=\frac{0}{12.5}=0$$

$$Z_C=\frac{85-65}{12.5}=\frac{20}{12.5}=1.60$$

答：考生 A 的数学标准分数是 -1.2，B 为 0，C 为 1.60。

一个原始分数被转换为 Z 分数后，就可知道它在平均数以上或以下几个标准差的位置，从而知道它在分布中的相对地位。当原始分数的分布是正态分布时，只要求出分布中某一原始分数的 Z 分数，就可以通过查正态分布表得知此原始分数的百分等级，从而知道在它之下的分数个数占全部分数个数的百分之几，进一步明确此分数的相对地位。有关内容将在介绍正态分布时再做详细叙述。

第二，计算不同质的观测值的总和或平均值，以表示在团体中的相对位置。

不同质的原始观测值因不等距，也没有一致的参照点，因此不能简单地相加或相减。在前面介绍算术平均数时，我们也讲到计算平均数时要求数据必须同质，否则会使平均数没有意义。但是，当研究要求合成不同质的数据时，如果已知这些不同质的观测值的次数分布为正态，这时可采用 Z 分数来计算不同质的观测值的总和或平均值。例如，已知高考的各科成绩分布是正态分布，但是由于各科的难易度不同，因此，各科成绩就属于不同质的数据。因此，在高考计分时，就改变了过去累加各科分数计算总分数或求平均分的方法，采用了 Z 分数求总分或平均分，使计分更加科学。类似这种情况也有期末成绩的总和等。一般情况下，在学科测验中用 Z 分数合成成绩更加合理。

【例 4-9】A、B 两个学生在三种考试中的分数见下表，试比较二人的分数是否有差别。

考试	$\overline{X}$	s	X_A	X_B
1	70	8	70	90
2	55	4	57	51
3	42	5	45	40

解：下面用表格形式列出已知条件、求解的结果。

考试	$\overline{X}$	s	X_A	X_B	x_A	x_B	Z_A	Z_B
1	70	8	70	90	0	20	0	2.5
2	55	4	57	51	2	−4	0.5	−1
3	42	5	45	40	3	−2	0.6	−0.4
$\sum$			172	181			1.1	1.1

答：两个学生在三门功课中的成绩总分没有差异。

下面是另外一个类似的例子。

【例 4-10】下表是高等学校入学考试中两名考生甲与乙的成绩分数。试问根据考试成绩应该优先录取哪名考生？

解：表格的后几列列举了计算的结果。

考试科目	原始成绩		全体考生		Z 分数	
	甲	乙	平均分	标准差	甲	乙
语文	85	89	70	10	1.5	1.9
政治	70	62	65	5	1	−0.6
外语	68	72	69	8	−0.13	0.38
数学	53	40	50	6	0.5	−1.67
理化	72	87	75	8	−0.38	1.5
$\sum$	348	350			2.49	1.51

答：如果按总分录取则取乙生，若按标准分数录取则应取甲生。

在上例中，为何会出现这样悬殊的差别？这是由于不恰当地计算总和分数造成的，因为各科成绩难易度不同，分散程度也不同，各门学科的成绩分数不等价，亦即数据是不同质的，这时应用总和分数不够科学，故出现这类问题，科学的方法应当用 Z 分数合成。从 Z 分数可知甲生多数成绩是在平均数以上，即使有两种成绩低于平均数，差别也小。总之成绩较稳定且在分布较高处，而乙生则不然。可见应用 Z 分数更趋合理。

第三，表示标准测验分数。

经过标准化的教育和心理测验，如果其常模分数分布接近正态分布，为了克服标准分数出现的小数、负数和不易为人们所接受等缺点，常常将其转换成正态标准分数。转换公式为：

$$Z' = aZ + b \qquad \text{（公式 4-17）}$$

式中：Z' 为经过转换后的正态标准分数；

a、b 为常数；

$Z = \dfrac{X - \mu}{\sigma}$，它是指转换前的标准分数，式中的 σ 为测验常模的标准差。

标准分数经过这样的线性转换后，仍然保持着原始分数的分布形态，同时仍具有原来标准分数的一切优点。例如，早期的智力测验运用比率智商（IQ）作为智力测查的指标。

$$IQ = \frac{MA（智龄）}{CA（实龄）} \times 100\%$$

这种表示智力的方法有一定的局限性，因为人在成年以后智力不再随年龄而增大，到了老年甚至智力有衰退，要用上面的公式表示并不准确。因此，韦克斯勒在韦氏成人智力量表中使用离差智商这一概念表示一个人在同龄团体中的相对智力。

$$IQ = 15Z + 100$$

在这个公式中，$Z = \dfrac{X - \overline{X}}{s}$，其中 X 为原始分数，$\overline{X}$ 为某团体或年龄组的平均数，s 为该年龄组的标准差。离差智商中的常数 100 与 15 实际为总平均数与标准差。到了后来，比奈也改用了离差智商概念来表示儿童的智力水平，在比奈-西蒙智

力测验中使用了 $Z' = 16Z + 100$ 公式。类似的正态标准测验分数还有陆军通用分类测验（AGCT）$Z' = 20Z + 100$，等等。正态标准分数能更清楚地表明某一分数在相应团体中的位置。

Z 分数的用途非常广泛，但也有一些缺点，如计算相对比较繁杂，还有负值和零值，以标准差为单位，常常还会带有许多小数，在进行比较时还必须满足原始数据的分布形态相同这一条件。在实际研究中，由于各种原因，我们很难保证不同数据的理论分布形态相同。为了克服这些缺点，在教育与心理测量研究中，人们更多的是对 Z 分数进行转换，使之符合理论上的正态分布，这种分数通常叫作"正态化的标准分数"，我们将在后面的章节中叙述。

三、异常值的取舍

在一个正态分布中，在平均数上下一定的标准差范围之内，包含确定百分数的数据个数。根据这个原理，在整理数据时，我们常采用三个标准差法则取舍数据，即如果数据值落在平均数加减三个标准差之外，则在整理数据时，可将此数据作为异常值舍弃。以上是指数据较多的情况，如果数据个数较少，亦可用表 4-2 所列出的全距与标准差比值一半，再乘以标准差，然后再求与平均数的和、差，并以这两个值为界取舍数据。

表 4-2　全距与标准差的比值随 N 变化表

N	5	10	15	20	40	50	100	200	400	500	700	1000
$\dfrac{\text{全距}}{s}$	2.3	3.1	3.5	3.7	4.3	4.5	5.0	5.5	5.9	6.1	6.3	6.5

第四节 差异量数的选用

一、优良差异量数具备的标准

鉴定一个差异量数是不是一个良好的统计指标，主要看是否具备以下标准：

①应该是根据客观数据资料获得的，而不是人为的主观估计决定的；

②应该是根据全部观测值计算得出的，而不是个别数据计算的结果，否则就不能代表全部数据的分布特征；

③应当简明，容易理解，不应过于带有数学抽象性质；

④计算应该方便、容易、迅速；

⑤应该最少受到抽样变动的影响（样本的稳定性），在反复取样过程中具有相对恒常性；

⑥应当能够采用代数方法计算。

二、各种差异量数优缺点比较

标准差计算最严密，它根据全部数据求得，考虑到了每一个样本数据，测量具有代表性，适合代数法处理，受抽样变动的影响较小，反应灵敏。缺点是较难理解，运算较烦琐，易受极端值的影响。

方差的描述作用不大，但是由于它具有可加性，是对一组数据中造成各种变异的总和的测量，通常采用方差的可加性分解并确定属于不同来源的变异性，并进一步说明各种变异对总结果的影响。因此，方差是推论统计中最常用的统计量数。

全距计算简便，容易理解，适用于所有类型的数据，但它易受极值影响，测量也太粗糙，只能反映分布两极端值的差值，不能显示全部数据的差异情况，仅作为辅助量数使用。

平均差容易理解，容易计算，能说明分布中全部数值的差异情况，缺点是会受两极数值的影响，但当数据较多时，这种影响较小，因有绝对值也不适合代数方法处理。

百分位差易理解，易计算，不易受极值影响，但不能反映出分布的中间数值的差异情况，也仅作为辅助量数。

四分位差意义明确，计算方便容易，对极端值不敏感，不易受极端值影响。当组距不确定，其他差异量数都无法计算时，可以计算四分位差。但是，四分位差无法反映分布中所有数据的离散状况，不适合使用代数方法处理，受抽样变动影响较标准差大。

通过比较，我们可以发现标准差、方差价值较大，它们的应用也比较广泛，因此，我们一般称标准差、方差为高效差异量数。相比较而言，其他差异量数，如全距、平均差、百分位差和四分位差等缺点比较明显，应用也受到限制，故称它们为低效差异量数。

三、各种差异量数之间的关系

在样本数量相当大（$N \geqslant 500$）时，标准差约为全距的六分之一，换句话说，全距约六倍于标准差。在小样本中，全距和标准差的比率要小一些。概而言之，在不同样本量的分布中，标准差和全距的比率变化如表 4-2 所示。使用标准差与全距之间的这种比率关系，还可对实际计算得到的标准差进行核对。

当次数分布的 N 值相当大，分布形式呈正态分布时，各种差异量数之间存在着固定的数量关系：

$$s = 1.2533AD = 1.4826Q$$

$$AD = 0.7979s = 1.1829Q$$

$$Q = 0.6745s = 0.8453AD$$

上面等式中的 s 表示标准差，AD 是平均差，Q 是四分位差。

四、如何选用差异量数

在选用差异量数时，可以考虑下面这些因素：

①当样本是随机取样时，s、Q、R 这几个差异量数的可靠性依次降低；

②当要求计算要容易、快捷时，R、Q、s 依次变得繁杂；

③当要求统计量进一步使用时，s 远远胜过其他差异量数；

④在偏态分布中，Q 比 s 更常用；

⑤当分布是截尾分布（truncated dis-

tribution）时，只有 Q 能正确地指出分布的变异性。

除此之外，还有一点非常重要，就是在选用差异量数时，同时应考虑选用合适的集中量数。差异量数与集中量数是描述数据特征的两类最基本的统计量，它们共同描述一组数据的全貌，即集中趋势和离中差异。这两种量数之间既有密切联系，又有严格区别。集中量数描述的是次数分布的典型性，指的是量尺上的一个点值，差异量数反映了次数分布的变异性，是量尺上的一段距离。一组数据集中量数的代表性如何，可用差异量数的大小来说明。差异量数越小，集中量数的代表性越大；差异量数越大，集中量数的代表性越小；差异量数为 0 时，表明这组数据的集中量数彼此相等，且等同于原始数据，这种情况只有在原始数据都完全相同的情况下才会出现。但几组数据如果集中量数都相同，这并不表明它们的差异量数也相同。例如，下面三组数据：A 组的数据是 7，7，8，8，8，9，9；B 组的数据是 4，5，7，8，9，11，12；C 组的数据是 1，4，7，8，9，12，15。这三组数据中每组有 7 个数据，平均数相同都是 8。它们的分布如图 4-3 所示。

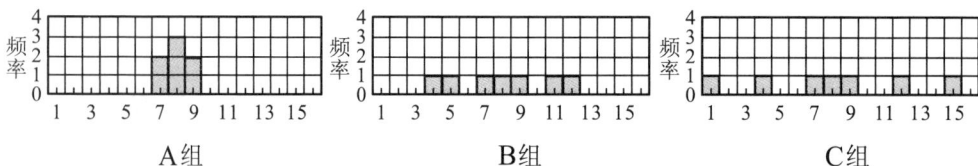

图 4-3 平均数相同的三组数据分布图

从图 4-3 中可以明显看出，A 组数据的最大数与最小数只相差 2，明显地非常集中；C 组数据最大数与最小数相差 14，最为分散；B 组居中，最大与最小的数相差为 8。也就是说，A 组平均数 8 的代表性最大，C 组的平均数的代表性最小。每组数据的波动不大一样，图 4-3 直观地显示了这三组数据的分布。A 组的数值以平均数为中心集中在一起，变化较小；B 组的变化较大；C 组变化最大，其差别一望而知。显然，只用集中量数不可能真实地反映出它们的分布情况，这时就要使用差异量数。

因此，要想描述一组数据的全貌，必须同时使用集中量数和差异量数。因为集中量数描述数据的典型性特点，差异量数描述的是数据的变异性特点。当选用中数作为描述一组数据的集中量数时，差异量数通常选用 Q 或其他百分位差为宜，因为它们计算方法的原理是一致的，都是用插值法求得的。在大多数情况下，人们更多的是用平均数和标准差一起来描述一组数据的全貌。

小　结

本章主要介绍了全距、百分位差、四分位差、平均差、方差和标准差的含义、性质、计算方法和具体应用。这几个统计量被称为差异量数，它们能够描述一组数据的离散特征。

1. 全距是最大值与最小值的差，是说明数据离散程度的最简单，也是最粗糙的差异量数。

2. 百分位差是用百分位数之间的差值来表示离中趋势的一种差异量数。要计算百分位差，必须先确定百分位数。四分位差是百分位差中最常用的，是指在一个次数分布中，分布在中间 50％的数据的全距的一半，它能够反映数据分布中间数据的散布情况。

3. 百分等级是与百分位数相对应的一个概念。它是一种相对地位量数，用于表示一个分数在该团体中的相对地位。

4. 标准差是差异量数中性能最好的一个统计量，是方差的平方根。方差具有可加性，这一性质在统计推断中有着重要的用途，是以后进一步统计分析的基础。标准差有着广泛的用途，标准分数就是以标准差为单位经过线性转换后的一种分数，它是比较分析不同测验中分数的恰当工具。

5. 集中量数是量尺上的一个点值，差异量数是量尺上的一段距离。二者同时使用，才能够把一组数据概括为少数几个有代表性的统计量，清晰地描述它的集中趋势和离中差异，完整地反映其全貌。

进一步阅读资料

1. 艾伦（A. Aron），艾伦（E. N. Aron），库普思（E. Coups）. 心理统计（第 4 版）（影印版）. 北京：世界图书出版公司北京公司，2006：48～63，76～80.

2. 霍格林（D. C. Hoaglin），莫斯特勒（F. Mosteller），图基（J. W. Tukey）. 探索性数据分析 . 陈忠琏，郭德媛，译. 北京：中国统计出版社，1998：62～102.

3. 鲁尼恩（R. P. Runyon），科尔曼（K. A. Coleman），皮滕杰（D. J. Pittenger）. 心理统计（第 9 版）（英文版）. 北京：人民邮电出版社，2004：95～108.

4. 帕加诺（R. R. Pagano）. 行为科学中的统计学入门（第 6 版）（影印版）. 北京：中国统计出版社，2002：72～81.

计算机统计技巧提示

在 Excel 中，计算各类差异量数时使用的统计函数有：AVEDEV（平均差函数）、STDEV（标准差函数）、VAR（方差函数）、MAX（最大值函数）、MIN（最小值函数）、DEVSQ（离差平方和函数）、SQRT（平方根函数）、PERCENTILE（百分位数函数）、PERCENRANK（百分等级函数）、QUARTILE（四分位数函数）、STANDARDIZE（标准分数函数）等。另外，也可用"描述统计"分析工具来计算一组数据的各种差异量数。

在 SPSS 中计算差异量数有两种方法。①单击"Analyze"→"Descriptive Statistics"→"Descriptives…"，在对话框中选定变量，单击"Options…"，点选对话框中 Dispersion 下面的有关复选框，就会得到标准差、方差、全距、最大值、最小值等差异量数。如果想得到标准分数，在"Descriptives…"对话框中，选中"Save standardized values as variables"前面的复选框即可。②点击"Analyze"→"Descriptive Statistics"→"Frequencies…"，选中变量，打开 Statistics 对话框，选中 Dispersion 中有关差异量的复选框即可。此外，在运行其他统计方法过程时，也能获得部分差异量数。

思考与练习题

1. 度量离中趋势的差异量数有哪些？为什么要度量离中趋势？

2. 各种差异量数有什么特点？

3. 标准差在心理与教育研究中除度量数据的离散程度外还有哪些用途？

4. 应用标准分数求不同质的数据总和时应注意什么问题?

5. 计算下列数据的标准差与平均差。

11.0, 13.0, 10.0, 9.0, 11.5, 12.2, 13.1, 9.7, 10.5。

6. 计算第二章思考与练习题 4 所列次数分布表的标准差、四分位差 Q。

7. 今有一画线实验,标准线分别为 5 厘米及 10 厘米,实验结果 5 厘米组的误差平均数为 1.3 厘米,标准差为 0.7 厘米,10 厘米组的误差平均数为 4.3 厘米,标准差为 1.2 厘米,请问用什么方法比较其离散程度的大小? 并具体比较之。

8. 求下表所列各班成绩的总标准差。

班级	平均数	标准差	人数
1	90.5	6.2	40
2	91.0	6.5	51
3	92.0	5.8	48
4	89.5	5.2	43

9. 求下表数据分布的标准差和四分位差。

分组	f
75~	1
70~	2
65~	4
60~	5
55~	8
50~	10
45~	9
40~	7
35~	4
30~	2
25~	2
20~	1
合计	$N=55$

第五章
相关关系

【教学目标】 识记相关、散点图、相关系数的类别和含义，理解各类相关系数的意义和适用条件，熟练掌握常用相关系数的计算方法，恰当应用各类相关系数进行相关分析。

【学习重点】 相关的基本类型，各种相关系数的适用条件和计算方法，积差相关、等级相关、质量相关、品质相关的应用。

集中量数和差异量数主要用于描述单变量数据资料的分布特征，相关系数则用于描述双变量数据（bivariate data）相互之间的关系。所谓双变量，是指对于一个变量 X 的每一个观测值 X_1，X_2，$\cdots$，X_N，同时有另一个变量 Y 的相应观测值 Y_1，Y_2，$\cdots$，Y_n 与之对应。相对于"单变量总体"，这种成对变量所组成的集合，叫作双变量总体（bivariate population）。本章主要讨论用于描述双变量总体中两个变量之间相互关系的具体方法和统计量。

第一节 相关、相关系数与散点图

一、什么是相关

（一）事物之间的相互关系

事物总是相互联系的，它们之间的关系多种多样。分析起来，大致有三种情况。第一种是因果关系，即一种现象是另一种现象的原因，而另一种现象是结果。例如，学习中个人的努力程度是学习成绩好坏的原因（至少是部分的原因），在一定刺激强度范围内，刺激强度经常是反应强度的原因等。第二种是共变关系，即表面看来有联系的两种事物都与第三种现象有关。这时，两种事物之间的关系便是共变关系。例如，春天田里栽种的小苗与田边栽植的小树，就其高度而言，表面上看来都在增长，好像有关，其实这两者都是受天气与时间因素影响而发生变化的，它们本身之间并没有直接的联系。第三种是相关关系，即两类现象在发展变化的方向与大小方面存在一定的联系，但不是前面的两种关系。不能确定这两类现象之间哪个是因，哪个是果；也有理由认为这二者并不同时受第三因素的影响，即不存在共变关系。具有相关关系的两种现象之间的关系是比较复杂的，甚至可能包含有暂时尚未认识的因果关系以及共变关系。例如，同一组学生的语文成绩与数学成绩的关系，就属于相关关系。

（二）相关的类别

统计学中所讲的相关是指具有相关关系的不同现象之间的关系程度，前提是对事物之间的这种联系又不能直接做出因果关系的解释。有时，相关被解释为两种特征相伴随的变化。相关有以下三种。

第一种情况：两列变量变动方向相同，即一列变量变动时，另一列变量亦同时发生或大或小与前一列变量同方向的变动，这称为正相关，如身高与体重，一般来讲，身长越长，体重就越重。

第二种情况：两列变量中有一列变量变动时，另一列变量呈现出或大或小但与前一列变量方向相反的变动，这称为负相关。例如，初学电脑打字时，随着练习次数增多或练习时间加长，错误就越少，等等。

第三种情况：两列变量之间没有关系，即一列变量变动时，另一列变量做无规律的变动，这种情况称为零相关，如身高与学业成就、相貌与人的行为等现象之间的关系，都属于零相关，即无相关关系，二者都是独立的随机变量。

二、相关系数

相关系数（coefficient of correlation）是两列变量间相关程度的数字表现形式，或者说是用来表示相关关系强度的指标。相关系数作为样本间相互关系程度的统计特征数，常用 r 表示；作为总体参数，一般用 ρ 表示，并且是就线性相关而言的。相关系数与 $\overline{X}$、s 一样，也是应用比较广泛的一个有代表性的统计量。下面的表达式描述了相关系数的取值情况：

$$-1.00 \leqslant r \leqslant 1.00$$

上式表明：

第一，相关系数 r 的取值范围介于 $-1.00 \sim +1.00$，它是一个比率，常用小数形式表示。

第二，相关系数的"$+$、$-$"（正、负号）表示双变量数列之间相关的方向，正值表示正相关，负值表示负相关。

第三，相关系数 $r=+1.00$ 时表示完全正相关，$r=-1.00$ 时表示完全负相关，这二者都是完全相关。$r=0$ 时表示完全独立，也就是零相关，即无任何相关性。

第四，相关系数取值的大小表示相关的强弱程度。如果相关系数的绝对值在 $0\sim1.00$，则表示不同程度的相关。绝对值接近 1.00 端，一般为相关程度密切，接近 0 值端一般为关系不够密切。

在对最后一点做具体判定时，尚须考虑计算相关系数时样本量的大小。如果样本量较小时，受取样偶然因素的影响较大，很可能本来无关的两类事物，却计算出较大的相关系数。例如，欲研究身高与学习有无关系，如果只选 3～5 人，很可能遇到个子越高学习越好这一类偶然现象。这时计算出的相关数虽然可能接近 1.00，但实际上这两类现象之间并无关系。因此，在判定相关是否密切时，要把样本量大小与相关系数取值大小综合起来考虑，一般要经过统计检验方能确定变量之间是否存在显著的相关。另外，若是非线性相关关系，而用直线相关计算 r 值可能很小，但不能说两变量关系不密切。

对相关及其相关系数概念的理解，可以根据数据等级之间的一致性加以进一步说明。假设五个儿童做了 A、B、C、D 四种测验，把五个儿童在测验 A 的成绩分数按高低排序，并列出相应的 B、C、D 三个测验的分数，结果见表 5-1。

表 5-1　五名学生四种测验的分数

学生	测验分数			
	A	B	C	D
1	15	53	64	102
2	14	52	65	100
3	13	51	66	104
4	12	50	67	103
5	11	49	68	101

然后，把五个儿童 B、C、D 的测验分数也按高低排序，用直线把每个学生的 A 与 B、A 与 C、A 与 D 测验分数分别连接，产生图 5-1。

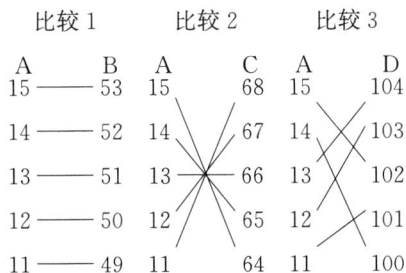

图 5-1　利用数据等级一致性
说明相关关系的图解

从图 5-1 可以看到，成对分数之间的连接线越接近平行线，正相关值越高；连接线越能相交在一点，负相关值就越大。当连接线交叉点越多时，表明相关值越接近于 0。图 5-1 只是完全正相关、完全负相关和近似零相关的示例。在心理与教育科学研究，以及行为科学研究中，完全正、负相关极其罕见，实际得到的 r 值绝大多数落于 -1 和 $+1$ 之间的某一点上。

三、散点图

在相关研究中，常用相关散点图表示

两个变量之间的关系。在平面直角坐标系中，以 X、Y 两列变量中的一列变量（如 X 变量）为横坐标，以另一列变量（如 Y 变量）为纵坐标，把每对数据 X_i、Y_i 当作同一个平面上的 N 个点（X_i、Y_i），一一描绘在 XOY 坐标系中，产生的图形就称为散点图或相关图。散点图通过点的散布形状和疏密程度来显示两个变量的相关趋势与相关程度，能够对原始数据间的关系做出直观而有效的预测和解释。成对观测值越多，散点图提供的信息就越准确。因此，散点图是确定变量之间是否存在相关关系及关系紧密程度的简单而又直观的方法。

　　不同形状的散点图形显示了两个变量间不同程度的相关关系。假设在平面直角坐标系中，以 X 轴为基线，每一对数据值准确地落在一条直线上，且直线左高右低，就为完全负相关（图 5-2A）；如果直线的方向与图 5-2A 完全相反，呈左低右高，则为完全正相关（图 5-2B）。

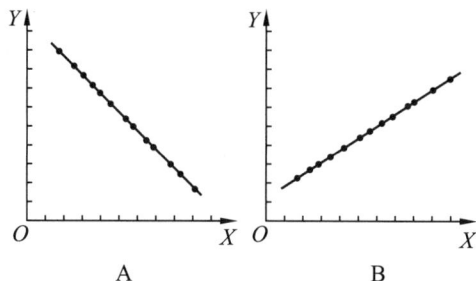

图 5-2　完全负相关和完全正相关图示

　　如果所有散点分布呈椭圆状，则说明两变量之间呈线性关系。在椭圆状的散点图中，如果椭圆长轴的倾斜方向左低右高（以 X 轴为基准），则为正相关（图 5-3A），左高右低则为负相关（图 5-3B）；如果散点图呈现圆形（图 5-3C、图 5-3D），就为零相关或弱相关。

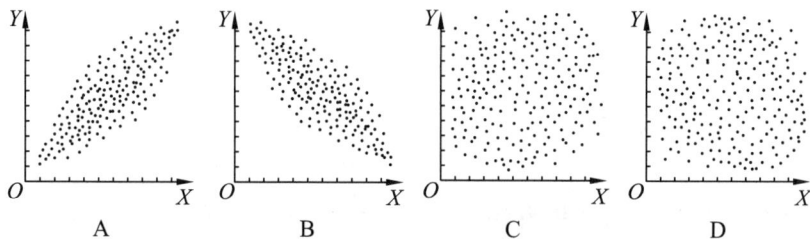

图 5-3　不同椭圆形状的散点图表示的相关度

　　画散点图时，如果分别以两变量的 Z 分数为横坐标与纵坐标，对相关趋势的考察就会更清楚。以标准分数为坐标的相关散布图，相当于把原坐标轴平移到 $X = \overline{X}$，$Y = \overline{Y}$，新坐标系 $X'O'Y'$ 的原点为（$\overline{X}$，$\overline{Y}$），X 轴、Y 轴的刻度分别为 s_X、s_Y。新的坐标轴把散点分为四个部分。若散点接近相等地散布在四个象限中，则相关系数接近于零，如图

5-4A。若Ⅰ、Ⅲ象限的散点明显多于Ⅱ、Ⅳ象限，或Ⅱ、Ⅳ象限的散点明显多于Ⅰ、Ⅲ象限，都说明两变量呈线性相关。前者为正相关，如图5-4B；后者为负相关，如图5-4C。两个变量相关程度由Ⅰ、Ⅲ象限与Ⅱ、Ⅳ象限散点的差数而定：差数越大，相关程度越高；差数越小，相关程度越低。

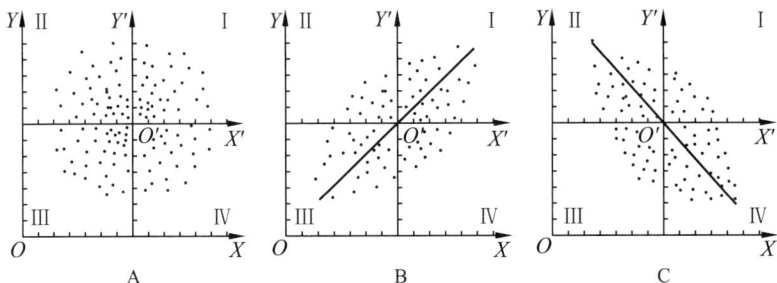

图5-4 以Z分数为坐标的散点图

图5-4中的直线称为拟合直线，代表数据点的相关趋势。这条直线是用统计方法求得的，因每个数据点与它的离差最小，所以称为最佳拟合直线。数据与最佳拟合直线之间的离差越小，拟合直线对数据相关关系预测的可靠度及精确性越高。

用一些合理的统计指标对相关现象的观测值进行的统计分析叫相关分析。在研究中如果无法适当操纵自变量的变化，就经常使用这种类型的分析。相关分析是一种重要的方法，在教育科学、心理科学、社会科学等学科研究中应用广泛，存在大量的例证。因为，在这些领域中，要实现对教育组织、个体、社会团体等的系统性操纵，有时是极为困难的。同时，相关分析还是许多多元分析的基础。

第二节 积差相关

一、积差相关的概念与适用资料

积差相关是英国统计学家皮尔逊于20世纪初提出的一种计算相关的方法，被称为皮尔逊积差相关，简称为皮尔逊相关。积差相关又称为积矩相关（product-mo-ment coefficient of correlation）。通常，人们把离均差乘方之和除以N叫作"矩"（moment），把X的离均差和Y的离均差这二者积的总和除以N，即$\dfrac{\sum xy}{N}$，用"积矩"概念表示。积差相关是一种运用较为普遍的计算相关系数的方法，也是揭示两个变量线性相关方向和程度最常用和最基本的方法。

一般来说，用于计算积差相关系数的数据资料，需要满足下面几个条件。①要求成对的数据，即若干个体中每个个体都有两种不同的观测值。例如，每个学生（智力相同者）的算术和语文成绩、每个人的视反应时和听反应时、每个学生的智力分数与学习成绩等。任意两个个体之间的观测值不能求相关。每对数据分数与其他数据没有关系，相互独立。计算相关的成对数据的数目不宜少于 30 对，否则会由于数据太少而缺乏代表性，求出的积差相关系数将不能有效地说明两列变量的相互关系。在后面的例子中，为节省篇幅，观测值可能少于 30 对，目的只是在于说明积差相关的计算方法。②两列变量各自总体的分布都是正态，即正态双变量，两个变量服从的分布至少应是接近正态的单峰分布。为了判断计算相关的两列变量的总体是否为正态分布，一般要查询已有的研究资料，若无资料可查，研究者应取较大样本分别对两变量做正态性检验，具体方法将在后面的章节中介绍。这里只要求保证双变量总体为正态分布，而对要计算相关系数的两样本的观测数据，并不要求一定为正态分布。③两个相关的变量是连续变量，即两列数据都是测量数据。④两列变量之间的关系应是直线性的，如果是非直线性的双列变量，不能计算线性相关。判断两列变量之间的相关是否为直线性的，可做相关散布图进行初步分析，也可查阅已有的研究结果论证。

二、积差相关系数计算公式

（一）运用标准差与离均差的计算公式

$$r = \frac{\sum xy}{(n-1)s_X s_Y} \quad \text{（公式 5-1a）}$$

式中：x、y 为两个变量的离均差，

$$x = X - \bar{X}, \quad y = Y - \bar{Y};$$

n 为成对数据的数目；

s_X 为 X 变量的标准差；

s_Y 为 Y 变量的标准差。

根据 $s_X = \sqrt{\dfrac{\sum x^2}{n-1}}$，$s_Y = \sqrt{\dfrac{\sum y^2}{n-1}}$ 推导，

公式 5-1a 又可改写成：

$$r = \frac{\sum xy}{\sqrt{\sum x^2 \cdot \sum y^2}} \quad \text{（公式 5-1b）}$$

式中 x、y 的含义同公式 5-1a。这两个公式都需要计算离均差。

（二）运用标准分数的计算公式

通常我们把公式 5-1a 中的 $\dfrac{\sum xy}{n-1}$ 称为样本的协方差（covariance）。所谓协方差就是两个变量离均差乘积的平均数，用公式表示为 $\dfrac{\sum xy}{N}$。两列变量离均差的乘积 xy 的大小，能够反映两列变量的一致性，即当 x 大 y 也大时，xy 也大；当 x 小 y 也小时，xy 也小。$\sum xy$ 的绝对值大小随 X、Y 两列变量的一致性程度而变化。$\sum xy$ 绝对值大，相关系数的绝对值也大；$\sum xy$ 绝对值小，相关系数也小。$\dfrac{\sum xy}{N}$ 的绝对值越大，表示 x 与 y 之间的线性关系越强，即这些点越接近一直线。$\dfrac{\sum xy}{N}$ 显然是 X 与 Y

之间一种线性关系的"指示器"，但不能直接用 $\dfrac{\sum xy}{N}$ 表示一致性，因为它有不同测量单位，而且它的值会随 X 与 Y 应用的测量单位的不同而发生变化，是一个很不稳定的量。为了克服协方差 $\dfrac{\sum xy}{N}$ 的缺点，我们分别用各变量的标准差 s_X 与 s_Y 去除各自的离均差 x、y，使其成为无实际测量单位的标准分数，然后求其协方差。这样，不同测量、不同测量单位表示的两列变量的一致性便可测量了，也便于比较。这就是求相关系数的公式中用比率的由来。

当应用标准分数计算相关系数时，积差相关系数的公式如下所示。其中，公式 5-2a 适用于样本，公式 5-2b 适用于总体。

$$r = \frac{\sum Z_X Z_Y}{n-1} \qquad \text{（公式 5-2a）}$$

$$\rho = \frac{\sum Z_X Z_Y}{N} \qquad \text{（公式 5-2b）}$$

式中：Z_X 为 X 变量的标准分；

Z_Y 为 Y 变量的标准分。

在图 5-5 中，XOY 平面被 O' 坐标系分隔为四个象限。XOY 平面上的点 $P_V(X_V, Y_V)$，在 $X'O'Y'$ 平面上的坐标为 P_V' $(X_V-\overline{X}, Y_V-\overline{Y})$。对于 I、III 象限的点，$Z_X Z_Y$ 为正，对于 II、IV 象限的点，$Z_X Z_Y$ 为负。如果 I、III 象限的点多于 II、IV 象限的点，则 $\sum Z_X Z_Y > 0$，即有 $r > 0$，X、Y 呈正相关，差数越大，r 值越大，正相关程度越高。如果 II、IV 象限的点多于 I、III 象限的点，则 $\sum Z_X Z_Y < 0$，即有 $r < 0$，X、Y 呈负相关，差数越大，r 绝

对值越大，负相关程度越高。如果 I、III 象限与 II、IV 象限中分布的点数目相同，且分布情况相同，则 $\sum Z_X Z_Y = 0$，即有 $r = 0$，X、Y 呈零相关，表明无线性趋势。如果两列变量中 X 变量增加 Y 变量也增加（相同或按比例增加），其各成对数据的标准分数 $Z_X = Z_Y$，这时两列数据是完全正相关，r 值最大不能超过 1.00。同理，若 $Z_X = -Z_Y$，则 r 值为 -1.00；若成对数据的 Z 分数绝对值不相等，则 r 的值就介于 -1.00 和 $+1.00$ 之间。

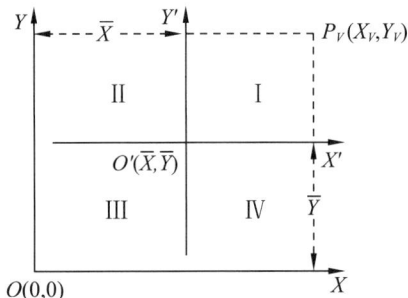

图 5-5　用标准分数计算相关系数图示

（三）运用原始观测值的计算公式

如果直接运用原始数据计算皮尔逊积差相关系数，可由公式 5-1a 推演出下面的公式：

$$r = \frac{\sum XY - \dfrac{\sum X \sum Y}{n}}{\sqrt{\sum X^2 - \dfrac{(\sum X)^2}{n}} \cdot \sqrt{\sum Y^2 - \dfrac{(\sum Y)^2}{n}}}$$

（公式 5-3a）

或者使用下面的公式：

$$r = \frac{n-1 \sum XY - \sum X \sum Y}{\sqrt{n \sum X^2 - (\sum X)^2} \cdot \sqrt{n \sum Y^2 - (\sum Y)^2}}$$

（公式 5-3b）

公式 5-3a、公式 5-3b 初看上去很复杂，但公式中各个变量的数据十分容易

获得。

为了说明相关系数各计算公式的应用，我们看下面这道例题。

【例 5-1】表 5-2 是 10 名中学生身高与体重的测量结果，问身高与体重的关系如何？

表 5-2　用原始分数计算相关系数的步骤

被试编号	身高 /cm X	体重 /kg Y	X^2	Y^2	XY
1	170	50	28900	2500	8500
2	173	45	29929	2025	7785
3	160	47	25600	2209	7520
4	155	44	24025	1936	6820
5	173	50	29929	2500	8650
6	188	53	35344	2809	9964
7	178	50	31684	2500	8900
8	183	49	33489	2401	8967
9	180	52	32400	2704	9360
10	165	45	27225	2025	7425
Σ	1725	485	298525	23609	83891

解：根据已有资料可知中学生身高与体重都呈正态分布，且身高、体重都属于测量数据并为线性相关，故本例可用积差相关公式计算相关系数值。

表 5-2 第 4～6 列已经列出了每一个被试的 X^2、Y^2、XY 的值，在最后一行列出了相应的 $\sum X^2$、$\sum Y^2$、$\sum XY$ 的值，从表中已知 $n=10$，将这些值代入用原始分数计算相关系数的公式 5-3a 得：

$$r = \frac{\sum XY - \dfrac{\sum X \sum Y}{n}}{\sqrt{\sum X^2 - \dfrac{(\sum X)^2}{n}} \cdot \sqrt{\sum Y^2 - \dfrac{(\sum Y)^2}{n}}} = \frac{83891 - \dfrac{1725 \times 485}{10}}{\sqrt{298525 - \dfrac{1725^2}{10}} \cdot \sqrt{23609 - \dfrac{485^2}{10}}}$$

$$= \frac{228.5}{\sqrt{962.5} \cdot \sqrt{86.5}} = 0.79$$

答：这 10 名学生身高与体重的相关系数为 0.79。

通过上例，应用公式 5-3a 计算积差相关系数的步骤为：

①求每一个变量的总和，即 $\sum X$ 和 $\sum Y$ 的值；

②求每一个变量的平方和，即 $\sum X^2$ 和 $\sum Y^2$；

③求成对变量乘积之和、每个变量和的乘积，即 $\sum XY$ 和 $\sum X \sum Y$ 的值；

④代入公式 5-3a 计算 r。

这个例题中的数据，如果要用公式 5-1a 和公式 5-1b 来计算积差相关系数，具体步骤为：

①计算每一个变量的平均数，即 $\overline{X}$ 和 $\overline{Y}$ 的值；

②计算每一个变量的标准差，即 s_X 和 s_Y 的值；

③求每一个变量的离均差，即 x 和 y 的值；

④求每个变量离均差的平方和与两个变量离均差的乘积之和，即 $\sum x^2$、$\sum y^2$ 和 $\sum xy$ 的值；

⑤代入公式 5-1a 或公式 5-1b 计算 r。

如果用公式 5-2 计算相关系数，就要计算每一个变量的标准分数与两个变量标准分数的乘积之和，即 Z_X、Z_Y 和 $\sum Z_X Z_Y$。

具体计算过程如下。

表 5-3　用离均差、标准差和标准分数计算相关系数的步骤

被试	身高 /cm X	体重 /kg Y	x /cm	y /kg	x^2	y^2	xy	Z_X	Z_Y	$Z_X Z_Y$
1	170	50	−2.5	1.5	6.25	2.25	−3.75	−0.26	0.51	−0.13
2	173	45	0.5	−3.5	0.25	12.25	−1.75	0.05	−1.19	−0.06
3	160	47	−12.5	−1.5	156.25	2.25	18.75	−1.27	−0.51	0.65
4	155	44	−17.5	−4.5	306.25	20.25	78.75	−1.78	−1.53	2.73
5	173	50	0.5	1.5	0.25	2.25	0.75	0.05	0.51	0.03
6	188	53	15.5	4.5	240.25	20.25	69.75	1.58	1.53	2.42
7	178	50	5.5	1.5	30.25	2.25	8.25	0.56	0.51	0.29
8	183	49	10.5	0.5	110.25	0.25	5.25	1.07	0.17	0.18
9	180	52	7.5	3.5	56.25	12.25	26.25	0.77	1.19	0.92
10	165	45	−7.5	−3.5	56.25	12.25	26.25	−0.77	−1.19	0.92
$\sum$	1725	485			962.5	86.5	228.5			7.94

根据表中的数据求得：$\overline{X} = 172.5 \text{cm}$，$\overline{Y} = 48.5 \text{kg}$，$s_X = 9.81 \text{cm}$，$s_Y = 2.94 \text{kg}$。

将 $\sum xy$、n、s_X、s_Y 代入公式 5-1a，得：

$$r = \frac{\sum xy}{(n-1)\, s_X s_Y} = \frac{228.5}{(10-1) \times 9.81 \times 2.94} = \frac{228.5}{259.57} = 0.88$$

将 $\sum xy$、$\sum x^2$、$\sum y^2$ 代入公式 5-1b，得：

$$r = \frac{\sum xy}{\sqrt{\sum x^2 \cdot \sum y^2}} = \frac{228.5}{\sqrt{962.5 \times 86.5}} = \frac{228.5}{\sqrt{83256.25}} = \frac{228.5}{288.54} = 0.79$$

将 $\sum Z_X Z_Y$、n 代入公式 5-2a，得：

$$r = \frac{1}{n-1} \cdot \sum Z_X Z_Y = \frac{7.94}{10-1} = 0.88$$

可以发现用公式 5-1a 和公式 5-2a 计算的相关系数值相同，用公式 5-1b 计算的相关系数值要小一些。

如果表 5-3 中身高与体重的单位用市制单位尺和斤来表示，无论平均数、标准差，还

是离均差乘积之和，都与测量单位用公制单位厘米及千克表示的时候明显不同，如表 5-4 所示。同一组被试的身高与体重，由于测量单位不同，可得到不同的协方差值。因而两个变量的一致性程度无法直接用协方差表示，若把离均差换成标准分数表示，则可得到相同的结果。表 5-4 中是把表 5-3 中身高与体重的数据单位转换成了相应的尺和斤之后的数据，该例说明了必须将每个离均差转换成标准分数的道理。

表 5-4　不同测量单位的数据计算相关系数比较

被试	身高（X）		体重（Y）		x	y	x^2	y^2	xy	Z_X	Z_Y	Z_XZ_Y
	cm	尺	kg	斤	尺	斤						
1	170	5.10	50	100	−0.08	3	0.0064	9	−0.24	−0.28	0.51	−0.14
2	173	5.19	45	90	0.01	−7	0.0001	49	−0.07	0.03	−1.19	−0.04
3	160	4.80	47	94	−0.38	−3	0.1444	9	1.14	−1.31	−0.51	0.67
4	155	4.65	44	88	−0.53	−9	0.2809	81	4.77	−1.83	−1.53	2.80
5	173	5.19	50	100	0.01	3	0.0001	9	0.03	0.03	0.51	0.02
6	188	5.64	53	106	0.46	9	0.2116	81	4.14	1.59	1.53	2.43
7	178	5.34	50	100	0.16	3	0.0256	9	0.48	0.55	0.51	0.28
8	183	5.49	49	98	0.31	1	0.0961	1	0.31	1.07	0.17	0.18
9	180	5.40	52	104	0.22	7	0.0484	49	1.54	0.76	1.19	0.90
10	165	4.95	45	90	−0.23	−7	0.0529	49	1.61	−0.79	−1.19	0.94
Σ		51.75		970			0.867	346	13.71			8.04

根据表中数据，求得：$\overline{X}=5.18$（尺），$\overline{Y}=97$（斤），$s_X=0.29$（尺），$s_Y=5.88$（斤）。

将 $\sum xy$、n、s_X、s_Y 代入公式 5-1a，得：

$$r=\frac{\sum xy}{(n-1)s_Xs_Y}=\frac{13.71}{(10-1)\times0.29\times5.88}=\frac{13.71}{15.35}=0.89$$

将 $\sum xy$、$\sum x^2$、$\sum y^2$ 代入公式 5-1b，得：

$$r=\frac{\sum xy}{\sqrt{\sum x^2\cdot\sum y^2}}=\frac{13.71}{\sqrt{0.867\times346}}=\frac{13.71}{17.32}=0.79$$

将 $\sum Z_XZ_Y$、n 代入公式 5-2，得：

$$r=\frac{\sum Z_XZ_Y}{n-1}=\frac{8.04}{10}=0.89$$

与表 5-3 中的数据比较，发现两种不同观测单位计算的标准分数 Z_X 及 Z_Y 略有差异，这是由于在单位转换及计算中引进了计算误差所致。另外，我们也会看到，当两个变量的单位为厘米和千克时，协方差为 25.39，当两个变量的单位转换为尺和斤时，协方差则为 1.52。进一步验证了协方差因同一数据单位的不同而发生的差异，说明它是不稳定的。

三、计算积差相关系数的差法公式

这是利用离均差 x、y 相加或相减的方法，求积差相关系数的两种方法。公式如下。

（一）减差法

$$r = \frac{s_X^2 + s_Y^2 - s_{X-Y}^2}{2 s_X s_Y}$$

（公式 5-4a）

或

$$r = \frac{\sum x^2 + \sum y^2 - \sum (x-y)^2}{2 \cdot \sqrt{\sum x^2} \cdot \sqrt{\sum y^2}}$$

（公式 5-4b）

（二）加差法

$$r = \frac{s_{X+Y}^2 - s_X^2 - s_Y^2}{2 s_X s_Y}$$

（公式 5-5a）

或

$$r = \frac{\sum (x+y)^2 - \sum x^2 - \sum y^2}{2 \cdot \sqrt{\sum x^2} \cdot \sqrt{\sum y^2}}$$

（公式 5-5b）

式中：s_X 为 X 变量的标准差；

$\quad\quad$ s_Y 为 Y 变量的标准差；

$\quad\quad$ x、y 为离均差；

$\quad\quad$ s_{X+Y}^2 为 $X+Y$ 这一新变量的方差；

$\quad\quad$ s_{X-Y}^2 为 $X-Y$ 这一新变量的方差。

公式 5-4b 与公式 5-5b 是将 $s_X^2 = \dfrac{\sum x_i^2}{n-1}$，$s_Y^2 = \dfrac{\sum y_i^2}{n-1}$ 代入公式 5-4a 与公式 5-5a 得到的。

因为 $X_i + Y_i$ 新变量的平均数为 $\overline{X} + \overline{Y}$，故每一个新变量 $X_i + Y_i$ 的离均差可表示为：

$(X_i + Y_i) - (\overline{X} + \overline{Y}) = (X_i - \overline{X}) + (Y_i - \overline{Y}) = x_i + y_i$

因而，新变量 $X+Y$ 的方差为：$s_{X+Y}^2 = \dfrac{\sum (x_i + y_i)^2}{n-1}$

同理可知：$s_{X-Y}^2 = \dfrac{\sum (x_i - y_i)^2}{n-1}$

表 5-5 是一组模拟数据，描述了使用减差法和加差法同时计算多列变量数据相关的情形。

表 5-5　用减差法和加差法计算多列变量之间的相关系数

X	Y	Z	x	y	z	x^2	y^2	z^2	$(x-y)^2$	$(x-z)^2$	$(y-z)^2$	$(x+y)^2$	$(x+z)^2$	$(y+z)^2$
7	25	19	3	3	−3	9	9	9	0	36	36	36	0	0
6	24	25	2	2	3	4	4	9	0	1	1	16	25	25
5	23	24	1	1	2	1	1	4	0	1	1	4	9	9
4	22	20	0	0	−2	0	0	4	0	4	4	0	4	4
3	21	23	−1	−1	1	1	1	1	0	4	4	4	0	0
2	20	21	−2	−2	−1	4	4	1	0	1	1	16	9	9
1	19	22	−3	−3	0	9	9	0	0	9	9	36	9	9

$\sum X = 28$　$\overline{X} = 4$　　　　　$\sum x^2 = 28$　$s_X^2 = 4.67$　$\sum(x-y)^2 = 0$　$s_{X-Y}^2 = 0$　　$\sum(x+y)^2 = 112$　$s_{X+Y}^2 = 18.67$

$\sum Y = 154$　$\overline{Y} = 22$　　　　$\sum y^2 = 28$　$s_Y^2 = 4.67$　$\sum(x-z)^2 = 56$　$s_{X-Z}^2 = 9.33$　$\sum(x+z)^2 = 56$　$s_{X+Z}^2 = 9.33$

$\sum Z = 154$　$\overline{Z} = 22$　　　　$\sum z^2 = 28$　$s_Z^2 = 4.67$　$\sum(y-z)^2 = 56$　$s_{Y-Z}^2 = 9.33$　$\sum(y+z)^2 = 56$　$s_{Y+Z}^2 = 9.33$

将上面求得的数据代入公式 5-4a 和公式 5-5a，得：

$$r_{XY} = \frac{s_X^2 + s_Y^2 - s_{X-Y}^2}{2s_X s_Y} = \frac{4.67 + 4.67 - 0}{2 \times 2.16 \times 2.16} = 1, \qquad r_{XY} = \frac{s_{X+Y}^2 - s_X^2 - s_Y^2}{2s_X s_Y} = \frac{18.67 - 4.67 - 4.67}{2 \times 2.16 \times 2.16} = 1;$$

$$r_{XZ} = \frac{s_X^2 + s_Z^2 - s_{X-Z}^2}{2s_X s_Z} = \frac{4.67 + 4.67 - 9.33}{2 \times 2.16 \times 2.16} = 0, \quad r_{XZ} = \frac{s_{X+Z}^2 - s_X^2 - s_Z^2}{2s_X s_Z} = \frac{9.33 - 4.67 - 4.67}{2 \times 2.16 \times 2.16} = 0;$$

$$r_{YZ} = \frac{s_Y^2 + s_Z^2 - s_{Y-Z}^2}{2s_Y s_Z} = \frac{4.67 + 4.67 - 9.33}{2 \times 2.16 \times 2.16} = 0, \quad r_{YZ} = \frac{s_{Y+Z}^2 - s_Y^2 - s_Z^2}{2s_Y s_Z} = \frac{9.33 - 4.67 - 4.67}{2 \times 2.16 \times 2.16} = 0。$$

当需要同时计算两列以上的变量相互间的相关系数时，应用加差法和减差法公式计算相关系数比较方便。除了差法公式外，计算积差相关系数还有其他方法。如果数据值比较大，可用估计平均数的方法使数据值变小，方便计算，因计算机的普及，这种方法已不再使用。如果数据被整理成双列次数分布表，在这种情况下可用相关表求相关系数。

【资料卡 5-1】

分组数据计算相关系数的方法——相关表法

当两列数据整理成双列次数分布表后，这时原始数据不见了，在这种情况下计算相关系数需要用下面的公式：

$$r_{XY} = \frac{\sum f_{XY} d_X d_Y - \dfrac{(\sum f_X d_X)(\sum f_Y d_Y)}{N}}{N \sqrt{\dfrac{\sum f_X d_X^2}{N} - \left(\dfrac{\sum f_X d_X}{N}\right)^2} \cdot \sqrt{\dfrac{\sum f_Y d_Y^2}{N} - \left(\dfrac{\sum f_Y d_Y}{N}\right)^2}}$$

$$r_{XY} = \frac{N \sum (f_{XY} d_X d_Y) - (\sum f_X d_X)(\sum f_Y d_Y)}{\sqrt{N \sum f_X d_X^2 - (\sum f_X d_X)^2} \cdot \sqrt{N \sum f_Y d_Y^2 - (\sum f_Y d_Y)^2}}$$

公式中符号的含义及应用步骤如下：

首先，分别用次数分布表计算平均数与标准差的方法计算 X、Y 的平均数与标准差。

①选定估计平均数 AM_X 和 AM_Y；②填写组差数 d_X 和 d_Y。$d_X = \dfrac{X - AM_X}{i_X}$，$d_Y = \dfrac{X - AM_Y}{i_Y}$；③设 X 变量各分组的次数为 f_X，设 Y 变量各分组的次数为 f_Y，双列次数分布表每格的次数为 f_{XY}。求 $f_X d_X$、$f_X d_X^2$、$f_Y d_Y$、$f_Y d_Y^2$，并分别计算总和。

其次，求 $f_{XY}d_X d_Y$，即每格的次数 f_{XY} 与这一格所对应的 d_X、d_Y 连乘之积。

再次，将 X 变量每个分组区间内各格的 $f_{XY}d_X d_Y$ 相加，或将 Y 变量每个分组区间内各格的 $f_{XY}d_X d_Y$ 相加，即为下页表内 $f_{XY}d_X d_Y$ 栏的数字，然后分别求总和。X 变量的 $\sum f_{XY}d_X d_Y$ 应与 Y 变量的 $\sum f_{XY}d_X d_Y$ 相等。

最后，将以上计算的各项代入上面任意一个公式，便可计算出相关系数。具体见下表。

学业成绩 Y	智商 X									f_Y	d_Y	$f_Y d_Y$	$f_Y d_Y^2$	$f_{XY}d_X d_Y$
	95~100	100~105	105~110	110~115	115~120	120~125	125~130	130~135	135~140					
90~95				$1_{(-4)}$			$2_{(12)}$	$3_{(27)}$	$2_{(32)}$	3	4	12	48	28
85~90						$1_{(3)}$	$2_{(12)}$	$3_{(27)}$	$1_{(12)}$	7	3	21	63	54
80~85			$1_{(-4)}$	$2_{(-4)}$	$3_{(0)}$	$5_{(10)}$	$4_{(16)}$	$2_{(12)}$		16	2	32	64	34
75~80			$1_{(-2)}$	$3_{(-3)}$	$7_{(0)}$	$6_{(6)}$	$2_{(4)}$			19	1	19	19	5
70~75			$2_{(0)}$	$8_{(0)}$	$9_{(0)}$	$5_{(0)}$		$2_{(0)}$		26	0	0	0	0
65~70		$1_{(3)}$	$4_{(3)}$	$5_{(5)}$	$6_{(0)}$	$1_{(-1)}$	$1_{(-2)}$			18	-1	-18	18	13
60~65	$1_{(8)}$	$4_{(24)}$	$3_{(12)}$	$4_{(8)}$	$2_{(0)}$					14	-2	-28	56	52
55~60		$2_{(18)}$	$3_{(18)}$	$1_{(3)}$		$1_{(-3)}$				7	-3	-21	63	36
50~55	$1_{(16)}$	$1_{(12)}$								2	-4	-8	32	28
f_X	2	8	13	24	27	19	9	7	3	112	9	363		250
d_X	-4	-3	-2	-1	0	1	2	3	4					
$f_X d_X$	-8	-24	-26	-24	0	19	18	21	12	-12				
$f_X d_X^2$	32	72	52	24	0	19	36	63	48	346				
$f_{XY}d_X d_Y$	24	57	36	5	0	15	30	39	44	250				

注：表中每一格里较大的数字为 f_{XY}，右下角括号内的数字为 $f_{XY}d_X d_Y$。

将表中数据代入前面第二个公式，得：

$$r_{XY} = \frac{112 \times 250 - (-12) \times 9}{\sqrt{112 \times 346 - (-12)^2} \cdot \sqrt{112 \times 363 - 9^2}} = 0.70$$

学业成绩 Y 与智商 X 的相关系数为 0.70。

四、相关系数的合并

在心理与教育研究工作中，我们常遇到需要将取自同一总体的几个样本的相关系数合成、求平均的相关系数这一问题，这与前面讲过的已知各小组的平均数和标准差求总平均数和总标准差的情形有些类似。由于相关系数不是等距的尺度，因此，对其不能采用简单合成的办法，必须将其转换成等距的尺度后再求平均，这样才有意义。求平均的相关系数，一般采用 $Z-r$ 转换法。具体步骤如下：

①查附表 8，即费舍 $Z-r$ 转换表，先将各样本的 r 转换成费舍 Z 分数；

②求每一样本的 Z 分数之和；

③求平均 Z 分数，即

$$\bar{Z}=\frac{\sum (n_i-3) Z_i}{\sum (n_i-3)}$$ （公式 5-6）

式中：Z_i 由各样本 r_i 查 $Z-r$ 转换表得到；

n_i 为各样本的成对数目。

④再查附表 8，将 $\bar{Z}$ 转换成相应的 r 值，即平均的 r。

【例 5-2】表 5-6 是来自同一总体的三个样本的相关系数，求平均相关系数。

解：从表中已知 n_i 和 r_i，查费舍 $Z-r$ 转换表得到 Z_i 值，中间数据见下表。

表 5-6 相关系数的合并

样本	n_i	r_i	n_i-3	Z_i	$(n_i-3) Z_i$
1	50	0.42	47	0.45	21.15
2	264	0.39	261	0.41	107.01
3	37	0.43	34	0.46	15.64
$\sum$			342		143.8

$$\bar{Z}=\frac{\sum (n_i-3) Z_i}{\sum (n_i-3)}=\frac{143.8}{342}=0.42$$

查费舍 $Z-r$ 转换表，$\bar{r}=0.40$

答：平均相关系数为 0.40。

相关系数合并（或称求平均的相关系数），一般用于汇总一个研究者先后多次的调研结果，或用于总和源于不同研究者的研究结果，或用于合成科研协作时不同地区的取样信息，或用于测验中对效度或信度的估计等，但在应用时必须保证各样本接近，研究的两事物相同，使用的测量工具也应相同，即要求各样本的同质性，这样计算平均相关系数才有意义。几个相关系数是否同质，可以运用后面章节中介绍的同质性检验方法来进行。从统计意义上讲，这种检验是合并相关系数的前提。

第三节 等级相关

在心理与教育领域的研究中，有时收集到的数据不是等距或等比的测量数据，而是具有等级顺序的测量数据。另外，即使收集到的数据是等距或等比的数据，但其总体分布不是正态，不满足求积差相关的要求。在这两种情况下，欲求两列或两列以上变量的相关，就要用等级相关，这种相关方法对变量的总体分布不做要求，故又称这种相关法为非参数的相关方法。本节所讨论的等级相关，也是线性相关，至于非线性关系则不包括在内。

一、斯皮尔曼等级相关

（一）适用资料

积差相关是对两个变量之间相关强度的"标准测量"指标。斯皮尔曼等级相关（Spearman's correlation coefficient for ranked data）则是对皮尔逊相关系数的延伸。它是英国心理学家、统计学家斯皮尔曼根据积差相关的概念推导出来的，因而有人认为斯皮尔曼等级相关是积差相关的一种特殊形式。

斯皮尔曼等级相关是等级相关（rank correlation）的一种，其相关系数常用符号 r_R 或 r_S 表示，有时候也把这一统计量称为斯皮尔曼 ρ 系数（Spearman's rho）。它适用于只有两列变量，而且是属于等级变量性质的具有线性关系的资料，主要用于解决称名数据和顺序数据的相关问题。对于属于等距或等比性质的连续变量数据，

若按其取值大小，赋予等级顺序，转换为顺序变量数据，亦可计算等级相关，此时不必考虑分数分布是否是正态。因而，有些虽属等距或等比变量性质但其分布不是正态的资料，虽然不能用积差相关的方法求相关，但能计算等级相关。可见等级相关方法适用的范围要比积差相关大，又对数据总体分布不做要求，这是其优点所在。另外，当 $n < 30$ 时，计算也比较简便。等级相关的缺点是一组能计算积差相关的资料若改用等级相关计算，精确度要差于积差相关，因此，凡符合计算积差相关的资料，不要用等级相关计算。

（二）计算公式

1. 等级差数法（n<30）

$$r_R = 1 - \frac{6\sum D^2}{n(n^2-1)} \qquad \text{（公式 5-7a）}$$

式中：n 为等级个数；

D 指两列成对变量的等级差数。

这是斯皮尔曼等级相关的基本计算公式。

2. 等级序数法

如果不用等级差数，而直接用等级序数计算，可用下式：

$$r_R = \frac{3}{n-1} \cdot \left[\frac{4\sum R_X R_Y}{n(n+1)} - (n+1) \right]$$

$$\text{（公式 5-7b）}$$

式中：R_X 与 R_Y 为两列变量各自排列的等级序数。

公式 5-7a 与公式 5-7b 是等效的。上述计算等级相关的公式是由用原始分数计算积差相关的公式推导而来的。因为等级变量为算术级数，其平均数、总和、平方和

可用等级序数表示其固定关系。由此可见，等级相关亦属积差相关体系，是直线相关的一种。

下面举例说明公式 5-7a、公式 5-7b 的应用。

【例 5-3】现有 10 人的视、听两种感觉通道的反应时（单位：毫秒），数据见表 5-7。问视、听反应时是否具有一致性？

表 5-7　等级相关系数计算说明

被试	听反应时 X	视反应时 Y	R_X	R_Y	$D = R_X - R_Y$	D^2	$R_X R_Y$
1	172	179	7	5	2	4	35
2	140	162	2	2	0	0	4
3	152	153	5	1	4	16	5
4	187	189	8	8	0	0	64
5	139	181	1	6	−5	25	6
6	195	220	9	10	−1	1	90
7	212	210	10	9	1	1	90
8	164	182	6	7	−1	1	42
9	149	178	4	4	0	0	16
10	146	170	3	3	0	0	9
Σ			55	55		48	361

解：此题研究视觉和听觉反应时是否具有一致性，这两列变量都是对同一组被试者测得的，是成对的数据，因此要用相关的统计方法。但此例中只有 10 对反应时数据，反应时数据的次数分布是否正态也无法确定，若用积差相关计算，条件稍欠满足，因此，选用等级相关计算则更为合适。

根据表中的计算，已知 $n = 10$，$\sum D^2 = 48$，$\sum R_X R_Y = 361$

将 n、$\sum D^2$ 代入公式 5-7a，得：

$$r_R = 1 - \frac{6\sum D^2}{n(n^2-1)} = 1 - \frac{6 \times 48}{10(10^2-1)} = 0.71$$

将 n 与 $\sum R_X R_Y$ 代入公式 5-7b，得：

$$r_R = \frac{3}{n-1} \cdot \left[\frac{4\sum R_X R_Y}{n(n+1)} - (n+1)\right] = \frac{3}{10-1} \times \left[\frac{4 \times 361}{10(10+1)} - (10+1)\right] = 0.71$$

答：这 10 人的视、听反应时的等级相关系数为 0.71。

3. 有相同等级时计算等级相关的方法

等级相关公式 5-7b 假设，各等级变量之和 $\sum R_X = \sum R_Y$，如果平方和 $\sum R_X^2 = \sum R_Y^2$，这样才能保证 $s_X^2 = s_Y^2$。如果等级变量中没有相同等级出现，此点可以保证。如果有相同等级出现时，可以保证 $\sum R_X = \sum R_Y$，但却不能保证 $\sum R_X^2 = \sum R_Y^2$ 这一条件。相同等级的数目及出现的次数对平方和 $\sum R_X^2$ 及 $\sum R_Y^2$ 会产生影响，见表 5-8。

表 5-8　不同数目相同等级的数据对平方和的影响

R_1	R_1^2	R_2	R_2^2	R_3	R_3^2	R_4	R_4^2	R_5	R_5^2
1	1	1	1	2	4	2.5	6.25	1.5	2.25
2	4	2.5	6.25	2	4	2.5	6.25	1.5	2.25
3	9	2.5	6.25	2	4	2.5	6.25	3	9
4	16	4	16	4	16	2.5	6.25	4	16
	30		29.5		28		25		29.5

从上表可见，随着相同等级数目的增多，$\sum R^2$ 有规律地减少，而不论其在哪个等级序数上相同（比较 R_2^2 与 R_5^2）。$\sum R^2$ 随相同等级数目减少的数量可用下式表达：

$$C = \frac{n\ (n^2-1)}{12} \qquad\qquad (\text{公式 5-8})$$

式中 C 称为校正数（减少的差数），n 为相同等级的数目，如表 5-8 中 R_2 的相同数 $n=2$，R_3 中 $n=3$，R_4 中 $n=4$，…

一组等级数据中，有时不止出现一组相同等级，这时就要将各组相同等级所减少的差数加起来，$\sum C = \sum \frac{n\ (n^2-1)}{12}$。由上可见，相同等级的出现影响了 $\sum R^2$，这样就使 R_X 的方差及 R_Y 的方差发生变化，使 s_X^2 与 s_Y^2 难以相等，因此，用公式 5-7b 计算相关就会产生误差。

下面是出现相同等级时，计算等级相关系数的公式：

$$r_{RC} = \frac{\sum x^2 + \sum y^2 - \sum D^2}{2 \cdot \sqrt{\sum x^2 \cdot \sum y^2}} \qquad\qquad (\text{公式 5-9})$$

式中：$\sum x^2 = \frac{N^3 - N}{12} - \sum C_X$，

$\qquad\quad \sum C_X = \sum \frac{n\ (n^2-1)}{12}$；

$\qquad\quad \sum y^2 = \frac{N^3 - N}{12} - \sum C_Y$，

$\qquad\quad \sum C_Y = \sum \frac{n\ (n^2-1)}{12}$。

上面公式中大写 N 为成对数据的数目，小写 n 为各列变量相同等级数。具体应用，见下面的举例。

【例 5-4】表 5-9 是 10 名学生的数学和语文考试成绩，问数学与语文成绩是否相关？

解：一般情况学业成就测试因其考试性质和目的不同，考试成绩分布很难保证每次都为正态，该例中的考试性质不明确，难以确定其成绩是否为正态；另外，成对考试成绩数目较少。因此，虽属等距变量，但在此不能用积差相关计算，应该用等级相关计算相关系数。

表 5-9　出现相同等级时计算等级相关系数的步骤

学生	语文 X	数学 Y	R_X	R_Y	$D=R_X-R_Y$	D^2
1	59	47	4.5	6	-1.5	2.25
2	35	40	10	10	0	0
3	59	42	4.5	8	-3.5	12.25
4	57	55	6	3.5	2.5	6.25
5	50	49	7	5	2	4
6	71	63	1	1	0	0
7	62	55	3	3.5	-0.5	0.25
8	47	42	8	8	0	0
9	43	42	9	8	1	1
10	68	57	2	2	0	0
$N=10$						$\sum D^2=26$

从表中数据得知，X（语文）有 2 个数据的等级相同，等级为 4.5，Y（数学）数据中有 2 个数据的等级相同，等级为 3.5，另外 3 个数据的等级相同，等级为 8。两对偶等级差的平方和 $\sum D^2=26$，数据对数 $N=10$。因此

$$\sum C_X=\frac{2\ (2^2-1)}{12}=0.5$$

$$\sum C_Y=\frac{2\ (2^2-1)}{12}+\frac{3\ (3^2-1)}{12}=0.5+2=2.5$$

$$\sum x^2=\frac{N^3-N}{12}-\sum C_X=\frac{10^3-10}{12}-0.5=82$$

$$\sum y^2=\frac{N^3-N}{12}-\sum C_Y=\frac{10^3-10}{12}-2.5=80$$

$$r_{RC}=\frac{\sum x^2+\sum y^2-\sum D^2}{2\cdot\sqrt{\sum x^2\cdot\sum y^2}}=\frac{82+80-26}{2\cdot\sqrt{82\times80}}=\frac{136}{162.0}=0.84$$

答：数学与语文成绩有相关，相关系数为 0.84。

表 5-9 中的数据若不用公式 5-9 计算，而用公式 5-2 计算，则得相关系数 $r=0.829$。

在心理与教育方面的研究中，研究者经常采用等级评定量表的方法对成绩或某些心理属性进行评定，评定量表中等级的分级越少，重复的等级数目就越多。这时若用等级相关法计算相关，就应该用有相同等级时计算相关的公式 5-9 计算。

【例 5-5】有 12 名学生的两门功课成绩评定分数，见表 5-10。问该两门功课成绩是否具有一致性？

表 5-10　有相同等级时等级相关系数的计算说明

学生	成绩评定		R_A	R_B	$D=R_A-R_B$	D^2
	课程 A	课程 B				
1	良	良	7	7.5	−0.5	0.25
2	优	优	2.5	3	−0.5	0.25
3	优	良	2.5	7.5	−5	25
4	良	优	7	3	4	16
5	优	优	2.5	3	−0.5	0.25
6	良	良	7	7.5	−0.5	0.25
7	中	中	11	11	0	0
8	良	优	7	3	4	16
9	良	中	7	11	−4	16
10	中	良	11	7.5	3.5	12.25
11	优	优	2.5	3	−0.5	0.25
12	中	中	11	11	0	0
$N=12$						$\sum D^2=86.5$

解：从表中知 $N=12$，$\sum D^2=86.5$，课程 A 的相同等级"优"为 4 个，"良"为 5 个，"中"为 3 个。课程 B 的相同等级"优"为 5 个，"良"为 4 个，"中"为 3 个。

$$\sum x^2 = \frac{12^3-12}{12}$$
$$-\left(\frac{4^3-4}{12}+\frac{5^3-5}{12}+\frac{3^3-3}{12}\right)=126$$

$$\sum y^2 = \frac{12^3-12}{12}$$
$$-\left(\frac{5^3-5}{12}+\frac{4^3-4}{12}+\frac{3^3-3}{12}\right)=126$$

$$r_{RC} = \frac{\sum x^0+\sum y^0-\sum D^0}{2\cdot\sqrt{\sum x^2\cdot\sum y^2}}$$
$$=\frac{126+126-86.5}{2\cdot\sqrt{126\times126}}=\frac{165.5}{252}=0.66$$

答：因 r_{RC} 较大，故可以说两门课程的成绩具有一致性。

类似问题，也可用列联相关方法计算相关程度，具体见本书后面的章节。

二、肯德尔等级相关

肯德尔等级相关方法有许多种。有适合两列等级变量资料的交错系数（又称肯德尔 τ 相关，字母 τ 读作 tau）和相容系数（常用符号 ξ 表示），它们的功用与斯皮尔曼等级相关相同，故从略。这里主要介绍适合多列等级变量资料的方法。

（一）肯德尔 W 系数

1. 适用资料

肯德尔 W 系数，又称肯德尔和谐系数（Kendall coefficient of concordance），是表示多列等级变量相关程度的一种方法，适用于两列以上的等级变量。肯德尔和谐系数常用符号 W 表示。

计算肯德尔和谐系数，原始数据资料的获得一般采用等级评定法，即让 K 个被试（或称评价者）对 N 件事物或 N 种作品进行等级评定，每个评价者都能对 N 件事物（或作品）的好坏、优劣、喜好、大小、高低等排出一个等级顺序。最小的等级序数为 1，最大的等级系数为 N，这样，K 个评价者便可得到 K 列从 1 至 N 的等级变量资料，这是一种情况。另一种情况是一个评价者先后 K 次评价 N 件事物或 N 件作品，也是采用等级评定法，这样也可得到 K 列从 1 至 N 的等级变量资料。这类 K 列等级变量资料综合起来求相关，就用肯德尔 W 系数。

例如，有 10 个评价者，对红、橙、黄、绿、青、蓝、紫 7 种颜色进行评价，获得的数据见表 5-11。假如所有的评价者都一致认为红色是最满意的，就给它的等级评为 1，10 个评价者对红色的评价等级总和就是 10。同样，如果每个评价者对橙色评价的等级都是 2，橙色得到的等级总和就是 20。以此类推，到了最后一种紫色，大家都给它赋予最高的等级为 7，紫色的等级总和就是 70。换句话说，各种被评价的颜色各自获得的等级的总和表现出相当大的差异性。此外，如果说评价者意见有分歧，每种颜色的等级既有低的，也有高的，这样，各种颜色各自的等级总和可能会大致相等。因此，如果评价者之间爱好差异较大（随机性行为），各种颜色分别获得的等级总和差异就很小。肯德尔在推导这一统计量时使用了"等级总和的变异性"，他界定 W 是每一评价对象实际得

到的等级总和的变异（variance of column totals）与被评价对象最大可能变化的等级总和的变异（maximum possible variance of column totals）的比值。因为，一般在进行评价时，原始资料为等级数据，最大可能的等级总和的变异是可以计算出来的。在这个例子中，根据表 5-11 中的数据，10 个评价者对 7 种不同颜色评价等级总和的变异实际上就是 33，63，50，15，40，17，62 这一组数据的方差值（386），在理论上最大可能的等级总和的变异值为 10，20，30，40，50，60，70，这一组数据的方差值（466.67），这二者的比值为 0.827，它就是肯德尔系数。

2. 基本公式及计算

$$W = \frac{s}{\frac{1}{12}K^2(N^3 - N)} \qquad \text{（公式 5-10a）}$$

$$W = \frac{12\sum R_i^2}{K^2 N(N^2 - 1)} - \frac{3(N+1)}{N-1}$$

$$\text{（公式 5-10b）}$$

式中：$s = \sum\left(R_i - \dfrac{\sum R_i}{N}\right)^2 = \sum R_i^2 - \dfrac{(\sum R_i)^2}{N}$；

R_i 代表评价对象获得的 K 个等级之和；

N 代表被等级评定的对象的数目；

K 代表等级评定者的数目。

W 值介于 0 与 1 之间，计算值都为正值，若表示相关方向，可从实际资料中进行分析。如果 K 个评价者意见完全一致，则 $W=1$；若 K 个评价者的意见存在一定

的关系，但又不完全一致，则 $0<W<1$；如果 K 个评价者的意见完全不一致，则 $W=0$。

结合前面的分析和公式 5-10a，我们可以更清晰地看出这种方法的原理和思想。如果各列变量完全一致，那么各个评价者对每个被评价的事物（或人）评定的等级应该相同，其等级和的最大变异即最大可能的 s 应为 $\frac{1}{12}K^2(N^3-N)$。如果每个评价者给予的等级不同，则 s 变小，一致性程度降低，等级差异越大，一致性越低。

如果完全没有相关，则每个被评价事物实际获得的等级之和应该相等，其最大可能的变异（s）应为零。这样实际获得的等级（原始数据资料）总和的变异与最大可能的等级总和的变异的比值，便是和谐系数，其值必介于 0 与 1 之间。

【例 5-6】有 10 人对红、橙、黄、绿、青、蓝、紫 7 种颜色按照其喜好程度进行等级评价。其中，最喜欢的等级为 1，最不喜欢的等级为 7。结果见表 5-11。问这 10 人对颜色的爱好是否具有一致性？

表 5-11　肯德尔和谐系数计算说明

| $N=7$ | 评价者 $K=10$ | | | | | | | | | | R_i | R_i^2 |
	1	2	3	4	5	6	7	8	9	10		
红	3	5	2	3	4	4	3	2	4	3	33	1089
橙	6	6	7	6	7	5	7	7	6	6	63	3969
黄	5	4	5	7	6	6	4	4	5	4	50	2500
绿	1	1	1	2	2	2	2	1	1	2	15	225
青	4	3	4	4	3	3	5	6	3	5	40	1600
蓝	2	2	3	1	1	1	1	3	2	1	17	289
紫	7	7	6	5	5	7	6	5	7	7	62	3844
Σ											280	13516

解：$s=\sum R_i^2-\dfrac{(\sum R_i)^2}{N}=2316$

把 s 代入公式 5-10a，得：

$$W=\frac{2316}{\frac{1}{12}\times 10^2\times(7^3-7)}=\frac{2316}{2800}=0.83$$

把 $\sum R_i^2$ 代入公式 5-10b，得：

$$W=\frac{12\times 13516}{10^2\times 7\times(7^2-1)}-\frac{3\times(7+1)}{7-1}$$
$$=4.83-4=0.83$$

答：从 W 值看，这 10 个人对颜色的喜爱具有较高的一致性，即这 10 个人所喜爱的颜色比较一致。喜好的顺序可由 R_i 的大小给出大致情况，R_i 大者等级序数大，R_i 小者等级序数小。10 人对 7 种颜色由最喜欢到最不喜欢的顺序是：绿、蓝、红、青、黄、紫、橙。

类似本例应用肯德尔 W 系数的资料是很多的，如欲考查几位教师对多篇作文的评分标准是否一致（又称评分者信度），就应该使用肯德尔 W 系数。

从肯德尔和谐系数的定义看，它并不是一个标准的相关系数，它仅仅是根据熟悉的统计量做出的一种解释。它最大的优点就是取值在 0 和 1 之间。

3. 有相同等级出现时 W 的计算

在进行等级评定时，我们常会遇到两个或两个以上事物的等级相同，如果遇到这种情况应该采用下面的修正公式：

$$W=\frac{s}{\frac{1}{12}K^2\ (N^3-N)\ -K\sum T}\quad（公式5-11）$$

式中：$s=\sum R_i^2-\frac{(\sum R_i)^2}{N}$，同公式 5-10a；

$$\sum T=\sum\frac{n^3-n}{12};$$

n 为相同等级的数目。

【例 5-7】5 位评分者对 7 篇作文进行评价，评价等级为 1~5，评价结果见表 5-12，试问评分者之间对标准的掌握是否一致？

表 5-12　有相同等级时肯德尔和谐系数的计算

N＝7 被评作文	评价者 K＝5					R_i	R_i^2
	1	2	3	4	5		
A	4	5	3.5	5	4	21.5	462.25
B	1	1	1.5	2	1	6.5	42.25
C	2.5	2	1.5	2	2	10.0	100
D	6	5	5	4	5	25.0	625
E	2.5	3	3.5	2	3	14.0	196
F	5	5	7	6	6	29.0	841
G	7	7	6	7	7	34.0	1156
合计						140	3422.5

解：$s=\sum R_i^2-\frac{(\sum R_i)^2}{N}$

$$=3422.5-\frac{140^2}{7}=622.5$$

$$\sum T=\frac{2^3-2}{12}+\frac{3^3-3}{12}+\frac{2^3-2}{12}+$$

$$\frac{2^3-2}{12}+\frac{3^3-3}{12}=5.5$$

$$W=\frac{622.5}{\frac{1}{12}\times5^2\times(7^3-7)-5\times5.5}$$

$$=\frac{622.5}{672.5}=0.93$$

答：从计算结果可知，五位评分者对七篇作文的评价标准比较一致，或者说评分者信度较高。

（二）肯德尔 U 系数

肯德尔 U 系数又称一致性系数，适用于对 K 个评价者的一致性进行统计分析。它与肯德尔 W 系数所处理的问题相同，但所处理的资料的获得方法不同，计算的结果也不一样。

1. 适用资料

如果有 N 件事物，由 K 个评价者对其优劣、大小、高低等单一维度的属性进行评价，若评价者直接使用等级评定的方法，就采用前述的肯德尔 W 系数分析 K 个评价者是否具有一致性。若评价者采用对偶比较的方法，即将 N 件事物两两配对，可配成 $\frac{N(N-1)}{2}$ 对，然后对每一对中的两事物进行比较，择优选择，优者记 1，非优者记 0，最后整理所有评价者的评价结果如表 5-13，这样便应计算肯德尔 U 系数。

2. 公式及计算

肯德尔 U 系数的计算公式如下：

$$U = \frac{8\left(\sum r_{ij}^2 - K\sum r_{ij}\right)}{N(N-1) \cdot K(K-1)} + 1$$

（公式 5-12）

式中：N 为被评价事物的数目，即等级数；

K 为评价者的数目；

r_{ij} 为对偶比较记录表中 $i > j$（或 $i < j$）格中的择优分数（具体见表 5-13）。

使用公式 5-12 之前，应先将资料加以整理：将被评价的事物用符号代表，分别横列与纵列，这样可画成 $N \times N$ 个格子。将每一对事物择优比较的结果按优者记 1，非优者记 0，难以判定记 0.5 的方法记分，将分数填到相应的格子中，这便是 r_{ij}。两相同事物不用比较，因此在整个方格中，位于对角线位置的小格空着。在对角线以下每格的次数记为 $i > j$，对角线以上的每格中的次数记为 $i < j$。将整理后的资料代入公式计算。

【例 5-8】表 5-13 是根据表 5-11 中 10 个评价者对 7 种颜色对偶选择分数整理而成的。整理的方法为：如果第一个评价者对 7 种颜色评定的等级分别为绿色 1、蓝

色 2、青色 3……也就是说若用对偶比较，则当绿色与其他颜色比较时，都选择绿，因此在绿色这一行都记为 1 分；蓝色排第二，其意是当蓝色与其他 6 种颜色比较时，除绿色之外都选择蓝色……以此类推。试计算肯德尔 U 系数。

表 5-13 肯德尔 U 系数计算说明

	红	橙	黄	绿	青	蓝	紫
红		10	9	0	6	2	10
橙	0		2	0	0	0	5
黄	1	8		0	3	0	8
绿	10	10	10		10	5	10
青	4	10	7	0		0	9
蓝	8	10	10	5	10		10
紫	0	5	2	0	1	0	

解：已知 $N=7$，$K=10$，根据表 5-13 中对角以下的择优分数，

$$\sum r_{ij}^2 = 1^2 + 8^2 + 10^2 + 10^2 + 10^2 + 4^2 + 10^2 + 7^2 + 8^2 + 10^2 + 10^2 + 5^2 + 10^2 + 5^2 + 2^2 + 1^2 = 949$$

$$\sum r_{ij} = 111$$

$$U = \frac{8(949 - 10 \times 111)}{7 \times 6 \times 10 \times 9} + 1 = 0.66$$

此题若 r_{ij} 用对角线以上格内的择优分数表示亦可，这时 $\sum r_{ij}^2 = 829$，$\sum r_{ij} = 99$，代入公式得一致性系数 U 与上面计算结果相同。

同一种资料，整理方式不同，一致性程度的计算公式也不同，得出的结果也有差异。一致性系数为 0.66，而和谐系数则为 0.83，见【例 5-6】，等级评定的测量水平，要高于对偶比较的择优分数。

从表 5-13 中可以看到，若红与橙比较，10 人都喜欢红，则红行橙列的格子内

择优分数为 10，而橙行红列的择优分数为 0，以此类推，若设某格的择优分数为 r_{ij}，则对角线另一方的相应的格内分数则为 $K-r_{ij}$。若 K 个评价者完全一致，则有 C_N^2 个格内的择优分数为 K，有 C_N^2 个格内的择优分数为 0。每一格内的择优分数有 C_r^2 种可能。将各格的各种可能相加，$\sum C_r^2$ 与完全一致时的最大可能之和的比率，就定义为一致性系数，这就是一致性系数的计算思想。

一致性系数 U 的取值为：若完全一致则 $U=1$，若对角线上下格子中出现的择优分数相同，则一致性最小，但其值不为 0，有下面两种情形，如果 K 为奇数时，每格的择优分数为 $\frac{K+1}{2}$ 与 $\frac{K-1}{2}$，均匀分布在对角线上下，这时 $U=-\frac{1}{K}$；K 为偶数时，则对角线上下每格中的择优分数为 $\frac{K}{2}$，其中 $U=-\frac{1}{K-1}$。一致性系数 U 的取值与其他相关系数的取值不同，这一点要特别注意，完全一致时，$U=1$。完全不一致时，$U=-\frac{1}{K}$（K 为奇数）或 $U=-\frac{1}{K-1}$（K 为偶数）。可见一致性系数 U 的取值"＋"或"－"并不表示相一致的方向，这点也与一般的相关系数不同。

第四节 质与量相关

在实际研究中我们常遇到这样的情形：需要计算相关的两列变量一列为等比或等距的测量数据，另一列是按性质划分的类别。这样两列变量的直线相关称为质量相关，包括点二列相关、二列相关及多列相关。

一、点二列相关

（一）适用资料

通常有些变量的测量结果只有两种类别（dichotomy），如男性与女性、房东与房客、成功与失败、及格与不及格、是与否、生与死、已婚与未婚等。这种按事物的某一性质划分的只有两类结果的变量，称为二分变量（dichotomous variable）。二分变量又分为真正的二分变量（true dichotomy）和人为的二分变量（artificial dichotomy）两种。真正的二分变量也称为离散型二分变量，前面的例子都是离散型二分变量。所谓人为的二分变量，是指该变量本来是一个连续型的测量数据，两种结果之间本来是一个连续统一体，但被某种人为规定的标准划分为两个类别。在这种情况下，一个测量结果很明显地要么属于这个类别，要么属于另一个类别，两种类别之间一般也不会被看作连续的。有时一个变量是双峰分布，也可划分为二分称名变量，如文盲与非文盲，可规定一个界限，文盲指识字极少的人，其余的人为非文盲，就识字量来说可能形成双峰分布形态。

如果两列变量中有一列为等距或等比测量数据，而且其总体分布为正态，另一列变量是二分称名变量，此时，给"二分"变量的一系列观测值，即两种变化结果赋予相应的数字，如1，0，就得到一个"二分"数列，另一个连续变量的一系列观测值就是一个点数列。如果一个点数列中的点与一个"二分"数列中的点存在一一对应的关系，则称这两个数列为点二列。点二列相关法（point-biserial correlation）就是考察两列观测值一个为连续变量（点数据），另一个为"二分"称名变量（二分型数据）之间相关程度的统计方法。

点二列相关多用于评价由是非类测验题目组成的测验的内部一致性等问题。是非类测验题目中每题的得分只有两种结果：答对得分，答错不得分，每一题目的"对""错"就称为二分称名变量，而整个测验的总分是一列等距或等比性质的连续变量，要计算每一题目与总分的相关（称为每一题目的区分度），就需应用点二列相关方法。

（二）公式及计算

计算点二列相关的公式为：

$$r_{pb} = \frac{\overline{X}_p - \overline{X}_q}{s_t} \cdot \sqrt{pq} \quad （公式 5-13）$$

式中：$\overline{X}_p$ 是与二分称名变量的一个值对应的连续变量的平均数；

$\overline{X}_q$ 是与二分称名变量的另一个值对应的连续变量的平均数；

p 与 q 是二分称名变量两个值各自所占的比率，$p + q = 1$；

s_t 是连续变量的标准差。

点二列相关系数的取值在 -1.00 至 1.00。相关越高，绝对值越接近 1.00。

【例 5-9】有一项是非式选择测验，每题选对得 2 分，共 50 题，满分 100 分。表 5-14 是 20 名学生在该测验中的总成绩及第 5 题的选答情况。问这道题与测验总分的相关程度如何？

表 5-14　点二列相关计算数据

学生	总分	第五题	学生	总分	第五题
1	84	对	11	78	对
2	82	错	12	80	错
3	76	错	13	92	对
4	60	错	14	94	对
5	72	错	15	96	对
6	74	错	16	88	对
7	76	错	17	90	对
8	84	对	18	78	错
9	88	对	19	76	错
10	90	对	20	74	错

解：已知 $N=20$，第五题答对的 10 人，答错的 10 人，

设：p 为答"对"第五题学生的比率，

q 为答"错"第五题学生的比率，

$\overline{X}_p$ 为答对第五题学生的总分的平均成绩，

$\overline{X}_q$ 为答错第五题学生的总分的平均成绩，

s_t 为所有学生总成绩的标准差。

从表 5-14 中的数据计算得：$p=\dfrac{10}{20}=0.5$，$q=\dfrac{10}{20}=0.5$，$\overline{X}_p=88.4$，$\overline{X}_q=74.8$，s_t

$=8.88$

将 p、q、$\overline{X}_p$、$\overline{X}_q$、s_t 的值代入公式 5-13，得：

$$r_{pb}=\frac{\overline{X}_p-\overline{X}_q}{s_t}\cdot\sqrt{pq}=\frac{88.4-74.8}{8.88}\times\sqrt{0.5\times0.5}=0.77$$

答：第五题与测验总分之间的相关系数为 0.77，相关较高，即第五题的答对答错与总分有一致性。表明第五题的区分度较高。

【例 5-10】一个测验满分为 20 分，想了解该测验结果与文化程度是否有关，文化程度分为文盲（0）、非文盲（1）。下表是部分被试实验结果，试求其相关系数。

被试	测验总分	文化程度	被试	测验总分	文化程度
1	20	1	7	18	1
2	19	1	8	16	1
3	17	1	9	15	1
4	8	0	10	14	1
5	9	0	11	8	0
6	5	0	12	9	0

解：已知 $N=12$，在被试中文盲人数为 5 人，非文盲人数为 7 人，

设：p 为文盲被试的比率，

q 为非文盲被试的比率，

$\overline{X}_p$ 为文盲被试在该测验中总分的平均成绩，

$\overline{X}_q$ 为非文盲被试在该测验中总分的平均成绩，

s_t 为所有被试在该测验中总成绩的标准差。

从表中的数据计算得：

$p=\dfrac{5}{12}=0.42$，$q=\dfrac{7}{12}=0.58$，

$\overline{X}_p=7.8$，$\overline{X}_q=17$，$s_t=5.1$

将 p、q、$\overline{X}_p$、$\overline{X}_q$、s_t 的值代入公式 5-13，得：

$$r_{pb}=\frac{\overline{X}_p-\overline{X}_q}{s_t}\cdot\sqrt{pq}$$

$$=\frac{7.8-17}{5.1}\times\sqrt{0.42\times0.58}$$

$$=-0.89$$

答：计算文化程度与该测验总分之间的相关系数为 -0.89，相关较高。从计算结果可见，文盲、非文盲与测验得分存在较高的

一致性，即文盲得分少，非文盲得分多。

二、二列相关

（一）适用资料

二列相关（biserial correlation）适用的资料是两列数据均属于正态分布，其中一列变量为等距或等比的测量数据，另一列变量为人为划分的二分变量。例如，在一个测验中，测验成绩常常会划分为及格和不及格，人的健康状态划分为健康与不健康两类，平时的学习成绩依一定标准将其划分为好、差两类，根据年龄划分为成人与儿童，根据身高划分为高与矮，等等，它们均属于正态分布的连续测量数据，但都被按照某一标准人为划分为两类。

（二）公式及计算

计算二列相关有两个公式，两个公式应是等效的。

$$r_b = \frac{\overline{X}_p - \overline{X}_q}{s_t} \cdot \frac{pq}{y} \quad （公式 5\text{-}14a）$$

$$r_b = \frac{\overline{X}_p - \overline{X}_t}{s_t} \cdot \frac{p}{y} \quad （公式 5\text{-}14b）$$

式中：s_t 与 $\overline{X}_t$ 分别是连续变量的标准差与平均数；

$\overline{X}_p$ 为与二分变量中某一分类对偶的连续变量的平均数；

$\overline{X}_q$ 为与二分变量中另一分类对偶的连续变量的平均数；

p 为某一分类在所有二分变量中所占的比率；

y 为标准正态曲线中 p 值对应的高度，查正态分布表能得到。

二列相关系数的取值在 $-1.00 \sim 1.00$。绝对值越接近 1.00，其相关程度越高。

【例 5-11】表 5-15 是 108 名学生某个测验总分的分组数据，以及在某道问答题上的得分依一定标准将其分为对、错两类后的数据，请问这道问答题的区分度如何？

解：这个测验的总分和这道问答题的原始得分呈正态分布，但问答题的分数又区分为二分型数据，故此题应该用二列相关计算区分度，即相关系数。

表 5-15　二列相关的计算

得分分组	f_t	某一题目		d	$f_t d$	$f_t d^2$	$f_p d$	$f_q d$
		f_p（对）	f_q（错）					
90～	2	2		4	8	32	8	
80～	5	5		3	15	45	15	
70～	16	13	3	2	32	64	26	6
60～	19	16	3	1	19	19	16	3
50～	23	14	9	0	0	0	0	0
40～	18	8	10	-1	-18	18	-8	-10
30～	15	4	11	-2	-30	60	-8	-22
20～	8	1	7	-3	-24	72	-3	-21
10～	2		2	-4	-8	32		-8
合计	108	63	45		-6	342	46	-52

设某一得分组的人数为 f_t，某一分组中答对某一题目的人数为 f_p，答错该题目的人数为 f_q。

根据分组数据中使用估计平均数计算平均数（参见第三章资料卡 3-1）的公式，以及分组数据计算标准差（参见第四章第二节）的公式：

$$\overline{X}_t = AM + \frac{\sum f_t d}{N} \times i$$

$$= 54.5 + \frac{-6}{108} \times 10 = 53.9$$

$$s_t = \sqrt{\frac{\sum f_t d^2}{N} - \left(\frac{\sum f_t d}{N}\right)^2} \times i$$

$$= \sqrt{\frac{342}{108} - \left(\frac{-6}{108}\right)^2} \times 10 = 17.8$$

$$\overline{X}_p = AM + \frac{\sum f_p d}{f_p} \times i$$

$$= 54.5 + \frac{46}{63} \times 10 = 61.8$$

$$\overline{X}_q = AM + \frac{\sum f_q d}{f_q} \times i$$

$$= 54.5 + \frac{-52}{45} \times 10 = 42.9$$

$p = 63 / 108 = 0.58$, $q = 1 - 0.58 = 0.42$

查正态分布表，当 $p = 0.58$ 时，$y = 0.39$

代入公式 5-14a，得：

$$r_b = \frac{\overline{X}_p - \overline{X}_q}{s_t} \times \frac{pq}{y}$$

$$= \frac{61.8 - 42.9}{17.8} \times \frac{0.58 \times 0.42}{0.39}$$

$$= 1.06 \times 0.62 = 0.66$$

代入公式 5-14b，得：

$$r_b = \frac{\overline{X}_p - \overline{X}_t}{s_t} \times \frac{p}{y}$$

$$= \frac{61.8 - 53.9}{17.8} \times \frac{0.58}{0.39}$$

$$= 0.44 \times 1.49 = 0.66$$

因计算误差的存在，结果有微小差别。

答：这道问答题的区分度为 0.66。

二列相关不太常用，但有些数据只适用于这种方法。在测验中，二列相关常用于对项目区分度指标的确定。有时，某一题目实际获得的测验分数是连续性测量数据，这些分数的分布为正态，当人为地根据一定标准将其得分划分为对与错、通过与不通过两个类别时，计算该题目的区分度就要使用二列相关。如果题目的类型属于错与对这样的是非类客观选择题，计算该题目的区分度就应该选用点二列相关。二者之间的主要区别是二分变量是否为正态分布。总的原则是，如果不是十分明确观测数据的分布形态是否为正态分布，这时，不管观测数据代表的是一个真正的二分变量，还是一个基于正态分布的人为二分变量，都用点二列相关。当确认数据分布形态为正态分布时，都应选用二列相关。只要有任何疑问，选用点二列相关总是较好的选择。在实际的研究当中，二列相关很少使用。

三、多列相关

（一）适用资料

多列相关（multiserial correlation）适合处理两列正态变量资料，其中一列为等距或等比的测量数据，另一列被人为划分为多种类别，称为名义变量，如学习成绩被人为划分为优、良、中、差四类。如果某一正态变量被人为划分为三个类别，就称为三列相关，划分为四个类别的就称为四列相关……

多列相关多用于一列正态连续变量与另一列正态的称名变量之间的一致性分析，在测验中时常用于效度检验，亦可作为双列次数分布表求相关系数的一种方法。

（二）公式及计算

多列相关系数的计算公式是由皮尔逊积差相关系数公式推导而来的：

$$r_s = \frac{\sum [(y_L - y_H) \cdot \overline{X}_i]}{s_t \sum \frac{(y_L - y_H)^2}{p_i}} \qquad （公式 5-15）$$

式中：p_i 为每系列的次数比率；

　　　　y_L 为每一名义变量下限的正态曲线高度，由 p_i 查正态表给出；

　　　　y_H 为每一名义变量上限的正态曲线高度，由 p_i 查正态表给出；

　　　　$\overline{X}_i$ 为与每一名义变量对偶的连续变量的平均数；

　　　　s_t 为连续变量的标准差。

多列相关系数介于 -1.00 和 +1.00 之间。相关系数绝对值越接近 1，表示其相关程度越高。

【例 5-12】表 5-16 中的数据是 140 名学生学习能力测验分数与教师对该部分学生的评价等级（A、B、C、D）资料。计算能力测验与教师评价之间的一致性。

解：学生的学习能力分布可视为正态分布，由于教师评价等级为四等，因此，这是一个四列相关问题。具体计算见表 5-16。

表 5-16　四列相关的计算

分组	获得教师某一评定等级的学生人数				f_t	d	$f_t d$	$f_t d^2$	$f_D d$	$f_C d$	$f_B d$	$f_A d$
	f_D	f_C	f_B	f_A								
80～90	0	0	1	2	3	3	9	27			3	6
70～80	0	1	3	8	12	2	24	48		2	6	16
60～70	1	2	7	21	31	1	31	31	1	2	7	21
50～60	5	6	20	7	38	0	0	0	0	0	0	0
40～50	8	15	5	4	32	−1	−32	32	−8	−15	−5	−4
30～40	14	3	4	0	21	−2	−42	84	−28	−6	−8	
20～30	2	1	0	0	3	−3	−9	27	−6	−3	0	
合计	30	28	40	42	140		−19	249	−41	−20	3	39
$p_i = f_i / \sum f_t$	0.21	0.20	0.29	0.30								
累加比率 cp	0.21	0.41	0.70	1.00								
y	0.29	0.39	0.35									
$y_L - y_H$	−0.29	−0.10	0.04	0.35								
$\overline{X}_i$	40.83	47.36	55.25	63.79								
$y_L - y_H \overline{X}_i$	−11.84	−4.74	2.21	22.33								
$y_L - y_H^2 / p_i$	0.40	0.05	0.01	0.41								

设某一得分组的人数为 f_t，某一分组获得某一评定等级的人数为 f_i，包括 f_D、f_C、f_B、f_A。$\overline{X}_i$ 为某一等级相应的能力测验分数的平均值。表中的 y 值是查正态分布表中对应的累加比率值得到的。

注意表中 $y_L - y_H$ 的计算，因为 D 等的下限为 0，A 等的上限为 0。故 $0-0.29=-0.29$，$0.35-0=0.35$，D 等的上限亦为 C 等的下限，以此类推。

$$s_t = \sqrt{\frac{249}{140} - \left(\frac{-19}{140}\right)^2} \times 10 = 13.27$$

$$\overline{X}_A = 54.5 + \frac{39}{42} \times 10 = 63.79$$

$$\overline{X}_B = 54.5 + \frac{3}{40} \times 10 = 55.25$$

$$\overline{X}_C = 54.5 + \frac{-20}{28} \times 10 = 47.36$$

$$\overline{X}_D = 54.5 + \frac{-41}{30} \times 10 = 40.83$$

$$\sum \left[(y_L - y_H) \, \overline{X}_i \right] = 7.96$$

$$\sum \left[(y_L - y_H)^2 / p_i \right] = 0.87$$

$$r_s = \frac{\sum \left[(y_L - y_H) \cdot \overline{X}_i \right]}{s_t \sum \frac{(y_L - y_H)^2}{p_i}} = \frac{7.96}{13.27 \times 0.87} = 0.69$$

答：能力测验与教师评价具有一致性，相关系数为 0.69。

如果实验结果能整理成双列次数分布表，可将横列连续变量的分组区间视为一种分类，用表 5-16 介绍的多列相关计算方法，来计算两列连续变量的相关系数。

第五节 品质相关

品质相关用于表示 $R \times C$（行×列）表的两个变量之间的关联程度。在编制心理测验、进行项目分析时，它是很常用的相关方法。这种相关因两个变量（因素）被划分为不同的品质类别，故而得名。品质相关处理的数据类型一般都是计数数据，而非测量性数据。品质相关依二因素的性质及分类项目的不同，而有不同的名称和计算方法，主要有四分相关、Φ 相关、列联表相关等。

一、四分相关

四分相关（tetrachoric correlation）适用于计算两个变量都是连续变量，且每一个变量的变化都被人为地分为两种类型的测量数据之间的相关。通常，计算四分相关的资料会整理成四格表。四格表是由两个因素，各有两项分类，做成的 $R \times C$ 表，因其只有四格，故称四格表。

（一）适用资料

四格表的二因素都是连续的正态变量，如学习能力、身体状态等，只是人为将其按一定标准划分为两个不同的类别，如"好"与"不好"、"对"与"错"等，即一因素划分为"A"与"非 A"两项，另一因素划分为"B"与"非 B"两项。这样便可将资料整理成四格表的形式。在四格表中，属于 A 项、B 项交叉格内的实际计数为 a，非 A 项、非 B 项交叉格内的实计数为 d，非 A 项与 B 项交叉格内的实计数为 b，非 B 项与 A 项交叉格内的实计数为 c，边缘次数分别为 $a+b$、$c+d$、$a+c$、$b+d$，$N=a+b+c+d$。

A 因素

		A	非 A	
B	B	a	b	$a+b$
因素	非 B	c	d	$c+d$
		$a+c$	$b+d$	

此外，这类四格表大都用于同一个被试样本中，分别调查两个不同因素两项分类的情况。

（二）计算公式

计算四格相关最常用的方法是皮尔逊余弦 π 法（近似计算法）。

$$r_t = \cos\left(\frac{180°}{1+\sqrt{\dfrac{ad}{bc}}}\right) \quad \text{（公式 5-16）}$$

这个公式还可写成下面的形式：

$$r_t = \cos\left(\frac{\sqrt{bc}}{\sqrt{ad}+\sqrt{bc}}\pi\right)$$

式中：a，b，c，d 符号的意义同前；π 为圆周率。

【例 5-13】下表所列数据是调查 377 名学生的两科测验成绩所得到的结果，假设两科成绩的分布为正态，只是人为地将其按一定标准划分为及格、不及格两类。

历史成绩（A）

		及格	不及格	
地理成绩（B）	及格	a 124	b 68	192
	不及格	c 85	d 100	185
		209	168	377

解：已知 $a=124$，$b=68$，$c=85$，$d=100$，$a+b+c+d=377$

将上面的结果代入公式 5-16，得：

$$r_t = \cos\left(\frac{180°}{1+\sqrt{\dfrac{124\times100}{68\times85}}}\right)$$

$$= \cos 73.03° = 0.29$$

答：四格相关系数为 0.29。

二、Φ 系数

当两个相互关联着的变量分布都是真

正的二分变量，在两个分布中间都各有一个真正的缺口时，用 phi 系数（phi coefficient）解决此类"点分布"问题，因其系数用符号 Φ 表示，故而得名。它是指两个分布都只有两个点值或只是表示某些质的属性，如工作状态（有工作与无工作）、吸烟状况（吸烟者与非吸烟者）、婚姻状态（已婚与未婚）等。此时，可以运用列联表（contingency table）计算，因此它又被称为列联系数（contingency coefficient）。适用资料是除四分相关之外的四格表（计数）资料，是表示两因素两项分类资料相关程度最常用的一种相关系数。若直接用四格表内数据计算可用下式：

$$r_\Phi = \frac{ad-bc}{\sqrt{(a+b)\ (a+c)\ (b+d)\ (c+d)}}$$

（公式 5-17）

【例 5-14】下面是关于吸烟与患癌症之间的一组假设数据。吸烟状况（X）分为吸烟者与非吸烟者，用 0，1 表示，死亡原因（Y）分为因吸烟致癌死亡与其他原因死亡两种，用 0，1 表示。试求它们之间的相关。

X：0 0 0 0 0 0 0 0 0 0 1 1 1 1 1 1 1 1 1 1

Y：0 1 0 0 1 0 0 0 1 1 0 1 1 1 1 0 1 1 1 0

解：将上面的数据整理成下面的四格表。

	癌症（0）	其他（1）	
吸烟者（0）	6（4.5）	4（5.5）	10
非吸烟者（1）	3（4.5）	7（5.5）	10
	9	11	20

从表中可知 $a=6$，$b=4$，$c=3$，$d=7$，代入公式 5-17，得：

$$r_\Phi = \frac{ad-bc}{\sqrt{(a+b)\ (a+c)\ (b+d)\ (c+d)}}$$

$$= \frac{42-12}{\sqrt{10\times 9\times 11\times 10}} = \frac{30}{99.5} = 0.30$$

答：吸烟与吸烟致癌死亡之间的相关系数为 0.30。

Φ 相关系数的大小，表示两因素之间的关联程度。当 Φ 值小于 0.3 时，表示相关较弱；当 Φ 值大于 0.6 时，表示相关较强。关于其相关方向，一般由表中的 ad、bc 的大小来说明。负值表明一次测量中的"是"多于另一次测量中的"非"。完全正相关时，全体个案落于四格表中的 a、d 两格中；完全负相关时，全体个案会落于四格表中的 b、c 两格中；零相关时，全体个案匀称地落于四格中；但在应用 Φ 相关时，一般不指出相关方向，只说明相关程度是否显著。

另外，对于四格表（独立样本）相关程度的描述，除常用 Φ 相关外，有时还用到其他方法。例如，尤尔（Yule）的关联系数 Q 或归结系数 γ（有时用 W 表示）。

$$Q = \frac{ad-bc}{ad+bc} \qquad \text{（公式 5-18a）}$$

$$\gamma = \frac{\sqrt{ad} - \sqrt{bc}}{\sqrt{ad} + \sqrt{bc}} \qquad \text{（公式 5-18b）}$$

这些表示 2×2 表计数资料二因素之间相关程度的尺度不同，数值也可能不同，但都能反映二因素之间的相关。

【例 5-15】有研究者调查了 358 名不同性别的学生对某项教育措施的评价态度，结果如下表。根据这些结果能否说性别与评价态度有关？相关是否显著？

		评价态度		
		拥护	反对	
性别	男	66	106	172
	女	28	158	186
		94	264	358

解：从表中可知 $a=66$，$b=106$，$c=28$，$d=158$，$N=358$，代入公式 5-17，得：

$$r_\Phi = \frac{ad-bc}{\sqrt{(a+b)(a+c)(b+d)(c+d)}}$$

$$= \frac{66\times158-106\times28}{\sqrt{172\times94\times264\times186}}$$

$$= \frac{7460}{28176.47} = 0.27$$

代入公式 5-18a，得：

$$Q = \frac{ad-bc}{ad+bc} = \frac{66\times158-28\times106}{66\times158+28\times106}$$

$$= \frac{7460}{13396} = 0.56$$

代入公式 5-18b，得：

$$\gamma = \frac{\sqrt{ad}-\sqrt{bc}}{\sqrt{ad}+\sqrt{bc}}$$

$$= \frac{\sqrt{66\times158}-\sqrt{28\times106}}{\sqrt{66\times158}+\sqrt{28\times106}}$$

$$= \frac{102.12-54.48}{102.12+54.48} = 0.30$$

答：几个系数均表示性别与评价态度有一定的相关，相关是否显著有待于进行 χ^2 检验。

三、列联表相关

列联表相关系数又称均方相依系数、接触系数等，一般用 C 表示。它是由二因素的 $R\times C$ 列联表资料求得，故称为列联表相关。当数据属于 $R\times C$ 表的计数资料，欲分析所研究的二因素之间的相关程度，就要应用列联表相关。

关于列联表的计算，有很多方法，其中最常用的是皮尔逊定义的列联系数：

$$C = \sqrt{\frac{\chi^2}{n+\chi^2}} \qquad \text{（公式 5-19）}$$

在公式 5-19 中，当两个因素完全独立时，C 为 0，反之它不会超过 1，但达不到 1。为了弥补这个缺点，楚波罗（Tschuprow）提出了另一个表示公式：

$$T = \sqrt{\frac{\chi^2}{\sqrt{(R-1)(C-1)}\,N}} \qquad \text{（公式 5-20）}$$

这个公式在 $R\neq C$ 时，T 也不能达到 1。

应用上面两个公式计算列联系数，要用到 χ^2 值。有关 χ^2 值的计算方法请参阅 χ^2 检验一章的内容。除了上述公式外，还有其他一些计算 $R\times C$ 表二因素相关程度的公式。

另外，当双变量的测量型数据被整理成次数分布表后，也可用列联表相关系数表示两变量的相关程度。此时，当分组数目 $R\geqslant5$，$C\geqslant5$，而且样本 N 又较大时，计算的列联表相关系数 C 与积差相关系数 r 很接近。

第六节 相关系数的选用与解释

一、如何选择合适的相关系数

选择计算相关系数的方法主要取决于要处理的数据的性质类别以及某一相关系数需要满足的假设条件。因为，不同类型的相关分析能够处理的数据类型和假设条件都各不相同。比如，皮尔逊积差相关必须满足这样几条假设：第一，数据来自成对的对子，每对分数与其他对子没有关联，相互独立；第二，两个相关的变量是连续的；第三，两变量之间的关系是直线性的。其中第三个假设最重要。这一点可以通过对相关散点图的观察而定。如果图中的分布越呈椭圆形，其关系的直线性越明显。此时，相关系数也才是一个令人满意的关系指标。比如，焦虑水平与成就之间的关系，情绪动机与解决问题效率之间的关系是一个倒置的 U 形曲线，这时线性方法就不适用。但这并不表明皮尔逊积差相关仅仅在满足正态分布时才能计算，它也可以变化。只要测量数据的分布形态接近于对称，并且是单峰，随着测量的变化，甚至次数分布近似长方形也是可以接受的。

总的来说，为了选择一个合适的相关系数进行相关分析，要分下面几个步骤考虑。

首先，考虑每种测量所产生的数据属于什么类别，测查被试的哪种心理属性（是分类、排序，还是评定等级），是否给出确定的分数。由于一种测量中，可以包括一系列不同的测验题目类型，因此，既要注意整个测量的总结果的数据类型，还需要注意个别题目的测验结果的数据类型。其侧重点根据研究的问题而定。

其次，要对第一种测量数据和第二种测量数据的类型依次做出判断（是二分数据、等级数据，还是等距数据）。如果测量的结果是给被试一个名称，如种族（黄色人种、白色人种、黑色人种、棕色人种），并且该测量结果只把被试区分为两个类别，那么这就是一个二分称名型变量，可用质量相关法。如果测量结果把被试区分为多个类别，就不能用质量相关计算相关系数。另外，要考虑数据的性质是等级型还是等距型。等级数据是依某种标准给被试一个排序，这种次序代表了某种属性向某一方向递增或递减的变化趋势，它并不表明相互之间的间隔有多远，如态度测验常用的程度副词"永不、很少、有时、经常、总是"，学业成绩中的排名次序等，等级间的排序都只是相对而言的。而等距型测量会产生一系列数据值，任何两个相邻数据值的差距与其他两个相邻值的差距相互之间是可比的。

最后，确定采用哪一种相关系数。至于两个测量数据哪个标为第一，哪个标为第二，这本身没有差别。

如果处理的变量多于两列，并且都是等级型数据资料时，就要使用肯德尔等级相关分析方法。表 5-17 是不同数据类型及与之相适应的相关系数类型。

表 5-17 数据类型与相关系数类型

第一个变量数据类型		第二个变量数据类型			
		二分数据		等级数据	等距数据
		人为二分型	真正二分型		
二分数据	人为二分型 例:及格—不及格 　同意—不同意 　喜欢—不喜欢	四格相关(r_t)	phi 系数(r_Φ)	二列相关(r_b) 列联系数(C)	二列相关(r_b)
	真正二分型 例:是—否 　男—女 　生—死	phi 系数(r_Φ)	phi 系数(r_Φ)	二列相关(r_b) 列联系数(C)	点二列 相关(r_{pb})
等级数据 例:班组中的名次 　低、中、高 　从不、有时、经常 　消极、中立、积极		二列相关(r_b) 列联系数(C)	二列相关(r_b) 列联系数(C)	等级相关(r_R) 交错系数(τ) 相容系数(ξ)	等级相关(r_R) 多列相关(r_S)
等距数据 例:算术分数 　阅读成绩 　智商		二列相关(r_b)	点二列相关(r_{pb})	等级相关(r_R) 多列相关(r_S)	积差相关 (r_{XY})

二、相关系数值的解释

相关系数是一个指标值,它表示两个变量之间的关系程度。相关系数不是等距的测量值,因此在比较相关程度时,不能用倍数关系说明,只能说绝对值大者比绝对值小者相关更密切一些,如只能说相关系数 $r = 0.50$ 的两列数值比相关系数 $r = 0.25$ 的两列数值之间的关系更密切,而绝不能说前两者的密切程度是后两者密切程度的两倍,也不能说相关系数从 0.25 增加到 0.50 就等于从 0.65 增加到 0.90。相关关系不能用倍数关系来解释。

相关系数值的大小表明了两列测量数据相互间的相关程度。—0.60 的相关系数值与 0.60 的相关系数值所表示的关系程度是一样的,它们仅仅是方向上的不同。一个强相关意味着两个变量之间有密切关系。当一个变量的值发生变化时,会发现另一个变量的值也会产生相应的变化。这样,如果在能力测验与学业成就测量之间出现一个强相关,那么选拔出那些具有较高能力的被试,他们的学业成就测验也将倾向于出现高分。当存在这种强相关时,就能用这个相关关系根据一个变量的测量分数预测另一个变量的测量分数。

当然,当两个变量之间的关系受到其他变量的影响时,两者之间的高强度相关很可能是一种假象。这里有一个例子。在美国人中，鞋子的大小与人的言语能力存在一个中等程度的正相关，即穿鞋子越大的人言语能力越强。显然，这两个变量之间不存在因果关系。当提出这一结论时，美国人口中包括大量的儿童。年幼儿童的脚比较小，语词能力也较弱。随着儿童的成长，他们获得了大量的言语技能，他们的脚也变大了。年龄因素是言语能力增加和脚变大的一个基本原因，正是它导致了鞋码的大小与言语能力之间出现虚假的相关（spurious relationship），或称为伪相关。因此，有时候两列变量之间算出的相关系数没有任何实际价值。

如果研究表明某一变量确实对欲探讨的两个变量之间存在影响，则可以用协变量分析方法设法排除或控制那些变量的影响效应，找出要研究的变量之间真正的相关关系。如果两变量是线性关系，则可以用偏相关和部分相关进行控制，表示两个变量间纯净的相关度。

【资料卡 5-2】

偏相关与半偏相关

偏相关（partial correlation），也称纯相关或净相关，指在计算两个连续变量 X_1 与 X_2 的相关时，将第三个变量 X_3 或其他多个变量的影响，即 r_{13} 和 r_{23} 予以排除之后，X_1 与 X_2 这两个变量之间的纯净相关，用符号 $r_{12.3}$ 表示，点号左边的两个下标表示要求计算的偏相关的两个变量，点号右边的下标表示要消除其影响的变量。例如，有一个实验人员研究了个人收入与大学阶段的成功之间的相关，经过检验相关系数也很显著。据此，实验者警告学生并夸大其词地讲，如果他们在大学期间不成功，未来将得不到高薪。事实上，这两个变量可能与 IQ 值有关。心理学研究表明，IQ 高的学生，大学在校表现一般都较好，未来也有更多的机会得到较高的薪水。在这个研究中，收入与大学成功之间的相关是一种人为的关系。如果计算收入和大学成功与 IQ 之间的偏相关系数，就能确切地解决这一问题。再如，8~13 岁儿童的握力和数学测验分数的相关系数可能是 0.75，但如果把年龄影响排除，则偏相关系数可能下降为 0。净相关的公式如下：

$$r_{12.3} = \frac{r_{12} - r_{13}r_{23}}{\sqrt{(1-r_{13}^2)(1-r_{23}^2)}}$$

偏相关是将第三个变量与 X_1 和 X_2 两个连续变量的相关完全排除之后，计算 X_1 与 X_2 的单纯相关。如果在计算排除效果时，仅处理第三变量与 X_1 和 X_2 中某一个变量的相关时，所计算出来的相关系数被称为部分相关（part correlation），也叫作半偏相关（semipartial correlation），其符号的表示有两种情况。$r_{1(2.3)}$ 表示将第三变量（X_3）与第二变量（X_2）的关系排除之后，X_1 与 X_2 的部分相关系数；$r_{2(1.3)}$ 则表示排除了 X_1 与 X_3 的相关后，X_1 与 X_2 部分相关系数。部分相关的公式如下：

$$r_{1(2.3)} = \frac{r_{12} - r_{13}r_{23}}{\sqrt{1 - r_{23}^2}}$$

比较两个计算公式，可以发现部分相关系数值比偏相关小。

一般情况下，在计算机软件包中求解偏相关系数时使用的都是回归方法。如果没有原始数据，只有一个相关矩阵，也可手工计算偏相关系数。

积差相关方法考查的两个变量间的关系属于简单相关（simple correlation）。在教育与心理领域中，两种现象之间的关系，往往受到多种因素的影响，因而简单相关系数可能由于其他因素的影响反映的仅仅是表面的非本质的联系，甚至可能完全是假象。偏相关系数能剔除与研究课题有关的其他变量的影响，对第三变量的效果进行统计控制，因而能真正反映两个变量间的本质联系。

——编译自 Cohen，B. H. *Explaining psychological statistics*. Pacific Grove，CA，USA：Brooks／Cole Pub. Co.，1996.

在纯理论研究中，即使是很小的相关，如果在统计上有显著性，也能够说明心理规律（见图5-6）。

另外，需要特别注意这样一个事实：证实两个变量之间存在相关关系，并不一定说明一个变量的变化会引起另外一个变量发生变化，即"相关关系不是因果关系""发现相关关系也并不是确定因果关系"。换言之，相关值较大的两类事物之间，不一定存在因果关系，这一点要从事物的本质方面进行分析，绝不可简单化。两个彼此相关的变量之间完全有可能不存在因果关系。使 X 和 Y 两个变量之间出现相关的原因至少有三种：X 可能引起 Y，Y 可能引起 X，一些其他变量可能对 X 和 Y 产生了影响。比如，研究表明，儿童观看电视节目中暴力画面的多少与儿童的攻击性行为有一定的相关。但是，你不能就此下结论说观看电视中的暴力节目就会使儿童更具有攻击性。因为，在电视观看习惯与攻击性之间相关可能是虚假的，更不能当作因果关系去解释。

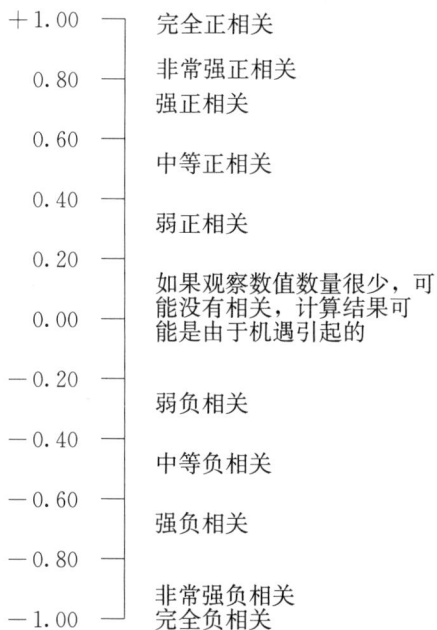

$+1.00$	完全正相关
0.80	非常强正相关 强正相关
0.60	中等正相关
0.40	弱正相关
0.20	
0.00	如果观察数值数量很少，可能没有相关，计算结果可能是由于机遇引起的
-0.20	弱负相关
-0.40	中等负相关
-0.60	强负相关
-0.80	
-1.00	非常强负相关 完全负相关

图5-6 相关系数值的大小与相关程度描述

三、相关系数的特殊用途

相关系数在心理科学与教育科学研究中，特别是心理与教育测量、评价中，有着重要的特殊用途。它可以用于确定测验的信度系数和效度系数，用于对测验的项目区分度进行分析。同时，相关系数值的大小，因为不同类型的测验，它所表示的价值和意义也有所不同。与此有关的内容，我们将会在心理测量学课程中学习和介绍。

小　结

本章主要介绍了积差相关、各类等级相关和质量相关、品质相关的使用条件及计算方法。

1. 相关分析就是用一个指标来反映变量之间相关关系的方向和密切程度的线性统计分析技术，它使用的指标就是相关系数。相关分析的方法主要有图示法和计算法。在实际的研究过程中，相关分析有着重要的用途。

2. 积差相关处理的是两列连续性的资料，两个变量都服从于正态分布，数据必须成对。对于两个连续性的数据资料，也可转换成等级资料计算等级相关系数。

3. 等级相关处理的是两列等级资料，它根据等级资料处理变量间的相互关系。最常用的等级相关系数有斯皮尔曼等级相关和肯德尔和谐系数。肯德尔和谐系数又被称为评分者信度，在测验编制中使用非常广泛。肯德尔 U 系数更适合处理对偶评价数据资料。等级相关不涉及变量的分布形态和数据量的多少，是一种非参数分析技术。

4. 各种质量相关的共同特点是处理的变量都与类别数据有关。点二列相关主要用于处理二分称名数据和一个连续数据之间的相关程度。二列相关处理的都是连续性数据资料，但其中一列变量被人为划分成了二分变量。多列相关是二列相关的发展，其中一列变量被划分成了两个以上的类别，如三个、四个类别。

5. 四格相关处理的数据资料都是人为的二分变量，phi 系数处理的则是两个真正的二分变量。列联系数处理的则是二因素的 $R \times C$ 列联表资料。不同的品质相关，它们之间最大的区别是适合处理的数据资料不同。

6. 偏相关和部分相关是研究消除第三变量（或其他多个变量）影响后的两变量间相关程度的方法。

进一步阅读资料

1. 埃维森（G. R. Iversen），格根（M. Gergen）. 统计学：基本概念和方法. 吴喜之，程博，柳林旭，等译. 北京：高等教育出版社，海德堡：施普林格出版社，2000：196～215，251～261.

2. 艾伦（A. Aron），艾伦（E. N. Aron），库普思（E. Coups）. 心理统计（第4版）（影印版）. 北京：世界图书出版公司北京公司，2006：443～479，628～629.

3. 弗里德曼（D. Freedman），皮萨尼（R. Pisani），柏维斯（R. Purves），阿德卡瑞（A. Adhikari）. 统计学（第2版）. 魏宗舒，施锡铨，林举干，等译. 北京：中国统计出版社，1997：133～177.

4. 鲁尼恩（R. P. Runyon），科尔曼（K. A. Coleman），皮滕杰（D. J. Pittenger）. 心理统计（第9版）（英文版）. 北京：人民邮电出版社，2004：161～198.

5. 帕加诺（R. R. Pagano）. 行为科学中的统计学入门（第6版）（影印版）. 北京：中国统计出版社，2002：99～128.

计算机统计技巧提示

在 Excel 中，与相关系数计算有关的函数有：CORREL（相关函数）、PEARSON（皮尔逊积差相关系数函数）、COVAR（协方差函数）、SUMSQ（平方和函数）、DEVSQ（离差平方和函数）、SUMPRODUCT（乘积和函数）、SUMXMY2（两组数据对应数值差的平方和函数）、SQRT（平方根函数）、RANK（等级赋值函数）。计算相关的方法为：单击"工具"→"数据分析"，选中"相关系数"，在对话框中输入变量，依据变量数目会得到相关系数值或相关系数矩阵。

在 SPSS 中，不同类型的相关，其分析方法也不同。①计算皮尔逊积差相关、肯德尔 τ 相关、斯皮尔曼等级相关。单击"Analyze"→"Correlate"→"Bivariate…"，出现"Bivariate Correlation"对话框，在"Correlation Coefficients"框中选择相关系数的类型。②调用 Crosstabs 过程，计算质量相关与列联表分析。单击"Data"→"Weight Cases…"，对频数变量值进行加权处理。再单击"Analyze"→"Descriptive Statistics"→"Crosstabs…"，选择加权处理后的数据进入"Row（s）"框和"Column（s）"框。最后单击"Statistics…"按钮，弹出"Crosstabs：Statistics"对话框，根据变量数据类型和实际需要选择要计算的相关指标。③偏相关分析方法。单击"Analyze"→"Correlate"→"Partial…"，在 Partial Correlations 对话框中，从变量列表中选择有关变量进入 Variables 框，选择要控制的变量进入 Controlling for 框中，就可得到偏相关系数。

思考与练习题

1. 解释相关系数时应注意什么？

2. 假设两变量为线性关系，计算下列各种情况的相关时，应用什么方法？

    (1) 两列变量是等距或等比的数据且均为正态分布；

    (2) 两列变量是等距或等比的数据但不为正态分布；

    (3) 一变量为正态等距变量，另一列变量为正态变量，但人为分为两类；

    (4) 一变量为正态等距变量，另一列变量为正态变量，但人为分为多类；

    (5) 一变量为正态等距变量，另一列变量为二分名义变量；

    (6) 两变量均以等级表示。

3. 如何区分点二列相关与二列相关？

4. 品质相关有哪几种？各种品质相关的应用条件是什么？

5. 欲考察甲、乙、丙、丁 4 人对 10 件工艺美术品的等级评定是否具有一致性，用哪种相关方法？

6. 下表是平时两次考试的成绩分数，假设其分布为正态，分别用积差相关与等级相关方法计算相关系数，并回答，就这份资料用哪种相关法更恰当？

被试	1	2	3	4	5	6	7	8	9	10
A	86	58	79	64	91	48	55	82	32	75
B	83	52	89	78	85	68	47	76	25	56

7. 下列两变量为非正态，选用恰当的方法计算相关。

被试	1	2	3	4	5	6	7	8	9	10
X	13	12	10	10	8	6	6	5	5	2
Y	14	11	11	11	7	7	5	4	4	4

8. 问下表中成绩与性别是否有关？

被试	1	2	3	4	5	6	7	8	9	10
性别	男	女	女	男	女	男	男	男	女	女
成绩 B	83	91	95	84	89	87	86	85	88	92

9. 第 8 题的性别若是改为另一种成绩 A（正态分布）的及格、不及格两类，且知 1，3，5，7，9 被试的成绩 A 为及格，2，4，6，8，10 被试的成绩 A 为不及格，请选

用适当的方法计算相关，并解释。

10. 下表是某新编测验的分数与教师的评价等级，请问测验成绩与教师评定之间是否有一致性？

教师评定

被试	总人数	优	良	中	及格
90～	2	2			
80～	5	4	1		
70～	16	13	3		
60～	22	10	10	2	
50～	21	6	6	9	
40～	18	1	2	13	2
30～	13		1	7	5
20～	9		1	1	7
10～	5			1	4
0～	2				2

11. 下表是 9 名被试评价 10 名著名的天文学家的等级评定结果，问这 9 名被试的等级评定是否具有一致性？

被试	被 评 价 者									
	A	B	C	D	E	F	G	H	I	J
1	1	2	4	3	9	6	5	8	7	10
2	1	4	2	5	6	7	3	10	8	9
3	1	3	4	5	2	8	9	6	10	7
4	1	3	4	5	2	6	10	8	7	9
5	1	9	2	5	6	3	4	8	10	7
6	1	4	9	2	5	6	7	3	10	8
7	1	3	5	10	2	6	9	7	8	4
8	1	3	5	7	6	4	8	10	2	9
9	1	2	8	4	9	6	3	7	5	10

12. 将第 11 题的结果转化成对偶比较结果，并计算肯德尔一致性系数。

第六章
概率分布

【教学目标】 了解掌握有关概率的基本知识，理解常用概率分布的基本特征，二项分布与正态分布的具体应用。

【学习重点】 概率规则，标准正态分布、t 分布、χ^2 分布、F 分布的特征，标准正态分布表、t 分布表、χ^2 分布表与 F 分布表的使用，二项分布与常态分布的应用。

前面各章讨论了描述性统计的一些知识，主要阐述了如何描述一组数据的分布特征，即集中趋势和离中差异。另外，还讨论分析了两个变量之间，或一个变量的两组数据之间的相关关系。然而，科学研究的最终目的是通过对样本数据的研究，来推测全域的基本特征，并对推断的正确性进行概率检验。在心理与教育实际研究中，我们也经常会遇到从一些数量化资料进行推论的情况。例如，根据某学生几次考试的情况，推论他真实的学习成绩；根据一个班的测试结果，推论全年级学生某方面的心理发展水平等。那么，如何从具体的研究资料出发推论至一般情况呢？解决这类问题的统计方法叫作推论统计。这种从样本出发来推断总体分布的过程就被称为统计推断（statistical inference），这也是统计分析的最终目的。

推论统计的数学基础是概率论。它通过对样本数据的分析，在指出是什么和不是什么的同时，还用概率指出这种可能性的大小。本章将主要介绍作为统计推论基础的概率的一些基本性质和几种常用的统计表。

第一节 概率的基本概念

一、什么是概率

在掷硬币、抛骰子和抽扑克牌游戏以及许多日常生活问题中，存在着众多的随机现象。一枚一元的硬币掷起落下后，可能会出现花，也可能出现字。一枚骰子撒在桌面上后，可能出现 1 点到 6 点中的任何一点。在心理与教育研究中，大部分现象也属于随机现象。随机现象又称随机事件，或简称为事件。随机指在一定条件下可能出现也可能不出现，表明随机事件出现可能性大小的客观指标就是概率（probability），它是概率论研究的主要内容。大数定律指出，在随机事件大量重复出现过程中，往往呈现出几乎必然的规律。偶然中包含着某种必然。也就是说，在试验不变的条件下，重复试验多次，随机事件的频率近似于它的概率。概率的定义有两种，即后验概率和先验概率。

（一）后验概率

在对随机事件进行 n 次观测时，其中某一事件 A 出现的次数 m 与观测次数 n 的比值。当 $n \to \infty$ 时，它将稳定在一个常数 P 上，这一常数被称作概率，可写作 $P(A) = \frac{m}{n}$。当观测次数 n 无限增大时，计算出的概率估计值越趋近真实的概率值。因为这种概率是由事件 A 出现的次数决定的，因此被称为后验概率（posterior probability）或统计概率。

（二）先验概率

在特殊情况下直接计算的比值，是真实的概率而不是估计值。这种特殊情况为：①实验的每一种可能结果（称为基本事件）是有限的；②每一个基本事件出现的可能性相等。如果基本事件的总数为 n，事件 A 包括 m 个基本事件，则事件 A 的概率为：$P(A) = \frac{m}{n}$。例如，投掷硬币，只有正面向上或反面向上两种可能，基本事件 $n = 2$，为有限，事件 A（正面向上）和事件 B（反面向上）出现的可能性相等，故 $P(A) = \frac{1}{2} = 0.5$。再如，54 张扑克牌，抽出每张牌的可能性相等，结果的发生是随机的，故每张牌出现的概率为 $\frac{1}{54}$，如果将事件 A 规定为红桃，则事件 A 由 13 个基本事件组成，$m = 13$，$n = 54$，这时红桃出现的概率为 $P(A) = \frac{13}{54} = 0.24$。再如，从一个有 20 名男生、30 名女生的班级里随机抽取男生的概率则为：$\frac{20}{50} = 0.4$。这种概率称为先验概率（prior probability）或古典概率。

当进行多次观测时，按观测结果计算的概率（后验概率）基本接近先验概率。例如，当一枚硬币投掷很多次以后，实际得到的正面向上的次数 m 与投掷次数 n 的比值接近 0.5，n 越大，接近的程度就越好。

【资料卡 6-1】

投掷硬币模拟实验

投掷硬币是基于大量观察寻找一个事件出现的次数及概率的一个很好的例子。投掷一枚硬币，会有两种可能的结果，一个是正面（head，H），一个是反面（tail，T）。出现两种结果的可能性相等，每种结果出现的概率是 0.5。这意味着，如果投掷 10 次硬币，将会得到 5 次正面，5 次反面。

下面是用 BASIC 语言编写的模拟硬币投掷过程的程序源代码，运行时只需要输入硬币投掷的次数就行。结果会列出在输入的投掷次数中，出现正面多少次，反面多少次，正面概率是多少。

```
10    PRINT "HOW MANY TOSSES";
20    INPUT N
30    LET H＝0
40    FOR I＝1 to N
50    LET A＝RNA（1）
60    IF A＜5 THEN 90
70    PRINT TAB（6）；"TAIL"
80    GOTO 110
90    LET H＝H＋1
100   PRINT "HEAD"
110   NEXT I
120   PRINT
130   PRINT "H＝"；H；TAB（10）；"T＝"；N－H；
140   PRINT TAB（20）；"H/N＝"；H/N
150   END
```

著名统计学家布丰（C. de Buffon）和皮尔逊曾进行过大量的抛掷硬币试验。布丰掷了 4040 次，出现正面的次数为 2048 次，比率为 0.5069。皮尔逊掷 12000 次，出现正面的次数为 6019 次，比率为 0.5016；掷 24000 次，出现正面的次数为 12012 次，比率为 0.5005。

如果是旋转硬币，即用一只手指固定硬币上端，将硬币竖起来，用另一只手指弹击硬币旋转，出现正面和反面的概率是否与掷硬币的结果一样呢？

二、概率的基本性质

（一）概率的公理系统

①任何一个随机事件 A 的概率都是非负的；

②在一定条件下必然发生的事件的概率为1；

③在一定条件下必然不发生的事件，即不可能事件的概率为0。

由上可见，概率值在0与1之间，可写作 $0 \leqslant P(A) \leqslant 1$。概率接近1的事件发生的可能性较大，而概率接近0的事件发生的可能性较小。然而，公理②与③的逆定理不成立，即概率等于1的某个事件，并不能被断定为必然事件，只能说它出现的可能性非常大。同样，概率等于0的事件，也不能说它就是不可能事件，只能说它出现的可能性非常小，以至接近于0。

（二）概率的加法定理

加法定理（additive rule）是指两个互不相容事件 A、B 之和的概率，等于两个事件概率之和，写作 $P(A+B) = P(A) + P(B)$。所谓互不相容事件是指在一次实验或调查中，若事件 A 发生则事件 B 就一定不发生，否则二者为相容事件。例如，对学生进行考核，如果成绩为"优"这一事件出现，则成绩为"良"这一事件就一定不出现。若该生得优的概率为0.10，得良的概率为0.50，依据加法定理，该生考核成绩为"优""良"（或优或良）的概率则为 $0.10 + 0.50 = 0.60$。加法定理表明概率是可以相加的，此定理还可推广

到更多的互不相容事件中去。$P(A_1 + A_2 + \cdots + A_n) = P(A_1) + P(A_2) + \cdots + P(A_n)$。不过无论互不相容事件有多少，其总和的概率永远不会大于1。

（三）概率的乘法定理

乘法定理（product rule）适用于几种情况组合的概率，即几种事件同时发生的情况，公式写作 $P(AB) = P(A) \times P(B)$。乘法定理指出：两个独立事件同时出现的概率等于这两个事件概率的乘积。所谓独立事件指的是一个事件的出现对另一个事件的出现不产生影响。假若事件 A 的概率随事件 B 是否出现而改变，事件 B 的概率随事件 A 是否出现而改变，则这两个事件被称为相关事件或相依事件。乘法定理的特殊形式也可以推广到几个独立事件的情况。

例如，去掉大小王牌，从52张扑克牌中有放回地连续抽两张牌，即抽完第一张后将所抽的牌再放回去，混合好后再抽第二张。问第一次抽取红桃K，第二次抽取方块K的概率是多少？根据概率乘法，这两个独立事件积的概率，即两个事件同时出现的概率是 $\frac{1}{52} \times \frac{1}{52} = \frac{1}{2704} = 0.00037$。若问第一次抽取红桃，第二次抽取方块的概率，则是 $\frac{1}{4} \times \frac{1}{4} = \frac{1}{16} = 0.0625$。这些是最简单的组合情况。对于一些较为复杂的情况，有时需要概率加法和概率乘法并用。例如，在上例中若问抽牌两次皆为红色的概率，则可以有两种计算方法。一是考虑

到满足两次皆红的四种组合：红桃—红桃，红方—红方，红方—红桃，红桃—红方。每一种的概率为 $\frac{1}{4} \times \frac{1}{4} = \frac{1}{16}$，因此，总概率为：$\frac{1}{16} + \frac{1}{16} + \frac{1}{16} + \frac{1}{16} = \frac{1}{4}$。另一种计算方法是考虑到红色与黑色的张数相同，其概率各为 $\frac{1}{2}$，因此两次皆为红色的概率则为 $\frac{1}{2} \times \frac{1}{2} = \frac{1}{4}$，两种计算结果相同。

再如，如果把硬币实验中正面（H）向上称为成功，概率用 p 表示为 $\frac{1}{2}$；反面（T）向上称为失败，概率用 q 表示为 $\frac{1}{2}$。那么，$q = 1 - p$。假如投掷两次，即 $n = 2$，这与两个硬币各掷一次时独立试验的次数是相同的，也为 2。当 $n = 2$ 时，可能出现的结果为：HH、HT、TH、TT。两次皆为 H 的概率为 $\frac{1}{2} \times \frac{1}{2} = \frac{1}{4}$，两次都是 T 的概率也是 $\frac{1}{2} \times \frac{1}{2} = \frac{1}{4}$。一次为 H 一次为 T 的概率有两种情况：HT 或 TH，故其概率为 $\frac{1}{4} + \frac{1}{4} = \frac{1}{2}$。因此，出现 H 一次或一次以上的概率是 $\frac{1}{4} + \frac{1}{2} = \frac{3}{4}$。

【例 6-1】一枚硬币掷三次，或三枚硬币各掷一次，问出现两次或两次以上 H 的概率是多少？

解：这样投掷硬币可能出现的结果有：HHH、HHT、HTH、THH、TTH、THT、HTT、TTT 共 8 种。每种结果可能出现的概率，依概率乘法规则计算：$\frac{1}{2} \times \frac{1}{2} \times \frac{1}{2} = \frac{1}{8}$，各为 $\frac{1}{8}$。

设：$P(A)$ 代表 3 次 H 的概率，$P(B)$ 代表"HHT"这种结果的概率，$P(C)$ 代表"HTH"的概率，$P(D)$ 代表"THH"的概率。依据概率加法规则计算：

$$P(A+B+C+D)$$
$$= P(A) + P(B) + P(C) + P(D)$$
$$= \frac{1}{8} + \frac{1}{8} + \frac{1}{8} + \frac{1}{8}$$
$$= \frac{1}{2}$$

答：一枚硬币投掷三次，或三枚硬币各掷一次，出现两次或两次以上 H 的概率是 $\frac{1}{2}$。

三、概率分布类型

概率分布（probability distribution）是指对随机变量取值的概率分布情况用数学方法（函数）进行描述。只有了解随机变量的概率分布，才能使统计分析与推论成为可能，为统计分析提供依据，因此它在对数据进行统计处理时具有十分重要的意义。

概率分布有多种，除过去已知的一些概率分布外，一些新的概率分布还在继续被发现。概率分布依不同的标准可以分为不同的类型。

（一）离散分布与连续分布

这是依随机变量是否具有连续性来划分的概率分布类型。当随机变量只取孤立的数值时，这种随机变量被称作离散随机变量，即第一章所讲的计数数据。离散随机变量的概率分布又被称作离散分布，可用分布函数加以数量化描述。在心理与教育统计中最常用的离散分布为二项分布，除此之外还有泊松分布（Poisson distribution）和超几何分布（hypergeometric distribution）等。

连续分布是指连续随机变量的概率分布，即测量数据的概率分布，它用连续随机变量的分布函数描述它的分布规律。统计中最常用的连续随机变量的分布为正态分布，其他连续分布有负指数分布（negative exponential distribution）、威布尔分布（Weibul distribution）等。

（二）经验分布与理论分布

这是依分布函数的来源而划分的分布类型。所谓经验性分布（empirical distribution）是指根据观察或实验所获得的数据而编制的次数分布或相对频率分布。经验分布往往是总体的一个样本，它可对所研究的对象给以初步描述，并作为推论总体的依据。理论性分布（theoretical distribution）有两个含义，一是随机变量概率分布的函数——数学模型，二是按某种数学模型计算出的总体的次数分布。

随机变量概率分布的性质由它的特征数来表达。这些特征数主要有期望值，即理论平均数；方差，即理论的标准差的平方。因此，在统计推论部分通常只用平均数和标准差，而不采用其他集中量数与差异量数。

（三）基本随机变量分布与抽样分布

这是依概率分布所描述的数据特征而划分的概率分布类型。心理与教育统计中常用的基本随机变量分布有二项分布与正态分布。抽样分布（sampling distribution）是样本统计量的理论分布。样本统计量有：平均数、两平均数之差、方差、标准差、相关系数、回归系数、百分比率（或概率）等。统计量是基本随机变量的函数（统计量是由基本随机变量计算而来的），故抽样分布又称随机变量函数的分布。在完全观测下，对于单一样本，它的分布与总体分布完全相同，而在不完全观测下，单一样本的分布就与总体分布不完全相同。

基本随机变量分布与抽样分布是应用于统计学上的理论分布，是统计推论的重要依据，只有对它们真正了解，才能明确各种统计方法的应用条件及注意问题，并对各种具体方法有较为深刻的理解。

第二节 正态分布

正态分布（normal distribution）也称常态分布或常态分配，是连续随机变量概率分布的一种，是在数理统计的理论与实际应用中占有最重要地位的一种理论分布。自然界、人类社会、心理与教育中的大量现象均按正态形式分布，如能力的高低、学生成绩的好坏、人们的社会态度、行为表现，以及身高、体重等身体状态都属于正态分布。

正态分布是由棣莫弗 1733 年发现的。拉普拉斯、高斯对正态分布的研究也做出了贡献，故有时称正态分布为高斯分布。

一、正态分布特征

（一）正态分布曲线函数

正态分布曲线函数又称密度函数，描述正态分布曲线的一般方程为：

$$y = \frac{1}{\sigma\sqrt{2\pi}} e^{-\frac{(X-\mu)^2}{2\sigma^2}} \quad \text{（公式 6-1）}$$

式中：π 为圆周率 3.14159…

e 为自然对数的底 2.71828…

X 为随机变量取值 $-\infty < X < +\infty$；

μ 为理论平均数；

σ^2 为理论方差；

y 为概率密度，即正态分布的纵坐标。

依上面的公式，当 $X = \mu$ 时，上式可写作 $y = \frac{1}{\sigma\sqrt{2\pi}} \cdot e^0$。当 $\sigma = 1$ 时，$y =$

$\frac{1}{\sqrt{2\pi}} = 0.3989$，在中央点的 y 最高，即 y 的最大值为 0.3989。

正态分布图如图 6-1 所示。

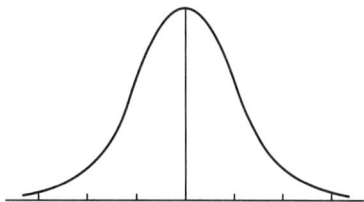

图 6-1　正态分布图

（二）正态分布的特征

第一，正态分布的形式是对称的（但对称的不一定是正态的），它的对称轴是经过平均数点的垂线。在正态分布中，平均数、中数、众数三者相等，此点 y 值最大（$y = 0.3989$）。左右不同间距的 y 值不同，各相等间距的面积相等，y 值也相等。

第二，正态分布的中央点（平均数点）最高，然后逐渐向两侧下降，曲线的形式是先向内弯，然后向外弯，拐点位于正负 1 个标准差处，曲线两端向靠近基线处无限延伸，但终不能与基线相交。

第三，正态曲线下的面积为 1，由于它在平均数处左右对称，故过平均数点的垂线将正态曲线下的面积划分为相等的两部分，即各为 0.50。正态曲线下各对应的横坐标（标准差）处与平均数之间的面积可用积分公式计算：

$$A = \frac{1}{\sigma\sqrt{2\pi}} \int_{-\infty}^{X} e^{-\frac{(X-\mu)^2}{2\sigma^2}} dX$$

因正态曲线下每一横坐标所对应的面积与总面积（总面积为 1）之比等于该部

分面积值，故正态曲线下的面积可视为概率，即值为每一横坐标值（$\overline{X}$ 加减一定标准差）的随机变量出现的概率。

第四，正态分布是一族分布。它随随机变量的平均数、标准差的大小与单位的不同而有不同的分布形态。如果平均数相同，标准差不同，这时标准差大的正态分布曲线形式低阔；如果标准差小，则正态分布曲线的形式高狭，见图 6-2。所有正态分布都可以通过 Z 分数公式非常容易地转换成标准正态分布（standard normal distribution）。根据 Z 分数的性质（见第四章）可知，标准正态分布的 $\mu=0$，$\sigma^2=1$。标准正态分布通常写作 N（0，1）正态分布，它的平均数和标准差这两个参数分别为 0 与 1。标准正态分布的密度函数可写作：

$$y=\frac{1}{\sqrt{2\pi}} \cdot e^{-\frac{z^2}{2}}$$

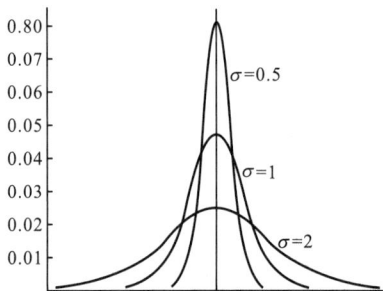

图 6-2　标准差不同的正态分布形式

使用这个公式，其密度函数及面积（或概率）的计算可大大简化。

$$A=\frac{1}{\sqrt{2\pi}}\int_{-\infty}^{z} e^{\left(-\frac{z^2}{2}\right)}dZ$$

目前我们已不需进行繁复计算，只需查阅标准正态分布表就行。

第五，正态分布中各差异量数值相互间有固定比率，如表 6-1 所示。表中 Q 是四分位差，AD 是平均差，s 是标准差。

表 6-1　正态分布中各种差异量数值的固定比率

	Q	AD	s
Q	1	0.8453	0.6745
AD	1.1829	1	0.7979
s	1.4826	1.2533	1

第六，在正态分布曲线下，标准差与概率（面积）有一定的数量关系，即在正态分布中，平均数上下各延伸一个标准差，包括总面积的 68.26％，亦即正态分布中，$-1s\sim+1s$ 的全距包括 68.26％的个案。正负 1.96 个标准差，包含总面积的 95％；正负 2.58 个标准差，包含总面积的 99％；在 $-3s\sim+3s$，包含总面积的 99.73％；取值在 $\pm4s$ 的概率为 0.9999，即包含总面积的 99.99％。图 6-3 是正态曲线下不同 s 单位界限内的面积比例。

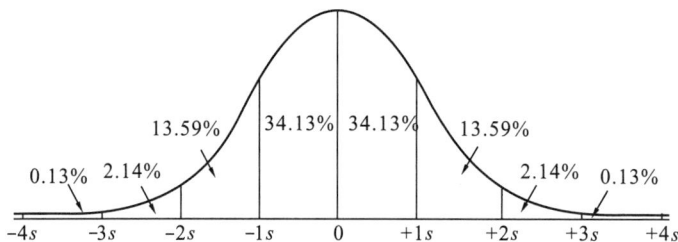

图 6-3　正态曲线下不同 s 单位标准差面积比例

二、正态分布表的编制与使用

（一）正态分布表的编制与结构

依据正态分布密度函数，我们可用积分计算当 Z 为不同值时，正态曲线下的面积与密度函数值（y 值）。不同的作者可采用不同的编制方法。有的从 $Z=-\infty$ 开始，Z 逐渐增加，表中列出的是某 Z 分数以下的累积概率。有的是从 $Z=0$ 开始，逐渐变化 Z 分数，计算从 $Z=0$ 至某一定值之间的概率。因为正态分布为对称分布，且对称轴为过 $\mu=0$，即 $Z=0$ 点的纵线，故当 $Z<0$ 时，其概率与 $Z>0$ 时的相应的 Z 分数下的概率值相等。本书附表 1 的正态分布表，就是用后一种方法编制的。因此，研究者在使用正态分布表时，一定要先了解一下该正态分布表的编制方法，以免用错。

正态分布表（参见附表 1）一般包括三栏。第一栏是 Z 分数单位，一般标为 Z $\left(\text{或}\dfrac{X-\mu}{\sigma}\text{或}\dfrac{x}{\sigma}\right)$。在平均数这一点上 $Z=\dfrac{x}{\sigma}=0$，在平均数以上（曲线右侧）分数为正值，在平均数以下（曲线左侧）分数为负值。在一般正态分布表中 Z 分数列到 3.99，更详细的列到 5.00。第二栏为密度函数或比率数值（y），即某一 Z 分数点上的曲线纵坐标的高度。在标准正态曲线下，当 $Z=0$ 时，$y_0=0.3989$，它是在标准正态曲线中纵坐标具有的最大值或者最大概率密度值。第三栏为概率值（p），即不同 Z 分数点与平均数之间的面积与总面积之比。

（二）正态分布表的使用

使用正态分布表，可以进行如下几个方面的计算。

第一，依据 Z 分数求概率（p），即已知标准分数求面积，有下述三种情况。① 求某 Z 分数值与平均数（$Z=0$）的概率。例如，$Z=1$ 或 $1s$ 处到平均数之间的概率为 0.34134；$Z=1.96$ 时，$p=0.475$；$Z=2.58$ 时，$p=0.49506$。② 求某 Z 分数以上或以下的概率。例如，求 $Z=1$ 以上的概率是多少？这时先查出 $Z=1$ 的概率 $p=0.34134$，那么 $Z=1$ 以上的概率就应该是 $0.50-0.34134=0.15866$。同样，求 $Z=1.96$ 以上的概率为 $0.50-0.475=0.025$，求 $Z=-1.96$ 以下的概率也是 0.025。若问 $Z=1.96$ 以下或 $Z=-1.96$ 以上的概率是多少，则应该是 $0.5+0.475=0.975$。③ 求两个 Z 分数之间的概率。例如，求 $Z=1$ 至 $Z=2$ 的概率，先要查出 $Z=1$ 的概率与 $Z=2$ 的概率，这时用较大的概率减去较小的概率，则得到其间的概率：$0.475-0.34134=0.13366$。若 Z 分数为一正一负则要将两个概率值相加，求两个 Z 分数之间的概率。例如，求 $Z=-1.96$ 到 $Z=+1.96$ 的概率，则为 $0.475+0.475=0.95$；$Z=\pm1$ 的概率则为 $0.34134+0.34134=0.68268$；$Z=\pm2.58$ 的概率则为 $0.49506+0.49506=0.99012$。

第二，从概率（p）求 Z 分数，即从面积求标准分数值，也有三种情况。①已知从平均数开始的概率值求 Z 值。这时直接按概率值查正态分布表就可得到相应的 Z 值。例如，已知平均数以上 0.25 的概率，求 Z 值。查正态分布表，找出与 0.25 最接近的概率是 0.2486，其 $Z=0.67$，再查 $p=0.2517$（接近 0.25）的 $Z=0.68$，若取近似值，$Z=0.67$ 或 $Z=0.68$ 都可用。若再精确一些，也可用内插法计算。②已知位于正态分布两端的概率值求该概率值分界点的 Z 值。这时不能由已知的概率值直接查表，需要用 0.5 减去已知两端的概率再查表求 Z。例如，如求上端 0.05 概率分界点的 Z 值，则查 $0.5-0.05=0.45$ 的概率，表中没有列出 $p=0.45$ 的概率，而有 $p=0.4495$ 和 $p=0.45053$。若取近似值，这两个概率的 Z 值都可以；若用精确值，可用内插法计算。③若已知正态曲线下中央部分的概率，求 Z 分数是多少。将中央部分的概率值除以 2，然后再据此 p 值查表求 Z，因为是曲线中间部分，故两侧都有分界的 Z 值，Z 值的绝对值相同，正负不同。例如，求正态曲线中间部分 0.95 概率两处分界点的 Z 值，这时查 $0.95÷2=0.475$ 的概率，Z 值为 1.96，故中间 0.95 概率的分界点 $Z=±1.96$。

第三，已知概率或 Z 值，求概率密度 y，即正态曲线的高。这时，直接查正态分布表就能得到相应的概率密度 y 值，但要注意区分已知概率是位于正态曲线的中间部分，还是两尾端部分，才能通过 p 值查表求得正确的概率密度 y。

三、次数分布是否为正态分布的检验方法

在心理与教育测量和实验中，获得的随机变量的次数分布，有些是正态分布，有些不是正态分布，如呈现正偏态（positively skewed）分布，这种分布曲线的右侧部分偏长而左侧偏短，还有一种负偏态（negatively skewed）分布是左侧偏长而右侧偏短（见第三章图 3-3 所示）。

有时为了统计分析的需要，我们常要检验次数分布是否为正态分布。对分布曲线是否为正态分布的拟合检验方法是 χ^2 检验（见本书第十章）。除此之外，还有一些简单的方法，如累加次数曲线法、偏态及峰度量数描述方法、直方图法、概率纸法等。

(一) 皮尔逊偏态量数法

在正偏态中 $M>M_d>M_o$，在负偏态中 $M<M_d<M_o$（见第三章图 3-3 所示）。在正态分布中三者重合于一点。皮尔逊发现，在偏态分布（skewed distribution）中平均数距中数较近而离众数较远，根据平均数与众数或中数的距离，提出一个偏态量数公式，用来描述分布形态：

$$SK=\frac{M-M_o}{s} \quad \text{或} \quad SK=\frac{3(M-M_d)}{s}$$

式中 s 为标准差，SK 为偏态量数，当 $SK=0$ 时，分布对称；当 SK 为正数时，分布属正偏态；当 SK 为负数时，分布属负偏态。

（二）峰度、偏度检验法

这种方法是根据分布的峰度系数（coefficient of kurtosis）与偏度系数（coefficient of skewness）来确定分布形态。一般情况下，观测数据的数目要足够大，应用这种方法才有意义。

1. 偏度系数

$$g_1 = \frac{\sum (X-\overline{X})^3/N}{[\sum (X-\overline{X})^2/N]^{3/2}} \quad \text{（公式 6-2）}$$

当 $g_1 = 0$ 时分布是对称的；当 $g_1 > 0$ 时，分布为正偏态；当 $g_1 < 0$ 时，分布呈负偏态。当观测数据数目 $N > 200$ 时，这个偏态系数的统计量 g_1 才较可靠。

2. 峰度系数

$$g_2 = \frac{\sum (X-\overline{X})^4/N}{[\sum (X-\overline{X})^2/N]^2} - 3$$

$$\text{（公式 6-3）}$$

当 $g_2 = 0$ 时，属于正态分布的峰度；$g_2 > 0$ 时，表明分布的峰度比正态分布的峰度陡峭高尖；$g_2 < 0$ 时，表明分布的峰度比正态分布的低阔平缓。当 $N > 1000$ 时，g_2 值才比较可靠。

（三）累加次数曲线法

因为标准正态分布的形式固定，因此其累加概率与标准差的关系也固定。根据这一点，可将一般分布的累加概率与标准正态分布累加概率相比较。

比较的具体方法如下。①制作样本的累加次数分布表，列出累加比率和观测值相应的标准分数。②制作样本的累加频率曲线图。在图 6-4 中，纵坐标为次数比率 $0 \sim 1.00$，横坐标为 Z 分数，一般为

$-3 \sim +3$。③在同一坐标系中，制作累加正态分布概率曲线图。纵坐标为累积概率（同累加比率），横坐标为标准分数值。若无概率作图纸，可根据正态表所列数值作图。④画好图后，从图上直接比较正态分布概率曲线与样本的累加频率曲线，若两曲线完全重合，说明某样本的分布呈正态，若样本的累加频率曲线偏离正态累积曲线较大，则不符合正态分布。这种方法只能直观比较，而无定量描述及检验方法。

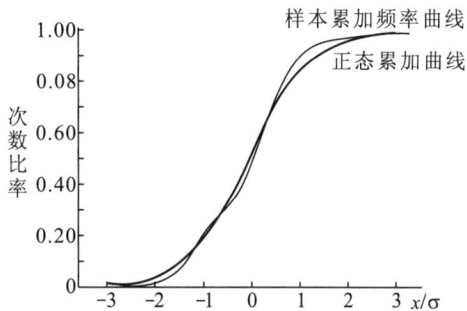

图 6-4　正态累加曲线图检验次数分布形式

四、正态分布理论在测验中的应用

如果研究资料隶属于正态分布，为了将其更好地数量化，得到较为符合实际的数量化结果，我们通常会利用正态分布的特性进行转化。

（一）化等级评定为测量数据

在心理与教育评价中，对有些心理量，如爱好程度、意志强弱、能力大小等，我们常用等级评定法赋予其一定的评价分数或等级分数。应用这种方法在最后处理结果时，常会遇到以下两个问题：一是不同

评定者由于各自的标准不同，对同一个心理量进行评定时可能给的等级分数不等，这时如何综合每个评定者的结果；二是等级分数界线宽，又不一定是等距尺度，要比较不同被评定的心理量的差异应如何进行。上述两个问题的解决都需要首先将等级评定转化为测量数据。

将等级评定转化为测量数据，首先要考虑被评定的心理量是否为正态分布，若为正态分布，可以转化为测量数据，即标准分数 Z。若不是正态分布，则不能将等级评定转化为 Z 分数。将等级评定转化为测量数据的方法是用各等级中点的 Z 分数代表该等级分数。具体步骤如下：①根据各等级被评者的数目求各等级的人数比率；②求各等级比率值的中间值，作为该等级的中点；③求各等级中点以上（或以下）的累加比率；④用累加比率查正态表求 Z 值，该 Z 分数就是各等级代表性的测量值；⑤求被评者所得评定等级的测量数据的算术平均数，即为每个被评定者的综合评定分数。

【例 6-2】表 6-2 是 3 位教师对 100 名学生的学习能力所做等级评定的结果。表

6-3 是 3 名学生从 3 位老师那儿获得的评定等级，试将其转化为 Z 分数。

表 6-2 3 名教师对 100 名学生的评定结果

等级	评定结果（人数）		
	教师甲	教师乙	教师丙
A	5	10	20
B	25	20	25
C	40	40	35
D	25	20	15
E	5	10	5
总数	100	100	100

表 6-3 各学生所获得的评定等级

学生	教师甲	教师乙	教师丙
1	B	A	A
2	A	B	A
3	D	C	C

解：此题涉及的是对学习能力的评定，学习能力的分布一般为正态，故可将等级评定转化为测量数据进行比较。此外，从表面上看学生 1 与学生 2 的等级相同，都是两个 A，一个 B，学生 3 最差。但从表 6-2 中分析，教师甲对 A 等级评定较严，教师乙稍宽，教师丙更宽。因此，虽然等级相同，但其等级值并不等价，必须将等级评定转化为测量数据。表 6-2 中 3 名教师的评定结果，可图示如下。

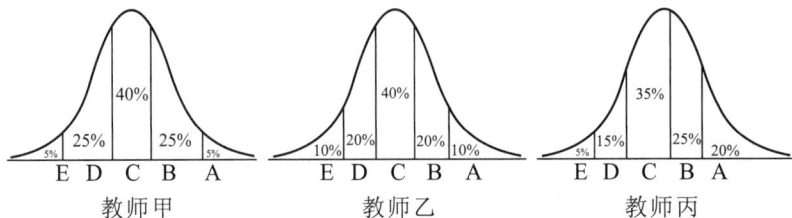

图 6-5 化等级评定为测量数据

根据表 6-2 的资料，用上述方法将各教师的等级评定转化为 Z 分数，见表 6-4。

表 6-4 化等级评定为 Z 分数

等级	教师甲			教师乙			教师丙		
	p	比率中点以下累加	Z	p	比率中点以下累加	Z	p	比率中点以下累加	Z
A	0.05	0.975	1.96	0.10	0.95	1.65	0.20	0.90	1.28
B	0.25	0.825	0.94	0.20	0.80	0.84	0.25	0.675	0.45
C	0.40	0.50	0	0.40	0.50	0	0.35	0.375	−0.32
D	0.25	0.175	−0.94	0.20	0.20	−0.84	0.15	0.125	−1.15
E	0.05	0.025	−1.96	0.10	0.05	−1.65	0.05	0.025	−1.96

表 6-4 中的 Z 分数是由比率中点（各等级比率的一半）以下的累加概率查正态表得到的，其值为正还是为负是由各等级在正态分布中的位置决定的。例如，教师丙所评各等级的中点以下的概率分别是 E 等为 0.025，D 等为 0.125，即 $(0.05+\frac{0.15}{2})$，C 等为 0.375，即 $(0.05+0.15+\frac{0.35}{2})$，B 等为 0.675，即 $(0.05+0.15+0.35+\frac{0.25}{2})$，A 等为 0.90，即 $(0.05+0.15+0.35+0.25+\frac{0.20}{2})$。并以上述累加概率值查正态表（注意，概率小于 0.50 时，用 0.50 减去累积概率值查表；概率大于 0.50 时，用累积概率减去 0.50 的值查表）得到相应的 Z 分数。

有了各位评定者所评等级的代表值 Z 分数，就可据此求 3 名学生的平均 Z 分数了。学生 1 的平均成绩为 $(0.94+1.65+1.28)/3=1.29$，学生 2 的平均成绩为 $(1.96+0.84+1.28)/3=1.36$，学生 3 的平均成绩为 $(-0.94+0-0.32)/3=-0.42$。这三名学生的平均成绩表明，虽然学生 1 与学生 2 在评定的等级上相同，但二者的 Z 分数不同。

（二）确定测验题目的难易度

测验题目的难易度一般用答对者的百分数确定，但是百分数不是等距尺度，有时要比较不同难易度题目之间的难度距离，需要将难易百分数根据正态分布概率转换成难度分数。原理是假设在一个测验中不同难易题目的分布是正态的，即一个测验中通过率较大和较小的题目很少，而通过率居中的题目较多。确定题目难度分数的具体步骤如下：①计算各题目的通过率，即答对人数与参加测验人数的比例，在正态表中它代表的是曲线下的面积；②用 0.5 减去通过率，不计正负号，获得正态分布表中的概率值，即表 6-5 中第三列的 p 值；③依照 p 值查正态表中相应的 Z 值，通过率大于 50% 的 Z 值计为负值，通过率小于 50% 的 Z 值计为正值；④将查表得到的 Z 分数加上 5（假定 ±5 个标准差包括了全体）便可得到从 0~10 的十进制的难度分数值。这样就有理由认为难度分数是等距尺度，不同题目之间的难易差异就可直接比较。具体计算见表 6-5。

表 6-5　难度分数的计算

测验题编号	通过率（%）	p 值	Z	$Z+5$
1	99	0.49	-2.331	2.669
3	95	0.45	-1.645	3.355
5	85	0.35	-1.035	3.965
7	80	0.30	-0.840	4.160
9	70	0.20	-0.525	4.475
10	50	0	0	5.000
11	20	0.30	0.840	5.840
13	5	0.45	1.645	6.645
25	1	0.49	2.330	7.330

（三）在能力分组或等级评定时确定人数

假定能力是正态分布，这时若将能力分组，各组人数应是多少？或评定不同等级，各等级人数应是多少才能使分组或评定等级构成等距的尺度？依据正态分布理论确定各组或各等级的人数，具体方法如下：①将 6 个标准差（假定 6 个标准差包括了全体）除以分组的或等级的数目，做到 Z 分数等距；②查正态分布表，从 Z 求 p，即各等级或各组在等距的情况下应有的比率；③将比率乘以欲分组的人数，便得到各等级或分组该有的人数。最后所计算的各组人数分布，应与总数相等。有时由于从 Z 查 p 有误差，使结果不能与总数相符，这时应将居中的那一组做适当的增加或减少，因为这样做，对百分比率的影响甚小。

【例 6-3】要把 100 人在某一能力上分成 5 个等级，各等级应该有多少人，才能使等级评定做到等距？

解：$6\sigma \div 5 = 1.2\sigma$，要使各等级等距，每一等级应占 1.2 个标准差的距离。确定各等级的 Z 分数界限，然后查表。具体计算见表 6-6。

表 6-6　能力分为 5 组时各组人数的分布

分组	各组界限	比率 p	人数分布（$p \times N$）
A	1.8σ 以上	0.0359	4
B	$0.6\sigma \sim 1.8\sigma$	0.2384	24
C	$-0.6\sigma \sim 0.6\sigma$	0.4514	44
D	$-1.8\sigma \sim -0.6\sigma$	0.2384	24
E	-1.8σ 以下	0.0359	4

表 6-6 中 C 组按计算应为 45，实际写44，是为了使各组人数之和与总数相等。

（四）测验分数的正态化

学生的学习成绩、能力或智力等教育或心理现象，一般都是正态分布，因而在研究中总是从理论上假设研究对象在总体上是呈正态分布的。但是，由于抽样误差或测试题目难度等偶然因素的影响，实际得到的原始分数分布往往不是正态分布。为了解决这类问题，我们可采用一定的统计方法将非正态的原始分数转换成正态分布。在编制测验时，我们也常会遇到已知某总体的分布为正态，但由于所取样本不是正态，这时也需要按其总体将样本分布正态化。这种将样本原始分数分布转换成为正态分布，称作次数分布的正态化。

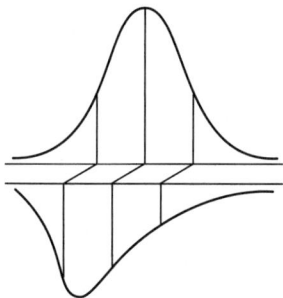

图 6-6　正态化示意图

正态化的步骤为：当原始分数不服从正态分布时，先将原始分数的频数转化为相对累积频数（也就是百分等级），将它视为正态分布的概率，然后通过查正态分布表中概率值相对应的 Z 值，将其转换成 Z 分数，达到正态化的目的。正态化是利用改变次数的方法，将原来偏态分布中众数所偏的一边拉长，使之成为正态，这是一种非线性转换。一般情况下，一组分数正态化后，其原始分数两端相应的 Z 分数绝对值比较接近，但没正态化时两端的原始分数对应的 Z 分数绝对值相差较大。正态化是建立正态标准分数的关键。但原始分数的正态化也有一定的前提条件，即研究对象的总体事实上应该是正态分布，否则就会歪曲事实，这是使用各种"正态化标准分数"所必须注意的。

T 分数（T scores）是从 Z 分数经过转化而来的一种正态化的标准分数，它是麦克尔（W. A. McCall，1939）创用的方法。心理与教育测验常用它来建立常模。它是将标准分数扩大 10 倍，再加上 50。公式如下：

$$T = 10Z + 50 \qquad （公式 6-4）$$

式中：T 为 T 分数；

　　　Z 为标准分数。

T 分数的计算分两个步骤：第一步是先将原始分数正态化，第二步是把正态化的 Z 值代入 T 值公式加以直线转换。当原始分数不服从正态分布时，需要做第一步。当原始分数服从正态分布时，直接根据公式求出 Z 值，再将它代入 T 分数公式就可计算出 T 分数。由于 T 分数是由标准分数转换而来的，所以它不仅具备了标准分数的所有优点，而且克服了标准分数较难理解的不足。首先，它没有负数。同时，若出现小数时它可以四舍五入为整数，而误差不会很大。其次，它的取值范围比较符合百分制的记分习惯，易于被人们接受。最后，如果可以从理论上假设某一测验的分数应该是正态分布，只是由于抽样误差等偶然因素导致了原始分数偏态分布，那么，运用 T 分数的方法可使其成为正态。

例如，在某研究中随机抽取了 180 名学生的某一能力测验分数，由于这些能力分数不是正态，我们需要将其正态化。已有研究表明学生的总体能力分布为正态，因此可以用正态化原理和 T 分数公式将其正态化。步骤如下：①将原始数据整理成次数分布表；②计算各分组上限以下的累加次数 cf；③计算每组中点的累加次数，即前一组上限以下的累加次数加上该组次数的一半；④各组中点以下的累加次数除以总数求累积比率；⑤将各组中点以下累积比率视为正态分布的概率，查正态表，将概率转化为 Z 分数，这一步是关键；⑥将正态化的 Z 值利用公式 6-4 加以直线转换。具体计算步骤和过程见表 6-7。

表 6-7　T 分数与正态化的计算

分组	组中值	f	上限以下累加	各组中点以下累加次数	累积百分比	Z	正态化 T 分数 $T=10Z+50$
140～	142	8	180	176	97.78	2.01	70
135～	137	9	172	168	93.33	1.50	65
130～	132	20	163	153	85.00	1.04	60
125～	127	29	143	129	71.67	0.57	56
120～	122	28	114	100	55.56	0.14	51
115～	117	16	86	78	43.33	−0.17	48
110～	112	16	70	62	34.44	−0.40	46
105～	107	8	54	50	27.78	−0.59	44
100～	102	9	46	42	23.33	−0.73	43
95～	97	8	37	33	18.33	−0.90	41
90～	92	7	29	26	14.44	−1.06	39
85～	87	6	22	19	10.56	−1.25	38
80～	82	6	16	13	7.22	−1.46	35
75～	77	5	10	8	4.44	−1.70	33
70～	72	5	5	3	1.67	−2.12	29

$$N=180 \qquad \overline{X}=115.14 \qquad s=17.91$$

T 分数虽不等距，但 T 分数更接近总体的情况。转换后的 T 分数的平均数为 50，标准差为 10，平均数上下各五个标准差，正好包括了 T 分数从 0～100。

在使用 T 分数时，我们应注意与前面所讲的 $Z'=10Z+50$ 的线性变换形式区别开来。虽然二者都有相同的平均数和标准差，但 T 分数是经过正态化的分数，而前者是否服从正态分布还不清楚，它们将以原始分数的分布形态为转移。T 分数可用于本来应是正态分布而实际呈偏态分布的各种测验的比较，而前者只能用于分布形态相同或相近的各种测验的比较。

【资料卡 6-2】

中国高考标准分数制度

1987 年，国家教委颁布了《普通高等学校招生全国统一考试标准化实施细则》，并于当年开始在广东、海南试行高考标准分。1993—1995 年开始建立全国及省、自治区、直辖市各类考生的标准分常模。1994 年，陕西、河南两省用标准分数报告高考结果，并用考生标准分数的综合分录取新生。

高考属于常模参照性测试，它根据考生团体（常模团体）的平均分和标准差等标准来解释考生的分数。这些标准被称为参照模（常模）。若考生团体是一个省，则称为省级常模参照性考试。这种考试的目的在于把个人成绩与他人做比较，着眼于团体中考生成绩的区分，以明确个人在团体中的位置。

(一) 省级常模量表分数

省级常模量表分数是以全省考生作为常模团体，由原始分数转换为标准 Z 分数，再将 Z 分数经线性转换得出的导出分数。这个导出分数消除了 Z 分数的小数和正负，但它只改变了 Z 分数的表现形式而没有改变其实质。因此，这个分数具有标准分的所有特性，可比、可加、含义明确，能准确反映出考生在常模团体中的位置。

1994 年陕西省高考应用的导出分数是 $CEEB$ 分数（C 分数），其转换式为：

$$C = 100Z + 500$$

这与美国托福（TOEFL）考试是一样的。若取 Z 在 ± 4 之间，最高分就为 900，最低分就为 100。我们习惯上称之为 T 分数。在高考中，我们常常根据高等院校的性质，把分数转换的常模团体分为理工农医类常模团体和文史类、外语类常模团体几大类。

(二) 省级常模量表的建立

1. 单科成绩省级常模量表分数的转换步骤

①将所有考生的原始总分由大到小排序。

②计算每一分数以下的考生占考生总数的百分比，再乘 100 后取整，得百分等级。在 R 已知时，百分等级的计算还可用下面的公式：

$$P_R = 100 - \frac{100R - 50}{N}$$

其中 R 为全体分数从高到低排列，某一给定原始分数所占的名次，N 为总人数。如果分数分段，在 R 未知时百分等级的计算还可以使用下面的公式：

$$P_R = \frac{F_b + \left(\dfrac{X_i - L}{i}\right) \times f}{N} \times 100$$

其中 X_i 为给定的原始分数，f 为该分数所在分数段的频数，L 为该分数所在分数段的下限，F_b 为该分数所在分数段以下累积频数，i 为分数段间距，N 为总频数（总人数）。

③查标准正态分布表得正态标准化分数 Z_i。

④由 $T_i = 100Z_i + 500$ 进行线性转换，得省级常模量表分数 T_i。

2. 总分的省级常模量表分数的转换步骤

①将每一考生各学科的 T_i 分数，按照规定的权重（1994 年国家教委规定各科权重都为 1）合成总分。

$$Y = T_1 + T_2 + T_3 + T_4 + T_5 = \sum_{i=1}^{5} T_i$$

②将总分由大到小排序，对总分按前面②③④转换步骤得出综合分 T。综合分是由各科总分 Y 求出对应的 Z 分数，再经线性变换得出的省级常模量表分数。它的平均分为 500，标准差为 100，取值范围在 100～900，并不是各科标准分的简单相加。

③在报告分数时，同时公布每个考生的综合分数和百分等级，所以，考生可知道自己的综合分在全省同类考生中所处的位置。

（三）考生怎样由标准分换算自己的原始分

下面是陕西省某考生在 1994 年的高考成绩单（理工类）。

准考证号	姓 名	综合分	语文	数学	物理	化学	外语
×××	×××	600（84）	620（89）	646（93）	560（73）	486（44）	575（77）

在通知单中，每一科目下面有两个分数，前面的分数是该生的标准分，括号内的是百分等级。计算的公式如下：

$$X = \overline{X} + \frac{s}{100}\,(T - 500)$$

这样，根据当年度各省考试管理机构公布的某科成绩的平均分和标准差，代入上面的公式，我们就能算出考生自己的近似原始分数。

——资料来源：陕西省考试管理中心. 标准分数及其应用. 西安：西北工业大学出版社，1997.

第三节 二项分布

二项分布（binomial distribution）是一种具有广泛用途的离散型随机变量的概率分布，它是由贝努里始创的，所以又叫贝努里分布。二项分布是心理与教育统计中常用的一种基本随机变量分布。

一、二项试验与二项分布

（一）二项试验

二项试验又称贝努里试验，它必须满足以下几个条件。

第一，任何一次试验恰好有两个结果，成功与失败，或 A 与 $\overline{A}$（读作非 A）。

第二，共有 n 次试验，并且 n 是预先给定的任一正整数。

第三，每次试验各自独立，各次试验之间无相互影响。例如，投掷硬币的试验属于二项试验，每次只有两个可能的结果：正面向上或反面向上。如果一个硬币掷 10 次，或 10 个硬币掷一次，这时独立试验的次数为 $n=10$。再如，选择题组成的测验，选答不是对就是错，只有两种可能结果，也属于二项试验。

第四，某种结果出现的概率在任何一次试验中都是固定的，即任何一次试验中成功或失败的概率保持相同，成功的概率在第一次为 $P(A)$，在第 n 次试验中也是 $P(A)$，但成功与失败的概率可以相等也可以不等。

凡符合上述要求的实验被称为二项试验。二项试验的例子在心理与教育实验中是很多的。第三点与第四点有时较难保证，我们在试验中需要认真分析，必要时仍可假设相等。例如，一般在心理和教育实验中，我们很难保证第一次的结果完全对第二次结果无影响。譬如，对前面题目的选答可能对后面题目的回答有一定的启发或抑制作用，这时我们只能将它假设为近似满足不相互影响。再如，某射击手的命中率为 0.70，但由于身体状态、心理状态的变化，在每一次射击时，并不能保证命中率都是 0.70，但为了计算，只可假设其相等。

（二）二项分布

二项分布是指试验仅有两种不同性质结果的概率分布，即各个变量都可归为两个不同性质中的一个，两个观测值是对立的，因而二项分布又可以说是两个对立事件的概率分布，如考试中的通过与不通过、职业应聘中的录取与落聘、产品试验中的成功与失败、教育投资项目的盈利与亏损、某产品质量合格与不合格、财政收支平衡与不平衡等现象都属于二项分布。前面提到的投掷硬币试验，要么正面向上，要么反面向上，每次只有两种可能的结果，这种试验的结果都属于二项分布。

二项分布同二项定理有着密切的关系：

$$(p+q)^n = C_n^0 p^n + C_n^1 p^{n-1}q + \cdots + C_n^{n-1}p^1q^{n-1} + C_n^n q^n$$

或写作：

$$(p+q)^n = \sum_{x=0}^{n} C_n^x p^x q^{n-x} \quad (x=0,1,\cdots,n \text{ 为正整数})$$

在二项展开式中，各项的指数 q 是从 n 逐项减 1，p 则是逐项加 1。展开式的各项系数亦可用杨辉三角形来表达。杨辉三角形（见图 6-7）中的每一行是 $(p+q)^n$ 展开式的各项系数，两端值都是 1，中间部分的值为上一行相邻两个值之和，三角形中每行的列数等于所在的行数。

$$
\begin{array}{cccccccccccccc}
(p+q)^0 & & & & & & & 1 & & & & & & \\
(p+q)^1 & & & & & & 1 & & 1 & & & & & \\
(p+q)^2 & & & & & 1 & & 2 & & 1 & & & & \\
(p+q)^3 & & & & 1 & & 3 & & 3 & & 1 & & & \\
(p+q)^4 & & & 1 & & 4 & & 6 & & 4 & & 1 & & \\
(p+q)^5 & & 1 & & 5 & & 10 & & 10 & & 5 & & 1 & \\
(p+q)^6 & 1 & & 6 & & 15 & & 20 & & 15 & & 6 & & 1 \\
\end{array}
$$

……… ………………

图 6-7　杨辉三角形

二项分布有如下具体定义。设有 n 次试验，各次试验是彼此独立的，每次试验某事件出现的概率都是 p，某事件不出现的概率都是 q（等于 $1-p$），则对于某事件出现 x 次（$0, 1, 2, \cdots, n$）的概率分布为：

$$b\,(x,\ n,\ p)\ =\mathrm{C}_n^x p^x q^{n-x}$$

二项分布用符号 $b\,(x,\ n,\ p)$ 表示在 n 次试验中有 x 次成功，成功的概率为 p。式中 $x=0, 1, 2, 3, \cdots, n$ 为正整数，$\mathrm{C}_n^x=\dfrac{n!}{x!\,(n-x)!}$。二项分布概率函数中有 n 与 p 两个参数，当它们的值已知时，便可计算出分布中各概率的值。

【例 6-4】10 个硬币掷一次，或 1 个硬币掷十次。问五次正面向上的概率是多少？五次及五次以上正面向上的概率是多少？

解：根据题意，$n=10$，$p=q=\dfrac{1}{2}$，$X=5$

$$b\left(5,\ 10,\ \frac{1}{2}\right)=\mathrm{C}_{10}^5 p^5 q^{10-5}$$

$$=\frac{10!}{5!\,(10-5)!}\times\left(\frac{1}{2}\right)^5\times\left(\frac{1}{2}\right)^5$$

$$=252\times\frac{1}{32}\times\frac{1}{32}=\frac{252}{1024}\approx 0.24609$$

五次及五次以上正面向上情况有：五次、六次、七次、八次、九次、十次。所以，五次及五次以上正面向上的概率为：

$$\mathrm{C}_{10}^5 p^5 q^5+\mathrm{C}_{10}^6 p^6 q^4+\mathrm{C}_{10}^7 p^7 q^3+\mathrm{C}_{10}^8 p^8 q^2$$
$$+\mathrm{C}_{10}^9 p^9 q^1+\mathrm{C}_{10}^{10} p^{10} q^0$$

$$=\frac{252}{1024}+\frac{210}{1024}+\frac{120}{1024}+\frac{45}{1024}+\frac{10}{1024}$$

$$+\frac{1}{1024}$$

$$=\frac{638}{1024}\approx 0.62305$$

答：五次正面向上的概率为 0.24609。五次及五次以上正面向上的概率为 0.62305。

此题各项展式的系数，如果用杨辉三角形计算，可把杨辉三角形写到 $(p+q)^{10}$。读者可以比较一下五次及五次以上正面向上的各项系数是否为 252，210，120，45，10，1。

二、二项分布的性质

(一) 二项分布是离散型分布

二项分布的概率直方图是跃阶式。因为 X 为不连续变量，用概率条图表示更合适，用直方图表示只是为了更形象。

第一，当 $p=q$ 时，图形是对称的。

【例 6-5】已知 $p=q=\dfrac{1}{2}$，求 $(p+q)^6$ 的值。

解：$(p+q)^6=p^6+6p^5q^1+15p^4q^2+20p^3q^3+15p^2q^4+6p^1q^5+q^6$

$=\dfrac{1}{64}+\dfrac{6}{64}+\dfrac{15}{64}+\dfrac{20}{64}+\dfrac{15}{64}+\dfrac{6}{64}+\dfrac{1}{64}$

$=1$

上述结果可图示如下。

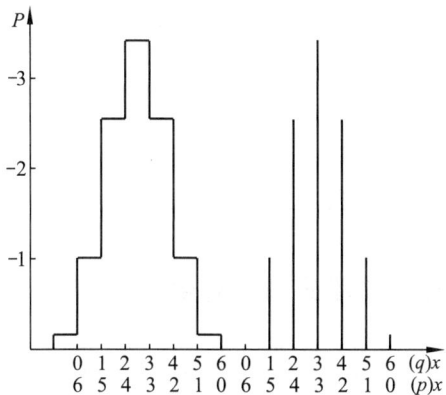

图 6-8　$(p+q)^n$ 的概率分布图

第二，当 $p\neq q$ 时，直方图呈偏态，$p<q$ 与 $p>q$ 的偏斜方向相反。如果 n 很大，即使 $p\neq q$，偏态逐渐降低，最终呈正态分布。当 $p<q$ 且 $np\geqslant5$，或 $p>q$ 且 $nq\geqslant5$，这时，二项分布就可以当作一个正态分布的近似形，二项分布的概率可用正态分布的概率作为近似值。如果 n 渐次增大，如等于 20，然后 50，逐渐加大，但分布的总宽度保持不变，直条图的梯阶逐渐缩小直到合并成为一个光滑的曲边。正态分布就是二项分布的极限，在分布中，$p=0.5$ 而 n 为无限大，这在数学上已经得到了证明。

（二）二项分布的平均数与标准差

如果二项分布满足 $p<q$，$np\geqslant5$（或 $p>q$，$nq\geqslant5$）时，二项分布接近正态分布。这时，二项分布的 X 变量（成功的次数）具有如下性质：$\mu=np$，$\sigma=\sqrt{npq}$，即 X 变量为 $\mu=np$，$\sigma=\sqrt{npq}$ 的正态分布。公式中 n 为独立试验的次数，p 为成功事件的概率，$q=1-p$。

由于 n 很大时二项分布逼近正态分布，其平均数、标准差是根据理论推导而来，故用 μ 和 σ 而不用 $\overline{X}$ 和 s 表示。它们的含义是指在二项试验中，成功次数的平均数 $\mu=np$，成功次数的离散程度 $\sigma=\sqrt{npq}$。例如，一个掷 10 枚硬币的试验，出现正面向上的平均数为 5 次（$\mu=\dfrac{1}{2}\times10=5$），正面向上的离散度为 $\sigma=\sqrt{10\times\dfrac{1}{2}\times\dfrac{1}{2}}=1.58$。这是根据理论计算的结果，在实际试验中，有的人可得 10 个正面向上，有人得 9 个，8 个，……人数越多，正面向上的平均数越接近 5，离散程度越接近 1.58。表 6-8 所列结果是 10 枚硬币投掷 1024 次，每次正面向上的次数统计结果。

表 6-8 10 枚硬币投掷 1024 次正面向上的次数统计结果

X	理论		实验			
	次数 f	概率	次数 f	频率	fX	fX^2
0	1	0.00098	1	0.00098	0	0
1	10	0.00977	15	0.01465	15	15
2	45	0.04395	50	0.04883	100	200
3	120	0.11719	118	0.11523	354	1062
4	210	0.20508	204	0.19922	816	3264
5	252	0.24609	251	0.24512	1255	6275
6	210	0.20508	208	0.20313	1248	7488
7	120	0.11719	124	0.12109	868	6076
8	45	0.04395	41	0.04004	328	2624
9	10	0.00977	11	0.01074	99	891
10	1	0.00098	1	0.00098	10	100
$\sum$	1024		1024		5093	27995
	$\mu = 5$	$\sigma = 1.58$	$\overline{X} = 4.974$		$s = 1.61$	

根据求平均数的公式 $\overline{X} = \dfrac{\sum X}{N}$，此例可写作 $\overline{X} = \dfrac{\sum fX}{N} = \dfrac{5093}{1024} = 4.974$

根据用原始分数求标准差的公式 $s = \sqrt{\dfrac{\sum X^2}{n-1} - \left(\dfrac{\sum X}{n-1}\right)^2}$，此例可写作

$$s = \sqrt{\dfrac{\sum fX^2}{n-1} - \left(\dfrac{\sum fX}{n-1}\right)^2}$$

$$= \sqrt{\dfrac{27995}{1023} - \left(\dfrac{5093}{1023}\right)^2} = 1.61$$

把计算得到的实际试验中成功次数的平均数、标准差与理论值进行比较，我们发现实际试验结果的 $\overline{X}$、s 与根据理论公式计算的 μ、σ 很接近。如果试验次数再继续增加，试验结果与理论计算值就越接近。读者可以利用本章第一节提供的计算机程序模拟这一结果。

三、二项分布的应用

二项分布在心理与教育研究中，主要用于解决含有机遇性质的问题。所谓机遇问题，是指在实验或调查中，实验结果可能是由猜测造成的。比如，选择题目的回答，选对选错，可能完全由猜测造成。凡此类问题，欲区分由猜测而造成的结果与真实的结果之间的界限，就要应用二项分布来解决。

【例 6-6】有 10 道正误题，问答题者答对几题才能被认为他是真会，或者说答对几题，才能被认为不是出于猜测因素？

解：已知猜对与猜错的概率 $p = q = \dfrac{1}{2}$ 为 0.5，$np = 5$，此二项分布接近正态分布，故：

$\mu = np = 10 \times 0.5 = 5$

$\sigma = \sqrt{npq} = \sqrt{10 \times 0.5 \times 0.5} = 1.58$

根据正态分布概率，当 $Z = 1.645$ 时，该点以下包含了全体的 95%。如果用原分数表示，则为 $\mu + 1.645\sigma = 5 + 1.645 \times 1.58 = 7.6 \approx 8$。它的意义是，完全凭猜测，10 道题中猜对 8 道题以下的可能性为 95%，猜对 8，9，10 道题的概率只有 5%。因此可以推论说，答对 8 道题以上则不是凭猜测，表明答题者真的会答。但得此结论，也仍然有犯错误的可能，即那些完全靠猜测的人也有 5% 的可能性答对 8 道题、9 道题或 10 道题。

答：做题的人答对 8 道题以上者不是凭猜测。

此题也可用二项分布函数直接计算，会得到与正态分布近似的结果。计算 $b(8, 10, 0.5) = \frac{45}{1024}$，$b(9, 10, 0.5) = \frac{10}{1024}$，$b(10, 10, 0.5) = \frac{1}{1024}$。根据概率加法，答对 8 道题及其以上的总概率为：$\frac{45}{1024} + \frac{10}{1024} + \frac{1}{1024} = \frac{56}{1024} \approx 0.0547$。

【例 6-7】有 10 道多重选择题，每题有 5 个答案，其中只有一个是正确的。问答对几道题才能被认为不是猜测的结果？

解：此题 $n = 10$，$p = \frac{1}{5} = 0.2$，$q = 0.8$，$np < 5$，故此题不接近正态分布，不能用正态分布计算概率，而应直接用二项分布函数计算猜对各题数的概率：

$b(10, 10, 0.2) = C_{10}^0 \times 0.2^{10} = 0.000000102$

$b(9, 10, 0.2) = C_{10}^1 \times 0.2^9 \times 0.8^1 = 10 \times 0.2^9 \times 0.8^1 = 0.000004096$

$b(8, 10, 0.2) = C_{10}^2 \times 0.2^8 \times 0.8^2 = 45 \times 0.2^8 \times 0.8^2 = 0.000073728$

$b(7, 10, 0.2) = C_{10}^3 \times 0.2^7 \times 0.8^3 = 120 \times 0.2^7 \times 0.8^3 = 0.000786432$

$b(6, 10, 0.2) = C_{10}^4 \times 0.2^6 \times 0.8^4 = 210 \times 0.2^6 \times 0.8^4 = 0.00550524$

$b(5, 10, 0.2) = C_{10}^5 \times 0.2^5 \times 0.8^5 = 252 \times 0.2^5 \times 0.8^5 = 0.026424115$

$b(4, 10, 0.2) = C_{10}^6 \times 0.2^4 \times 0.8^6 = 210 \times 0.2^4 \times 0.8^6 = 0.088080384$

根据以上计算的猜对各题数的概率，可用概率加法求得猜对 5 题及 5 题以上的概率为 0.03279，不足 5%。

答：答对 5 题以上者可算真会，得此结论尚有 3.3% 犯错误的可能。

若上例中题数增加到 30 题，则 $np > 5$，就可用正态分布的概率计算 $\mu = np = 30 \times 0.2 = 6$，$\sigma = \sqrt{npq} = \sqrt{30 \times 0.2 \times 0.8} = 2.191$，因此 $X = \mu + 1.645 \cdot \sigma = 6 + 1.645 \times 2.191 = 9.6$。因此可下结论说：答对 10 题或 10 题以上，才能被认为是真会。得此结论犯错误的概率为 5%。

如果想使推论犯错误的概率降为 1%，则根据正态分布可求得此时的 $Z = 2.33$，使用相同的计算方法，只要将 2.33 代替前面各个例子中的 1.645，即可求得临界的分数（或必要答对的题数）。

第四节 抽样分布

抽样分布指样本统计量的分布，它是统计推论的重要依据。在科学研究中，我们一般是通过一个样本进行分析，只有知道了样本统计量的分布规律，才能依据样本对总体进行推论，也才能确定推论正确或错误的概率是多少。常用的抽样分布有平均数及方差的分布。

在谈及样本统计量的分布时，首先要保证各个样本是独立的，各个样本都服从同样的分布。为了保证这一点，取样方法应该用随机抽样的方法。

一、正态分布及渐近正态分布

这是指样本统计量为正态分布或接近正态分布的两种情况，凡符合这两种情况的分布，都可根据正态分布的概率进行统计推论。以平均数为例，有下述情形。

（一）样本平均数的分布

1. **总体分布为正态，方差（σ^2）已知，样本平均数的分布为正态分布**

所谓平均数的分布是指从基本随机变量为正态分布的总体（又称母总体）中，采用有放回随机抽样方法，每次从这个总体中抽取大小为 n 的一个样本，计算出它的平均数 $\overline{X}_1$，然后将这些个体放回总体去。再次取 n 个个体，又可计算出一个 $\overline{X}_2$，再将 n 个个体放回去，再抽取 n 个个体，这样如此反复，可计算出无限多个 $\overline{X}$，这无限多个平均数的分布是属于什么样的分布呢？理论及试验都可证明，这无限多个平均数的分布为正态分布。设母总体的参数为 μ（平均数），σ^2（方差），那么，样本平均数分布的平均数与方差（或标准差）与母总体的平均数与方差（或标准差）有如下关系：

$$\mu_{\overline{X}} = \mu$$

$$\sigma_{\overline{X}}^2 = \frac{\sigma^2}{n} \qquad \text{（公式 6-5a）}$$

$$\sigma_{\overline{X}} = \frac{\sigma}{\sqrt{n}} \qquad \text{（公式 6-5b）}$$

式中：$\mu_{\overline{X}}$ 为平均数的平均数；

$\sigma_{\overline{X}}^2$ 为平均数分布的方差，常被称为变异误；

$\sigma_{\overline{X}}$ 为平均数分布的标准差，为了与母体的标准差相区别，一般 $\sigma_{\overline{X}}$ 被称为标准误（standard error），或平均数的标准误，有时也用 SE 表示。

由上可知，样本平均数的平均数与母总体的平均数相同，样本平均数的标准误与母总体的标准差成正比，而与样本容量 n 成反比。样本容量越大，标准误就越小。

如果横坐标都用总体随机变量的测量单位表示，则总体正态分布低阔，而样本平均数的分布高狭，高狭的程度与样本大小有关，如图 6-9 所示。

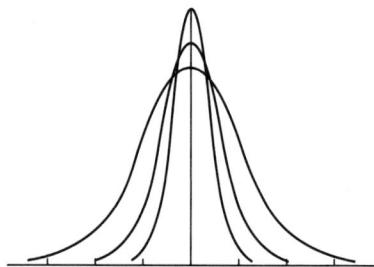

图 6-9　母总体与样本平均数分布的比较

但不论母总体的分布还是样本平均数的分布，都可通过求标准分数，将各自的正态分布形式转换成相同的标准正态分布。样本平均数的标准分数，可写作：

$$Z = \frac{\overline{X}_i - \mu}{\sigma_{\overline{X}}} \qquad \text{（公式 6-6）}$$

2. 总体分布非正态，但 σ^2 已知，这时当样本足够大时（$n > 30$），其样本平均数的分布为渐近正态分布

接近正态分布的程度与样本 n 及总体偏斜程度有关。样本 n 越大，接近得就越好；总体偏态越小，接近的程度越好。当偏斜较大时，n 越大，才会越接近正态分布。这是中心极限定理内容之一，在概率论中早已有证明。中心极限定理指出，如果样本量足够大，则样本平均数的抽样分布将近似于正态分布，而与该量在总体中的分布无关。其样本分布的平均数与标准差，与总体的 μ 及 σ 之间，也有下述关系：

$$\mu_{\overline{X}} = \mu$$

$$\sigma_{\overline{X}} = \frac{\sigma}{\sqrt{n}}$$

（二）方差及标准差的分布

依随机取样的原则，自正态分布的总体中抽取容量为 n 的样本，当 n 足够大时（$n > 30$），样本方差及标准差的分布渐趋于正态分布，这时，其分布的平均数与标准差与母总体的 σ^2 和 σ 的关系，可近似地表示如下：

$$\overline{X}_S = \sigma \qquad \overline{X}_{S^2} = \sigma^2$$

$$\sigma_S = \frac{\sigma}{\sqrt{2n}} \qquad \text{（公式 6-7）}$$

$$\sigma_S^2 = \frac{\sigma^2}{2n} \qquad \text{（公式 6-8）}$$

样本的方差及标准差的分布渐近正态分布，又能近似地求得标准差分布的平均数（$\overline{X}_S$）、方差分布的平均数（$\overline{X}_{S^2}$）及其标准误（σ_S），这样，便可查正态表，确定其分布的概率。因为这个公式要求 n 非常大，一般难以保证，故标准差及方差的统计推论，较少用到渐近分布，而用其精确分布（χ^2 分布）。

除以上所说的几种统计量的分布为正态分布或渐近正态分布外，还有多种统计量的分布也为正态分布或渐近正态分布，如两样本平均数之差的分布（χ^2 已知）、相关系数的分布、比率的分布等，我们将在后面有关章节介绍。

当知道了某些样本统计量为正态分布或渐近正态分布以后，我们便可根据正态分布表求概率。例如，根据正态分布的概率可知，样本平均数中有 95% 落在 $\mu \pm 1.96\sigma_{\overline{X}}$ 之间，有 99% 的样本平均落在 $\mu \pm 2.58\sigma_{\overline{X}}$ 之间。当 n 满足非常大的条件，样本方差与标准差也依同样的规律散布，即有 95% 的样本标准差落在 $\sigma \pm 1.96\sigma_S$ 之间，有 95% 的样本方差落在 $\sigma^2 \pm 1.96\sigma_{S^2}^2$ 之间，等等。

二、t 分布

t 分布（t-distribution）是统计分析中应用较多的一种随机变量函数的分布，是统计学者高赛特 1908 年在以笔名"Student"发表的一篇论文中推导的一种分布。因此，这种分布有时也叫学生氏分

布（Student's distribution），这种分布是一种左右对称、峰态比较高狭，分布形状随样本容量 $n-1$ 的变化而变化的一族分布。

$$t = \frac{\overline{X} - \mu}{s\ /\sqrt{n}} \qquad \text{（公式 6-9）}$$

$$s = \sqrt{\frac{\sum x^2}{n-1}} \qquad \text{（公式 6-10）}$$

t 分布与 σ 无关而与 $n-1$（自由度）有关，t 分布的自由度用符号 ν（小写希腊字母，读作 nu）或 df 表示，一般为 $n-1$，即样本容量减 1。自由度（degrees of freedom）是指任何变量中可以自由变化的变量的数目，是 t 分布密度函数中的参数 ν，它代表 t 分布中独立的随机变量的数目，故称自由度。

（一）t 分布的特点

第一，平均值为 0。

第二，以平均值 0 左右对称地分布，左侧 t 为负值，右侧 t 为正值。

第三，变量取值在 $-\infty \sim +\infty$。

第四，当样本容量趋于 ∞ 时，t 分布为正态分布，方差为 1；当 $n-1 > 30$ 时，t 分布接近正态分布，方差大于 1，随 $n-1$ 的增大方差渐趋于 1；当 $n-1 < 30$ 时，t 分布与正态分布相差较大，随 $n-1$ 减少，离散程度（方差）越大，分布图的中间变低但尾部变高，如图 6-10 所示。

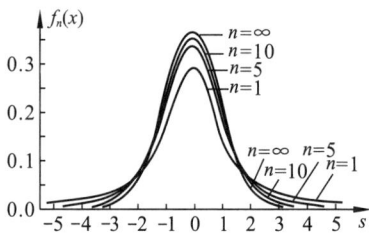

图 6-10 t 分布密度曲线图

（二）t 分布表的使用

t 分布表不同于正态分布表。附表 2 是常用的 t 分布表。t 分布表由三方面的数值构成，即 t 值、自由度和显著性水平。表的左列为自由度，表的最上一行是不同自由度下 t 分布两尾端的概率，即 p 值。它是指某一 t 值时，t 分布两尾部概率之和，即双侧界限。表的最下一行是单侧界限，即从 t 值以下 t 分布一侧尾部的概率值。双侧概率通常写作 $t_{\alpha/2}$，单侧概率写作 t_α。表内的数值是与不同的 p 值和 df 值相对应的 t 值，是根据 t 分布函数计算得到的，它随 df 及概率不同而变化。例如，$df = 20$，双侧概率为 0.05 时，t 值为 2.086，记为 $t_{0.05/2} = 2.086$，意思是 t 值小于 -2.086 以下的概率与 t 值大于 2.086 以上的概率之和为 0.05，即两尾端的面积和与总面积之比率为 0.05，见图 6-11。上例的单侧概率就记为 $t_{0.025} = 2.086$。同样的自由度，若概率为 0.01 时，双侧概率为 $t_{0.01/2} = 2.845$，单侧概率就记为 $t_{0.01} = 2.528$。若自由度为 30 时，$t_{0.01/2} = 2.750$，虽然与自由度为 20 时相差很小，但说明 t 值是随自由度的变化而变化的。

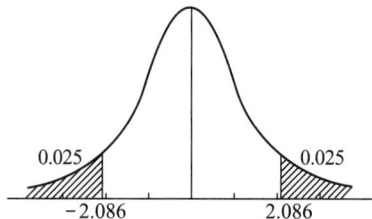

图 6-11 $df = 20$ 时 t 分布的双侧概率

粗略观察一下 t 表，我们发现在自由度确定的情况下，t 值越大，p 值就越小。

通常使用这个表有两种情况：一种是已知自由度和概率值查 t 值，另一种是已知自由度和 t 值查相应的概率值。有时所查 t 值，不一定恰恰与某概率的 t 值相等，这时可取近似的概率值，或用直线内插法计算其精确值。

从 t 值表可查得自由度 $df=30$ 的情况下，在 0.05 概率时，$t=2.042$，而正态表相同概率时 $Z=1.96$，二者相差甚微，当 $df \to \infty$ 时，t 值表所列不同概率下的 t 值与正态表相应概率下的 Z 值完全相同。故可知当 $n \to \infty$ 时，t 分布的极限为正态分布。

当正态分布的总体方差未知时，如果以样本的方差 s^2 作为总体 σ^2 的估计值，这样，每取一个样本，便可计算一个 s^2 和 s，当样本容量小于 30 时，样本方差及标准差的分布不是正态分布，而是偏态分布，而 $s_{\bar{X}} = \dfrac{s}{\sqrt{n}}$ 也是偏态分布，那么，此时每个样本的统计量，如样本平均数的分布是什么呢？

（三）样本平均数的分布

1. 总体分布为正态，方差（σ^2）未知时，样本平均数的分布为 t 分布

从一个正态分布的总体中，每次抽取容量为 n 的样本，计算平均值，由于总体方差未知，这时，样本平均数的分布不是正态分布而是 t 分布，t 分布的形式随样本容量 n 的变化而变化。无限多个样本平均数的平均数就是总体平均数 μ，而平均数分布的标准差（也称标准误）与样本本身

的标准差的数学表达式有如下关系：

$$s_{\bar{X}} = \frac{s}{\sqrt{n}} \qquad \text{（公式 6-11）}$$

$s = \sqrt{\dfrac{\sum x^2}{n-1}}$，因为每个样本的标准差不同，故样本平均数分布的标准误也不同，$s_{\bar{X}}$ 只是 $\sigma_{\bar{X}}$ 的估计值，亦可写作 $\sigma_{\bar{X}}$。

总体分布为正态而总体方差未知这种情况，在心理和教育的研究中出现较多，因而 t 分布的应用也比较多。

2. 当总体分布为非正态而其方差又未知时，若满足 $n>30$ 这一条件，样本平均数的分布近似为 t 分布

据前述，当分布的自由度为 30 时，t 分布与正态分布十分接近，故此时样本平均数的分布可视为渐近正态分布。这就是说，当 $n>30$ 时，应用正态表计算概率（近似值）或应用 t 分布表计算概率（较精确值）都可以。因为总体方差未知，其标准误的计算，可用样本方差作为总体方差的估计值，见公式 6-11。

除样本平均数的分布在一定条件下遵从 t 分布外，σ 未知时两样本平均数之差的分布、样本相关系数的分布、回归系数的分布在一定条件下也遵从 t 分布。

三、χ^2 分布

χ^2（χ 为希腊小写字母，读音为 chi，χ^2 读作卡方）分布是统计分析中应用较多的一种抽样分布。它是刻画正态变量二次型的一种重要分布。

从一个服从正态分布的总体中，每次

随机抽取随机变量 X_1，X_2，…，X_n，分别将其平方，即可得到 X_1^2，X_2^2，…，X_n^2，这样可抽取无限多个数量为 n 的随机变量 X 及 X^2，可求得无限多个 $\sum\limits_{i=1}^{n} X_i^2$（$n$ 个随机变量的平方和），也可计算其标准分数 $Z = \dfrac{X_i - \mu}{\sigma}$ 及其平方 $Z^2 = \left(\dfrac{X_i - \mu}{\sigma}\right)^2$ 及 n 个标准分数平方和 $\sum\limits_{i=1}^{n} Z_i^2 = \dfrac{\sum (X_i - \mu)^2}{\sigma^2}$，那么，这无限多个随机变量平方和或标准分数的平方和的分布，即为 χ^2 分布。χ^2 公式可写作：

$$\chi^2 = \frac{\sum (X_i - \mu)^2}{\sigma^2} \quad 或 \quad \chi^2 = \frac{\sum x_i^2}{\sigma^2}$$

（公式 6-12）

这时 χ^2 分布的自由度为 n。如果正态总体的平均数未知，若用样本平均数 $\overline{X}$ 作为 μ 的估计值，则

$$\chi^2 = \frac{\sum (X_i - \overline{X})^2}{\sigma^2} = \frac{(n-1)s^2}{\sigma^2}$$

（公式 6-13）

此时 χ^2 分布的自由度为 $df = n - 1$。

（一）χ^2 分布的特点

第一，χ^2 分布是一个正偏态分布。随每次所抽取的随机变量 X 的个数（n 的大小）不同，其分布曲线的形状不同。n 或 $n-1$ 越小，分布越偏斜。df 很大时，接近正态分布。当 $df \to \infty$ 时，χ^2 分布即为正态分布。可见 χ^2 分布是一族分布，正态分布是其中一特例，如图 6-12 所示。

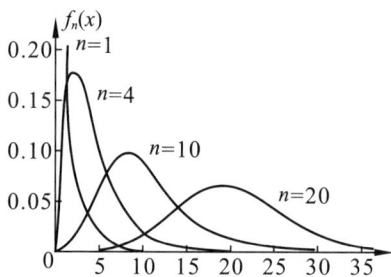

图 6-12　χ^2 分布密度曲线

第二，χ^2 值都是正值。

第三，χ^2 分布的和也是 χ^2 分布，即 χ^2 分布具有可加性。$\sum \chi^2$ 是一个遵从 $df = df_1 + df_2 + \cdots + df_k$ 的 χ^2 分布。

第四，如果 $df > 2$，这时 χ^2 分布的平均数 $\mu_{\chi^2} = df$，方差 $\sigma_{\chi^2}^2 = 2df$。

第五，χ^2 分布是连续型分布，但有些离散型的分布也近似 χ^2 分布。

（二）χ^2 分布表

χ^2 分布表是根据 χ^2 分布函数计算出来的，χ^2 分布曲线下的面积都是 1。但随着自由度不同，同一 χ^2 值以下或以上所含面积与总面积之比率不同。故一般 χ^2 表，要列出自由度及某一 χ^2 值以上 χ^2 分布曲线下的概率。在附表 12 中，表的左列为自由度，最上一行是概率值，即自由度不同时，某 χ^2 值以上的概率，表中间所列数值为不同自由度及概率下的 χ^2 值。

例如，$df = 1$ 时，在 $\chi^2 = 0.00004$ 以上的概率为 0.995，其以下的概率为 $1 - 0.995 = 0.005$；在 $\chi^2 = 0.455$ 以上或以下的概率各为 0.5，在 $\chi^2 = 7.88$ 以上的概率为 0.005，在其以下的概率为 $1 - 0.005$

=0.995。它的意思是从一个正态分布的总体，每次随机抽取 1 个随机变量（μ 已知）或两个随机变量（μ 未知），计算其 $Z^2=\dfrac{(X-\mu)^2}{\sigma^2}$ 或 $\sum Z^2=\dfrac{\sum(X-\overline{X})^2}{\sigma^2}$，这无限多个 Z^2 的分布为 χ^2 分布，其 χ^2 值（即 Z^2 值或 $\sum Z^2$）有 99.5% 的可能（或 99.5% 的样本）比 0.00004 大，同时有 0.5% 的可能比 0.00004 小。同理有 50% 的可能 χ^2 值比 0.455 大或小，有 0.5% 的可能 χ^2 值比 7.88 大，有 99.5% 的可能 χ^2 值比 7.88 小。当 $df=20$ 时，$\chi^2=10.9$，其值以上的概率为 0.95，有时写作 $\chi^2_{0.95}=10.9$。同理 $\chi^2_{0.50}=19.3$，$\chi^2_{0.05}=31.4$，$\chi^2_{0.005}=40.0$，这些值都是从附表 12 中查 $df=20$ 得到的。有时，要查的 χ^2 值不一定恰恰与表中所列的某概率下的 χ^2 值相等，这时确定其概率，可取邻近值的某一概率，其准确取值可用内插法计算。

χ^2 分布在统计分析中应用于计数数据的假设检验，以及样本方差与总体方差差异是否显著的检验等。

四、F 分布

F 分布是统计分析中常用的一种样本分布。设有两个正态分布的总体，其平均数与方差分别为：μ_1、σ_1^2 及 μ_2、σ_2^2，从这两个总体中分别随机抽取容量为 n_1 及 n_2 的样本，每个样本都可计算出 χ^2 值，这样可得到无限多个 χ_1^2 与 χ_2^2，每个 χ^2 随机变量各除以对应的自由度 df_1 与 df_2

（$df_1=n_1$ 或 n_1-1，$df_2=n_2$ 或 n_2-1），被称为 F 比率，这无限多个 F 的分布被称作 F 分布。

$$F=\frac{\chi_1^2/df_1}{\chi_2^2/df_2} \quad \text{（公式 6-14）}$$

因为 $\chi^2=\dfrac{\sum(X_i-\overline{X})^2}{\sigma^2}=\dfrac{(n-1)s^2}{\sigma^2}$，代入公式 6-14，得

$$F=\frac{(n_1-1)\ s_1^2/\sigma_1^2\ (n_1-1)}{(n_2-1)\ s_2^2/\sigma_2^2\ (n_2-1)}$$

$$=\frac{s_1^2/\sigma_1^2}{s_2^2/\sigma_2^2}$$

据上式可理解 F 比率为样本方差各除以其总体方差的比率。如果令 $\sigma_1^2=\sigma_2^2$，即从一个总体中抽样，其 F 比率可写作：

$$F=\frac{s_1^2}{s_2^2} \quad \text{（公式 6-15）}$$

这就是说，自一个正态总体中随机抽取容量为 n_1 及 n_2 两样本，其方差的比率分布为 F 分布，分子的自由度为 n_1-1，分母的自由度为 n_2-1。

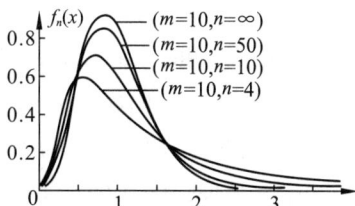

图 6-13 F 分布密度曲线

知道了同一总体不同样本的方差比率分布，即可分析任意两样本方差是否取自同一总体了。可见，F 分布在统计分析中是很有用的一种样本分布。F 分布曲线如图 6-13 所示。

（一）F 分布的特点

第一，F 分布形态是一个正偏态分布，它的分布曲线随分子、分母的自由度不同而不同，随 df_1 与 df_2 的增加而渐趋正态分布。

第二，F 总为正值，因为 F 为两个方差之比率。

第三，当分子的自由度为 1，分母的自由度为任意值时，F 值与分母自由度相同概率的 t 值（双侧概率）的平方相等。例如，分子自由度为 1 时，分母自由度为 20，$F_{0.05(1,20)} = 4.35$，$F_{0.01(1,20)} = 8.10$，查 t 值表 $df = 20$ 时，$t_{0.05} = 2.086$，$(t_{0.05})^2 = 4.35$，$t_{0.01} = 2.845$，$(t_{0.01})^2 = 8.10$。这一点可以说明当组间自由度为 1 时（分子的自由度为 1）F 检验与 t 检验的结果相同。

（二）F 分布表

F 分布表是根据 F 分布函数计算得来。本书附表 3 和附表 4 均为 F 分布表。F 分布表列出最常用的 0.95、0.99（某 F 值左侧 F 分布曲线下的概率）或 α 为 0.05、0.01（某 F 值右侧 F 分布曲线的概率，分别为 1−0.95，1−0.99）。

现以附表 4 为例说明其使用方法：该表左一列为分母的自由度，从 1～30 比较详细，30 以后只列出间隔较大的一部分自由度。表的左二列为 α 概率，0.05 与 0.01，即 F 曲线下某 F 值之右侧的概率。表的最上行为分子的自由度，其值与分母自由度的值相似。表中其他各行各列的数

值为 0.05 与 0.01 概率时，不同分子、分母自由度 F 分布的值。例如，$df_1 = 2$，$df_2 = 9$（df_1 为分子自由度，df_2 为分母自由度），查 F 值表第二栏第九行得到两个数字 4.26 和 8.02。4.26 对应的 $α = 0.05$，8.02 对应的 $α = 0.01$，意即在分子自由度为 2，分母自由度为 9 的 F 分布曲线下，F 值为 4.26 时，该 F 值右侧的概率为 0.05，F 值为 8.02 时其右侧的概率为 0.01。我们还可进一步理解为，取自同一个正态总体的两个样本 n_1、n_2 之方差的比值 F，只有 5% 的样本可能比 4.26 大，只有 1% 的样本可能比 8.02 大，以此类推。上述 4.26 常写作 $F_{0.05(2,9)} = 4.26$，$F_{0.05(2,9)}$ 的下标 0.05 为 α 概率，下标括号中的（2，9）为分子的自由度与分母的自由度。同理，上述 8.02 可写作 $F_{0.01(2,9)} = 8.02$。例如，$F_{0.05(10,10)} = 2.97$，$F_{0.01(10,10)} = 4.85$，即分子的自由度为 10，分母的自由度也为 10，$α = 0.05$ 时，$F = 2.97$；$α = 0.01$ 时，$F = 4.85$。查 F 表，分子自由度为 10 这一列与分母自由度为 10 这一行相交处，查得两个数值。再查 2.97 这一行所对应的 α 为 0.05，4.85 所对应的 α 为 0.01。在表的左一列是分母自由度，从 10 以后间隔列出；左二列为 α 概率，F 曲线下某 F 值右侧的概率；最上行为分子自由度。其他各行各列为不同分子、分母自由度时 F 分布的值。书写的方式如下：$F_{0.05(2,9)} = 4.26$，F 值下标 0.05 表示的是 α 概率，小括号中的值为分子、分母的自由度。

小　结

　　本章主要介绍和讨论了概率及各种概率分布的类型。

　　1. 在统计中，我们将随机试验中可能出现或可能不出现的事件称为随机事件。表示随机事件发生可能性大小的数值被称为随机事件的概率。按不同情况，概率有不同的解释，概率有先验概率、后验概率和主观概率等定义。概率可以做代数运算，概率的加法原则和乘法原则可以帮助人们用简单概率获得复杂事件的概率。

　　2. 随机变量所有可能的取值及其相应的概率被称为概率分布。随机变量的概率分布可分为离散型和连续型两类。概率分布描述了随机变量的整体规律性，即随机变量在每个取值或某一区间的平均水平。

　　3. 正态分布是统计学中应用最广泛、极为重要的连续性分布。标准正态曲线的基本形态为中间高、两边低、左右对称的钟形。正态分布 N（0，1）被称为标准正态分布，它的平均值是 0，标准差是 1。任何其他正态分布，经过标准化处理转变为标准正态分布之后，可查正态分布表求得随机变量任一取值范围的概率。使用正态分布理论可以解决测验中的许多实际问题。

　　4. 二项分布是指试验中仅有两种不同性质结果的概率分布，它是非常重要的一种离散型分布。二项分布只有在样本数量很少时使用才比较方便。在心理与教育研究中，二项分项主要用于解决像猜测等含有机遇性质的问题。

　　5. 心理与教育研究大都属于抽样研究。除了标准正态 Z 分布外，几种常见的抽样分布包括 χ^2 分布、t 分布、F 分布等。这几种分布是最常用的统计分布类型，有着重要的价值。

进一步阅读资料

　　1. 埃维森（G. R. Iversen），格根（M. Gergen）. 统计学：基本概念和方法. 吴喜之，程博，柳林旭，等译. 北京：高等教育出版社，海德堡：施普林格出版社，2000：113～146.

　　2. 艾伦（A. Aron），艾伦（E. N. Aron），库普思（E. Coups）. 心理统计（第 4 版）（影印版）. 北京：世界图书出版公司北京公司，2006：80～105.

　　3. 鲁尼恩（R. P. Runyon），科尔曼（K. A. Coleman），皮滕杰（D. J. Pittenger）. 心理统计（第 9 版）（英文版）. 北京：人民邮电出版社，2004：233～273，115～134.

　　4. 帕加诺（R. R. Pagano）. 行为科学中的统计学入门（第 6 版）（影印版）. 北京：中国统计出版社，2002：155～209，82～99.

　　5. 朱建中，邵建利. 统计应用软件——EXCEL 和 SAS. 上海：上海财经大学出版社，

2002：33～49.

计算机统计技巧提示

在 Excel 中，与概率分布计算有关的函数有：NORMDIST 函数（正态分布函数值）、NORMSDIST 函数（标准正态累积分布函数）、BINOMDIST 函数（二项分布函数）、TDIST 函数（t 分布函数）、FDIST 函数（F 分布函数）。另外，利用这些函数运算结果可以代替有关的统计临界值表。结合 Excel 绘图中的"折线图"功能，运用这些函数也可以绘制各种分布曲线图。

在 SPSS 中，有 11 类共 130 多种函数，用这些函数可以进行数据转换，也可以计算简单的统计量。单击菜单"Transform"→"Compute …"，打开一个 Compute variable 窗口，在 Functions 下面有许多函数可供选择使用。与本章内容有关的函数有：正态累加概率函数（CDF. NORMAL）、标准化正态累加概率函数（CDF. NORM）、二项式累加概率函数（CDF. BINOM）、卡方累加概率函数（CDF. CHISQ）、F 累加概率函数（CDF. F）、t 累加概率函数（CDF. T）。随机变量函数有：正态随机变量函数（NORMAL 或者 RV. NORMAL）、二项式随机变量函数（RV. BINOM）、χ^2 随机变量函数（RV. CHISQ）、F 随机变量函数（RV. F）、t 随机变量函数（RV. T）。

在线资源

登录网站 https：//www. analyzemath. com /statistics /graph_normal. html，输入标准差和平均数的值后，绘制正态分布曲线图。

https：//www. mathsisfun. com /data /quincunx. html，网站上有一个模拟 Galton 板，也称为梅花桩（quincunx），能够动态演示二项分布的形成。另一个能够动态演示二项分布的网址为：http：//www. fourmilab. ch /rpkp /experiments /pipeorgan /。

什么是统计学中的正态分布？可参见：https：//www. simplypsychology. org /normal-distribution. html。正态分布动态演示实验网址为：http：//www. fourmilab. ch /rpkp /experiments /bellcurve /。

思考与练习题

1. 试述概率的定义及概率的性质。

2. 概率分布的类型有哪些？简述心理与教育统计中常用的概率分布及其特点。

3. 何谓样本平均数的分布?

4. 从 $N=100$ 的学生中随机抽样,已知男生人数为 35,问每次抽取 1 人,抽得男生的概率是多少?

5. 两个骰子掷一次,出现两个相同点数的概率是多少?

6. 从 30 个白球 20 个黑球共 50 个球中随机抽取两次 (放回抽样),问抽一个黑球与一个白球的概率是多少? 两次都是白球与两次都是黑球的概率各是多少?

7. 从一副洗好的纸牌中每次抽取一张。抽取下列纸牌的概率是什么?

   (1) 一张 K

   (2) 一张梅花

   (3) 一张红桃

   (4) 一张黑心

   (5) 一张不是 J、Q、K 牌的黑桃

8. 掷四个硬币时,出现以下情况的概率是多少?

   (1) 两个正面两个反面

   (2) 四个正面

   (3) 三个反面

   (4) 四个正面或三个反面

   (5) 连续掷两次无一正面

9. 在特异功能实验中,五种符号不同的卡片在 25 张卡片中各重复五次。每次实验自 25 张卡片中抽取一张,记下符号,将卡片送回。共抽 25 次,每次正确的概率是 $\dfrac{1}{5}$。写出实验中的二项式。问这个二项分布的平均数和标准差各等于多少?

10. 查正态表求下列值。

   (1) $Z=1.5$ 以上的概率

   (2) $Z=-1.5$ 以下的概率

   (3) $Z=\pm1.5$ 的概率

   (4) $p=0.78$ $Z=?$ $Y=?$

   (5) $p=0.23$ $Z=?$ $Y=?$

   (6) Z 为 1.85 至 2.10 的概率?

11. 在单位正态分布中,找出有下列个案百分数的标准测量 Z 的分值。

   (1) 85   (2) 55   (3) 35   (4) 42.3   (5) 9.4

12. 在单位正态分布中,找出有下列个案百分数的标准测量的 Z 值。

   (1) 0.14   (2) 0.62   (3) 0.375   (4) 0.418   (5) 0.729

13. 今有1000人通过一数学能力测验，欲评6个等级，问各等级评定人数应是多少？

14. 将下面的次数分布表正态化，求正态化 T 分数。

分组	f
$55\sim$	2
$50\sim$	2
$45\sim$	6
$40\sim$	8
$35\sim$	12
$30\sim$	14
$25\sim$	24
$20\sim$	12
$15\sim$	16
$10\sim$	4
合计	100

15. 在掷骰子游戏中，一个骰子掷6次，问3次及3次以上6点的概率各是多少？

16. 今有四择一选择测验100道题，问答对多少题才能说是真的会答而不是猜测？

17. 一张考卷中有15道多重选择题，每题有4个可能的回答，其中至少有一个是正确答案。一名考生随机回答，求（1）答对5至10道题的概率；（2）答对的平均题数是多少？

18. E字形视标检查儿童的视敏度，每种视力值（1.0，1.5）有4个方向的E字各两个（共8个），问：说对几个才能说真看清了而不是猜对的？

19. 一名学生毫无准备参加一项测验，其中有20道是非题，他纯粹是随机地选择"是"或"非"，试计算：（1）该学生答对5题的概率；（2）该学生至少答对8道题的概率。

20. 设某城市大学录取率是40%，求20个参加高考的中学生中至少有10人被录取的概率。

21. 查 t 值表

　　（1）$df=25$　　$t_{0.05}=?$　　　$t_{0.01}=?$（双侧）

　　（2）$df=40$　　$t_{0.05}=?$　　　$t_{0.01}=?$（双侧）

　　（3）$df=28$　　$t_{0.025}=?$　　$t_{0.005}=?$（单侧）

22. 查 χ^2 表

　　（1）$df=30$　　$\chi^2_{0.05}=?$　　$\chi^2_{0.01}=?$

　　（2）$df=20$　　$\chi^2_{0.995}=?$　　$\chi^2_{0.95}=?$

23. 查 F 表

    (1) $df_1 = 20$ $df_2 = 25$ $F_{0.05} = ?$ $F_{0.01} = ?$

    (2) $df_1 = 40$ $df_2 = 5$ $F_{0.05} = ?$ $F_{0.01} = ?$

24. 已知一正态总体 $\mu = 10$，$\sigma = 2$。今随机取 $n = 9$ 的样本，$\overline{X} = 12$，求 Z 值，及大于该 Z 的概率是多少？

25. 从方差未知的正态总体（$\mu = 50$）中抽取 $n = 10$ 的样本，算得平均数 $\overline{X} = 53$，$s = 6$，问大于该平均数的概率？

26. 已知 $\chi^2 = 12$，$df = 7$，问该 χ^2 以上及以下的概率是多少？

27. 已知从 $\sigma^2 = 10$ 正态总体中，抽取样本 $n = 15$ 计算的样本方差 $s^2 = 12$，问其 χ^2 是多少？并求小于该 χ^2 值概率是多少？

28. 从 $\sigma^2 = 25$ 的正态总体中，随机抽取 $n = 10$ 的样本为：10，20，17，19，25，24，22，31，26，26，求其 χ^2 值，并求大于该值的概率。

29. 若上题 $\mu = 23$ 已知，其 χ^2 又是多少，大于该值的概率又是多少？

30. 已知从一正态总体中抽取两样本 $n_1 = 15$，$s_1^2 = 20$；$n_2 = 16$，$s_2^2 = 17$，问两样本方差比是否小于 $F_{0.05}$？

第七章
参数估计

【教学目标】 了解参数估计的类型，理解参数估计的意义与原理，掌握点估计与区间估计的方法。

【学习重点】 点估计、区间估计的原理，总体平均数估计的步骤与方法，其他总体参数估计的具体步骤与方法。

总体参数的估计和假设检验这两大类问题是推论统计的主要内容。本章主要讨论总体参数估计的问题，假设检验将在下一章中讲述。

当在研究中从样本获得一组数据后，如何通过这组信息对总体特征进行估计，也就是如何从局部结果推论总体的情况，被称为总体参数估计。总体参数估计问题可分为点估计与区间估计。一般情况下，总体参数大都未知，要对它进行估计就需要依据前章所述的样本分布理论进行推论。对参数模型下的估计被称为参数估计，对非参数模型下的估计被称为非参数估计。参数估计与非参数估计的理论与方法既有区别又有联系。本章重点讲述有关参数估计的问题。

第一节 点估计、区间估计与标准误

参数估计分为点估计和区间估计。

一、点估计的定义

点估计（point estimation）是用样本统计量来估计总体参数，因为样本统计量为数轴上的某一点值，估计的结果也以一个点的数值表示，所以称为点估计。例如，用样本平均数 $\overline{X}$ 估计总体平均数 μ，用样本方差估计总体方差 σ^2，用样本相关系数估计总体相关系数 ρ。当已知一个样本的观测值时，就可得到总体参数的估计值。点估计的优点在于它能够提供总体参数的估计值。

二、良好估计量的标准

对于一个未知参数，人们可以构造多个估计量去估计它。例如，估计总体平均数，可以用样本平均数，也可以用样本中位数、众数等。另外，用样本统计量作为总体参数的估计值，总是有一定的偏差，因此就产生了一个评价估计量好坏的问题。一个好的估计量应具备如下一些特性。

1. 无偏性

用统计量估计总体参数一定会有误差，不可能恰恰相同。因此，好的估计量应该是一个无偏估计量（unbiased estimate），即用多个样本的统计量作为总体参数的估计值，其偏差的平均数为 0。如果用某个

统计量估计总体参数，误差平均数大于 0 或小于 0，这个统计量就是有偏的估计量。一个优秀的总体参数的估计值，应该具备无偏性。这是判断一个估计量在理论上和应用上是否合理的一个重要准则。

例如，用样本平均数作为总体平均数 μ 的估计值，就具有无偏性。因为无限多个样本 $\overline{X}$ 与 μ 的偏差之和为零。$\overline{X}$ 是 μ 的无偏估计，样本方差 s^2 就是 σ^2 的一个无偏估计值。σ^2 的无偏估计量是 $\frac{\sum x^2}{n-1}$，即把样本方差 s^2 作为总体方差 σ^2 的无编估计量。它是一个无偏样本方差（unbiased sample variance，$n-1$）。这很有实际意义，当总体方差未知时，用样本统计量去估计它，就应该用 $(n-1)$ 去除离均差的平方和。

2. 有效性

当总体参数的无偏估计不止一个统计量时，无偏估计变异小者有效性高，变异大者有效性低，即方差越小越好（minimum variance）。例如，作为 μ 的估计值 M_o、M_d、$\overline{X}$ 等都是无偏估计，但是只有 $\overline{X}$ 的变异最小，即 $\overline{X}$ 的方差最小，故样本平均数这一统计量作为总体参数 μ 的估计值是最有效的，由此也可明白为什么在统计分析时，M_o、M_d 不常应用。

3. 一致性

当样本容量无限增大时，估计值应能够越来越接近它所估计的总体参数，估计值越来越精确，逐渐趋近于真值，即当 $N \rightarrow \infty$ 时，$\overline{X} \rightarrow \mu$，$s^2 \rightarrow \sigma^2$。估计值的一致性是在大样本情况下提出的一种要求，而

对于小样本，它不能作为评价估计量好坏的标准。

4. 充分性

充分性指一个容量为 n 的样本统计量，是否充分地反映了全部 n 个数据所反映的总体信息。例如，$\overline{X}$ 就能反映所有数据所代表的总体信息，故 $\overline{X}$ 的充分性高，而 M_o、M_d 只反映了部分数据所反映的总体信息，故它们的充分性低，同样 s_{n-1}^2 比 AD（平均差），也比 Q（四分位差）更具有充分性。

一个好的点估计量应能满足上述四个条件。但无论如何，点估计总是以误差的存在为前提，但又不能提供正确估计的概率，因而点估计有不足之处。例如，我们只能从大体上知道，当样本容量比较大时，多数的 $\overline{X}$ 靠近 μ，但大到什么程度，"多数"和"靠近"到什么程度，还是不清楚。这是由于点估计是用估计量的一个具体的数值作为待估参数的估计值，由于估计量是一个随机变量，所以点估计以随机变量中的某一个值来做估计，很显然会产生一定的误差。若误差较小，这个点估计值还是一个好的估计值，若误差较大，这个点估计便失去了意义，而区间估计在一定意义上弥补了点估计的不足之处。

三、区间估计与标准误

（一）区间估计的定义

区间估计（interval estimation）就是根据估计量以一定可靠程度推断总体参数所在的区间范围，它是用数轴上的一段距离表示未知参数可能落入的范围，它虽然没能具体指出总体参数等于什么，但能指出未知总体参数落入某一区间的概率有多大。区间估计在点估计的基础上，不仅给出一个估计的范围，使总体参数包含在这个范围之内，而且还能给出估计精度，并说明估计结果的有把握的程度。

（二）置信区间与显著性水平

置信区间，也称置信间距（confidence interval，CI），是指在某一置信度时，总体参数所在的区域距离或区域长度。置信区间的上下两端点值被称为置信界限（confidence limits）。显著性水平（significance level）是指估计总体参数落在某一区间时，可能犯错误的概率，用符号 α 表示。有时，它也被称为意义阶段、信任系数等。$1-\alpha$ 为置信度或置信水平（confidence level）。

例如，0.95 置信区间是指总体参数落在该区间之内，估计正确的概率为 95%，而出现错误的概率为 5%（$\alpha=0.05$），由此可见：

①0.95 置信区间＝0.05 显著性水平的置信区间；

②0.99 置信区间＝0.01 显著性水平的置信区间。

在假设检验中，显著性水平还指在拒绝虚无假设时可能出现的犯错误的概率水平。

（三）区间估计的原理与标准误

区间估计是根据样本分布理论，用样

本分布的标准误（SE）计算区间长度，解释总体参数落入某置信区间可能的概率。

区间估计存在成功估计的概率大小及估计范围的大小两个问题。人们在解决实际问题时，总希望估计值的范围小一点，成功的概率大一些。但在样本容量一定的情况下，这两个要求是一对矛盾。如果想使估计正确的概率加大，势必要将置信区间加长，就像在百分制的测验中，估计一个人的得分可能为 0 至 100 分就绝对正确一样。反之，如果要使估计的区间变小，那就会降低正确估计的概率。

统计分析中一般采取一种妥协办法：在保证置信度的前提下，尽可能提高精确度。规定正确估计的概率，即置信度为 0.95 或 0.99，那么显著性水平则为 0.05 或 0.01，这是依据 0.05 或 0.01 属于小概率事件，而小概率事件在一次抽样中是不可能出现的原理规定的。$\alpha = 0.01$ 表示反复抽样 1000 次，则得到的 1000 个区间中不包含参数真值的仅为 10 个左右。0.05 水平和 0.01 水平也是人们习惯上常用的两个显著性水平。

区间估计的原理是样本分布理论。在计算区间估计值，解释估计的正确概率时，依据的是该样本统计量的分布规律及样本分布的标准误（SE）。也就是说，只有知道了样本统计量的分布规律和样本统计量分布的标准误才能计算总体参数可能落入的区间长度，并对区间估计的概率进行解释，可见标准误及样本分布对于总体参数的区间估计是十分重要的。标准误是描述抽样分布的离散程度及衡量均数抽样误差

大小的统计量，反映了样本平均数之间的变异。标准误越小，表明样本统计量与总体参数值越接近，样本对总体越有代表性，用样本统计量推断总体参数的可靠性越大。标准误是统计推断可靠性的指标。在区间估计中，样本分布可提供概率解释，而标准误的大小决定区间估计的长度。一般情况下，加大样本容量可使标准误变小。

下面以平均数的区间估计为例，说明如何根据样本平均数分布及平均数分布的标准误，计算置信区间和解释成功估计的概率。

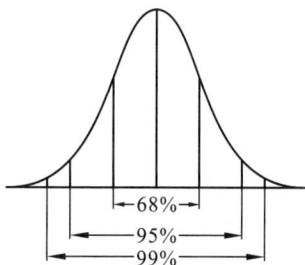

图 7-1 $\bar{X}$ 分布的概率

当总体方差已知时，样本平均数的分布为正态分布或渐近正态分布。此时，样本平均数的平均数 $\mu_{\bar{X}} = \mu$，平均数的离散程度，即平均数分布的标准差（简称标准误，写作 $SE_{\bar{X}}$ 或 $\sigma_{\bar{X}}$）$\sigma_{\bar{X}} = \dfrac{\sigma}{\sqrt{n}}$。根据正态分布，可以说：有 68.26% 的 $\bar{X}$ 落在 $\mu \pm 1\sigma_{\bar{X}}$ 之间，有 95% 的 $\bar{X}$ 落在 $\mu \pm 1.96\sigma_{\bar{X}}$ 之间，有 99% 的 $\bar{X}$ 落在 $\mu \pm 2.58\sigma_{\bar{X}}$ 之间，等等。或者说：$\mu \pm 1\sigma_{\bar{X}}$ 之间包含所有 $\bar{X}$ 的 68.26%，$\mu \pm 1.96\sigma_{\bar{X}}$ 之间包含所有 $\bar{X}$ 的 95%，$\mu \pm 2.58\sigma_{\bar{X}}$ 之间包含所有 $\bar{X}$ 的 99%，见图 7-1。

只要符合正态分布，$\overline{X}$ 的分布一定遵循按正态分布理论所计算出的概率。可是在实际的研究中，只能得到一个样本的平均数，我们可将这个样本平均数看作无限多个样本平均数之中的一个。当只知样本平均数（$\overline{X}$），而不知总体平均数 μ 时，我们可根据平均数的样本分布进行推理。

如果所有平均数中有 68.26% 的平均数 $\overline{X}$ 落在 μ 上下一个 $\sigma_{\overline{X}}$ 之间，那么我们可以推理：所有平均数中有 68.26% 的平均数加减一个标准误这一间距之内将包含总体参数 μ，也就是说有 68.26% 的机会 μ 被包含在任何一个平均数 $\overline{X} \pm 1\sigma_{\overline{X}}$ 之间，或者说，估计 μ 在 $\overline{X} \pm 1\sigma_{\overline{X}}$ 之间正确的概率为 68.26%。同样的道理可以说 μ 在 $\overline{X} \pm 1.96\sigma_{\overline{X}}$ 之间的正确概率为 95%，μ 在 $\overline{X} \pm 2.58\sigma_{\overline{X}}$ 之间的正确概率为 99% 等。那为什么用平均数加减一定数量的标准误 $\sigma_{\overline{X}}$ 计算置信区间呢？这是因为样本平均数 $\overline{X}$ 究竟落在 μ 的左侧还是右侧是不能确定的，所以用 $\overline{X} \pm Z_{\alpha/2}\sigma_{\overline{X}}$（$Z_{\alpha/2}$ 为样本分布的横坐标值）这一段距离表示置信区间。如果确知 $\overline{X}$ 落在 μ 的左侧，那么 $\overline{X}$ 至 $\overline{X}+1.96\sigma_{\overline{X}}$ 这一区间内包含 μ 的可能为 97.5%，若能确知 $\overline{X}$ 在 μ 之右侧，那么 $\overline{X}$ 至 $\overline{X}-1.96\sigma_{\overline{X}}$ 这一区间包含 μ 的可能亦为 97.5%，这样不仅可以缩短置信区间的长度，还可提高正确估计的概率，但事实上这一点是无法做到的（见图 7-2）。

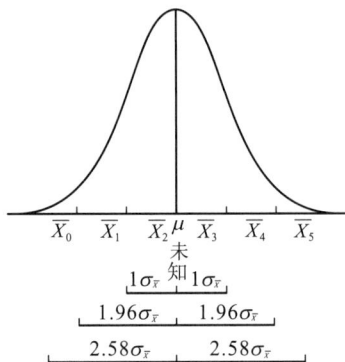

图 7-2 μ 的区间估计

当推论出总体参数 μ 按一定的概率落在某一置信区间时，实际的值究竟落在分布的哪个位置上并不能确定，它也有可能落在分布的两侧尾部，这时若说 μ 在 $\overline{X} \pm Z_{\alpha/2}\sigma_{\overline{X}}$ 之间便是错误的，不过我们可以根据样本分布计算出现这种错误的概率，其概率为 α。例如，估计 μ 在 $\overline{X} \pm 1.96\sigma_{\overline{X}}$ 之间正确的概率为 95%，则错误的概率为 5%，这 5% 来自样本分布的两侧尾端各 2.5% 的样本平均数，因为在 $\overline{X} \pm 1.96\sigma_{\overline{X}}$ 这一段距离中并不包含 μ 在内（见图 7-3）。

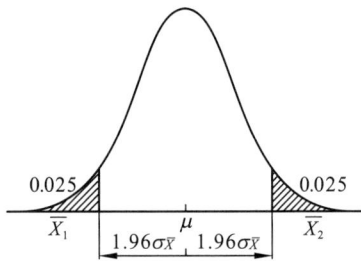

图 7-3 置信度示意图

其他总体参数的估计原理与平均数的估计原理相同，但所依据的样本分布及标准误不同。

第二节 总体平均数的估计

总体平均数 μ 的最佳点估计是取自该总体的样本平均数 $\overline{X}$。通过样本的 $\overline{X}$ 估计总体平均数 μ，首先假定该样本是随机取自一个正态分布的总体，或非正态总体中的 $n > 30$ 的样本。而计算出来的实得平均数 $\overline{X}$，是无数容量为 n、均值为 $\overline{X}_i$ 中的一个。这样，便可根据样本平均数的分布理论，对总体平均数进行估计，并可用概率对其不确定性加以说明。因为样本平均数的平均数与总体的平均数相同（$\mu_{\overline{X}} = \mu$），故对平均数总体的平均数进行估计就是对总体平均数的估计。

一、估计总体平均数的步骤

1. 根据实得样本的数据，计算样本的平均数与标准差

2. 计算标准误 $\boldsymbol{\sigma}_{\overline{X}}$

有两种情况：

①当总体方差 σ^2 已知时，

$$\sigma_{\overline{X}} = \frac{\sigma}{\sqrt{n}} \qquad \text{（公式 7-1）}$$

n 为样本容量，这时在计算中不用样本方差 s^2；

②当总体方差未知时，用样本的无偏估计量即方差 s^2 计算 $\sigma_{\overline{X}}$

$$\sigma_{\overline{X}} = \frac{s}{\sqrt{n}} \qquad \text{（公式 7-2）}$$

3. 确定置信水平或显著性水平

在对总体平均数 μ 进行估计之前，应根据需要先确定置信水平或显著性水平。统计学上一般规定显著性水平为 0.05，即置信水平为 0.95；或显著性水平为 0.01，即置信水平为 0.99。因为 0.05 或 0.01 的概率事件属于小概率事件，而小概率事件被认为在一次抽样中是不易被抽到的。也就是说，眼前所抽取的这个样本平均数，不大可能是来自分布样本尾部端的、很少可能性出现的那个样本中。因而，据此样本的平均数对总体参数进行估计，犯错误的可能很小（不超过 5% 或 1% 的概率）。

4. 根据样本平均数的抽样分布，确定查何种统计表

确定 $\alpha = 0.05$ 或 0.01 的横坐标值。一般当总体方差已知时，查正态表；当总体方差未知时，查 t 值表（当 $n > 30$ 时，也可查正态表做近似计算）。确定 $Z_{\alpha/2}$ 与 $t_{\alpha/2}$（以分布曲线两尾部端计算的置信度的概率，因是两尾部端，故写作 $\alpha/2$）。

5. 计算置信区间

①如果查正态分布表，置信区间可写作：

$$\overline{X} - Z_{(1-\alpha)/2}\sigma_{\overline{X}} < \mu < \overline{X} + Z_{(1-\alpha)/2}\sigma_{\overline{X}}$$

或 $\overline{X} - Z_{\alpha/2}\sigma_{\overline{X}} < \mu < \overline{X} + Z_{\alpha/2}\sigma_{\overline{X}}$

上式中 $Z_{(1-\alpha)/2}$ 是查正态分布表中概率值为 $(1-\alpha)/2$ 时的 Z 分数值；

②如果查 t 值表，置信区间则写作：

$$\overline{X} - t_{(1-\alpha)/2}\sigma_{\overline{X}} < \mu < \overline{X} + t_{(1-\alpha)/2}\sigma_{\overline{X}}$$

或 $\overline{X} - t_{\alpha/2}\sigma_{\overline{X}} < \mu < \overline{X} + t_{\alpha/2}\sigma_{\overline{X}}$

上式中 $t_{(1-\alpha)/2}$ 是查 t 值分布表中概率值为 $(1-\alpha)/2$，与相应的自由度对应的 t 分数值。

6. 解释总体平均数的置信区间

估计总体平均数落入该区间正确的可能性概率为 $1-\alpha$，犯错误的可能性概率为 α。

二、总体方差 σ^2 已知时，对总体平均数 μ 的估计

第一，当总体分布为正态时，不论样本 n 的大小，其标准误 $\sigma_{\bar{X}}$ 都是 $\frac{\sigma}{\sqrt{n}}$，这时样本的方差 s^2 在计算中没有用处。依据上面所讲的步骤，查正态表，确定 $Z_{\alpha/2}$，一般情况下显著性水平 α 确定为 0.05 或 0.01，因此 $Z_{\alpha/2}$ 为 1.96 或 2.58。这两个数值最好记牢，可以省略查正态分布表。

第二，当总体为非正态分布时，只有当样本容量 $n > 30$，才能根据样本分布对总体平均数 μ 进行估计，否则不能进行估计。

【例 7-1】已知总体为正态分布，$\sigma = 7.07$，从这个总体中随机抽取 $n_1 = 10$ 和 $n_2 = 36$ 的两个样本，分别计算出 $\bar{X}_1 = 78$，$\bar{X}_2 = 79$，试问总体参数 μ 的 0.95 和 0.99 置信区间。

解：此题总体分布为正态，σ^2 已知，故无须计算样本方差。其标准误为：

$$\sigma_{\bar{X}_1} = \frac{\sigma}{\sqrt{n_1}} = \frac{7.07}{\sqrt{10}} = 2.24$$

$$\sigma_{\bar{X}_2} = \frac{\sigma}{\sqrt{n_2}} = \frac{7.07}{\sqrt{36}} = 1.18$$

用 $n_1 = 10$ 的样本估计总体参数 μ：

0.95 的置信区间：

$78 - 1.96 \times 2.24 < \mu < 78 + 1.96 \times 2.24$

$73.6 < \mu < 82.4$

0.99 置信区间：

$78 - 2.58 \times 2.24 < \mu < 78 + 2.58 \times 2.24$

$72.2 < \mu < 83.8$

解释：从一个分布为正态、均数为 μ 的总体中，每次抽取 $n = 10$ 的样本无限多个，其中有一个样本的 $\bar{X} = 78$，在这无限多个样本 $\bar{X}$ 中，其中有 95% 的样本平均数在 $\mu \pm 1.96\sigma\bar{X}$ 之间。但 μ 并不知道是多少，而只知道一个样本 $\bar{X} = 78$，故可推理：任何一个样本平均数 $\pm 1.96 \times 2.24$，包含 μ 在内的可能性概率为 0.95，也就是说 $78 \pm 1.96 \times 2.24$ 包含 μ，即 μ 在 $73.6 \sim 82.4$ 的可能性为 95%，或者说，估计 μ 可能在 $73.6 \sim 82.4$ 的区间范围内，估计正确的概率为 0.95，估计错误的概率为 0.05，因为有 5% 的样本平均数 $\pm 1.96 \times 2.24$ 的区间不包括 μ 在内。

同理，根据 $n_2 = 36$ 的样本进行估计得：

0.95 的置信区间：

$79 - 1.96 \times 1.18 < \mu < 79 + 1.96 \times 1.18$

$76.7 < \mu < 81.3$

0.99 的置信区间：

$79 - 2.58 \times 1.18 < \mu < 79 + 2.58 \times 1.18$

$75.96 < \mu < 82.04$

根据同一总体的两个不同的样本进行估计，样本大时估计的区间小，其样本平均值也更接近总体平均值。因此，遇到有多个样本的情况时，一般取样本大的均值与标准误对总体进行估计，即在条件允许的情况下，应用大样本进行观测，这样对

总体参数进行估计更具优越性。

【例 7-2】有一个 49 名学生的班级，某学科历年考试成绩的 $\sigma=5$，又知今年某次考试成绩是 85 分，试推论该班某学科学习的真实成绩分数。

解：此题是方差已知，但成绩分数的分布形态是未知的。一般情况下，学习成绩分布为非正态的居多，所以暂按非正态分布对待，$n>30$ 符合条件，可进行推论。所求真实成绩即指 μ。

$$\sigma_{\bar{X}}=\frac{\sigma}{\sqrt{n}}=\frac{5}{\sqrt{49}}=0.71$$

定置信水平为 0.95，查正态表得 $Z_{(1-\alpha)/2}=1.96$。

故：

$$85-1.96\times0.71<\mu<85+1.96\times0.71$$
$$83.6<\mu<86.4$$

答：据此次成绩推论，该班某科成绩的真实分数在 83.6～86.4 分，估计正确的概率为 0.95，错误的概率为 0.05。

三、总体方差 σ^2 未知，对总体平均数的估计

总体方差未知，用样本方差 s^2 作为总体方差的估计值，实现对总体平均数 μ 的估计。因为在总体方差未知时，样本平均数的分布为 t 分布，故应查 t 值表，确定 $t_{\alpha/2}$ 或 $t_{(1-\alpha)/2}$。有两种情况：①总体分布为正态时，可不管 n 的大小；②总体分布为非正态时，只有 $n>30$，才能用概率对其样本分布进行解释，否则不能推论。心理与教育科学研究中经常遇到在这种情况

下对总体参数 μ 进行推论的问题。

【例 7-3】假设 σ^2 未知，$n_1=10$，$\bar{X}_1=78$，$s_1^2=8^2$，$n_2=36$，$\bar{X}_2=79$，$s_2^2=9^2$，问其总体参数 μ 的 0.95 置信区间是多少？

解：①利用公式 7-2，求标准误差

$$\sigma_{\bar{X}_1}=\frac{s_1}{\sqrt{n_1}}$$
$$=\frac{8}{\sqrt{10}}=2.53$$

$$\sigma_{\bar{X}_2}=\frac{s_2}{\sqrt{n_2}}$$
$$=\frac{9}{\sqrt{36}}=1.5$$

②求 0.95 的置信区间

当 $n_1=10$ 时，$df_1=9$，查 t 值表得 $t_{0.05/2}=2.262$

$$78-2.262\times2.53<\mu<78+2.262$$
$$\times2.53$$
$$72.28<\mu<83.72$$

当 $n_2=36$ 时，$df_2=35$，查 t 值表得 $t_{0.05/2}=2.042$（因 t 值表中没有 $df=35$ 的表列值，一般为使推论更有把握，用较小的自由度取近似值，本例中取 $df=30$）

$$79-2.042\times1.5<\mu<79+2.042\times1.5$$
$$75.94<\mu<82.06$$

答：计算结果表明，据第一组样本估计的总体参数 μ 有 95% 的可能性落在 72.28～83.72。据第二组样本估计的总体参数 μ 有 95% 的可能性落在 75.94～82.06。得出这样的结论，估计正确的概率为 0.95，错误的概率为 0.05。

在这道题目中，两样本的 n 大小不等，估计的区间长度不同。显然，样本较大的

置信估计具有更大优越性：置信区间长度小，样本 $\overline{X}$ 更接近 μ。由于 $n>30$ 时，t 值分布渐近正态分布，故亦可用 $Z_{\alpha/2}$ 代替 $t_{\alpha/2}$ 做近似计算，也可免去查表的麻烦。在【例7-3】中，样本数为 36 的这一组置信区间的结果就变为 $76<\mu<82$，与用 $t_{0.05/2(35)}$ 计算的结果相差甚微。另外，当总体方差未知时，查 t 值表所求总体参数 μ 的置信区间的解释，与正态分布的解释也相同。

【例7-4】某班 49 人期末考试成绩为 85 分，方差 $s^2=6^2$，假设此项考试能反映学生的学习水平，试推论该班学生学习的真实成绩分数。

解：此题属于方差未知，分数分布难以保证正态，但 $n>30$。可以进行计算，并能够推论。

查 $t_{0.05/2(40)}=2.021$（取 $df=40$ 的值，因为表中无 $df=48$ 的 $t_{0.05/2}$ 值）

0.95 的置信区间为：$85\pm2.021\times0.86$ $=83.27\sim86.73$

答：该班学生的真实成绩在 $83.27\sim$ 86.73 分，得此结论正确的概率为 0.95，错误的概率为 0.05。

【例7-4】也可取 0.99 的置信区间，这根据实际需要而定。在实际应用中，【例7-4】的情况要比【例7-2】的情况较多出现。故方差未知情况的区间估计是经常用到的一种统计分析方法。

第三节 标准差与方差的区间估计

标准差与方差的区间估计，与平均数的估计相同，首先要知道它们的抽样分布，然后才能据此确定置信区间。

一、标准差的区间估计

样本标准差 s_{n-1} 虽然是总体标准差 σ 的一个无偏估计值，但 s_{n-1} 总是在 σ 上下波动，有一定的偏差。因此，对总体标准差的估计，与对平均数 μ 的估计一样，也需计算标准差分布的标准误 σ_s。根据抽样分布的理论，当样本容量 $n>30$ 时，样本标准差的分布渐近正态分布，标准差的平均数：

$$\bar{X}_s = \sigma \qquad \text{(公式 7-3)}$$

标准差分布的标准差

$$\sigma_s = \frac{\sigma}{\sqrt{2n}} \qquad \text{(公式 7-4)}$$

总体 σ 未知，可用样本 s 作为估计值计算标准误。置信区间一般为 0.95 或 0.99。其 $Z_{\alpha/2}$ 分别为 1.96 或 2.58。置信区间可写作：

$$s - Z_{\alpha/2} \times \sigma_s < \sigma < s + Z_{\alpha/2} \times \sigma_s$$

$$\text{(公式 7-5)}$$

对置信区间的解释，与平均数的区间估计解释相同。

【例 7-5】有一随机样本 $n=31$，$s=5$，问该样本之总体标准差的 0.95 置信区间。

解：此题 $n>30$，样本标准差的分布可视为渐近正态分布，即 $Z_{0.05/2}=1.96$。

$$\sigma_s = \frac{5}{\sqrt{2 \times 31}} = 0.635$$

0.95 的置信区间为：

$$5 - 1.96 \times 0.635 < \sigma < 5 + 1.96 \times 0.635$$

$$3.76 < \sigma < 6.24$$

答：总体标准差在 3.76~6.24，做此推论正确的可能为 95%，错误的可能为 5%。

二、方差的区间估计

根据 χ^2 分布：

$$\chi^2 = \frac{\sum (X - \bar{X})^2}{\sigma^2} = \frac{(n-1) s^2}{\sigma^2}$$

$$\text{(公式 7-6)}$$

在正态分布的总体中，随机抽取容量为 n 的样本，其样本方差与总体方差比值

的分布为 χ^2 分布，这样可直接查 χ^2 表确定其比值的 0.95 与 0.99 置信区间。再进一步用下式确定总体方差的 0.95 与 0.99 置信区间：

$$\frac{(n-1)s^2}{\chi^2_{\alpha/2}} < \sigma^2 < \frac{(n-1)s^2}{\chi^2_{(1-\alpha/2)}} \qquad \text{(公式 7-7)}$$

查 $df = n-1$ 的 χ^2 分布表确定 $\chi^2_{\alpha/2}$ 与 $\chi^2_{(1-\alpha/2)}$，见图 7-4。

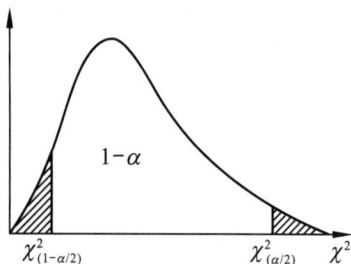

图 7-4　方差的置信区间示意图

【例 7-6】已知某测验分数的样本 $n=10$，$s^2=0.286$，问该测验分数总体方差 σ^2 的 0.95 和 0.99 置信区间是多少？

解：此题为一次测验的分数，可视其总体分布为正态。查 $df = 10-1$ 的 χ^2 分布表，确定 $\chi^2_{\alpha/2}$ 与 $\chi^2_{(1-\alpha/2)}$。

因 χ^2 表的概率是从一侧计算的，故应查 $\alpha/2$ 的概率。

①计算 0.95 的置信区间，此时 $\alpha = 0.05$

查 χ^2 表，$df = 9$ 时，$\chi^2_{0.025(9)} = 19$，$\chi^2_{0.975(9)} = 2.7$，代入公式 7-7

$$\frac{9 \times 0.286}{19} < \sigma^2 < \frac{9 \times 0.286}{2.7}$$

$$0.135 < \sigma^2 < 0.95$$

②计算 0.99 的置信区间，此时 $\alpha = 0.01$

查 χ^2 表，$df=9$ 时，$\chi^2_{0.005(9)}=23.6$，$\chi^2_{0.995(9)}=1.73$，代入公式 7-7

$$\frac{9\times0.286}{23.6}<\sigma^2<\frac{9\times0.286}{1.73}$$

$$0.11<\sigma^2<1.49$$

答：总体方差 0.95 的置信区间为 0.135～0.95，做出这样的推论正确的概率为 0.95，错误的概率为 0.05。

对例 7-6 中 0.99 置信区间的解释为：从一个方差为 σ^2 的正态分布的总体中，随机抽取 $n=10$ 的样本无限多个，每个样本所计算的 s^2 值中有 99% 的样本 s^2 值在 0.12～1.65，0.99 置信区间为 0.11～1.49。只有 1% 样本的 s^2 值比 0.11 小或比 1.49 大。当 σ^2 未知，用样本方差估计 σ^2 时，说它在 0.11～1.49，可能性为 99%。不在此区间的可能只有 1%。

利用 χ^2 分布，估计 σ^2 的置信区间不受样本容量的限制，而对标准差总体的估计却不这样。因而在对标准差的总体进行估计时，可先对其方差进行估计，求得方差的置信区间之后，再将所得值开平方，其正平方根，便是标准差的相当于方差置信水平的置信区间，见【例 7-7】。

【例 7-7】$n=31$，$s=5$，问 σ 的 0.95 置信区间。

解：先求方差的置信区间，当 $df=30$，查 χ^2 分布表，$\chi^2_{0.025}=47$，$\chi^2_{0.975}=16.8$

$$\frac{30\times5^2}{47}<\sigma^2<\frac{30\times5^2}{16.8}$$

$$15.96<\sigma^2<44.6$$

不等号两边都开平方，取正平方根，

结果为 $3.99<\sigma<6.68$。

答：σ 的 0.95 的置信区间为 3.99～6.68。

与【例 7-5】计算的结果比较，可以发现这两个结果之间很相近。故如果样本容量小于 30，用方差的置信区间开平方，计算标准差的置信区间更方便、准确。

三、两总体方差之比的区间估计

根据 F 分布的意义，从总体方差为 σ_1^2 与 σ_2^2 的两总体中，分别随机抽取容量为 n_1 及 n_2 两样本，计算其样本方差之比 $F=\frac{s_1^2}{s_2^2}$，服从 F 分布（$df_1=n_1-1$，$df_2=n_2-1$）。因为样本方差只是 σ_1^2 与 σ_2^2 的无偏估计，所以其样本方差之比 $\frac{s_1^2}{s_2^2}$，多数围绕总体方差之比 $\frac{\sigma_1^2}{\sigma_2^2}$ 上下波动，少数有所偏离，形成 F 分布。

如果两总体方差 $\sigma_1^2=\sigma_2^2=\sigma^2$，其样本方差之比多数应在 1 上下摆动。因此，对两总体方差相等的区间估计，不是用 $\sigma_1^2-\sigma_2^2=0$，而是用 $\frac{\sigma_1^2}{\sigma_2^2}=1$。这种情况只是两总体方差比的一种特例。

F 分布是一族分布，附表 4 中的 F 值表列出了不同自由度的 $F_{0.05}$ 与 $F_{0.01}$ 的 F 分位数值。表中的概率（F 分布图中阴影部分的面积）是指某一 F 值以后，F 分布右侧一尾端部分的概率（称单侧概率）。如果需用 F 分布另一侧的值 $F_{1-\alpha}(n_1-1, n_2-1)$，

则 $F_{1-a(n_1-1, n_2-1)} = \dfrac{1}{F_a(n_{2-1}, n_{1-1})}$。例如，

$F_{1-0.05(9,14)} = \dfrac{1}{F_{0.05(14,9)}} = \dfrac{1}{3.02} = 0.33$。则当

第一自由度与第二自由度相同时可用 $\dfrac{1}{F_a}$ 的

值，作为 $1-\alpha$ 概率的 $F_{1-\alpha}$ 值。如果需要

$F_{\alpha/2}$ 的值，即 F 双侧概率的值，可查附表

3（双侧概率）。

如果两个自由度不等，即 $df_1 = n_1 - 1$，$df_2 = n_2 - 1$。

因为 $\dfrac{s_1^2}{s_2^2} = \dfrac{\sigma_1^2}{\sigma_2^2}$ 服从 $F_{(n_1-1, n_2-1)}$，根据 F

分布，可用下式估计两总体方差之比的双

侧概率置信区间：

$$\dfrac{1}{F'_{\frac{\alpha}{2}(n_1-1, n_2-1)}} \times \dfrac{s_1^2}{s_2^2} \leqslant \dfrac{\sigma_1^2}{\sigma_2^2} \leqslant \dfrac{1}{F_{1-\frac{\sigma}{2}(n_1-1, n_2-1)}} \times \dfrac{s_1^2}{s_2^2}$$

（公式 7-8）

在 上 式 中，$F_{1-\frac{\alpha}{2}(n_1-1, n_2-1)} =$

$\dfrac{1}{F_{\frac{\alpha}{2}(n_2-1, n_1-1)}}$ 也是下图中左边的分位数值。

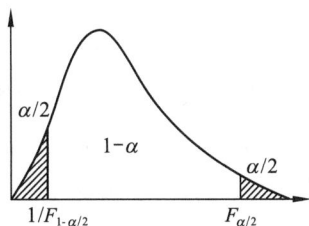

图 7-5 F 的双侧概率

若两总体方差相等，即 $\sigma_1^2 = \sigma_2^2$，上式

可以写作：

$$\dfrac{1}{F_{\frac{\alpha}{2}(n_1-1, n_2-1)}} \times \dfrac{s_1^2}{s_2^2} \leqslant 1 \leqslant$$

$$\dfrac{1}{F_{1-\frac{\alpha}{2}(n_1-1, n_2-1)}} \times \dfrac{s_1^2}{s_2^2}$$

这就是说，根据样本方差估计两总体

方差之比时，只要两者之比在 1 上下一定

区间之内，即可推论两总体方差相等。

【例 7-8】已知 $n_1 = 10$，$s_1^2 = 5$，$n_2 = 13$，$s_2^2 = 6$。问两总体方差之比 $\dfrac{\sigma_1^2}{\sigma_2^2}$ 在 0.99

置信区间内，能否说两总体方差相等？

解：① 查附表 4（单侧概率），得

$F_{0.01(12,9)} = 5.11$，$F_{1-0.01(9,12)} = 4.39$（$df_1 = 9$，

$df_2 = 12$，$\alpha = 0.01$）

0.99 的置信区间为：

$$\dfrac{1}{4.39} \times \dfrac{5}{6} \leqslant \dfrac{\sigma_1^2}{\sigma_2^2} \leqslant 5.11 \times \dfrac{5}{6}$$

$$0.19 < \dfrac{\sigma_1^2}{\sigma_2^2} \leqslant 4.26$$

② 查附表 3（双侧概率），$F_{1-0.01/2(9,12)}$

$= \dfrac{1}{F_{0.01/2(12,9)}} = \dfrac{1}{6.23} = 0.161$，$F_{0.001/2(9,12)} =$

5.20（$df_1 = 9$，$df_2 = 12$，$\alpha = 0.01$）

0.99 的置信区间为：

$$\dfrac{1}{5.20} \times \dfrac{5}{6} \leqslant \dfrac{\sigma_1^2}{\sigma_2^2} \leqslant \dfrac{1}{0.161} \times \dfrac{5}{6}$$

$$0.16 \leqslant \dfrac{\sigma_1^2}{\sigma_2^2} \leqslant 5.18$$

答：两总体方差之比 0.99 单侧概率的

置信区间在 0.19～4.26，双侧概率的置信

区间在 0.16～5.18，做此推论正确的概率

为 0.99，错误的概率为 0.01，即做 100 个

置信随机区间，有 99 个区间能包含待估参

数，有一次不包括因为 $\dfrac{\sigma_1^2}{\sigma_2^2}$ 在 0.19～4.26 或

0.16～5.18，即在 1 上下波动，故可推论

两样本之总体方差相等（具体解释见方差显著性检验一节）。

第四节 相关系数的区间估计

一、积差相关系数的抽样分布

总体的相关系数 ρ 在 $-1.00 \sim 1.00$ 可取任意值。从这样的总体中抽取 n 对数据，计算其相关系数 r，这时 r 的样本分布随二总体之相关程度不同而异。

当总体的相关系数 ρ 为负值时，样本 r 的分布呈不同程度的负偏态。当 ρ 为正值时，相关系数 r 的分布则呈不同程度的正偏态。此时，亦即 $\rho \neq 0$ 的情况下，只有样本容量充分大（即 $n \geqslant 500$）时，才渐近正态分布，而且趋于正态很慢。这时样本分布的标准误 σ_r（SE_r）为：

$$\sigma_r \approx \frac{1-r^2}{\sqrt{n-1}} \quad (\text{公式 7-9})$$

当总体相关系数 $\rho = 0$ 时，样本相关系数的分布，服从自由度 $df = n-2$ 的 t 分布，标准误为：

$$\sigma_r = \frac{\sqrt{1-r^2}}{\sqrt{n-2}} \quad (\text{公式 7-10})$$

当总体相关系数 $\rho \neq 0$ 时，样本相关系数的分布，只有当 n 充分大时，才渐近正态分布，其分布函数很复杂。标准误公式 7-9 也只是近似公式，因此应用条件受到极大

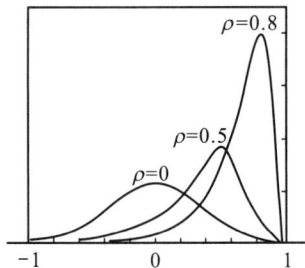

图 7-6　$n = 10$ 总体相关系数不同时的样本分布图

限制。统计学家费舍利用 $Z = \frac{1}{2} \ln \frac{1+r}{1-r}$ 或 $Z = 1.1513 \cdot \lg \frac{1+r}{1-r}$ 将 r 值转换成 Z 值，这些 Z 值渐近服从正态分布，即费舍 Z 分布，其标准误为：

$$SE_Z = \frac{1}{\sqrt{n-3}} \quad (\text{公式 7-11})$$

式中 n 为成对数据的数目。即使 n 比较小时，也可视 Z 分布为近似正态分布。因此，将 r 转换成 Z 值比较实用。

二、积差相关系数的区间估计

当总体相关系数未知时，可用样本的相关系数作为其无偏点估计值。而区间估计则有下述几种情况。

（一）当总体相关系数为零时

根据 $\rho=0$ 时样本相关系数的分布为 t 分布，便可计算其置信区间：

$$r-t_{a/2}\times\sigma_r<\rho<r+t_{a/2}\times\sigma_r$$

（公式 7-12）

其中：$t_{a/2}$ 的自由度为 $n-2$

σ_r 的计算应用公式 7-10，即

$$\sigma_r=\frac{\sqrt{1-r^2}}{\sqrt{n-2}}$$

应用公式 7-10 计算置信区间，必须满足 $\rho=0$ 的条件，即样本相关系数 r 是从相关系数为 0 的总体中随机抽取的容量为 n 的样本计算得到的。由于抽样误差的存在，样本的相关系数在 0 上下取值，而 r 恰为 0 的机会实际上并不多。一般情况下我们无法知道总体相关系数是否为 0，用公式 7-12 计算的置信区间包含 0 值在内，说明该样本可能是取自相关为 0 的总体，也说明所计算的置信区间是正确的（所依据的分布及标准误正确）。若计算的置信区间不包含 0 值在内，则说明该样本与总体相关不为 0，也说明所计算的置信区间不正确（所依据的分布及标准误不对）。这种情况应该用 Z 分布。

（二）当总体相关系数不为零时

1. 如果 $n>500$，可用下式计算置信区间

$$r-Z_{a/2}\times\sigma_r<\rho<r+Z_{a/2}\times\sigma_r$$

（公式 7-13）

式中：$Z_{a/2}$ 分别为 $Z_{0.05/2}=1.96$，$Z_{0.01/2}=2.58$；

σ_r 的计算见公式 7-9，即 $\sigma_r\approx\dfrac{1-r^2}{\sqrt{n-1}}$。

因公式 7-9 及公式 7-13 的应用受限制较大，因此，这种方法一般应用很少。

2. 利用费舍 Z 函数分布计算

费舍发现不论样本容量 n 之大小，亦不论总体相关 $\rho=0$ 还是 $\rho\neq0$，Z 函数的分布近似正态分布。因此可用 Z 的置信区间，估计相关系数 r 的置信区间，具体步骤如下。

①将样本相关系数转换成 Z 函数，有以下两种方法可选用。

第一，用公式计算：$Z=\dfrac{1}{2}\ln\dfrac{1+r}{1-r}$ 或 $Z=1.1513\times\lg\dfrac{1+r}{1-r}$，$r$ 为已知样本相关系数。

第二，查附表 8（$r-Z_r$ 转换表），由样本 r 值查 Z_r 值。

②计算 Z_r 的置信区间。

$$Z_r\pm Z_{a/2}\times SE_Z \quad\text{（公式 7-14）}$$

式中：Z_r 为费舍 Z 函数；

$Z_{a/2}$ 为查正态表得到的 Z 分数，二者意义不同；

SE_Z 的计算见公式 7-11，即

$$SE_Z=\frac{1}{\sqrt{n-3}}。$$

③将 Z_r 的置信区间转换成相关系数，亦有两种方法可选用。

第一，用公式 $r=\dfrac{e^{2Z_r}-1}{e^{2Z_r}+1}$ 计算 r 值；

第二，查附表 8（$r-Z_r$ 转换表），将 Z_r 转换成 r 值，因为 Z_r 置信区间有上下两个值，故也可查得两个 r 值，这两个值

便是总体相关系数的置信界限。

【例7-9】某校120名学生通过甲乙两测验，计算相关系数为$r=0.24$，问该两测验总体相关系数ρ的0.95置信区间。

解：假设其总体相关系数为$\rho=0$，

$$SE_r=\frac{\sqrt{1-r^2}}{\sqrt{n-2}}=\frac{\sqrt{1-0.24^2}}{\sqrt{120-2}}=0.089$$

查t表，$t_{0.05/2(118)}=1.98$（取$df=120$的近似值）

0.95的置信区间为：

$$0.24-1.98\times0.089<\rho<0.24+1.98\times0.089$$

$$0.064<\rho<0.416$$

用t分布计算的0.95置信区间不包含0在内，说明该样本的总体相关系数不为0，因此解题时的假设，以及所用的标准误、所依据的t分布都不恰当，从而用此方法所求的置信区间也是不恰当的。正确的方法应该用Z函数方法。

查附表8，当$r=0.24$时，$Z_r=0.245$

$$SE_Z=\frac{1}{\sqrt{n-3}}=\frac{1}{\sqrt{120-3}}=0.093$$

$Z_{0.05/2}=1.96$，因此0.95置信区间为：

$$0.245-1.96\times0.093<Z_r<0.245+1.96\times0.093$$

$$0.063<Z_r<0.427$$

$Z_r=0.063$，查附表8（Z_r-r转换表）得r为0.063

$Z_r=0.427$，查附表8（Z_r-r转换表）得r为0.40

答：总体相关系数ρ的置信区间为0.064～0.403。得此结论犯错误的概率为

0.05，正确的概率为0.95。

可见，一般情况下对总体相关系数ρ的估计，用Z函数转换的方法是可取的，只是计算步骤稍麻烦一些。

三、等级相关系数的区间估计

这里主要讨论斯皮尔曼等级相关系数的区间估计。因为斯皮尔曼等级相关系数在$9\leqslant n\leqslant20$时，r_R的分布近似为$df=n-2$，$SE_r=\frac{\sqrt{1-r_R^2}}{\sqrt{n-2}}$的$t$分布。若符合这个条件，可依此分布及标准误计算置信区间：

$$r_R\pm t_{\alpha/2}\times\frac{\sqrt{1-r_R^2}}{\sqrt{n-2}}\quad(df=n-2)$$

（公式7-15）

若$n>20$，r_R的分布近似正态分布，标准误仍然为$SE_r=\frac{\sqrt{1-r_R^2}}{\sqrt{n-2}}$，$t_{\alpha/2}$改为$Z_{\alpha/2}$求置信区间。

【例7-10】$N=15$，$r_R=0.41$，问其总体相关系数的0.95置信区间。

解：此题为等级相关，使用等级相关系数区间估计的方法

$$SE_r=\frac{\sqrt{1-r_R^2}}{\sqrt{n-2}}=\frac{\sqrt{1-0.41^2}}{\sqrt{15-2}}$$
$$=0.253$$

查t表，$t_{0.05/2(13)}=2.160$，0.95置信区间为：

$$0.41\pm2.16\times0.253=-0.136\sim0.956$$

答：等级相关系数0.95的置信区间为

−0.136~0.956。

从标准误的计算上可看到其标准误值

较大，故其置信区间的区域长度也较大。

第五节 比率及比率差异的区间估计

一、比率的区间估计

（一）比率的样本分布

比率的分布为二项分布。在心理与教育实验调查中，设具有某种属性的事件出现的比率（概率）为 p，则除此属性之外的事件出现的概率为 q，$p=1-q$。从这样的二项分布总体中每次取大小为 n 的样本（进行 n 次重复试验），每次可计算实得的比率 $\hat{p}=\dfrac{x}{n}$（x 为成功的次数），$\hat{q}=1-\hat{p}$，当 $np\geqslant5$（或 $nq\geqslant5$）时，样本比率 $\hat{p}$ 的分布为渐近正态分布。

$$平均数\ \mu_p=p\quad（公式\ 7\text{-}16a）$$

$$标准误\ SE_p\ 或\ \sigma_p=\sqrt{\frac{pq}{n}}$$
$$（公式\ 7\text{-}16b）$$

样本比率 $\hat{p}=\dfrac{x}{n}$ 是总体比率 p 的点估计值，因此当总体 p、q 未知时，可用 $\hat{p}$、$\hat{q}$ 代替，故公式 7-16a 式可写作：

$$\sigma_p=\sqrt{\frac{\hat{p}\hat{q}}{n}}\quad（公式\ 7\text{-}16c）$$

比率的标准误与二项分布的标准差意义相同，只是使用的单位不同。二项分布用成功的次数表示：$\mu=np$，$\sigma=\sqrt{npq}$。若用比率表示，则都除以 n：

$$\mu_p=\frac{np}{n}=p，\ \sigma_p=\frac{\sigma}{n}=\frac{\sqrt{npq}}{n}=\sqrt{\frac{pq}{n}}$$

（二）比率的区间估计

当 $n\hat{p}>5$ 时，比率的置信区间可写作：

$$\hat{p}-Z_{a/2}\cdot\sqrt{\frac{pq}{n}}<\mu_p<\hat{p}+Z_{a/2}\cdot\sqrt{\frac{pq}{n}}$$
$$（公式\ 7\text{-}17）$$

【例 7-11】从四年级学生中随机选 50 人，施测某测验，结果通过者 30 人，未通过者 20 人，问整个四年级学生通过该测验的人数比率。若四年级有 500 人，通过人数为多少？

解：设通过人数比率的置信水平为 0.95。

$$\hat{p}=\frac{30}{50}=0.6，\hat{q}=1-0.6=0.4，n\hat{p}>$$

5，可用公式 7-17 推论置信区间。

$$\sigma_p = \sqrt{\frac{\hat{p} \times \hat{q}}{n}} = \sqrt{\frac{0.6 \times 0.4}{50}} = 0.0693$$

$Z_{0.05/2} = 1.96$，p 的 0.95 置信区间为：

$$p = 0.6 \pm 1.96 \times 0.0693 = 0.46 \sim 0.74$$

通过该测验的人数则为：$0.46 \times 500 \sim 0.74 \times 500 = 230 \sim 370$。

答：该四年级学生通过该测验人数的比率在 0.46～0.74。做此推论错误的概率为 0.05。500 人中有 230～370 人会通过。

【例 7-12】某校随机抽取 174 名学生进行兴趣调查，结果发现其中有 72 人爱好音乐，试估计全校爱好音乐的学生所占百分比的置信区间。

解：$\hat{p} = \frac{72}{174} = 0.4138$，$\hat{q} = 1 - 0.4138 = 0.5862$，$n\hat{p} > 5$，可用公式 7-17 推论置信区间。

$$\sigma_p = \sqrt{\frac{\hat{p} \times \hat{q}}{n}} = \sqrt{\frac{0.4138 \times 0.5862}{174}}$$
$$= 0.0373$$

取置信水平为 0.95，$Z_{\alpha/2} = 1.96$

p 的 0.95 置信区间为 $0.4138 \pm 1.96 \times 0.0373 = 0.341 \sim 0.487$。

答：全校音乐爱好者占全校学生百分比的置信区间为 34.1%～48.7%。

当 $n\hat{p} \leqslant 5$，或 $\hat{p}$ 甚小时，此时二项分布不接近正态分布，也就是说比率的样本分布不接近正态。此时置信区间的估计，直接查根据二项分布计算的统计表（附表 13）。

附表 13（a）是 $\alpha = 0.05$ 置信度的二项分布表，附表 13（b）是 $\alpha = 0.01$ 置信度的二项分布表。该表的左列为实计数，即某现象出现的实际数目，最上一行为样本数目，即所调查的总数，有 10，15，20，30 等，在应用时，根据样本数目查某现象的实际计数，便得到表中所列的两个数字，这两个数字分别为 $\alpha = 0.05$（或 $\alpha = 0.01$），即 0.95 置信区间的上、下限的百分数。

【例 7-13】随机抽取九年级学生 30 人，调查得知严重偏科者为 3 人，问九年级学生偏科人数的 0.95 置信区间，或九年级学生偏科的真实人数是多少？

解：此题 $\hat{p} = \frac{3}{50} = 0.1$，$n\hat{p} \leqslant 5$，不能用正态分布方法求置信区间，应查附表 13（a）中样本含量 $n = 30$ 这一列与实计数 $x = 3$ 这一行相交处，查得两个数字 2，27，即九年级学生偏科人数的 0.95 置信区间为 2%～27%，做此推论错误的可能为 5%。

若求 0.99 置信区间，则查附表 13（b），得置信区间为 1%～32%。

二、比率差异区间估计

（一）两样本比率差异的抽样分布

从总体比率分别为 p_1 与 p_2 的两总体中随机抽取样本容量为 n_1 及 n_2 的样本，得到 $\hat{p}_1$ 与 $\hat{p}_2$。当 $n_1 p_1 \geqslant 5$，$n_2 p_2 \geqslant 5$ 时，统计量 $\hat{p}_1 - \hat{p}_2 = D_p$ 的分布为正态分布。

均数为：

$$\mu_{p_1 - p_2} = p_1 - p_2 \quad \text{（公式 7-18）}$$

标准误为：

$$\sigma_{p_1 - p_2} = \sqrt{\frac{p_1 q_1}{n_1} + \frac{p_2 q_2}{n_2}}$$

（公式 7-19a）

如果 p_1 与 p_2 未知，可分别用两样本的比率 $\hat{p}_1$ 与 $\hat{p}_2$ 作为 p_1 与 p_2 的点估计值，公式 7-19a 可写作：

$$\sigma_{p_1 - p_2} = \sqrt{\frac{\hat{p}_1 \hat{q}_1}{n_1} + \frac{\hat{p}_2 \hat{q}_2}{n_2}} \quad \text{（公式 7-19b）}$$

如果 $p_1 = p_2 = p$，则该两样本是取自同一总体，两样本之比率 $\hat{p}_1$ 与 $\hat{p}_2$，都可作为 p 的点估计值，这时其标准误的计算不单独用 $\hat{p}_1$ 与 $\hat{p}_2$，而是用平均的比率（p_e）

$$p_e = \frac{n_1 \hat{p}_1 + n_2 \hat{p}_2}{n_1 + n_2} \qquad q_e = 1 - p_e$$

（公式 7-20）

其标准误，按公式 7-19a 式可写作：

$$\sigma_{D_p} = \sigma_{p_1 - p_2} = \sqrt{\frac{p_e q_e}{n_1} + \frac{p_e q_e}{n_2}}$$

$$= \sqrt{p_e \times q_e \frac{n_1 + n_2}{n_1 n_2}} \quad \text{（公式 7-21）}$$

将公式 7-20 代入公式 7-21 整理后，得：

$$\sigma_{D_p} = \sigma_{p_1 - p_2}$$

$$= \sqrt{\frac{(n_1 \hat{p}_1 + n_2 \hat{p}_2)(n_1 \hat{q}_1 + n_2 \hat{q}_2)}{n_1 n_2 (n_1 + n_2)}}$$

（公式 7-22）

公式 7-22 是当总体比率 $p_1 = p_2 = p$ 且未知时，用两样本比率 $\hat{p}_1$、$\hat{p}_2$ 作为总体比率 p 的估计值，计算比率差异标准误

的公式，当然，若总体比率已知，应该用总体比率直接代入公式 7-19a 计算。若 $p_1 \neq p_2$ 且 p_1 与 p_2 未知时，也不能应用公式 7-22 计算标准误，而应该用公式 7-19b 计算比率差异的标准误。

（二）比率差异的区间估计

根据比率差异的样本分布，当 $n_1 p_1 \geqslant 5$，$n_2 p_2 \geqslant 5$ 时，比率差异的置信区间可用正态分布概率计算。

若 $p_1 \neq p_2$，置信区间为：

$$p_1 - p_2 = (\hat{p}_1 - \hat{p}_2) \pm Z_{a/2} \times$$

$$\sqrt{\frac{\hat{p}_1 \hat{q}_1}{n_1} + \frac{\hat{p}_2 \hat{q}_2}{n_2}} \quad \text{（公式 7-23）}$$

若 $p_1 = p_2 = p$，置信区间为：

$$p_1 - p_2 = 0$$

$$p_1 - p_2 = (\hat{p}_1 - \hat{p}_2) \pm Z_{a/2} \times$$

$$\sqrt{\frac{(n_1 \hat{p}_1 + n_2 \hat{p}_2)(n_1 \hat{q}_1 + n_2 \hat{q}_2)}{n_1 n_2 (n_1 + n_2)}}$$

（公式 7-24）

当 $p_1 = p_2 = p$ 时，总体比率之差为 0，对于它的置信估计，可理解为样本比率 $\hat{p}_1 - \hat{p}_2$ 之差在多大范围内可认为是取自比率差为 0 的总体。通俗地说，就是样本比率之差在多大范围内可认为等于零。从而可进一步明了统计上所讲的相等，是指一个范围，即某值的置信区间。

【例 7-14】某校从九年级学生中随机抽取男生 100 人，女生 150 人，进行身体检查：发育正常且无任何疾病者中男生 62 人，女生 74 人，问该校九年级男女学生发

育正常且无任何疾病者的比率差异情况怎样?

解:此题是求比率差异的置信区间

设 $\alpha=0.05$, $Z_{\alpha/2}=1.96$

$\hat{p}_1=\dfrac{62}{100}=0.62$, $\hat{q}_1=0.38$

$\hat{p}_2=\dfrac{74}{150}=0.49$, $\hat{q}_2=0.51$

将以上数值代入公式 7-23,得 0.95 的置信区间为:

$$p_1-p_2=(0.62-0.49)\pm1.96$$
$$\times\sqrt{\dfrac{0.62\times0.38}{100}+\dfrac{0.49\times0.51}{150}}$$
$$=0.13\pm1.96\times0.0634$$
$$=0.006\sim0.254$$

答:某校九年级男女学生身体发育正常且无任何疾病的比率差异在 0.006~0.254(这个比率差的 0.95 置信区间总为正值,这样还可进一步理解,男生身体发育正常且无任何疾病的比率比女生大),做此推论正确的可能为 95%。

【例 7-15】已知高等学校新生中男女性别的比率相等,随机从两类学校(文科与理科)中各抽取一个学校分别为 A、B,查得 A 校招收新生 905 人,其中男生 446 人,B 校招收新生 1082 人,其中男生为 546 人。问两类学校录取的新生中男生的比率差异之真实情况如何?

解:此题为总体的比率,已知 $p=0.5$, $q=0.5$

因此标准误的计算,应该用公式 7-19a

$$\sigma_{p_1-p_2}=\sqrt{\dfrac{0.5\times0.5}{905}+\dfrac{0.5\times0.5}{1082}}$$

$$=0.0225$$

$$\hat{p}_1=\dfrac{446}{905}=0.4928$$

$$\hat{p}_2=\dfrac{546}{1082}=0.5046$$

0.95 的置信区间:

$$p_1-p_2=(0.4928-0.5046)\pm1.96$$
$$\times0.0225$$
$$=-0.0118\pm0.04415$$
$$=-0.05595\sim0.03235$$

答:两类学校录取新生的男生比率差异在 -0.05595~0.03235,差异有正有负,不能说二者哪个大、哪个小。

在这道题目中,若"已知高校新生中男女性别的比率相等"这一条件未知,此题标准误的计算则应用公式 7-22:

依前面的计算

$\hat{p}_1=0.4928$, $\hat{q}_1=0.5072$, $n_1=905$, $n_1\hat{p}_1=446$, $n_1\hat{q}_1=459$

$\hat{p}_2=0.5046$, $\hat{q}_2=0.4954$, $n_2=1082$, $n_2\hat{p}_2=546$, $n_2\hat{q}_2=536$

$$\sigma_{p_1-p_2}=\sqrt{\dfrac{(446+546)(459+536)}{905\times1082(905+1082)}}$$
$$=0.0225$$
$$p_1-p_2=(0.4928-0.5046)\pm1.96$$
$$\times0.0225$$
$$=-0.0118\pm0.04415$$
$$=-0.05595\sim0.03235$$

结论与前一种条件相同。

小　结

　　总体参数值几乎总是无法知道，因此，用样本数据中提供的信息来估计未知的总体参数是推论统计研究的问题之一。本章主要阐述了总体平均数、总体标准差、总体方差、总体相关系数、总体比率等总体参数的估计方法。

　　1. 估计总体参数的方法有两种：点估计和区间估计。点估计仅仅对未知参数提供一个单独的估计值，区间估计可以提供参数估计值的一个范围。一个区间比一个单独值提供的信息要多。但计算和解释这些区间要更难一些。

　　2. 从一个总体中抽出大量不同的随机样本并计算每个样本的统计量，如果这些统计量的均值等于总体参数的真值，则这个样本统计量就被称为总体参数的无偏估计。通常认为，样本均值、样本方差和样本标准差、样本相关系数和样本比例是相应的总体参数值的合理的点估计量，所有这些估计量都具有无偏性、有效性、一致性、充分性，可视为良好的估计量。某个统计量是否无偏通常可以用数学证明。

　　3. 大多数总体参数的区间估计步骤包括：计算样本统计量、根据样本统计量的分布类型计算标准误、查统计表确定临界值、用样本统计量加减标准误，最终得到总体参数的置信区间。其中，置信区间、置信水平、显著性水平和标准误是参数估计中非常重要的概念。通常显著性水平取为 0.05 和 0.01。

　　4. 根据样本统计量对参数进行区间估计，应根据所研究的问题和已知条件的不同而采用不同的方法，影响最主要的是样本所属总体的分布类型，以及标准误的计算方法。经常涉及的区间估计有平均数、标准差、方差、相关系数和比率等。

进一步阅读资料

　　1. 埃维森（G. R. Iversen），格根（M. Gergen）. 统计学：基本概念和方法. 吴喜之，程博，柳林旭，等译. 北京：高等教育出版社，施普林格出版社，2000：147～167.

　　2. 帕加诺（R. R. Pagano）. 行为科学中的统计学入门（第6版）（影印版）. 北京：中

国统计出版社，2002：300～305.

计算机统计技巧提示

在 Excel 参数估计中能够运用的函数有：NORMDIST、NORMSDIST、BINOM-DIST、TDIST、FDIST、CHIDIST 等函数 。与参数估计相关的函数还有 CONFI-DENCE、PROB、STDEV、STDEVP 等函数。

思考与练习题

1. 何谓点估计与区间估计，它们各有哪些优、缺点？

2. 试以方差的区间估计为例说明区间估计的原理。

3. 总体平均数估计的具体方法有哪些？

4. 总体相关系数的置信区间，应根据何种分布计算？

5. 已知某科测验成绩的分布为正态，其标准差 $\sigma = 5$，从这个总体中抽取 $n = 16$ 的样本，算得 $\overline{X} = 81$，$s = 6$，问该科测验的真实分数是多少？

6. 为了检查教学情况，某区级领导从所属学校中随机抽取 100 名学生回答一张问卷，最后计算得 $\overline{X} = 80$ 分，$s = 7$ 分，问该区教学的真实情况如何？

7. 已知历年学生体检情况，如身高的标准差为 8cm，今年随机抽取 20 名学生测其身高得 $\overline{X} = 171$cm，$s = 6$cm，试估计学生身高的真实情况。

8. 在一次预试中，得知某校 150 名学生的成绩 $\overline{X} = 78$，$s = 9$，如果正式测验与预试的题目相同，试估计正式测验的平均成绩是多少？

9. 已知某样本的分散程度 $s = 10$，样本容量为 $n = 40$，问该样本之总体的分散程度如何？

10. 已知某测验分数的分布为正态。今有一小团体 $n = 16$，$s^2 = 5$ 的样本，问其总体的分散程度如何？ 分散程度可用方差及标准差表示。

11. 已知两样本是取自一个正态总体，$n_1 = 10$，$s_1 = 3$，$n_2 = 11$，$s_2 = 4$，问该两样本的方差是否相等？

12. 从两个正态总体中各随机取一个样本，$n_1 = 5$，$s_1^2 = 10$，$n_2 = 7$，$s_2^2 = 6$，问该两总体方差比率的 0.95 置信区间？

13. 已知样本相关系数 $r = 0.56$，$n = 78$，问该样本之总体相关系数是多少？

14. 已知 $r = 0.79$，$n = 10$，问其总体的相关如何，能否说比 0 大？

15. 已知等级相关系数为 $r_R = 0.46$，$n = 29$，问该总体之等级相关系数是多少？

16. 已知某教育领导机关随机抽查 362 名九年级学生的视力情况，发现其中有 125 名学生患有不同程度的近视，问该地区九年级学生患近视的真实比率是多少？能否说患近视者接近半数？

第八章
假设检验

【教学目标】理解假设检验的一般原理和步骤，掌握平均数的显著性检验，平均数差异显著性检验，方差、标准差差异的检验，各类相关系数的检验，比率的显著性检验方法与步骤。

【学习重点】假设检验的一般原理，平均数的显著性检验，平均数差异显著性检验，方差、标准差差异的检验，各类相关系数的检验，比率的显著性检验等假设检验方法与步骤。

在统计学中，通过检验样本统计量之间的差异做出一般性结论，判断总体参数之间是否存在差异，这种推论过程被称作假设检验（hypothesis testing）。假设检验是推论统计中最重要的内容，它的基本任务就是事先对总体参数或总体分布形态做出一个假设，然后利用样本信息来判断原假设是否合理，从而决定是否接受原假设。

假设检验包括参数检验和非参数检验。若进行假设检验时总体的分布形式已知，需要对总体的未知参数进行假设检验，被称为参数假设检验（parametric test）；若对总体分布形式所知甚少，需要对未知分布函数的形式及其他特征进行假设检验，通常被称为非参数假设检验（non-parametric test）。

本章主要讨论有关参数检验的基本概念与原理，并着重介绍平均数、方差、相关系数的检验和比率的检验等假设检验问题。

第一节 假设检验的原理

一、假设与假设检验

假设是科学研究中广泛应用的方法，它是指根据已知理论与事实对研究对象所做的假定性说明。统计学中的假设一般专指用统计学术语对总体参数所做的假定性说明。

在进行任何一项研究时，我们都需要根据已有的理论和经验事先对研究结果做出一种预想的希望证实的假设。这种假设叫科学假设，用统计术语表示时叫研究假设，记作 H_1。

【例8-1】某班级进行比奈智力测验，结果 $\overline{X}=110$，已知比奈测验的常模 $\mu_0=100$，$\sigma_0=16$，问该班智力水平（不是这一次测验结果）是否确实与常模水平有差异。

研究这个问题，是想通过一次测验结果看该班智力水平是否真与一般水平不同，亦即检验这一次结果与常模水平差异是否显著。若以 μ_1 表示该班多次测验结果的总平均或表示总体中与该班相似的多个班级的平均结果，则检验的目的是要证实 $\mu_1\neq\mu_0$，因而研究假设为 $H_1:\mu_1\neq\mu_0$。

在统计学中不能对 H_1 的真实性直接检验，需要建立与之对立的假设，称作虚无假设（null hypothesis），或无差假设、零假设、原假设，记为 H_0。在假设检验中 H_0 总是作为直接被检验的假设，而 H_1 与 H_0 对立，二者择一，因而 H_1 有时又叫作对立假设或备择假设（alternative hypothesis），它的意思是一旦有充分理由否

定虚无假设 H_0，则 H_1 这个假设备你选择。假设检验的问题，就是要判断虚无假设 H_0 是否正确，决定接受（accept）还是拒绝（reject）虚无假设 H_0。若拒绝虚无假设 H_0，则接受备择假设 H_1。运用统计方法若证明 H_0 为真，则 H_1 为假；反之 H_0 为假，则 H_1 为真。虚无假设与备择假设互相排斥并且只有一个正确，因而虚无假设是统计推论的出发点。虚无假设常常是根据历史资料，或经过周密考虑后确定的，若没有充分的依据，虚无假设是不能被轻易否定的。著名统计学家费舍曾指出："可以说，每一实验的存在，仅仅是为了给事实一个反驳虚无假设的机会。"

二、假设检验中的小概率原理

假设检验的基本思想是概率性质的反证法。为了检验虚无假设，首先假定虚无假设为真。在虚无假设为真的前提下，如果导致违反逻辑或违背人们常识和经验的不合理现象出现，则表明"虚无假设为真"的假定是不正确的，也就不能接受虚无假设。若没有不合理现象出现，那就认为"虚无假设为真"的假定是正确的，也就是说要接受虚无假设。在【例8-1】中，需要先建立虚无假设 $H_0:\mu_1=\mu_0$，即先假设该班总的平均 μ_1 与 μ_0 无差异。如果有把握证明 H_0 是假，则 H_1 得证；若没有把握证明 H_0 是假，则说明 H_1 不能接受。这种"反证法"是统计推论的一个重要特点。

假设检验中的"反证法"思想不同于

纯数学中的反证法，后者是在假设某一条件导致逻辑上的矛盾从而否定原来的假设条件。假设检验中的"不合理现象"是指小概率事件在一次试验中发生了，它是基于人们在实践中广泛采用的小概率事件原理，该原理认为"小概率事件在一次试验中几乎是不可能发生的"。例如，飞机失事是小概率事件，所以人们深信在一次外出旅途中乘飞机几乎不会遇到意外，因而人们总是安然地飞来飞去。假设推断的依据就是小概率事件原理。通常情况下，将概率不超过 0.05 的事件当作"小概率事件"，有时也定为概率不超过 0.01 或者 0.001。

三、假设检验中的两类错误

(一) Ⅰ型错误与Ⅱ型错误

如图 8-1 所示，$\overline{X}_i$ 为从总体（平均数 μ_0）中抽取的任意一个样本平均数，它可能大于 μ_0 也可能小于 μ_0，但只要没有超出左右两个临界线落到阴影区，$\overline{X}_i$ 与 μ_0 的差异就被认为仅由抽样误差所致，或者说 $\overline{X}_i$ 与 μ_0 差异不显著，这时不能推翻虚无假设（H_0：$\mu_1 = \mu_0$）。如果两端的阴影区面积很小（如仅占全面积的 5%），而 $\overline{X}_i$ 却落到了阴影区，即很难发生的情况（小概率事件）出现了，那么就有充分理由否定虚无假设 H_0，这时就要推翻 H_0，或者说 $\overline{X}_i$ 与 μ_0 的差异显著。即使阴影区面积再小，如两端加起来占全面积的 1%（$\alpha = 0.01$），按照概率法则，任意抽取的 $\overline{X}_i$ 仍有 1% 的可能落入该区域，这时 H_0

仍有 1% 的可能是真，因而按上述分析，做出 $\overline{X}_i$ 与 μ_0 差异显著的结论，犯错误的可能就有 1%。统计学中将这类拒绝 H_0 时所犯的错误称作Ⅰ型错误（type Ⅰ error），由于这类错误的概率以 α 表示，故又常常称为 α 型错误。α 代表着某一个显著性水平，若 $\alpha = 0.05$，习惯上称 $\overline{X}_i$ 与 μ_0 的差异在 0.05 水平显著；若 $\alpha = 0.01$ 则表明 $\overline{X}_i$ 与 μ_0 的差异在 0.01 水平显著。如果 $\overline{X}_i$ 未落入阴影区内，但按照上述分析，要接受 H_0（等于拒绝 H_1）时，同样也会犯错误，统计学中称这类接受 H_0（或说拒绝 H_1）时所犯的错误为Ⅱ型错误（type Ⅱ error），这类错误的概率以 β 表示，因而又叫作 β 型错误。也就是说，接受 H_0 时并不等于说二者 100% 没有差异，同样有犯错误的可能性，不能由此得出没有差异的结论。这一点非常重要，同时也是初学者常常误解的问题。

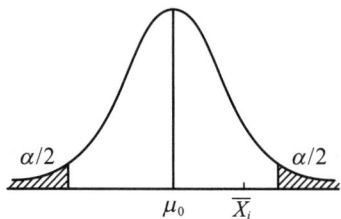

图 8-1 假设原理示意图

综上所述，总体的真实情况往往是未知的，根据样本推断总体，有可能犯两类错误。①虚无假设 H_0 本来是正确的，但拒绝了 H_0，这类错误被称为弃真错误，即Ⅰ型错误。②虚无假设 H_0 本来不正确但却接受了 H_0，这类错误被称为取伪错误，即Ⅱ型错误。假设检验的各种可能结果如图 8-2 所示。

	接受 H_0	拒绝 H_0
H_0 为真	正确 概率＝$1-\alpha$（置信度）	Ⅰ型错误（α 型错误） 概率＝α（显著性水平）
H_0 为假	Ⅱ型错误（β 型错误） 概率＝β	正确 概率＝$1-\beta$（统计检验力）

图 8-2　假设检验的各种可能结果

一个好的检验应该在样本容量 n 一定的情况下，使犯这两类错误的概率 α 和 β 都尽可能小，但 α 不能定得过低，否则会使 β 大幅度增加。在实际问题中，一般总是控制犯Ⅰ型错误的概率 α，使 H_0 成立时犯Ⅰ型错误的概率不超过 α。在这种原则下的统计假设检验问题称为显著性检验（significance test），将犯Ⅰ型错误的概率 α 称为假设检验的显著性水平。

由此看来，无论是拒绝还是接受 H_0，都有犯错误的可能，但只要把犯错误的概率规定在统计学上所允许的范围之内，所做的统计判断或结论即成立。这种带有概率性质的推理是统计推论的又一个重要特色。

经过检验，如果所得差异超过了统计学规定的某一误差限度，则表明这个差异已不属于抽样误差，而是总体上确有差异，这种情况叫作差异显著（significant difference），或者说差异具有统计学意义。反之，若所得差异未达到规定限度，说明该差异主要来源于抽样误差，这时称为差异不显著。具体而言，若样本统计值与相应总体已知参数差异显著，意味着该样本已基本不属于已知总体；若两个样本统计值的差异显著，则意味各自代表的两个总体的参数之间确实存在差异。需要注意的是假设检验中的"显著"与实际问题中效果的"显著"有一定的区别。前者是统计学概念而后者是专业上常用的术语。当从统计学意义说"存在显著性差异"时，实际上的"显著效果"还要根据专业标准而定。就是说，统计结论"显著"并不一定意味着实际效果"显著"。

（二）两类错误的关系
1. $\alpha + \beta$ 不一定等于 1
α 与 β 是在两个前提下的概率。α 是拒绝 H_0 时犯错误的概率（这时前提是"H_0 为真"）；β 是接受 H_0 时犯错误的概率（这时前提是"H_0 为假"），所以 $\alpha+\beta$ 不一定等于 1。结合图 8-3 分析如下。

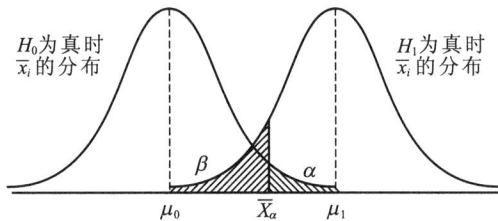

图 8-3　α 与 β 的关系示意图

如果 H_0：$\mu_1 = \mu_0$ 为真，关于 $\overline{X}_i$ 与 μ_0 的差异就要在图 8-3 中左边的正态分布中讨论。对于某一显著性水平 α，其临界点为 $\overline{X}_\alpha$（将两端各 α/2 放在同一端）。$\overline{X}_\alpha$ 右边表示 H_0 的拒绝区，面积比率为 α；左边表示 H_0 的接受区，面积比率为 $1-\alpha$。在"H_0 为真"的前提下随机得到的 $\overline{X}_i$ 落到拒绝区时我们拒绝 H_0 是犯了错误的。由于 $\overline{X}_i$ 落到拒绝区的概率为 α，因此拒绝在"H_0 为真"时所犯错误（Ⅰ型）的概率等于 α。而又落到 H_0 的接受区时，由于前提仍是"H_0 为真"，因此接受 H_0 是正确决定，$\overline{X}_i$ 落在接受区的概率为 $1-\alpha$，那么正确接受 H_0 的概率就等于 $1-\alpha$，如 $\alpha = 0.05$ 则 $1-\alpha = 0.95$，这 0.05 和 0.95 均为"H_0 为真"这一前提下的两个概率，一个指犯错误的可能性，一个指正确决定的可能性，这二者之和当然为 1。但讨论 β 错误时前提就改变了，要在"H_0 为假"这一前提下讨论。对于 H_0 是真是假我们事先并不能确定，如果 H_0 为假，等价于 H_1 为真，这时需要在图 8-3 中右边的正态分布中讨论（H_1：$\mu_1 > \mu_0$），它与在"H_0

为真"的前提下所讨论的相似，$\overline{X}_i$ 落在临界点左边时要拒绝 H_1（接受 H_0），而前提 H_1 为真，因而犯了错误，这就是Ⅱ型错误，其概率为 β。很显然，当 $\alpha = 0.05$ 时，β 不一定等于 0.95。

2. 在其他条件不变的情况下，α 与 β 不可能同时减小或增大

这一点从图 8-3 也可以清楚看到。当临界点 $\overline{X}_\alpha$ 向右移时，α 减小，但此时 β 一定增大；反之 $\overline{X}_\alpha$ 向左移则 α 增大 β 减小。一般在差异检验中主要关心的是能否有充分理由拒绝 H_0，从而证实 H_1，所以 α 在统计中规定得较严。心理学实验研究中 α 至多不能超过 0.05，教育调查研究中有时可相对稍宽一些。至于 β 往往就不予重视了。其实许多情况需要在规定 α 的同时尽量减小 β，这种情况最直接的方法是增大样本容量。因为样本平均数分布的标准误为 $\dfrac{\sigma}{\sqrt{n}}$，当 n 增大时样本平均数分布将变得陡峭，在 α 和其他条件不变时 β 会减小（见图 8-4）。

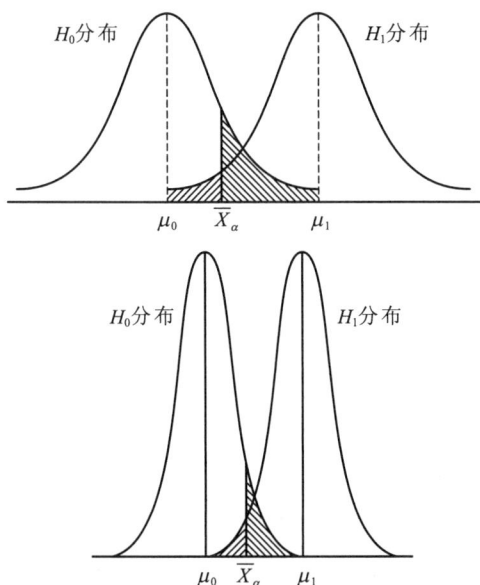

图 8-4 不同标准误影响 β 大小示意图

3. 统计检验力

在图 8-3 中，当 H_1 为真时讨论 $\overline{X}_i$ 分布的 β 错误已指出，$\overline{X}_i$ 落到临界点左边时拒绝 H_1 所犯错误的概率为 β。那么 $\overline{X}_i$ 落在临界点右边时接受 H_1 则为正确决定，其概率等于 $1-\beta$。换言之，当 H_1 为真，即 μ_1 与 μ_0 确实有差异时（见图 8-4），μ_1 与 μ_0 的距离即表示 μ_1 与 μ_0 的真实差异，能以 $1-\beta$ 的概率接受之。

如图 8-4 所示，当 α 以及其他条件不变时，减小 μ_1 与 μ_0 的距离势必引起 β 增大、$1-\beta$ 减小。也就是说，其他条件不变，μ_1 与 μ_0 真实差异很小时，正确接受 H_1 的概率变小了。或者说正确地检验出

真实差异的把握度降低了。相反，若其他条件不变，μ_1 与 μ_0 的真实差异变大时，$1-\beta$ 增大即接受 H_1 的把握度增大。所以说 $1-\beta$ 反映了正确辨认真实差异的能力。统计学中称 $1-\beta$ 为统计检验力（power of test）。所谓统计检验力，就是在虚无假设为假的前提下，正确地拒绝了这一错误虚无假设的概率，其概率值为 $1-\beta$，即避免犯第二类错误的概率。假如真实差异很小时，某个检验仍能以较大的把握接受它，就说这个检验的统计检验力比较大。

α 水平可以影响统计检验力。从统计检验力的估计原理中可以发现，当备择假设的分布确定后，可确定 α 水平与相应的临界值。通过计算 Z 值与 α 临界值的差，便可确定犯 β 型错误的概率和统计检验力 $1-\beta$ 的大小。也就是说，统计检验力的大小与设定的 α 水平，即拒绝零假设的临界值有关。但在通常情况下，为了将 I 型错误概率保持在一个较低水平，不会对 α 水平进行调整。此外，由于在单侧或双侧检验中 α 临界值的设定不同，因此在一个研究中，究竟是进行单侧还是双侧检验，也会通过影响 α 的临界值位置而进一步影响统计检验力。

另外，通过控制样本量，也可改变统计检验力的大小。当效果量固定时，一定条件下，样本量越大，统计检验力也越大。

【资料卡 8-1】

效果量的含义与类别

美国心理学会新版《写作手册》中明确规定，研究者在检验自己的研究假设时，必须考虑采取严格的统计检验力。为了让读者充分了解其研究发现的重要性，在描述研究结果时，有必要呈现效果量（effect size）指数或关系强度值（strength of relationship）（美国心理学会，2008）。这样可以让读者了解样本统计量之间的差异程度，以及这种差异显著性在实际中的意义。

效果量是反映统计检验效果大小或处理效应大小的重要指标，它表示不同处理下的总体平均数之间差异的大小，可以在不同研究之间进行比较。它不依赖于样本大小，能反映自变量和因变量的关系强度（Rosnow & Rosenthal）。在实施研究之前，研究者可以先界定一个自己认为值得引起注意的最小值作为效果量的值，当实际效应小于这个值就被认为是不重要的。那么，效果量的临界值界定为多少才合适呢？需要根据研究的理论背景、已有的相关研究、实际研究的成本效益等进行全面考虑。

描述效果量的指标有很多种（Elmore，2001），每种都有其独特的使用范围。根据研究者感兴趣的问题，效果量的指标可以分为两大类。

第一大类，以科恩（Cohen）提出的 d 值为代表的标准化差异指标，包括科恩提出的 d 值，赫奇（Hedge）提出的 g 值。这类统计量适用于检验两个特定组之间的差异。

第二大类，以 η^2 为代表的方差解释比例指标，包括 η^2、偏 η^2 等，表示因变量的变异中有多少变异能被某自变量解释。这类统计量关注总体检验（ominous test）的效应量大小，即就总体而言，自变量的各个水平之间的差异大小。但在实际研究中，研究者更关注某两个特定的水平之间的差异大小。

除此之外，常用的效果量指标还有 r 值，包括皮尔逊相关、斯皮尔曼相关、点二列相关、phi 相关等在内的一系列相关系数；以及优势比，包括优势比、相对风险、风险差异等。

四、单侧检验与双侧检验

对于【例 8-1】所做的假设为：

$H_0: \mu_1 = \mu_0$

$H_1: \mu_1 \neq \mu_0$

尽管我们得到的 $\overline{X}=110$，比 μ_0 大，但从其总体 μ_1 看可能比 μ_0 大也可能比 μ_0 小。而我们关心的是 μ_1 与 μ_0 是否有差异，并不关心到底 μ_1 比 μ_0 大还是小。所以这时 μ_0 两侧都需一个临界点，临界点以外的区域为 H_0 的拒绝区。如果显著性水平 α 定为 0.05 则两端拒绝区的面积比率各为 0.025（见图 8-5）。这种只强调差异而不强调方向性的检验叫作双侧检验（two-sided test 或者 two-tailed test）。

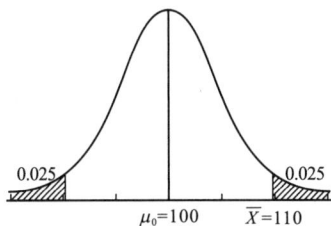

图 8-5　双侧检验示意图

如果【例 8-1】改为某重点学校的重点班做比奈智力测验，则这时所关心的是能否说该班智力水平显著地高于常模水平。由于是"重点"，所以比较有把握的是该班水平起码不会低于常模水平。因而所做的假设为：

$$H_0: \mu_1 \not> \mu_0 \ (\mu_1 \leqslant \mu_0)$$

$$H_1: \mu_1 > \mu_0$$

在 H_0 的分布中拒绝区就只有高于 H_0 的一端了（前面在图 8-3 中分析 α 与 β 错误的关系时也是以这种情况为例的）。反之，如果研究对象不会高于一般水平，目的在于检验其是否显著低于一般水平，则 α 区域集中于 μ_0 的另一端。这种强调某一方向的检验叫单侧检验（one-sided test 或者 one-tailed test）（见图 8-6），通常适用

于检验某一参数是否"大于"或"优于""快于"及"小于""劣于""慢于"另一参数等一类问题。

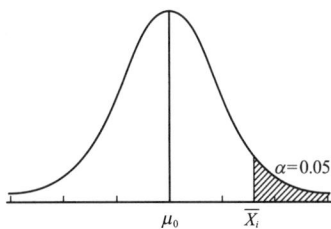

图 8-6　单侧检验示意图

在实际研究中何时用单侧检验何时用双侧检验，一定要根据研究目的所规定的问题的方向性来确定，绝不可以按照自己所希望出现的结果而随心所欲地选用。从图 8-7 中可以看到，显著性水平 $\alpha = 0.05$ 不变，双侧检验比单侧检验的临界点更远离 μ_0，图中 $\overline{X}_i$ 的位置在单侧检验时就拒绝 H_0，而双侧检验时不能拒绝 H_0。从前面的分析中已知临界点向远离 μ_0 方向移动时 β 错误将增大。因此应该用单侧检验的问题，若使用双侧检验，其结果一方面可能使结论由"显著"变为"不显著"（如图中 $\overline{X}_i$ 位置）；另一方面也增大了 β 错误。反之，应当用双侧检验的问题若用单侧来检验，虽然减小了 β 错误，但是使无方向性的问题人为地成为单方向问题，这也有悖于研究目的。

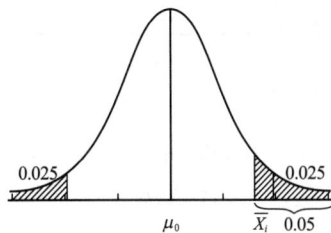

图 8-7　单侧与双侧检验的概率不同

五、假设检验的步骤

一个完整的假设检验过程和具体分析步骤，包括以下五个方面的内容。

第一，根据问题要求，提出虚无假设和备择假设。以平均数的显著性检验为例，其假设检验有下面三种类型：①H_0：$\mu_1 = \mu_0$，H_1：$\mu_1 \neq \mu_0$，为双侧检验；②H_0：$\mu_1 \geqslant \mu_0$，H_1：$\mu_1 < \mu_0$，为单侧（左侧）检验；③H_0：$\mu_1 \leqslant \mu_0$，H_1：$\mu_1 > \mu_0$，为单侧（右侧）检验。这三个假设检验的拒绝域如图 8-8、图 8-9、图 8-10 所示。

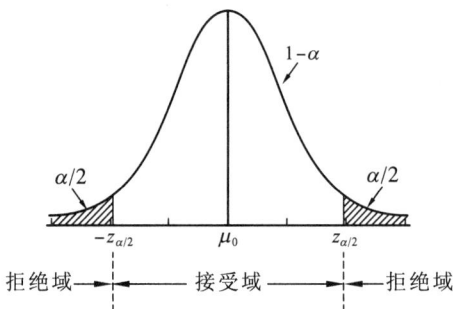

图 8-8　总体均值双侧检验拒绝域示意图

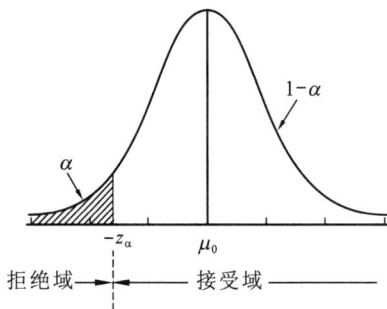

图 8-9　总体均值单侧（左侧）检验
拒绝域示意图

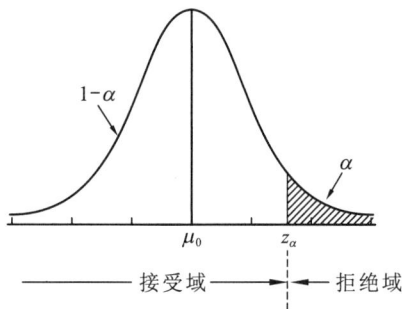

图 8-10　总体均值单侧（右侧）检验
拒绝域示意图

第二，选择适当的检验统计量。样本来自总体，包含着关于总体参数的信息，然而，直接用样本原始观测值检验假设是困难的，必须借助于根据样本构造出的统计量，而且对不同类型的问题需要选择不同的检验统计量。

第三，规定显著性水平 α。在假设检验中有可能会犯错误。如果虚无假设正确，却把它当成错误的加以拒绝，犯这类错误的概率用 α 表示，α 就是假设检验中的显著性水平。显著性水平确定以后，拒绝域也随之而定，而且对于不同的假设形式，拒绝域是不同的。

显著性水平的大小应根据研究问题的实际情况而定，对于接受备择假设而言，若要求结果比较精确，则显著性水平 α 应小一些；反之，若要求结果不那么精确，则 α 可稍大一些。值得注意的是，显著性水平的大小有时会影响假设检验的结果，如对于同一问题，当 $\alpha = 0.05$ 时，拒绝了虚无假设，当 $\alpha = 0.01$ 时就可能接受虚无假设。

第四，计算检验统计量的值。根据样

本资料计算出检验统计量的具体值。

第五，做出决策。根据显著性水平 α 和统计量的分布，查相应的统计表，查找接受域和拒绝域的临界值，用计算出的统计量的具体值与临界值相比较，做出接受虚无假设或拒绝虚无假设的决策。

另外，在假设检验中需要注意的是，在处理或调查实验数据时，经常讨论有关两个平均数、两个比率、两个方差、两个相关系数这些统计值之间的差异问题。一般分为两种情况：①样本统计量与相应总体参数间的差异；②两个样本统计量之间的差异。

第二节 平均数的显著性检验

平均数的显著性检验是指对样本平均数与总体平均数之间差异进行的显著性检验。若检验的结果差异显著，表明样本平均数的总平均 μ_1 与总体平均数 μ_0 有差异，或者说样本平均数 $\overline{X}$ 与总体平均数 μ_0 的差异已不能认为完全是抽样误差了，$\overline{X}$ 可以认为来自另一个总体。这时，这个样本平均数 $\overline{X}$ 简称为"显著"。根据总体分布的形态及总体方差是否已知，其具体检验过程分为下面几种情况。

一、总体正态分布、总体方差已知

当总体正态分布、总体方差已知时，可以用样本平均数分布的标准误按正态分布去计算临界比率，并从正态分布表中查出临界点的值。现在以实例来介绍这种检验过程。

【例 8-2】全区统一考试物理平均分 $\mu_0 = 50$，标准差 $\sigma_0 = 10$ 分。某校一个班的 $(n = 41)$ 平均成绩 $\overline{X} = 52.5$ 分，问该班成绩与全区平均成绩差异是否显著？

解：设全区考生成绩服从正态分布。

①从表面看该班成绩 52.5 分，高于全区平均分，但是并没有任何依据说明该班真实水平比全区分数高。假若能再进行等值试卷的考试，也许该班成绩比 μ_0 又低了。换言之，从总体上看该班真实水平 μ_1 比 μ_0 是高还是低并不知道，因而需要用双侧检验。

$H_0 : \mu_1 = \mu_0$

$H_1 : \mu_1 \neq \mu_0$

②算出样本平均数分布的标准误（用 $\sigma_{\overline{X}}$ 或 $SE_{\overline{X}}$ 表示）

$$\sigma_{\overline{X}} = SE_{\overline{X}} = \frac{\sigma_0}{\sqrt{n}} = \frac{10}{\sqrt{41}} = 1.56$$

③计算临界比率 CR（critical ratio）

$$CR = \frac{\overline{X} - \mu_0}{SE_{\overline{X}}} = \frac{52.5 - 50}{1.56} = 1.6$$

CR 的意义与标准分数 Z 相似。在总体分布为正态、总体方差已知时，临界比率 CR 一般用 Z 表示：

$$Z = \frac{\overline{X} - \mu_0}{SE_{\overline{X}}} \qquad \text{（公式 8-1）}$$

也有的书写作 $\mu = \frac{\overline{X} - \mu_0}{SE_{\overline{X}}}$，所以这种情况的检验方法又称 Z 检验或 μ 检验。Z 或 μ 可能是负值，但负值只表示差异的方向与正值时相反，查表时不影响结果。显然，临界比率的分布是以 0 为中心的标准正态分布（如图 8-11）。

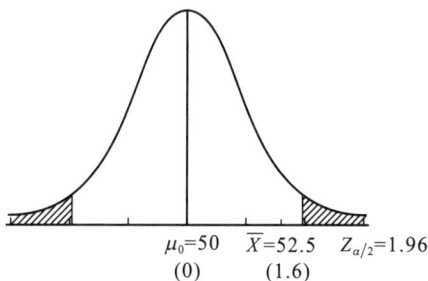

$\mu_0 = 50$ $\overline{X} = 52.5$ $Z_{\alpha/2} = 1.96$
(0)   (1.6)

图 8-11　临界比率示意图

若显著性水平 α 定为 0.05（$Z_{\alpha/2} = 1.96$，因为是双侧检验），如前所述，实际算得的 Z 值超过 $Z_{\alpha/2}$ 时，拒绝 H_0 所犯 I 类错误的概率不足 0.05，在统计学中认为这时 $\overline{X}$ 与 μ_0 的差异在 0.05 水平上显著（用 $p < 0.05$ 表示）。本例题实得 $Z = 1.6$（对应着 $\overline{X} = 52.5$），未达到 1.96，如果拒绝 H_0 则所犯 I 类错误的概率大于 0.05，即 $p > 0.05$，这时不能拒绝 H_0，在统计学中认为这时 $\overline{X}$ 与 μ_0 的差异在 0.05 水平上不显著。通俗地说，这个差异具有一定

偶然性。如果有可能用等值的同类测验再测一次，$\overline{X}$ 也许比 μ_0 又低了。如有可能测 100 次的话，将有 95 次平均分在 $50 \pm (1.96 \times 1.56)$ 区域之内。

【例 8-3】有人从受过良好早期教育的儿童中随机抽取 70 人进行韦氏儿童智力测验（$\mu_0 = 100$，$\sigma_0 = 15$），结果 $\overline{X} = 103.3$。能否认为受过良好早期教育的儿童智力高于一般水平？

解：根据题意，应该用单侧检验（设总体正态分布）

$$H_0: \mu_1 \leq \mu_0$$
$$H_1: \mu_1 > \mu_0$$

$$SE_{\overline{X}} = \frac{\sigma_0}{\sqrt{n}} = \frac{15}{\sqrt{70}} = 1.79$$

$$Z = \frac{\overline{X} - \mu_0}{SE_{\overline{X}}} = \frac{103.3 - 100}{1.79} = 1.84$$

从正态分布表查得，单侧 $\alpha = 0.05$ 时临界点 $Z_\alpha = 1.645$，而所得临界比率 $Z = 1.84 > 1.645$，$p < 0.05$，这意味着在 0.05 水平上 $\overline{X}$ 与 μ_0 的差异是显著的，或者说在 0.05 水平上 $\mu_1 > \mu_0$。从统计检验的结果可以下结论：受过良好早期教育的儿童智力高于一般水平。

二、总体正态分布、总体方差未知

总体正态分布、总体方差未知时进行样本平均数与总体平均数差异的检验，其基本原理与总体正态分布、总体方差已知时相同，所不同的是在计算标准误时，由于总体方差未知，要用其无偏估计量样本标准差 s（$s = \sqrt{\frac{\sum x^2}{n-1}}$）来代替 σ_0，即

$SE_{\bar{X}}=\dfrac{s}{\sqrt{n}}$。这时临界比率的分布服从 t 分布，因而总体方差未知时所进行的检验称作 t 检验。

$$t=\frac{\bar{X}-\mu_0}{\dfrac{s}{\sqrt{n}}} \qquad (df=n-1)$$

（公式 8-2）

【例 8-4】某心理学家认为一般汽车司机的视反应时平均为 175 毫秒，有人随机抽取 36 名汽车司机作为研究样本进行了测定，结果平均值为 180 毫秒，标准差 25 毫秒。能否根据测试结果否定该心理学家的结论？（假定人的视反应时符合正态分布）

解：已知 $\mu_0=175$，μ_1 指样本 $\bar{X}$ 的总平均，$\bar{X}=180$，$s=25$，$n=36$

设 H_0：$\mu_1=\mu_0$

　　H_1：$\mu_1\neq\mu_0$

$$SE_{\bar{X}}=\frac{s}{\sqrt{n}}=\frac{25}{\sqrt{36}}=4.17$$

$$t=\frac{\bar{x}-\mu_0}{SE_{\bar{X}}}=\frac{180-175}{4.17}=1.199$$

查 t 分布表（双侧）$df=35$，$t_{0.05/2}=2.03$。$1.199<2.03$，即 $p>0.05$，表明否定 H_0 时犯错误的概率大于 0.05，因而从统计学角度不能否定 H_0。

答：样本平均值（180）与总体平均值（175）的差异不显著。因此不能否定心理学家的结论。

从 t 分布表中可以看到，在某一显著性水平下，随着 df 的增大，t_α 逐渐接近 Z_α。例如，$df=10$ 时，$t_{0.05/2}=2.23$；$df=120$ 时，$t_{0.05/2}=1.98$，非常接近 1.96。

因而在实际使用中，当 $n\geqslant30$ 时，t 分布常常被近似地按正态分布对待，这时检验就近似地应用 Z 检验 $\left(Z'=\dfrac{\bar{X}-\mu_0}{\dfrac{s}{\sqrt{n}}}\right)$，但 $n<30$ 时则必须用 t 检验。因此，Z 检验又叫大样本检验，t 检验又叫小样本检验。

但是，由于 $n\to\infty$ 时，$t_{0.05/2}$ 才等于 1.96，除此而外，一般 t_α 总是大于相应的 Z_α。因此，在理论上（或实际应用要求严格时）只要总体为正态分布、总体方差已知，不论 $n\geqslant30$ 还是 $n<30$ 都应该用 Z 检验，而总体为正态分布、总体方差未知时，即使 $n\geqslant30$ 也没有必要做近似 Z 检验，应该做 t 检验。

三、总体非正态分布

在心理和教育领域中，大部分连续变量在总体上都可以看成正态分布，所以前面介绍 Z 检验、t 检验时并没有对总体是否正态分布做严格检验。如果有理由认为某一变量的总体分布不是正态，原则上是不能进行 Z 检验或 t 检验的，应该进行非参数检验。有时也可以对原始数据进行对数转换或其他转换，使非正态数据转化为正态形式，然后再做 Z 检验或 t 检验。

但是如果样本容量较大，也可以近似地应用 Z 检验。根据中心极限定理在样本容量很大时，从平均数 μ_0、标准差 σ_0 的总体（无论正态与否）中随机抽样，样本平均数 $\bar{X}$ 的分布将随着样本容量的增大而趋于正态分布，而与该变量在总体中的分布无关，且 $\mu_{\bar{X}} = \mu_0$，$SE_{\bar{X}} = \dfrac{\sigma_0}{\sqrt{n}}$。最终都可依据正态分布的检验公式对它进行分析。

一般认为当 $n \geqslant 30$（也有认为 $n \geqslant 50$）时，尽管总体分布非正态，对于平均数的显著性检验仍可以用 Z 检验。（当然，这时的 Z 检验是近似的，故以 Z' 表示。）即

$$Z' = \frac{\bar{X} - \mu_0}{\dfrac{\sigma_0}{\sqrt{n}}}$$

当总体标准差 σ_0 未知时，由于样本容量较大，可以直接用样本标准差 s 代替上式中的 σ_0：

$$Z' = \frac{\bar{X} - \mu_0}{\dfrac{s}{\sqrt{n}}} \qquad \text{（公式 8-3）}$$

【例 8-5】某省进行数学竞赛，结果分数的分布不是正态，总平均分 43.5。其中某县参加竞赛的学生 168 人，$\bar{X} = 45.1$，$s = 18.7$，该县平均分与全省平均分有否显著差异？

解：$n = 168$，大于 50，符合使用近似 Z 检验的条件

$$Z' = \frac{\bar{X} - \mu_0}{\dfrac{s}{\sqrt{n}}} = \frac{45.1 - 43.5}{\dfrac{18.7}{\sqrt{168}}}$$

$$= 1.11 < 1.96$$

即 $p > 0.05$

答：县平均分与省平均分无显著差异。

当总体非正态分布，$n < 30$ 时，不符合近似 Z 检验的条件。严格讲此时也不符合 t 检验的条件，因为 t 检验一定要以总体正态分布为前提，所以不能一遇到小样本就进行 t 检验。这时的检验只能用非参数方法或对数据进行转换。

第三节 平均数差异的显著性检验

平均数差异的显著性检验，就是对两个样本平均数之间差异的检验。这种检验的目的在于由样本平均数之间的差异 $(\bar{X}_1 - \bar{X}_2)$ 来检验各自代表的两个总体之间的差异 $(\mu_1 - \mu_2)$。这时需要考虑的条件更复杂些，不但要考虑总体分布和总体方差，还需要注意两个总体方差是否一致、两个样本是否相关以及两个样本容量是否相同等一系列条件。不同条件下需用不同的公式，不能用错，这是在实际应用中特别要引起重视的问题。

一、两个总体都是正态分布、两个总体方差都已知

从第一个总体 (μ_1, σ_1^2) 中抽取一个样本算出 $\bar{X}_1$，再从第二个总体 (μ_2, σ_2^2)

中抽取一个样本算出 $\overline{X}_2$，两个样本平均数之间的差异记为 $D_{\overline{X}}=\overline{X}_1-\overline{X}_2$。若两个总体都是正态分布，则 $D_{\overline{X}}$ 的分布仍为正态。设 $D_{\overline{X}}$ 的总体平均为 $\mu_{D_{\overline{X}}}$，很容易证明 $\mu_{D_{\overline{X}}}=\mu_1-\mu_2$。这时对两个样本平均数差异（$\overline{X}_1-\overline{X}_2$）的显著性检验实际上就是对 $D_{\overline{X}}$ 与 $\mu_{D\overline{X}}$ 差异的检验。

如图 8-12 所示，将 $D_{\overline{X}}$ 与前一节中的 $\overline{X}$ 相类比，则 $\overline{X}_1-\overline{X}_2$ 之间差异显著性检验可以转化为对一个统计量 $D_{\overline{X}}$ 的显著性检验，二者在本质上没有区别。只是根据不同的具体条件，$D_{\overline{X}}$ 样本分布的标准误公式有所不同。

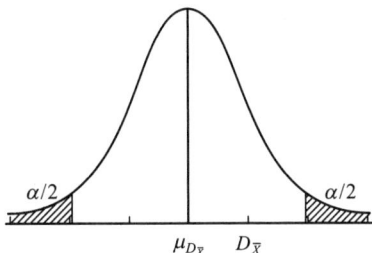

图 8-12　平均数差异检验示意图

（一）独立样本的平均数差异检验

方差的一个重要性质是当两个变量相互独立时，其和（或差）的方差等于各自方差的和：

$$\sigma^2_{(X\pm Y)}=\sigma^2_X+\sigma^2_Y \qquad \text{（公式 8-4）}$$

因此 $\overline{X}_1$ 与 $\overline{X}_2$ 独立时，（$\overline{X}_1-\overline{X}_2$）的方差（这里实际上是标准误的平方）应等于各自分布的方差之和：$\sigma^2_{D_{\overline{X}}}=SE^2_{D_{\overline{X}}}=SE^2_{\overline{X}_1}+SE^2_{\overline{X}_2}$

则 $SE_{D_{\overline{X}}}=\sqrt{\dfrac{\sigma^2_1}{n_1}+\dfrac{\sigma^2_2}{n_2}}$ （公式 8-5a）

则 $Z=\dfrac{(\overline{X}_1-\overline{X}_2)-(\mu_1-\mu_2)}{SE_{D_{\overline{X}}}}$

$\qquad =\dfrac{D_{\overline{X}}-\mu_{D_{\overline{X}}}}{SE_{D_{\overline{X}}}}$ （公式 8-5b）

【例 8-6】从某地区的六岁儿童中随机抽取男童 30 人，身高平均为 $\overline{X}_1=114\text{cm}$，抽取女童 27 人平均身高 $\overline{X}_2=112.5\text{cm}$。根据以往资料，该地区六岁男童身高的标准差 $\sigma_1=5\text{cm}$，女童身高标准差 $\sigma_2=6.5\text{cm}$。能否根据这一次抽样测量的结果下结论：该地区六岁男女儿童身高有显著差异。

解：已知 $n_1=30$，$\overline{X}_1=114$，$\sigma_1=5$，

$\qquad n_2=27$，$\overline{X}_2=112.5$，

$\qquad \sigma_2=6.5$

① 设 H_0：$\mu_1=\mu_0$

$\qquad H_1$：$\mu_1\neq\mu_0$

② 根据公式 8-5a

$$SE_{D_{\overline{X}}}=\sqrt{\dfrac{\sigma^2_1}{n_1}+\dfrac{\sigma^2_2}{n_2}}=\sqrt{\dfrac{5^2}{30}+\dfrac{6.5^2}{27}}$$

$$=1.55$$

③ 由于设定 H_0：$\mu_1=\mu_0$，因此，$\mu_{D_{\overline{X}}}=0$

$$Z=\dfrac{D_{\overline{X}}-\mu_{D_{\overline{X}}}}{SE_{D_{\overline{X}}}}=\dfrac{D_{\overline{X}}-0}{SE_{D_{\overline{X}}}}$$

$$=\dfrac{114-112.5}{1.55}=0.97$$

$0.97<1.96$　　　即 $p>0.05$

答：该地区六岁儿童男女身高差异不显著。

（二）相关样本的平均数差异检验

所谓相关样本，这里的意思是指两个样本的数据之间存在一一对应的关系，如同一组被试在前后两次实验或调查中的两个项目相同，这时前后两次结果则相互影响，而不独立，就可视它们为相关样本。此时，当两个变量之间的相关系数为 r 时，两变量差的方差为：$\sigma^2_{(X-Y)} = \sigma^2_X - 2r\sigma_X\sigma_Y + \sigma^2_Y$，式中的 r 即变量 X 与 Y 的相关系数。

因此，同样可以得到：

$$SE^2_{D_{\bar{X}}} = SE^2_{\bar{X}_1} + SE^2_{\bar{X}_2} - 2rSE_{\bar{X}_1}SE_{\bar{X}_2}$$

$$SE_{D\bar{X}} = \sqrt{\frac{\sigma^2_1}{n} + \frac{\sigma^2_2}{n} - 2r \cdot \frac{\sigma_1}{\sqrt{n}} \cdot \frac{\sigma_2}{\sqrt{n}}}$$

（公式 8-6）

不难看到，当 $r=0$ 时，上式即公式 8-5a，所有的独立样本实际上是相关样本的特例。

相关样本的 Z 检验仍然是：

$$Z = \frac{D_{\bar{X}}}{SE_{D_{\bar{X}}}}$$

【例 8-7】某幼儿园在儿童入园时对 49 名儿童进行了比奈智力测验（$\sigma=16$），结果平均智商 $\bar{X}_1 = 106$，一年后再对同组被试施测，结果 $\bar{X}_2 = 110$。已知两次测验结果的相关系数 $r=0.74$，问能否说随着年龄增长与一年的教育，儿童智商有了显著提高？

解：根据题意，用单侧检验。

已知 $n=49$，$\sigma=16$，$\bar{X}_1 = 106$，$\bar{X}_2 = 110$

①设 H_0：$\mu_1 = \mu_0$

H_1：$\mu_1 > \mu_0$

②$SE_{D_{\bar{X}}} = \sqrt{\frac{\sigma^2_1}{n} + \frac{\sigma^2_2}{n} - 2r \cdot \frac{\sigma_1}{\sqrt{n}} \cdot \frac{\sigma_2}{\sqrt{n}}}$

$= \sqrt{\frac{16^2 + 16^2 - 2 \times 0.74 \times 16^2}{49}}$

$= 1.65 \quad (\sigma_1 = \sigma_2 = 16)$

③$Z = \frac{D_{\bar{X}}}{SE_{D_{\bar{X}}}} = \frac{110 - 106}{1.65} = 2.42$

0.01 水平 Z 值单侧临界值为 2.32，2.42 > 2.32，即 $p < 0.01$

答：一年后儿童智商有了非常显著的提高。

二、两个总体都是正态分布、两个总体方差都未知

当总体正态分布、总体方差未知时，要用 t 检验来检验差异。这里由于两个总体方差未知，都需要用样本方差来估计，因而这时进行 t 检验需要考虑的条件更多，不但应该区分独立样本与相关样本，还需要考虑两个未知的总体方差是否相等，以及两个样本容量是否相同。

（一）独立样本的平均数差异检验

1. 两个总体方差一致或相等，即 $\sigma^2_1 = \sigma^2_2 = \sigma^2_0$

此时，两个样本平均数差数分布的标准误：

$$SE_{D_{\bar{X}}} = \sqrt{\frac{\sigma^2_1}{n_1} + \frac{\sigma^2_2}{n_2}}$$

$$=\sqrt{\sigma_0^2\left(\frac{1}{n_1}+\frac{1}{n_2}\right)}$$

（公式 8-7）

由于 σ_0^2 未知，需要用它的无偏估计量 s_1^2 和 s_2^2 分别作为各自总体方差的无偏估计，也都可以作为 σ_0^2 的无偏估计，那么用哪一个更好呢？显然将两个合并起来共同估计 σ_0^2 最好。为此应该求 s_1^2 与 s_2^2 的加权平均：

$$s_P^2=\frac{(n_1-1)\ s_{n_1-1}^2+\ (n_2-1)\ s_{n_2-1}^2}{(n_1-1)\ +\ (n_2-1)}$$

（公式 8-8）

s_P^2 称为联合方差，它是 σ_0^2 此时最好的估计值。

这时，

$$SE_{D_{\overline{X}}}=\sqrt{s_P^2\left(\frac{1}{n_1}+\frac{1}{n_2}\right)}$$

$$=$$

$$\sqrt{\frac{(n_1-1)_1s_1^2+\ (n_2-1)_2s_2^2}{n_1+n_2-2}\cdot\left(\frac{n_1+n_2}{n_1\cdot n_2}\right)}$$

（公式 8-9）

$$t=\frac{\overline{X}_1-\overline{X}_2}{SE_{D_{\overline{X}}}}\qquad (df=n_1+n_2-2)$$

【例 8-8】 在一项关于反馈对知觉判断的影响的研究中，将被试随机分成两组，其中一组 60 人作为实验组（每一次判断后将结果告诉被试），实验的平均结果 $\overline{X}_1=80$，标准差 $s_1=18$；另一组 52 人作为控制组（在实验过程中每一次判断后不让被试知道结果），实验的平均结果 $\overline{X}_2=73$，$s_2=15$。试问实验组与控制组的平均结果是否有显著差异？

解：假设实验数据服从正态分布。

已知 $n_1=60$，$\overline{X}_1=80$，$s_1=18$；$n_2=52$，$\overline{X}_2=73$，$s_2=15$

①设 H_0：$\mu_1=\mu_2$

    H_1：$\mu_1\neq\mu_2$

②两总体方差未知，据方差齐性检验结果，两样本方差的差异不显著，可以接受总体方差一致的前提假设，即 $\sigma_1^2=\sigma_2^2$，因此

$$s_P^2=\frac{(60-1)\ \times18^2+\ (52-1)\ \times15^2}{60+52-2}$$

$$=278$$

$$SE_{D_{\overline{X}}}=\sqrt{s_P^2\left(\frac{1}{n_1}+\frac{1}{n_2}\right)}$$

$$=\sqrt{278\times\left(\frac{1}{60}+\frac{1}{52}\right)}=3.16$$

③$t=\dfrac{\overline{X}_1-\overline{X}_2}{SE_{D_{\overline{X}}}}=\dfrac{80-73}{3.16}=2.22$

④根据题意，应进行双侧检验，查 t 表，当 $df=n_1+n_2-2=110$，$t_{0.05/2}=1.98$

    $2.22>1.98$ $p<0.05$

答：实验组与控制组两组结果在 0.05 水平差异显著。

在本例题中 n_1 和 n_2 都大于 30，也可以用近似 Z 检验，但这里仍用 t 检验，理由在前面已谈过。有一点值得注意，当 $n_1=n_2$ 时，标准误和 t 值公式将变为：

$$SE_{D_{\overline{X}}}=\sqrt{\frac{s_1^2+s_2^2}{n}}\quad （公式 8-10）$$

$$t=\frac{\overline{X}_1-\overline{X}_2}{\sqrt{\dfrac{s_1^2+s_2^2}{n}}}$$

（这时 $df=2n-2$）

可见在研究中取容量相同的样本，在结果处理中公式更加简单明了。

2. 两个总体方差不齐性

$\sigma_1^2 \neq \sigma_2^2$ 且未知时，平均数差异的检验问题是统计学中的一个著名问题，称为贝赫兰斯—费希尔（Behrens-Fisher）问题。此时，求两个样本的联合方差即失去意义。当用两个样本方差作为它们的无偏估计时，即

$$SE_{D_{\overline{X}}} = \sqrt{\frac{s_1^2}{n_1} + \frac{s_2^2}{n_2}} \qquad (公式\ 8\text{-}11)$$

这时 $\dfrac{\overline{X}_1 - \overline{X}_2}{SE_{D_{\overline{X}}}}$ 的分布不再是 t 分布，也不是正态分布。对于这个问题不少人提出过各种检验方法，但都不是很理想。其中柯克兰（Cochran）与柯克斯（Cox）于 1957 年提出的方法最常用。相对于格赛特 t 检验（Gosset t-test），人们称这种方法为柯克兰—柯克斯 t 检验（Cochran-Cox t-test）。公式如下：

$$t' = \frac{\overline{X}_1 - \overline{X}_2}{\sqrt{\dfrac{s_1^2}{n_1} + \dfrac{s_2^2}{n_2}}} \qquad (公式\ 8\text{-}12)$$

t' 的分布只是近似的 t 分布，因而不能将 t 分布表中 $df = n_1 + n_2 - 2$ 的临界值 t_a 作为 t' 的临界值。t' 的临界值要用公式 8-13 计算。

$$t_a' = \frac{SE_{\overline{X}_1}^2 \cdot t_{1(a)} + SE_{\overline{X}_2}^2 \cdot t_{2(a)}}{SE_{\overline{X}_1}^2 + SE_{\overline{X}_2}^2}$$

$$(公式\ 8\text{-}13)$$

式中：$SE_{\overline{X}_1}$ 和 $SE_{\overline{X}_2}$ 分别为两个样本平均数分布的标准误；

$t_{1(a)}$ 为 t 分布中在 α 水平下与样本 1 的自由度 $df_1 = n_1 - 1$ 对应的临界值；

$t_{2(a)}$ 为 t 分布中在 α 水平下与样本 2

的自由度 $df_2 = n_2 - 1$ 对应的临界值。

若实际得到的 $t' > t_a'$ 则认为两个平均数在 α 水平差异显著。

【例 8-9】为了比较独生子女与非独生子女在社会性方面的差异，随机抽取独生子女 25 人，非独生子女 31 人，进行社会认知测验，结果独生子女 $\overline{X}_1 = 25.3$，$s_1 = 6$，非独生子女 $\overline{X}_2 = 29.6$，$s_2 = 10.2$。试问独生与非独生子女社会认知能力是否存在显著差异？

解：已知 $n_1 = 25$，$\overline{X}_1 = 25.3$，$s_1 = 6$，$n_2 = 31$，$\overline{X}_2 = 29.6$，$s_2 = 10.2$

①设 $H_0 : \mu_1 = \mu_2$

$\qquad H_1 : \mu_1 \neq \mu_2$

②对 s_1^2 和 s_2^2 进行方差齐性检验的结果表明，差异显著，意味着总体方差不等（$\sigma_1^2 \neq \sigma_2^2$），因此：

$$t' = \frac{\overline{X}_1 - \overline{X}_2}{\sqrt{\dfrac{s_1^2}{n_1} + \dfrac{s_2^2}{n_2}}}$$

$$= \frac{25.3 - 29.6}{\sqrt{\dfrac{6^2}{25} + \dfrac{(10.2)^2}{31}}} = -1.99$$

③$t_{0.05/2}' =$

$$\frac{SE_{\overline{X}_1}^2 \cdot t_{1(0.05/2)} + SE_{\overline{X}_2}^2 \cdot t_{2(0.05/2)}}{SE_{\overline{X}_1}^2 + SE_{\overline{X}_2}^2}$$

其中 $SE_{\overline{X}_1}^2 = \dfrac{s_1^2}{n_1 - 1} = \dfrac{6^2}{24} = 1.5$，

$$SE_{\overline{X}_2}^2 = \frac{s_2^2}{n_2 - 1} = \frac{10.2^2}{30} = 3.47$$

查表 $t_{1(0.05/2)} = 2.064$（$df_1 = 24$），$t_{2(0.05/2)} = 2.042$（$df_2 = 30$）

$$t_{(0.05/2)}' = \frac{1.5 \times 2.064 + 3.47 \times 2.042}{1.5 + 3.47}$$

=2.05

1.99<2.05，即 $p>0.05$

答：在这项社会认知能力上独生与非独生子女无显著差异。

当 $n_1=n_2$ 时，$t'=\dfrac{\overline{X}_1-\overline{X}_2}{\sqrt{\dfrac{s_1^2+s_2^2}{n}}}$，计算临界值的公式也变为：

$$t_a'=\frac{t_a\ (SE_{\overline{X}_1}^2+SE_{\overline{X}_2}^2)}{SE_{\overline{X}_1}^2+SE_{\overline{X}_2}^2}\quad(\text{此时}$$

$t_{1(a)}=t_{2(a)}=t_a,\ df=n-1)$

这时计算 t' 值的公式与前面方差齐性时计算 t 值的公式相同，而且计算临界值 t_a' 的公式也与 t 的临界值 t_a 相同，所不同的只是这时 t' 的自由度不是 $2n-2$ 而等于 $n-1$。说明当总体正态分布、总体方差未知且不等时，只要 $n_1=n_2$ 仍然可以近似地应用 $\sigma_1^2=\sigma_2^2$ 条件下的 t 检验（只需将自由度从 $2n-2$ 变为 $n-1$）。这实际上表明，当两总体方差不一致时，安排 $n_1=n_2$ 可以起一定的校正作用，所以在研究中应充分重视取样时 $n_1=n_2$ 的优越性。

（二）相关样本的平均数差异检验

1. 相关系数未知

用 d_i 表示每一对对应数据之差，即 $d_i=X_{1i}-X_{2i}$，其中 X_{1i} 和 X_{2i} 表示分别取自样本 1 和样本 2 的第 i 对数据。显然 n 个 d 值的平均为：

$$\overline{d}=\frac{\sum d_i}{n}=\frac{\sum\ (X_{1i}-X_{2i})}{n}$$

$$=\overline{X}_1-\overline{X}_2\qquad(\text{公式 8-14})$$

n 个 d 值的方差为：

$$s_d^2=\frac{\sum\ (d-\overline{d})^2}{n-1}=\frac{\sum d^2-\dfrac{(\sum d)^2}{n}}{n-1}$$

（公式 8-15）

当 $n\to\infty$ 时，d 值的分布是正态，这时 $\overline{d}$ 可以看作从 d 值总体中抽取的一个样本平均数，因而 $\overline{d}$ 的样本分布也是正态，其总平均：

$$\mu_{\overline{d}}=\mu_1-\mu_2$$

标准误 $SE_{\overline{d}}=\sqrt{\dfrac{s_d^2}{n}}$

$$=\sqrt{\frac{\sum d^2-\dfrac{(\sum d)^2}{n}}{n\ (n-1)}}$$

（公式 8-16a）

由于 $\overline{d}$ 即 $D_{\overline{X}}$，因此

$$SE_{D_{\overline{X}}}=\sqrt{\frac{s_d^2}{n}}\qquad(\text{公式 8-16b})$$

在这种情况下对 $\overline{d}$ 的显著性检验实际上就是对 $(\overline{X}_1-\overline{X}_2)$ 的显著性检验。由于 s_d^2 是样本得到的方差，故用 t 检验。

$$t=\frac{\overline{X}_1-\overline{X}_2}{\sqrt{\dfrac{s_d^2}{n}}}=\frac{\overline{X}_1-\overline{X}_2}{\sqrt{\dfrac{\sum d^2-\dfrac{(\sum d)^2}{n}}{n\ (n-1)}}}$$

（式中 $df=n-1$）　　　（公式 8-17）

【例 8-10】对 9 个被试进行两种夹角（15°，30°）的缪勒—莱依尔错觉实验，结果如下，问在两种夹角的情况下错觉量是否有显著差异？

被试	1	2	3	4	5	6	7	8	9
15°	14.7	18.9	17.2	15.4	15.3	13.9	20.0	16.2	15.3
30°	10.6	15.1	16.2	11.2	12.0	14.7	18.1	13.8	10.9
d_i	4.1	3.8	1.0	4.2	3.3	−0.8	1.9	2.4	4.4

解：先算出对应值的差（d_i）以及 $\overline{X}_1=16.3$，$\overline{X}_2=13.62$

经计算，d_i 的方差 $s_d^2=3.22$

$$t=\frac{\overline{X}_1-\overline{X}_2}{\sqrt{\dfrac{s_d^2}{n}}}=\frac{16.3-13.62}{\sqrt{\dfrac{3.22}{9}}}$$

$$=\frac{2.68}{0.60}=4.67$$

查 t 值表 $df=n-1=8$ 时，$t_{0.05/2}=2.306$，$t_{0.01/2}=3.355$

$$4.67>3.355 \quad 即 \ p<0.01$$

答：在两种夹角情况下，缪勒—莱依尔错觉量的差异非常显著。

2. 相关系数已知

此时，$s_d^2=s_1^2+s_2^2-2rs_1s_2$

标准误和 t 值公式为

$$SE_{D_{\overline{X}}}=\sqrt{\frac{s_1^2+s_2^2-2rs_1s_2}{n}} \quad （公式8-18）$$

$$t=\frac{\overline{X}_1-\overline{X}_2}{\sqrt{\dfrac{s_1^2+s_2^2-2rs_1s_2}{n}}} \quad （df=n-1）$$

【例 8-11】用公式 8-18 对【例 8-10】进行检验。

解：经计算，得 $\overline{X}_1=16.3$，$s_1=1.90$，$\overline{X}_2=13.62$，$s_2=2.47$，$r=0.74$

$$SE_{D_{\overline{X}}}$$

$$=\sqrt{\frac{1.90^2+2.47^2-2\times0.74\times1.90\times2.47}{9}}$$

$$=0.70$$

$$t=\frac{\overline{X}_1-\overline{X}_2}{SE_{D_{\overline{X}}}}=\frac{16.3-13.62}{0.70}$$

$$=3.83>3.355$$

答：计算结果与【例 8-10】非常相近，结论相同。

相关样本的 t 检验一般不需要事先进行方差齐性检验。因为相关样本是成对数据，即两组数据存在对应关系，这样可以求出对应数据的差（d_i），把对（$\overline{X}_1-\overline{X}_2$）的显著性检验转化为对 $\overline{d}$ 的显著性检验。因此，不需要 $\sigma_1^2=\sigma_2^2$ 前提假设的检验。而独立样本的数据并不成对，即使 $n_1=n_2$ 时两组数据也不存在对应关系，因而不可能有对应值的差（d_i），只能以两个样本方差共同对总体方差进行估计（求联合方差），必须有 $\sigma_1^2=\sigma_2^2$ 的前提。

三、两个总体非正态分布

在第二节中曾指出，当总体分布非正态时，可以取大样本（$n>30$ 或 $n>50$）进行 Z' 检验。这种方法同样适用于两个总体非正态分布的平均数差异检验。就是说，当两个样本容量都大于 30（或都大于 50）时也可以用 Z' 检验。

（一）独立样本的平均数差异检验

$$Z' = \frac{\overline{X}_1 - \overline{X}_2}{\sqrt{\dfrac{\sigma_1^2}{n_1} + \dfrac{\sigma_2^2}{n_2}}} \quad \text{（公式 8-19）}$$

$$\text{或者：} Z' = \frac{\overline{X}_1 - \overline{X}_2}{\sqrt{\dfrac{s_1^2}{n_1} + \dfrac{s_2^2}{n_2}}} \quad \text{（公式 8-20）}$$

公式 8-20 是在总体方差未知时以样本方差代替各自的总体方差。

（二）相关样本的平均数差异检验

$$Z' = \frac{\overline{X}_1 - \overline{X}_2}{\sqrt{\dfrac{\sigma_1^2 + \sigma_2^2 - 2r\sigma_1\sigma_2}{n}}} \quad \text{（公式 8-21）}$$

$$\text{或者：} Z' = \frac{\overline{X}_1 - \overline{X}_2}{\sqrt{\dfrac{s_1^2 + s_2^2 - 2rs_1s_2}{n}}}$$

（公式 8-22）

综上所述，对于两个平均数差异的显著性检验，需要考虑总体分布、总体方差、样本是否相关等多种具体条件，选用不同的计算公式。另外，还需要考虑实验设计类型，查看实验产生的结果是否适合用两个平均数差异的显著性检验方法。因为，不同的实验目的、不同的条件要求和不同的被试分组方式形成了不同的实验设计类型。不同的实验设计类型产生的研究数据，所用的统计分析方法也有所区别。在平均数之间的差异假设检验中，因为要检验的仅仅只是两组统计量，处理的数据基本上是双组实验设计（独立组、相关组、配对组、实验组、控制组、对照组等）产生的数据。在常见的双组实验设计类型中，像单组前测后测设计（只有一个实验组的前测与后测设计）、双组设计中的后测设计（只有后测的实验组与控制组设计）、前测后测设计（有前测后测的实验组与控制组设计）、独立组设计（组间设计）、相关组设计（组内设计）、配对组设计，这类实验设计产生的数据，根据实验设计的具体情况，都可以选用前面讲述的 Z 检验或 t 检验方法去处理。表 8-1 是对平均数差异显著性检验的一个小结。

表 8-1　平均数差异的显著性检验小结

总体分布	总体方差		样本情况		检验方法
正态分布	已　　知		独　　立		Z
			相　　关		Z
	未知	$\sigma_1^2 = \sigma_2^2$	独　　立		$t\ (df = n_1 + n_2 - 2)$
		$\sigma_1^2 \neq \sigma_2^2$	独立	$n_1 \neq n_2$	t'
				$n_1 = n_2$	$t\ (df = n - 1)$
		不考虑 σ_1^2、σ_2^2 是否相等	相　　关		$t\ (df = n - 1)$

续表

总体分布	总体方差	样本情况	检验方法
非正态分布	已　知	独立，n_1 与 n_2 都大于 30（或 50）	Z'
		相关，$n>30$（或 50）	Z'
	未　知	独立，n_1 与 n_2 都大于 30（或 50）	Z'
		相关，$n>30$（或 50）	Z'

【资料卡 8-2】

两 个 样 本 间 差 异 检 验 的 效 果 量 计 算 方 法

1. 两个独立样本间差异检验效果量的计算

$$d = \frac{m_1 - m_2}{s_{pooled}}$$

$$s_{pooled} = \sqrt{\frac{(n_1-1)s_1^2 + (n_2-1)s_2^2}{n_1 + n_2}}$$

在上式中，m_1、m_2 分别表示组 1 和组 2 的均值，s_1、s_2 分别表示两组各自的标准差，s_{pooled} 表示两组合并后的标准差。d 表示相较于两组各自的分数变异，两组的均值差异有多大。如果 t 值已知，也可直接用下面的公式计算效果量 d 值：

$$d = \sqrt{\frac{t(n_1 + n_2)}{(n_1 + n_2 - 2)n_1 n_2}}$$

上面公式中的 s_{pooled} 是总体标准差的有偏估计值，据此得到的效应量 d 也是真实效应量的有偏估计值。为了得到总体效应量的无偏估计值，需要采用无偏的 $s_{pooled-unbiased}$，据此计算的效应量的无偏估计值就是赫奇（Hedge）的 g 值。计算公式如下：

$$g = \frac{m_1 - m_2}{s_{pooled-unbiased}}$$

$$s_{pooled-unbiased} = \sqrt{\frac{(n_1-1)s_1^2 + (n_2-1)s_2^2}{n_1 + n_2 - 2}}$$

同样，如果 t 值已知，g 值也可以用下面公式直接计算：

$$g = \frac{t\sqrt{n_1 + n_2}}{\sqrt{n_1 n_2}}$$

2. 两个相关样本间差异检验效果量的计算

相关样本的效应量是用两次分数的差值与差值分数的标准差进行比较，计算效果量时分母有所变化：

$$d = \frac{m_1 - m_2}{\sqrt{\dfrac{\sum D^2 - \dfrac{(\sum D)^2}{N}}{N-1}}}$$

在上式中，m_1、m_2 分别表示两次测试的分数，D 代表两次测试的分数之差，N 表示配对样本的个数。如果 t 值已知，也可直接用下面的公式计算效应量 d 值：

$$d = \frac{t}{\sqrt{n}}$$

d 值为 0.2，0.5，0.8，分别表明小、中、大效果量（Cohen，1969）。当然，这一标准只是研究者根据自己的实际经验做出的主观判断，对效应量大小的解释，还应参照以往的研究成果或实际情况。

第四节 方差的差异检验

一、样本方差与总体方差的差异检验

当从正态分布的总体中随机抽取容量为 n 的样本时，其样本方差与总体方差比值的分布为 χ^2 分布，即

$$\chi^2 = \frac{(n-1)s^2}{\sigma_0^2} \quad \text{（公式 8-23）}$$

根据上式算出的 χ^2 值若落在图 8-13 中阴影区，则表明小概率事件的发生，即 s^2 与 σ_0^2 有显著差异。因此，若进行样本方差 s^2 与总体方差的差异显著性检验，只需算出 χ^2 值，然后根据自由度 $df = n-1$ 分别从 χ^2 表中查到 $\chi^2_{(1-\alpha/2)}$ 和 $\chi^2_{\alpha/2}$，定显著

性水平为 α，则当 $\chi^2 > \chi^2_{\alpha/2}$ 或 $\chi^2 < \chi^2_{(1-\alpha/2)}$ 时，s^2 与 σ_0^2 差异显著；若 $\chi^2_{(1-\alpha/2)} < \chi^2 < \chi^2_{\alpha/2}$ 时，s^2 与 σ_0^2 差异不显著。

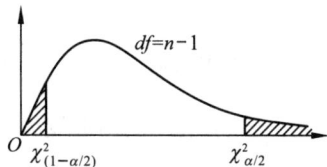

图 8-13 χ^2 分布示意图

【例 8-12】在一次全区统考中，全体学生的总方差为 18^2，而某校 40 名学生成绩的方差为 12^2，问该校学生成绩的方差与全区方差是否有显著差异？

解：$\sigma_0^2 = 18^2 = 324$，$s^2 = 12^2 = 144$，$n = 40$

则 $\chi^2 = \dfrac{(n-1)s^2}{\sigma_0^2} = \dfrac{39 \times 144}{324} = 17.33$

查 χ^2 表，当 $df = 40 - 1 = 39$ 时，$\chi^2_{0.05/2} = 59.3$，$\chi^2_{(1-0.05/2)} = 24.4$，$17.33 < 24.4$，即 $\chi^2 < \chi^2_{(1-\alpha/2)}$，$p < 0.05$

答：该校学生成绩的方差与全区方差之间存在显著差异。

二、两个样本方差之间的差异显著性检验

(一) 独立样本

在研究中，除了检验两组数据集中趋势的差异（如两个样本平均数差异的显著性检验）以外，我们还常常关心两组数据离散程度是否有显著不同，这时需要对两组数据的方差进行差异检验。也就是说，通过样本方差 s_1^2 和 s_2^2 的差异对其各自的总体方差 σ_1^2 与 σ_2^2 是否有差异进行推断。

设总体一的方差为 σ_1^2，总体二的方差为 σ_2^2。若 $\sigma_1^2 = \sigma_2^2$，则 $\dfrac{\sigma_1^2}{\sigma_2^2} = 1$，当 σ_1^2、σ_2^2 未知时，以各自的无偏估计值 $s_{n_1-1}^2$ 和 $s_{n_2-1}^2$ 代替，那么 $\dfrac{s_1^2}{s_2^2}$ 应该在 1 的附近波动。如果这个比值过大或过小则意味着 $\sigma_1^2 = \sigma_2^2$ 的假设应当推翻，即两个总体方差不等。如前所述 $\dfrac{s_1^2}{s_2^2}$ 服从 F 分布，即

$$F = \dfrac{s_1^2}{s_2^2} \quad (df_1 = n_1 - 1,\ df_2 = n_2 - 1)$$

（公式 8-24）

当 $F_{(1-\alpha/2)} < F < F_{\alpha/2}$ 时，说明两方差差异不显著（显著性水平为 α）；当 $F < F_{(1-\alpha/2)}$ 或 $F > F_{\alpha/2}$ 时，两方差的差异显著。

由于 F 分布左右不对称，F 分布理论指出 $F_{1-\alpha/2(n_1-1,n_2-1)}$ 与 $F_{\alpha/2(n_2-1,n_1-1)}$ 互为倒数，即 $F_{1-\alpha/2(n_1-1,n_2-1)} = \dfrac{1}{F_{\alpha/2(n_2-1,n_1-1)}}$，这里 $F_{\alpha/2}$ 的自由度是 $n_2 - 1$，$n_1 - 1$，即第一自由度和第二自由度互换后的 F 分布的右侧分位数的倒数。所以附表 3 中只列出了各个不同自由度下的 $F_{\alpha/2}$ 值。通常求 F 值时将较大的样本方差放在分子，较小的样本方差放在分母，即

$$F = \dfrac{s_{大}^2}{s_{小}^2}$$

这样算出的 F 值总要大于或等于 1，尽管是双侧检验，但临界点只需右端一个，直接查附表 3 即可。所以附表 3 只列出右侧临界值 $F_{\alpha/2}$（见图 8-14）。

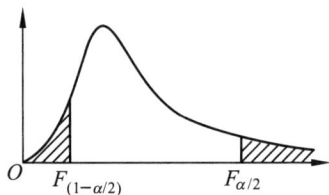

图 8-14　F 分布示意图

【例 8-13】随机抽取男生 $n_1 = 31$，女生 $n_2 = 25$，进行闪光融合频率的测定，结果男生的方差 $s_1^2 = 6^2$，女生的方差 $s_2^2 = 9^2$，试问男女生测定结果的方差是否有显著差异？

解：$F = \dfrac{s_{大}^2}{s_{小}^2} = \dfrac{9^2}{6^2} = \dfrac{81}{36} = 2.25$

分子自由度 $df = n_2 - 1 = 25 - 1 = 24$

分母自由度 $df = n_1 - 1 = 31 - 1 = 30$

查 F 值表（双侧检验），$F_{0.05/2} = 2.14$，$2.25 > 2.14$，即 $F > F_{0.05/2}$，$p < 0.05$

答：男女生闪光融合频率的方差在 0.05 水平差异显著。

在前面介绍 t 检验方法时，提到进行独立样本平均数差异的 t 检验时，有个前提条件 $\sigma_1^2 = \sigma_2^2$，而 σ_1^2 与 σ_2^2 均未知，因此在检验之前需要通过对样本方差的差异检验来证明 $\sigma_1^2 = \sigma_2^2$ 是否成立，一般称此过程为方差齐性检验（test for homogeneity of variance）。

【例 8-14】对【例 8-8】和【例 8-9】进行方差齐性检验。

解：①已知：$s_1 = 18$，$n_1 = 60$，$s_2 = 15$，$n_2 = 52$

则 $F = \dfrac{s_{大}^2}{s_{小}^2} = \dfrac{18^2}{15^2} = 1.44$

分子自由度 $df = n_1 - 1 = 60 - 1 = 59$

分母自由度 $df = n_2 - 1 = 52 - 1 = 51$

查附表 3，$F_{0.05/2} = 1.73$，因 $1.44 < 1.73$，$F < F_{0.05/2}$，$p > 0.05$

答：两个方差的差异不显著，接受 $\sigma_1^2 = \sigma_2^2$ 的前提假设，可以进行两个平均数差异的 t 检验。

②已知：$s_1 = 6$，$n_1 = 25$，$s_2 = 10.2$，$n_2 = 31$

则 $F = \dfrac{s_{大}^2}{s_{小}^2} = \dfrac{10.2^2}{6^2} = 2.89$

分子自由度 $df_2 = 30$

分母自由度 $df_1 = 24$

查附表 3，$F_{0.05/2} = 2.21$，$2.89 > 2.21$ 即 $p < 0.05$

答：因此 $\sigma_1^2 = \sigma_2^2$ 不成立，不能进行平均数差异的 t 检验。【例 8-9】中用的是近似 t' 检验。

（二）相关样本

在两个样本相关时，对其方差的差异检验需要按下列公式进行 t 检验：

$$t = \frac{s_1^2 - s_2^2}{\sqrt{\dfrac{4 s_1^2 s_2^2 \ (1 - r^2)}{n - 2}}} \qquad (df = n - 2)$$

（公式 8-25）

式中：s_1^2 与 s_2^2 分别为两个样本方差；

r 为两个样本之间的相关系数；

n 为样本容量。

用上式算出 t 值并查 $df = n - 2$ 时 t 值表中的临界值，若 t 值大于表中相应临界值，则两个方差之间有显著差异。

【例 8-15】有教师认为小学生算术成绩随着年级的增长，彼此之间的差距越来越大（方差越来越大）。随机抽取 62 名学生在三年级时的算术成绩（标准化考试）的方差 $s_1^2 = 122.56$，到六年级时又进行算术的标准化考试，方差 $s_2^2 = 163.89$，两次考试成绩相关系数 $r = 0.59$，试问六年级的成绩是否比三年级时更不整齐。

解：

$$t = \frac{163.89 - 122.56}{\sqrt{\dfrac{4 \times 163.89 \times 122.56 \times \ (1 - 0.59^2)}{62 - 2}}}$$

$$= \frac{41.33}{29.55} = 1.40$$

查 t 值表（单侧检验）当 $df=62-2=60$ 时，$t_{0.05}=1.67$，$t<t_{0.05}$，$p>0.05$

答：两方差之间差异不显著，因此该教师的说法不能接受。

标准差的抽样分布受样本容量的影响，只有样本容量较大时其抽样分布才接近正态，因此在需要对标准差进行参数估计时，一般都转换成方差的参数估计。同样道理，对于标准差的差异检验一般也应转换成方差的差异检验。

第五节 相关系数的显著性检验

相关系数的显著性检验也包括两种情况：一种情况是样本相关系数 r 与总体相关系数 ρ 的比较；另一种情况是通过比较两个样本 r 的差异 (r_1-r_2) 推论各自的总体 ρ_1 和 ρ_2 是否有差异。

一、积差相关系数的显著性检验

相关系数的显著性检验，即样本相关系数与总体相关系数的差异检验。由于相关系数 r 的样本分布比较复杂，受 ρ 的影响很大，一般分为 $\rho=0$ 和 $\rho\neq0$ 两种情况。

（一）$\rho=0$

图 8-15 表示从 $\rho=0$ 及 $\rho=0.8$ 的两个总体中抽样 $(n=8)$ 样本 r 的分布。可看到 $\rho=0$ 时，r 的分布左右对称；当 $\rho=0.8$ 时，r 的分布偏得较大。对于这一点并不难理解。ρ 的值域 $-1\sim+1$，r 的值域也是 $-1\sim+1$，当 $\rho=0$ 时，ρ 的分布理应以 0

为中心左右对称。而当 $\rho=0.8$ 时，r 的范围仍然是 $-1\sim+1$，但 r 值肯定受 ρ 的影响，趋向 $+1$ 的值比趋向 -1 的值要出现得多些，因而分布形态不可能对称。因此，一般认为 $\rho=0$ 时，r 的分布近似正态；$\rho\neq0$ 时 r 的分布不是正态。

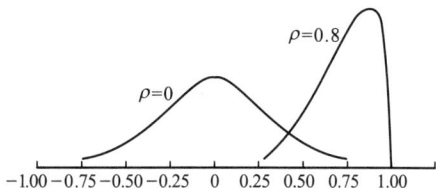

图 8-15 样本相关系数 r 的分布

在实际研究中得到一个具体的相关系数值时，这个值可能说明两列变量之间在总体上是相关的 $(\rho\neq0)$，但这种相关也许是偶然情况，总体上可能并无相关 $(\rho=0)$。所以需要对这个值进行显著性检验，这时仍然可以用 t 检验的方法。

$$H_0: \rho=0$$
$$H_1: \rho\neq0$$

$$t = \frac{r-0}{\sqrt{\dfrac{1-r^2}{n-2}}} \quad (df = n-2)$$

（公式 8-26）

如果 $t > t_{0.05/2}$，则拒绝，说明所得到的 r 不是来自 $\rho = 0$ 的总体，或者说 r 是显著的。

若 $t < t_{0.05/2}$，则说明所得到的 r 值具有偶然性，根据 r 值还不能断定总体具有相关关系，或者说 r 不显著。

【例 8-16】18 名被试进行了两种能力测验，结果 $r = 0.40$，试问这两种能力是否存在相关？

解：设 H_0：$\rho = 0$

$\qquad H_1$：$\rho \neq 0$

$$t = \frac{0.40}{\sqrt{\dfrac{1-0.40^2}{18-2}}} = 1.75$$

查附表 2，$t_{0.05/2} = 2.12$，$1.75 < 2.12$，不能拒绝 H_0，即不能推翻 $\rho = 0$ 的假设。

答：这两种能力之间的相关并不显著。

在实际应用中，通常是直接查积差相关系数显著性临界值表来断定 r 是否显著，如上例中 $r = 0.40$，$n = 18$，则从附表 7 中找到 $df = 18 - 2 = 16$ 与 0.05 水平交叉处的值是 0.468，这表示当 $df = 16$ 时，r 只有达到 0.468 才算显著。【例 8-16】中 $r = 0.40 < 0.468$，因此相关不显著。

（二）$\rho \neq 0$

人们常常说"相关系数 r 是显著的"（或"不显著"）这都是特指在 $\rho = 0$ 这一前提下的检验结果，这种情况在实际中用得较多。但是它只解决了两个总体是否有相关的问题，或者说由此只能说明 r 是否来自 $\rho = 0$ 的总体。有时在研究中还需要了解 r 是否来自 ρ 为某一特定值的总体，即当 $\rho \neq 0$ 时 r 的显著性检验。

$\rho \neq 0$ 时 r 的样本分布不是正态，这时需要将 r 与 ρ 都转换成费舍 Z_r。r 转换为 Z_r 以后，Z_r 的分布可以认为是正态，其平均数 Z_ρ，标准误 $SE_{Z_r} = \dfrac{1}{\sqrt{n-3}}$，这样就可以进行 Z 检验了。

$$Z = \frac{Z_r - Z_\rho}{\sqrt{\dfrac{1}{n-3}}} \quad \text{（公式 8-27）}$$

【例 8-17】某研究者估计，对于 10 岁儿童而言，比奈智力测验与韦氏儿童智力测验的相关系数为 0.70，现随机抽取 10 岁儿童 50 名，进行上述两种智力测验。结果相关系数 $r = 0.54$，试问实测结果是否支持该研究者的估计？

解：查附表 8：$r = 0.54$ 时，$Z_r = 0.604$，$\rho = 0.70$ 时，$Z_\rho = 0.867$

$$Z = \frac{0.604 - 0.867}{\sqrt{\dfrac{1}{50-3}}} = \frac{-0.263}{0.146} = -1.80$$

$1.80 < 1.96$，即 $p > 0.05$

答：实得 r 值与理论估计值差异不显著，这位研究者的估计不能推翻。

二、其他类型相关系数的显著性检验

除了积差相关以外，对于其他类型的

相关系数也需要进行显著性检验。由于 $\rho=0$ 条件下的相关系数显著性检验应用最多，因此，下面介绍的其他类型相关系数的显著性检验均针对总体相关系数为零的情况。

(一) 点二列相关系数 r_{pb}

对于点二列相关公式 $r_{pb}=\dfrac{\overline{X}_p-\overline{X}_q}{s_t}$ $\sqrt{pq}$ 中的 $\overline{X}_p$ 与 $\overline{X}_q$ 进行差异的 t 检验，若差异显著，表明 r_{pb} 显著；若差异不显著，则 r_{pb} 也不显著。

如果样本容量较大（$n>50$），也可以用下面的近似方法：

$|r_{pb}|>\dfrac{2}{\sqrt{n}}$ 时，认为 r_{pb} 在 0.05 水平显著；

$|r_{pb}|>\dfrac{3}{\sqrt{n}}$ 时，认为 r_{pb} 在 0.01 水平显著。

(二) 二列相关系数 r_b

对于 r_b 的显著性检验可以用 Z 检验：

$$Z=\frac{r_b}{\dfrac{1}{y}\cdot\sqrt{\dfrac{pq}{n}}} \qquad \text{(公式 8-28)}$$

(三) 多列相关 r_s

对于所求得的多列相关系数 r_s，先乘以 $\sqrt{\sum_1\left[\dfrac{(y_L-y_H)^2}{p}\right]}$，即

$$r_s'=r_s\cdot\sqrt{\sum_1^i\left[\frac{(y_L-y_H)^2}{p}\right]}$$

$$\text{(公式 8-29)}$$

该式中各字母的意义与求 r_s 的公式中相同，i 为分类变量被分成不同类的数目。

然后将 r_s' 按积差相关系数 r 的显著性检验方法进行检验，即查附表 7，亦即积差相关系数显著性临界值表。

(四) 四格相关

显著性检验公式为：

$$Z=\frac{r_t}{\dfrac{1}{y_1y_2}\cdot\sqrt{\dfrac{p_1q_1p_2q_2}{N}}}$$

$$\text{(公式 8-30)}$$

式中 p_1 为 A 因素 A 类项的比率，q_1 则为非 A 类项的比率；$q_1=1-p_1$。p_2 为 B 因素 B 类项的比率，q_2 则为非 B 类项的比率。y_1、y_2 是根据 p_1、p_2 查正态表得到的纵线高度，N 为总数。将计算得到的 Z 值与 $Z_{a/2}$ 进行比较，若 $Z>Z_{a/2}$，则表明相关显著。

(五) 斯皮尔曼等级相关系数 r_R

计算出临界值后，直接查附表 9，即斯皮尔曼等级相关系数显著性临界值表进行比较决断。

(六) 肯德尔 W 系数

1. 当 $3\leqslant N\leqslant 7$ 时（注意 N 表示被评定者的数目）

查附表 10，即肯德尔 W 系数显著性临界值表比较决断。

2. 当 $N > 7$ 时

将所得 W 代入下式：

$$\chi^2 = K \ (N-1) \ W \quad (df = N-1)$$

（公式 8-31）

查 χ^2 分布表，若所算得 χ^2 值显著，则表明 W 也显著。

三、相关系数差异的显著性检验

在实践中经常遇到检验两个样本相关系数差异是否显著的问题。这里仅讨论积差相关，分为两种情况。

(一) r_1 和 r_2 分别由两组彼此独立的被试得到

这时将 r_1 和 r_2 分别进行费舍 Z_r 的转换。由于 Z_r 的分布近似正态，同样 $(Z_{r1} - Z_{r2})$ 的分布仍为正态，其分布的标准误为：

$$SE_{D_{Zr}} = \sqrt{\frac{1}{n_1 - 3} + \frac{1}{n_2 - 3}}$$

（公式 8-32）

式中 n_1 和 n_2 分别为两个样本的容量。进行 Z 检验：

$$Z = \frac{Z_{r1} - Z_{r2}}{\sqrt{\frac{1}{n_1 - 3} + \frac{1}{n_2 - 3}}} \quad \text{（公式 8-33）}$$

【例 8-18】某校高中毕业班中理科 97 名学生毕业考试各科总成绩与瑞文推理测验分数的相关系数为 0.84，文科 50 名学生各科总成绩与瑞文推理测验分数相关系数为 0.75，能否认为理科的这一相关系数大于文科？

解：$n_1 = 97$，$r_1 = 0.84$ 时，$Z_{r1} = 1.22$；$n_2 = 50$，$r_2 = 0.75$ 时，$Z_{r2} = 0.973$

$$Z = \frac{Z_{r1} - Z_{r2}}{\sqrt{\frac{1}{n_1 - 3} + \frac{1}{n_2 - 3}}}$$

$$= \frac{1.22 - 0.973}{\sqrt{\frac{1}{97 - 3} + \frac{1}{50 - 3}}} = 1.38$$

单侧检验，$Z_{0.05} = 1.645$，$1.38 < 1.645$，即 $p > 0.05$

答：r_1 并不显著地大于 r_2，不能认为理科毕业成绩与瑞文测验的相关系数明显大于文科。

(二) 两个样本相关系数由同一组被试算得 ρ_{12}、ρ_{23}、ρ_{13}

这时又分为两种情况。其一是检验 ρ_{12} 与 ρ_{13} 的差异，如一组被试数学与物理成绩的相关系数为 r_{12}，数学与化学成绩的相关系数为 r_{13}。我们的目的是通过 $(r_{12} - r_{13})$ 来检验 $(\rho_{12} - \rho_{13})$。其二是检验 ρ_{12} 与 ρ_{34} 的差异，如一组被试数学与物理成绩相关系数为 r_{12}、生物与地理成绩相关系数为 r_{34}，目的是通过 $(r_{12} - r_{34})$ 来检验 $(\rho_{12} - \rho_{34})$。

由于第二种情况在实际中意义不大，而且对其检验结果很难做出解释，所以这里只介绍第一种情况。

这时，应当首先算出三列变量的两两相关系数 r_{12}、r_{13} 和 r_{23}，然后用下式进行 t 检验。

$$t =$$

$$\frac{(r_{12}-r_{13}) \cdot \sqrt{(n-3)(1+r_{23})}}{\sqrt{2(1-r_{12}^2-r_{13}^2-r_{23}^2+2 \cdot r_{12} \cdot r_{13} \cdot r_{23})}}$$

$$(df=n-3) \qquad (公式8-34)$$

【例8-19】随机抽取123名儿童进行某项能力测验，同时算出能力测验结果与效标的相关系数是0.54。研究者认为该测验对于这组儿童来说效度不理想，又编制了一个新测验来测量该项能力（对同一组被试），结果新测验与同一效标分数的相关系数为0.62，而且新旧测验的相关系数是0.68，试问新测验的效度是否有显著的提高。

解：$n=123$，$r_{12}=0.54$，$r_{13}=0.62$，$r_{23}=0.68$

$$t=\frac{(0.62-0.54) \cdot \sqrt{(123-3)(1+0.68)}}{\sqrt{2(1-0.54^2-0.62^2-0.68^2+2\times0.62\times0.54\times0.68)}}=1.43$$

查附表2，$t_{0.05}=1.658$（$df=120$，单侧检验），$1.43 < t_{0.05}$，差异不显著。

答：新测验的效度没有显著的提高。

这个例题的结果也告诉我们，在小范围修订测验时，往往以新测验与原测验求相关作为效度指标，这是不得已的办法。

若能找到较好的效标，应将新旧测验都与效标求相关，若新的效度显著地大于旧测验的效度，才表明修订工作成功，否则新测验并没有多大优越性，修订工作也失去了必要性。

第六节 比率的显著性检验

有关比率的显著性检验包括两方面：一是某样本之总体的比率与已知的总体比率差异是否显著的问题，二是两样本各自总体之间比率差异是否显著的问题。

一、比率的显著性检验

比率的显著性检验是指样本之总体 p 与已知的总体比率 p_0 之间有无差异，也就是说，某样本比率是在总体比率 p_0 样本分布的置信区间之内，还是在置信区间之外的问题，可见，要对样本的总体进行推论，必须确知样本比率的分布及标准误。

统计假设为：H_0：$p=p_0$

H_1：$p\neq p_0$

假设样本之总体比率 p 与已知的 p_0 相等，即二者属于同一总体。因此，样本亦属于 p_0 总体的一个样本。

标准误 $\sigma_p=\sqrt{\dfrac{p_0 \cdot q_0}{n}}$ （公式8-35）

①当 $n\hat{p} > 5$ 时，可用正态概率计算临界值。

$$Z = \frac{\hat{p} - p_0}{\sqrt{\dfrac{p_0 \cdot q_0}{n}}} \qquad \text{(公式 8-36)}$$

若 $Z > Z_a$（或 $Z_{a/2}$）为差异显著，拒绝 H_0 假设；

若 $Z < Z_a$（或 $Z_{a/2}$）为差异不显著，接受 H_0 假设。

【例 8-20】已知某区升学率为 45%，其中某校 300 名毕业生中共升学 162 人，问该校升学率与全区的升学率是否相同？

解：全区升学率为 $p_0 = 0.45$，$q_0 = 0.55$，$p = \dfrac{162}{300} = 0.54$，$n = 300$

设 H_0：$p = p_0$

H_1：$p \neq p_0$

即假设某校升学率之总体 p 与全区升学率 p_0 相等。

$n\hat{p} > 5$

$$Z = \frac{0.54 - 0.45}{\sqrt{\dfrac{0.45 \times 0.55}{300}}} = 3.13$$

$Z_{0.001/2} > Z > Z_{0.01/2}$ 或 $Z_{0.0005} > Z > Z_{0.005}$，故拒绝 H_0

答：某校的升学率明显高于全区的升学率。做此推论犯错误的概率小于 0.01 而大于 0.001（双侧概率）。

②当 $n\hat{p} \leqslant 5$ 时，可直接查附表 13（1）或附表 13（2），若 $\hat{p}$ 落在 p_0 的置信区间之内，则差异不显著；若落在置信区间之外，则可认为差异显著。

【例 8-21】已知某地区行为不良的学生比率为 2%，今调查某校 1000 名学生中，有不良行为的学生 40 人，问该校行为不良学生的比率与该地区是否有不同？

解：$p_0 = 0.02$，$\hat{p} = 0.04$

设 H_0：$p = p_0$

H_1：$p \neq p_0$

查附表 13（a）或附表 13（b），得：比率为 0.02，$n = 1000$ 时，95% 的置信间距为 1%～3%，不包含 4%，故可说该校不良行为学生的比率高于全区。做此推论犯错误的概率为 5%，若 $\alpha = 0.01$，也不包含 4% 在内（因取整数，故为近似值，所以 $\alpha = 0.05$ 与 $\alpha = 0.01$ 的置信区间相同）。

二、二比率差异的显著性检验

二比率差异显著性是指两样本比率之各自总体 p_1 与 p_2 比率之间差异显著性问题。通俗的说法是两样本的比率有无差异，但这种说法不够确切。

（一）独立样本比率差异显著性检验

当两样本独立时，即两样本各自的比率没有关系，各自独立。因条件不同，标准误的计算公式不同，临界比率的计算也不相同。

若统计假设为

H_0：$p_1 = p_2 = p$

H_1：$p_1 \neq p_2$

因事先假设二比率的总体相等，此时不管 $\hat{p}_1$ 与 $\hat{p}_2$ 是否相等，计算标准误时应该用第七章的公式 7-22，即

$$\sigma_{p_1 - p_2} = \sqrt{\frac{(n_1\hat{p}_1 + n_2\hat{p}_2)(n_1\hat{q}_1 + n_2\hat{q}_2)}{n_1 n_2 (n_1 + n_2)}}$$

临界比率 CR 为：

$$Z = \frac{(\hat{p}_1 - \hat{p}_2) - 0}{\sigma_{p_1 - p_2}} = \frac{\hat{p}_1 - \hat{p}_2}{\sigma_{p_1 - p_2}}$$

（公式 8-37）

若 $Z > Z_{a/2}$（双侧）或 $Z > Z_a$（单侧），则二比率差异显著，否则，差异不显著。

若统计假设为

H_0：$p_1 - p_2 = p_D$　（p_D 为正负 1 之间的任意数）

H_1：$p_1 - p_2 \neq p_D$

因事先假设 $p_1 \neq p_2$，此时不管 $\hat{p}_1$ 与 $\hat{p}_2$ 是否相等，标准误的计算应该用第七章的公式 7-19b，即

$$\sigma_{p_1 - p_2} = \sqrt{\frac{\hat{p}_1 \hat{q}_1}{n_1} + \frac{\hat{p}_2 \hat{q}_2}{n_2}}$$

临界比率 CR 为：

$$Z = \frac{(\hat{p}_1 - \hat{p}_2) - p_D}{\sigma_{p_1 - p_2}} \quad （公式 8-38）$$

对 CR 的解释同前。当 $n_1 \hat{p}_1 < 5$，$n_2 \hat{p}_2 < 5$ 时，差异显著性检验应该用精确概率检验法。具体方法见第十章。

【例 8-22】今有一调查，随机取甲乙两班，甲班 100 人对某问题持肯定态度者为 60 人，乙班 50 人中对该问题持肯定态度者有 35 人，问两班对该问题持肯定态度的比率差异是否显著？

解：因甲乙两班对某一问题的态度是相互独立的。故应该用独立样本的检验方法。

设 H_0：$p_1 = p_2$　或 $p_1 - p_2 = 0$

H_1：$p_1 \neq p_2$

$\hat{p}_1 = \frac{60}{100} = 0.60$　$n_1 \hat{p}_1 = 60$　$n_1 \hat{q}_1 = 40$

$\hat{p}_2 = \frac{35}{50} = 0.70$　$n_2 \hat{p}_2 = 35$　$n_2 \hat{q}_2 = 15$

用公式 7-22 计算标准误：

$$\sigma_{p_1 - p_2} = \sqrt{\frac{(60 + 35)(40 + 15)}{100 \times 50 \times (100 + 50)}} = 0.084$$

代入公式 8-37 计算 CR 为：

$$Z = \frac{0.60 - 0.70}{0.084} = -1.19$$

答：Z 的绝对值小于 1.96，故接受虚无假设，认为两班对于某问题持肯定态度的比率差异不显著。

【例 8-23】随机选两部分人进行新教材与旧教材教学效果的比较研究。实验一段时间后，分别施以同一测验，统计成绩优良者的人数。结果用旧教材组（$n_1 = 150$ 人），成绩优良者为 90 人，用新教材组（$n_2 = 100$ 人），成绩优良者为 80 人。研究者确定只有新教材达优率高于旧教材的 5%，才能推广，问该新教材能否推广应用？

解：此题要求新教材达优率高于旧教材 5%，即 $p_D = 5\% = 0.05$，这就是说 $p_1 \neq p_2$。

故 H_0：$p_1 - p_2 = 0.05$

　　H_1：$p_1 - p_2 > 0.05$

两部分实验结果相互独立，用公式 7-19b 计算其标准误为：

$\hat{p}_1 = \frac{90}{150} = 0.60$　　$\hat{q}_1 = 0.40$

$\hat{p}_2 = \frac{80}{100} = 0.80$　　$\hat{q}_2 = 0.20$

$$\sigma_{p_1 - p_2} = \sqrt{\frac{0.60 \times 0.40}{150} + \frac{0.80 \times 0.20}{100}}$$

$$= 0.057$$

代入公式 8-38 计算临界比率为：

$$Z = \frac{(\hat{p}_1 - \hat{p}_2) - 0.05}{0.057}$$

$$= \frac{0.60 - 0.80 - 0.05}{0.057} = -4.42$$

查正态分布表 $Z_{0.01} = 2.33$

$|Z| > Z_{0.01}$，$p < 0.01$

答：新教材效果明显优于旧教材的效果，故可推广新教材。

(二) 相关样本比率差异的显著性检验

当两样本相关时，同一组被试在前后两次实验中，观察的两个项目又相同，这样便可得到前后两个项目的结果，据这两结果所计算出来的两个样本比率，就称作相关样本比率。相关样本比率差异的显著性检验方法不同于两个独立样本比率的差异检验方法。

下面通过具体实例，讨论相关样本比率差异显著性检验方法的原理。例如，对 100 名学生前后两次进行同一个问题的调查，调查的项目为肯定、否定两种，结果如下。

第二次调查

		肯定	否定		
第一次调查	肯定	55 (B)	5 (A)	60	$p_1 = (A+B)/N$
	否定	15 (D)	25 (C)	40	$q_1 = (C+D)/N$
		70	30	$N=100$	$p_2 = (B+D)/N$

$$q_2 = (A+C)/N$$

上表是根据两次调查结果记录整理而成的。从上面所列的表可以看到，当两次调查结果都一致（或都肯定或都否定）时，不能反映两次调查的差别情况，而当两次结果不一致时，如第一次肯定第二次否定或第一次否定第二次肯定的人数上的变动，才能反映出两次调查结果的差异情况。设两次结果不一致的格内数字分别为 A、D，两次结果一致的为 B、C，如表中所示。从上表可看到，两比率差异 $p_1 - p_2$ 可表示为：

$$p_1 - p_2 = \frac{A+B}{N} - \frac{B+D}{N}$$

$$= \frac{A-D}{N} = \frac{A}{N} - \frac{D}{N}$$

两比率之差就成了两次不同态度之差的比率了，也就是两比率之差的显著性检验，只涉及两次不同态度 A 与 D 的数量之间或 $\frac{A}{N}$ 与 $\frac{D}{N}$ 之间差异是否显著的问题了。

设在两次调查或实验中不一致的数量为 $k = A+D$，根据二项分布，若 $A=D$，则在理论上两次态度不同（第一次肯定第二次否定，第一次否定第二次肯定）的比率各为 $\frac{1}{2}$，这时两次调查或实验所得某情况的比率无差异。实验或调查结果 A、D 可视作二项分布：$(p+q)^{(A+D)} = \left(\dfrac{1}{2}+\dfrac{1}{2}\right)^{(A+D)}$

总体中的一个样本（A 可称为成功的次数，D 可视为失败的次数）。根据二项分布可知：$\mu = np = \dfrac{A+D}{2}$，$\sigma = \sqrt{npq} = \sqrt{(A+D)\times\dfrac{1}{2}\times\dfrac{1}{2}} = \dfrac{1}{2}\sqrt{A+D}$。由于取样误差的存在，每次取样中 A 与 D 不可能完全相等，总是在一定范围内波动，每次取样中若 A 或 D 落在 $(p+q)^k = \left(\dfrac{1}{2}+\dfrac{1}{2}\right)^{(A+D)}$ 这一分布 0.95 或 0.99 置信区间，则可推论说 A 或 D 是取自 $p=\dfrac{1}{2}$ 的总体，即二者之间差异不显著，还可进一步推论说两次调查或实验结果的比率差异不显著。如果 A 或 D 落在置信区间之外，就推论说 A 或 D 不是取自 $p=q=\dfrac{1}{2}$ 的总体，而是取自 $p \neq q \neq \dfrac{1}{2}$ 的总体，也就是 A 与 D 差异显著，即二比率之间差异显著。综上所述，两样本比率差异的显著性检验就成了检验样本比率 $p=\dfrac{A}{k}$ 与 $p_0 = \dfrac{1}{2} = 0.5$ 之间差异是否显著的问题了。

设 $A+D=k$　H_0：$A=D$ 或 $\dfrac{A}{k}=\dfrac{D}{k}=0.5$

根据显著性检验公式：$Z = \dfrac{p-p_0}{\sqrt{\dfrac{p_0 q_0}{n}}}$

（式中 $n=k$），

用实计数表示，则

$$Z = \frac{A-kp_0}{\sqrt{kp_0 q_0}} = \frac{A-\dfrac{A+D}{2}}{\sqrt{(A+D)\times\dfrac{1}{2}\times\dfrac{1}{2}}}$$

$$= \frac{\dfrac{2A-A-D}{2}}{\dfrac{1}{2}\sqrt{A+D}} = \frac{A-D}{\sqrt{A+D}}$$

这就是相关样本比例差异显著性检验的公式。概而言之，对于相关样本比率差异显著性检验步骤可归纳如下。

①将实验或调查结果整理成 2×2 四格表，将其中前后两次不一致项目的格内数字标以 A 或 D。

②H_0：$p_1-p_2=0$　H_1：$p_1-p_2 \neq 0$

③应用下式求临界比率（需 $A+D = k \geq 10$，即 $kp \geq 5$）：

$$Z = \frac{A-D}{\sqrt{A+D}} \text{ 或 } \frac{D-A}{\sqrt{A+D}}$$

（公式 8-39）

若 $Z > Z_{a/2}$（或 Z_a）为差异显著，否则为差异不显著。

本例结果 $Z = \dfrac{15-5}{\sqrt{15+5}} = 2.24$

$Z > 1.96$，故可推论两次调查的态度有显著差异。做此推论犯错误的概率为 0.05。

④若 $k < 10$，或 $kp < 5$，不能用正态分布概率解释，这时应该用二项分布计算 p^A（或 q^D）以上的概率和（p 的 A 次至 k 次方的概率和）解释临界比率。若概率和小于 0.025 或 0.005 为差异显著（双侧检验，单侧概率为小于 0.05 及 0.01），否则为差异不显著。

例如，设 $A=7$，$D=2$，$k=9$（$k<10$），用二项分布计算 p^7 次方至 p^9 次方之间的概率和为：

$$b\left(7,\ 9,\ \frac{1}{2}\right)=C_9^0 p^9+C_9^1 p^8 q^1+C_9^2 p^7 q^2$$

$$=\frac{1}{512}+\frac{9}{512}+\frac{36}{512}=0.09$$

答：概率和 0.09 大于 0.05，故可推论二比率差异不显著。

小 结

假设检验在统计学中是非常重要的内容，本章介绍了统计假设检验的概念和原理，以及常用样本统计量的检验问题。

1. 任何一种统计量的假设检验，其出发点都是对 H_0 的检验。统计结论是对 H_0 能否被拒绝做出推断。假设检验的基本思想是"反证法"式的推理，即通过检验 H_0 的真伪来反证研究假设 H_1 的真伪。若 H_0 为真则 H_1 必为假，而 H_0 为假 H_1 即真，而且无论做出 H_0 是真还是假，其结论都带有概率性质。

2. 在假设检验中，一般要处理的问题包括两类。一类是样本统计量与相应总体参数的差异的检验，如平均数与总体平均数之间的检验，它是一种单样本的平均数检验。另一类是两个样本统计量之间差异的检验，如两个平均数、两个比率、两个方差、两个相关系数的差异，它们属于两个样本组的统计量差异之间的检验。

3. 假设检验的步骤包括建立虚无假设和备择假设，选择适当的检验统计量，规定显著性水平 α，计算检验统计量的值，做出决断的五个步骤和环节。在假设检验中，根据研究的问题，有单侧检验和双侧检验之分，它们的意义和要求不同。具体的检验方法因检验所使用的统计量及其样本总体的分布而有不同的类型。

4. 在假设检验中有可能犯Ⅰ型错误和Ⅱ型错误，即 α 与 β 两种类型错误。一般情况下 $\alpha+\beta\neq1$。统计检验力（$1-\beta$）是个相当重要的统计学概念。

5. 在假设检验时，要根据各种不同的条件，使用相应的公式，不可错用。常用假设检验方法有 Z 检验、t 检验、F 检验、χ^2 检验等。

进一步阅读资料

1. 艾伦（A. Aron），艾伦（E. N. Aron），库普思（E. Coups）. 心理统计（第4版）（影印版）. 北京：世界图书出版公司北京公司，2006：16～139，150～177，233～265，281～306.

2. 黄一宁. 实验心理学：原理、设计与数据处理. 西安：陕西人民教育出版社，1998：111～144，224～232.

3. 鲁尼恩（R. P. Runyon），科尔曼（K. A. Coleman），皮滕杰（D. J. Pittenger）. 心理统计（第9版）（英文版）. 北京：人民邮电出版社，2004：261～356.

4. 帕加诺（R. R. Pagano）. 行为科学中的统计学入门（第6版）（影印版）. 北京：中国统计出版社，2002：210～347.

计算机统计技巧提示

在 Excel 中，可以用于假设检验的统计函数有：ZTEST 函数（Z 检验）、FTEST 函数（F 检验）、TTEST 函数（t 检验）、CHITEST（卡方检验）等。另外，运用"工具"→"数据分析"功能中的"t 检验：平均值的成对二样本分析""t 检验：双样本等方差假设""t 检验：双样本异方差假设""Z 检验：双样本平均差检验""F 检验：双样本方差"等分析过程也可执行相应的检验。

在 SPSS 中，单击"Analyze"→"Compare means"，如果是单样本与总体平均数的 t 检验，继续单击"One-Sample T test"；如果是双样本独立组的 t 检验，继续单击"Independent-Sample T test"；如果是配对组或相关组双样本独立组的 t 检验，继续点击"Paired-Sample T test"。也可使用 SPSS 的函数进行组合分析，实现有关的检验功能。

思考与练习题

1. 从假设检验的过程看，统计推断有什么特点？

2. 在 α 与 β 两类错误的关系分析中，为什么 α 与 β 的和不一定等于 1？

3. 影响 β 错误的因素有哪些，什么叫统计检验力？

4. 两个平均数差异的显著性检验比一个平均数显著性检验增多了哪些前提条件？

5. 从某个人多次视反应时的测量结果中随机抽出 40 个数据，再从其听反应时的多次测量结果中随机抽取 40 个数据，进行视、听反应时差异检验时按相关样本还是按独立样本进行，为什么？

6. 按上题方法收集数据，每个被试只收集视、听反应时数据各一个，如果共有 40 个被试，则进行视、听反应时的差异检验时按相关样本还是独立样本进行，为什么？

7. 根据不同条件下，不同统计量的假设检验方法，试概括出假设检验的基本过程。

8. 医学上测定，正常人的血色素应该是每 100 毫升 13 克，某学校进行抽查，37 名学生的血色素平均值 $\overline{X}=12.1$（克 /100 毫升），标准差 $s=1.5$（克 /100 毫升），试问该校学生的血色素是否显著低于正常值？

9. 12 名被试作为实验组，经过训练后测量深度知觉，结果误差的平均 $\overline{X}_1=4\mathrm{cm}$，标准差 $s_1=2\mathrm{cm}$；另外 12 名被试作为控制组不参加任何训练，测量结果 $\overline{X}_2=6.5\mathrm{cm}$，$s_2=2.5\mathrm{cm}$，问训练是否明显减小了深度知觉的误差？

10. 有 24 对被试按匹配组设计，分别进行集中识字和分散识字教学。假设除了教学方式不同之外，其他条件两组均相同，结果在考试检查时，"集中"组 $\overline{X}_1=86$ 分，$s_1=10$ 分；"分散"组 $\overline{X}_2=82$ 分，$s_2=6$ 分，试问两种识字教学效果是否有显著差异（已知两组结果之间相关系数 $r=0.31$）？

11. 在一项双生子研究报告中，17 对同卵双生子智商的相关系数为 0.85，24 对异卵双生子智商的相关系数是 0.76，问这两个相关系数是否存在显著差异？

12. 一个样本中有 18 个被试，随机分成两组，要求他们学习 20 个某种不熟悉的外语词汇。给两组被试视觉呈现这些词的方式不一样，但所有的被试在测试前都有时间研究这些词。每个被试的错误个数记录如下。第一组的两个学生未参加测试。请检验两种呈现方式下平均错误数是否相同。

方式 A：3　4　1　1　6　8　2
方式 B：1　5　8　7　9　1　4　6　8

第九章
方差分析

【教学目标】 理解方差分析的一般原理，掌握完全随机设计和随机区组设计方差分析的步骤，熟悉事后检验方法。

【学习重点】 方差分析的一般原理，完全随机设计方差分析方法，随机区组设计方差分析方法，事后检验。

方差分析又称作变异分析（analysis of variance，ANOVA），它是斯内德克（George Waddel Snedecor，1881—1974）为了探讨一个因变量和一个或多个自变量之间的关系，于 1946 年根据费舍的早期工作发明的一种检验方法。其主要功能在于分析实验数据中不同来源的变异对总变异的贡献大小，从而确定实验中的自变量是否对因变量有重要影响。本章主要介绍方差分析的基本原理，讨论完全随机设计和随机区组设计两种最基本的实验设计数据的方差分析方法以及事后检验。

第一节 方差分析的基本原理及步骤

一、方差分析的基本原理：综合的 F 检验

（一）综合虚无假设与部分虚无假设

方差分析主要处理两个以上的平均数之间的差异检验问题。此时，该实验研究就是一个多组设计，需要检验的虚无假设就是"任何一对平均数"之间是否有显著性差异。为此，设定虚无假设为，样本所归属的所有总体的平均数都相等，一般把这一假设称为"综合的虚无假设"（omnibus null hypothesis）。组间的虚无假设相应就称为"部分虚无假设"。譬如，某个实验设计中有三个实验组，综合虚无假设就可表述为 H_0：$\mu_1 = \mu_2 = \mu_3$。综合虚无假设和部分虚无假设差异很大。检验综合虚无假设是方差分析的主要任务。如果综合虚无假设被拒绝，紧接着要确定究竟哪两个组之间的平均数之间存在显著性差异，需要运用事后检验方法来确定。

（二）方差的可分解性

方差分析依据的基本原理就是方差（或变异）的可加性原则，确切地说应该是方差的可分解性。作为一种统计方法，方差分析把实验数据的总变异分解为若干个不同来源的分量。只有当不同来源的变异可加时，才能保证总变异分解的可能。具体地讲，就是将总平方和分解为几个不同来源的平方和。

比如，假设要探讨噪声对解决数学问题的影响作用。噪声是自变量，划分为三个强度水平：强、中、无。因变量是解决数学问题时产生的错误频数。随机抽取12名被试，再随机把他们分到强、中、无三个实验组。每组被试在接受数学测验时都戴上耳机。强噪声组的被试通过耳机接受100分贝的噪声；中度噪声组的被试接受50分贝的噪声；无噪声组的被试则没有任何噪声。数学测验完毕后，计算每位被试的错误频数。考查这类研究结果的显著性差异就可用方差分析。实验结果如表 9-1 所示。

表 9-1　不同强度噪声下解数学题犯错误频数

	强（100）（A）	中（50）（B）	无（C）	$k=3$
	16	4	1	
	14	5	2	
$n=4$	12	5	2	
	10	6	3	
$\overline{X}_j$	13	5	2	$\overline{X}_t=6.67$

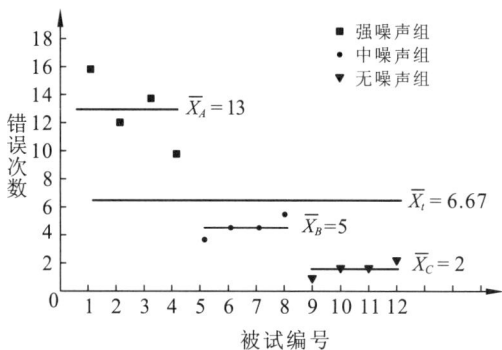

图 9-1　数据变异示意图

表中用 $k=3$ 表示三种实验条件，$n=4$ 表示每种实验条件中有 4 个被试，$\overline{X}_j$ 表示某种实验条件的平均数，$\overline{X}_t$ 表示总平均数。图 9-1 直观地显示出全部数据在 $\overline{X}_t$ 上下变异，以及各组数据在本组平均数上下变异的情况。图中三组平均数 $\overline{X}_A$、$\overline{X}_B$、$\overline{X}_C$ 彼此间存在差异，每一组内的 4 个数据相互也有差异，这两部分的差异合起来即为实验结果总的差异。或者说，每一个数据与 $\overline{X}_t$ 的差异等于它与本组平均数之差加上小组平均数与 $\overline{X}_t$ 的差。例如，第 4 号被试（$X_4=10$）：$X_4-\overline{X}_t=3.33$，而 $X_4-\overline{X}_A=-3$，$\overline{X}_A-\overline{X}_t=6.33$。

平方和指观测数据与平均数离差的平方总和。就一般情况而言，任意一个数据 X_{ij}（第 j 组的第 i 个数据）与总平均值 $\overline{X}_t$ 的离差 $(X_{ij}-\overline{X}_t)$，等于 X_{ij} 与该组平均数的离差 $(X_{ij}-\overline{X}_j)$ 加上该组平均数与总平均数的差 $(\overline{X}_j-\overline{X}_t)$，即

$$X_{ij}-\overline{X}_t=(X_{ij}-\overline{X}_j)+(\overline{X}_j-\overline{X}_t)$$

把第 j 组的 n 个数据的平方和相加，即把这上面这个等式两边平方之后连加：

$$\sum_{i=1}^{n}(X_{ij}-\overline{X}_t)^2=\sum_{i=1}^{n}[(X_{ij}-\overline{X}_j)+(\overline{X}_j-\overline{X}_t)]^2$$

再利用平均数离差和等于 0 这一特性，简化得到下式：

$$\sum_{i=1}^{n}(X_{ij}-\overline{X}_t)^2=\sum_{i=1}^{n}(X_{ij}-\overline{X}_j)^2+n(\overline{X}_j-\overline{X}_t)^2$$

然后将 K 组的这种关系全加起来：

$$\sum_{j=1}^{k}\sum_{i=1}^{n}(X_{ij}-\overline{X}_t)^2=\sum_{j=1}^{k}\sum_{i=1}^{n}(X_{ij}-\overline{X}_j)^2+n\cdot\sum_{j=1}^{k}(\overline{X}_j-\overline{X}_t)^2 \qquad (公式 9\text{-}1)$$

式中 $\sum_{i=1}^{n}$ 表示各组的数据从 1 加到 n 的和，$\sum_{j=1}^{}$ 表示从第 1 组加到第 K 组之和。

令 $SS_T=\sum_{j=1}^{k}\sum_{i=1}^{n}(X_{ij}-\overline{X}_t)^2$ （公式 9-2）

$$SS_B=n\cdot\sum_{j=1}^{k}(\overline{X}_j-\overline{X}_t)^2 \quad (公式 9\text{-}3)$$

$$SS_w=\sum_{j=1}^{k}\sum_{i=1}^{n}(X_{ij}-\overline{X}_j)^2 \quad (公式 9\text{-}4)$$

则 $SS_T=SS_B+SS_w$ （公式 9-5）

在上面的公式中，X 的下标 j 表示第几组，i 表示某一组中第几个被试，$\sum$ 的起止标记意思与此相同，本章后面均予以省略。n 表示每组的人数，k 表示有几种实验处理。其中 SS 表示平方和（sum of square）；SS_T 为总平方和（the sum of squares total），表示实验中产生的总变异；SS_B 为组间平方和（sum of squares between groups），表示由于不同的实验处理而造成的变异；SS_w 为组内平方和（sum of squares within group），表示由实验误差（包括个体差异）造成的变异。下标 T 表示全部（total）的意思，B 代表组间（between groups）之意，W 代表组内（within group）之意。

这样，总变异就被分解为组间变异和组内变异两部分。总变异的计算是把所有被试的数值作为一个整体考虑时得到的结果，是用所有被试的因变量的值计算得到的。在计算时，它不区分各个数值究竟来自哪一种实验条件。组间变异主要指由于接受不同的实验处理而造成的各组之间的变异，可以用两个平均数之间的离差表示。两组平均数的差异越大，组间变异也就越大。组间变异可以看作组间平均数差异大小的一个指标。组内变异则是由组内各被试因变量的差异范围决定的，主要指由实验误差，或组内被试之间的差异造成的变异。由于被试分组是随机分配，个体差异及实验误差带有随机性质，因而组内变异与组间变异相互独立，可以分解。

在方差分析中，如果实验中各个组内部被试之间存在不同程度的差异，即接受同样处理的被试在因变量上有量的差别，那么组内平方和就会比较大。如果各独立组每组的方差很大，组内平方和也会很大；组内平方和越大，表明实验误差越大。在一般情况下，组内平方和不会为 0。因为，所有被试不可能在实验前都是相同的，而

实验者也不可能绝对同等地处理它们。相反地，如果组间平方和越大，组内平方和就会越小，各组平均数之间有显著差异的可能性也越大。样本平均数之间的变异和样本内部的变异相差越大，就说明在总体处理中平均数之间的差别也越大。这样，从统计角度考虑，缩减样本内部的变异，使样本平均数真正的变异显示出来。这是所有实验研究在设计时的一个关键。

平方和除以自由度所得的样本方差可作为其总体方差的无偏估计。那么，方差分析中组间方差和组内方差就分别表示为：

$$MS_B = \frac{SS_B}{df_B} \qquad （公式 9-6）$$

$$MS_w = \frac{SS_w}{df_w} \qquad （公式 9-7）$$

MS_B 表示组间方差，一般称作组间均方（mean squares between groups），有的书中把它用 MS_T 表示，指实验处理（treat）的均方，也就是组间均方；df_B 为组间自由度。MS_w 表示组内方差或称组内均方（mean squares within group），有的书中把它用 MS_E 表示，指误差的均方，即组内均方；df_w 为组内自由度。

在方差分析中，组间变异与组内变异的比较必须用各自的均方，不能直接比较各自的平方和。因为平方和的大小与项数（即 k 或 n）有关，应该将项数的影响去掉求其均方，因此必须除以各自的自由度。

组间自由度 $df_B = k - 1$

组内自由度 $df_w = k\,(n-1)$

总自由度 $df_T = nk - 1$

$$df_T = df_B + df_w$$

（公式 9-8）

检验两个方差之间的差异用 F 检验，因此比较 MS_B 与 MS_w 也要用 F 检验。在讨论方差齐性检验时，利用 F 检验比较两个样本方差的差异要用双侧检验。在方差分析中关心的是组间均方是否显著大于组内均方，如果组间均方小于组内均方，就无须检验其是否小到显著性水平。因而总是将组间均方放在分子位置，进行单侧检验。即

$$F = \frac{MS_B}{MS_w}$$

（公式 9-9）

F 为组间变异与组内变异比较得出的一个比率数，如果 $F < 1$，说明数据的总变异中由分组不同所造成的变异只占很小的比例，大部分由实验误差和个体差异所致，也就是说，不同的实验处理之间差异不大，或者说实验处理基本上无效。如果 $F = 1$，同样说明实验处理之间的差异不够大。当 $F > 1$ 而且落入 F 分布的临界区域，表明数据的总变异基本上由不同的实验处理造成，或者说不同的实验处理之间存在着显著差异。

二、方差分析的基本过程与步骤

在实际应用方差分析时，为了方便，一般直接用原始数据求平方和，这时平方和的公式为：

$$SS_T = \sum\sum X^2 - \frac{(\sum\sum X)^2}{nk}$$

（公式 9-10）

$$SS_B = \sum\frac{(\sum X)^2}{n} - \frac{(\sum\sum X)^2}{nk}$$

（公式 9-11）

$$SS_w = SS_T - SS_B = \sum\sum X^2 - \sum\frac{(\sum X)^2}{n}$$

（公式 9-12）

现以表 9-1 所列数据，介绍方差分析的基本过程。从表中看，三种实验处理的平均数分别为 13、5 和 2，这似乎是由实验处理不同造成的。但是，在同一种实验处理中的 4 个数据并不相等，造成这个现象的原因在于实验的某些偶然误差及各组被试彼此间的个别差异，可以统称为组内变异。也就是说，这 12 个数据彼此的差异，有"实验处理"的原因，也有"组内变异"的原因，只有实验处理的作用显著地大于组内变异作用时，才能确认实验处理的有效作用，即 A、B、C 三种处理之间差异显著。所以，必须通过方差分析，看看组间方差是否在统计上显著地大于组内方差。具体步骤如下。

(一) 求平方和

平方和的计算方法有三种。第一种是用"平方和"定义公式，即公式 9-2、公式 9-3、公式 9-4。第二种是用原始数据公式，即公式 9-10、公式 9-11、公式 9-12。第三种是利用样本统计量进行计算。

1. 总平方和

总平方和是所有观测值与总平均数的离差的平方总和。用原始数据计算总平方和要使用公式 9-10。表 9-1 中数据的总平方和等于：

$$SS_T = \sum\sum X^2 - \frac{(\sum\sum X)^2}{nk}$$

$$= 816 - \frac{6400}{12} = 282.67$$

2. 组间平方和

组间平方和是几个组的平均数与总平均数的离差的平方总和。用原始数据计算组间平方和要使用公式 9-11。表 9-1 中数据的组间平方和等于：

$$SS_B = \sum\frac{(\sum X)^2}{n} - \frac{(\sum\sum X)^2}{nk}$$

$$= 792 - \frac{6400}{12} = 258.67$$

3. 组内平方和

组内平方和是各被试的数值与组平均数之间的离差的平方总和。计算组内平方和的公式为 9-12。表 9-1 中数据的组内平方和等于：

$$SS_W = \sum\sum X^2 - \sum\frac{(\sum X)^2}{n}$$

$$= 816 - 792 = 24$$

（二）计算自由度

计算自由度的公式见公式 9-8。在表 9-1 中，共有 3 组，每组有 4 个被试，因此

总自由度　$df_T = N - 1 = 12 - 1 = 11$

组间自由度　$df_B = k - 1 = 3 - 1 = 2$

组内自由度　$df_W = k\,(n-1) = 3 \times (4-1) = 9$

（三）计算均方

组间均方的 MS_B 计算是用组间平方和除以组间自由度，组内均方 MS_W 计算是用组内平方和除以组内自由度。使用公

式 9-6、公式 9-7 分别计算表 9-1 中数据的 MS_B 和 MS_W 分别为：

$$MS_B = \frac{SS_B}{df_B} = \frac{258.67}{2} = 129.34$$

$$MS_W = \frac{SS_W}{df_W} = \frac{24}{9} = 2.67$$

（四）计算 F 值

如果计算得到的组间均方比组内均方大，这就表示组间平均数之间有差异。但二者差异是否达到显著性水平呢？这还需要计算 F 值并做检验。计算 F 值用公式 9-9。表 9-1 中数据的 F 值为：

$$F = \frac{MS_B}{MS_W} = \frac{129.34}{2.67} = 48.44$$

（五）查 F 值表进行 F 检验并做出决断

假如拒绝虚无假设的 p 值（p-value）定为 $p = 0.05$，如果计算的值远大于所确定的显著性水平的临界值，表明 F 值出现的概率小于 0.05，就可拒绝虚无假设，可以说不同组的平均数之间在统计上至少有一对有显著差异。假如实验控制适当，也可以提出自变量对因变量作用显著的结论。参考各组的平均数，进一步做事后检验，可以确定究竟是哪一对平均数之间有显著差异，得出更深层次的结论。如果计算的 F 值小于 p 为 0.05 的临界值，就不能拒绝虚无假设，只能说不同组的平均数之间没有显著差异。除了确定显著性水平外，在查 F 表时，还必须明确是用单侧检验，还是双侧检验。另外，p 值也可定为 0.01。

根据表 9-1 中的数据，组间自由度 $df_B = 2$，组内自由度 $df_w = 9$，定 p 值为 0.01，查附表 4，$F_{0.01(2,9)} = 8.02$（F 下标的数字 0.01 表示显著性水平；括号中前面的数字表示分子自由度，后面的数字表示分母自由度）。结果 $F > F_{0.01(2,9)}$，即 $p < 0.01$，达到显著性水平。也就是说，在总变异中，三种不同强度的噪声引起的部分变异显著地大于由误差（包括个体差异）引起的部分变异，因此应该认为三种实验处理之间的差异显著。

（六）陈列方差分析表

上面几个步骤的计算结果，可以归纳成一个方差分析表。一般在实验报告中的结果部分，也不需要写出统计检验的过程，只需列出方差分析表，简明扼要，一目了然。不同的实验设计，方差分析表组成要素基本一致，主要包括变异来源、平方和、自由度、均方、F 值和 p 值。因实验设计不同，变异来源也不同，相应的自由度和均方值、F 值、p 值也会发生变化。

下面是根据表 9-1 数据进行方差分析后，归纳的方差分析表。

变异来源	平方和	自由度	均方	F	p
组间	258.67	2	129.34	48.44	0.01
组内	24	9	2.67		
总变异	282.67	11			

三、方差分析的基本假定

运用 F 检验进行的方差分析是一种对所有组间平均数差异进行的整体检验。进行方差分析时有一定的条件限制，数据必须满足以下几个基本假定条件，否则由它得出的结论将会产生错误。

（一）总体正态分布

方差分析同 Z 检验及 t 检验一样，也要求样本必须来自正态分布的总体。在心理与教育研究领域中，大多数变量是可以假定其总体服从正态分布，一般进行方差分析时并不需要去检验总体分布的正态性。当有证据表明总体分布不是正态时，可以将数据做正态转化，或采用非参数检验方法。

（二）变异的相互独立性

总变异可以分解成几个不同来源的部分，这几个部分变异的来源在意义上必须明确，而且彼此要相互独立。这一点一般都可以满足。

（三）各实验处理内的方差要一致

各实验处理内的方差彼此应无显著差异，这是方差分析中最为重要的基本假定。在方差分析中用 MS_W 作为总体组内方差的估计值，求组内均方 MS_W 时，相当于将各个处理中的样本方差合成，它必须满足的一个前提条件就是，各实验处理内的方差彼此无显著差异。这一假定若不能满足，原则上是不能进行方差分析的。

四、方差分析中的方差齐性检验

在进行方差分析时，各实验组内部的方差彼此无显著差异，这是最为重要的一个假定，为了满足这一假定条件，往往在做方差分析前首先要对各组内方差做齐性检验。这与 t 检验中方差齐性检验的目的意义相同，只是在具体方法上由于要比较的样本方差多于两个而有所不同。

方差分析中的齐性检验常用哈特莱（Hartley）最大 F 比率法（maximum F-ratio），这种方法简便易行。具体实施的步骤是，先找出要比较的几个组内方差中的最大值与最小值，代入下式：

$$F_{max} = \frac{s_{max}^2}{s_{min}^2} \qquad \text{（公式 9-13）}$$

查 F_{max} 临界值表（附表5），当算出的 F_{max} 小于表中相应的临界值，就可认为几个要比较的样本方差两两之间均无显著差异。

【例 9-1】 *以表 9-1 中的数据为例进行方差齐性检验。*

解：计算 A、B、C 三组各自的方差

为：$s_A^2 = 5$，$s_B^2 = 0.5$，$s_C^2 = 0.5$

把 s_A^2 和 s_B^2 代入：$F_{max} = \frac{5}{0.5} = 10$

查附表5，即 F_{max} 的临界值表，当 $k=3$，$df = n-1 = 3$ 时，$F_{max(0.05)} = 15.5$（取 $df=4$ 的值），即 $F_{max} < F_{max(0.05)}$

答：可以认为各组方差是齐性的。

在该例中，如果 A、B 两组自由度不同，则可以用其中较大的一个作为查表时所用的自由度。

五、与方差分析有关的实验设计问题

不同的实验设计，所需方差分析的具体方法存在着区别。

如果用方差分析去检验一个双组设计的平均数差异，将会得到与 t 检验同样的结果，得到一个完全相同的结论。在这个层面上，可以将方差分析看成一种 t 检验的延伸与扩展。但是，t 检验处理的是两个样本组之间的差异显著性问题，检验的数据来自两种不同的实验处理，它仅适用于只有两组样本的实验设计。在心理学研究中，这种实验设计只是最简单的一种。大多数实验都包含两种以上的实验处理，比较的对象都超过了两个实验组，需要同时比较两个以上的样本平均数。这种同时对所有平均数差数的显著性进行检验只能使用方差分析。

用方差分析方法处理的实验数据，大多属于方差分析实验设计类型产生的结果。在方差分析型实验设计中，有多个样本组

共同参与实验，接受一个变量或多个变量的多种水平的实验处理。简单讲，这类实验设计中的被试组超过两组，是一种多组设计。这种设计最常见的类型有组间设计、组内设计与混合设计。

组间设计通常把被试分成若干个组，每组分别接受一种实验处理，有几种实验处理，被试也就相应地被分为几组，即不同的被试接受自变量不同水平的实验处理。由于被试是随机取样并随机分组安排到不同的实验处理中，因此，它又叫作完全随机设计。完全随机分组后，各实验组的被试之间相互独立，因而这种设计又被称为"独立组"设计，或被试间设计。从理论上讲，在这类设计中，各个组别在接受实验处理前各方面相同，若实验结果中组与组之间有显著差异，就说明差异是由不同的实验处理造成的。这是完全随机设计的主要特点。当对这类设计中各实验组和控制组的数据进行方差分析时，统计结果差异显著，就表明实验处理是有效的。在心理与教育科学研究中，由于某些实验中被试不可能先后接受两种实验处理，如教学方法实验，被试接受一种方法后再接受另一种教学方法，但教学内容是重复的，即使效果有差异，显然也不能说明问题。因此

在这类实验中，被试的分组一般采用完全随机方式，也可以用配对组方式。但是，在这类设计中，实验误差既包括实验本身的误差，又包括被试个别差异引起的误差，无法分离，因而它的效率受到一定限制。

组内设计又称被试内设计，是指每个被试都要接受所有自变量水平的实验处理。由于接受每种实验处理后都要进行测量，因此，它又被称为"重复测量设计"。在组内设计中，当用被试样本组代替单个被试时，这种设计又被称为"随机区组设计"。此时，每个被试组都要接受所有实验处理，但组中的每个被试只随机地接受一种实验处理。通常，我们把这样的被试组叫作区组。同一区组内应尽量同质，即在各个方面都相似或相同。这种设计将被试的个别差异从被试（组）内差异中分离出来，提高了实验处理的效率。

混合设计一般涉及两个以上的自变量，其中每个自变量的实验设计各不相同，如一个用组间设计，另一个用组内设计，实际上是同时进行几个实验。

有关实验设计类型的详细解释，可参考相关的书籍进一步阅读了解。下面将主要叙述完全随机设计和随机区组设计的方差分析方法。

第二节 完全随机设计的方差分析

完全随机设计（complete randomlized design）的方差分析，就是对单因素组间设计的方差分析（one-way between-subjects analysis of variance）。在这种实验研究设计中，各种处理的分类仅以单个实验变量为基础，因而，它被称为单因素方差分析或单向方差分析。这种实验设计安排被试的一般格式如下。

处理 1	处理 2	……	处理 k
被试 11	被试 21	……	被试 $k1$
被试 12	被试 22	……	被试 $k2$
被试 13	被试 23	……	被试 $k3$
……	……	……	……

下面我们通过例题，阐述几种主要的不同类型的单因素组间设计方差分析的步骤与过程。

一、各实验处理组样本容量相同

当各实验处理组的样本容量相同时，对于每一种实验处理而言，它们被重复进行的次数是相同的。例如，表 9-1 中 A、B、C 三种实验处理，每种都被重复进行四次（因为每组 4 人）。这种情况也被称为"等重复"。

【例 9-2】有人研究自尊与对个人表现的反馈类型之间的关系，让 15 名被试参加一项知识测验，每组各 5 名被试。在积极反馈组，不管被试在测验中的实际表现如何，都告诉他们表现很好；对消极反馈组的被试，告诉他们表现很差；对控制组的被试，不管测验分数如何，都不提供任何反馈信息。最后，让所有的被试都参加一个自尊测验，测验总分为 10 分，得到的分数越高，表示自尊心越强。实验结果如下表所示，试检验不同反馈类型与自尊之间的关系如何？

解：原始数据与计算的中间结果如下表：

	积极反馈组		消极反馈组		控制组	
	X	X^2	X	X^2	X	X^2
	8	64	5	25	2	4
	7	49	6	36	4	16
	9	81	7	49	5	25
	10	100	4	16	3	9
	6	36	3	9	6	36
Σ	40	330	25	135	20	90
$(\Sigma X)^2$	1600		625		400	

设虚无假设和备择假设分别如下：

$H_0: \mu_P = \mu_N = \mu_C$

$H_1: \mu_P \neq \mu_N \neq \mu_C$（下标 P、N、C 分别表示积极反馈组、消极反馈组和控制组）

$\sum\sum X^2 = 330 + 135 + 90 = 555$

$\sum\sum X = 40 + 25 + 20 = 85$

$\dfrac{(\sum\sum X)^2}{N} = \dfrac{85^2}{15} = 481.67$

$\sum\dfrac{(\sum X)^2}{n} = \dfrac{1600 + 625 + 400}{5} = 525$

（1）计算平方和

$$SS_T = \sum\sum X^2 - \dfrac{(\sum\sum X)^2}{nk} = 555 - 481.67 = 73.33$$

$$SS_B = \sum\dfrac{(\sum X)^2}{n} - \dfrac{(\sum\sum X)^2}{nk} = 525 - 481.67 = 43.33$$

$$SS_W = \sum\sum X^2 - \sum\dfrac{(\sum X)^2}{n} = 555 - 525 = 30$$

或者：$SS_W = SS_T - SS_B = 73.33 - 43.33 = 30$

（2）计算自由度

$df_T = N - 1 = 15 - 1 = 14$

$df_B = k - 1 = 3 - 1 = 2$

$df_W = k\ (n-1) = 3 \times (5-1) = 12$

（3）计算均方

$$MS_B = \dfrac{SS_B}{df_B} = \dfrac{43.33}{2} = 21.67$$

$$MS_W = \dfrac{SS_W}{df_W} = \dfrac{30.00}{12} = 2.50$$

（4）计算 F 比值，进行 F 检验，做出决断

$$F = \dfrac{MS_B}{MS_W} = \dfrac{21.67}{2.50} = 8.67$$

查 F 表，$F_{0.05(2,12)} = 3.88$，算得的 F 值大于临界值，$p < 0.05$，可以拒绝虚无假设，下结论认为在反馈类型与自尊之间存在着某种关系。

（5）列出方差分析表

总结上面的计算结果，列出下面的方差分析表。

变异来源	平方和	自由度	均方	F	p
组间效应	43.33	2	21.67	8.67	<0.05
组内效应	30.00	12	2.50		
总变异	73.33	14			

通过这个例题，可以总结出，单因素方差分析表的一般组成结构如表 9-2 所示。

表 9-2 单因素方差分析表

变异来源	平方和	自由度	均方	F	p
组间效应	SS_B	df_B	MS_B	$F=\dfrac{MS_B}{MS_w}$	>0.05 或 <0.05
组内效应	SS_w	df_w	MS_w		
总变异	SS_T	df_T			

表 9-2 中各个符号的计算公式见本章第一节。有时，组间效应也被称为"因素效应"，组内效应也写作"误差效应"。在用统计软件包计算得到的方差分析表中，会给出与 F 值相对应的具体的 p 值。一般在 F 值的右上角用 * 表示在 0.05 水平上有显著差异，用 ** 表示在 0.01 水平上有显著差异，用 *** 表示在 0.001 水平上有显著差异。这样，方差分析表中就不用列出 p 值这一列，但要在表的下面用"表注"对星号代表的意义进行说明。

二、各实验处理组样本容量不同

这种情况又被称作"不等重复"。进行方差分析的过程与"等重复"情况基本相同。只是在计算组间平方和时，要注意公式中的 n 各组不相同，即把公式 9-11 中的 n 用 n_i 表示，表示总数据个数的 nk 用 N 表示，得到下面的公式：

$$SS_B=\sum\frac{(\sum X)^2}{n_i}-\frac{(\sum\sum X)^2}{N}$$

【例 9-3】用不同强度的光做视觉反应时（毫秒）实验，光照强度分为 1、2、3 三个等级，被试随机分成三组，随机分配分别做某一种光强的反应时实验。由于某些原因，各组人数没能相同。下表是不同光强下被试视反应时测试结果。试问从表中结果能否得出不同强度光的反应时有显著不同？

解：

设虚无假设和备择假设分别如下：

H_0：$\mu_1=\mu_2=\mu_3$

H_1：$\mu_1\neq\mu_2\neq\mu_3$（下标 1、2、3 代表三种光强条件下的实验处理组）

下表是原始数据及计算的中间结果：

	光强等级 1		光强等级 2		光强等级 3	
	X	X^2	X	X^2	X	X^2
	150	22500	190	36100	200	40000
	220	48400	230	52900	240	57600
	190	36100	170	28900	260	67600
	170	28900	260	67600	180	32400
	240	57600	250	62500	190	36100
	200	40000	170	28900	280	78400
	180	32400	280	78400		
			190	36100		
			220	48400		
$\sum$	1350	265900	1960	439800	1350	312100
n	7		9		6	
$(\sum X)^2$	1822500		3841600		1822500	

$$\sum\sum X^2 = 265900 + 439800 + 312100 = 1017800$$

$$\sum\sum X = 1350 + 1960 + 1350 = 4660 \quad \frac{(\sum\sum X)^2}{N} = \frac{4660^2}{22} = 987072.73$$

$$\sum\frac{(\sum X)^2}{n_i} = \frac{1822500}{7} + \frac{3841600}{9} + \frac{1822500}{6} = 260357.14 + 426844.44 + 303750$$
$$= 990951.58$$

$$SS_B = \sum\frac{(\sum X)^2}{n_i} - \frac{(\sum\sum X)^2}{N} = 990951.58 - 987072.73 = 3878.85$$

$$SS_w = \sum\sum X^2 - \sum\frac{(\sum X)^2}{n_i} = 1017800 - 990951.58 = 26848.42$$

$$SS_T = \sum\sum X^2 - \frac{(\sum\sum X)^2}{N} = 1017800 - 987072.73 = 30727.27$$

$$df_B = 3 - 1 = 2$$

$$df_T = 22 - 1 = 21$$

$$df_w = df_T - df_B = 21 - 2 = 19$$

$$MS_B = \frac{SS_B}{df_B} = \frac{3878.85}{2} = 1939.43$$

$$MS_w = \frac{SS_w}{df_w} = \frac{26848.42}{19} = 1413.08$$

$$F = \frac{MS_B}{MS_w} = \frac{1939.43}{1413.08} = 1.37$$

查 F 值表，$F_{0.05(2,19)} = 3.52$，计算得到的 F 值小于 0.05 水平的临界值，$p > 0.05$，方差分析表如下：

变异来源	平方和	自由度	均方	F	p
组间效应	3878.8	2	1939.4	1.37	>0.05
组内效应	26848.5	19	1413.1		
总变异	30727.3	21			

答：三种光强下的视觉反应时没有显著差异。

【例 9-4】研究人员采用四种不同的心理治疗方案，对每个志愿参加治疗的患者进行心理治疗，他们用录音机记录了每个被试在一段时间中所讲的词数。由于录音的困难，每种方案记录的人数不尽相同。原始数据见下表，问这几种方案是否有差异？

解：原始数据与计算的中间数据见下表。

	治疗方案				Σ
	1	2	3	4	
	30	50	18	88	
	74	38	56	78	
	46	66	34	60	
	58	62	24	76	
	62	44	66		
	38	58	52		
		80			
n_i	6	7	6	4	23
ΣX	308	398	250	302	1258
所有观测的平方和 $\Sigma X^2 = 76444$					

$$SS_T = \sum\sum X^2 - \frac{(\sum\sum X)^2}{N} = 76\,444 - \frac{(1258)^2}{23} = 7636.9$$

$$SS_B = \sum\frac{(\sum X)^2}{n_i} - \frac{(\sum\sum X)^2}{N} = \frac{(308)^2}{6} + \frac{(398)^2}{7} + \frac{(250)^2}{6} + \frac{(302)^2}{4} - \frac{(1258)^2}{23} =$$

$$71657.5 - 68807.1 = 2850.4$$

$$SS_W = SS_T - SS_B = 7636.9 - 2850.4 = 4786.5$$

$$MS_B = \frac{SS_B}{k-1} = \frac{2850.4}{3} = 950.1$$

$$MS_W = \frac{SS_W}{N-k} = \frac{4786.5}{19} = 251.9$$

$$F = \frac{MS_B}{MS_W} = \frac{950.1}{251.9} = 3.77$$

查表得 $F_{0.05(3,19)} = 3.13$，因此，$F > F_{0.05(3,19)}$，可以拒绝虚无假设。

方差分析表如下：

变异来源	平方和	自由度	均方	F 值
组间	2850.4	3	950.1	3.77*
组内	4786.5	19	251.9	
总计	7636.9	22		

注：* 表示 $p < 0.05$。

答：四种心理治疗方案之间有显著差异。

三、利用样本统计量进行方差分析

有时欲分析的资料只有各组的 $\overline{X}_i$、s_i^2 及 n_i 等样本特征值，没有原始数据，在这种情况下要进行方差分析，关键在于对方差分析的思想和基本概念的理解，只要对平方和、均方等概念真正理解，进行方差分析比用原始数据进行方差分析还要简单。计算公式依据平方和的定义公式。

【例 9-5】把 20 名被试随机分成 A、B、C、D 四个组，每组（5 人）接受一种教学方法。教学效果评估后，每组平均数依次为 5，5.4，8，7.2；方差依次为 1.99，1.04，1.20，1.76。问四种教法是否有显著差异？

解：（1）求平方和

因组间平方和是各组平均数与总平均数离差的平方和，因此先计算总平均数：

$$\overline{X}_t = \frac{\overline{X}_1 + \overline{X}_2 + \overline{X}_3 + \overline{X}_4}{4}$$

$$= \frac{5 + 5.4 + 8 + 7.2}{4} = 6.4$$

（若各组 n 不等则求加权平均）

$$SS_B = n \cdot \sum_{j=1}^{k} (\overline{X}_j - \overline{X}_t)^2$$
$$= 5[(5 - 6.4)^2 + (5.4 - 6.4)^2 +$$
$$(8 - 6.4)^2 + (7.2 - 6.4)^2]$$
$$= 30.8$$

组内平方和是每一组的平方和 $\sum_{i=1}^{n} (X_{ij} - \overline{X}_j)^2$ 全加起来的总和，即

$$\sum_{j=1}^{k} \sum_{i=1}^{n} (X_{ij} - \overline{X}_j)^2$$

而 $\sum_{i=1}^{n} (X_{ij} - \overline{X}_j)^2 = n \cdot s_j^2$

$$SS_W = \sum_{j=1}^{k} n \cdot s_j^2 = n \cdot \sum_{j=1}^{k} s_j^2$$
$$= 5 \times (1.99 + 1.04 + 1.20 + 1.76)$$
$$= 30$$

（2）自由度

$$df_B = 4 - 1 = 3$$
$$df_W = 4 \times (5 - 1) = 16$$

（3）均方

$$MS_B = \frac{30.8}{3} = 10.27$$

$$MS_W = \frac{30}{16} = 1.88$$

（4）F 检验

$$F = \frac{10.27}{1.88} = 5.46$$

查 F 表，$F_{0.01(3,16)} = 5.29$，计算的 F 值大于 $F_{0.01(3,16)}$，$p < 0.01$

所以四种教学方法之间存在非常显著的差异。

（5）方差分析表

变异来源	平方和	自由度	均方	F
组间效应	30.8	3	10.267	5.46**
组内效应	30	16	1.875	
总变异	60.8	19		

注：**表示 $p < 0.01$。

第三节 随机区组设计的方差分析

随机区组设计的方差分析，就是重复测量设计的方差分析（repeated measures analysis of variance），或称为组内设计的方差分析。

早年在进行不同品种作物的农业试验时，考虑到土质、水分等土壤因素的影响，不同品种的作物应该共同种植在土质相同的田中。因此，按土质等因素把田划分成一块一块的"区域"，每块"区域"中土质基本相同，然后在每一"区域"中再分成小"区"，每个小"区"种植一个品种，一块"区域"叫作一个区组（block）。后来在农业以外的其他实验中，一直沿用"区组"这个概念。例如，研究不同颜色的光对视觉反应时是否有影响，取 A、B、C 三种不同色光。考虑到个体差异对结果的影响，根据已有数据或经验，把被试按视觉反应的快慢分成不同的组，这样，每组被试就称为一个"区组"，同一区组中的被试随机接受某一种色光。类似这种实验设计就叫作随机区组设计（randomized block design）。

随机区组设计根据被试特点把被试划分为几个区组，再根据实验变量的水平数在每一个区组内划分为若干个小区，同一区组随机接受不同的处理。这类实验设计的原则是同一区组内的被试应尽量"同质"。每一区组内被试的人数分配大致有三种情况。①一个被试作为一个区组，这时不同的被试（区组）均需接受全部 K 种实验处理。每人接受 K 种实验处理的顺序不同所产生的误差，应该用一定的方法加以平衡。②每一区组内被试的人数是实验处理数的整数倍。例如，实验处理为 A、B、C、D 四种，每一区组的被试数为 8，则同一区组内每 2 个被试随机做同一种实验。③区组内的基本单位不是个别被试，而是以一个团体为单位，如以不同学校为实验对象，同一学校的几个班成为一个区组，每个班接受一种实验。总之，对于每一区组而言，它应该接受全部实验处理；对于每种实验处理而言，它在不同的区组中重复的次数应该相同。

随机区组设计由于同一区组接受所有实验处理，使实验处理之间有相关，因此又称为相关组设计，或称被试内设计。与完全随机设计相比，其最大优点是考虑到个别差异的影响。这种由于被试之间性质不同而产生的差异就称为区组效应。随机区组设计可以将这种影响从组内变异中分离出来，从而提高效率。但是这种设计也有不足，主要表现为划分区组困难，如果不能保证同一区组内尽量同质，则有出现更大误差的可能。

在组间设计中，虽然每种处理中个体差异也很明显，但不同处理之间由于被试不是同一组人，因而整个实验的个体差异无从了解，只知道它混在组内变异中。随机区组设计的方差分析根据实验设计的特点，把区组效应从组内平方中分离出来。当知道整个实验中的个体差异后，就可以算出个体差异造成的变异，即区组变异。这时总平方和被分解为三部分：被试间平方和（sum of square across subjects 或 sum of square between subjects），它反映的是被试之间个别差异的影响效果；区组平方和（sum of squares IV，IV 是 independent variable 的缩写），它反映的是自

变量的影响作用；误差项平方和（sum of square error），它反映的是除被试间个别差异之外其他干扰因素的影响。求区组平方和与求组间平方和实质上差不多，因此，计算区组间的平方和就可以表示区组效应，区组平方和用 SS_R 表示。

$$SS_R = \sum \frac{(\sum R)^2}{k} - \frac{(\sum \sum R)^2}{n \cdot k}$$

（公式 9-14）

从组内平方和 SS_W 中分离出 SS_R，其余部分只是实验误差。即

$SS_W = SS_R + SS_E$（SS_E 表示误差平方和）

这时总变异被分解为三部分：

$$SS_T = SS_B + SS_W = SS_B + SS_R + SS_E$$

（公式 9-15）

总平方和 = 组间平方和 + 区组平方和 + 误差平方和

总自由度也被分为三部分：

$$df_T = df_B + df_R + df_E$$

这种设计将区组效应从完全随机设计的误差平方和中分解出来，是配对设计的扩展和延伸。同时，也可验证分组是否合理。使用的统计分析程序依然是单因素方差分析（one-way ANOVA）。实验设计的一般格式如下：

处理 1	处理 2	……	处理 k
被试 1	被试 1	被试 1	被试 1
被试 2	被试 2	被试 2	被试 2
被试 3	被试 3	被试 3	被试 3
……	……	……	……

【例 9-6】为了测查刺激呈现的时间长短在记忆过程中的作用，一名认知心理学家把 10 个无意义音节以不同长度的时间呈现给被试。每种情况下这组音节呈现 30 秒，中间间隔 10 分钟，要求被试完成一些简单的数学题，以避免被试练习记忆无意义音节，然后要求被试在 60 秒内尽可能多地回忆他记住的音节。下表是 7 个被试的实验结果，问呈现时间长短是否显著影响无意义音节的回忆量？

解：原始数据与中间的计算结果如下表所示。

被试	呈现刺激的时间长度								$\sum R$	$(\sum R)^2$
	时间 1		时间 2		时间 3		时间 4			
	X	X^2	X	X^2	X	X^2	X	X^2		
1	5	25	6	36	6	36	5	25	22	484
2	7	49	6	36	7	49	8	64	28	784
3	8	64	9	81	9	81	10	100	36	1296
4	3	9	4	16	4	16	6	36	17	289
5	9	81	8	64	9	81	7	49	33	1089
6	5	25	4	16	6	36	6	36	21	441
7	7	49	10	100	8	64	9	81	34	1156
$\sum$	44	302	47	349	49	363	51	391	191	5539
$(\sum X)^2$	1936		2209		2401		2601			

先对表中数据做一分析。表中有 7 名被试，即 7 个区组（如果每个区组不是 1 人而是更多的人，分别接受 4 种处理中的一种，则表中数据均代表分配到每种条件下每个人数据的平均值）。横向看，对于被试 1 有 5、6、6、5 四个数据，其和 $\sum R$ 等于 22。其他的 6 名被试也一样。如果这 7 名被试"同质"，则表中 7 个 $\sum R$ 的值应该相同，而实际结果从 17 到 36 这 7 个数据都不尽相同，很明显这个差异就是 7 名被试的个体差异。当整个实验中的个体差异知道后，就可以算出个体差异造成的变异，即区组变异。如果将上面的表格做 90°旋转，可以发现求区组平方和与求组间平方和实质上差不多。下面是具体计算过程。

设 $H_0: \mu_1 = \mu_2 = \mu_3 = \mu_4$

$H_1: \mu_1 \neq \mu_2 \neq \mu_3 \neq \mu_4$（下标 1、2、3、4 表示四个不同的时间）

$\sum\sum X^2 = 302 + 349 + 363 + 391 = 1405$

$\sum\sum X = 44 + 47 + 49 + 51 = 191$

$\sum (\sum X)^2 = 1936 + 2209 + 2401 + 2601 = 9147$

(1) 平方和

$$SS_T = \sum\sum X^2 - \frac{(\sum\sum X)^2}{nk} = 1405 - \frac{191^2}{7 \times 4} = 1405 - 1302.89 = 102.11$$

$$SS_B = \sum_1^k \frac{(\sum X)^2}{n} - \frac{(\sum\sum X)^2}{nk} = \frac{9147}{7} - \frac{191^2}{7 \times 4} = 1306.71 - 1302.89 = 3.82$$

$$SS_R = \sum_1^n \frac{(\sum R)^2}{k} - \frac{(\sum\sum R)^2}{nk} = \frac{5539}{4} - \frac{191^2}{7\times 4} = 1384.75 - 1302.89 = 81.86$$

$$SS_E = \sum\sum X^2 + \frac{(\sum\sum X)^2}{nk} - \sum_1^k \frac{(\sum X)^2}{n} - \sum_1^n \frac{(\sum R)^2}{k} = 1405 + 1302.89 - 1306.71 -$$

$1384.75 = 16.43$

或者 $SS_E = SS_T - SS_B - SS_R = 102.11 - 3.82 - 81.86 = 16.43$

（2）自由度

$df_T = N - 1 = 28 - 1 = 27$

$df_B = k - 1 = 4 - 1 = 3$

$df_R = n - 1 = 7 - 1 = 6$

$df_E = (k-1)(n-1) = (4-1)\times(7-1) = 18$

（3）均方

$$MS_B = \frac{SS_B}{df_B} = \frac{3.82}{3} = 1.27$$

$$MS_R = \frac{SS_R}{df_R} = \frac{81.86}{6} = 13.64$$

$$MS_E = \frac{SS_E}{df_E} = \frac{16.43}{18} = 0.91$$

（4）F 检验

$$F = \frac{MS_B}{MS_E} = \frac{1.27}{0.91} = 1.40$$

查 F 表，$F_{0.05(3,18)} = 3.16$，计算得到的值小于临界值。

因此，呈现刺激的时间长短对无意义音节的回忆量影响不显著，不能够拒绝虚无假设。也就是说，无意义音节以四个不同长度时间呈现后，测试过程表明对它的回忆量没有明显差别。

（5）方差分析表

变异来源	平方和	自由度	均方	F	$F_{0.05}$
组间	3.82	3	1.27	1.40	3.16
区组	81.86	6	13.64	14.94	2.66
误差	16.43	18	0.91		
总变异	102.11	27			

一般方差分析的目的在于分析组间方差是否大于误差项的方差，因此只进行上面的 F 检验就行了，但有时也对区组效应进行检验。本例中 $F = \dfrac{MS_R}{MS_E} = \dfrac{13.64}{0.91} = 14.94$。查附表

4，$F_{0.05(6,18)}=2.66$，$F_{0.01(6,18)}=4.01$，这个结果说明在本例中区组效应显著。

需要指出的是，无论区组效应显著还是不显著，对于实验目的而言，并没有什么重要的意义，即区组变异与组间变异是彼此独立的。当区组效应显著时（如本例），说明该实验设计采用随机区组设计是成功的、必要的（相对于完全随机设计）。若区组效应不显著，说明主试划分区组不成功或者所取的被试本来就基本同质，没必要再划分区组。下面是另外一个例子。

【例 9-7】五名被试在四种不同的环境条件下参加某一心理测验，结果如下。问不同的测验环境是否对这一测验成绩有显著影响。

被试	测验环境				$\sum R$
	I	II	III	IV	
1	30	28	16	34	108
2	14	18	10	22	64
3	24	20	18	30	92
4	38	34	20	44	136
5	26	28	14	30	98
$\sum X$	132	128	78	160	498
$\sum X^2$	3792	3448	1276	5376	
所有观测的总和 $\sum\sum X=498$，平方和 $\sum\sum X^2=13892$					

解：$SS_T = \sum\sum X^2 - \dfrac{(\sum\sum X)^2}{N} = 13\ 892 - \dfrac{(498)^2}{20} = 1491.80$

$SS_B = \sum\limits_1^k \dfrac{(\sum X)^2}{n} - \dfrac{(\sum\sum X)^2}{nk} = \dfrac{(132)^2}{5} + \dfrac{(128)^2}{5} + \dfrac{(78)^2}{5} + \dfrac{(160)^2}{5} - \dfrac{(498)^2}{20}$

$= 698.20$

$SS_R = \sum\limits_1^n \dfrac{(\sum R)^2}{k} - \dfrac{(\sum\sum R)^2}{nk}$

$= \dfrac{(108)^2}{4} + \dfrac{(64)^2}{4} + \dfrac{(92)^2}{4} + \dfrac{(136)^2}{4} + \dfrac{(98)^2}{4} - \dfrac{(498)^2}{20}$

$= 680.80$

因为，$SS_T = SS_B + SS_W = SS_B + SS_R + SS_E$

所以，$SS_E = SS_T - SS_B - SS_R = 1491.80 - 698.20 - 680.80 = 112.80$

$df_T = N - 1 = 20 - 1 = 19$

$df_B = k - 1 = 4 - 1 = 3$

$df_R = n - 1 = 5 - 1 = 4$

$df_E = (k-1)(n-1) = (4-1) \times (5-1) = 12$

$$MS_B = \frac{SS_B}{df_B} = \frac{698.20}{3} = 232.73$$

$$MS_R = \frac{SS_R}{df_R} = \frac{680.80}{4} = 170.20$$

$$MS_E = \frac{SS_E}{df_E} = \frac{112.80}{12} = 9.40$$

$$F_B = \frac{MS_B}{MS_E} = \frac{232.73}{9.40} = 24.76$$

$$F_R = \frac{MS_R}{MS_E} = \frac{170.20}{9.40} = 18.11$$

查附表 4，得 $F_{0.01(3,12)} = 5.95$，$F_{0.01(4,12)} = 5.41$。因此，$F_B > F_{0.01(3,12)}$，计算的组间效应 F 值大于临界值，可以拒绝虚无假设，认为不同的测验环境对测验的结果有显著影响。$F_R > F_{0.01(4,12)}$，表明区组效应非常显著，对被试进行分组是有必要的。

方差分析表如下：

变异来源	平方和	自由度	均方	F 值
处理	698.20	3	232.73	24.76**
区组	680.80	4	170.20	18.11**
误差	112.80	12	9.40	
总计	1491.80	19		

注：＊＊表示 $p < 0.01$。

在本节介绍的随机区组设计方法中，每个区组内全部实验处理都出现，这种类型的区组设计是一种随机化完全区组设计（randomized complete block design, RCB）。如果每一区组所含的实验处理数不同（只是全部处理中的部分，而且区组之间各含的实验处理互不同），就叫作平衡的不完全随机区组设计（balanced incomplete randomized block design, BIB）。这时的方差分析比完全区组设计的方差分析要复杂。

【资料卡 9-1】

多个样本间差异检验的效果量计算方法

1. 三个及以上独立样本的效果量计算

$$\eta^2 = \frac{SS_{处理}}{SS_{总}}$$

式中的 η^2 表示因变量的总变异有多少能被某一自变量解释。如果有多个自变量，则每个自变量的 η^2 都对应的是该自变量带来的变异与因变量总变异的比例。在单因素被试间设计中，因变量的总变异可分解为处理效应和误差。但在多因素实验设计中，因变量的总变异可分解为多个自变量的处理主效应、交互作用的处理效应以及误差。在这种情况下，还可以使用 η^2 来计算单个自变量的效应量，但是，最好使用偏 η^2，以排除其他非误差变异，也就是其他因素引起的处理效应、交互作用的处理效应等（Cohen，1965）。

$$偏\ \eta^2 = \frac{SS_{处理}}{SS_{处理} + SS_{误差}}$$

在单因素实验设计中，由于 $SS_{处理} + SS_{误差} = SS_{总}$，$\eta^2$ 和偏 η^2 是相等的。但是在多因素实验设计中，$SS_{处理} + SS_{误差} < SS_{总}$，因此偏 η^2 的值会大于 η^2。如果 F 值和相应的自由度已知，也可用下式直接计算偏 η^2。

$$偏\ \eta^2 = \frac{Fdf_{处理}}{Fdf_{处理} + df_{误差}}$$

2. 三个及以上相关样本的效应量计算

无论是在独立样本还是在相关样本中，η^2 的计算都一样，都是处理效应可解释的变异与总变异之比；偏 η^2 的计算也一样，都是处理效应可解释的变异与处理效应可解释的变异和误差项之和的比值。不同的是，在独立样本中，所有检验用的都是同一个误差项，但是在被试内实验设计中，每个效应都有自己独立的误差项。

$$偏\ \eta^2 = \frac{SS_{处理}}{SS_{处理} + SS_{误差-处理}}$$

如果 F 值和相应的自由度已知，同样，偏 η^2 的计算也可以用被试间独立样本计算偏 η^2 的相应公式计算。

η^2 的值为 0.01，0.06，0.14，分别表明小、中、大效应量（Cohen，1969）。这一标准还应参考实际情况和前人的研究来解释。另外，在 SPSS 统计软件中，也可以直接输出偏 η^2 值。

第四节 事后检验

一般来说，方差分析的主要目的是通过 F 检验讨论组间变异在总变异中的作用，借以对两组以上的平均数进行差异检验，得到一个整体性的检验结果。如果 F 检验的结果表明差异不显著，说明实验中的自变量对因变量没有显著影响。相反，如果 F 检验的结果表明差异显著，拒绝了虚无假设，就表明几个实验处理组的两两比较中至少有一对平均数间的差异达到了显著水平，至于是哪一对，方差分析并没有回答。虚无假设被拒绝的结果一旦出现，就必须对各实验处理组的多对平均数进一步分析，做深入比较，判断究竟是哪一对或哪几对的差异显著，哪几对不显著，确定两变量关系的本质，这就是事后检验（post hoc test）。这个统计分析过程也被称作事后多重比较（multiple comparison procedures）。

一、为什么不能用 t 检验对多个平均数的差异进行比较

如何对多个平均数的差异进行比较呢？初步了解 t 检验的人也许会建议，对各组平均数两两成对多进行几次 t 检验即可。其实不然，同时比较的平均数越多，其中差异较大的一对所得 t 值超过原定临界值 t_a 的概率就越大，这时 α 错误的概率将明显增加，或者说本来达不到显著性水平的差异就很容易被说成是显著了，这时用 t 检验就不适宜。

为了说明这种情况，我们看一个例子。当对两个样本的差异进行 t 检验时，如果自由度为 25，则从 t 表中查得 $t_{0.05/2} = 2.06$，这意味着由样本平均数实际算得的 t 值（绝对值）大于 2.06 的可能性为 0.05。假如 $t > 2.06$ 的情况发生时，即可做出两个样本平均数差异显著的结论；在比较 3 个平均数之间的差异（自由度不变）时，各个平均数两两比较需进行 3 次，其中 3 个 t 值的最大者大于 2.06 的可能性不

再是 0.05 而增大为 0.14（见公式 9-16），做统计结论时犯 α 型错误的概率增大为 0.14。若同时比较的平均数为 5 个，则需两两比较 10 次（$C_5^2 = 10$），这时使得 t 值中最大的一个超过 2.06 的可能性为 0.40（见公式 9-16），即若仍以 2.06 为临界值，则 α 型错误的概率为 0.40。一般而言，设需要进行两两比较的次数为 N，则以 $t_{0.05/2}$ 为临界值时的 α 错误率为：

$$P_N = 1 - (1 - \alpha)^N \quad （公式 9\text{-}16）$$

由此可见，当需要对 3 个以上平均数的差异进行比较时，单纯地使用多次 t 检验的方法，是不可靠的。在这种情况下，需要应用多重比较的方法进行检验。目前，关于多重比较的方法有多种，如 Scheffé 检验法、Newman-Keuls 检验法、Duncan 的多距检验法、Tukey 的可靠显著差异法（honest significant difference, HSD）、费舍的最小显著差异法（least significant difference, LSD）等方法。其中，最普遍的技术是舍菲（Scheffé）提出的方法，但它可能会引发更高的 II 型错误。考虑到计算的方便性和更好的统计效果，在此主要介绍 N-K 检验法。

二、N-K 检验法

N-K 检验法是由纽曼（Newman）和科伊尔斯（Keuls）共同提出的，因此用两个人名的首字母组成此名称，也有人称之为 q 检验法。这个方法实施步骤如下。

①把要比较的各个平均数从小到大做

等级排列。

②根据比较等级 r，自由度 df_E，查附表 6 中相应的 $q_{0.05}$（或 $q_{0.01}$）的值。

附表 6 是 q 分布临界值表，提供了各平均数差异显著时所需的 q 值。被比较的两个平均数各自在等级排列中的等级之差再加 1，就是这两个平均数的比较等级 r，即 $r=r_i-r_j+1$。df_E 是方差分析中的误差项自由度（与完全随机设计中组内自由度 df_w 相等）。

③求样本平均数的标准误。公式为：

$$SE_{\bar{X}}=\sqrt{\frac{MS_E}{n}} \qquad \text{（公式 9-17）}$$

公式中 MS_E 是组内均方（完全随机设计时应用 MS_w），n 是每组容量。在完全随机设计中若各组容量不同（不等重复）则用下式求 $SE_{\bar{X}}$：

$$SE_{\bar{X}}=\sqrt{\frac{MS_w}{2}\left(\frac{1}{n_a}+\frac{1}{n_b}\right)}$$

其中 n_a，n_b 分别为两个样本的容量。

④用标准误乘以 q 的临界值（$q_{0.05} \cdot SE_{\bar{X}}$）就是对应于某一个 r 值的两个平均数相比较时的临界值，如果这两个平均数的差异大于（$q_{0.05} \cdot SE_{\bar{X}}$），则认为这两个平均数在 0.05 水平差异显著，若小于（$q_{0.05} \cdot SE_{\bar{X}}$）则两个平均数之间差异不显著。

【例 9-8】为研究不同科目的教师当班主任对学生某一学科的学习是否有影响，把 40 名学生随机分派到 5 名教不同科目的班主任管理的班级中，过一段时间后让 40 名学生参加一项数学考试。方差分析结果表明，在不同班主任负责的班级中，学生的数学成绩显著不同。各组的数学平均分为 $\bar{X}_A=74.5$，$\bar{X}_B=71.5$，$\bar{X}_C=69.5$，$\bar{X}_D=67$，$\bar{X}_E=74$（其中 A 表示班主任教数学，B 表示班主任教语文，C 表示班主任教生物，D 表示班主任教地理，E 表示班主任教物理），方差分析结果 $MS_w=24.17$，$df_w=35$。试对五组平均数进行多重比较。

解：（1）把 5 个平均数由低到高进行等级排列

等级	1	2	3	4	5
平均数	$\bar{X}_D$	$\bar{X}_C$	$\bar{X}_B$	$\bar{X}_E$	$\bar{X}_A$
	67	69.5	71.5	74	74.5

（2）计算比较等级 r，查附表 6，$df_w=35$ 表中没有，可用最接近的代替，查 $df_w=30$

$$r=2 \rightarrow q_{0.05}=2.89$$
$$r=3 \rightarrow q_{0.05}=3.49$$
$$r=4 \rightarrow q_{0.05}=3.84$$
$$r=5 \rightarrow q_{0.05}=4.10$$

由于只有 5 个平均数，所以 r 最大为 5，5 以上的就不查了。

（3）求 $\bar{X}$ 的标准误

$$SE_{\bar{X}}=\sqrt{\frac{MS_w}{8}}=\sqrt{\frac{24.17}{8}}=1.74$$

当 $r=2$ 时，
$$q_{0.05} \cdot SE_{\bar{X}}=2.89 \times 1.74=5.03$$
　　$r=3$ 时，
$$q_{0.05} \cdot SE_{\bar{X}}=3.49 \times 1.74=6.07$$
　　$r=4$ 时，
$$q_{0.05} \cdot SE_{\bar{X}}=3.84 \times 1.74=6.68$$
　　$r=5$ 时，
$$q_{0.05} \cdot SE_{\bar{X}}=4.10 \times 1.74=7.13$$

（4）把 5 个平均数两两之间的差异与

相应的（$q_{0.05} \cdot SE_{\bar{X}}$）比较

	$\bar{X}_D$ (67)	$\bar{X}_C$ (69.5)	$\bar{X}_B$ (71.5)	$\bar{X}_E$ (74)	$\bar{X}_A$ (74.5)
$\bar{X}_C$	2.5				
$\bar{X}_B$	4.5	2.0			
$\bar{X}_E$	7.0*	4.5	2.5		
$\bar{X}_A$	7.5*	5.0	3.0	0.5	

表中数值表示平均数两两之间的差数，如 $\bar{X}_C - \bar{X}_D = 2.5$，$\bar{X}_E - \bar{X}_C = 4.5$，……

用这些差数与（$q_{0.05} \cdot SE_{\bar{X}}$）比较时一定要注意对应于哪个 r 值。例如，$\bar{X}_E - \bar{X}_C = 4.5$，这时 $r = 4 - 2 + 1 = 3$，因此应该将 4.5 与 6.07 相比较：4.5＜6.07，于是可以说 $\bar{X}_E$ 与 $\bar{X}_C$ 之间无显著差异；$\bar{X}_A$ 与 $\bar{X}_D$ 比较时，$r = 5 - 1 + 1 = 5$，7.5 要与 7.13 相比较，由于 7.5＞7.13，所以可以说 $\bar{X}_A$ 与 $\bar{X}_D$ 之间差异在 0.05 水平显著。这样逐一地将各对差数加以比较。

从结果看，在 $\bar{X}_D$ 与 $\bar{X}_E$ 和 $\bar{X}_D$ 与 $\bar{X}_A$ 两对差数之间差异是显著的。因此可以说数学老师当班主任与地理老师当班主任对学生教学成绩有不同的影响，物理老师当班主任与地理老师当班主任对学生教学成绩也有不同的影响。

可以看到，方差分析只是在整体上得出了不同科目教师当班主任对学生有显著影响的结论。对平均数的多重比较则进一步明确地说明了哪些科目的教师在这方面的影响显著。

除 N-K 检验法之外，事后检验最常用的方法还有艾泰（Hayter）提出的 HSD 检验方法。目前，HSD 方法在各个统计领域内应用非常广泛，它的统计检验力更强，在许多统计软件中也都能完成这一检验，对 N-K 法等其他检验方法形成了挑战和竞争。

另外，需要提醒读者的是，多重比较与方差分析联系密切，因而大部分统计教科书将这种统计分析方法放在方差分析之中。但事后多重比较并不限于在 F 检验以后进行，只要是对多个平均数进行两两比较，都可以使用多重比较方法。

小　结

本章介绍了方差分析（ANOVA）的基本原理和程序，并且讨论了不同实验条件下的均值差异的检验，重点介绍了单因素方差分析。

1. 方差分析是处理多个总体平均数是否相等的一种假设检验方法。它与实验设计的类型密切相关。根据研究所涉及的因素的多少，方差分析可分为单因素方差分析和多因素方差分析（包括双因素方差分析）。单因素组间设计和组内设计方差分析之间的最大区别是，后者能够分离出区组效应。如果实验涉及对被试的重复测量，就需要用组内设计的方差分析程序。

2. 方差分析的基本思想是将观察值之间的总体差异分解为由所研究的因素引起的差异和由随机误差引起的差异等几个部分，然后通过对这两类差异的比较，做出接受或拒绝原假设的判断。方差分析前需要检查方差分析的假设条件是否成立，一个重要的步骤是方差齐性检验。

3. 方差分析的主要步骤包括建立假设，计算 F 检验值，查 F 表做出决策。F 检验的计算过程和结果一般通过方差分析表来描述。单因素方差分析是用来处理一个因素多种水平形成的实验处理之间的差异。

4. 在方差分析中，当拒绝虚无假设时表明至少有一对总体的均值有显著差异，但是方差分析并不能告诉研究人员是哪一个或哪几个均值与其他均值显著不同。处理这一问题的方法要用多重平均数比较，它主要用来确定单个因素的哪个水平或几个因素的不同组合中哪些水平之间差异最明显。常用的多重平均数比较方法有 N—K 法等。

进一步阅读资料

1. 艾伦 (A. Aron)，艾伦 (E. N. Aron)，库普思 (E. Coups). 心理统计 (第 4 版) (影印版). 北京：世界图书出版公司北京公司，2006：323～366.

2. 郝德元，周谦，郭春彦，等. 心理实验设计统计原理. 北京：北京师范学院出版社，1989.

3. 黄一宁. 实验心理学：原理、设计与数据处理. 西安：陕西人民教育出版社，1998：111～144，224～232.

4. 鲁尼恩 (R. P. Runyon)，科尔曼 (K. A. Coleman)，皮滕杰 (D. J. Pittenger). 心理统计 (第 9 版) (英文版). 北京：人民邮电出版社，2004：357～394，437～456.

5. 帕加诺 (R. R. Pagano). 行为科学中的统计学入门 (第 6 版) (影印版). 北京：中国统计出版社，2002：348～417.

计算机统计技巧提示

在 EXCEL 中，做方差分析时使用的函数有：FTEST 函数、SUBTOTAL 函数 (分类汇总)、SUMX2MY2 函数 (两列数据对应值的平方差之和)、SUMX2PY2 函数 (两列数据中对应值的平方和之和)、SUMXMY2 (两列数据中相对应值差的平方之和)。在 EX-CEL 中用"方差分析：无重复双因素分析"对随机区组设计数据进行方差分析。"分析工具库"中，可用"方差分析：单因素方差分析"处理完全随机设计的方差分析。

用 SPSS 进行方差分析：(1) 完全随机设计的方差分析步骤：单击"Analyze" → "Compare Means" → "One-Way ANOVA"，将观测数据结果移入因变量 Dependent list 框，将表示因素不同水平数据的变量移入 Factor 框即可。如果要做事后检验，在统计过程中，打开 Post Hoc 对话框，指定事后检验所用的多重比较的具体方法 (Post Hoc Multiple Comparisons) 即可。(2) 随机区组设计的方差分析步骤：单击"Analyze" → "General Linear Model" → "Repeated Measures"，指明被试内因子 (Within-Subject Factor) 名称和水平数并进行定义，然后按"确定"按钮。事后检验需要单击"Options"进行选择。

在线资源

用 Excel 进行单因素方差分析，网址为：https：//www. excel-easy. com /examples /anova. html。

用 Excel 做多因素方差分析，网址为：http：//archive. bio. ed. ac. uk /jdeacon /statistics /tress8. html。

用 SPSS 进行单因素方差分析，网址为：https：//statistics. laerd. com /spss-tutorials /one-way-anova-using-spss-statistics. php。

用 SPSS 进行双因素方差分析 https：//statistics. laerd. com /spss-tutorials /two-way-anova-using-spss-statistics. php。

思考与练习题

1. 方差分析的功能及其基本假定条件有哪些？

2. 试比较完全随机设计与随机区组设计的优、缺点。

3. 对两个以上平均数两两之间的差异检验为什么不能两两之间进行 t 检验？

4. 完全随机设计的方差分析与随机区组方差分析最重要的区别是什么？

5. 试概括出方差分析的几个主要步骤。

6. 在一个深度知觉实验中，将被试随机分成三组，在实验过程中第一组采取正反馈方式，第二组采取负反馈方式，第三组不给反馈信息，试问三组的深度知觉误差是否有显著差异？

负反馈	不反馈	正反馈
0.5	0.9	1.0
1.2	1.3	1.4
0.9	0.7	1.6
0.7	1.6	0.8
1.4	1.5	0.9
1.0	0.7	1.8
0.8	1.8	
	0.9	
	1.2	

7. 为研究练习效果，取 5 名被试，每人对同一测验进行 4 次，试问练习效果是否显著？

被试	第Ⅰ次	第Ⅱ次	第Ⅲ次	第Ⅳ次
A	121	134	170	187
B	125	134	175	189
C	144	165	177	190
D	145	159	180	190
E	122	145	171	189

   如果练习效果显著存在，则在如第 8 题所示的那类实验中，应当如何安排每人的实验顺序。

8.8 名被试先后进行四种色光的反应时实验，试问不同色光对反应时是否有显著影响，并指出这个区组设计是否成功。

被试	红光	黄光	绿光	蓝光
A	3	3	4	5
B	6	5	6	6
C	3	2	3	3
D	3	4	4	7
E	2	1	3	4
F	2	3	3	4
G	1	1	2	2
H	3	2	3	4

第十章

χ² 检验

【教学目标】了解 χ² 检验的一般原理，掌握 χ² 检验的具体方法，如配合度检验、独立性检验、同质性检验，以及数据的合并与相关源的分析方法。

【学习重点】χ² 检验的一般原理，配合度检验、独立性检验、同质性检验，计数数据的合并方法。

在心理和教育科学研究中，除了计量数据外，计数数据（类别数据）可以说是使用最普遍的一种数据类型。对于这类数据的统计分析，那些用于计量数据的统计方法就不太适合，而比较适用的方法之一就是 χ² 检验。本章将主要介绍 χ² 检验方法以及配合度检验、独立性检验、同质性检验等内容。

第一节 χ² 检验的原理

对心理和教育研究中收集到的计数数据进行统计分析，一般应使用属性统计方法，因为这类数据是按照事物属性进行多项分类的。另外，由于对这些计数数据统计分析的根据是 χ² 分布，故称这类统计分析方法为 χ² 检验（chi-square test）。在初步整理计数数据时，除了用次数分布表呈现数据之外，大都用列联表（contingency table）或交叉表（cross tabulation）的单元格形式表示，故这种分析方法又有列联表分析或交叉表分析的称谓。此外，因 χ^2 检验使用的列联表的单元格里是次数，或百分比，因此，χ^2 检验又称为百分比检验。应用 χ^2 检验分析计数数据时，对计数数据总体的分布形态不做任何假设，因此，χ^2 检验被视为非参数检验方法的一种。

χ^2 检验方法能处理一个因素两项或多项分类的实际观察频数与理论频数分布是否相一致的问题，或说有无显著差异问题。所谓实际频数（actual frequencies），简称实计数或实际数，是指在实验或调查中得到的计数资料，又称为观察频数（observed frequencies）。理论次数（theoretical frequencies）是指根据概率原理、某种理论、某种理论次数分布或经验次数分布计算出来的次数，又称为期望次数（expected frequencies）。

一、χ^2 检验的假设

（一）分类相互排斥，互不包容

χ^2 检验中的分类必须相互排斥，这样每一个观测值就会被划分到一个类别或另一个类别之中。此外，分类必须互不包容，这样，就不会出现某一观测值同时被划分到更多的类别当中去的情况。

（二）观测值相互独立

各个被试的观测值之间彼此独立，这是最基本的一个假定，如一个被试对某一品牌的选择对另一个被试的选择没有影响。当同一被试被划分到一个以上的类别中时，

常常会违反这个假定。例如，研究男性和女性对爱情片的态度（赞成或责备），如果让 10 名男性和 10 名女性对 5 部电影进行评判，就会有 100 个观测值。这 100 个观测值不可能都是相互独立的，讨厌爱情片的某个被试，他（她）的评判可能更倾向于苛刻。在这个例子中尽管没有必要，但是在实验研究中，让观测值的总数等于实验中不同被试的总数，要求每个被试只有一个观测值，这是确保观测值相互独立最可靠的做法。

当讨论列联表时，独立性假定是指变量之间的相互独立。在这种情况下，这种变量的独立性正在被检测，而观测值的独立性则是预先的一个假定。

（三）期望次数的大小

为了努力使 χ^2 分布成为 χ^2 值合理准确的近似估计，每一个单元格中的期望次数应该在 5 个以上。一些更加谨慎的统计学家提出了更严格的标准，当自由度等于 1 时，在进行 χ^2 检验时，每一个单元格的期望次数不应低于 10，这样才能保证检验的准确性。另外，在许多分类研究中会存在这样一种情况，如自由度很大，有几个类别的理论次数虽然很小，但在可以接受的标准范围内，只有一个类别的理论次数低于 1。此时，一个简单的处理原则是设法使每一个类别的理论次数都不要低于 1，分类中不超过 20% 的类别的理论次数可以小于 5。在理论次数较小的特殊的四格表中，应运用一个精确的多项检验来避免使

用近似的 χ^2 检验。

二、χ^2 检验的类别

χ^2 检验因研究的问题不同，可以细分为多种类型，如拟合优度检验、独立性检验、同质性检验等。

拟合优度检验主要用来检验一个因素多项分类的实际观察数与某理论次数是否接近，这种 χ^2 检验方法有时也被称为无差假说检验。当对连续数据的正态性进行检验时，这种检验又可被称为正态吻合性检验。

独立性检验是用来检验两个或两个以上因素各种分类之间是否有关联或是否具有独立性的问题。所谓的两个因素是指所要研究的两个不同事物。例如，性别与对某个问题的态度是否有关系，这里性别是一个因素，分为男女两个类别，态度是另一个因素，可分为赞同、不置可否、反对等多种类别。各因素分类的多少视研究的内容及所划分的分类标志而定。这种类型的 χ^2 检验适用于探讨两个变量之间是否具有关联（非独立）或无关（独立），如果再加入另一个变量的影响，即探讨三个变量之间关系时，就必须使用多维列联表分析方法。

同质性检验的主要目的在于检定不同人群母总体在某一个变量的反应是否具有显著差异。当用同质性检验检测双样本在单一变量的分布情形时，如果两样本没有差异，就可以说两个母总体是同质的，反之，则说这两个母总体是异质的。

三、χ^2 检验的基本公式

简单讲，χ^2 检验方法检验的是样本观测次数（或百分比）与理论或总体次数（或百分比）的差异性。理论或总体的分布状况，用统计的期望值来表示。χ^2 检验的统计原理，是比较观察值与理论值的差别，如果二者的差异越小，检验的结果越不容易达到显著性水平；二者的差异越大，检验的结果越可能达到显著性水平，就可以下结论拒绝虚无假设而接受备择假设。基本公式如下：

$$\chi^2 = \sum \frac{(f_0 - f_e)^2}{f_e} \qquad （公式 10\text{-}1）$$

这个公式是根据 1899 年统计学家皮尔逊推导的配合适度的理论公式而来的。它是实际观察次数（f_0）与某理论次数（f_e）之差的平方再除以理论次数，是一个与 χ^2 分布非常近似的次数分布。当 f_e 越大（$f_e \geqslant 5$），两个分布接近得越好。f_0 与 f_e 相差越大，χ^2 值就越大；χ^2 值越大，代表统计量与理论值的差异越大。f_0 与 f_e 相差小，χ^2 值也小。因此，它能够用来表示 f_0 与 f_e 相差的程度，同时它也具备与 χ^2 分布相同的一些特点：f_0 与 f_e 之差的平方再除以 f_e 的值，随自由度而变化，变化的趋势与 χ^2 分布一样，同时它也具有可加性特点等。由于在具体计算时，都用列联表形式表示数据，所以，公式中的 f_0 和 f_e 实际上表示的是列联表中每项分类单元格中的实计数与理论次数。

一旦 χ^2 值大于某一临界值，即可获得

显著差异的统计结论。这个临界值是由某一特定显著水平、某一特定自由度条件下，从 χ^2 的理论分布推导而来的，在实际统计分析时，是通过查 χ^2 分布表获得的。

四、期望次数的计算

期望次数是虚无假设成立时的数值。例如，在配合度检验时，期望值为总体的实际数值，或是某一理论存在的数值。具体讲，当某一个样本中实际的性别比率为 1∶1.5，但是按照二项分布原理，男女性别的选取比率应为 1∶1，此时的期望次数，即样本总数要根据 1∶1 的比例计算。如果研究者想将此样本的 1∶1.5 比值作为某一特定的经验比值（如某一特定总体的性别分布比为 1∶1.5），此时研究者也可以将这一特定的经验比值作为期望值。

在独立性检验与同质性检验中，如果两个变量或两个样本无关联时，期望值为列联表中各单元格的理论次数，即各个单元格（cell）对应的两个边缘（marginal）次数的积除以总次数。表 10-1 是一个双变量交叉单元格期望值示例。

表 10-1　双变量交叉表的期望值

B 因素	A 因素		合计
	类别 1（A_1）	类别 2（A_2）	
类别 1（B_1）	$N_{A_1}N_{B_1}/N_t$	$N_{A_2}N_{B_1}/N_t$	N_{B_1}
类别 2（B_2）	$N_{A_1}N_{B_2}/N_t$	$N_{A_2}N_{B_2}/N_t$	N_{B_2}
合计	N_{A_1}	N_{A_2}	N_t

如果用表 10-1 中两个变量的类别 1 构成的 A_1B_1 单元格为例，其期望值则为 A_1 与 B_1 的边缘次数（N_{A_1} 与 N_{B_1}）的乘积 $N_{A_1}N_{B_1}$ 除以总次数 N_t。其他三个单元格的期望次数，计算方法与此相同。

五、小期望次数的连续性校正

运用 χ^2 检验时，有一个特殊的要求，各单元格的理论次数不得小于 5。小于 5 时可能违反统计基本假设，导致统计检验高估的情形出现。通常需要有 80% 以上的单元格理论值要大于 5，否则 χ^2 检验的结果偏差非常明显。

当单元格的次数过少时，处理的方法有四种。

第一，单元格合并法。若有一格或多个单元格的期望次数小于 5，在配合研究目的的情况下，可适当调整变量的分类方式，将部分单元格予以合并。例如，在学历层次中，如果博士生过少，可以将博士生与硕士生合并成为研究生计算，以提高单元格的期望次数。

第二，增加样本数。如果研究者无法改变变量的分类方式，又想获得有效样本，最佳的方法是直接增加样本数来提高期望次数。

第三，去除样本法。如果样本无法增加，次数偏低的类别又不具有分析与研究价值，可以将该类被试去除，但研究的结论不能推论到这些被去除的母总体中。

第四，使用校正公式。在 2×2 的列联表检验中，若单元格的期望次数低于 10 但高于 5，可使用耶茨校正（Yates' correction for continuity）公式来加以校正。若期望次数低于 5，或样本总人数低于 20，则应使用费舍精确概率检验法（Fisher's exact probability test）。当单元格内容涉及重复测量设计时（如前后测设计），则可使用麦内玛检验（McNemar test）。

六、应用 χ^2 检验应注意取样设计

应用 χ^2 检验要十分注意取样的代表性。在心理和教育研究中，收集到的数据有些属于定性资料，获得这些数据的方式大都通过调查、访谈或问卷，除了少部分实验可以事先计划外，大部分实验难以安排。难题是研究的现象并不经常出现，搜集到的数据仅仅允许做回顾性研究。因此，这样的研究难以得到合适的控制，并且由于总体中的各种局限性，研究常会遇到有严重缺陷的样本。鉴于此，在应用计数数据时，研究者就要特别注意取样的代表性问题。尽管计数资料的获得比计量资料容易，但实验难以控制，收集数据的过程中易出现有偏样本，为确保统计推论的科学性，取样问题就显得特别突出。例如，某研究者就一项教学改革进行问卷调查，由于有一部分教师（或学生）对该项教学改革有意见，或对问卷抱有偏见，问卷填写不真实，或根本就不填写，导致问卷的回收率较低，只有一部分是有效问卷，研究者得到的只是这一部分人对教学改革的评价。这是一个有偏样本，若据此对总体进行推论，就会产生偏差，不能真实地反映出教师或学生对该项教学改革的意见。在收集计数数据时，有偏样本最容易出现而又最易被忽视。因此，在应用 χ^2 检验分析计数资料、进行统计推论时，要特别小心谨慎，防止产生有偏样本，注意控制那些影响数据的因素。只有这样，才能根据 χ^2 检验的结果做出正确的推论。

第二节 拟合优度检验

拟合优度检验（goodness of fit test）主要用于检验单一变量的实际观察次数分布与某理论次数是否有差别。由于它检验的内容仅涉及一个因素多项分类的计数资料，故可以说是一种单因素检验（one-way test）。

一、拟合优度检验的一般问题

（一）统计假设

拟合优度检验的研究假设是实际观察数与某理论次数之间差异显著，虚无假设为实际观察数与理论次数之间无差异或相等。它涉及的是某总体的分布是否与某种分布相符合，不涉及总体参数问题，这一点与前几章所讲不同。统计假设表示如下：

$$H_0: f_0 - f_e = 0 \text{ 或 } f_0 = f_e$$
$$H_1: f_0 - f_e \neq 0 \text{ 或 } f_0 \neq f_e$$

应用基本公式 $\chi^2 = \sum \dfrac{(f_0 - f_e)^2}{f_e}$ 计算 χ^2 值，然后查 χ^2 分布表。若计算的 χ^2 值大于表中 $\chi^2_{0.05}$ 或 $\chi^2_{0.01}$ 的值，就拒绝零假设 H_0，推论 f_0 与 f_e 之间差异显著。若 χ^2 值小于 $\chi^2_{0.05}$，则接受 H_0，认为 f_0 与 f_e 之间差异不显著。

这里需要指出，χ^2 检验法查附表 12 得到的概率是双侧概率。因为 χ^2 总为正值，但实际上 $f_0 - f_e$ 有正有负。因此，当 $\chi^2 > \chi^2_{0.05}$ 或 $\chi^2 > \chi^2_{0.01}$ 时，拒绝 H_0，这时推论犯错误的概率为 0.05 或 0.01，是对于双侧概率而言。

（二）自由度的确定

确定拟合优度检验方法中的自由度，与下列两个因素有关：一是实验或调查中分类的项数，二是计算理论次数时，用观察数目的统计量的个数。自由度的计算一般为资料的分类或分组的数目，减去计算理论次数时所用统计量的个数。通常情况下，在计算理论次数时要用到"总数"这一统计量，故配合度检验的自由度一般为分类的项数减 1。但在对计量数据分布的拟合优度进行检验时，如正态拟合检验要用到三个统计量：总数、平均数、标准差，这种情况下自由度为分组数目减 3。

（三）理论次数的计算

拟合优度检验需要先计算理论次数，这是计算 χ^2 值的关键性步骤。理论次数的计算，一般是根据某种理论，按一定的概率通过样本，即实际观察次数计算。某种理论有经验概率，也有理论概率，如二项分布、正态分布等理论概率。具体应用要依据实际情况而定。

二、拟合优度检验的应用

（一）检验无差假说

这里讲的无差假说，是指各项分类的实计数之间没有差异，也就是假设各项分类之间的机会相等，或概率相等，因此理论次数完全按概率相等的条件计算，即理论次数＝总数×$\dfrac{1}{\text{分类项数}}$。

【例 10-1】随机抽取 60 名学生，询问他们在高中是否需要文理分科，赞成分科的 39 人，反对分科的 21 人，问他们对分科的意见是否有显著差异？

解：此题只有两项分类。假设两项分类的实计数相等或无差别，其各项实计数的概率应相同，即 $p=q=0.5$。因此，检验的问题"对分科的意见是否有显著差异"实际上是指每种态度的实计数与理论次数差异是否显著，因各项的理论次数相同，故可理解为对分科的态度是否一样或是否有差异。故：

$$f_e=60\times0.5=30（人）$$

设　$H_0: f_0=f_e=30$

　　$H_1: f_0\neq f_e$

$$\chi^2=\sum\frac{(f_0-f_e)^2}{f_e}$$

$$=\frac{(39-30)^2}{30}+\frac{(21-30)^2}{30}$$

$$=\frac{9^2+(-9)^2}{30}=5.4$$

因为计算 f_e 时用到总数 60 一个统计量，分类项数为 2，

所以 $df=2-1=1$

查 χ^2 值表，当 $df=1$ 时，$\chi^2_{0.05}=3.84$，$\chi^2_{0.01}=6.63$，算得的 χ^2 值在二者之间，所以，$0.01<p<0.05$ 或 $\chi^2_{0.05}<\chi^2<\chi^2_{0.01}$

答：可以推论说，学生们对高中文理分科的态度有显著差异，做这一结论犯错误的概率在 0.05 至 0.01。

在这道题中，如果只允许犯错误的概率小于 0.01 的话，还可以下结论说无显著差异。究竟做何决定要取决于研究者与结论的应用者，但一般取 0.05 水平也行。

【例 10-2】某项民意测验，答案有同意、不置可否、不同意 3 种。研究者调查了 48 人，结果同意的 24 人，不置可否的 12 人，不同意的 12 人。问持这 3 种意见的人数是否有显著不同？

解：此题为检验无差假说，已知分类的项数为 3，故各项分类假设实计数相等。所以

$$p=\frac{1}{3}，N=48，f_e=48\times1/3=16$$

$$\chi^2=\frac{(24-16)^2}{16}+\frac{(12-16)^2}{16}+$$

$$\frac{(12-16)^2}{16}=6$$

$$df=3-1=2$$

查 χ^2 表，$df=2$ 时，得 $\chi^2_{0.05}=5.99$，故 $\chi^2>\chi^2_{0.05}$，$p<0.05$

答：调查的被试在这项民意测验中态度有显著差异，做此推论犯错误的概率小于 0.05。

（二）检验假设分布的概率

假设某因素各项分类的次数分布为正态，检验实计数与理论上期望的结果之间是否有差异。因为已假定所观察的资料是按正态分布的，故其理论次数的计算应按正态分布概率，分别计算各项分类的理论次数。具体方法是先按正态分布理论计算各项分类应有的概率再乘以总数，便得到各项分类的理论次数。如果事先假定所观察的资料不是正态分布而是其他分布，如二项分布、泊松分布等，其概率应按照所假定的分布计算。事先假设的分布不是理

论分布而是经验分布，亦可按此经验分布计算概率，再乘以总数便可得到理论次数，从而进一步检验假设分布与实计数的分布之间，亦即实计数与理论次数之间差异是否显著。

【例 10-3】某班有学生 50 人，体检结果按一定标准划分为甲、乙、丙三类，其中甲类 16 人，乙类 24 人，丙类 10 人，问该班学生的身体状况是否符合正态分布？

解：该题中的理论次数应按假设的正态分布概率计算。按正态分布，$\pm 3\sigma$ 可认为包括了全体，各等级所占的横坐标应该相同（$6\sigma \div 3 = 2\sigma$），故各类人数应占的比率如下。

甲级：$3\sigma \sim 1\sigma$，曲线下的面积应为 $0.50 - 0.3413 = 0.1587$；

乙级：$1\sigma \sim -1\sigma$，曲线下的面积应为 $0.3413 \times 2 = 0.6826$；

丙级：$-1\sigma \sim -3\sigma$，曲线下的面积应为 $0.50 - 0.3413 = 0.1587$。

各等级的理论次数应为各部分理论上的概率乘以总人数。

$$f_{e甲} = 0.1587 \times 50 \approx 8$$
$$f_{e乙} = 0.6826 \times 50 \approx 34$$
$$f_{e丙} = 0.1587 \times 50 \approx 8$$

设统计假设 H_0：$f_{0i} = f_{ei}$ （因 f_0、f_e 为多个值）

H_1：$f_{0i} \neq f_{ei}$

用基本公式计算 χ^2 值

$$\chi^2 = \frac{(16-8)^2}{8} + \frac{(24-34)^2}{34} + \frac{(10-8)^2}{8}$$

$$= 11.44$$

$df = 3 - 1 = 2$，查 χ^2 表，得 $\chi^2_{0.005}$

$$= 10.6$$

$\chi^2 > \chi^2_{0.005}$，差异显著

答：可以说该班学生的身体状态不符合正态分布，或者说该班学生身体状况甲、乙、丙三类的人数分布与正态分布有显著差异。

【例 10-4】根据以往的经验，某校长认为高中生升学的男女比例为 2：1，今年的升学情况是男生 85 人，女生 35 人，问今年升学的男女生比例是否符合该校长的经验？

解：此题是假设男女生升学的人数分布与校长的经验分布相同，故理论次数应按经验分布的概率计算。

依题意计算经验概率：男生的概率为 $\frac{2}{3}$，女生的概率为 $\frac{1}{3}$

理论次数为：$f_{e男} = (85+35) \times 2 / 3$

$$= 80$$

$$f_{e女} = (85+35) \times 1 / 3 = 40$$

$$\chi^2 = \frac{(85-80)^2}{80} + \frac{(35-40)^2}{40} = 0.94$$

查 $df = 2-1$ 的 χ^2 表，得 $\chi^2_{0.05} = 3.84$

故 $\chi^2 < \chi^2_{0.05}$，差异不显著

答：实际升学的男女学生人数分布与某校长的经验没有显著差异。

三、连续变量分布的拟合优度检验

对于连续随机变量的计量数据，有时在实际研究中预先不知道其总体分布，而要根据对样本的次数分布来判断是否服从某种指定的具有明确表达式的理论次数分

布。这些理论分布多种多样，有正态分布、二项分布、泊松分布等。然后，在给定的显著性水平下，对假设做显著性检验，这种假设检验通常被称为分布的拟合度检验，简称分布拟合检验。关于分布的假设检验方法有很多，运用 χ^2 值所做的配合度检验是最常用的一种。

对正态分布的吻合性检验是连续变量分布吻合性检验中经常面临的问题，它也是心理与教育研究中整理分析研究数据时常用的统计方法。

对于连续性数据总体分布的检验，一种方法是将测量数据整理成次数分布表，画出次数分布曲线图，根据次数分布曲线，判断选择恰当的理论分布。有时可选择某一直线或曲线的理论分布函数方程式计算理论次数，然后把实际分组次数（f_o）和理论次数（f_e）代入 χ^2 检验的基本公式，计算 χ^2 值查 χ^2 表，确定其差异是否显著。

若差异显著，说明实际次数分布与所选择的理论次数分布不吻合，这时可另选择理论分布函数，再次比较，直至吻合，这个理论分布函数就是该实际测量的次数分布函数。若差异不显著则说明所选的理论次数分布与实际次数分布相吻合。

对连续随机变量分布的拟合优度检验，关键的步骤是计算理论次数与确定自由度。理论次数的计算是把实际次数分布的统计量代入所选的理论分布函数方程，计算各分组区间的理论频率，然后乘以总数得到各分组区间的理论次数。确定自由度时，是将分组的数目减去计算理论次数时所用的统计量的数目。

下面以正态分布拟合优度检验为例，说明理论次数的计算与自由度的确定。

【例 10-5】表 10-2 所列资料是 552 名中学生的身高次数分布，问这些学生的身高分布是否符合正态分布？

表 10-2　552 名中学生身高的理论次数分布及 χ^2 检验

身高分组	X_C	f_o	x	Z	y	p	f_e	$\dfrac{(f_o-f_e)^2}{f_e}$
169～	170	2	15.38	3.03	0.004	0.002	1	⎫ 0.125
166～	167	7	12.38	2.44	0.020	0.012	7	⎭
163～	164	22	9.38	1.85	0.072	0.043	24	0.167
160～	161	57	6.38	1.26	0.180	0.106	59	0.150
157～	158	110	3.38	0.67	0.319	0.189	104	0.471
154～	155	125	0.38	0.07	0.398	0.235	130	0.277
151～	152	112	−2.62	−0.52	0.348	0.205	113	0.035
148～	149	80	−5.62	−1.11	0.215	0.127	70	1.429
145～	146	25	−8.62	−1.70	0.094	0.056	31	1.161
142～	143	8	−11.62	−2.29	0.029	0.017	9	⎫ 0.090
139～	140	4	−14.62	−2.88	0.006	0.004	2	⎭
$N=552$　$\overline{X}=154.62$　$s=5.07$						$\sum f_e=550$		$\chi^2=3.905$

解：第一，本题要求检验实际次数分布与正态分布是否符合，它的理论次数计算应根据正态分布概率，查正态曲线表得到。

一般，这一类问题计算理论次数的方法有两种。第一种方法的具体步骤是：①求各分组区间组中值 X_c 与平均数的离差 x；②求各离差的 Z 分数；③根据 Z 分数查正态表求 y 值；④将 y 值乘以 $\frac{i}{s}$（以 Z 分数为单位的组间距，本例中为 0.59），得到按正态分布各分组区间的概率 p；⑤求各组的理论次数 $f_e = p \times N$。第二种方法的步骤为：①求各分组精确上、下限的 Z 分数，$Z = \frac{\text{组限}-\text{平均数}}{\text{标准差}}$；②查正态表求各 Z 分数的概率；③求各分组区间的概率，用精确上限查到的概率值减去精确下限查到的概率值，这是平均数以上各分组区间的求法。若平均数以下各分组区间则与此相反；④用各组区间的概率乘以总数，求出各组的理论次数，即 $f_e = p \times N$。上表是按照第一种方法计算理论次数的过程。

第二，有了各组的理论次数与实际次数，代入 χ² 基本公式，得到 χ²＝3.905。

第三，确定自由度。本题共分 11 组，在计算理论次数时，为了克服由于分组最高组和最低组两极端次数太少给 χ² 带来的影响，要进行组别合并。一般合并分组的原则是当 f_e 小于 5 时，就应合并。合并后为 9 组。在计算理论次数的过程中共用到平均数、标准差、总数三个统计量，故本题的自由度 $df = 9 - 3 = 6$。

第四，查 χ² 值表。当 $df = 6$ 时，$\chi^2_{0.75} = 3.45$，$\chi^2_{0.50} = 5.35$，用内插法计算得 $\chi^2_{0.6938} = 3.905$，$\chi^2 < \chi^2_{0.05}$，故差异不显著。

答：552 名中学生的身高分布符合正态分布。

四、比率或百分数的拟合优度检验

如果收集到的计数资料用百分数表示，这时配合度检验的方法与以上几种情况基本相同，只是最后将计算的 χ² 值乘以 $\frac{N}{100}$ 后再查 χ² 表。原因在于最初百分数是由原数据乘以 $\frac{100}{N}$ 得出来的，在结果中再乘以 $\frac{N}{100}$ 还原。

【例 10-6】有一项调查，在调查的 500 人中非常同意（A）的占 24%，同意（B）的占 20%，不置可否（C）的占 8%，反对（D）的占 12%，非常反对（E）的占 36%，问各种态度有无不同？

解：此题属于无差假说检验，即 5 种态度无显著差异，各种态度人数的理论概率应相等，结果用百分数表示，可以说"各种态度的百分数是否有差异？"属于对两个以上比率差异的显著性进行假设检验的一类问题。

①五种态度理论人数的分配比率为 20%。

② $\chi^2 = \dfrac{(24-20)^2}{20} + \dfrac{(20-20)^2}{20} +$

$$\frac{(8-20)^2}{20}+\frac{(12-20)^2}{20}+\frac{(36-20)^2}{20}=\frac{16}{20}+$$

$$\frac{0}{20}+\frac{144}{20}+\frac{64}{20}+\frac{256}{20}=24$$

$$\chi^2\times\frac{N}{100}=24\times\frac{500}{100}=120$$

③因为只用到了一个统计量，即总人数，故自由度 $df=5-1=4$。

④查 χ^2 值表，当自由度 $df=4$，$\chi^2_{0.005}=14.9$，故 $\chi^2>\chi^2_{0.005}$。

答：持 5 种态度的人数或 5 种态度的百分数有十分显著的差异。

这道题也可以把百分数转换成实际频数来计算。

五、二项分类的拟合优度检验与比率显著性检验的一致性

比率显著性检验的依据是二项分布，设 $p=q$，实计数为 $X=f_0$，$\mu=f_e$，当 $np>5$ 时，显著性检验的公式为：

$$Z=\frac{p-p_e}{\sqrt{\frac{p_0q_0}{n}}}=\frac{X-\mu}{\sqrt{np_0q_0}}=\frac{f_0-f_e}{\sqrt{f_e\cdot\frac{1}{2}}}$$

$$\left(p=q=\frac{1}{2}\right)$$

根据 $\chi^2=Z^2=\left(\frac{X-\mu}{\sigma}\right)^2=\frac{(X-\mu)^2}{\sigma^2}$

$(df=1)$

$$Z^2=\frac{(f_0-f_e)^2}{f_e\cdot\frac{1}{2}}=2\cdot\frac{(f_0-f_e)^2}{f_e}$$

若 $p\neq q$，则 $\chi^2=\sum\frac{(f_0-f_e)^2}{f_e}$

可见只有两项分类的 χ^2 检验与比例的

显著性检验相同。在比率显著性检验时，先将所关心的某一性质的实计数换算成比率 p，$p=1-q$，q 为非某一性质分类的次数比率。若不用比率表示，用实计数表示则为 f_{o_1} 与 f_{o_2} 两项分类数，比率 $p=\frac{f_{o_1}}{f_{o_1}+f_{o_2}}$，$q=\frac{f_{o_2}}{f_{o_1}+f_{o_2}}$。可见，二者实质相同，只是表示方式不同。如下例所示。

【例 10-7】投掷一枚硬币 100 次，实验结果正面向上的次数为 42 次，问正面向上的比率是否显著？

解：①用比率显著性检验：

因为 $p_0=q_0=\frac{1}{2}=0.5$

$$p=\frac{42}{100}=0.42$$

$$q=1-0.42=0.58$$

$$Z=\frac{p-p_0}{\sqrt{\frac{p_0q_0}{n}}}=\frac{0.42-0.5}{\sqrt{\frac{0.5\times0.5}{100}}}$$

$$=\frac{-0.08}{0.05}=-1.6$$

用实际次数计算 $\mu=np=100\times0.5=50$

$$\sigma=\sqrt{100\times0.5\times0.5}=5$$

$$Z=\frac{42-50}{5}=-1.6$$

②用配合度检验：

	正面向上	正面向下	N
f_0	42	58	100
f_e	50	50	100

$$\chi^2=\frac{(42-50)^2}{50}+\frac{(58-50)^2}{50}$$

$$=2.56\ (2.56=1.6^2)$$

查 $df=1$ 的 χ² 表，得 $χ²=2.56$，$p=0.1162$（用内插计算），而 $Z=1.6$ 时查正态表，得 p 为 $(0.50-0.4452)×2=0.1096$，因 χ² 概率是双侧概率，故查正态表得到的概率乘以 2 也是双侧概率。由于近似计算引起的计算误差，两个概率非常接近。结论均为"正面向上的比率不显著"。从此例可见，两种检验方法所得的统计结论完全相同，但配合度检验方法计算更为简单。

六、χ² 的连续性校正

当期望次数小于 5 时，比例的显著性检验不能用正态近似而应该用二项分布概率计算（前节所述）。

【例 10-8】有一学校共评出 10 名优秀学生干部，其中有男生 3 名，女生 7 名，问优秀学生干部是否存在男女性别差异？

解：此题若男女性别无差异，则 $p=q=0.5$，用二项分布计算，男生在 3 个以下（或女生在 7 个以上）的概率则为：

$$b(3, 10, 0.5)=C_{10}^3 p^3 q^7+C_{10}^2 p^2 q^8+C_{10}^1 p^1 q^9+C_{10}^0 q^{10}$$

$$=100×\left(\frac{1}{2}\right)^3\left(\frac{1}{2}\right)^7+45×\left(\frac{1}{2}\right)^2\left(\frac{1}{2}\right)^8+10×\left(\frac{1}{2}\right)\left(\frac{1}{2}\right)^9+\left(\frac{1}{2}\right)^{10}$$

$$=\frac{176}{1024}=0.1719$$

意思是：完全凭机遇，男生干部人数在 3 个或 3 个以下的概率和为 0.1719，如果再将 7 个或 7 个以上的概率和加起来

（0.3438），这个概率远大于 0.05，故优秀学生干部中不存在男女性别的差异。

上面的计算可用 $p=q=0.5$，$(p+q)^{10}$ 二项分布曲线如图 10-1 所示。

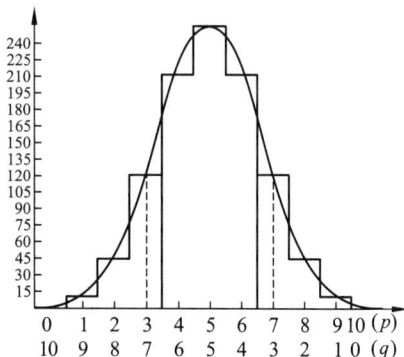

图 10-1 $(p+q)^{10}$ 展开式的分布曲线 $(p=q)$

若计算双侧概率则为男生在 3 个以下或 7 个以上的概率，因 $p=q$ 二项分布对称，故双侧概率为 $0.1719×2=0.3438$。从图 10-1 中可见这个概率是图中实线以下部分（右侧为实线以上部分）的面积与总面积之比。若用光滑曲线计算 χ²，男生干部在 3 个以下或 7 个的概率则为图中虚线以下（或以上）的面积与总面积之比，这比直接用二项分布计算的概率要小。故在小样本时（$f_e<5$）用 χ² 检验所得的概率偏小，为弥补这一缺点，耶茨（Yates）建议将实计数与理论次数之差的绝对值减去 $\frac{1}{2}$，使 χ² 值减少一点，这样根据 χ² 值得到的概率就增大一些，使之与用二项分布计算的概率相接近。耶茨提出的校正公式为：

$$\chi^2 = \sum \frac{(|f_0 - f_e| - \frac{1}{2})^2}{f_e}$$

（公式 10-2）

本例若用校正公式计算则为：

$$\chi^2 = \frac{(|3-5|-0.5)^2}{5} +$$

$$\frac{(|7-5|-0.5)^2}{5} = 0.9$$

查 $df = 1$ 时 χ^2 值表，得 $\chi^2 = 0.9$，$p = 0.375$（内插法计算）

这个概率与用二项分布计算的概率 0.3438（0.1719×2）很接近。若结果不是恰在 0.05 或 0.01 的临界值上，χ^2 连续性校正可得到很好的近似结果。

【例 10-9】历年优秀学生干部中男女比例为 2:8，今年优秀学生干部中有 3 个男生，7 个女生，问今年的优秀干部比率与往年是否有显著差异？

解：此题用配合度检验计算，

	男	女	N
f_o	3	7	10
f_e	2	8	10

$$\chi^2 = \frac{(|3-2|-0.5)^2}{2} +$$

$$\frac{(|7-8|-0.5)^2}{8} = 0.15625$$

查 $df = 1$ 的 χ^2 表，用内插法计算 $p = 0.71$

用二项分布计算，$p = 0.2$，$q = 0.8$，男生可比 2 个少，亦可比 2 个多，其取样误差的概率和为：

$$\sum b(2, 10, 0.2) = C_{10}^1 p^1 q^9 + C_{10}^0 q^{10} +$$

$$C_{10}^3 p^3 q^7 + C_{10}^4 p^4 q^6 + C_{10}^5 p^5 q^5 + C_{10}^6 p^6 q^4 +$$
$$C_{10}^7 p^7 q^3 + C_{10}^8 p^8 q^2 + C_{10}^9 p^9 q^1 + C_{10}^{10} p^{10}$$

$$= 10 \times \left(\frac{1}{5}\right) \times \left(\frac{4}{5}\right)^9 + \left(\frac{4}{5}\right)^{10} + 120 \times$$

$$\left(\frac{1}{5}\right)^3 \times \left(\frac{4}{5}\right)^7 + 210 \times \left(\frac{1}{5}\right)^4 \times \left(\frac{4}{5}\right)^6 +$$

$$252 \times \left(\frac{1}{5}\right)^5 \times \left(\frac{4}{5}\right)^5 + 210 \times \left(\frac{1}{5}\right)^6 \times$$

$$\left(\frac{4}{5}\right)^4 + 120 \times \left(\frac{1}{5}\right)^7 \times \left(\frac{4}{5}\right)^3 + 45 \times \left(\frac{1}{5}\right)^8 \times$$

$$\left(\frac{4}{5}\right)^2 + 10 \times \left(\frac{1}{5}\right)^9 \times \left(\frac{4}{5}\right) + \left(\frac{1}{5}\right)^{10}$$

$$= 0.1074 + 0.2684 + 0.2013 + 0.0881 +$$
$$0.0264 + 0.0055 + 0.0008 + 0.0001 + 0 +$$
$$0 = 0.698$$

完全凭概率，男生干部为 2 个以下及 2 个以上（不包括 2 个）的概率和为 0.70，这个概率与用 χ^2 连续性校正公式计算的概率 0.71（近似计算）非常接近。

上面两例足以说明，无论 $p = q$ 或 $p \neq q$（比较偏倚的情况），用二项分布计算的概率与用耶茨连续性校正公式计算的 χ^2 值所得的概率很接近。因此，只有两项分类的配合度检验，应用连续性校正公式计算 χ^2 值，在期望次数小于 5 的情况下，可得到较满意的近似结果，只有当概率值接近显著性水平时，用二项分布计算的结果更准确。

如果三项分类（或以上分类）时出现某一单元格内的理论次数小于 5，一般情况下不需用校正公式计算。用基本公式计算 χ^2 值，在实用上仍可得到满意的结果。

第三节 独立性检验

独立性检验（test of independence）主要用于两个或两个以上因素多项分类的计数资料分析，也就是研究两类变量之间的关联性和依存性问题，如人的血型与人的性格是否有关联，学生的社会经济状况与学业成就是否有关联等。如果要研究两个因素（又称自变量）或两个以上因素之间是否具有独立性，或有无关联，或有无"交互作用"，就要应用 χ² 独立性检验。其目的在于检验从样本得到的两个变量的观测值是否具有特殊的关联。如果两个自变量是独立的（或无关联，即 χ² 值不显著），就意味着对于其中一个自变量（因素）来说，另一个自变量的多项分类次数上的变化是在取样误差的范围之内。假如两个因素是非独立的（χ² 值显著），则称这两个变量之间有关联或有交互作用存在。由于两个变量代表两个不同的概念（或母体），独立性检验必须同时处理双变量的总体特性，因此又可被称为双因子检验，亦可被视为双母总体检验。值得注意的是，此时双母总体指的是两个变量所代表的概念母总体，而非人口学上的母总体。当然，对于其中一个自变量而言，另一个自变量多项分类次数上的变化，超过了取样误差的范围。

从另一方面来讲，假如研究者的兴趣是一个自变量不同分类是否在另一变量的多项分类上有差异或者是有一致性，也可用独立性检验来解释：如果两个变量独立则在分类上差异不显著，如果两个变量有关联，那么在分类上的差异就显著。这是一个问题的两个方面。

例如，某校对学生的课外活动内容进行调查，结果如表 10-3 所示。

表 10-3　学生课外活动调查结果

性别	体育	文娱	阅读	合计
男	21	11	23	55
女	6	7	29	42
合计	27	18	52	97

这里的两个因素一个是性别，另一个是课外活动内容，"性别"变量又分成两类（男、女），"课外活动内容"变量分为三类（体育、文娱、阅读）。如果想了解性别与活动内容是否有关联，即二者是否独立，以及男女学生在课外活动内容上是否存在显著差异，这两个问题提问的方式不同，实质是相同的，都是独立性检验要回答的问题。

独立性检验一般多采用表格的形式记录观察结果。像上面的表格那样，这种表格又被称为列联表，故独立性检验又有列联表分析的别名。每一个因素可以分为两个或两个以上的类别，因分类的数目不同，列联表有多种形式。两个因素各有两项分类，被称为 2×2 表或四格表，一个因素有两项分类，另一个因素有 k 项分类则被称为 2×k 表。一个因素有 R 类，另一个因素分 C 类，这种表被称为 R×C 表。另外，因素也可以多于两个，这种表被称为多维列联表（multiple contingency table analysis），它的分析比较复杂。本节主要针对二维列联表来讨论独立性检验的分析方法。

一、独立性检验的一般问题与步骤

（一）统计假设

独立性检验的虚无假设是二因素（或多因素）之间是独立的或无关联的，备择假设则是二因素（或多因素）之间有关联或者说差异显著。一般统计假设多用文字叙述而很少用统计符号表示。

（二）理论次数的计算

独立性检验的理论次数是直接用列联表提供的数据推算出来的。二因素或称两样本其各行或各列数目的和，即每一项分类的数目与总数（N）的比值，提供了样本的比率，如根据表 10-3 的资料，填写出理论次数（括号内的数字）后如下所示：

课外活动内容（变量1）

		体育	文娱	阅读	f_x
性别（变量2）	男	21 (15.3)	11 (10.2)	23 (29.5)	55
	女	6 (11.7)	7 (7.8)	29 (22.5)	42
	f_y	27	18	52	97

总数 $N=97$

"体育"的和数为 27，其与总数之比为 $\frac{27}{97}$；

"文娱"的和数为 18，其与总数之比为 $\frac{18}{97}$；

"阅读"的和数为 52，其与总数之比为 $\frac{52}{97}$。

这是样本的比率，若问男生在 3 种课外活动内容上的理论次数，则将各种课外活动内容的比率乘以男生的人数，因此：

男生参与体育活动理论次数为 $55 \times \frac{27}{97} =$ 15.3；

男生参与文娱活动理论次数为 $55 \times \frac{18}{97} =$ 10.2；

男生参与阅读活动理论次数为 $55 \times \frac{52}{97} =$ 29.5。

同样，女生在 3 项课外活动中的理论次数分别为 $42 \times \frac{27}{97} = 11.7$，$42 \times \frac{18}{97} = 7.8$，$42 \times \frac{52}{97} = 22.5$。如果用 f_x 表示每一行的和，f_y 表示每一列的和，则理论次数 f_e 的通式可表示为：

$$f_e = \frac{f_{xi} f_{yi}}{N} \qquad （公式 10-3）$$

在使用上式计算理论次数时，可允许出现小数，因为 χ^2 分布已被作为连续型的分布看待了。用概率来解释理论次数的计算，可理解为在独立事件时，男生喜爱体育活动的概率，应是男生的概率乘以喜爱体育活动的概率（$\frac{f_x}{N} \times \frac{f_y}{N}$），因为总数为 N（重复次数），故其理论次数为 $\frac{f_x}{N} \times \frac{f_y}{N} \times N = \frac{f_x f_y}{N}$。

(三) 自由度的确定

两因素列联表自由度与两因素各自的分类项数有关。设 R 为每一行的分类项数，C 为每一列的分类数目，则自由度为：

$$df = (R-1)(C-1) \qquad (公式\ 10\text{-}4)$$

在上例中，$R=3$，$C=2$，$df=(3-1)\times(2-1)=2$。这里自由度的意思为：在计算理论次数时，在 $3\times2=6$ 的单元格内，只有两个单元格内的数目可以自由变动，也就是说，在 6 个单元格中，只要有两个单元格的数字确定，在边缘次数（f_x，f_y）不变的情况下，其他各单元格的数字就随之而定了。例如，知道男生喜爱体育活动的理论次数 15.3 和喜爱文娱活动的理论次数 10.2 这两个数，其他各单元格的理论次数便可推算出来。若不是理论次数，而是两个实际次数也同样如此。因此，在计算 $R\times C$ 表的理论次数时，只需用公式 10-4 计算 $(R-1)(C-1)$ 个理论次数，其余的理论次数可直接用边缘次数减去所计算出来的 $(R-1)(C-1)$ 个理论次数得到。

(四) 统计方法的选择

独立性检验的统计方法，视样本是独立的还是相关的，是大样本还是小样本等具体情况而定，各因素的分类项目多少不同也有不同的方法。这些具体方法我们在下面将逐一介绍。在应用独立性检验时，一定要考虑到上述情况而选择恰当的统计公式。

一般应用独立性检验的场合，独立样本居多，用 χ^2 检验的基本公式计算：

$$\chi^2 = \sum \frac{(f_0 - f_e)^2}{f_e}$$

$$(公式\ 10\text{-}5)$$

应用基本公式计算，要先计算理论次数，比较麻烦。可用下式直接计算 χ^2 值，其公式为：

$$\chi^2 = N\left(\sum \frac{f_{0i}^2}{f_{xi}f_{yi}} - 1\right)$$

$$(公式\ 10\text{-}6)$$

式中 f_{0i} 为每一格的实计数。f_{xi} 是与 f_{0i} 对应的那一行的总数，称为边缘次数。f_{yi} 是与 f_{0i} 对应的那一列的总数，也称为边缘次数，N 为总的观察数目。对于小样本及 2×2 表，可用更简便的公式。

(五) 结果及解释

查自由度为 $(R-1)(C-1)$ 的 χ^2 值表后，确知计算的 χ^2 值小于 $\chi^2_{0.05(2)}$ 或 $\chi^2_{0.01}$ 时，接受原假设，即认为两个因素无关联，或说两个因素是相互独立的，或说一因素的几项分类在另一因素的几项分类上实际观察次数与理论次数差异不显著；或可以笼统地讲差异不显著。例如，表 10-3 的资料，若 χ^2 值小于 $\chi^2_{0.05(2)}$，就可以说性别与课外活动内容无关，或性别与课外活动内容相互独立，或说男女在选择体育、文娱、阅读 3 种课外活动内容上没有显著差异（实计数与理论次数之间无显著差异），或者可以说在 3 种课外活动内容上不存在性别差异。

当计算的 χ^2 值大于 $\chi^2_{0.05}$ 或 $\chi^2_{0.01}$ 时，拒绝虚无假设，即认为两个因素之间有关联，或两个因素不独立，或是一因素的几项分类与另一个因素的几项分类的实计数与理论次数之间差异显著。上例若 χ^2 大于 $\chi^2_{0.05}$ 或 $\chi^2_{0.01}$，则可推论说性别因素与课外活动内容这一因素有关联，或者说男女生在选择 3 种课外活动内容上有显著差异，或者说选择 3 种课外活动内容在不同性别上存在显著差异。

二、四格表独立性检验

最简单的列联表就是四格表，这种形式在心理、教育及社会调查中应用最多。四格表的独立性检验在很多情况下与两比率差异显著性检验的统计功用相同。就是说，在有些场合中，如其中一个因素属于被试方面的两项分类时，将调查结果可以整理成两个比率，也可以整理成四格表形式。在这种情况下，两种不同的统计方法

都可达到相同的统计分析目的。下面根据样本的不同情况，分别叙述各种方法。

（一）独立样本四格表 χ^2 检验

独立样本四格表 χ^2 检验相当于独立样本比率差异的显著性检验。在独立样本的四格表中，当各单元格的理论次数 $f_e \geqslant 5$ 时，可用计算 χ^2 值的基本公式求 χ^2 值，查 χ^2 临界值的自由度 $df=1$。或用下面的简捷公式计算 χ^2 值：

$$\chi^2=\frac{N(AD-BC)^2}{(A+B)(C+D)(A+C)(B+D)}$$

（公式 10-7）

式中 A，B，C，D 分别为四格表内各格的实计数，$(A+B)$，$(C+D)$，$(A+C)$，$(D+B)$ 为各边缘次数，自由度 $df=1$。四格表各单元格表示方式具体如下表所示。

因素 A

		分类 1	分类 2	
因素 B	分类 1	A	B	$A+B$
	分类 2	C	D	$C+D$
		$A+C$	$B+D$	$N=A+B+C+D$

【例 10-10】随机抽取 90 人，按男女不同性别分类，将学生成绩分为中等以上及中等以下两类，结果如下。问男女生在学业水平上是否有关联？或男女生在学业中等以上的比率差异是否显著？

学业水平

性别		中等以上	中等以下	
	男	23 (A)	17 (B)	40 (A+B)
	女	28 (C)	22 (D)	50 (C+D)
		51 (A+C)	39 (B+D)	90

解：此题可以用三种方法来计算。

①用 χ^2 基本公式计算各格的理论次数。因为自由度为 1，只要求出一个理论次数后，其余各单元格的理论次数可用相应边缘次数减去所计算的理论次数得到。

$f_{e1}=40\times51 /90=22.67$

$f_{e2}=51-22.67=28.33$

$f_{e3}=40-22.67=17.33$

$f_{e4}=39-17.33=21.67$

将计算的理论次数代入基本公式：

$$\chi^2 = \frac{(23-22.67)^2}{22.67} + \frac{(17-17.33)^2}{17.33} +$$

$$\frac{(28-28.33)^2}{28.33} + \frac{(22-21.67)^2}{21.67}$$

$$=0.02$$

查 χ^2 表，当 $df=1$ 时，$\chi^2 < \chi^2_{0.05}$

答：性别与学业成绩无关联，或说男女生性别不同在学业成绩上没有显著差异。

②用单元格中的实计数计算。这种方法可不用先计算理论次数，简单方便，还可减少计算误差。

$$\chi^2 = \frac{(23 \times 22 - 17 \times 28)^2 \times 90}{40 \times 50 \times 51 \times 39} = 0.02$$

根据列联表自由度计算公式 $df = (R-1)(C-1)$，四格表中 $R=2$，$C=2$，故自由度为 1。

③用两比率差异显著性检验方法，先求各样本的比率。

男生学业成绩中等以上的比率为 $\hat{p}_{男} = 23 / 40 = 0.575$；

中等以下的比率为 $\hat{q}_{男} = 1 - 0.575 = 0.425$。

女生学业成绩中等以上的比率为 $\hat{p}_{女} = 28 / 50 = 0.56$；

中等以下的比率为 $\hat{q}_{女} = 1 - 0.56 = 0.44$。

比率差的标准误用第七章中的公式 7-22 计算，其临界比率用第八章中的公式 8-37 计算：

$$Z = \frac{0.575 - 0.56}{\sqrt{\frac{(23+28)(17+22)}{40 \times 50 \times (40+50)}}} = 0.14$$

查正态表，所得尾部端概率乘以 2（双侧概率）与用 χ^2 值查 χ^2 表所得概率相同（χ^2 为双侧概率）。如果将 Z 值平方，$Z^2 = 0.14^2 = 0.02$ 与上面所计算的 χ^2 值也相同。

本题还可求中等成绩以上（或以下）男生与女生的比率，进行差异显著性检验，回答在学业成绩上是否存在男女生的比率不同。求比率差异显著性检验，需要进行两次比较，而用 χ^2 检验只计算一次就可以了。四格表 χ^2 检验要比比率差异显著性检验在方法与计算方面都简单。

（二）相关样本四格表 χ^2 检验

相关样本四格表 χ^2 检验与相关样本比率差异显著性检验功能相同。其检验公式为：

$$\chi^2 = \frac{(A-D)^2}{A+D} \quad \text{（公式 10-8）}$$

$df=1$，式中 A，D 为四格表中两次实验或调查中分类项目不同的那两个格的实计次数。

【例 10-11】100 名学生先后测验两次，结果如下。试问两次测验在回答"对""错"上有无显著差异？

测验 1

		错	对	
测验 2	对	5 (A)	55 (B)	60
	错	25 (C)	15 (D)	40
		30	70	100

解：此题的数据为相关样本资料，用相关样本的四格表 χ^2 检验公式。

统计假设：两个测验无关联，或测验 1 中的"对""错"在测验 2 上面没有显著差异。

$$\chi^2 = \frac{(5-15)^2}{5+15} = 5$$

查 χ^2 表，当 $df = 1$ 时，$\chi^2_{0.05} = 3.84$，$\chi^2_{0.01} = 6.63$，计算的 χ^2 值大于 $\chi^2_{0.05}$ 但小于 $\chi^2_{0.01}$。

答：可推论两个测验有关联，或说测验 1 的"对""错"在测验 2 上有显著差异，或说两测验在"对""错"上差异显著。做此推论犯错误的概率为 $0.01 < p < 0.05$。

（三）四格表 χ^2 值的近似校正

当四格表任意一格的理论次数小于 5 时，要用耶茨连续性校正公式计算 χ^2 值，这一点与配合度检验相同。下面的四格表连续校正公式，是根据耶茨连续性校正公式，将实计次数代入推导而来，它使用起来更加方便。

独立的四格表 χ^2 值校正公式：

$$\chi^2 = \frac{N\left(\mid AD - BC \mid - \frac{N}{2}\right)^2}{(A+B)(C+D)(A+C)(B+D)}$$

（公式 10-9）

相关的四格表 χ^2 值校正公式：

$$\chi^2 = \frac{(\mid A - D \mid - 1)^2}{A+D}$$

（公式 10-10）

只要四个单元格中有一格的理论次数小于 5，就可应用四格表 χ^2 校正公式。当理论次数大于 5 时，按道理亦应用校正公式计算，但由于样本较大，校正公式计算的结果与不用校正公式所计算的结果十分接近，一般对推论不产生影响，故可用基本公式计算。

用校正公式近似计算 χ^2，允许四格中有一格的实际次数出现零的情况，校正公式适应较广，可得到与精确概率方法非常近似的结果。

（四）四格表的费舍（Fisher）精确概率检验方法

在期望次数，即理论次数小于 5 时，可用费舍精确概率检验法，代替 χ^2 检验法。因为四格表 χ^2 检验只是利用 χ^2 近似分布，当样本较大时近似得很好；当样本较小时，近似就不好。这种情况下用 χ^2 校正公式，可以进一步改善近似程度。

如果不用校正公式，可用费舍精确概率直接计算。在边缘次数固定的情况下，观测数据的精确概率分布为超几何分布。如果两个变量是独立的，当边缘次数保持不变时，各格内的实计数 a，b，c，d，任何一特定排列概率 p 为：

$$p = \frac{(a+b)!\,(c+d)!\,(a+c)!\,(b+d)!}{a!\,b!\,c!\,d!\,(a+b+c+d)!}$$

（公式 10-11）

$a!$ 读作 a 的阶乘。

在边缘次数不变的情况下，用上式计算出各格内实计数排列的概率，以及所有其他可能排列的概率和，然后与显著性水平 α 比较，若 $p < \alpha$，则说明超过了独立性样本各单元格实计数的取样范围，就可推论说，两样本独立的假设不成立，或说两样本之间存在显著关联。四格表精确概率检验具体方法及计算见下面举例。

(A)

5 (a)	2 (b)	a+b=7
2 (c)	4 (d)	c+d=6

a+c=7   b+d=6   N=13

在边缘次数不变的情况下，上面的四格表还有下述两种排列：

(B)

6	1	7
1	5	6

7   6   13

(C)

7	0	7
0	6	6

7   6   13

因为精确概率检验法要求计算在边缘次数不变的情况下，实计数最小的那一格的数字依次变化至 0 时，所有排列的概率和，即 $p=p_0+p_1+p_2\cdots$ 上表实计数最小的格内数字为 2，依次为 1，为 0，有两种变化，因此精确概率 $p=p_0+p_1+p_2$，依公式 10-11 分别计算各种排列的概率为：

$$p_2=\frac{7! \ 6! \ 7! \ 6!}{5! \ 2! \ 2! \ 4! \ 13!}=0.1836$$

（四格表 A 的资料）

$$p_1=\frac{7! \ 6! \ 6! \ 7!}{6! \ 1! \ 1! \ 5! \ 13!}=0.0245$$

（四格表 B 的资料）

$$p_0=\frac{7! \ 6! \ 6! \ 7!}{7! \ 0! \ 0! \ 6! \ 13!}=0.0006$$

（四格表 C 的资料）

$p=p_0+p_1+p_2=0.2087$，这是单侧概率，若求双侧概率须乘以 2，$p=0.2087\times2=0.42$。双侧概率 p 值远大于 0.05 或 0.01 故差异不显著，或说二因素无关联。

此题亦可用 χ² 连续性校正公式计算：

$$\chi^2=\frac{N\left(\mid ad-bc\mid-\frac{N}{2}\right)^2}{(a+b)(c+d)(a+c)(b+d)}$$

$$=\frac{13\times\left(\mid4\times5-2\times2\mid-\frac{13}{2}\right)^2}{7\times6\times7\times6}$$

$$=0.67$$

查 $df=1$ 的 χ² 表，用内插法计算 $\chi^2=0.67$ 时的概率为 0.439。这个概率值与用精确概率计算的双侧概率值 0.42 很接近，可见 χ² 连续性校正公式的效能与精确概率方法的效能非常接近。

以上是四格内首次没有 0 次时精确概率的计算，若四格表的数据首次就出现 0，则只需计算一个 p_0 就可以了，如下表：

6	0	6
1	4	5

7   4   11

$$p_0=\frac{6! \ 5! \ 4! \ 7!}{6! \ 0! \ 4! \ 1! \ 11!}=0.015$$

双侧概率则为 $p=0.015\times2=0.030$，说明有显著差异，或两因素不独立而有关联。此时亦可用 χ² 连续性校正公式计算：

$$\chi^2=\frac{11\times\left(\mid6\times4-0\times1\mid-\frac{11}{2}\right)^2}{6\times5\times4\times7}$$

$$=4.48$$

查 $df=1$ 的 χ² 表，内插计算当 $\chi^2=4.48$ 时，概率为 0.036，此值与精确概率计算的双侧概率 0.030 亦非常接近。

上面的举例说明精确概率检验法与应用 χ² 连续性校正公式的 χ² 检验法很近似，一般情况下，应用 χ² 连续性校正公式的 χ² 检验法亦可得到满意的结果，除临界值 $\alpha=0.05$ 或 0.01 且需要精确值的情况。故当理论次数小于 5 时，究竟应用哪种检验法，使用者可自己选择。

三、$R \times C$ 表独立性检验

$R \times C$ 表独立性检验，是应用较多的 χ^2 检验。除四格表有些特殊情况外，一般情形下的 $R \times C$ 表 χ^2 检验，计算 χ^2 的基本公式为：

$$\chi^2 = \sum \frac{(f_{0i} - f_{ei})^2}{f_{ei}}$$

（公式 10-12）

式中 $f_{ei} = \dfrac{f_{xi} \cdot f_{yi}}{N}$。

较方便的公式为公式 10-13：

$$\chi^2 = N \left(\sum \frac{f_{0i}^2}{f_{xi} f_{yi}} - 1 \right)$$

（公式 10-13）

例如，本节第一个四格表中的资料用基本公式计算：

$$\chi^2 = \frac{(21-15.3)^2}{15.3} + \frac{(11-10.2)^2}{10.2} +$$

$$\frac{(23-29.5)^2}{29.5} + \frac{(6-11.7)^2}{11.7} +$$

$$\frac{(7-7.8)^2}{7.8} + \frac{(29-22.5)^2}{22.5}$$

$$= 8.36$$

用公式 10-13 计算：

$$\chi^2 = 97 \left(\frac{21^2}{55 \times 27} + \frac{11^2}{55 \times 18} + \frac{23^2}{55 \times 52} + \right.$$

$$\left. \frac{6^2}{42 \times 27} + \frac{7^2}{48 \times 18} + \frac{29^2}{42 \times 52} - 1 \right)$$

$$= 8.32$$

两种计算方法的结果接近。公式 10-13 计算的结果为 8.32，计算误差较小。据此 χ^2 值查 $df = (3-1)(2-1) = 2$ 时的 χ^2 表，得 $\chi_{0.01}^2 > \chi^2 > \chi_{0.025}^2$。故可认为性别与

课外活动内容有关联，或性别不同的学生在选择课外活动内容上存在显著差异。做此推论犯错误的概率为 $0.01 < p < 0.025$。

$R \times C$ 表（非四格表）χ^2 检验，允许有的格内的实计数为 0，最小的理论次数为 0.5，其中 $2 \times C$ 表的最小理论次数为 1，在上述情形下无须用 χ^2 连续性校正公式计算，仍可得到较为近似的结果。如果最小的理论次数小于 0.5 或 1（$2 \times C$ 表），一般采用合并项目的方法，而不用连续性校正公式。

当连续变量，即测量数据被整理成双列次数分布表后，将各分组视为分类项目，也可用 $R \times C$ 表 χ^2 检验来检验二列变量的独立性。

四、多重列联表分析

独立性检验主要讨论两个变量之间的关系，并对其显著性进行检验，当变量类别多于两个时，就要运用多重列联表分析方法（multiple contingency table analysis）。比如，有一个三因子列联表，目的是讨论性别（男与女）、婚姻状况（未婚与已婚）及生活满意状态（刺激、规律或无聊）三个变量之间的关系，可以将其中一个变量作为分层变量或控制变量，分别就控制变量在每一个水平下另两个变量所形成的列联表来进行比较分析就行。如果将性别视为控制变量，分别进行男性与女性的婚姻状况与生活满意状态的列联表分析，此时，三因子列联表就被拆分成两个二因

子列联表，即男性样本可以得到一个 2×3 的列联表，女性样本可以得到另一个 2×3 的列联表。分别就两个列联表各自的统计量进行计算，再加以比较即可，其数学原理与独立性检验相同。对于控制变量的不同水平所进行的单个列联表分析，如果呈现一致性的结果，如各单元格的百分比分布比例一致，χ² 值不显著，此时可以将各水平下的 χ² 值相加，以推测列联表中两个变量总的 χ² 值，并进行关联性检定，具体如何合并，可参考本章后面的内容。但是当各水平列联表的分布情形不一致时，就必须单独就个别列联表来解释。

例如，某通信公司想了解大学生对手机品牌的偏好，随机找了 72 个大学生，调查其性别、家庭经济水平及最喜欢的手机品牌，来探讨这三个变量之间的关系，调查结果如下表所示。为了解决这个问题，可以将性别视为控制变量，分别进行男生与女生的经济水平与手机品牌的 2×3 列联表分析，或以经济水平作为控制变量，分析性别与手机偏好的关系。一般情况下，均以人口学变量等不易受到其他因素影响的前置变量作为控制变量。因此，在这个例子中以性别为控制变量要更好一些，读者可以自己结合计算机统计软件来计算并做比较分析。

手机品牌		经济水平					
		低			高		
		甲	乙	丙	甲	乙	丙
性别	男	13	2	3	4	12	4
	女	9	3	7	8	5	2

随着变量数目的增加，分析难度也在增加。如果是四个以上的变量，必须设置多个控制变量，这在统计分析时会有一定困难。一般而言，应避免同时分析过多变量之间的关系。另外，用 χ² 检验来进行多重列联表分析，缺乏一个统一的指标来检验变量关联的强度，为解决此问题，可使用 G^2 统计法同时处理多个变量的关联分析，它的原理是以观察次数与期望次数比值的自然对数为基础，性质与 χ² 值类似。

第四节 同质性检验与数据的合并

在教育与心理研究中，我们经常要分析几种因素之间是否真有实质上的差异，或者判断几次重复实验的结果是否同质，这类问题的 χ^2 检验被称为同质性检验 (test for homogeneity)。另外，教育和心理实验还经常涉及几次或几组实验数据的合并问题，这时，也需要先进行同质性—异质性检验，然后判断是否能够合并。

计数资料的同质性检验与独立性检验方法基本相同，但检验的目的不同。独立性检验是对同一样本的若干变量关联情形的检验，目的在于判断数据资料是相互关联还是彼此独立；同质性检验则是对两个样本同一个变量的分布状况的检验，是对几个样本数据是否同质做出统计决断。例如，同质性检验对公办与民办大学里学生性别分布的比较，主要是看两个样本所代表的两个母总体（公办与民办大学）在该变量（性别）上是否有类似的分布模式，或是否具有相同的性别特质。

从统计原理看，同质性检验与独立性检验皆为双母总体样本，但是同质性检验的双总体指的是两个样本所代表的母总体。χ^2 值所检验的内容是这两个样本（自变量）在另一变量（因变量）上的变动，自变量是研究者操纵的变量，又被称为设计变量 (design variable)，因变量则为反应变量，它们之间形成了一种有特定先后顺序的非对称性关系。下面举例说明分类数据同质性检验的方法。

一、单因素分类数据的同质性检验

对单因素分类数据的同质性检验，包括这样几个步骤：①计算各个样本组的 χ^2 值和自由度；②累加各样本组 χ^2 值，计算其总和，以及自由度的总和；③将各样本组原始数据按相应类别合并，产生一个总的数据表，并计算这个总数据表的 χ^2 值和自由度；④计算各样本组的累计 χ^2 值与总测试次数合并获得的 χ^2 值之差，称此为异质性 χ^2 值，异质性 χ^2 值是各个样本组间不一致的部分，其自由度为各样本组累计自由度与合并后的总数据的自由度之差；⑤查 χ^2 表，判断 χ^2 值差是否显著。如果显著，表明几个样本组之间异质；如果不显著，表明同质。从实验设计角度讲，这几个同质的样本组数据可以合并到一起。

【例 10-12】从四所幼儿园中分别随机抽出 6 岁儿童若干，各自组成一个实验组，进行识记测验。测验材料是红、绿、蓝三种颜色书写的字母，以单位时间内的识记数量为指标，结果如下。问四组数据是否可以合并分析？

分 组	红色字母	绿色字母	蓝色字母
1	24	17	19
2	15	12	9
3	20	20	14
4	10	25	28

解：这道题目实际上包含两个问题。第一个问题是检验 6 岁儿童对三种颜色字母的识记效果有无差异。第二个问题是检

验来自四所幼儿园，代表 6 岁儿童总体的四个实验组的识记效果是否同质。

①每组儿童对三种颜色字母识记效果的理论比率各为 1 /3。各组的 χ² 值分别为第一组1.3，第二组1.5，第三组1.33，第四组8.86。因为计算每组的理论次数时，只用到了各组总人数这一个统计量，因此，各组的自由度 $df=3-1=2$。

②四个组的累计 χ² 值为 12.99，自由度为四个组的自由度之和，即 $df=8$。将四组的数据合并，以总测试数据计算的 χ² 值为 0.20，自由度为 2。第一、第二步的计算列表如下，括号中的数字为理论数字。

分组	红色字母	绿色字母	蓝色字母	小计	自由度	χ²
1	24（20）	17（20）	19（20）	60	2	1.3
2	15（12）	12（12）	9（12）	36	2	1.5
3	20（18）	20（18）	14（18）	54	2	1.33
4	10（21）	25（21）	28（21）	63	2	8.86
					$\sum df=8$	$\sum \chi^2=12.99$
合并	69	74	70	213	2	0.20

③计算异质性 χ² 值 $12.99-0.20=12.79$，自由度为 $8-2=6$。这四个实验组测试效果的异质性 χ² 值分析结果如下表。

变异原因	χ²	自由度	p
合并χ²	0.20	2	>0.05
异质性χ²	12.79	6	<0.05
总计	12.99	8	

④查 χ² 表，$\chi^2_{(6)0.05}=12.6$，求得的异质性 χ² 值大于 $\chi^2_{(6)0.05}$，在 0.05 水平上显著。

答：这四个实验组不是来自理论比率相同的总体，四组数据不同质，不能合并分析。

二、列联表形式的同质性检验

当几组实测数据以列联表形式呈现时，其同质性—异质性 χ² 分析方法与前面的方法相同。

【例 10-13】对四所幼儿园的幼儿颜色命名能力进行了调查，调查材料是 15 种颜色的彩色铅笔。凡能正确命名 8 种颜色及其以上者为达标，低于 8 种颜色则未达标。调查对象分 4 岁组和 6 岁组。四所幼儿园调查的数据见下表。问这四所幼儿园儿童颜色命名能力调查结果是否同质？儿童颜色命名能力与年龄有无关系？

年龄组	A幼儿园		B幼儿园		C幼儿园		D幼儿园	
	达标	未达标	达标	未达标	达标	未达标	达标	未达标
4 岁组	11	18	10	15	15	20	13	17
6 岁组	14	9	17	10	16	9	17	11

解：①每个幼儿园的数据就是一个单独的四格表，分别计算每个四格表各单元

格的理论次数，并计算四格表的 χ^2 值和自由度。各四格表的自由度都为 1，χ^2 值 A 幼儿园是 2.704，B 幼儿园是 2.742，C 幼儿园是 2.611，D 幼儿园是 1.752。

②四个四格表的累计 χ^2 值为 9.809，自由度之和，即 $df=4$。

③合并各组数据得到一个新的四格表，表中的自由度为 1，χ^2 值为 9.705。

年龄组	颜色命名能力		小计
	达标	未达标	
4 岁组	49	70	119
6 岁组	64	39	103
小计	113	109	222

④计算异质性 χ^2 值 $9.809-9.705=0.104$，自由度为 $4-1=3$。这四个实验组测试效果的异质性 χ^2 值分析结果如下表：

变异原因	χ^2	自由度	p
合并χ^2	9.705	1	<0.05
异质性χ^2	0.104	3	>0.05
总计	9.809	4	

⑤查 χ^2 表，$\chi^2_{(1)0.05}=3.84$，异质性 χ^2 值小于 $\chi^2_{(1)0.05}$，在 0.05 水平上不显著。这说明四组数据是同质的，因此可以合并。

⑥在合并之后，因自由度为 1，χ^2 值的计算应使用连续性校正公式。

$$\chi^2=\frac{N\left(\mid AD-BC\mid-\frac{N}{2}\right)^2}{(A+B)(C+D)(A+C)(B+D)}$$

$$=\frac{222\times\left(\mid 49\times39-64\times70\mid-\frac{222}{2}\right)^2}{(49+64)(70+39)(49+70)(64+39)}$$

$$=8.88$$

查 χ^2 表，$\chi^2_{(1)0.01}=6.63$，异质性 χ^2 值大于 $\chi^2_{(1)0.01}$，在 0.01 水平上显著。

答：可以肯定这四所幼儿园儿童颜色命名能力调查结果是同质的。儿童颜色命名能力与年龄有密切关系。

三、计数数据的合并方法

在心理与教育研究中经常会遇到研究内容相同的两格表、四格表或 $R\times C$ 表，即因素内容、分类项目都相同的计数资料，这些资料有的来自不同的研究者，有的是同一个研究者不同或相同时期的研究，在调查或实验之前并未考虑数据合并问题，而是在收集到数据之后，才想合并它们，如何将这些数据合并，更充分地利用这些数据信息，这就是数据合并问题。当同质性检验的结果表明各类数据同质，就可将它们合并处理。如果是探索性实验，那么在后续的正式实验中，实验变量就可做出相应的调整。

(一) 两格表及四格表数据的合并

1. 简单合并法

即将所有的数据合并到同一个两格表或四格表中，然后计算 χ^2 量，并进行假设检验。应用简单合并法的条件为：①各分表某特征的相应比率接近；②各分表（小样本）的 χ^2 量都未达显著水平，即分表小样本齐性。

【例 10-14】表 10-4 的数据是来自不同研究者的研究结果，各研究者所研究的被试年龄不同，但内容相同。问是否有必要合并？

表 10-4　两格表简单合并法

不同研究者的年龄取样	某心理特征 A	非 A	n	A 特征比率 p	χ^2	χ
3～4	13	7	20	0.65	1.80	1.34
5～6	19	11	30	0.63	2.13	1.46
7～8	24	16	40	0.60	1.60	1.27
9～10	31	19	50	0.62	2.88	1.70
合并	87	53	140		8.25	

$$\sum\chi^2=8.41 \quad \sum\chi=5.77$$

表中各年龄组分别计算 χ^2 都未达显著水平（$df=1$，$\chi^2_{0.05}=3.84$），即样本齐性。A 特征的比率接近，用简单合并法计算的 χ^2 量为 8.25，则达显著水平。故可用简单合并法全部合并。

【例 10-15】表 10-5 是四格表的数据：

表 10-5　四格表简单合并法

不同研究者取样的年龄	性别	某心理特征 A	非 A	n_x	A 特征比率 p	χ^2	χ
3～4	男	17	5	22	0.7727	1.79	1.34
	女	6	5	11	0.5455		
	n_y	23	10	33			
5～6	男	12	3	15	0.800	1.50	1.23
	女	7	5	12	0.5833		
	n_y	19	8	27			
7～8	男	11	3	14	0.7857	2.00	1.41
	女	11	9	20	0.5500		
	n_y	22	12	34			

$$\sum\chi^2=5.29 \quad \sum\chi=3.98$$

各分表 χ^2 均未达显著水平，属于齐性样本且各样本的相应比率接近，故可用简单合并法全部合并。

	A	非 A	
男	40	11	51
女	24	19	43
	64	30	94

$\chi^2=5.49 \quad df=1$

$\chi^2>\chi^2_{0.025}$

合并后 χ^2 达显著水平，这是由于各样本某特征的比率相同，原来样本数目小，合并后样本变大了的缘故。

2. χ^2 相加法

即将各分表的 χ^2 值相加，查自由度为分表数目的 χ^2 表，确定显著性水平。这种方法虽常被应用，但反应不灵敏，因为它没有考虑到各表中的比率方向，所以对于有相同比率方向的各分表分辨力较差。表 10-4 中 χ^2 相加得 8.41，$df = 4$，表 10-5 中 $\sum\chi^2 = 5.29$，$df = 3$，均未达显著性水平。

3. $\sqrt{\chi^2}$ 即 χ 值相加法

这种方法的应用条件为：①各样本容量相差不超过 2 倍；②表中各相应比率的取值在 0.2 至 0.8。应用下式进行显著性检验：

$$Z = \frac{\sum\chi}{\sqrt{K}} \qquad (公式 10\text{-}14)$$

K 为分表的数目，$\chi = \sqrt{\chi^2}$ 为各分表 χ^2 值的开方。在计算 χ 值时，需附以适当的符号，符号的确定应根据各分表中相应项目的比率差异方向是否相同。差异方向相同，各 χ 值符号相同；若差异方向不同，则 χ 值符号不同，但"＋""－"号无关紧要。

这种方法是在假设各比率相等的条件下，任一 2×2 表的 χ 值渐近服从平均数为 0，标准差为 1 的正态分布，k 个表的 χ 值之和的分布则服从平均数为 0，标准差为 $\sqrt{k}$ 的正态分布。所以，求出统计量 Z 后，查正态表确定其是否显著。

例如，表 10-5 的数据满足上述条件，且各相应比率差异方向相同，χ 值符号都

相同（本题都取＋）。$Z = \frac{3.98}{\sqrt{3}} = 2.30$ 查正态表知 $p < 0.025$（双侧），这个结论与简单合并法结论相近而与 χ^2 相加法不同。根据表 10-4 中的结果，$Z = \frac{5.763}{\sqrt{4}} = 2.88$，结论也与简单合并法相似。

4. 加权法

它是一种在多个四格表中各相应比率不在 0.2 至 0.8，且样本容量相差较大（超过 2 倍），样本差异方向相同时，应用 χ 值相加法不适宜的情况下合并数据的方法。这种方法更加提高和重视大样本的重要性。它的依据是在全部样本比率之差为 0 的假设下，加权的差异（$w_i d_i$）服从平均数为 0，单位方差的正态分布，故加权差异之和服从平均数为零，标准差为 $\sqrt{\sum w_i p_i q_i}$ 的正态分布，其统计量则为：

$$Z = \frac{\sum\limits_{i=1}^{K} w_i d_i}{\sqrt{\sum w_i p_i q_i}} \qquad (公式 10\text{-}15)$$

式中 K 为分表数目，i 为各 2×2 表的序号，$d_i = p_{i1} - p_{i2}$，p_{i1} 和 p_{i2} 为 2×2 表的比率，$w_i = \frac{n_{i1} \times n_{i2}}{n_{i1} + n_{i2}}$ 为各样本加权数，n_{i1}、n_{i2} 为两边缘边数。具体见表 10-6。

表 10-6　加权法计算及各符号含义

样本组		A	非 A	n_i	A 的比率	d_i	w_i	$q_i = 1 - p_i$
	男	13	57	$70(n_{11})$	$0.1857(p_{11})$			
$5\sim9$	女	3	23	$26(n_{12})$	$0.1154(p_{12})$			
		16	80	$96(n_1)$	$0.1667(p_1)$	$0.0703(d_1)$	$18.96(w_1)$	$0.8333(q_1)$
	男	26	56	$82(n_{21})$	$0.3171(p_{21})$			
$10\sim12$	女	11	29	$40(n_{22})$	$0.2750(p_{22})$			
		37	85	$122(n_2)$	$0.3033(p_2)$	$0.0421(d_2)$	$26.89(w_2)$	$0.6967(q_2)$
	男	15	56	$71(n_{31})$	$0.2113(p_{31})$			
$13\sim15$	女	2	27	$29(n_{32})$	$0.0690(p_{32})$			
		17	83	$100(n_3)$	$0.1700(p_3)$	$0.1423(d_3)$	$20.59(w_3)$	$0.8300(q_3)$

表 10-6 所列的 2×2 表的两个样本容量相差悬殊（两个样本可分为 n_{i1}、n_{i2}），且比率 p_{i1}、p_{i2} 不在 0.2 至 0.8，不能用 χ 值相加法合并，需用加权法合并数据信息。将表 10-6 各数代入公式 10-15：

$$Z = \frac{18.96 \times 0.0703 + 26.89 \times 0.0421 + 20.59 \times 0.1423}{\sqrt{18.96 \times 0.1667 \times 0.8333 + 26.86 \times 0.3033 \times 0.6967 + 20.59 \times 0.17 \times 0.83}}$$

$$= 1.61$$

查正态表 $Z = 1.61$，其双侧概率为 0.1074。

表 10-6 资料如果用简单合并法，四格表如下所示：

	A	非 A	
男	54	169	223
女	16	79	95
	70	248	318

$\chi^2 = 2.110$，$df = 1$，相应的概率为 0.2838，用加权法的概率为 0.1074，大约是简单合并法的概率的 $\frac{1}{2}$。可见加权法要比简单相加法反应灵敏。

当各 2×2 表中两变量的关系明显不同，即各表对应比率数值近似，但差异方向 d_i 的符号不同，完全相反，在这种情况下，用 $\sqrt{\chi^2}$ 及加权法统计量近似为零，因此得出不显著的结果。因而在这种情况下不要用 $\sqrt{\chi^2}$ 及加权法合并数据。

5. 分表理论次数合并法

这种方法是分别计算每个分表中各格的理论次数，然后将每个分表各对应格的理论次数相加，作为简单合并表的理论次数，再据此计算 χ^2 值，这种方法是在没有更好的方法可用时，不得已而采用的一种方法，应用这种方法有一个缺点，是它不遵循 $df = 1$ 的 χ^2 分布，但仍然用 χ^2 统计量，这样就使问题复杂化。

（二）$R \times C$ 表数据的合并

$R \times C$ 表需要合并数据信息，条件同四格表一样：各次调查或研究所引起的不同影响必须消除，即实验或调查的控制要相同，表中各相应比率方向要相同，等等。常用的方法有如下两种。

1. 简单合并法

这种方法要求各分表中相应的比率接近且各样本齐性。

表 10-7 R×C 表的数据合并

年龄组		A	B	C	合计	计算结果
1	男	12 (0.3750)	13 (0.4063)	7 (0.2187)	32	$\chi^2 = 3$ $df = 2$
	女	18	17	23	58	$\chi^2 < \chi^2_{0.05}$
	合计	30	30	30	90	
2	男	15 (0.3659)	17 (0.4146)	9 (0.2195)	41	$\chi^2 = 3.84$ $df = 2$
	女	25	23	31	79	$\chi^2 < \chi^2_{0.05}$
	合计	40	40	40	120	

表 10-7 有两个分表，各分表 χ^2 不显著，属齐性样本，且表中各格对应的比率相接近（见表内括号里的比率），符合合并条件，合并后结果如下。

性别	A	B	C	合计
男	27	30	16	73
女	43	40	54	137
合计	70	70	70	210

计算 $\chi^2 = 6.78$，$df = 2$，查 χ^2 表，可知差异达 0.05 显著水平。这显然是由于合并数据使样本变大。因为各小样本虽然差异均未达显著水平，但差异方向相同（各格对应比率相同），主要由于样本不够大。而合并后使样本增大，就使差异达显著水平了。

2. 分表理论次数合并法

即先分别计算每个分表中各格的理论次数，然后将各分表的实计数合并，作为总表的实计数，将各分表对应格的理论次数相加作为总表的理论次数，然后用 χ^2 基本公式计算 χ^2 值。查 $df = (R-1)(C-1)$ 的 χ^2 表，确定显著性水平。具体见表 10-8。

表 10-8 不同年级对教学方法的评价

样本	评价	教法 1	教法 2	教法 3	合计	计算结果
七年级	很好	9 (10.5)	6 (7.0)	6 (3.5)	21	$\chi^2 = 5.32$
	一般	5 (6.5)	6 (4.3)	2 (2.2)	13	$df = 4$
	不好	16 (13.0)	8 (8.7)	2 (4.3)	26	$\chi^2 < \chi^2_{0.05}$
	合计	30	20	10	60	
八年级	很好	14 (15.5)	9 (10.3)	8 (5.2)	31	$\chi^2 = 3.85$
	一般	6 (5.5)	4 (3.7)	1 (1.8)	11	$df = 4$
	不好	10 (9.0)	7 (6.0)	1 (3.0)	18	$\chi^2 < \chi^2_{0.05}$
	合计	30	20	10	60	
九年级	很好	5 (9.7)	8 (6.2)	6 (3.1)	19	$\chi^2 = 8.75$
	一般	3 (3.1)	2 (2.0)	1 (1.0)	6	$df = 4$
	不好	20 (15.2)	8 (9.8)	2 (4.9)	30	$\chi^2 < \chi^2_{0.05}$
	合计	28	18	9	55	

表 10-8 所列的三个年级的数据出自不同的研究者之手，研究之初并未考虑合并样本。研究之后，考虑到研究内容相同意欲将其合并，下面是合并后的 3×3 数据表格：

	教法 1	教法 2	教法 3		
很好	28 (35.7)	23 (23.5)	20 (11.8)	71	$\chi^2 = 14.47$
一般	14 (15.1)	12 (10)	4 (5.0)	30	$df = 4$
不好	46 (37.2)	23 (24.5)	5 (12.2)	74	$\chi^2 > \chi^2_{0.01}$
	88	58	29	175	

总表内各格的理论次数是由各分表的理论次数相加的，而不是由总表边缘次数与原数按理论次数公式计算的，如表中左上角单元格内理论次数 35.7 是由三个分表的理论次数相加（10.5＋15.5＋9.7＝35.7）而来的，其余各格也同样如此。数据合并后 χ^2 值达显著水平，说明评价与教学方法有关联。

第五节 相关源的分析

$R \times C$ 表 χ^2 检验的结果说明两因素有关联，这是总的检验，它同方差分析一样，至少保证 A 因素多项分类中的一项分类在 B 因素多项分类中有关联（或差异显著），或 B 因素多项分类中的一项分类在 A 因素多项分类中有关联（或差异显著）。这种相关是存在于 $R \times C$ 表的全体之中，还是仅仅一部分？这需要对相关源做进一步分析。

欲合并的数据必须是所研究的因素、分类的项目都相同，实验或调查的控制也基本相同，只是数据的取样不同。或者经过同质性检验后，当异质性 χ^2 值不显著时，才能合并原始数据计算 χ^2 值。具体的方法，因分类项目、因素多少的不同而不同。

为了确定 χ^2 检验显著或有密切关联的究竟是存在 $R \times C$ 表的全部还是一部分，需要对 $R \times C$ 表进行分割分析，才能离析出相关源。

一、2×C 表的离析

（一）将 2×C 表分解为独立的 2×2 表进行分析

① 首先将 2×C 表分解为 $(C-1)$ 个四格表，如下表。

a_1	a_2	a_3	$\cdots$	a_t	n_{x1}
b_1	b_2	b_3	$\cdots$	b_t	n_{x2}
n_{y1}	n_{y2}	n_{y3}	$\cdots$	n_{yt}	N

分解的方法是根据所研究问题的专业知识及对 $2 \times C$ 表能直观分析，先将估计关联不明显的四格表分解出来，并逐项进行 χ^2 检验，若关联不显著则合并，究竟哪个观察项目标以 $a_1 a_2 \cdots b_1 b_2 \cdots$，则根据直观分析确定，关联不显著的项目放在前面较方便。

上表可分解为：

$$\begin{array}{c|c} a_1 & a_2 \\ \hline b_1 & b_2 \end{array} \qquad \begin{array}{c|c} a_1+a_2 & a_3 \\ \hline b_1+b_2 & b_3 \end{array} \qquad \begin{array}{c|c} a_1+a_2+a_3 & a_4 \\ \hline b_1+b_2+b_3 & b_4 \end{array} \cdots$$

$\qquad$ (A) $\qquad\qquad$ (B) $\qquad\qquad$ (C)

A 表 χ^2 不显著则合并为 B 表，若 B 表 χ^2 也不显著则合并为 C 表，依此类推。

②将分解的 2×2 表依下式计算 χ^2

$$\chi_t^2 = \frac{N^2 \left[b_{t+1} \times \sum_1^t a_i - a_{t+1} \times \sum_1^t b_i \right]^2}{n_{x1} \times n_{x2} \times n_{y(t+1)} \times \sum_1^t n_{yi} \times \sum_1^{t+1} n_{yi}} \qquad \text{（公式 10-16）}$$

式中：$t = 1, 2, \cdots C$；

$\qquad$ N 为 $2 \times C$ 总表中的总数；

$\qquad$ $n_{x1} n_{x2}$ 为总表中的边缘次数（横行）；

$\qquad$ n_{yi} 为总表中的边缘次数（纵列）；

$\qquad$ $a_i b_i$ 为总表中各格的实计数。

用公式 10-16 计算各被分解的 χ^2 值才能保证 $\chi^2_{\text{总}} = \chi_1^2 + \chi_2^2 + \cdots + \chi_{C-1}^2$。

根据公式 10-16 上述分解表 A 四格表的 χ^2 公式可写作：

$$\chi_1^2 = \frac{N^2 (b_2 \times a_1 - a_2 b_1)^2}{n_{x1} n_{x2} n_{y1} n_{y2} (n_{y1} + n_{y2})} \qquad \text{（公式 10-17a）}$$

B 表的 χ^2 为：

$$\chi_2^2 = \frac{N^2 [b_3 (a_1+a_2) - a_3 (b_1+b_2)]^2}{n_{x1} n_{x2} n_{y3} (n_{y1}+n_{y2}) (n_{y1}+n_{y2}+n_{y3})} \qquad \text{（公式 10-17b）}$$

同理，C 表的 χ^2 为：

$$\chi_3^2 = \frac{N^2 [b_4 (a_1+a_2+a_3) - a_4 (b_1+b_2+b_3)]^2}{n_{x1} n_{x2} n_{y4} (n_{y1}+n_{y2}+n_{y3}) (n_{y1}+n_{y2}+n_{y3}+n_{y4})} \qquad \text{（公式 10-17c）}$$

【例 10-16】有一调查如下表所示，问二因素是否有关联，并进一步分析相关源，即究竟在哪种态度上有显著差异？

	拥护	不置可否	反对	n_x	
男	12	13	5	30	n_{x1}
女	18	17	25	60	n_{x2}
n_y	30	30	30	$N=90$	
	n_{y1}	n_{y2}	n_{y3}		

解：先按 2×3 表计算，$\chi^2=5.7$，$df=2$，$\chi^2<\chi^2_{0.05}$ 关联不显著，但从整个结果直观分析，男生反对的人少，而女生反对的人多，好像有差异，究竟是否如此，先将表面看没差异的表分解出来并进行分析。将 2×3 表分解为如下两个表。

	拥护	不置可否
男	12	13
女	18	17

	不反对	反对
男	12+13	5
女	18+17	25

分别用公式 10-17 计算这两个表的 χ^2 值：

$$\chi^2_1=\frac{90^2\ (17\times12-13\times18)^2}{30\times60\times30\times30\times\ (30+30)}=0.08$$

$$df=1,\ \chi^2_1<\chi^2_{0.05}\quad(可继续合并)$$

$$\chi^2_2=\frac{90^2[25\times25-5\times35]^2}{30\times60\times30\times(30+30)\times(30+30+30)}=5.63$$

$$df=1,\ \chi^2>\chi^2_{0.05}$$

$$\chi^2_{总}=\chi^2_1+\chi^2_2=0.08+5.63=5.71\quad(df=2,\ \chi^2<\chi^2_{0.05})$$

在总的 χ^2 值不显著的情况下，分解后的 χ^2_2 差异显著，即男女不同性别在反对与非反对的态度上有密切关联，或称差异显著，即不反对的人多而反对的人少，或者在反对与不反对态度上存在男女性别差异。

如果总的 χ^2 检验显著，也可用这种方法分析关联源。

上述若用四格表 χ^2 公式直接计算各分解表的 χ^2 值，然后再相加，其和与总的 χ^2 值不相等，故分解表的 χ^2 值应该用式 10-16 计算（上表若由四格表公式计算：$\chi^2_1=0.06857$，$\chi^2_2=5.625$ 之和为 $5.6935<5.71$，二者不相等）。

（二）将 $2\times C$ 表分解为非独立的 2×2 表进行分析

在教育与心理方面的研究中，经常所关心的是几个实验组与一个对照组比较，这时就要将 $2\times C$ 表分解为非独立性的 2×2 表，如下表。

评价	原方法（对照组）	新方法 1（实验组 1）	新方法 2（实验组 2）	新方法 3（实验组 3）	新方法 4（实验组 4）
好	8	12	21	15	19
一般或不好	22	18	9	15	11

在要求总的显著性水平为 α 的情况下，如果每一种新的教学方法（或称实验组）与原来的教学方法（或称对照组）相比较，显著性水平也为 α 的话，则不能保证总的显著性水平为 α。因为每一个实验组都要与对照组相比较，故各四格表就不是独立的而是非独立

的。各分解四格表的显著性水平 α' 计算如下:

$$\alpha' = \frac{\alpha}{2(C-1)}$$

式中:α' 为各分组的显著性水平;

$\quad\quad \alpha$ 为所规定的总的显著性水平;

$\quad\quad C$ 为总表的项目数。

如上表要求总的显著性水平 $\alpha = 0.05$,那么各分表的显著性水平应为:$\alpha' = \frac{0.05}{2(5-1)}$ $= 0.00625$,$\chi^2_{0.00625} = 7.565$ $(df = 1)$,即各分表的 χ^2 与 7.565 比较,若大于 7.565,才能推论说 χ^2 显著。

	原方法	新方法 1	
好	8	12	20
一般或不好	22	18	40
	30	30	60

$$\chi^2_1 = 1.2$$

	原方法	新方法 2	
好	8	21	29
一般或不好	22	9	31
	30	30	60

$$\chi^2_2 = 11.28$$

	原方法	新方法 3	
好	8	15	23
一般或不好	22	15	37
	30	30	60

$$\chi^2_3 = 3.45$$

	原方法	新方法 4	
好	8	19	27
一般或不好	22	11	33
	30	30	60

$$\chi^2_4 = 8.15$$

上面四个分表的 χ^2 值是用四格表 χ^2 计算公式 10-7 计算的。比较结果,新方法 2、新方法 4 与原方法的评价有显著差异 $(\chi^2_2 > 7.565,\chi^2_4 > 7.565)$。或说新方法 2 和新方法 4 的效果好于原方法。

二、$R \times C$ 表的离析

对 $R \times C$ 表相关源的分析,基本同 $2 \times C$ 表,但计算各分解表 χ^2 值的精确方法很复

杂，故一般常用 $R \times C$ 表基本公式 10-5 或公式 10-6 计算近似的 χ^2 值而不是精确值，故此时 $\chi^2_{\text{总}} \neq \chi^2_1 + \chi^2_2 + \cdots + \chi^2_i$。

①先根据专业知识认为可能差异不显著的两个项目或根据对总表的直观分析估计差异不显著的项目，分解出一个 $2 \times C$（或 $2 \times R$）表，然后进行 χ^2 检验，若 χ^2 不显著，则将此表数据合并 $1 \times C$（或 $1 \times R$）表，再与另一项组成新的分解表。形式如下（设 $R = 3$，$C = 3$）。

a_1	a_2
b_1	b_2
c_1	c_2

或

a_1	a_2	a_3
b_1	b_2	b_3

将上表进行 χ^2 检验，若差异不显著，可合并该表数目，并再与另一项组成新表。

$a_1 + a_2$	a_3
$b_1 + b_2$	b_3
$c_1 + c_2$	c_3

或

$a_1 + b_1$	$a_2 + b_2$	$a_3 + b_3$
c_1	c_2	c_3

再对新的分解表进行 χ^2 检验，若差异不显著，再按上面的形式合并数据，直至新的分解表 χ^2 显著为止。

②获得 χ^2 显著的分解表后，再将该分解表（$2 \times R$ 或 $2 \times C$ 表）继续分解为 $(R-1)$ 或 $(C-1)$ 个 2×2 四格表进行分析，这一步的具体方法同前面介绍的 $2 \times C$ 表的分解方法。

【例 10-17】教育方法改革后的效果调查结果如下表。问对不同年级教育方法与教育效果是否有关联？究竟与哪些年级的学生相关？

教育效果	学生成绩			
	七年级	九年级	高一	
显效	212 (142.51)	38 (47.8)	290 (349.7)	540
一般	60 (95)	40 (31.9)	260 (230)	360
无效	50 (84.5)	30 (28.3)	240 (207.3)	320
	322	108	790	1220

解：按 $R \times C$ 表计算 $\chi^2 = 84.3$，$df = (3-1) \times (3-1) = 4$，查 χ^2 表知 $\chi^2 > \chi^2_{0.001}$，差异十分显著，即教育效果与学生年级存在非常密切的关联。但这只是总的检验，显著性是存在于全部 $R \times C$ 表还是部分，应进一步分析。

根据学生特点，九年级学生与高一学生很多特点比较接近，可能教育效果不会差异显著，可以先分解这两项。另外，从上表中直观分析，九年级及高一学生的各项比率比较接近，也得出先合并这两项的设想。用 χ^2 基本公式计算 $\chi^2 = 0.795$（这只是近似值），$df = 2$ 时，差异不显著。所以将高一及九年级数据合并，再与七年级组成新的分解表：

计算上表中的 $\chi^2 = 82.6427$。当 $df = 2$，$\chi^2 > \chi^2_{0.001}$（注意 $\chi^2_总 \neq$ 各分表 χ^2，即 $84.3 \neq 82.612 + 0.795$）。χ^2 显著，意味着七年级与九年级及高一年级在教育效果上存在显著差异，但这个差异究竟在哪一方面？再对上面的表进一步分解。从表上看一般及无效这两项可能差异不显著。

用公式 10-17b 计算 χ^2_1：

$$\chi^2_1 = \frac{1220^2 \times (60 \times 270 - 50 \times 300)^2}{322 \times 898 \times 320 \times 360 \times (320 + 360)}$$

$$= 0.095$$

$df = 1$ 时，$\chi^2_1 < \chi^2_{0.05}$ 差异不显著，可以合并。合并后的表格如下。

用公式 10-17b 计算 χ^2_2：

$$\chi_2^2 = \frac{1220^2 \times (212 \times 570 - 110 \times 328)^2}{322 \times 898 \times 540 \times 680 \times (360 + 320 + 540)} = 82.55$$

查自由度 $df = 1$ 的 χ^2 表，知 $\chi_2^2 > \chi_{0.001}^2$。故教育效果与年级存在显著关联，即七年级效果好，而对九年级及以上学生效果不明显。

小　结

χ^2 检验是一种非参数检验方法，它既适用于单样本，也可用于两样本，但样本数目不能太少。χ^2 检验主要用来统计分析计数数据。本章主要介绍了 χ^2 检验的基本原理及常见的 χ^2 检验方法，如配合度检验、独立性检验、同质性检验等。

1. χ^2 主要用来处理某随机变量是否服从某种特定分布、两个样本的总体分布是否一致、变量之间是否存在关联性以及总体分布位置差异检验等问题。它也能同时检验一个因素两项或多项分类的实际观察数与某理论次数分布是否相一致的问题，或说明有无显著差异问题，即检验样本观测次数（或百分比）与理论或总体次数（或百分比）的差异性。理论次数的计算是 χ^2 检验运算过程中的关键。

2. 配合度检验主要用来检验一个因素多项分类的实际观察数与某理论次数是否接近，有时也被称为无差假说检验。当对连续数据的正态性进行检验时，又可被称为正态吻合性检验。

3. 独立性检验用来检验两个或两个以上因素各种多项分类之间是否有关联或是否具有独立性问题。如果变量多于两个，即探讨三个及以上变量之间关系时，就必须使用多维列联表分析方法。

4. 同质性检验主要用于检验不同母总体在某一个变量的反应是否具有显著差异，目的在于检测双样本在单一变量的分布情形是同质还是异质。如果同质性检验结果表明相互之间没有差异，是同质不是异质，就可考虑将数据合并后进行处理。

5. χ^2 检验也可用于进行数据相关源的分析和研究数据的合并。

进一步阅读资料

1. 艾伦（A. Aron），艾伦（E. N. Aron），库普思（E. Coups）. 心理统计（第 4 版）（影印版）. 北京：世界图书出版公司北京公司，2006：545～571.

2. 鲁尼恩（R. P. Runyon），科尔曼（K. A. Coleman），皮滕杰（D. J. Pittenger）. 心理统计（第 9 版）（英文版）. 北京：人民邮电出版社，2004：457～476.

3. 帕加诺（R. R. Pagano）. 行为科学中的统计学入门（第 6 版）（影印版）. 北京：中国统计出版社，2002：417～432.

计算机统计技巧提示

在 Excel 中没有直接的分析工具用于进行 χ^2 检验，必须依据系统提供的函数和 χ^2 检验原理，自己开发 χ^2 分析程序，或利用 Excel 的统计插件，如 Winstat 等来完成。

在 SPSS 中，执行 χ^2 检验的方法有：①点击 "Analyze" → "Descriptive Statistics" → "Crosstabs"，选定行变量（Rows）和列变量（Columns），如果变量较多，要选择控制层变量，然后打开统计量（Statistics），单选 χ^2（Chi-square）以及不同数据类型相应的 χ^2 值的计算方法前的复选框即可；②单击 "Analyze" → "Nonparametres Test" → "Chi-Square"，指定要检验的变量名和期望值的类型范围即行。

在线资源

用 Excel 做卡方检验，网址为：https：//www. thoughtco. com /chi-square-in-excel-3126611 或 https：//www. dummies. com /article /technology /software /microsoft-products /excel /how-to-use-chi-square-distributions-in-excel-152313 /。

用 SPSS 做卡方检验。网址为：http：//www. spss-tutorials. com /spss-chi-square-inde-pendence-test /。

思考与练习题

1. 对于计数数据的统计分析方法有哪些？

2. χ^2 检验法在计数数据的分析中有哪些应用？

3. 比率的显著性检验与 χ² 检验的哪些应用有相同功能？

4. 计数数据的合成方法有哪些？

5. 有人想研究幼儿的颜色爱好，实验结果如下表。问幼儿对颜色的爱好是否不同？

色 调	红	橙	黄	绿	青	蓝	紫
喜欢人数	55	57	41	31	29	46	28

6. 假设高校文科、理科、工科、医科、农科、体育、文艺招生人数的比例是 2：5：5：1：1：0.5：0.5。某地区今年考入上述学校的实际人数如下表，问：该地区各类学校升学人数是否符合上述比例？

文	理	工	医	农	体	文艺
67	162	162	30	20	12	10

7. 有 100 人的语文成绩为下表，问是否符合正态分布。

成绩	人数
优	5
良	27
中	41
差	24
劣	3

8. 现随机抽取 128 名学生，让其按优秀干部标准从 6 名干部中评选优秀干部，人数不限（0~6 个），每张选票按同意、反对的人数统计，如下表所示，问这个评选结果是否符合赞成与反对概率相等的二项分布？

同意人数	反对人数	评选结果
6	0	1
5	1	13
4	2	29
3	3	41
2	4	30
1	5	12
0	6	2

9. 检验下面的物理成绩的次数分布是否符合正态分布。

分组	f
90～	3
85～	5
80～	9
75～	13
70～	17
65～	12
60～	15
55～	11
50～	7
45～	8
40～	4
35～	2

10. 一班 50 人对某干部前后两次的评价结果如下表。问前后评价结果是否有显著差异？如果在第一次评价后，对该干部采取了一定的帮助措施。问该措施是否有效？

前测

		拥护	反对
后测	反对	5	18
	拥护	8	19

11. 今对一教育措施效果调查，问该措施效果是否与性别有关？相关程度如何？根据结果分析该教育措施是符合男生特点还是符合女生特点。

	有效	无效
男	8	19
女	17	6

12. 对某人的报告评价如下，问这个报告是否符合青年人的特点？年龄与评价的关联程度如何？

	好	不置可否	不好	
青年人	99	12	7	
45 岁以上	45	23	50	$N=236$

13. 有人认为，美国家庭与中国家庭对子女的教养方式有明显差异。下表是 30 个美国家庭与 30 个中国家庭对子女教养方式的数据，问是否可以支持上述观点？

教养方式

国别		民主	权威	放任	
	美国	13	7	10	30
	中国	7	13	10	30
		20	20	20	$N=60$

14. 下表是对一部作品的调查结果，请用精确概率及 χ² 检验，分析评价是否与性别有关。

	喜欢	不喜欢
男	6	2
女	4	3

15. 分析 12 题的相关源。

16. 选用恰当的方法对下面几个表的数据合并，并分析合并表的相关源。

(1)

	A_1	A_2
B_1	55	72
B_2	70	103

	A_1	A_2
B_1	23	45
B_2	52	81

(2)

	A_1	A_2
B_1	7	33
B_2	10	47

	A_1	A_2
B_1	15	40
B_2	17	68

(3)

	A_1	A_2	A_3
B_1	72	25	46
B_2	51	13	42
B_3	13	20	44

	A_1	A_2	A_3
B_1	46	17	33
B_2	81	32	56
B_3	25	34	80

第十一章
非参数检验

【教学目标】 阐述非参数检验的一般原理和特点，介绍非参数检验的具体方法，包括秩和检验法、中数检验法、符号检验法、等级方差分析等。

【学习重点】 非参数检验的特点与原理，秩和检验法、中数检验法、符号检验法、等级方差分析。

前面有关章节中讨论的统计推断问题有两个共同特点：一方面它们都是在给定或假定总体的分布形式的基础上，对总体的未知参数进行估计或者检验，以明确的总体分布为前提；另一方面需要满足某些总体参数的假定条件。例如，在 t 检验时，基本假设是样本来自正态分布的总体，若是两独立样本的 t 检验，还要求两个总体方差齐性。在方差分析中，需要满足正态性、可加性及各组方差齐性等基本假设。这一类假设检验一般都称为参数检验（parametric test）。在实践中，研究人员对所研究的总体可能知之不多，有时参数检验中的诸多要求和假定很难完全满足，这样，在不符合参数检验的条件下，参数检验就不适用了。此时，应当使用统计学中的另一类检验方法，即非参数检验（nonparametric test）。

与参数检验相比，非参数检验对总体分布不做严格假定，又称任意分布检验（distribution-free test），特别适用于计量信息较弱的资料，往往仅依据数据的顺序，等级资料即可进行统计推断，在实践中得到了极为广泛的应用。在心理学或其他行为科学中，许多变量是称名变量或顺序变量，常用非参数方法解决此类问题。前面讲过的斯皮尔曼等级相关、χ^2 检验都属于非参数方法。

非参数检验的理论及方法发展迅速，本章将围绕这几个问题介绍几种目前最常用的、典型的非参数检验方法。

第一节 非参数检验的基本概念与特点

一、非参数概念

"非参数"概念可以从几个不同角度理解。它首先是指非参数模型。当总体或样本的分布能够由有限的几个参数来确定时，它就是参数模型，否则它就是非参数模型。从统计学的观点出发，所谓参数模型，是指数据分布的"模式"（pattern）是已知的（比如，已经知道总体分布为正态分布），而其中的一些具体的细节（参数）是未知的，这种对分布模式的知识可以解释为在观察样本之前所掌握的信息。利用这种事先掌握的信息，可以使研究者更有效地提炼样本中关于参数的信息。例如，如果已经知道总体分布为正态分布，则可以进一步知道样本均值和样本方差是有关总体均值和方差的充分统计量。而在非参数模型中，缺乏关于总体分布模式的知识，或相关信息很少。

其次，在非参数统计中面临的问题也与参数统计中的不同。一类问题是想要知道分布是否属于某一参数模型。一旦确认这一点，就可以采用参数模型做更深入的推断，χ^2 拟合优度检验解决的就是这类问题。这类问题在本质上虽然是非参数的，但还是与参数模型有关系。另一类问题则根本与参数模型没有任何关系。例如，通常假定样本是从同一总体中随机抽取的，这就会假定独立样本是同分布的。但是，有时要在非参数模型前提下对"一组独立样本是否是同分布的""两个变量是否独立""两组样本是否取自同一总体"进行检验，对两组正态样本的均值进行比较，等等。

最后，在非参数统计中使用的统计量与参数统计中使用的统计量也不同。由于是非参数模型，在提炼样本中的信息时，不可能将样本压缩得十分紧凑，而不损失信息。一个重要的事实为：假定样本是独立分布的，则不存在比顺序统计量更小的充分统计量。因此，当用顺序统计量这种测量水平较低的统计量进行推断时，势必要损失一部分信息。这种损失究竟有多大？这也是非参数统计理论中关心的一个重要问题。另外，由于是在非参数模型下处理问题，因此所使用的统计量应该具有不依赖总体分布的性质，也就是说，统计量的分布或至少是极限分布，应该与总体分布无关。

二、非参数检验的特点

非参数检验方法有如下特点。

第一，它一般不需要严格的前提假设。这是它与参数检验相比的最大优点。几乎每种参数检验都有一些严格假设，若不满足这些假设仍然用参数方法处理，很有可能得出错误结论，而进行非参数检验不必过多考虑那些假设条件，非常方便。

第二，非参数检验特别适用于顺序资料（等级变量）。在心理与教育等行为科学领域，很多变量属于顺序水平的，目前还达不到等距水平，处理这类资料离不开非参数方法。

第三，非参数检验很适用于小样本，且方法简单。心理学研究领域中，进行一些规模较大、设计较复杂的实验时，常常在正式实验之前需要做一些实验，这时被试少且要求结果尽快处理，用非参数方法很方便。

第四，非参数方法最大的不足是未能充分利用资料的全部信息。在符号检验法中只考虑数据的符号，忽视其大小；在秩和法及其他求等级和的方法中，虽然考虑到数据的大小，但是在将原始数据转换成等级时，丢失了许多信息。所以，对于符合参数检验的资料，非参数检验的检验效能较低。如果某些资料既可以用参数方法

也可以用非参数方法，则应使用参数方法；若所得资料不满足参数法要求的前提条件，则宁可浪费一部分信息而使用非参数方法，也不应该冒增大产生错误结论的风险去使用参数方法。

第五，非参数方法目前还不能处理"交互作用"。其中，对总体分布的假定要求不严格，条件很宽，这是非参数统计问题中的一个最重要特点，因而使得针对这种问题而构造的非参数统计方法，不至于因为对总体分布的假定不当而导致重大错误，所以它比较稳定。但正是因为非参数统计方法需要照顾范围很广的分布，在某些情况下其效率会降低。

第二节 两个独立样本的非参数检验方法

一、秩和检验法

"秩和"（the sum of ranks），即秩次的和或者等级之和。这一方法首先由维尔克松（Wilcoxon）提出，称维尔克松两样本检验法，后来曼-惠特尼（Mann-Whitney）将其应用到两样本容量不等（$n_1 \neq n_2$）的情况，因而又称作曼-惠特尼维尔克松秩和检验（Mann-Whitney-Wilcoxon rank sum test），曼-惠特尼 U 检验。

（一）秩统计量

秩统计量（rank statistics）的统计定义是：如果将样本数据记为 X_1，$\cdots$，X_n，相应的顺序统计量记为 $X_{n1} \leqslant \cdots \leqslant X_{nj}$，若 $X_i = X_{nj}$，则称 $R_i = j$ 为 X_i 在样本中的"秩"（rank），$i = 1$，$\cdots$，n。（R_1，$\cdots$，R_n）就是秩统计量，又称为"秩次统计量"（rank order statistics）。例如，一组观测值为 $X_1 = 5$，$X_2 = 3$，$X_3 = 8$，$X_4 = 6$，$X_5 = 2$，$X_6 = 4$。由小到大排列它的顺序统计量就是 $X_5 = 2$，$X_2 = 3$，$X_6 = 4$，$X_1 =$

5，$X_4=6$，$X_3=8$，秩统计量就为 $R_1=4$，$R_2=2$，$R_3=6$，$R_4=5$，$R_5=1$，$R_6=3$。

在秩统计量的定义中，如果样本数据中存在"结"（tie），即两个数据值相同时，通常把原来的样本序号小的数据的秩排在前面。如果有多个数据值相同，可以进一步推广这一思想。

秩统计量 $(R_1, R_2, \cdots, R_n)$ 的取值是 $(1, 2, \cdots, n)$ 的任一排列，共有 $n!$ 个。当样本独立分布相同时，$(R_1, R_2, \cdots, R_n)$ 取任一排列的概率是相等的，为 $\frac{1}{n!}$。因此，秩统计量具有分布无关性。秩统计量的另一个重要性质是在对样本做任一单调增的变换下，样本分量的大小顺序不会改变，即秩统计量具有不变性。秩统计量的这一性质在心理学研究中尤为重要。因为某些数据的数值意义并不重要，而数据的相对大小（序）却有特定的意义。例如，在领导竞选的民意测验中，调查单位通常让被调查人对候选人打分。假定最低分为 0 分，最高分为 10 分。被调查人对候选人固然有自己的好恶，但他（她）所打的分却往往在或多或少的程度上带有主观随意性。因此，这种得分数据往往只具有相对意义，而不具有绝对意义。在这种情况下，更具有特定的客观现实意义的是秩统计量，而不是顺序统计量。

基于秩统计量的检验方法就称为秩检验。针对各种不同的假设，由秩统计量所产生的检验统计量（通常称为秩检验统计量）也有很多种。

（二）适用资料

秩和检验与参数检验中独立样本的 t 检验相对应。由于 t 检验中要求"总体正态"，当这一前提不成立时就不能使用 t 检验，此时可以用秩和检验代替 t 检验。当两个独立样本都为顺序变量时，也需使用秩和法来进行差异检验。

（三）计算过程

在秩和检验中，当两个样本容量不等时，用"维尔克松 W"（Wilcoxon W）来表示曼-惠特尼维尔克松秩和检验（Mann-Whitney Wilcoxon rank sum test）中两组中较大的一组的秩和。如果两个组的样本容量相等，W 值用两个组中第二个组的等级来计算。

1. **两个样本容量均小于或等于 10 时 ($n_1 \leq 10$，$n_2 \leq 10$)**

具体步骤：

①将两个样本数据混合由小到大进行等级排列（最小的为 1 等）。

②设 $n_1 < n_2$，将容量较小的样本（n_1）中各数据的等级相加，以 T 表示。

③把 T 值与秩和检验表中的临界值比较，若 $T \leq T_1$ 或 $T \geq T_2$，则表明两样本差异有统计学意义；若 $T_1 < T < T_2$，则意味着两样本差异无统计学意义。

【例 11-1】在一项关于模拟训练的实验中，以技工学校的学生为对象，对 5 名学生用针对某一工种的模拟器进行训练，另外让 6 名学生到车间直接在实习中训练，经过同样时间后对两组人进行该工种的技术操作考核，结果如下：

模拟器组：56　62　42　72　76

实　习　组：68　50　84　78　46　92

假设两组学生初始水平相同，问两种训练方式效果是否不同？

解：由于操作考核是否符合正态分布并不确定，且模拟器组与实习组彼此独立，因此应当用秩和法进行差异检验。

（1）排等级

等　级	1	2	3	4	5	6	7	8	9	10	11
模拟器组	42			56	62		72	76			
实　习　组		46	50			68			78	84	92

（2）计算秩和（等级和）

$T=1+4+5+7+8=25$（即模拟器组的秩和）。

（3）查秩和检验表

$n_1=5$，$n_2=6$ 时，$T_1=19$，$T_2=41$（表中值为单侧检验，故这里查 0.025 时的临界值），

$19<25<41$，即 $T_1<T<T_2$。

答：尚不能认为两种方式的训练效果不同。

2. **两个样本容量均大于 10（$n_1>10$，$n_2>10$）**

一般认为当两个样本容量都大于 10 时，秩和 T 的分布接近正态分布，其平均数及标准差如下。

$$\mu_T=\frac{n_1\ (n_1+n_2+1)}{2} \tag{公式 11-1}$$

$$\sigma_T=\sqrt{\frac{n_1 n_2\ (n_1+n_2+1)}{12}} \tag{公式 11-2}$$

其中 n_1 为较小的样本容量，即 $n_1\leqslant n_2$，这样，就可以按下面公式进行差异检验了：

$$Z=\frac{T-\mu_T}{\sigma_T} \tag{公式 11-3}$$

Z 值落在 $-1.96\sim 1.96$ 区间内则表明差异无统计学意义（双侧，$\alpha=0.05$），落在该区间之外则表明差异有统计学意义；若 0.05 水平单侧检验则 Z 值在 $-1.65\sim 1.65$ 区间内差异无统计学意义，在区间之外表明差异有统计学意义。

【例 11-2】对某班学生进行注意稳定性实验，男生与女生的实验结果如下，问男女生之间注意稳定性是否不同？

男生：（$n_1=14$）19，32，21，34，19，25，25，31，31，27，22，26，26，29

女生：（$n_2=17$）25，30，28，34，23，25，27，35，30，29，29，33，35，37，24，34，32

解：先将两组实验数据混合，从小到大排序然后标出男生、女生每个人相应的等级。结果男生的等级依次为：1.5，23.5，3，27，1.5，8.5，8.5，21.5，21.5，13.5，4，11.5，11.5，17。女生的等级依次为：8.5，19.5，15，27，5，8.5，13.5，29.5，19.5，17，17，25，29.5，31，6，27，23.5。

由于 $n_1 < n_2$，根据定义，男生的等级总和：

$T = 1.5 + 23.5 + 3 + 27 + 1.5 + 8.5 + 8.5 + 21.5 + 21.5 + 13.5 + 4 + 11.5 + 11.5 + 17 = 174$

$$\mu_T = \frac{n_1 (n_1 + n_2 + 1)}{2} = 224$$

$$\sigma_T = \sqrt{\frac{n_1 n_2 (n_1 + n_2 + 1)}{12}} = 25.2$$

代入公式 11-3，得：

$$Z = \frac{T - \mu_T}{\sigma_T} = \frac{174 - 224}{25.2} = -1.98$$

答：可以认为男女生注意稳定性之间的差异有统计学意义。

在这个例子中有等秩（tie）现象，因此在使用正态近似法时也可使用下面的校正公式：

$$\mu_T = \frac{n_1 (n_1 + n_2 + 1)}{2}$$

$$\sigma_T = \sqrt{\frac{n_1 n_2 (n_1 + n_2 + 1)}{12} \left[1 - \frac{\sum (t_k^3 - t_k)}{(n_1 + n_2)^3 - (n_1 + n_2)} \right]}$$

式中 t_k 表示第 k 个相同等级中相同值的个数，

$$Z_C = \frac{|T - \mu_T| - 0.5}{\sigma_T}$$

按校正公式计算，则此例中的 $\sigma_T = 25.09$，$Z_C = 1.97$。在心理学研究数据中，等秩情况大量存在，该校正公式有重要应用价值。

秩和检验法对两个样本具体观察值的相互关系给予了关注，比后面的符号检验法对数据信息的利用率高，故检验效能较高。在正态分布总体下，可达 t 检验效率的 95%；而在偏峰分布总体下，其检验效能一般比 t 检验还要高。

二、中数检验法

（一）适用资料

中数检验法（median test）与秩和法的适用条件基本相同，而且在非参数检验法中的地位也同秩和法相当，对应着参数检验中两独立样本平均数之差的 t 检验。但是在应用中数检验法时，实际上是将中数作为集中趋势的量度，因而其虚无假设（H_0）为：两个独立样本是从具有相同中数的总体中抽取的，它也可以是双侧检验或单侧检验。双侧检验结果若有统计学意义，意味着两个总体中数有差异（并没有方向）；单侧检验结果若有统计学意义，则表明对立假设"一个总体中数大于另一个总体中数"成立。

（二）计算过程

①将两个样本数据混合从小到大排列。

②求混合排列的中数。

③分别找出每一样本中大于混合中数及小于混合中数的数据个数，列成四格表。

④对四格表进行 χ^2 检验。若 χ^2 检验结果显著，则说明两样本的集中趋势（中数）差异显著。

【例 11-3】为了研究 RNA（核糖核酸）是否可以作为记忆促进剂，将老鼠分成实验组与控制组，实验组注射 RNA，控制组注射生理盐水，然后在同样条件下学习走迷津，结果如下（以所用时间作为指标）。试检验两组学习效果是否不同。

实验组（$n_1 = 16$）：16.7，16.8，17.0，17.2，17.4，16.8，17.1，17.0，17.2，17.1，17.2，17.5，17.2，16.8，16.3，16.9

控制组（$n_2 = 15$）：16.6，17.2，16.0，16.2，16.8，17.1，17.0，16.0，16.2，16.5，17.1，16.2，17.0，16.8，16.5

解：①将两组数据混合排列，求中数得 $M_d = 16.9$；

②将两组数据分别按大于 16.9 和小于 16.9 分类，创作四格表（实验组中有一数据 16.9 等于 M_d，不计在内）；

③用四格表的 χ^2 检验公式计算

	大于中数	小于中数	合计
实验组	10	5	15
控制组	5	10	15
合计	15	15	30

$$\chi^2 = \frac{30 \ (10 \times 10 - 5 \times 5)^2}{15 \times 15 \times 15 \times 15} = 3.33$$

查附表 12，$df = 1$，$\chi^2_{0.05} = 3.84$，$3.33 < \chi^2_{0.05}$。

答：实验组与控制组在迷津学习中差异不显著。

需要注意的是，如果任何一个单元格中期望次数低于 1，或者有超过 20% 的单元格中的期望次数低于 5 时，就不能使用中数检验方法。

第三节 配对样本的非参数检验方法

一、符号检验法

(一) 适用资料

符号检验(sign test)是以正负符号作为资料的一种非参数检验程序。它是一种简单的非参数检验方法,适用于检验两个配对样本分布的差异,与参数检验中配对样本差异显著性 t 检验相对应。

符号检验法也是将中数作为集中趋势的量度,虚无假设是配对资料差值来自中位数为零的总体。具体而言,它是将两样本每对数据之差 $(X_i - Y_i)$ 用正负号表示,若两样本没有显著性差异,则正差值与负差值应大致各占一半。在实际中,当碰到无法用数字去描述的问题时,符号检验法就是一种简单而有效的检验方法。

(二) 计算过程

1. 当对子数 $N \leq 25$ 时

对于样本每对数据之差 $(X_i - Y_i)$ 不计大小,只记符号,求出 $(X_i - Y_i)$ 为正号,即大于零的有多少,记为 n_+,$(X_i - Y_i)$ 为负号的记为 n_-,$(X_i - Y_i)$ 为零的不计在内。这样记 $N = n_+ + n_-$,$r = \min(n_+, n_-)$,即 n_+ 与 n_- 中较小的一个记作 r。可以直观地看到,若 $n_+ = n_-$,则意味着 $(X_i - Y_i)$ 中除零以外,正负各占一半,不认为有显著差异。若 n_+ 与 n_- 偏离越多,则表明变量 X 与变量 Y 的差异越大,实际检验时根据 N 与 r,直接查附表15符号检验表,注意在某一显著水平下,实得 r 值大于表中 r 的临界值时,表示差异无统计学意义,这一点与查其他参数检验临界值表时不同。

【例11-4】用配对设计方法对9名运动员进行不同方法训练,每一个对子中的一名运动员按传统方法训练,另一名运动员接受新方法训练。课程进行一段时间后对所有运动员进行同一考核,结果如下。能否认为新训练方法显著优于传统方法?

配对	1	2	3	4	5	6	7	8	9
传统 (X)	85	88	87	86	82	82	70	72	80
新法 (Y)	90	84	87	85	90	94	85	88	92
$(X_i - Y_i)$	−5	4	0	1	−8	−12	−15	−16	−12

解:对应的9个差值中正值有2个,负值有6个,其中有一个差值为0,不计在内,即 $n_+ = 2$,$n_- = 6$,$N = 8$。

如果差异无统计学意义,从理论上讲,这8个差值中 n_+ 应与 n_- 各占一半,现在 $n_+ = 2$,$n_- = 6$,意味其两样本有差异,但差异究竟是否有统计学意义呢?查附表15,$N = 8$ 时,临界值为 0(0.05水平),而实得 $r = n_+ = 2 > r_{0.05}$。

答:不能认为新法显著优于传统方法。

2. 当样本容量 $N > 25$ 时

在附表 15 中，虽然 N 是从 1 至 90，就是说 N 在这个范围内时都可以用查附表 15 的方法，但是在实际中当 $N > 25$ 时常常使用正态近似法。

将 N 分成 n_+ 与 n_- 两部分，n_+ 或 n_- 服从二项分布，当 $N > 25$ 时，可将二项分布近似看成正态分布。

$$\mu = np = \frac{1}{2}N \quad (\text{因为} +，- \text{出现的概率各为} \frac{1}{2})$$

$$\sigma = \sqrt{npq} = \frac{\sqrt{N}}{2}$$

$$Z = \frac{r - \mu}{\sigma} = \frac{r - \frac{N}{2}}{\frac{\sqrt{N}}{2}} \quad (\text{公式 11-4})$$

在应用中常常为了更接近正态分布，使用下列校正公式：

$$Z = \frac{(r \pm 0.5) - \frac{N}{2}}{\frac{\sqrt{N}}{2}} \quad (\text{公式 11-5})$$

当 $r > \frac{N}{2}$ 时，式中括号内要用 $r - 0.5$；当 $r < \frac{N}{2}$ 时，使用 $r + 0.5$，而本章前面曾规定 r 为 n_+ 与 n_- 中较小的一个，必然有 $r < \frac{N}{2}$，所以使用公式 11-5 时，括号中应为 $r + 0.5$。

【例 11-5】在教学评价中，要求学生对教师的教学进行七点记分评价（1～7 分），下面是某班学生对一位教师期中与期末的两次评价结果，试问两次结果差异是否显著。

学生	1	2	3	4	5	6	7	8	9	10	11	12	13	14
期中 (X)	3	2	5	1	3	2	1	3	3	1	3	1	5	2
期末 (Y)	6	7	4	5	2	3	3	7	2	3	3	2	4	6
学生	15	16	17	18	19	20	21	22	23	24	25	26	27	28
期中 (X)	3	1	5	1	4	3	3	1	1	4	3	5	4	5
期末 (Y)	6	4	3	2	6	2	7	2	3	6	5	3	3	6

解：$(X_i - Y_i)$ 对应的符号分别为：

$-$，$-$，$+$，$-$，$+$，$-$，$-$，$-$，$+$，$-$，0，$-$，$+$，$-$，$-$，$-$，$+$，$-$，

$-$，$+$，$-$，$-$，$-$，$-$，$-$，$+$，$+$，$-$，

即 $n_+ = 8$，$n_- = 19$，$N = 27$（0 不计在内），$r = n_+ = 8$，代入公式 11-5 中：

$$Z = \frac{(8+0.5) - \dfrac{27}{2}}{\dfrac{\sqrt{27}}{2}} = -1.92$$

答：在 0.05 水平下还不能认为期中、期末两次评价结果的差异有统计学意义。

二、符号等级检验法

(一) 适用资料

维尔克松符号等级检验法（Wilcoxon Signed-Rank test）是由维尔克松提出的，又称符号秩和检验，有时也简称为维尔克松检验法（Wilcoxon test）。其适用条件与符号检验法相同，也适合于配对比较，但它的精度比符号检验法高，因为它不仅考虑差值的符号，还同时考虑差值大小。

(二) 计算过程

1. 当 $N \leqslant 25$ 时

①把相关样本对应数据之差值按绝对值从小到大进行等级排列（注意差值为 0 时，0 不参加等级排列）；

②在各个等级前面添上原来的正负号；

③分别求出带正号的等级和（T_+）与带负号的等级和（T_-），取二者之中较小的记作 T。

④根据 N 查附表 16，当 T 大于表中临界值时表明差异不显著，小于临界值时说明差异显著。

【例 11-6】某幼儿园对 10 名儿童在刚入园时和入园 1 年后均进行了血色素检查，结果如下，试问两次检查是否有明显变化。

解：排等级等中间计算结果列表如下。

儿童	A	B	C	D	E	F	G	H	I	J
刚入园（X）	12.3	11.3	13.0	15.0	12.0	15.0	13.5	12.8	10.0	11.0
1 年后（Y）	12.0	14.0	13.8	13.8	11.4	14.0	13.5	13.5	12.0	14.7
差值（D）	−0.3	2.7	0.8	−1.2	−0.6	−1.0	0	0.7	2.0	3.7
|D|排等级	1	8	4	6	2	5	0	3	7	9
添符号	−1	8	4	−6	−2	−5	0	3	7	9

$T_- = 1 + 6 + 2 + 5 = 14$

$T_+ = 8 + 4 + 3 + 7 + 9 = 31$

$T=T_-=14$ 查附表 16，双侧检验 $N=9$，$T_{0.05}=6$

$T=14>T_{0.05}$

答：两次血色素检查差异无统计学意义。

2. 当 $N>25$ 时

当 $N>25$ 时，一般认为 T 的分布接近正态分布，其平均数为：

$$\mu_T=\frac{N(N+1)}{4}$$ （公式 11-6）

$$\sigma_T=\sqrt{\frac{N(N+1)(2N+1)}{24}}$$ （公式 11-7）

因而可以进行 Z 检验：

$$Z=\frac{T-\mu_T}{\sigma_T}$$

当出现相同等级（tie）较多时，应计算校正统计量 Z_C：

$$Z_C=\frac{|T-\mu_T|-0.5}{[n(n+1)(2n+1)-0.5\sum(t_k^3-t_k)]/24}$$

式中 t_k 的意义同前。

【例 11-7】对本章例 11-5 题中的原始数据进行符号等级法检验。

解：根据【例 11-5】所示数据，计算步骤如下：

学　生	1	2	3	4	5	6	7	8	9	10	11	12	13	14
期中 (X_i)	3	2	5	1	3	2	1	3	3	1	3	1	5	2
期末 (Y_i)	6	7	4	5	2	3	3	7	2	3	3	2	4	6
X_i-Y_i	−3	−5	1	−4	1	−1	−2	−4	1	−2	0	−1	1	−4
对 $|X_i-Y_i|$ 排序	21	27	6	24.5	6	6	15.5	24.5	6	15.5		6	6	24.5
添符号	−21	−27	6	−24.5	6	−6	−15.5	−24.5	6	−15.5		−6	6	−24.5
学　生	15	16	17	18	19	20	21	22	23	24	25	26	27	28
期中 (X_i)	3	1	5	1	4	3	3	1	1	4	3	5	4	5
期末 (Y_i)	6	4	3	2	6	2	7	2	3	6	5	3	3	6
X_i-Y_i	−3	−3	2	−1	−2	1	−4	−1	−2	−2	−2	2	1	−1
对 $|X_i-Y_i|$ 排序	21	21	15.5	6	15.5	6	24.5	6	15.5	15.5	15.5	15.5	6	6
添符号	−21	−21	15.5	−6	−15.5	6	−24.5	−6	−15.5	−15.5	−15.5	15.5	6	−6

表中两组数据差的绝对值由小到大排列等级的方法，与计算等级相关时数据排序方法相同。注意有一对数据的差值等于 0，不参加排序。

下面计算增添符号之后，带正号的值与带负号的值各自的总和。

$T_+=6+6+6+6+15.5+6+15.5+6=67$

$T_-=21+27+24.5+6+15.5+24.5+15.5+6+24.5+21+21+6+15.5+24.5+$

$6+15.5+15.5+15.5+6=311$

因而 $T=T_+=67$

$$\mu_T = \frac{N(N+1)}{4} = \frac{27(27+1)}{4} = 189$$

（28 个差值中有一个 0 不计，故 $N=27$）

$$\sigma_T = \sqrt{\frac{27(27+1)(54+1)}{24}} = 41.6$$

$$Z = \frac{|67-189|}{41.6} = 2.93 > Z_{0.05} = 1.96$$

答：在 0.05 水平下，对该教师的两次评价差异有统计学意义。

注意：同一个问题用符号法和符号等级法检验，如果出现矛盾，这时应该相信符号等级法的结果，因为符号法只考虑对应数据差值（X_i-Y_i）的符号，忽略其大小，失掉了一半信息。而符号等级法既考虑（X_i-Y_i）的符号也考虑其大小（对其大小进行等级排列）。利用了更多的信息，所以结果相对可靠性强些。

符号检验和维尔克松符号秩和检验都针对的是连续性数据或有序分类数据，如果要检验每一对二分变量之间的差异是否显著，则应使用麦克内玛检验（McNemar test）。

第四节 等级方差分析

在进行方差分析时需要满足几个前提假设，如"总体服从正态分布""各组方差齐性"等。在实际中如果这些前提不能满足，常常要使用非参数方法。在进行非参数的方差分析时，针对不同的设计有不同的方法，而大多数都需要将原始数据转换成等级，因此非参数方差分析又统称为等级方差分析。

一、克-瓦氏单向方差分析

(一) 适用资料

克-瓦氏单向方差分析是一种非参数方差分析方法，也称克-瓦氏 H 检验（Kruskal-Wallis H test）。作为非参数方法，它与参数方法中的完全随机资料方差分析相对应。就是说，当实验是按完全随机方式分组设计，且所得数据资料又不符合参数方法中的方差分析所需假设条件时，可进行克-瓦氏方差分析。

(二) 计算过程

1. 当 $K=3$ 且 $n_i \leqslant 5$ 时

$K=3$ 是指被试分为 3 个组，$n_i \leqslant 5$ 表示每组被试数目不超过 5。这时先将各组数据混合，从小到大排出等级，再分别求各组数据的等级和，然后代入公式 11-8：

$$H = \frac{12}{N\ (N+1)} \sum_1^K \frac{R_i^2}{n_i} - 3\ (N+1) \qquad \text{(公式 11-8)}$$

式中：K 为分组数；

$\qquad n_i$ 为某一组的样本容量；

$\qquad R_i$ 为某一组数据的等级和；

$\qquad N$ 为总样本容量，即 $N = \sum_1^K n_i$。

根据所求得的 H 值，查附表 17，表中 H 值为某一情况下的临界值，p 是实得 H 值大于表中临界值的概率，相当于显著性水平。例如，对于 $n_1 = n_2 = n_3 = 4$ 的情况下，H 的临界值为 7.5385 时，$p = 0.01$，说明若实得 H 值大于 7.5385，则各组被试的结果在 0.01 水平上有统计学意义。

【例 11-8】11 名学生分别来自教师、工人和干部三种家庭，进行创造力测验的结果如下，试问家长的职业与学生创造力有无明显联系。

教师家庭	工人家庭	干部家庭
128	90	89
114	91	80
103	106	101
92		
85		

解：先将各数据混合排等级如下表所示。

	教师家庭	工人家庭	干部家庭
	11	4	3
	10	5	1
	8	9	7
	6		
	2		
R	37	18	11

代入公式 11-8，

$$H = \frac{12}{11\ (11+1)} \left(\frac{37^2}{5} + \frac{18^2}{3} + \frac{11^2}{3} \right) - 3\ (11+1)\ = 2.38$$

查附表 17，$n_1 = 5$，$n_2 = 3$，$n_3 = 3$，$p = 0.05$ 时，$H_{0.05} = 5.5152$，$H < H_{0.05}$。

答：家长不同职业与学生创造力无统计学意义上的关联。

2. 当 $K > 3$ 或 $n_i > 5$ 时

在附表 17 中未列出 $K > 3$ 或 $n_i > 5$ 时的 H 临界值。遇到这种情况，仍按公式 11-8 算出 H 值，查 $df = k - 1$ 的 χ^2 表，若校正后的值大于对应的 χ^2 临界值，表明各组差异具有统计学意义，否则认为差异无统计学意义。

【例 11-9】A、B、C、D 四所学校分别选出一部分人作为本校代表队参加物理竞赛，结果如下。问四所学校成绩是否有显著不同。

成绩				相应秩次 r_{ij}			
A	B	C	D	A	B	C	D
80	99	89	76	10.5	32.5	24	5.5
88	91	82	77	22.5	26	14	7
87	98	81	75	21	30	13	3.5
86	98	80	78	18.5	30	10.5	8
90	99	86	76	25	32.5	18.5	5.5
88	96	86	73	22.5	28	18.5	2
85	92	86	71	16	27	18.5	1
	98	84	80		30	15	10.5
			75				3.5
			80				10.5
		n_i		7	8	8	10
		R_i		136	236	132	57

解：四校数据合并求出等级，代入公式 11-8

$$H = \frac{12}{33\,(33+1)} \left(\frac{136^2}{7} + \frac{236^2}{8} + \frac{132^2}{8} + \frac{57^2}{10} \right) - 3\,(33+1) = 27.5$$

查 χ^2 表，$df = 4-1 = 3$ 时，$\chi^2_{0.05} = 7.81$，$H > \chi^2_{0.05}$。

答：四个代表队成绩有显著差异。

有人指出，当出现相同等级时应对 H 值用下面的公式进行校正（无论大样本还是小样本）：

$$H_c = \frac{H}{1 - \frac{\sum T_i}{(N^3 - N)}} \qquad (公式\ 11\text{-}9)$$

式中 $T_i = t^3 - t$，而 t 表示某一个相同等级所含数据的数目。在【例 11-9】中等级为 3.5 的有两个（$T_1 = 2^3 - 2 = 6$），等级为 5.5 的有两个（$T_2 = 2^3 - 2 = 6$），等级为 10.5 的有 4 个（$T_3 = 4^3 - 4 = 60$），等级为 18.5 的有 4 个（$T_4 = 4^3 - 4 = 60$），等级为 22.5 的有两个（$T_5 = 2^3 - 2 = 6$），等级为 32.5 的有两个（$T_6 = 2^3 - 2 = 6$），等级为 30 的有 3 个（$T_7 = 3^3 - 3 = 24$）。

$$\sum T = T_1 + T_2 + T_3 + T_4 + T_5 + T_6 + T_7 = 168$$

$$1 - \frac{\sum T_i}{N^3 - N} = 1 - \frac{168}{33^3 - 33} = 0.995$$

H 值校正后：

$$H_c = \frac{27.5}{0.995} = 27.64$$

可以看到，校正量并不大，因而这种校正不常用，由于这种校正使 H 值增大，若未校正时 H 值已达显著，则没有必要再做校正（【例 11-9】即如此）。

二、弗里德曼两因素等级方差分析

（一）适用资料

弗里德曼双向等级方差分析（Friedman test）可解决随机区组实验设计的非参数检验问题。它先把每一个个体的 K 个观测值的大小赋予相应等级，以这些等级为基础，计算 χ^2 值作为检验统计量。这种检验适合于配对组（随机区组）设计的多个样本进行比较。

（二）计算过程

①将每一区组的 K 个数据（K 为实验处理数）从小到大排列出等级；

②每种实验处理 n 个数据（n 为区组数）等级和，以 R_i 表示；

③代入公式：

$$\chi_r^2 = \frac{12}{nK\ (K+1)}\sum R_i^2 - 3n\ (K+1)$$

（公式 11-10）

式中：n 为区组数（行数）；

K 为实验处理数（列数）；

R_i 为第 i 种处理中的等级和。

将所算出的 χ_r^2 值与附表 18 中的临界值进行比较，若 χ_r^2 大于表中相对应的值，表明实验处理间差异显著，反之，χ_r^2 小于表中相应值，则差异不显著。

【例 11-10】将 15 个被试按专业分成 5 组，每组 3 个被试属于同一专业，基本同质。再将各组被试分别随机化给予 A、B、C 三种实验处理，结果如下（表中数据是每一区组结果的等级排列），试问三种实验处理的差异如何？

区组	处理		
	A	B	C
1	1	2	3
2	1.5	1.5	3
3	2	1	3
4	1.5	3	1.5
5	1	3	2

解：$n=5$，$K=3$

$$\chi_r^2 = \frac{12}{5\times 3\ (3+1)}\ (7^2 + 10.5^2 + 12.5^2) - 3\times 5(3+1) = 3.1$$

查附表 18，$\chi_r^2 = 2.8$ 对应 $p=0.367$

$\chi_r^2 = 3.6$ 对应 $p=0.182$，

这表明 $\chi_r^2 = 2.8$ 的概率为 0.367，$\chi_r^2 = 3.6$ 的概率为 0.182，现在算得 $\chi_r^2 = 3.1$，其概率为 $0.182 \sim 0.367$，显然大于 0.05。

答：三种处理间差异在 0.05 水平上无统计学意义。

附表 18 只列出 $K=3$ 且 $n \leqslant 9$ 和 $K=4$ 且 $n \leqslant 4$ 的情况，若实际问题 K 或 n 比表中大，查不到，则可查 $df = K-1$ 的 χ^2 分布表，因为统计量近似服从自由度为 $(k-1)$ 的 χ^2 分布。若 χ_r^2 大于 χ^2 表中相应值就说明"处理"之间差异具有统计学意义。

小 结

非参数检验是与参数检验相对应的另一类假设检验方法，是统计学研究的一个重要领域。它适用于那些对数据总体分布形态未知，研究资料大多为分类数据的数据分析。本章介绍了常用的非参数统计方法：秩和检验法、中数检验法、符号检验法、等级方差分析。

1. 秩和就是数据等级之和。秩和检验法又称为曼-惠特尼-维尔克松（Mann-Whitney-Wilcoxonank sum test）检验，它是一种建立在秩和基础上的非参数方法，用于两个独立样本的检验。它的检验效能比符号检验法高。

2. 中数检验法是用于两个独立样本组之间的非参数检验。它使用 χ^2 统计量，检验两个或多个独立组是否来自具有相同中数的总体，适用资料与秩和检验相同。对应着参数检验中两独立样本均数的 t 检验。

3. 符号检验法最为简单、直观，它不要求知道被检验总体的分布规律，仅仅依据某种特定的正负号数目多少对总体的中位数进行判断和检验。这种方法在单样本和两样本的检验中均可采用。尤其对实际中难以用数值确切表达的问题十分有效。

4. 等级方差分析用于多组数据的非参数检验。克-瓦氏单向方差分析用于检验多个独立组之间的差异，它对应于参数方法中的完全随机设计的方差分析，即单因素设计的方差分析。弗里德曼检验用于分析随机区组设计的两因素非参数检验。

进一步阅读资料

1. 艾伦（A. Aron），艾伦（E. N. Aron），库普思（E. Coups）. 心理统计（第 4 版）（影印版）. 北京：世界图书出版公司北京公司，2006：587～606.

2. 鲁尼恩（R. P. Runyon），科尔曼（K. A. Coleman），皮滕杰（D. J. Pittenger）. 心理统计（第 9 版）（英文版）. 北京：人民邮电出版社，2004：477～488.

3. 帕加诺（R. R. Pagano）. 行为科学中的统计学入门（第 6 版）（影印版）. 北京：中国统计出版社，2002：433～455.

4. 吴喜之. 非参数统计. 北京：中国统计出版社，1999.

5. 颜金锐. 科研中常用的统计方法：自由分布统计检验. 北京：中国统计出版社，2002：72～105.

6. 易丹辉. 非参数统计——方法与应用. 北京：中国统计出版社，1996.

7. 余嘉元. 心理和教育研究中的非参数方法. 大连：大连海事大学出版社，1994.

计算机统计技巧提示

在 Excel 中，没有直接用于进行非参数分析的方法，需要调用内部函数自己编写程序来进行。读者可参阅有关书籍，如《统计应用软件——EXCEL 和 SAS》一书的第 83～97 页。

用 SPSS 进行非参数检验的方法是：点击"Analyze"→"Nonparametres Test"，有 8 种检验类型：χ^2 检验（Chi-Squaretest）、双称名数据检验（Binomia l）、游程检验（随机性检验）（Runs）、单样本柯尔莫柯罗夫-斯米尔诺夫检验（1-Sample K-S test）、两个独立样本非参数检验（2 Independent Samples）、多个独立样本非参数检验（K Independent Samples）、两配对样本非参数检验（2 Related Samples）、随机区组非参数检验（K Related Samples）。根据研究的问题选择某一类别的检验之后会进入相应的检验选项对话框。在这里指定要检验的变量名和检验类型即可。

两个独立样本非参数检验（2 independent samples）用来检验一变量两组值是否有差异。它有四种检验类型：曼-惠特尼 U 检验（Mann-Whitney U test）、摩西最大反应检验（Moses Extreme Reactions test）、柯尔莫柯罗夫-斯米尔诺夫 Z 检验（Kolmogorov-Smirnov Z test）、沃尔德-沃尔福威茨游程检验（Wald-Wolfowitz Runs test，至少一个变量是等级数据）。

多个独立样本非参数检验（K independent samples）又称为多个样本比较的秩和检验，它有两种检验类型。克鲁斯-沃里斯 H 检验（Kruskal-Wallis H test）与多个独立样本的中位数检验（Median test）。Kruskal-Wallis H 检验等价于 Kruskal-Wallis 的单因子 ANOVA，是曼-惠特尼检验（Mann-Whitney test）检验的延伸。它假定这些变量具备连续分布的特性，但要求检验时能够转化为等级测量数据，可用于检验来自同一总体的多个样本间的差异。多个独立样本的中位数检验是两个独立组的中位数检验的延伸，在相同值较多时效果更好。

两个配对样本非参数检验用来比较两个样本是否来自同一总体。SPSS 提供了三种检验类型：维尔克松符号秩和检验（Wilcoxon Signed-Rank test）、符号检验（Sign test）、麦克内玛检验（McNemar test）三种检验类型供选择。

随机区组设计非参数检验用来检验多个相关样本是否来自同一总体，进入多个区组设计样本非参数检验（Tests for Several Related Samples）对话框后，选定检验变量（test）

后，有弗里德曼检验（Friedman test）、肯德尔 W 检验（Kendall's W test）、克科伦 Q 检验（Cochran's Q test）三种检验类型（Test Type）供选择。肯德尔 W 检验用于检验 K 个变量在每一个样本上的一致性。克科伦 Q 检验用于比较 K 个二分变量的比例是否有显著差异。

选用这些检验类型时一定要注意研究数据的类型。

思考与练习题

1. 什么是非参数检验？与参数方法比较，它有哪些特点？

2. 符号检验法的基本思想是什么？

3. 秩和检验的基本思想是什么？

4. 下面是 6 岁与 10 岁两个年龄组错觉实验的结果，问这两组的错觉是否有显著差异？（请用两种方法）

6 岁组	14	13	10	12	15	9	9
10 岁组	5	7	6	5	11	8	10

5. 10 对学生（配对）做图形再认实验，一组在进行中不断予以正反馈（实验组），另一组作为控制组，不给任何反馈信息，结果如下，试问反馈对实验结果是否有显著影响？（请用两种方法）

配对	A	B	C	D	E	F	G	H	I	J
实验组	53	36	47	50	28	62	80	34	64	65
控制组	29	40	33	62	34	27	41	25	38	36

6. 运动员分成三组，每组一名教练员（年龄不同），假设其他条件相同，试问教练员的年龄是否对运动员成绩有显著影响？

30 岁教练组	40 岁教练组	50 岁教练组
105	139	114
142	69	137
58	167	155
	94	
	151	

7. 由 10 名学生组成一个评估小组，每个学生都对某 5 名教师的教学效果进行等级评定（见下表），问是否能据此认为，与某些教师相比，学生更喜欢其他教师一些？（$\alpha = 0.05$）

学生	教师				
	A	B	C	D	E
1	1	3	2	4	5
2	2	3	1	5	4
3	1	4	2	3	5
4	1	2	3	5	4
5	2	1	3	4	5
6	2	3	1	5	4
7	1	2	4	3	5
8	2	1	3	4	5
9	1	2	4	3	5
10	2	1	3	4	5

第十二章
线性回归

【教学目标】理解线性回归原理，掌握线性回归模型建立方法和检验方法，了解简单线性回归分析方法的用途。

【学习重点】线性回归的原理、线性回归模型的建立方法、线性回归方程检验方法。

在许多领域，包括心理学与教育的实际研究中，我们常常会遇到彼此有关系的两列或多列变量。回归分析是探讨变量间数量关系的一种常用统计方法。它通过建立变量间的数学模型对变量进行预测和控制。例如，确定了视反应时与听反应时的数学关系模型后，在视听反应时研究中，即使有些被试没有参加听反应时实验，只要知道他们的视反应时结果，就能够利用已有的模型来估计其听反应时。回归分析不但适用于实验数据，还可以分析未做实验控制的观测数据或历史资料。本章将主要介绍线性回归模型的建立、检验和应用。

第一节 线性回归模型的建立方法

通过大量观测数据，可以发现变量之间存在的统计规律性，并用一定数据的数学模型表示出来，这种用一定数据模型来表述变量相关关系的方法就称为回归分析。一次函数是变量之间存在的各种关系模型中最简单的形式。对这种线性关系（linear relationship）的回归分析叫作线性回归

(linear regression)。只有一个自变量的线性回归称作简单线性回归（simple linear regression）。

【资料卡 12-1】

回　归

　　"回归"一词最先是由高尔顿在研究身高与遗传问题时提出的。1855 年，他发表了一篇题为《遗传的身高向平均数方向的回归》的文章，分析儿童身高与父母身高之间的关系，发现父母的身高可以预测子女的身高，当父母越高或越矮时，子女的身高会比一般儿童高或矮，他将子女与父母身高的这种现象拟合出一种线性关系。但是有趣的是，通过观察他注意到，尽管这是一种拟合较好的线性关系，但仍然存在例外现象：身材较矮的人的儿子比其父要高，身材较高的父母所生子女的身高将回降到人的平均身高。换句话说，当父母身高走向极端（或者非常高，或者非常矮），子女的身高不会像父母身高那样极端化，其身高要比父母们的身高更接近平均身高。高尔顿选用"回归"一词，把这一现象叫作"向平均数方向的回归"（regression toward mediocrity）。虽然这是一种特殊情况，与线性关系拟合的一般规则无关，但"线性回归"的术语仍被沿用下来。作为根据一种变量（父母身高）预测另一种变量（子女身高）的一般名称沿用至今，后被引用到对多种变量关系的描述中。

　　——资料来源：高庆丰. 欧美统计学史. 北京：中国统计出版社，1987：25～26，37，50～51。

一、回归分析与相关分析的关系

　　回归分析和相关分析均为研究及度量两个或两个以上变量之间关系的方法。从广义上说，相关分析包括回归分析，但严格地讲，二者有区别。回归分析（analysis of regression）是以数学方式表示变量间的关系，而相关分析则是检验或度量这些关系的密切程度，二者相辅相成。如果通过相关分析显示出变量间的关系非常密切，则通过所求得的回归模型可获得相当准确的推算值。所以，在国外许多心理与教育统计著作中，经常将相关与回归放在一起论述。

　　我们可以根据不同目的从不同角度分析变量间的关系。确定变量之间是否存在着关系是回归与相关分析的共同起点。当旨在分析变量之间关系的密切程度时，一般使用相关系数，这个过程叫相关分析。倘若研究的目的是确定变量之间数量关系的可能形式，找出表达它们之间依存关系的合适的数学模型，并用这个数学模型来表示这种关系形式，则叫作回归分析（regression analysis）。

二、回归模型与回归系数

变量与变量之间的相关关系虽然不是确定性的函数关系，但在大量的观察下，仍然可以借助一些数学模型来表达它们之间的规律，这种用来表达变量之间规律的数学模型就称为回归模型。由于相关变量之间的规律性有线性与非线性相关之分，所以，回归模型分为线性回归模型和非线性回归模型，即直线模型和曲线模型两种。按回归分析涉及的相关变量的数目，回归模型又可分为简单回归模型（一个自变量、一个因变量）和多重回归模型（多重是指两个以上自变量）。

在初等数学中，一次函数公式的标准形式可以写成 $Y=a+bX$，这个公式表明，每取一个 X 值，就有一个唯一确定的 Y 值与之对应，作出图来是一条直线。但是在心理与教育等许多领域的实际研究中，两个变量的关系可能只呈直线趋势而不完全是直线。

例如，X，Y 的关系可以用散点图来表示。

图 12-1，X 与 Y 的关系实际不是直线，但是这些散点的分布有着明显的直线趋势。如果每取一个 X 值后，求出与之对应的 Y 的样本条件均数 $\hat{Y}$（当然 $\hat{Y}$ 不一定实际存在于散点图中），则 X 与 $\hat{Y}$ 的对应关系可以用一直线表示，设这条直线的数学形式为

$$\hat{Y}=a+bX \qquad （公式 12-1）$$

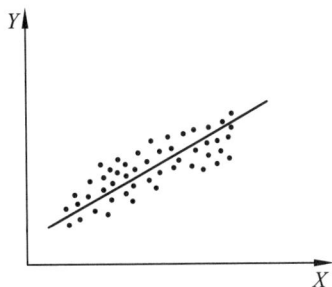

图 12-1　回归直线图示

这个方程叫作回归方程（regression equation），它代表 X 与 Y 的线性关系。式中 X 为自变量，通常是研究者事先选定的数值；$\hat{Y}$ 叫作对应于 X 的 Y 变量的估计值。常数 a 表示该直线在 Y 轴的截距；常数 b 表示该直线的斜率，实际上也是 $\hat{Y}$ 的变化率，它表示当 X 增加 1 个单位时 Y 的平均增加或减少的数量，即当 X 变化一个单位时，$\hat{Y}$ 将变化 b 个单位。在回归分析中，b 叫作回归系数，确切地说，在回归方程式中 b 应该叫作 Y 对 X 的回归系数（coefficient of regression）。在上面的散点图中，如果以 Y 作为自变量建立回归方程，则 $\hat{X}=a'+b'Y$，这时 b' 叫作 X 对 Y 的回归系数。

一般 Y 对 X 的回归系数以 $b_{Y \cdot X}$ 表示，而 X 对 Y 的回归系数以 $b_{X \cdot Y}$ 表示。

三、回归模型建立方法

建立回归模型实际上就是根据已知两变量的数据求回归方程。如果两个变量之间存在线性关系，则两个变量间的关系就

可以拟合直线模型。

回归模型的建立一般包括以下几个步骤。①根据数据资料到作散点图，直观地判断两变量之间是否大致成一种直线关系。②设直线方程式为 $\hat{Y}=a+bX$。如果估计值 $\hat{Y}$ 与实际值 Y 之间的误差比其他估计值与实际值 Y 之间的误差小，则这个表达式就是最优拟合直线模型（optimal linear model fit），即表示 X 与 Y 之间线性关系的最佳模型。③选定某种方法，如平均数法、最小二乘法等，使用实际数据资料，计算表达式中的 a 和 b。④将 a，b 值代入表达式，得到回归方程。

（一）平均数方法

如果只想从一组（X，Y）值中粗略地看看 X 与 Y 的简单线性关系，有时可以用平均数法建立回归方程来描述这种关系。

【例 12-1】下表中 10 对数据是为确定某心理量与物理量之间的关系而做的实验结果（表中物理量是取对数后的值）。假设二者呈线性关系，试以这 10 对数据结果建立该心理量与物理量的回归方程。

被试	A	B	C	D	E	F	G	H	I	J
心理量（Y）	1	1	3	3	4	5	6	7	8	9
物理量（X）	0	2	1	5	4	2	6	2	5	7

解：设 $\hat{Y}=a+bX$，把表中的 10 对数据按奇偶顺序分为两组，然后分别代入设定的回归方程求和。

第一组（奇数组）

$1=a+0 \cdot b$

$3=a+1 \cdot b$

$4=a+4 \cdot b$

$6=a+6 \cdot b$

$\underline{8=a+5 \cdot b}$

$22=5a+16 \cdot b \cdots (1)$

第二组（偶数组）

$1=a+2 \cdot b$

$3=a+5 \cdot b$

$5=a+2 \cdot b$

$7=a+2 \cdot b$

$9=a+7 \cdot b$

$25=5a+18 \cdot b \cdots (2)$

（1）与（2）联立，成二元一次方程组：

$$\begin{cases} 22=5a+16 \cdot b \cdots (1) \\ 25=5a+18 \cdot b \cdots (2) \end{cases}$$

解得 $a=-0.4$，$b=1.5$，代入设定的方程 $\hat{Y}=-0.4+1.5X$

答：该心理量与物理量的回归方程为

$\hat{Y}=-0.4+1.5X$。

（二）最小二乘法

如果想得到比较精确的回归方程，则常用最小二乘法（method of least squares）。所谓最小二乘法，就是如果散点图中每一点沿 Y 轴方向到直线的距离 $(Y_i-\hat{Y}_i)$ 的平方和最小，简单讲就是使误差的平方和最小，则在所有直线中这条直线的代表性就是最好的，它的表达式就是所要求的回归方程。

由于 X 与 Y 的关系分布在一个区域，两个变量的成对数据做成散点图后，两点确定一条直线，一个散点图中可以画出不止一条直线，也就是说会有很多条直线来表示两变量之间的关系。但是，在这多条直线中，有些直线离散点远，用它来表示两个变量之间的关系，准确性就较差。无论哪条直线也不可能使所有的散点都在其上。因此，要找一条与各点最适合的直线（best-fit line）来更好地反映两变量的关系。那么哪条直线最有代表性呢？图 12-2

中的虚线是【例 12-1】中用平均数法求得的直线，实线是用最小二乘法求得的直线。最小二乘法的原理与平均数法不同，它利用误差平方和最小来求回归方程。

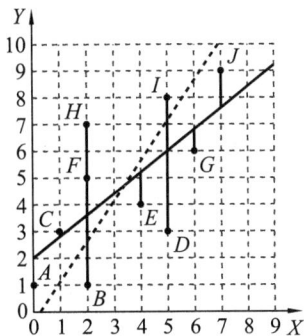

图 12-2 回归直线图示

设图 12-2 中实线表示所求的回归方程 $\hat{Y}=a+bX$，

每一点到直线沿 Y 轴方向的距离平方和为：

$$\sum_1^N (Y_i-\hat{Y}_i)^2=\sum_1^N (Y_i-a-bX_i)^2$$

（公式 12-2）

求回归方程就是求当公式 12-2 达到最小时 a 与 b 的值，而要使公式 12-2 为最小，只需分别对 a 与 b 求偏导数，并令其等于零。即

$$\frac{\partial [\sum (Y_i-a-bX_i)^2]}{\partial a}=0$$

（公式 12-3）

$$\frac{\partial [\sum (Y_i-a-bX_i)^2]}{\partial b}=0$$

（公式 12-4）

经整理，并省略 X 与 Y 字母下面的下标，上面两式分别写成：

$$N \cdot a+b\sum X=\sum Y \quad \text{（公式 12-5）}$$

$$a\sum X+b\sum X^2=\sum X\cdot Y$$
$$\text{(公式 12-6)}$$

公式 12-5 两边同除以 N，得

$$a=\overline{Y}-b\overline{X} \qquad \text{(公式 12-7)}$$

公式 12-6 式与公式 12-7 式联立，得

$$b=\frac{\sum (X-\overline{X})(Y-\overline{Y})}{\sum (X-\overline{X})^2} \qquad \text{(公式 12-8)}$$

【例 12-2】使用最小二乘法求例 12-1 中 10 对数据的回归方程。

解：设 $\hat{Y}=a+bX$，求得 $\overline{X}=3.4$，$\overline{Y}=4.7$，

代入公式 12-8 得 $b=0.81$，

再代入公式 12-7 得 $a=1.95$，

则 $\hat{Y}=1.95+0.81X$。

答：所求的回归方程为 $\hat{Y}=1.95+0.81X$。

四、回归系数与相关系数的关系

相关系数的基本公式为：

$$r=\frac{\sum (X-\overline{X})(Y-\overline{Y})}{N\cdot s_X\cdot s_Y} \text{（其中 } s_X \text{ 与}$$

s_Y 分别表示两列变量的标准差）

因此 $\sum (X-\overline{X})(Y-\overline{Y})=r\cdot N\cdot s_X\cdot s_Y$

将上式代入公式 12-8，则

$$b_{Y\cdot X}=\frac{r\cdot N\cdot s_X\cdot s_Y}{\sum (X-\overline{X})^2}$$

$$=\frac{r\cdot N\cdot s_X\cdot s_Y}{N\cdot s_X^2}$$

$$=r\cdot \frac{s_Y}{s_X} \qquad \text{(公式 12-9)}$$

同样道理 X 对 Y 的回归系数为

$$b_{X\cdot Y}=r\cdot \frac{s_X}{s_Y} \qquad \text{(公式 12-10)}$$

由于标准差总是大于 0，所以回归系数 b 的正负符号与相关系数相同，而且同样代表了相关的方向。同样，Y 对 X 的回归方程也可以写作

$$\hat{Y}=a+r\cdot \frac{s_Y}{s_X}\cdot X \qquad \text{(公式 12-11)}$$

联合公式 12-9 和公式 12-10，则

$$r=\sqrt{b_{Y\cdot X}\cdot b_{X\cdot Y}} \qquad \text{(公式 12-12)}$$

从公式 12-12 中可以看出，相关系数是两个回归系数的几何平均。由此也可以说明相关与回归的联系。简单回归与相关系数的计算，都是以两个连续变量的共变数为基础，其基本原理相似。在进行回归分析时，由于目的在于用某一变量去预测另一变量的变化情况，往往是单向地分析两变量的变化关系，即找出一个变量随另一个变量的变化而变化的关系，X 与 Y 两个变量各有其作用。在回归系数的计算中，$b_{Y\cdot X}$ 反映当 X 变化时 Y 的变化率，$b_{X\cdot Y}$ 反映当 Y 变化时 X 的变化率，因此它们分别用 $X\to Y$ 和 $Y\to X$ 表示，是一种不对称设计。但是当计算相关系数时，考虑的是两个变量的变化情况，相关表示两方面的平均关系，属于对称性设计，因此相关分析是双向的，不强调哪个是自变量哪个是因变量，以 $X\leftrightarrow Y$ 表示。

五、线性回归的基本假设

(一) 线性关系假设

X 与 Y 在总体上具有线性关系，这是

一条最基本的假设。线性回归分析必须建立在变量之间具有线性关系的假设上。如果 X 与 Y 的真正关系不是线性，而回归方程又是按线性关系建立的，这个回归方程就没有什么意义了。非线性的变量关系，需使用非线性模型。

（二）正态性假设

正态性的假设指回归分析中的 Y 服从正态分布。这样，与某一个 X_i 值对应的 Y 值构成变量 Y 的一个子总体，所有这样的子总体都服从正态分布，其平均数记作 $\mu_{Y(X_i)}$，方差记作 $\sigma^2_{Y(X_i)}$。各个子总体的方差都相等，如图 12-3 所示。因此经由回归方程式所分离的误差项 e，即由特定 X_i 所预测得到的 $\hat{Y}_i$ 与实际 Y_i 之间的差距，也应呈正态分布。误差项 e 的平均数为 0。因此，也有人指出线性回归中应满足变量 X 没有测量误差这一严格假设，但在实际中很难满足，常常只是对 X 的测量误差忽略不计。

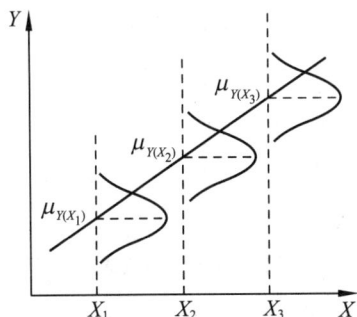

图 12-3　回归样本示意图

（三）独立性假设

独立性假设有两个意思。一个是指与某一个 X 值对应的一组 Y 值和与另一个 X 值对应的一组 Y 值之间没有关系，彼此独立。另一个是指误差项独立，不同的 X 所产生的误差之间应相互独立，无自相关（non-autocorrelation），而误差项也需与自变量 X 相互独立。

（四）误差等分散性假设

特定 X 水平的误差，应呈随机化的常态分布，其变异量也应相等，称为误差等分散性，如图 12-4（a）所示。如图 12-4（b）所示的不相等的误差变异量（误差变异歧异性，heteroscedasticity），反映出不同水准的 X 与 Y 的关系不同，不应以单一的回归方程式去预测 Y。当研究数据具有极端值时，或非线性关系存在时，误差变异歧异性的问题就容易出现。违反假设时，对于参数的估计检验力就会变得不足。

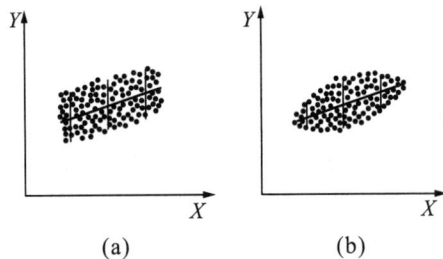

(a)　　　　(b)

图 12-4　误差等分散性（a）与误差变异歧异性（b）

第二节 回归模型的检验与估计

当研究者根据样本数据建立起回归模型后，紧接着要考虑这个模型是否有效？是否真正反映了两个变量之间的线性关系？也就是说，从总体上看，自变量是否真的对因变量有影响，用它来预测或估计的有效程度如何，这是应用回归模型时需要解决的问题。因此建立了回归模型之后，要对它进行检验和评价。

一、回归模型的有效性检验

回归模型的有效性检验，就是对求得的回归方程进行显著性检验，看是否真实地反映了变量间的线性关系。回归方程显著性检验有很多种方法，如回归系数 b 的检验、决定系数和相关系数的拟合程度的测定、回归方程整体检验判定以及估计标准误差的计算等，均是检验回归模型的拟合优度方法。线性回归模型的有效性检验通常使用方差分析的思想和方法进行。

从图 12-5 中可以直观地看到 Y 值的几个变异来源。

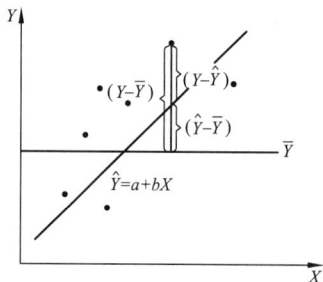

图 12-5 线性回归变异分析示意图

散点图中任意一点距 $\bar{Y}$ 的距离均可以分为两部分：一部分是该点到回归直线的距离（沿 Y 轴方向），另一部分是该点的估计值 $\hat{Y}$ 到 $\bar{Y}$ 的距离，即

$$(Y-\bar{Y})=(Y-\hat{Y})+(\hat{Y}-\bar{Y})$$

（公式 12-13）

如果各点都很靠近回归线，则 $(Y-\hat{Y})$ 很小，$(Y-\bar{Y})$ 中大部分是 $(\hat{Y}-\bar{Y})$，这种情况说明误差小，回归方程合适。

对公式 12-13 等号两边平方，再对所有的点求和，则得：

$$\sum(Y-\bar{Y})^2=\sum[(Y-\hat{Y})+(\hat{Y}-\bar{Y})]^2=$$
$$\sum(Y-\hat{Y})^2+\sum(\hat{Y}-\bar{Y})^2+$$
$$2\sum(Y-\hat{Y})(\hat{Y}-\bar{Y})$$

因为 $\hat{Y}=a+bX$，而 $a=\bar{Y}-b\bar{X}$

所以 $\hat{Y}=\bar{Y}+b(X-\bar{X})$

因为 $b=\dfrac{\sum(Y-\bar{Y})(X-\bar{X})}{\sum(X-\bar{X})^2}$，即

$\sum(Y-\bar{Y})(X-\bar{X})=b\sum(X-\bar{X})^2$

所以 $2\sum(Y-\hat{Y})(\hat{Y}-\bar{Y})=2\sum[Y-\bar{Y}-b(X-\bar{X})][\bar{Y}+b(X-\bar{X})-\bar{Y}]$

$=2\sum[(Y-\bar{Y})-b(X-\bar{X})][b(X-\bar{X})]$

$=2\sum(Y-\bar{Y})\cdot b(X-\bar{X})-2b^2\sum(X-\bar{X})^2$

$=2b\sum(Y-\bar{Y})(X-\bar{X})-2b^2\sum(X-\bar{X})^2$

$=2b^2\sum(X-\bar{X})^2-2b^2\sum(X-\bar{X})^2$

$=0$

所以 $\sum(Y-\bar{Y})^2=\sum(\hat{Y}-\bar{Y})^2+\sum(Y-\hat{Y})^2$ （公式 12-14）

$SS_T=SS_R+SS_E$，即总平方和＝回归平方和＋误差平方和。

$\sum(Y-\bar{Y})^2$ 即所有 Y 值的总平方和，记为 SS_T 或 $SS_{总}$。

$\sum(\hat{Y}-\bar{Y})^2$ 表示由回归直线表示的线性关系解释的那部分离差平方和，可记作 SS_R 或 $SS_{回}$。

$\sum(Y-\hat{Y})^2$ 是用回归直线无法解释的那个离差平方和，即偏离回归线的平方和，称为误差平方和或剩余残差平方和，记为 SS_E 或 $SS_{残}$。

对于所有 Y 值而言，自由度当为 $N-1$，即

$df_T=N-1$

在 $\sum(Y-\hat{Y})^2$ 中 $\hat{Y}$ 的计算不但要用 $\bar{Y}$，还需依靠 b，所以此时 Y 值失去两个自由度，即

$df_E=N-2$

因此 $df_R=df_T-df_E=1$

$MS_R=\dfrac{SS_R}{df_R}$；$MS_E=\dfrac{SS_E}{df_E}$

$F=\dfrac{MS_R}{MS_E}$

运用 F 检验，判断 MS_R 是否显著大于 MS_E，如果 MS_R 显著大于 MS_E，则表明总变异中回归的贡献显著，亦即 X 与 Y 的线性关系显著，或称回归方程显著。表明回归方程在整体上成立，进一步检验了变量 X 与 Y 之间是否存在线性关系。

一般求上面三个平方和时也可以直接用原始数据：

$$SS_T=\sum(Y-\bar{Y})^2=\sum Y^2-\frac{(\sum Y)^2}{N}$$ （公式 12-15）

$$SS_R=\sum(\hat{Y}-\bar{Y})^2=b^2\left[\sum X^2-\frac{(\sum X)^2}{N}\right]$$ （公式 12-16）

$SS_E=SS_T-SS_R$

回归方程方差分析表如下表所示。

变异来源	自由度	平方和	均　方	F	p
回归	1	回归平方和	MS_R	$F=\dfrac{MS_R}{MS_E}$	＞0.05 或＜0.05
残差	$N-2$	残差平方和	MS_E		
总计	$N-1$	总离差平方和			

【例 12-3】对根据例 12-2 中数据所建立的回归方程 $\hat{Y}$ 进行方差分析。

解：

$$SS_T = \sum Y^2 - \frac{(\sum Y)^2}{N} = 291 - 220.9 = 70.1$$

$$SS_R = b^2 \left[\sum X^2 - \frac{(\sum X)^2}{N} \right] = (0.81)^2 (164 - 115.6) = 31.76$$

$$SS_E = SS_T - SS_R = 70.1 - 31.76 = 38.34$$

$$MS_R = \frac{SS_R}{df_R} = \frac{31.76}{1} = 31.76$$

$$MS_E = \frac{SS_E}{df_E} = \frac{38.34}{10-2} = 4.79$$

$$F = \frac{MS_R}{MS_E} = \frac{31.76}{4.79} = 6.63$$

查 F 值表，$F_{0.05(1,8)} = 5.32$，$F > F_{0.05}$，方差分析表如下。

变异来源	自由度	平方和	均 方	F	$F_{0.05(1,8)}$
回归	1	31.76	31.76	6.63*	5.32
残差	8	38.34	4.79		
总计	9	70.10			

注：* 表示在 0.05 水平上差异具有统计学意义。

答：建立的回归模型是显著的，或者说 X 与 Y 之间有显著的线性关系。

二、回归系数的显著性检验

对于回归系数 b 进行显著性检验后，如果 b 是显著的，同样也表明所建回归方程是显著的，或者说 X 与 Y 之间存在显著的线性关系。

设总体回归系数为 β，则所谓回归系数 b 的显著性检验，是对于 $H_0: \beta = 0$ 而言的（同相关系数 r 的显著性检验相似）一般都用 t 检验。

$$t = \frac{b - \beta}{SE_b} \quad (H_0: \beta = 0) \tag{公式 12-17}$$

其中 SE_b 为回归系数的标准误。其计算公式为：

$$SE_b = \sqrt{\frac{s_{YX}^2}{\sum (X - \bar{X})^2}} \tag{公式 12-18}$$

为了计算 SE_b 需要先求出误差的标准差 S_{YX}。在建立回归模型时，根据从总体中抽取一个样本建立模型，由于抽样误差的存在，实际值与回归值，即估计值会出现误差。在一般意义上，误差小，估计值的准确程度高，与实际越接近，估计值的代表性强；反之，误差大，估计值的准确程度低，代表性就弱。因此，建立回归模型后，也应将其估计的标准误差计算出来。

$$s_{YX}=\sqrt{\frac{\sum (Y-\hat{Y})^2}{N-2}} \quad \text{(公式 12-19)}$$

对于 s_{YX}，解释如下。

当建立了回归方程之后，实际上就是用 $\hat{Y}$ 来估计 Y，或者说以 $\hat{Y}$ 作为 Y 值的代表值，但是从散点图中可以看到，实际上 Y 值大部分并不在回归线上，而是围绕回归线上下波动，也就是说用 $\hat{Y}$ 估计 Y 时有误差。估计标准误差和抽样平均误差的性质是一致的，仿照求 Y 值标准差的公式 $s_Y=\sqrt{\frac{\sum (Y-\overline{Y})^2}{N-1}}$，用 $\hat{Y}$ 代替公式中的 $\overline{Y}$，得到的 s_{YX} 实际上是以 $\hat{Y}$ 为代表值的标准差，自由度为 $N-2$，因为根据样本的数据点获得了 a 和 b 的值，再根据这些点去估计回归模型时，就失去了两个自由度。它可以作为估计误差大小的一种度量，就像用 s_Y 作为围绕 $\overline{Y}$ 离散程度的度量一样。因此本书称为误差的标准差而不称为估计的标准误，以便与前述"标准误是指统计量抽样分布的标准差"相区别。

将公式 12-19 两边平方，得：

$$s_{YX}^2=\frac{\sum (Y-\hat{Y})^2}{N-2}$$ 这实际上就是出现在本节方差分析中的误差均方。因而

$$s_{YX}^2=\frac{SS_T-SS_R}{N-2}=MS_E$$

【例 12-4】根据例 12-2 中数据建立的回归方程 $\hat{Y}=1.95+0.81X$，对其回归系数进行显著性检验。

解：由例 12-2 已知 $s_{YX}^2=MS_E=4.793$

经计算 $\sum (X-\overline{X})^2=\sum X^2-\frac{(\sum X)^2}{N}=48.4$

$$SE_b=\sqrt{\frac{4.793}{48.4}}=0.315$$

$$t=\frac{b-0}{SE_b}=\frac{0.81}{0.315}=2.57$$

查 t 分布表，$t_{0.05/2(8)}=2.306$，$t>t_{0.05/2}$，说明回归系数 0.81 是显著的。

答：回归系数 0.81 是显著的，因而回归方程显著，或者说 X 与 Y 存在线性关系。

从上面的例子中发现，回归系数显著性检验的结论与方差分析的结论是一致的。其实如果对公式 12-17 两边平方，则：

$$t^2=\frac{b^2}{(SE_b)^2}=\frac{b^2}{\frac{s_{YX}^2}{\sum (X-\overline{X})^2}}$$

$$=\frac{b^2\sum (X-\overline{X})^2}{s_{YX}^2}=\frac{MS_R}{MS_E}=F$$

所以，对回归系数的显著性检验和对回归方程的方差分析是等效的，在实际研究中，对回归方程的检验只用其中一种方法即可。

三、决定系数

经过回归方程的方差分析或回归系数的显著检验解决了回归方程是否显著（或者说 X 与 Y 是否有显著线性关系）的问题，在回归分析中我们还经常关心回归效果的问题（或者说 X 与 Y 的线性关系的程度问题）。

在回归方程的方差分析，回归平方和对总平方和的贡献越大，说明回归方程越显著，因而回归平方和在总平方和中所占的比例是评价回归效果的一个指标。这个比例越大回归效果越好，若这个比例达到 1，则表明此时 Y 的变异完全由 X 的变异来解释，没有误差。若比率为零，则说明 Y 的变异与 X 无关，回归方程无效。

从公式 12-16 中可知，回归平方和

$$\sum \ (\hat{Y}-\bar{Y})^2 = b^2 \left[\sum X^2 - \frac{(\sum X)^2}{N} \right]$$

（因为 $b^2 = \left[\dfrac{\sum \ (X-\bar{X}) \ (Y-\bar{Y})}{\sum \ (X-\bar{X})^2} \right]^2$ ）

$$= \left[\frac{\sum \ (X-\bar{X}) \ (Y-\bar{Y})}{\sum \ (X-\bar{X})^2} \right]^2 \cdot \sum \ (X-\bar{X})^2$$

$$= \frac{[\sum \ (X-\bar{X}) \ (Y-\bar{Y})]^2}{\sum \ (X-\bar{X})^2}$$

又因为 $r = \dfrac{\sum \ (X-\bar{X}) \ (Y-\bar{Y})}{N \cdot s_X \cdot s_Y}$

$$= \frac{\sum \ (X-\bar{X}) \ (Y-\bar{Y})}{\sqrt{\sum \ (X-\bar{X})^2 \cdot \sum \ (Y-\bar{Y})^2}}$$

$$r^2 = \frac{[\sum \ (X-\bar{X}) \ (Y-\bar{Y})]^2}{\sum \ (X-\bar{X})^2 \cdot \sum \ (Y-\bar{Y})^2}$$

所以 $\sum \ (\hat{Y}-\bar{Y})^2$

$$= \frac{[\sum \ (X-\bar{X}) \ (Y-\bar{Y}) \ ]^2}{\sum \ (X-\bar{X})^2}$$

$$= \frac{r^2 \cdot \sum \ (X-\bar{X})^2 \cdot \sum \ (Y-\bar{Y})^2}{\sum \ (X-\bar{X})^2}$$

$$= r^2 \cdot \sum \ (Y-\bar{Y})^2$$

$$r^2 = \frac{\sum \ (\hat{Y}-\bar{Y})^2}{\sum \ (Y-\bar{Y})^2} = \frac{SS_R}{SS_T}$$

（公式 12-20）

相关系数的平方等于回归平方和在总平方和中所占的比例。如果 $r^2 = 0.64$，表明变量 Y 的变异中有 64% 是由变量 X 的变异引起的，或者说有 64% 可以由 X 的变异解释。所以 r^2 叫作决定系数（coefficient of determination）。

从前面的分析可知，回归平方和至多等于总平方和，一般都小于总平方和。两变量的共变部分的比例小于或等于 1，即

$r^2 \leqslant 1$，所以 $-1 \leqslant r \leqslant 1$

图 12-6 比较直观地解释了相关系数 r 的取值范围。

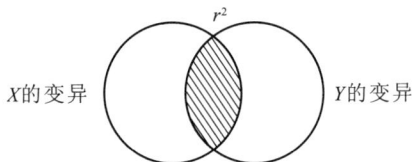

图 12-6　决定系数示意图

用决定系数 r^2 解释两变量共变的比例，不但在回归分析中应用，对于其他许多问题的解释也具有重要的意义。例如，在心理与教育测验中常要求信度系数（相关系数）在 0.90 左右，才能说某个测验可信，初学者对于这一点不易理解。常常认为信度系数显著就应当承认这个测验可信，

如某测验前后两次施测的相关系数为 0.50（该测验的再测信度系数），在样本不太小的情况下查相关系数的显著性用表，结果非常显著，就误认为这个测验信度很高。其实，相关系数显著只是否定了 $\rho=0$，即表明两变量确实存在相关，然而相关系数显著不等于高相关。$r=0.50$ 时，$r^2=0.25$，这时该测验两次施测结果的共同变异（变异的一致性）仅占 25%，这个测验的稳定性太差了。规定信度系数 0.90 左右，$r^2=0.81$，保证共变部分不少于 80% 是稳定性的起码要求。

第三节 回归方程的应用

回归分析的目的，就是在测定自变量 X 与因变量 Y 的关系为显著相关后，借助于拟合的较优回归模型来预测在自变量 X 为一定值时因变量 Y 的发展变化。运用建立的回归模型进行估计或预测，是它主要的应用。只要 $r^2\neq1$，估计的误差是不可避免的，因而在应用回归方程时，需要对估计的误差以及与之相联系的一些问题有所了解。

一、用样本回归方程进行预测或估计

有了 Y 对 X 的回归方程，也就找到了 X 与 Y 之间变化的数量关系，对于任意一个 X_i 值都可以用此模型估计出与之对应的具体 Y 值或 Y 值的范围。

回归预测有点预测与区间预测两种。点预测就是将确定的自变量 X_i 值直接代入回归模型，得到相应 Y_i 值。区间预测是以一定的概率为保证，预测当自变量 X 取一定的值 X_i 时，因变量 Y_i 的可能范围。在区间预测中，要以估计标准误为基础。让我们先看点估计的例子。

【例 12-5】下表是 20 名工作人员的智商和某一次技术考试成绩，根据这个结果求出考试成绩对智商的回归方程。如果另有一名工作人员智商为 120，试估计一下若让他也参加技术考试，将会得多少分？

被试	01	02	03	04	05	06	07	08	09	10
智商 (X)	89	97	126	87	119	101	130	115	108	105
考试 (Y)	55	74	87	60	71	54	90	73	67	70
被试	11	12	13	14	15	16	17	18	19	20
智商 (X)	84	121	97	101	92	110	128	111	99	120
考试 (Y)	53	82	58	60	67	80	85	73	71	90

解：经计算 $\overline{X}=107$，$\overline{Y}=71$，$s_X=13.69$，$s_Y=11.63$，$r=0.86$

设 $\hat{Y}=a+bX$，

$$b_{YX}=\frac{\sum (X-\overline{X})(Y-\overline{Y})}{\sum (X-\overline{X})^2}=0.73$$

$$a=\overline{Y}-b\overline{X}=71-0.73\times107=-7.11$$

回归方程为 $\hat{Y}=(-7.11)+0.73X$，或 $\hat{Y}=0.73X-7.11$

若 $X=120$ 代入回归方程则 $\hat{Y}=0.73\times120-7.11=80.5$

答：根据这位没有参加技术考试的工作人员的智商，估计其技术考试的分数应该为 80.5。

在这道题中，如果有几位智商等于 120 的工作人员实际参加考试，不一定每个人的分数都是 80.5，因此这个 80.5 应理解为智商等于 120 的工作人员技术考试的代表值。例如，再将智商 $X=97$ 代入回归方程：$\hat{Y}=0.73\times97-7.11=63.7$。但是从例 12-5 的数据看 $X=97$ 的有两人，其实际 Y 值分别为 74 和 58。

衡量 Y 值在估计值 $\hat{Y}$ 上下波动的统计量用以 $\hat{Y}$ 为中心的 Y 值的标准差，即前面谈过的误差的标准差 s_{YX}。在本例中：

$$\begin{aligned} s_{YX} &=\sqrt{\frac{\sum (Y-\hat{Y})^2}{N-2}} \\ &=\sqrt{\frac{(55-57.86)^2+(74-63.7)^2+\cdots+(90-80.5)^2}{N-2}} \\ &=\sqrt{\frac{708.06}{18}}=6.27 \end{aligned}$$

本章第一节曾指出，线性回归的基本假设之一是与每一个 X 值对应的 Y 值构成正态分布的子总体，且各个子总体方差相等。因此回归线上下各一个 s_{YX} 的区间内应包括所有数据个数的 68%，上下各 2 个 s_{YX} 区间内包括全部数据数目的 95.44%。

在【例 12-5】中，当 $X=97$ 时，$\hat{Y}=63.7$，尽管实际 $X=97$ 其对应的 Y 值不一定为 63.7，但在 $63.7\pm2\times6.27$（51.16～76.24）区间内一定包括了与 $X=97$ 对应的 Y 值个数的 95.44%。

当不需要考虑自由度或样本容量很大时，Y 值以 $\hat{Y}$ 为中心的标准差为：

$$s_{YX}=\sqrt{\frac{\sum (Y-\hat{Y})^2}{N}}$$

Y 值以 $\bar{Y}$ 为中心的标准差为：

$$s_Y = \sqrt{\frac{\sum (Y-\bar{Y})^2}{N}}$$

上例，若不考虑自由度时：

$$s_{YX} = \sqrt{\frac{\sum (Y-\hat{Y})^2}{N}} = 5.94$$

$$s_Y = \sqrt{\frac{\sum (Y-\bar{Y})^2}{N}} = 11.63$$

$s_{YX} < s_Y$，说明在回归线上下波动比在平均线上下波动要小，如图 12-7 所示。

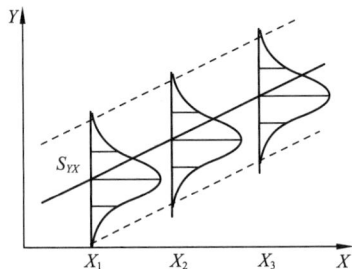

图 12-7　回归分析中样本标准误差波动

一般来说相关系数与估计标准误差二者之间是反比关系。用等式表示，相关系数与估计标准误的数量关系式如下：

$$s_{YX} = s_Y \cdot \sqrt{1-r^2} \quad \text{或} \quad r = \sqrt{1 - \frac{s_{YX}^2}{s_Y^2}}$$

（公式 12-21）

前一个公式说明 X 与 Y 的离散程度，后一个公式说明相关点 X 与 Y 的关系紧密程度。这个关系很容易证明：

$$r^2 = \frac{\sum (\hat{Y}-\bar{Y})^2}{\sum (Y-\bar{Y})^2}$$

$$= \frac{\sum (Y-\bar{Y})^2 - \sum (Y-\hat{Y})^2}{\sum (Y-\bar{Y})^2}$$

$$= \frac{\sum (Y-\bar{Y})^2/N - \sum (Y-\hat{Y})^2/N}{\sum (Y-\bar{Y})^2/N}$$

$$= \frac{s_Y^2 - s_{YX}^2}{s_Y^2}$$

$$= 1 - \frac{s_{YX}^2}{s_Y^2}$$

整理后可得 $s_{YX} = s_Y \cdot \sqrt{1-r^2}$

因此，只要知道了相关系数 r 和 s_Y，计算 s_{YX} 就更容易了。在【例 12-5】中，$r=0.86$，从 $s_Y=11.63$，代入公式 12-21：

$$s_{YX} = s_Y \cdot \sqrt{1-r^2}$$
$$= 11.63 \cdot \sqrt{1-(0.86)^2} = 5.94$$

二、真值的预测区间

【例 12-5】求出回归方程后，利用它进行预测（估计），当 $X=97$ 时，Y 的预测值（估计值）为 63.7，前文曾指出虽然实际上 $X=97$ 时 Y 不一定为 63.7，但有 95.44% 的 Y 值均在 51.16～76.24。这个估计是针对样本回归方程 $\hat{Y}=0.73X-7.11$ 而言的，也就是说，这个估计范围只考虑到了 Y 值在回归方程上下的波动，并不考虑回归方程 $\hat{Y}=0.73X-7.11$ 的变动。其实回归方程因样本的不同也要发生变动，如果再抽取 20 个工作人员作为另一个样本，那么求出来的智商与技术考试成绩的回归方程就不一定是 $\hat{Y}=0.73X-7.11$ 了。因此 63.7 并不能真正作为与 $X=97$ 所对应 Y 值的代表值，它只是在 $\hat{Y}=0.73X-7.11$ 情况下算出的代表值。

设与某个 X 值（以 X_p 表示）对应的 Y_p 的真正代表值为 Y_0（简称真值或理论值），那么从 X_p 来预测 Y_0 时，误差将来自两方面：其一是 Y_p 以 $\hat{Y}_p$ 为中心的变异；其二是样本回归线本身的变异，即 $\hat{Y}$ 的变异。因此误差（$\hat{Y}_p - Y_0$）的标准差 $s_{(\hat{Y}_p - Y_0)}$ 应该是两方面变异的合成

$$s_{(\hat{Y}_p - Y_0)} = \sqrt{s_{YX}^2 + s_{\hat{Y}_p}^2} \qquad \text{（公式 12-22）}$$

式中：s_{YX} 即针对某一个样本而言的误差的标准差；

$s_{\hat{Y}_p}$ 表示 $\hat{Y}_i$ 因样本不同而变动时的标准差：

$$s_{\hat{Y}_p} = s_{YX} \cdot \sqrt{\frac{1}{N} + \frac{(X_p - \overline{X})^2}{\sum (X_i - \overline{X})^2}}$$

（公式 12-23）

因此误差的标准差为

$$s_{(\hat{Y}_p - Y_0)} = s_{YX} \cdot \sqrt{1 + \frac{1}{N} + \frac{(X_p - \overline{X})^2}{\sum (X_i - \overline{X})^2}}$$

（公式 12-24）

由于 $s_{(\hat{Y}_p - Y_0)}$ 与 s_{YX} 不同，前者是给定 X 对个体 Y 值预测误差的标准差，后者是反映给定 X 值后 Y 的样本条件均值的变异性。根据前面讲的总体参数的区间估计，真值 Y_0 有 95% 的可能落在区间 $\hat{Y}_p \pm t_{0.05/2} \cdot s_{(\hat{Y}_p - Y_0)}$ 之内。需要注意的是，由于用样本标准差代替了总体标准差，因而是 t 分布，这里自由度用 $N-2$（公式 12-24 中的 s_{YX} 也必须用自由度 $N-2$），那么，区间真值通用的预测公式就可表示为下面这种形式：

预测区间：$\hat{Y}_p \pm t_{\alpha/2} \cdot s_{YX} \cdot$

$$\sqrt{1 + \frac{1}{N} + \frac{(X_p - \overline{X})^2}{\sum (X_i - \overline{X})^2}} \qquad \text{（公式 12-25）}$$

式中：$\hat{Y}_p$ 代表预测点值；

s_{YX}，X_p，N，$\overline{X}$ 等符号同前。

$t_{\alpha/2}$ 为显著水平为 α 时，变量分布的临界值：如果为大样本，则 $t_{\alpha/2}$ 为正态分布的临界值；如果为小样本，则为 t 分布的临界值，并且自由度为 $N-2$。

【例 12-6】请用总体标准差对例 12-5 中 $X=97$ 时 Y 的真值进行估计。

解：$s_{YX} = \sqrt{\dfrac{\sum (Y - \hat{Y})^2}{N-2}} = 6.27$

$$s_{(\hat{Y}_p - Y_0)} = s_{YX} \times \sqrt{1 + \frac{1}{N} + \frac{(X_p - \overline{X})^2}{\sum (X_i - \overline{X})^2}}$$

$$= 6.27 \times \sqrt{1 + \frac{1}{20} + \frac{(97 - 107)^2}{3478}}$$

$$= 6.27 \times 1.04 = 6.52$$

查 t 分布表，$t_{0.05/2(18)} = 2.101$，

从样本回归方程算出当 $X = 97$ 时，$\hat{Y} = 63.7$。

因此，与 $X = 97$ 对应的 Y_0 的 0.95 置信区间为：

$63.7 \pm 2.101 \times 6.52$，即 $50.04 \sim 77.46$。

答：智商 97 的工作人员其技术考试分数的 95% 置信区间是 $50.04 \sim 77.36$。

从公式 12-24 中可以看到，X_p 取不同值时，$s_{(\hat{Y}_p - Y_0)}$ 的值是不同的，因而与每一个 X_p 对应的 Y_0 置信区间不同，这些置信区间端点的连线形成的带形区间叫作真

值 Y_0 的预测区间。

当样本容量 N 比较大时，公式 12-24 中根号部分一般近似等于 1，因而常常略去根号部分，即 $s_{(\hat{Y}_p - Y_0)} \approx s_{YX}$。这时预测区间的两条端线近似地成为直线预测区间的直线，即近似地成为图 12-8 所示的那样了。

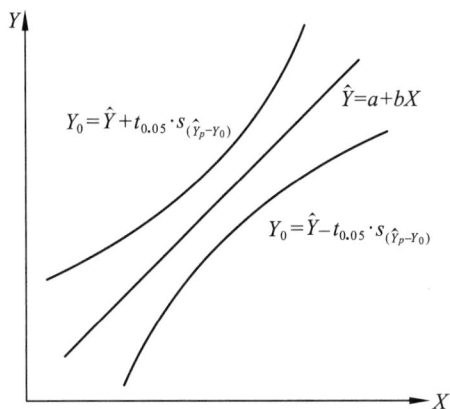

图 12-8 回归分析中真值预测区间

三、回归分析与相关分析的综合运用

回归分析与相关分析是研究变量与变量之间相互关系的一种数理统计方法，一般情况下，回归分析与相关分析通常结合起来运用。具体包括以下几个步骤。

第一步，将成对资料绘制散点图，从散点图中点的分布形状判断 X 和 Y 是否有线性关系。

第二步，建立回归模型。

第三步，回归方程显著性检验。用显著性检验的结果，判断回归模型变量间的线性关系是否非常显著。决定系数说明 Y 的变异中由 X 解释的比例，用于判断回归模型的拟合程度。

第四步，计算回归估计标准误差。

第五步，根据建立的回归模型进行预测，估计真值预测区间。

回归结果的好坏、意义的大小、应用的价值与范围，既取决于理论也取决于方法，因而，一定要准确理解回归理论，正确运用回归分析方法。为此，我们需要注意以下几个问题。①一种模型只有在当初抽取样本的同一范围内应用才有效。如果范围变了，应当另建新的模型。因为情境变化后再用原来条件下建立的模型进行预测估计会失真。②进行回归与相关分析时，不要认为某一变量发生的变化一定是由另一变量（或另几个变量）的变化所引起的，回归分析并不能准确地确定因果关系，如居民收入高低与银行存款高低的关系，并不是收入高存款就高。③若变量之间不存在相关关系，不要刻意去寻求两变量间的某种关系，并且用回归与相关来分析，这样做毫无意义。

小　结

线性回归分析是研究一个或多个自变量与一个因变量之间是否存在某种线性关系的统计学方法。如果引入的自变量只有一个，那么就是简单回归分析。简单回归是多重线性回归的特例。本章主要介绍了简单回归分析模型，以及如何拟合这一模型。

1. 在简单回归模型中，$\hat{Y}=a+bX$，其中参数 a，b 分别表示截距与斜率，$\hat{Y}$ 叫作因变量或被预测变量，X 叫作自变量或预测变量。因变量的观察值与预测值之间的差异叫作残差。运用最小二乘法和平均数法可以建立这一模型。

2. 回归分析的主要目的是建立一种线性模型，然后通过这种模型进行分析和预测。

进一步阅读资料

1. 埃维森（G. R. Iversen），格根（M. Gergen）. 统计学：基本概念和方法 . 吴喜之，等译. 北京：高等教育出版社，施普林格出版社，2000：251～300.

2. 艾伦（A. Aron），艾伦（E. N. Aron），库普思（E. Coups）. 心理统计（第 4 版）（影印版）. 北京：世界图书出版公司，2006：497～527.

3. 弗里德曼（D. Freedman），皮萨尼（R. Pisani），柏维斯（R. Purves），阿德卡瑞（A. Adhikari）. 统计学（第 2 版）. 魏宗舒，等译. 北京：中国统计出版社，1997：178～242.

4. 鲁尼恩（R. P. Runyon），科尔曼（K. A. Coleman），皮滕杰（D. J. Pittenger）. 心理统计（第 9 版）（英文版）. 北京：人民邮电出版社，2004：199～232.

5. 帕加诺（R. R. Pagano）. 行为科学中的统计学入门（第 6 版）（影印版）. 北京：中国统计出版社，2002：129～154.

计算机统计技巧提示

在 Excel 中，进行回归分析时能够运用的函数有 INTERCEPT（返回线性回归线截距）、SLOPE（返回线性回归直线的斜率）、TREND（返回沿线性趋势的值）、LINEST

（回归参数）、STEFY（回归标准偏差）、STEYX（返回通过线性回归法预测每个 X 的 Y 值时所产生的标准误差）、FORECAST 函数（返回预测值）。另一种回归处理方法是使用"分析工具库"中的"回归"工具。

在 SPSS 中，执行回归分析的步骤为：单击"Analyze" → "Regression" → "Linear regression"做直线回归分析，或单击"Analyze" → "Regression" → "Curve-estimation"打开"曲线参数估计法"，选定变量数据后，会得到方差分析表、拟合直线等。

思考与练习题

1. 线性回归的基本假设是什么？

2. 回归分析与相关分析的区别是什么？

3. 试解释回归系数。

4. 利用下面的资料建立英语对语文的线性回归方程，并对方程进行检验，根据所建方程，若某学生语文 40 分，则其英语成绩的 0.95 预测区间是多少？

学 生	A	B	C	D	E	F	G	H	I	J
英语（Y）	80	70	30	40	65	40	30	15	60	35
语文（X）	60	55	15	25	75	15	10	25	85	45

5. 某研究所 10 名学生研习某教授的高级统计课程，期中与期末考试成绩见下表。请问该教授是否可以利用期中考试成绩来预测期末考试成绩？

学生编号	1	2	3	4	5	6	7	8	9	10
期中成绩	74	80	90	90	70	88	82	74	65	85
期末成绩	84	83	89	90	78	89	87	84	78	80

第十三章
多变量统计分析简介

【**教学目标**】理解多因素方差分析、多重回归分析、因子分析等多变量统计方法的基本概念和原理，掌握双因素方差分析、多重线性回归分析方法。

【**学习重点**】多因素方差分析、多重线性回归、因子分析原理，双因素方差分析方法。

在心理与教育领域中，某种心理或教育现象的发生或变化常常是多种因素共同作用的结果。在实际的研究当中，研究人员往往也不会只取一个自变量。因此，多因素研究在心理学研究中非常多见。本章将简要介绍心理与教育科学研究中常用的用来处理多因素研究数据的多变量统计分析方法。

第一节 多因素方差分析

一、基本概念

多因素方差分析数据来源于多因素设计，它是单因素方差分析的拓展。单因素方差分析属于单因素实验设计。单因素实验设计中只有一个自变量，对于其他影响因素则采用不同的实验手段加以控制，使之恒定。在多因素实验设计（factorial design）中，研究者同时选用好几种影响因素作为自变量，研究它们对某一因变量的影响。由于心理与教育研究中的研究对象绝大多数是人，许多影响人的因素不可能像物理实验那样靠仪器或其他实验手段较好地控制，因此，这种多因素实验设计的结果比单因素设计更符合实际。

（一）因素和水平

因素（factor）是指实验中的自变量。当研究中包括一个自变量时就称单因素设计，包含两个自变量时称为二因素设计，相应的方差分析程序称为二因素方差分析（two-way analysis of variance），有三个自变量的设计就称为三因素设计，相应的方差分析程序称为三因素方差分析（three-way analysis of variance）。一般两个以上自变量的实验设计统称为多因素实验设计。

一个因素的不同情况称为这一因素的不同水平（level）。如果采用实验研究方法考查数学教学方法对儿童数理能力的影响，则这个实验就是两因素实验，其中一个因素是数学教学方法，它分为演绎式教学、归纳式教学两种水平，另一个因素是数理能力，根据有关测验的成绩分为高、中、低三种水平。这个实验就可以用 $2×3$ 表示，意思是在这个实验中有两个因素，其中一个因素有 2 种水平，另一个因素有 3 种水平。若实验为 $3×3×3×3$，则表示实验中有 4 个因素，每个因素都有 3 种水平。用字母 a，b，c，…来表示因素，用 a_1，a_2，b_1，b_2，b_3，…表示某因素的各个水平，如在前面例子中 a_1 表示演绎式教学，b_1 表示高水平的数理推理能力。

（二）交互作用与主效应

图 13-1 是两个 $2×2$ 的实验设计范式。

		a 因素					a 因素	
		a_1	a_2				a_1	a_2
b 因素	b_1	4	10		b 因素	b_1	4	10
	b_2	7	13			b_2	7	5
		（甲）					（乙）	

图 13-1　$2×2$ 实验设计图示例

在实验甲中，a 因素从 a_1 变化为 a_2 时，无论是在 b_1 水平还是 b_2 水平，a_2 与 a_1 的差都是 6（$10-4=6$，$13-7=6$），说明 a 因素的变化与 b_1 或 b_2 无关。同样 b 因素从 b_1 变化为 b_2 时，无论是在 a_1 水平还是 a_2 水平上，b_2-b_1 都等于 3，说明 b 因素的变化与 a_1 或 a_2 无关。因此 a，b 两个因素彼此不影响，称为没有交互作用。

在实验乙中，在 b_1 时 $a_2-a_1=10-4=6$，在 b_2 时 $a_2-a_1=5-7=-2$，表明 a 因素的变化与 b 因素的不同水平有关；同样在 a_1 时 $b_2-b_1=7-4=3$，在 a_2 时 $b_2-b_1=5-10$

＝－5，即 b 因素的变化与 a 因素的水平也有关。在这种情况下，要考虑 a，b 两个因素的彼此影响，即"交互作用"，用 $a×b$ 表示。运用多因素方差分析，不仅能检验出各个因素对因变量的影响，还可以检验出因素与因素相结合共同发生的影响，即这种交互作用。

如果要直观分析两个因素间是否有交互作用，还可以将上述情况制作成交互作用图，如图 13-2 所示。用图来表示交互作用时，一个是比较折线位置的高低，一个是比较折线在不同折点上的变化。基本原则是观察折线之间的平行程度。一般在交互作用图中，如果 a，b 二因素间没有交互作用，则两条线平行，表示因素之间相互独立；两线越不平行，代表因素之间交互作用越明显。一般而言，显著的交互作用，在交互作用图会出现交叉的折线。当然，这只是直观示意，交互作用是否显著，必须进行方差分析。

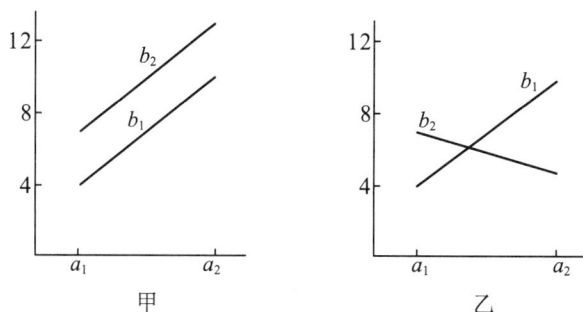

图 13-2　交互作用图解

在对类似甲乙两个因素设计实验数据的方差分析中，一般把 a 因素平均数的差异称为 a 的主效应（a main effect），b 因素平均数的差异称为 b 的主效应（b main effect），a，b 交互作用下的平均数差异称为交互效应（interaction effect）。这三种效应的显著性可以用 F 检验来判定，其中，a 与 b 主效应相互独立，分别代表 a，b 变量与因变量的关系，可以视为两个独立的单因素方差检验，而两个变量的交互作用对因变量产生的影响，可以从两个方面来分析：第一，"在考虑 a 的不同水平条件下，检验 b 因素对于因变量的影响"，须分别检验在 a_1 和 a_2 两种条件下的 b 因素效应，称为 b 因素单纯主效应（simple

main effect of the B factor）检验；第二，"在考虑 b 的不同水平条件下，检验 a 因素对于因变量的影响"，须分别检验在 b_1 和 b_2 两种限定条件下的 a 因素效应，称为 a 因素单纯主效应（simple main effect of the a factor）检验。

二、多因素方差分析的统计原理

二因素及多因素方差分析是一种多组平均数差异的比较，每一个平均数由一个小样本的分数计算而成，它的后面代表某一个可能存在的总体。因此，二因素方差分析或多因素方差分析就是一个多总体平均数的假设检验。

（一）总平方和的分解

若检验交互作用是否显著，需求出交互作用的平方和。因此多因素方差分析与单因素方差分析比较，其中最主要的一个特点是在对总平方和进行分解时，可多分析出一项交互作用的平方和。在两因素的完全随机设计中：

$$SS_T = SS_a + SS_b + SS_{a \times b} + SS_w \tag{公式 13-1}$$

在两因素的随机区组设计中：

$$SS_T = SS_R + SS_a + SS_b + SS_{a \times b} + SS_w \tag{公式 13-2}$$

其中，SS_a 表示 a 因素的组间平方和，SS_b 表示 b 因素的组间平方和，$SS_{a \times b}$ 表示交互作用的平方和。

在多因素设计中自变量如果以类别的形式存在，因变量为连续变量，此时统计分析则需处理多个均数的关系。也就是说，因变量的变化，可能受到来自不同因素的不同水平的影响。

（二）整体效应的检验与图示

如前所述，在二因素设计中，影响均数的变异有三个主要来源：a，b 主效应与 $a \times b$ 交互效应。这三种效应的统计意义是方差分析必须首先检验的对象，也就是影响平均数变异的整体效应（overall effect）的检验。一旦整体效应显著之后，才需要详细就各因素的不同水平的影响进行事后比较。

表 13-1　二因素方差分析表（完全独立组设计）

变异来源	平方和	自由度	均　方	F
组间				
a	SS_a	$k-1$	SS_a/df_a	MS_a/MS_w
b	SS_b	$l-1$	SS_b/df_b	MS_b/MS_w
$a \times b$	$SS_{a \times b}$	$(k-1)(l-1)$	$SS_{a \times b}/df_{a \times b}$	$MS_{a \times b}/MS_w$
组内（误差）	SS_w	$N-kl$	SS_w/df_w	
总变异	SS_T	$N-1$		

二因素方差分析的整体效应的检验，包括两个主效应与交互效应三部分。各因素主效应的检验与单因素方差分析的概念相同，通过计算各因素内不同水平的平均数离散量（组间均方和），除以误差离散量（MS_w；被试间组内均方和）得出 F 值。若 F 值达显著水平，即表明该效果显著。

主效应和交互效应除了用 F 检验来检验其显著性之外，同时也可以用图示法来呈现。值得注意的是，以图表来呈现平均数的差异，优点是易于理解，但是无法说明平均数差异的显著性。当整体效应达显著水平时，研究者必须进一步进行事后多重比较，明确说明个别平均数的差异情况。

（三）事后比较

在单因素方差分析中，一旦整体效果达到显著水平（F 检验显著），研究者必须继续进行平均数的个别差异比较。对二因素方差分析进行事后比较，其中主效应的检验与单因素方差分析原理相同，但是交互作用的事后比较，则包含事后整体检验与事后多重比较两种状况。有以下几点值得注意。

第一，二因素方差分析主效应显著后，不一定要进行事后多重比较。进行事后比较的前提是类别变量中有三个以上的水平，这时必须对多个平均数进行两两比较。二因素方差分析中的每一个因素，若仅包含两个水平，无须进行事后比较，研究者可以直接报告两个平均数并指出它们的高低关系。

第二，多因素交互效应显著后，对主效应必须进行事后比较。交互效应显著，表明主效应是一个过度简化、没有考虑到其他因素的一种检验。如果只是一味地对某一显著的主效应加以解释或讨论其事后多重比较的结果，忽略交互效应则会扭曲该因素的真实效果。

第三，交互效应的事后比较，包括限定条件的主效应整体比较，以及达到显著性水平后该限定条件的主效应的事后多重比较两种。其中，限定条件的主效应整体比较又称为单纯主效应比较，它的检验原理与单因素方差分析相同。

三、2×2 设计的方差分析举例

2×2 设计是最简单的多因素方差分析设计类型。下面以它为例介绍多因素方差分析的基本过程。

【例 13-1】研究不同的教学方法（a）和不同的教学态度（b）对儿童识字量的作用。将 20 名被试随机分成四组（每组 5 人），每组接受一种实验处理（两因素两水平的不同组合），结果见下表。表中 a 因素表示教学方法，其中 a_1 为"集中识字"，a_2 为"分散识字"；b 因素表示教学态度，其中 b_1 为"严肃"，b_2 为"轻松"。每一单元格中的数据为识字量。试分析两种因素对识字量的作用。

b 因素（教学态度）	a 因素（教学方法）			
	集中识字（a_1）		分散识字（a_2）	
	严肃（b_1）	轻松（b_2）	严肃（b_1）	轻松（b_2）
	8	39	17	32
	20	26	21	23
	12	31	20	28
	14	45	17	25
	10	40	20	29
Σ	64	181	95	137

解：这是 2×2 的完全随机设计。

1. 平方和

（1）先看成 4 组（a_1b_1，a_1b_2，a_2b_1，a_2b_2）每组 5 人，按单因素完全随机设计求 SS_T，SS_B，SS_w（$\sum\sum X=477$，$\sum\sum X^2=13309$）

$$SS_T=\sum\sum X^2-\frac{(\sum\sum X)^2}{N}$$

$$=13309-11376.45=1932.55$$

$$SS_B=\sum\frac{(\sum X)^2}{n}-\frac{(\sum\sum X)^2}{N}$$

$$=\frac{64^2+95^2+181^2+137^2}{5}-11376.45$$

$$=12930.2-11376.45=1553.75$$

$$SS_w=1932.55-1553.75=378.8$$

（2）a、b 两个因素各自的组间平方和

所谓 a 因素的组间平方和是假定全体只根据 a 因素来分组，则分两组，每组 10 人。

$$SS_a=\frac{245^2+232^2}{10}-11376.45$$

$$=11384.9-11376.45=8.45$$

同样，b 因素的组间平方和 SS_b 为

$$SS_b=\frac{159^2+318^2}{10}-11376.45$$

$$=12640.5-11376.45=1264.05$$

可以看到，$SS_a+SS_b=8.45+1264.05=1272.5$ 与第一步中 $SS_B=1553.75$ 不符。

这是因为在 SS_B 中不但有 a、b 两因素各自单独的作用（称为因素主效应），还包括两个因素间的交互作用（$A\times B$）。

因此，$SS_{a\times b}=SS_B-SS_a-SS_b=1553.75-8.45-1264.05=281.25$

2. 自由度

$$df_T=20-1=19$$

$$df_B=4-1=3$$

$$df_w=19-3=16$$

而 df_B 与 SS_B 一样也可分解为 a，b，$a\times b$ 三部分

因而 $df_a=1$，$df_b=1$，$df_{a\times b}=1$

3. 均方

因为本题要检验的是 a，b，$a\times b$ 的作用，对于它们的和（SS_B）就不求均方了，只需分别求 a，b，$a\times b$ 及组内均方。

$$MS_a=\frac{SS_a}{df_a}=\frac{8.45}{1}=8.45$$

$$MS_b=\frac{SS_b}{df_b}=\frac{1264.05}{1}=1264.05$$

$$MS_{a\times b}=\frac{SS_{a\times b}}{df_{a\times b}}=\frac{281.5}{1}=281.25$$

$$MS_w=\frac{SS_w}{df_w}=\frac{378.8}{16}=23.68$$

4. F 检验

分别用 MS_w 去除 MS_a，MS_b，$MS_{a\times b}$ 进行 F 检验

对于 a 因素：$F=\dfrac{MS_a}{MS_w}=\dfrac{8.45}{23.675}=0.36$

对于 b 因素：$F=\dfrac{MS_b}{MS_w}=\dfrac{1264.05}{23.675}=53.39$

对于 $a\times b$：$F=\dfrac{MS_{a\times b}}{MS_w}=\dfrac{281.25}{23.675}=11.88$

查附表 4，　　$F_{0.05(1,16)}=4.49$

$$F_{0.01(1,16)}=8.53$$

5. 方差分析表

表 13-2　方差分析表

变异来源	平方和	自由度	均　　方	F	$F_{0.01}$
组间					
a 因素	8.45	1	8.45	0.36	8.53
b 因素	1264.05	1	1264.05	53.39**	
$a \times b$	281.25	1	281.25	11.88**	
组内	378.8	16	23.68		
总变异	1932.55	19			

注：** 表示在 0.01 水平上具有统计学意义。

从以上方差分析的结果可以看到，两因素之间交互作用非常显著，这表明集中识字与分散识字效果的不同是受不同教学态度影响的。同样，不同的教学态度对识字量的不同作用也受到识字教学方式的影响。

如果方差分析结果表明交互作用不显著，检验每个因素的主效应就很重要；若交互作用显著，则对每个因素主效应的检验，意义就不大了。在上面的例子中，b 因素（教学态度）的作用显著，但是这个显著作用是与 a 因素（教学方式）有关系的，也就是说，虽然 a 因素的主效应不显著，但它对 b 因素的影响或者说对交互作用的贡献是不容忽视的。交互作用显著，这表明两个因素对实验结果具有共同的重要性。

为了进一步讨论 b_1 与 b_2 在 a 因素的哪一个水平上差异显著（或者 a_1 与 a_2 在 b 因素的哪一个水平上差异显著），有时会继续进行检验，下面以【例 13-1】来讨论这种检验方式。

在 a_1 水平的 b 因素平方和以 $SS_{b(a_1)}$ 表示：

$$SS_{b(a_1)} = \frac{64^2 + 181^2}{5} - \frac{245^2}{10} = 1368.9$$

同样，在 a_2 水平上 b 因素的平方和为 $SS_{b(a_2)}$

$$SS_{b(a_2)} = \frac{95^2 + 137^2}{5} - \frac{232^2}{10} = 176.4$$

（验算：$SS_{b(a_1)} + SS_{b(a_2)} = 1545.3$

而 $SS_b + SS_{a \times b} = 1264.05 + 281.25 = 1545.3$）

在 b_1 水平上 a 因素的平方和为：

$$SS_{a(b_1)} = \frac{64^2 + 95^2}{5} - \frac{159^2}{10} = 96.1$$

在 b_2 水平上 a 因素的平方和为：

$$SS_{a(b_2)} = \frac{181^2 + 137^2}{5} - \frac{318^2}{10} = 193.6$$

（$SS_{a(b_1)} + SS_{a(b_2)} = 96.1 + 193.6 = 289.7$

$SS_a + SS_{a \times b} = 8.45 + 281.25 = 289.7$）

表 13-3　方差分析表

变异来源	平方和	自由度	均　方	F
a 因素				
在 b_1 水平	96.1	1	96.1	4.06
在 b_2 水平	193.6	1	193.6	8.18*
b 因素				
在 a_1 水平	1368.9	1	1368.9	57.82**
在 a_2 水平	176.4	1	176.4	7.45*
组内	378.8	16	23.68	
总变异	1932.55	19		

注：$F_{0.05(1,16)} = 4.49$, $F_{0.01(1,16)} = 8.53$;

* 表示在 0.05 水平上有统计学意义，** 表示在 0.01 水平上有统计学意义。

从结果来看，虽然 a 因素从整体上看不显著（表 13-2），但它在 b_2 水平上还是显著的，这表明不同的识字教学方式，在轻松的教学气氛中差异显著；而在严肃的情境中二者差异并不显著（$F_{0.05(1,16)} = 4.06$）。b 因素在 a_1 和 a_2 两个水平中都显著，这表明不管用哪一种教学方法，不同的教学态度均有显著差异，其中在集中识字教学中两种教学态度产生的识字量差异更显著（达到 0.01 水平）。

以上有关多因素方差分析的讨论，基于二因素完全独立样本的设计，即在二因素实验设计中，每一位被试只在某一特定组别中出现一次，每位被试之间无任何关联。2×2 随机区组（完全）设计没有举例介绍，但是只要掌握了单因素设计中完全随机与随机区组设计的联系和区别，就应当会 2×2 区组设计（完全）方差分析。下表是一个随机区组设计的实验数据，有 5 个区组，每个区组都进行所有 4 种处理。先按单因素区组设计的方法求出区组平方和、组间平方和、误差平方和，然后与完全随机 2×2 设计的方差分析就基本相同了。

区组	处　　理			
	a_1b_1	a_1b_2	a_2b_1	a_2b_2
1	8	39	17	32
2	20	26	21	23
3	12	31	20	28
4	14	45	17	25
5	10	40	20	29

概括地说，如果一个多因素研究设计，当同一被试在某一因素上重复，在不同的组别中出现，或不同组别的被试之间在实验控制之外有其他的配对关联时，就要用相关样本（随机区组）多因素方差分析程序。其中，前者称为重复测量多因素方差分析，后者称为配对样本多因素方差分析。值得注意的是，在多因素设计中并非每一个因素都可能使用相关设计。当所有的因素均采用相关设计时，称为完全相关设计多因素方差分析，如果只是部分的因素采用相关设计，称为多因素混合设计（mixed design ANOVA）。不论是重复测量，还是配对样本，由于存在相关样本，使得分数的变异来源除了自变量的效果（行列的组间差异）、交互效应（单元格中平均数的差异）及随机误差的效应（组内

变异），还增加了一项由于重复或配对使用被试导致的个别差异产生的误差效应（受试者间），这样，多因素方差分析就变得更加复杂。

在一般的实证研究中，相关样本的实验研究多使用重复测量设计。但不管是重复测量还是配对样本，方差分析处理的原则与程序完全相同。由于这些设计中各因素彼此之间的作用错综复杂，因而多因素方差分析方法不仅多种多样，而且也相当复杂，如欲详细了解，读者可以参阅有关的高级统计书籍。

第二节 多重线性回归

在简单回归分析中，我们讨论了两个变量的回归问题，其中因变量只与一个自变量有关。在现实中，大多数影响因变量的因素不是一个而是多个。在回归分析中，如果对两个或两个以上的自变量对因变量影响现象进行分析，就叫作多重回归。由于一种现象常常与多种其他现象相联系，用多个自变量的最优组合共同来预测（估计）因变量，比只用一个自变量进行预测（估计）更有效，更符合实际，多重回归可增强对因变量的分析估计的准确性。

多重线性回归（multiple linear regression）的基本原理和基本计算过程与简单回归相同，但多重线性回归比简单回归的实用意义更大。由于自变量个数多，计算相当麻烦，一般在实际应用时要借助于计算机，下面介绍多重线性回归的基本原理及过程。

一、多重线性回归模型的建立

设因变量为 y，自变量为 x_1 和 x_2，则回归方程的一般形式为：

$$\hat{Y} = a + b_1 X_1 + b_2 X_2 \qquad \text{（公式 13-3）}$$

式中 $\hat{Y}$ 为 X_1 与 X_2 组合起来的一个共同估计值，a 为常数，b_1 和 b_2 叫作 Y 对 X_1 与 X_2 的偏回归系数。偏回归系数表示其他自变量假设不变时，某一个自变量变化而引起因变量变化的比率。在此模型中，b_1 的意义为：假设 X_2 不变，X_1 变化一个单位则 Y 改变 b_1 个单位。

建立回归方程的过程实际上就是求 a、b_1、b_2 的过程，与简单回归相同，也用最小二乘法，令 $\sum (Y - \hat{Y})^2 = \sum (Y - a - b_1 X_1 - b_2 X_2)^2$ 最小，利用求偏导数的方法确定 b_1 和 b_2。

$$\frac{\partial \left[\sum (Y - a - b_1 X_1 - b_2 X_2)^2 \right]}{\partial b_1} = 0$$

$$\frac{\partial\left[\sum\ (Y-a-b_1X_1-b_2X_2)^2\right]}{\partial b_2}=0$$

得到：

$$\begin{cases} a\sum X_1+b_1\sum X_1^2+b_2\sum X_1X_2=\sum X_1Y \\ a\sum X_2+b_1\sum X_1X_2+b_2\sum X_2^2=\sum X_2Y \end{cases}$$

(公式 13-4)

常数 a 可由下式确定：

$$a=\overline{Y}-b_1\overline{X}_1-b_2\overline{X}_2$$

(公式 13-5)

将 a 代入方程组（公式 13-4），整理后得：

$$\begin{cases} b_1\sum x_1^2+b_2\sum x_1x_2=\sum x_1y \\ b_1\sum x_1x_2+b_2\sum x_2^2=\sum x_2y \end{cases}$$

(公式 13-6)

式中：$\sum x_1^2=\sum\ (X_1-\overline{X}_1)^2$

$\sum x_2^2=\sum\ (X_2-\overline{X}_2)^2$

$\sum x_1x_2=\sum\ (X_1-\overline{X}_1)\ (X_2-\overline{X}_2)$

$\sum x_1y=\sum\ (X_1-\overline{X}_1)\ (Y-\overline{Y})$

$\sum x_2y=\sum\ (X_2-\overline{X}_2)\ (Y-\overline{Y})$

公式 13-6 方程组叫作正规方程组，解正规方程组，即可得到 b_1 与 b_2，然后代入公式 13-5 得到 a，这样回归方程就建立了。

【例 13-2】下表是从 10 个居民点调查得来的数据，因变量 y 表示想购置某种高档时装的青年人百分比，自变量 X_1 表示某居民点的青年人受教育水平的某种指数，自变量 X_2 表示青年人所在家庭的月人均收入（元），要求建立由 X_1 与 X_2 共同估计 Y 的回归方程。

喜欢的人数% （Y）	50	52	56	59	62	64	68	69	70	71
教育指数（X_1）	38	39	39	41	44	42	43	46	48	47
月人均收入（X_2）	50	50	54	56	56	60	64	63	62	60

解：经计算：

$\sum x_1^2=112.1$ $\sum x_2^2=234.5$

$\sum x_1y=226.9$ $\sum x_2y=331.5$

$\sum x_1x_2=130.4$

代入方程组（公式 13-6），得：

$$\begin{cases} 112.1b_1+130.4b_2=226.9 \\ 130.4b_1+234.5b_2=331.5 \end{cases}$$

解得：

$b_1=1.05$ $b_2=0.82$

$a=\overline{Y}-b_1\overline{X}_1-b_2\overline{X}_2$

$\quad=62.1-1.05\times42.7-0.82\times57.5$

$\quad=-30$

所求方程为：

$$\hat{Y}=-30+1.05X_1+0.82X_2$$

利用这个方程可以根据任意一对值 $(X_1,\ X_2)$ 估计 Y 值。比如，$X_1=25$，

$X_2=55$，则 $\hat{Y}=-30+1.05\times25+0.82\times55=41.35$。就是说如果某居民点的青年人受教育指数为 25，月人均收入 55 元，则该居民点青年人中可能有 41.35% 想买该商品。

注意：从上面所求的回归方程中看 $b_1>b_2$。但不能只根据 $1.05>0.82$ 就判定自变量 X_1 在预测 Y 时起的作用大。因为两个自变量的单位不同，不能直接比较它们在估计 Y 时的贡献。若要进行这种比较，需将原始数据分别转换成标准分数，以标准分数建立的回归方程叫标准回归方程。一般形式为：

$$Z_Y=\beta_1 Z_{X_1}+\beta_2 Z_{X_2} \quad \text{(公式 13-7)}$$

式中：Z_Y 表示因变量 Y 的标准分数的估计值；

Z_{X_1} 和 Z_{X_2} 分别表示以标准分数出现的自变量；

β_1 和 β_2 叫标准偏回归系数（standardized regression coefficient）。

建立标准回归方程还可以用另外一种形式的正规方程组：

$$\begin{cases} r_{11}\beta_1+r_{12}\beta_2=r_{1Y} \\ r_{21}\beta_1+r_{22}\beta_2=r_{2Y} \end{cases} \quad \text{(公式 13-8)}$$

方程组中 $r_{12}=r_{21}$，r_{1Y}，r_{2Y} 表示因变量、自变量的两两之间相关系数。$r_{11}=1$，$r_{22}=1$

仍以例 13-2 数据为例，计算后

$s_Y=7.23$　$s_{X_1}=3.348$　$s_{X_2}=4.843$

$r_{12}=r_{21}=0.799$　$r_{1Y}=0.93$

$r_{2Y}=0.946$

代入公式 13-8：

$$\begin{cases} \beta_1+0.799\beta_2=0.93 \\ 0.799\beta_1+\beta_2=0.946 \end{cases}$$

解得 $\beta_1=0.48$，$\beta_2=0.56$

所求方程为 $Z_Y=0.48Z_{X_1}+0.56Z_{X_2}$

因为做了标准化变换，排除了量纲不同的影响，所以可以根据标准化回归系数的大小评价自变量对 Y 的贡献大小，$\beta_2>\beta_1$，可以认为 X_2（家庭人均收入）对 Y 的影响比 X_1 更大。

标准偏回归系数与回归系数的关系如下：

$$b_1=\beta_1\frac{s_y}{s_{x_1}} \qquad b_2=\beta_2\frac{s_y}{s_{x_2}}$$

由于标准化的结果，β 系数具有与相关系数相似的性质，也就是介于 -1 和 $+1$ 之间。绝对值越大，表示预测能力越强。正负号则代表 X 与 Y 变量的关系方向。值得注意的是，在多重回归中，由于考虑预测变量之间相关的混淆效果，统计控制的程序会对各项参数进行校正，使得系数有可能出现大于 1 的情况。

这样从标准回归方程还原成原始数据的回归方程时很容易：

$$\hat{Y}=\beta_1\frac{s_Y}{s_{X_1}}X_1+\beta_2\frac{s_Y}{s_{X_2}}X_2+\left(\bar{Y}-\beta_1\frac{s_Y}{s_{X_1}}\bar{X}_1-\beta_2\frac{s_Y}{s_{X_2}}\bar{X}_2\right)$$

二、多重线性回归方程的检验

（一）方差分析

与简单回归方程的检验相同，多重线性回归方程的检验也需进行方差分析：

$$SS_T = \sum (Y-\overline{Y})^2 = \sum y^2$$

$$SS_R = \sum (\hat{Y}-\overline{Y})^2 = b_1 \sum x_1 y + b_2 \sum x_2 y + \cdots$$

$$SS_E = SS_T - SS_R$$

多重回归的方差分析中自由度分别为：

$$df_T = N-1$$

$$df_R = k \qquad (k \text{ 为自变量的个数})$$

$$df_E = N-1-k$$

在【例 13-2】中：

$$SS_T = \sum y^2 = 522.73$$

$$SS_R = 1.05 \times 226.9 + 0.82 \times 331.5$$

$$= 510.08$$

$$SS_E = 522.73 - 510.08 = 12.65$$

$$df_T = N-1 = 10-1 = 9$$

$$df_R = 2$$

$$df_E = 9-2 = 7$$

$$MS_R = \frac{SS_R}{df_R} = \frac{510.08}{2} = 255.04$$

$$MS_E = \frac{SS_E}{df_E} = \frac{12.65}{7} = 1.81$$

$$F = \frac{MS_R}{MS_E} = \frac{255.04}{1.81} = 140.9$$

$$F_{0.01(2,7)} = 9.55$$

表 13-4　方差分析表

变异来源	平方和	自由度	均　方	F	$F_{0.01}$
回归	510.08	2	255.04	140.9**	9.55
误差	12.65	7	1.81		
总变异	522.73	9			

注：**表示在 0.01 水平具有统计学意义。

就是说在【例 13-2】中求得的回归方程非常显著，亦即因变量 Y 与两个自变量 X_1，X_2 之间存在显著的线性关系。

（二）决定系数

$$R^2 = \frac{\sum (\hat{Y}-\overline{Y})^2}{\sum (Y-\overline{Y})^2} \qquad \text{（公式 13-9）}$$

R^2 表示模型决定系数。

例如，在【例 13-2】中：

$$\sum (\hat{Y}-\overline{Y})^2 = 510.08$$

$$\sum (Y-\overline{Y})^2 = 522.73$$

$$R^2 = \frac{510.08}{522.73} = 0.976$$

它表明由 X_1（教育指数）和 X_2（家庭人均收入）共同估计某居民点想买某商品的人数百分比（$\hat{Y}$）时，$\hat{Y}$ 的平方和在总平方和中占 97.6%，可以看出，这个线性模型拟合得很好，在总变异中几乎全部由回归解释。

决定系数 R^2 开方后得 R，它表示因变量 Y 与 k 个自变量线性组合之间的相关，叫复相关系数。从回归方程 $\hat{Y} = a + b_1 X_1 + b_2 X_2 + \cdots + b_k X_k$，可以知道自变量的线性组合以 $\hat{Y}$ 来表示，因而复相关系数 R，实际上就是 Y（实测值）与 $\hat{Y}$（估计值）的相关系数。在【例 13-2】中：

$$R^2 = 0.976, \text{则} R = \sqrt{0.976} = 0.988$$

这个 R 值接近于 1 了，说明 Y 与 $\hat{Y}$ 有很高的相关，与方差分析的结果相符，因此也可以通过复相关系数的显著性检验来对回归方程进行检验，复相关系数显著则回归方程也显著，因为两个结果都表示变量间存在线性关系。

查附表 11，可对复相关系数的显著性进行检验。例如，上面 $R=0.988$，自变量个数 $k=2$，自由度 $df=N-k-1=10-2-1=7$，表中 0.01 水平 R 的临界值为 0.855，实得值 $R=0.988$，大于临界值，这表明所求的复相关系数 R 在 0.01 水平上具有统计学意义，意味着回归方程也非常显著。

（三）偏回归系数的显著性检验

对每个偏回归系数的显著性检验使用 t 检验：

$$t=\frac{b_i-0}{SE_{b_i}}$$

计算 SE_{b_i}（偏回归系数的标准误）也需先计算误差的标准差。在多重线性回归中：

$$s_{Y.12\cdots k}=\sqrt{\frac{\sum(Y-\hat{Y})^2}{N-K-1}}$$

（公式 13-10）

可以看出与一元线性回归中基本相同，

$s_{Y.12\cdots k}$ 也就是方差分析中误差均方的平方根，它同样也是以 $\hat{Y}$ 为中心的标准差。

在多元线性回归中：

$$SE_{b_i}=s_{Y.12\cdots k}\sqrt{C_{ii}}$$

（公式 13-11）

其中 C_{ii} 的计算如下：

$$C_{11}=\frac{\sum x_1^2}{(\sum x_1^2)(\sum x_2^2)-(\sum x_1 x_2)^2}$$

（公式 13-12a）

$$C_{22}=\frac{\sum x_2^2}{(\sum x_1^2)(\sum x_2^2)-(\sum x_1 x_2)^2}$$

（公式 13-12b）

公式 13-12a 与公式 13-12b 中 $x_1=X_1-\overline{X}_1$，$x_2=X_2-\overline{X}_2$。

值得注意的是某一个偏回归系数不显著时回归方程可能仍然显著，因而在多重线性回归的检验中方差分析是对整个回归方程的显著性检验，是整体的检验，与单独进行每个偏回归系数的显著性检验不一定等效。就是说经方差分析，结果回归方程显著，但回归方程中的每一个偏回归系数不一定都显著。

（四）多重线性回归中的预测区间

多重线性回归中的预测区间的概念、解释均与简单回归中相同，只是在具体计算误差的标准误时更复杂了些，下面是两个自变量的回归中误差标准误的公式。

$$SE_{(\hat{Y}-Y_0)}=SE_{Y.12}\cdot\sqrt{1+\frac{1}{N}+C_{11}(X_{1p}-\overline{X}_1)^2+C_{22}(X_{2p}-\overline{X}_2)^2+2C_{12}(X_{1p}-\overline{X}_1)(X_{2p}-\overline{X}_2)}$$

式中：X_{1P} 与 X_{2P} 表示给定的一对自变量数值。

C_{11} 和 C_{22} 见公式 13-12a 与公式 13-12b。

$$C_{12}=\frac{\sum x_1 x_2}{(\sum x_1^2)(\sum x_2^2)-(\sum x_1 x_2)^2}$$

（公式 13-13）

三、多重回归方程中自变量的选择

多重回归分析包括了多个变量，多个变量之间往往存在关系，因此在应用多重回归分析进行预测时，自变量纳入回归方程式的组合有不同的方式。另外，在多重线性回归方程中，有些自变量的偏回归系数显著，也有些自变量的偏回归系数不显著。这意味着凭经验选取的自变量中有的在回归方程中作用显著，有的却无足轻重，而最优的回归方程，应该是方程显著且每个自变量的偏回归系数都显著。因此，为了建立最优的回归方程，需要对自变量进行选择，作用不显著的自变量不必进入回归方程。一般选择自变量，建立最优回归方程的方法有如下几种。

（一）最优方程选择法

即从所有可能的自变量组合建立的回归方程中选择最优的。例如，有四个自变量（记为 X_1，X_2，X_3，X_4），先分别用每一个自变量与因变量 Y 建立简单回归方程，共 4 个方程；再每次从四个自变量中任选两个分别与 Y 建立双自变量线性回归方程，共 $C_4^2 = 6$ 个方程；然后再每次任取三个自变量分别与 Y 建立回归方程，共 $C_4^3 = 4$ 个方程；最后将四个自变量一同与 Y 建立回归方程。这样一共有 15 个回归方程，分别进行方程的显著性检验和偏回归系数的显著性检验，从中确定一个最优的方程。

（二）同时多重回归法

同时多重回归法（simultaneous multiple regression）是将所有的预测变量同时纳入回归方程中估计因变量。此时，整个回归分析仅保留一个包括全体预测变量的回归方程式。同时回归分析法又区分为强制进入法和强制淘汰法两种。

强制进入法是在某一显著水平下，不考虑预测变量间的关系，把对因变量具有解释力的所有预测变量纳入回归方程式，计算所有变量的回归系数。

强制淘汰法的原理与强迫进入法相反，是在某一显著水平下，不考虑预测变量间的关系，将对因变量没有解释力的所有预测变量，一次性全部排除在回归方程式之外，再计算保留在回归方程式中的所有预测变量的回归系数。

（三）逐步多重回归法

逐步多重回归法（stepwise multiple regression）是依据预测变量解释力的大小，逐步检查每一个预测变量对因变量的影响。它不像同时回归分析法那样，同时用所有预测变量来进行预测。根据预测变量的选取顺序，逐步回归分析法又分为向前法（forward）、向后法（backward）和逐步法（stepwise）三种。

向前法又称为顺向进入法。这种方法在选取预测变量时，依照自变量对因变量预测力的大小，由大到小，优先选用具有最大预测力且具有统计学意义的自变量（其偏回归平方和最大），然后依序将自变量逐个纳入方程式中，直到方程式外所有具有统计学意义的预测变量全部被纳入回归方程式中为止。这种方法计算量较小，但一次只能引入一个变量。

向后法又称为反向淘汰法。它与向前回归法的程序相反。先按照同时回归分析法方式，把所有预测变量纳入回归方程式中运算，然后将没有达到统计学意义的预测变量，以最弱、次弱的顺序从方程式中逐个剔除（偏回归平方和最小），直到不具有统计学意义的所有预测变量全部被剔除为止。

逐步法是向前回归法与向后回归法的综合运用。先按自变量对因变量预测力的大小，引入一个或全部预测变量进入回归方程。每引入一个预测变量后，即利用向后回归法检验方程式中所有预测变量（包括刚引入的那个）的作用是否具有统计学意义，若检验结果表明一些预测变量的作用不具有统计学意义时，就将其剔除（因为引入新的自变量后，原来方程中作用显著的自变量有可能变成不显著）。每剔除一个自变量后，对留在方程式中的自变量的统计学意义要再做检验，若发现又有自变量不具有统计学意义时接着再剔除之。这样交叉循环，逐个引进或剔除，直到保留在方程式内的预测变量全部具有统计学意义，方程式外的预测变量不具有统计学意义为止。这种方法引入变量后立即考虑是否要剔除，剔除变量后立即考虑是否要引入，交替使用了向前回归法与向后回归法，兼具二者的优点，一般来说，求得的回归方程最优。

（四）分层重回归法

在一般研究中，预测变量之间可能具有特定的先后关系，需要依照研究者的设计，以特定的顺序进行分析。例如，以性别、社会经济地位、自尊、焦虑感与努力程度来预测学业表现时，性别与社会经济地位两个变量在概念上属于人口统计学变量，不受任何其他预测变量的影响，而自尊与焦虑感两个变量为情意变量，彼此之间可能具有高度相关，也可能受到其他变量的影响，因此四个预测变量可以被区分为两个阶段，先将人口变量用强迫进入法进行回归分析，计算回归系数，其次再将情意变量以逐步分析法计算自尊、焦虑感各自的预测力，完成对因变量的回归分析，这种方法称为分层多重回归法（hierarchical multiple regression）。这种回归分析，多运用在当研究者有一个明确的理论依据，得以将多个预测变量进行事先的分割排序时。

以上这些方法都是在做多重回归分析时逐步筛选变量的方法。比较而言，同时法可以从整体效果模式中看到所有自变量的效果，能够考虑与呈现每一个自变量的解释力。向前法和向后法可以找到最有预测力的变量，同时也可以避免共线性的影响，适合做探索性的研究使用。逐步法适合用于预测性研究，协助建立最佳预测模型。层次分析法则以一定的理论为先导。

四、多重线性回归的基本假设

在进行多重线性回归分析时，应该注意这种方法的基本假设。这些假设条件与回归大体相同，即线性、独立、等方差和正态性假设，此时的正态性假设是指在给定一组 X 后，Y 的条件分布为正态分布。

在多重回归分析中，若自变量间存在相关性，称为多重共线性（multi-collinearnality），回归分析应避免严重的多重共线性存在。多重共线性严重的情况下，回归参数估计的标准误大大增加，导致置信区间扩大、I 型错误增大等一系列问题。因此，在回归分析之前，应先进行多重共线性检验。

回归分析有多种类型。前面谈论的回归分析都要求变量是数量型的，在实际研究中，遇到按性质分类的变量时，一般不能直接进行上述的回归分析，需要经过一定方式的转换。另外，在心理与教育研究中经常进行追踪实验，这时的 Y 变量与时间的积累有关，自身之间并不独立，后一个数据是在前一个数据基础上积累的。这种情况违背了"各个 Y 值子总体彼此独立"的基本假设，因而不宜使用前面所介绍的回归分析方法，而应该使用自回归分析。例如，逐月研究儿童识字量与阅读理解能力（X_1）和机械记忆能力（X_2）的关系，儿童每月识字量都是当月所识的字与上月识字量的积累，这种情况 Y 值彼此之间不独立，在进行回归分析时就不宜应用上述方法。

第三节 因子分析

因子分析（factor analysis）是处理多变量数据的一种统计方法，它可以揭示多变量之间的关系，其主要目的是从为数众多的可观测的变量中概括和综合出少数几个因子，用较少的因子变量来最大限度地概括和解释原有的观测信息，从而建立起简洁的概念系统，揭示出事物之间的本质联系。

因子分析方法是英国心理学家斯皮尔曼在考查"智力"结构时发展起来的统计方法，目前，它已经发展成为统计学的一个分支，随着计算机的普及和统计软件包的使用，因子分析已经被广泛地应用于各个领域的研究当中。本节主要介绍因子分析的一般原理和过程。

一、因子分析的类别

（一）R 型因子分析与 Q 型因子分析

R 型因子分析与 Q 型因子分析是最常用的两种因子分析类型。R 型因子分析，是针对变量所做的因子分析，其基本思想是通过对变量的相关系数矩阵内部结构的研究，找出能够控制所有变量的少数几个随机变量去描述多个随机变量之间的相关关系。但这少数几个随机变量是不能直接观测的，通常称为因子。然后，再根据相关性的大小把变量分组，使同组内的变量之间的相关性较高，不同组变量之间的相关性较低。Q 型因子分析，是针对样品所做的因子分析。它的思想与 R 型因子分析的思想类似，但出发点不同。Q 型因子分析在计算中是从样品的相似系数矩阵出发，R 型因子分析在计算中是从样品的相关系数矩阵出发的，其结果都可以用来对样品进行分类。心理与教育科学研究中常用的是 R 型因子分析。

(二) 探索性因子分析与验证性因子分析

探索性因子分析 (exploratory factor analysis，EFA) 就是指传统的因子分析。这种因子分析方法对于观察变量因子结构的寻找，并未有任何事前的预设假定。对于因子的抽取、因子的数目、因子的内容及变量的分类，研究者也没有事前的预期，而是由因子分析的程序去决定。在典型的 EFA 中，研究者通过共变关系的分解，找出最低限度的主要成分 (principal component) 或共同因子 (common factor)，然后进一步探讨这些主要成分或共同因子与个别变量的关系，找出观察变量与其相对应因子之间的强度，也就是所谓的因子负荷值 (factor loading)，以说明因子与所属的观察变量的关系，决定因子的内容，为因子取一个合适的名字。

由于传统的因子分析企图找出最少的因子来代表所有的观察变量，因此研究者必须在因子数目与可解释变异量 (ex-plained variance) 二者间寻找平衡点。因为因子分析至多可以抽取出与观察变量总数相等的因子数目，这样，虽然可以解释全部的变异，却失去因子分析找寻因子结构的目的。但如果研究者企图以少数几个较明显的因子来代表所有的项目，势必将以损失部分可解释变异为代价。因而在探索性因子分析中，研究者相当一部分工作是在决定因子数目与提高因子解释的变异 (R square)。

验证性因子分析 (confirmative factor analysis，CFA) 是在研究人员积极改善传统因子分析的限制，扩大其应用范围的基础上产生的。这类因子分析要求研究者对于潜在变量的内容与性质，在测量之初就必须有非常明确的说明，或有具体的理论基础，并已先期决定相对应的观察变量的组成模式。进行因子分析的目的是为了检验这一先期提出的因子结构的适合性。这种因子分析方法也可用于理论架构的检验，在结构方程模型中占有相当重要的地位，有重要的应用价值，也是近年来心理测量与测验发展中相当重视的内容。

二、因子分析的基本思想、模型与条件

(一) 因子与共变结构

因子分析发展的最初目的是在简化一群庞杂的测量，找出可能存在于观察变量背后的因子结构，使之更为明确，增加其可理解性。因子分析的基本假设是那些不可观测的"因子" (factor，或潜在维度)

隐含在许多现实可观察的事物背后，虽然难以直接测量，但是可以从复杂的外在现象中计算、估计或抽取得到。因子分析的数学原理是共变（covariance）抽取。也就是说，受到同一个因子影响的测量分数，共同相关的部分就是因子所在的部分，这可以用"因子"的共同相关部分来表示。

因子分析运算的过程，与同样采用共变为计算基础的回归分析类似。为了进行因子分析，必须假定每一测试的分数都符合正态分布，实际上，我们需要假设，对于一个给定的被试，每一测试分数都是它在一组潜在维度或因子上的分数再加上该因子测试特有成分的线性组合，即

$$X_{ij}=b_{j1}F_{i1}+b_{j2}F_{i2}+\cdots+b_{jm}F_{im}+\varepsilon_{ij}$$

其中 X_{ij} 是第 i 个被试在第 j 个子测试中的分数值，F_{ik} 是同一被试在第 k 个维度（各种子测试所度量的 m 个维度之一）上的分数。ε_{ij} 是 X_{ij} 的一部分，它不能用普通的维度来说明，可以认为是第 j 个测试中的特殊量（unique factor）。该因子等式可写成更简单的形式：

$$X_j=b_{j1}F_1+b_{j2}F_2+\cdots+b_{jm}F_m+\varepsilon_j$$

这个等式的意思是"第 j 个子测试的分数是在公共因子（common factors）F_1，F_2，$\cdots$，F_m 上的分数加一个特殊因子所贡献的 ε_j 线性组合"。b_{jk} 是第 k 个因子在第 j 个子测试分数中的负荷，又称为因子得分系数（factor score coefficient）。

（二）因子分析的条件

因子分析的进行，必须满足以下几个条件。

第一，因子分析以变量之间的共变关系作为分析的依据，凡影响共变的因子都需要先行确认无误。因子分析的变量都必须是连续变量，符合线性关系的假设。顺序与类别变量不能使用因子分析简化结构。

第二，抽样过程必须随机，并具有一定规模，专家建议样本数在 100 以下不宜进行因子分析，样本数最好大于 300。如果研究的总体有相当的同质性（如学生样本），变量数目不多，样本数可以在 100～200。也有专家建议样本数最少为变量数的 5 倍，且大于 100。这些标准可供使用者参考。

第三，变量之间具有一定程度的相关，对于一群相关太高或太低的变量，不太适合进行因子分析。太低的相关难以抽取一组稳定的因子，通常相关系数绝对值低于 0.3 时，不建议进行因子分析。而相关太高的变量，多重共线性（multi-collinearity）明显，区分效度不够，获得的因子结构价值也不高。使用者可通过球形检验与 KMO 检验来确定这些问题。

三、因子分析的数学原理与过程

（一）计算相关矩阵

因子分析的基础是变量之间的相关。因此，因子分析的第一步是计算各个题目之间的两两相关，详细检验项目相关矩阵代表的意义。

用来探讨这些相关系数是否适当的第一种方法是巴特莱球形检验（Bartlett's test of sphericity）。由于因子分析使用相关系数作为因子抽取的基础，一般而言，相

关矩阵中的相关系数必须显著高于 0，某一群题目两两之间有高相关，显示可能存在一个因子，多个群落代表多个因子。如果相关系数都偏低且接近，则因子的抽取越不容易，巴特莱球形检验即可用来检验这些相关系数是否不同且大于 0。球形检验结果显著，表示相关系数可以用于因子分析抽取因子。

第二种方法是使用偏相关矩阵来判断。变量之间是否具有高度关联，可以从偏相关矩阵（partial correlation）来判断，以偏相关计算两个变量的关系时，排除了其他变量的影响。在因子分析计算过程中，可以得到一个反映像矩阵，呈现出偏相关的大小，在该矩阵中，若多数系数偏高，则应放弃使用因子分析。对角线的系数除外，该系数称为取样适切性量数（Kaiser-Meyer-Olkin measure of sampling adequacy, KMO），代表与该变量有关的所有相关系数与净相关系数的比较值，该系数越大，表示相关情形越好。

第三种方法是检查共同性指数（communality）。某一变量与其他所有变量的复相关系数的平方，得到的数值称为共同性，表示该变量的变异量被共同因子解释的比例，其计算方式为在一变量上各因子负荷量平方值的总和。变量的共同性越高，因子分析的结果就越理想。

（二）抽取因子的方法

抽取因子（factor extraction）这一步骤的目的在于决定这些测量变量中存在多少个潜在的成分（component）或因子（factor）。除了人为设定因子个数之外，决定因子个数的具体方法有以下几种。

1. **主成分法**（principal component analysis）

主成分法以线性方程式将所有变量加以合并（linear combination），计算所有变量共同解释的变异量，该线性组合被称为主成分。第一次线性组合建立后，计算出的第一个主成分估计，可以解释全体变异量的最大一部分。其所解释的变异量即属第一个主成分所有，分离后剩余的变异量，经第二个方程式线性合并，抽离出第二个主成分，其所涵盖的变异量即属于第二个主成分的变异量。依此类推，所剩的共同变异越来越小，每一成分的解释量依次递减，直到无法抽取共同变异量为止。但通常只保留解释量较大的几个成分代表所有的变量。主成分分析法适用于单纯为简化大量变量为较少数的成分时，作为因子分析的预备工作。

2. **主轴因子法**（principal axis factors）

主轴因子法是分析变量间的共同变异量而非全体变异量。其计算方式与主成分分析有差异，主轴因子法用共同性（communality）取代了相关矩阵中的对角线 1.00，目的在于抽出一系列互相独立的因子。第一个因子解释最多的原来变量间共同变异量；第二个因子解释除去第一个因子解释后，剩余共同变异量的最大变异，其余因子依序解释剩余的变异量中的最大部分。直到所有的共同变异被分割完毕为止。此法符合因子分析模式的假设，亦即分析变量间共同变异，而非分析变量的总变异，因子的内容较易了解。

3. 最小平方方法（least squares method）

最小平方方法利用最小差距原理，针对特定个数的因子，计算出一个因子形态矩阵（factor pattern matrix）后，使原始相关矩阵与新的因子负荷量矩阵系数相减平方后数值最小，称为未加权最小平方方法（unweighted least squares method），表示所抽离的因子与原始相关模式最接近。若相关系数事先乘以变量的残差（uniqueness），使残差大的变量（可解释变异量少者）比重降低，计算得到原始相关系数除以新因子负荷系数差异的最小平方距离，进行因子的确认称为加权最小平方方法（weighted least squares method）。

4. 最大似然法（maximum-likelihood method）

相关系数经变量的残差（uniqueness）加权后，利用似然函数（likelihood function），估计出最可能出现的相关矩阵的方法。

在各种方法中，主成分法是最简单的一种策略，主要归因于它的数学转换程序比较简单，容易理解与操作。就其原理来看，主成分分析法是从测量变量中用数学方式寻找较少且互相独立的成分以便简化解释复杂的测量资料。主因子分析法的目的是寻求数字背后隐含的意义与潜在的结构。如果研究者的意图只是获得因子分数，并进行相关性研究，采用主成分分析法就能达到目的；如果要探讨抽象概念的含义，建立理论假设和结构，则应采用主因子分析模式。

（三）因子个数

因子个数的决定主要依据特征值（eigenvalue）的大小。特征值代表某一因子可解释的总变异量，特征值越大，代表该因子的解释力越强。一般而言，特征值需大于 1 才可被视为一个因子。低于 1 的特征值，代表该因子所解释的变异少于一个标准化的变量的变异，这样的因子实际意义不大。

另一种方法则是用碎石检验（scree test）来确定，即将每一个因子依其特征值排列，特征值逐渐递减，当因子的特征值逐渐接近，没有变化之时，代表特殊的因子已无法被抽离出来；当特征值急剧增加时，即代表有重要因子出现，也就是特征值曲线变陡时，就是决定因子个数时，因此碎石检验又叫作陡坡检验。

（四）因子旋转

将前一步骤所抽取的因子，经过数学转换，使因子或成分能够清楚地区分，能够反映出特定的意义，被称为因子旋转（factor rotation）。前面几个步骤，目的在于建立变量与因子之间的关系。而因子旋转的目的，则是在厘清因子与原始变量之间的关系，以确立因子间最简单的结构，达到简化的目的，使新因子具有更鲜明的实际意义，更好地解释因子分析的结果。所谓简单结构（simple structure），就是使每一个变量仅在一个公共因子上有较大载荷，而在其他公共因子上的载荷比较小。

旋转的过程是将因子之间的相对关系，

以变换矩阵（transformation matrix）所计算出的因子负荷矩阵的参数，将原来的共变结构所抽离出来的项目系数进行数学转换，形成新的旋转后因子负荷矩阵（经正交旋转）或结构矩阵（经斜交旋转），使结果更易解释，有助于进行因子的命名。

因子旋转的方法有多种。其中一类称为正交旋转（orthogonal rotation）。所谓正交，是指旋转过程中因子之间的轴线夹角为 90 度，即因子之间的相关设定为 0，如最大变异法（varimax）、四次方最大值法（quartimax）、均等变异法（equimax rotation）。另一类型的旋转方法称为斜交旋转（oblique rotation），这种方法允许因子与因子之间具有一定的相关性，在旋转过程中同时对于因子的关联情形进行估计，如最小斜交法（oblimin rotation）、最大斜交法（oblimax rotation）、四次方最小值法（quartimin）等。

以正交旋转转换得到的新参数是基于因子间相互独立的前提。在数学原理上是使所有的变量在同一个因子或成分的负荷量平方的变异量达到最大，这样做能够使因子结构达到最简，且对于因子结构的解释较为容易，概念较为清晰，对于测验编制者，寻求明确的因子结构，以发展一套能够区别不同因子的量表，正交旋转法是最佳的策略。但是，将因子之间进行最大的区分，往往会扭曲了潜在特质在现实生活中的真实关系，容易造成偏误，因此一般进行实证研究的验证时，除非研究者有其特定的理论作为支持，或有强而有力的实证证据，否则为了精确地估计变量与因子关系，使用斜交旋转是较贴近真实的一种做法。

在旋转过程中，会出现几种不同的参数矩阵。例如，复制相关矩阵（reproduced correlation matrix）是利用因子结构中因子与变量间的相关值估计出的变量与变量的相关矩阵。它和观察到的真正相关矩阵的差异（残差相关矩阵）可以用来检验因子结构是否合适。残差相关矩阵（residual correlation matrix）则是测量变量的相关矩阵与估计的相关矩阵的离差所形成的矩阵。当矩阵中过大的残差值过多时，表示并不适合于执行因子分析。因子分数系数矩阵（factor score coefficient matrix）可用来把测验的原始分数，用因子分析建立的因子结构转换成新的因子分数，并应用于进一步的统计分析运算。其原理是以因子为因变量，以测量变量为预测变量，将原始分数进行线性组合。

四、因子分析的功用与应用

因子分析方法是心理科学对统计学的伟大贡献，它被广泛用于心理与教育研究及其他学科领域。在心理学研究中，尤其是在心理测量领域，因子分析技术有着重要的功能。它可用于协助测验研究者进行测验效度的验证，建立量表的因子效度（factorial validity）；协助研究者简化测量内容，选用最具有代表性的题目来测量特质，以最少的项目实施最合适的测量；用来协助测验编制，进行项目分析，检验项目的优劣等。

近年来，随着电脑的发展，因子分析的应用已有多种不同的变化，其中以验证性因子分析为核心的结构方程模型（structural equation modeling）技术与应用软件不断被开发、更新。在未来，因子分析依然有着相当广阔的发展空间和应用空间。

前面介绍的多因子方差分析、多重回归分析、因子分析等多变量统计分析技术和方法，是当代心理学和教育科学研究领域中最受关注与讨论的统计方法，它们有着非常广泛的用途。除此之外，其他的多变量统计方法还有判别分析、聚类分析等。这些方法的一个共同特点是计算过程都比较繁复，须借助于电子计算机和统计软件包才能完成。随着计算机在心理与教育研究中的普及，以及统计软件的开发推广，

这些方法，包括在各种不同情况、不同假设条件下才能使用的多因子分析方法的实际应用，展现出了十分重要的研究工具性价值和方法学的价值，逐渐显示出其重要作用。

最后，需要说明的是，研究中统计方法的选择运用一定要服务于研究目的，用最简捷的方法解决比较复杂的问题一直是科学研究遵循的一个准则，千万不要形而上地追求方法的绝对运用而忽视了研究的实质。另外，在选择、使用多变量统计方法的时候，一定要懂得各种多变量统计分析方法的基本原理、基本过程，了解其基本假设条件，这也是利用计算机进行各种统计分析的基本原则和前提。

小　结

本章简要介绍了几种多变量统计分析方法：多因素方差分析、多重回归分析、因子分析的基本概念、原理和方法。

1. 多因素方差分析适宜于处理因子设计的研究数据。因素实验设计类型、因素、因素水平、实验处理、交互作用等概念是因素设计的重点，也是正确进行多因素方差分析的基础。多因素方差分析不但能够分析各个因子的主效应，而且还能分析相

互间的交互效应。二因素方差分析是最简单的多因素方差分析。

2. 多重线性回归分析是指研究多个自变量与一个因变量之间是否存在某种线性关系或非线性关系的一种统计分析方法。建立多重线性回归方程的方法有强迫入选法、逐步回归法、强迫剔除法、后向逐步法、向前逐步法等。

3. 因子分析是从多个变量中综合选择出少数几个变量的一种多元统计分析方法。其中，从多个变量中找出的较少的几个综合变量被称为公共因子或潜变量。因子分

析的类型有 R 型因子分析与 Q 型因子分析，探索性因子分析与验证性因子分析。进行因子分析的步骤包括提取公因子、旋转初始因子载荷矩阵、旋转后产生因子矩阵、碎石图、给提取的因子命名和解释等几个环节。

进一步阅读资料

1. 艾伦（A. Aron），艾伦（E. N. Aron），库普思（E. Coups）. 心理统计（第 4 版）（影印版）. 北京：世界图书出版公司北京公司，2006：383～423，618～627.

2. 金志成，何艳茹 . 心理实验设计及其数据处理 . 广州：广东高等教育出版社，2005.

3. 鲁尼恩（R. P. Runyon），科尔曼（K. A. Coleman），皮滕杰（D. J. Pittenger）. 心理统计（第 9 版）（英文版）. 北京：人民邮电出版社，2004：396～436.

4. 舒华 . 心理与教育研究中的多因素实验设计 . 北京：北京师范大学出版社，2010.

5. 谢小庆，王丽. 因素分析：一种科学研究的工具 . 北京：中国社会科学出版社，1989.

6. 芝祐顺 . 因素分析法 . 曾亦薇，译 . 北京：人民教育出版社，1999.

计算机统计技巧提示

在 Excel 中，用"分析工具库"中提供的"方差分析：可重复双因素分析""方差分析：无重复双因素分析"进行二因素方差分析。

在 SPSS 中，二因素以上的方差分析用 MANOVA，即"Analyze"→"General Linear Model"→"Multivariate"。必要时使用平均值的事后多重比较。如果是重复测量数据，方差分析步骤即"Analyze"→"General Linear Model"→"Repeated measures"，必须指定组内因素和组间因素。

SPSS 的多元回归分析执行步骤与简单线性回归分析一致，但要注意选择回归的类型和方法。

SPSS 中提供的因子分析执行步骤为："Analyze"→"Data Reduction"→"Factor"，在 Factor analysis 窗口中指定相关矩阵（correlation matrix）、提取公因子的方法（Extraction)、因子旋转方法（Rotation），以及需要显示的内容（Display），然后运行就会出现因子分析结果。

思考与练习题

1. 探索性因子分析与验证性因子分析有什么区别？

2. 试解释交互作用。

3. 回归分析与因子分析有什么区别？

4. 下面的数据是一个 2×3 设计的实验结果，被试完全随机分成 6 组，试检验交互作用及主效应。

b 因素	a 因素					
	a_1		a_2		a_3	
	b_1	b_2	b_1	b_2	b_1	b_2
	6	5	3	9	5	13
	11	10	5	5	11	9
	10	7	6	6	8	12
	11	8	7	4	7	14
	8	5	5	6	11	11

5. 某工业心理学家对 15 名工作人员进行了如下评定和测验。利用这些数据建立回归方程，同时求出复相关系数并检验它。

工作成绩评分 (Y):	54 37 30 48 37 37 31 49 43 12 30 37 61 31 31
能力测验 (X_1):	15 13 15 15 10 14 8 12 1 3 15 14 14 9 4
训练得分 (X_2):	8 1 1 7 4 2 3 7 9 1 1 2 10 1 5

6. 某外语教师计划采用一种比较简单的测试方式评价学生的外语学习水平，但是，他必须在这种测试的分数和已经在大样本中标准化了的普通测试分数之间建立关联。据以前研究的结果，他打算用完型填空、词汇测试作为预测变量。有 30 个被试参加了这个测试，分数如下，试以这些数据建立一个多重回归预测模型。

学生	水平测试分数 (Y)	填空测试 (X_1)	词汇测试 (X_2)
1	93	19	29
2	86	16	26
3	69	14	25
4	80	11	25
5	92	19	31
6	53	7	20
7	55	6	19

续表

学生	水平测试分数 (Y)	填空测试 (X_1)	词汇测试 (X_2)
8	72	13	23
9	79	16	32
10	45	4	15
11	41	7	15
12	51	9	19
13	60	10	16
14	72	11	31
15	42	9	10
16	78	13	28
17	75	15	24
18	70	16	30
19	52	11	16
20	67	14	19
21	45	5	17
22	40	5	16
23	36	4	13
24	49	9	22
25	67	13	21
26	55	8	28
27	36	7	9
28	58	9	20
29	69	14	21
30	58	12	18

7. 下面10个题目是中国台湾学者修订的罗森伯格（Rosenberg）自尊量表。选择被试进行测试，并以主成分分析法和正交转轴法，进行一个探索性因子分析，并检验这个量表中的10个题目是否具有多重因子结构。

(1) 大体来说，我对我自己十分满意。

(2) 有时我会觉得自己一无是处。

(3) 我觉得自己有许多优点。

(4) 我自信我可以和别人表现得一样好。

(5) 我时常觉得自己没有什么好骄傲的。

(6) 有时候我的确感到自己没有什么用处。

(7) 我觉得自己和别人一样有价值。

(8) 我十分看重自己。

（9）我常常会觉得自己是一个失败者。

（10）我对我自己持积极的态度。

8. 在一项心理研究中，用实验方法对刺激反应时进行测量，设置了三个级别的视觉刺激作为处理因素，12 位受试者随机分配到 3 个视觉刺激级别的实验组中，数据如下表。试对这些数据做方差分析。

刺激反应	被试	测量1	测量2	测量3
1	A	0.9	1.2	0.7
1	B	1.5	1.1	0.8
1	C	0.5	0.8	0.5
1	D	0.8	1.3	0.9
2	A	2.4	2.8	2.1
2	B	1.9	2.4	2.2
2	C	2.9	3.3	2.7
2	D	2.4	2.8	2.9
3	A	1.5	1.2	1.9
3	B	2.1	1.9	2.2
3	C	1.1	1.5	1.0
3	D	1.6	1.8	1.3

第十四章
抽样原理及方法

【教学目标】介绍抽样的基本原理，理解并掌握常用的抽样方法和确定样本容量的方法，抽样方法的具体应用。

【学习重点】各类抽样方法的概念，抽样原理，抽样方法的应用，确定样本容量的方法。

在心理、教育及其他领域的调查研究中，绝大部分不可能也没有必要对研究总体中的每个个体逐一进行调研。一般是从中抽取一部分个体作为研究样本，应用参数估计或假设检验等统计方法，从样本的研究结果对总体特征进行推论。这种推论的可靠性，一方面依赖于研究过程中无关变量的控制和数据处理的准确性，另一方面则依赖于样本的代表性。如果样本不能很好地代表总体，即使无关变量控制得很好，统计方法运用确切，对总体的推论也是不可靠的。因此，掌握抽样原理及技术对于科研实践具有重要意义。本章将简要介绍抽样原理、抽样方法与确定样本容量的方法。

第一节 抽样的意义和原则

一、抽样调查研究的特点和作用

一般而言，抽样调查研究与全面调查研究相比，其特点和作用主要表现在以下几个方面。

（一）节省人力及费用

人力和费用是大型调查研究首先应当考虑的因素。例如，几年前我国为了确定统一的服装规格型号，需要在全国范围内调查人体各个部位的尺寸，并对人体的体型规律进行研究，如果对十几亿人口进行全面调查，将要动员相当多的人力，花费一笔可观的费用。但是，实际只抽取了40万人（男女各半，并考虑到年龄、职业、地区和民族等方面不同的数量比例）进行测量，使人力及费用大大减少，而制定出的规格型号经试用，令人满意。

（二）节省时间，提高调查研究的时效性

例如，消费心理学的研究常常要进行市场调查或民意测验。由于市场信息变化很快，要求调查或测验结果必须及时，全面调查研究不容易做到这一点，只有抽样调查研究才能符合这种客观要求。

（三）保证研究结果的准确性

从理论上说，只有全面调查研究的结果是最准确可靠的，但是实际上并不尽然。全面调查研究由于被试太多，难免在研究过程中或整理数据时出现差错。例如，收集心理与教育测验的全国常模数据时，如果对常模团体中每个人逐一进行测验，除时间、费用增加外，由于需要增加主试人数，会给主试的培训带来不利。若主试的训练不能保证质量，在施测过程中就很难掌握统一标准，再加上整理数据等其他原因造成的误差，很可能最后得到的常模数据并不真正代表该常模水平。如果进行抽样，被试人数有限，便于整理数据，主试的训练也在一定程度上能提高质量，并且整个研究的设计安排得到保证，从而使研究过程中的过失误差或系统误差得到一定程度的控制，保证研究结果的准确性。

当然，抽样研究的这些特点和作用是以样本的代表性为前提的，如果样本代表性差，则以上抽样研究的特点和作用也就失去了其意义。

二、抽样的基本原则

随机化（randomization）是抽样研究的基本原则。所谓随机化原则，是指在进行抽样时，总体中每一个体是否被抽取，并不由研究者主观决定，而是按照概率原理每一个体被抽取的可能性是相等的。

由于随机抽样使每个个体有同等机会被抽取，因而有相当大的可能性使样本保持和总体相同的结构。或者说，具有最大的可能使总体的某些特征在样本中得到表现。因此说随机抽样可以保证样本代表总体。

此外，随机抽样对于抽样误差的范围

可以预算或控制。对于抽样误差的预算，意味着对研究结果的精确度能客观地评价，同时也能够按照所要求的精确度来决定样本应该具有多大容量。例如，以样本平均数估计总体平均数时，从总体中随机抽取一个样本，即使没有系统误差和过失误差，样本平均数 $\overline{X}$ 也不一定等于总体平均数，这时 $(\overline{X}-\mu)$ 就叫抽样误差。本书第六章曾指出，样本平均数 $\overline{X}$ 的分布，一般情况下为正态分布（见图 14-1）。

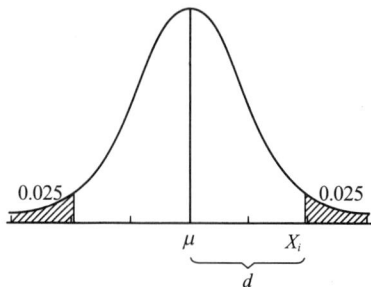

图 14-1　样本平均数的正态分布

对于任意一个样本平均数 $\overline{X}_i$，尽管存在抽样误差 $(\overline{X}_i-\mu)$，但是由于 $\overline{X}_i$ 基本上（95% 的可能性）在临界值范围之内，因而抽样误差 $(\overline{X}_i-\mu)$ 不超过这个范围的一半（以 d 表示），d 即为最大允许抽样误差，简称最大允许误差。（如果 $\overline{X}_i-\mu$ 大于 d，即 $\overline{X}_i$ 落到临界区时，统计上就认为 $\overline{X}_i$ 已不是来自总体 μ 的一个样本了，因而 $\overline{X}_i-\mu$ 这时就不再叫抽样误差了。）

d 值可以由 $Z_{0.05/2}\cdot SE_{\overline{X}}$ 算出，如果

d 值大，表明 $\overline{X}_i$ 围绕 μ 的离散程度大，以 $\overline{X}_i$ 估计 μ 时精确度就小；反之 d 值小，则 $\overline{X}_i$ 估计 μ 的精确度就大。因此，d 值是评价抽样结果精确度的一个指标。由于 $SE_{\overline{X}}=\dfrac{\sigma}{\sqrt{n}}$，所以可以通过改变样本容量 n 来控制 d 值，反过来，也可以根据 d 值来推算样本容量 n 应该多大合适。

如果不按随机原则抽样，总体中个体就不能保证以相同的可能性被抽取，所抽的样本也就不能很好地代表总体，而且对于结果的精确度不能进行上述的客观评价。比如，一个大学心理系的教师要进行一项研究，内容是经常干扰一个成年男子（如年龄在 20～50 岁）的睡眠，看这种干扰会对他的情绪造成何种影响。很少有人愿意把自己作为一个样本来研究，于是该教师只好去请求和他比较要好的学生、老师来做志愿者。这时，他抽样的对象（实际上的母体）范围很窄，那么这位研究人员从这项研究中得出的结论，只能说适用于学校的成年男子，而不是全社会的成年男子。统计分析就是依据样本所提供的信息，正确推论总体的情况。在这一过程中，最根本的一环是确保样本的代表性及对实验的良好控制。所以，在推论统计的研究中必须进行随机抽样，或者说随机化是抽样研究的基本原则。

【资料卡 14-1】

抽样偏差

1936 年，罗斯福（F. D. Roosevelt）与兰登（A. Landon）共同竞选美国总统。此时，美国失业人数高达九百万，在 1929—1935 年这段时间实际收入下降了约 1/3，经济正由大萧条中逐渐回升。兰登竞选主题为"小政府"，口号为"挥霍浪费的人必须离任""我们应该专心致力于自己的事务"。罗斯福竞选主题为"扩大内需"，口号为"在我们能够平衡联邦政府的预算之前，必须先平衡美国人民的预算"。

绝大多数观察家认为罗斯福将毫不费力地获胜，而《文学文摘》（*Literary Digest*）杂志根据大约 240 万人参加的一次民意测验预测，兰登会以 57％对 43％的优势获胜。《文学文摘》的显赫威望支持着它的预测，因为自 1916 年起，在历届总统选举中该杂志都能正确地预测出获胜的一方。但是实际的竞选结果是罗斯福以 62％对 38％一边倒的优势赢得了 1936 年的选举，连任总统。

同年，由社会心理学博士盖洛普（G. H. Gallup, 1901—1984）主持的盖洛普民意调查公司却成功地预测了大选的结果。盖洛普从《文学文摘》杂志调查的 240 万人的样本中抽取了 3 千人，在《文学文摘》公布其预测之前预测兰登以 56％对 44％赢得此选举，这个结果仅以 1 个百分点（实际与预测百分率之间差的单位）的误差提前预言了《文学文摘》的预测结果。盖洛普对他们的调查提出质疑，因为当时电话和汽车只局限在高收入阶层中使用。他以性别及年龄做配额抽样（quota sampling），仅依据一个约 5 万人的样本，预测罗斯福将以 56％对 44％胜出当选。尽管他对罗斯福所得选票的预测误差为 62％－56％＝6 个百分点，但对这一结果的正确预测使《文学文摘》销声匿迹，此后不久就垮了，而盖洛普则名声大噪。

这是重要民意测验曾做出过的最大误差。接受民意测验的人数这么多，但《文学文摘》这么大的预测误差是怎么产生的呢？目前关于此问题的解释集中在取样策略方面。①取样方法：邮寄 1000 万份问卷，回收 420 万份，但调查对象是从电话簿、汽车车主的登记资料以及选举人的登记名单中选取。在经济大萧条时期，电话和汽车并不像现在这样普遍，当时仅有 1100 万人拥有住宅电话，但 900 万人失业，仅针对拥有汽车和电话的少数人进行调查并不具有代表性，但是这些名单比较容易得到。②取样偏差（selection bias）：取样中包含很多的富人，而该年贫富间选举倾向相距极大。那些富人支持共和党的候选人兰登，那些未能被调查的低收入民众却大部分支持民主党的罗斯福，导致调查结果失真。③没有回答或拒绝回答（non-response），或低回复率（response rate）引起偏差。邮寄发出的调查问卷大约有 1000 万张，但只有少数的调查表被收回，有效回复率仅为 23％。在收回的调查表中，兰登非常受欢迎。于是，该杂志预测兰登将赢得选举。以芝加哥为例，问卷寄给1/3的登记选民，回收约20%的问卷，其中超过一半宣称将选兰登，但选举结果是罗斯福拿到2/3的选票。对此，有的研究者认为回复此项调查的样本对象大都心存偏见，因为兰登的支持者比罗斯福的支持者更倾向于回答此项问卷。

这说明规模小而仔细的抽样调查，反而比规模大而粗略的调查更好。当取样有偏差时，再多的样本也没有用。现在，从统计抽样的理论看，当年盖洛普的配额抽样方法（每一个调查人员事先即已根据第一类别要抽出固定数目的样本，如性别、年龄、种族、居住所在地、经济状况等）未免粗糙，但比起《文学文摘》的调查而言，还是比较好。但是，1948年盖洛普及几家大型民调公司对当年的美国总统选举结果却做出了错误预测。民意调查结果显示杜威会以5%～15%的优势领先竞选连任的杜鲁门，但选举结果杜鲁门以4.4%的优势赢了杜威。学者分析这次选举预测失败的可能原因：①民意调查访问时间距投票日不够接近，没有显出杜鲁门的声势已有起色；②采用的配额抽样偏向容易接受访问的群众，达不到统计随机取样的要求；③没有评估不表态民众的可能投票倾向；④杜鲁门的危机意识促使支持他的人踊跃投票，而杜威的支持者则反之。

此后运用抽样进行民意调查的技术与方法，历经各种研究与修正，数十年来在美国历次总统大选所做的民意调查的预测结果与大选结果几乎都完全吻合。在抽样时合理地使用随机原理取得样本，其应用成效已深获肯定与重视。当前大多数应用统计不会像前面的例子错得那样厉害，但在需要考虑选择正确的样本时，还是要非常谨慎小心。

——整理自弗里德曼等．统计学．魏宗舒，等译．北京：中国统计出版社，1997：367～381．

第二节 几种重要的随机抽样方法

根据总体的不同特点和不同的调查研究目的，在实际调查研究中常常应用不同方式的随机抽样，最主要的抽样方法有简单随机抽样、分层抽样、等距抽样等。本节介绍最主要的几种，同时，为了比较各种抽样方法的精确度，分别给出每种抽样方法中平均数或比率的标准误公式。

一、简单随机抽样

（一）方法

一般说的随机抽样，就是指简单随机抽样（simple random sampling），它是最基本的抽样方法，适用范围广，最能体现随机化原则，原理简单。在抽取时，总体中每个个体应有独立的、等概率被抽取的可能。常用的具体抽取方式有抽签法和随机数字法。抽签法（drawing lots）是把总体中的每一个个体都编上号码并做成签，充分混合后从中随机抽取一部分，这部分签所对应的个体就组成一个样本。随机数字表（random number table）是由一些任意的数字毫无规律地排列而成的数字表。附表 19 就是由 1 万个数字无规律排列组成的一个随机数字表。使用随机数字表进行抽样时，先给总体编号，然后从表中任意一个数字开始依次往下数，并把最后几位数字小于总体编号数字的选出，按研究要求组成一个样本。例如，从 50 个人中随机抽取 10 人，先将 50 人从 1～50 编上号，假如选定 04 与 05～09 交叉处的 99896 开始，纵向往下数并规定凡是最后两位数字小于 50 的均可入样本，则编号为 23，41，26，25，18，9，28，1，26，36 的人可组成一个样本。

（二）标准误

前面说过，在图 14-1 中，d 值是抽样结果精确度的一个指标，而 d 值实际上受标准误的影响，标准误越大，则 d 值也大，这时意味着抽样结果的精确度越小。因此从各种抽样方法的标准误大小，能够直接评价抽样的精确度。

在讨论标准误的公式之前，应该注意区分有限总体与无限总体这两个概念。如果总体中包含个体的数量是有限的，该总体就叫有限总体，也就是说无论 N 有多大，只要不是无穷大，就是有限总体。如果总体中所含个体的数量是无限的，即 $N \to \infty$，则该总体叫作无限总体。例如，某运动员投篮 10 次，命中 8 次，命中率为 80%。这 10 次投篮，相当于一个 $n = 10$ 的样本，而总体 N（总的投篮次数）从理论上讲是无限的，因此可以说这个样本是从无限总体抽取的（有时 N 虽然有限，但样本容量 n 与 N 相比很小，即 $n \leqslant N$，则也可近似视为无限总体）。在介绍参数估计和假设检验时，我们都假设是无限总体的情况，介绍的各个公式也都是在"无限总体中抽样"这一前提下给出的。在实际研究中，如果总体是有限的，而且不宜假设为无限总体时，则应该注意其区别。

1. 平均数的标准误

在简单随机抽样中，平均数的标准误公式如下（由于在实际中总体标准差一般很少事先知道，所以本章的公式均以样本标准差代替总体标准差）。

当样本所属总体是无限总体时：

$$SE_{\bar{X}} = \frac{s_{n-1}}{\sqrt{n}} \qquad （公式 14-1）$$

式中：$s_{n-1} = \sqrt{\dfrac{\sum (X - \bar{X})^2}{n-1}}$（样本标准差）；

n 为样本容量。

当样本所属总体是有限总体时：

$$SE_{\bar{X}} = \frac{s_{n-1}}{\sqrt{n}} \cdot \sqrt{1 - \frac{n}{N}} \qquad （公式 14-2）$$

式中：$s_{n-1} = \sqrt{\dfrac{\sum (X - \bar{X})^2}{n-1}}$（样本标准差）；

n 为样本容量；

N 为总体容量。

比较公式 14-1 与公式 14-2 可以看出，有限总体时的 $SE_{\bar{x}}$ 比无限总体时多乘以一项 $\sqrt{1-\dfrac{n}{N}}$。当样本容量 n 与总体容量 N 相差悬殊时，$\dfrac{n}{N}$ 接近于 0，则 $\sqrt{1-\dfrac{n}{N}} \approx$ 1。此时有限总体可近似地看成无限总体。若 n 小但不是很小时则不宜做这种近似，须按有限总体对待。

2. 比率的标准误

简单随机抽样中当样本容量 n 较大时，比率的标准误为：

无限总体：$SE_p = \sqrt{\dfrac{pq}{n}}$ （公式 14-3）

有限总体：$SE_p = \sqrt{\dfrac{pq}{n}} \cdot \sqrt{1-\dfrac{n}{N}}$

（公式 14-4）

（三）评价

从理论上说，简单随机抽样是最符合随机原则的，而且分析抽样误差比较简明。但是这种方法在实践中受到一些限制，存在一些不足。例如，简单随机抽样需要把总体中每一个体编上号码，如果总体很大，这种编号几乎是不可能的。再者，这种抽样方法常常忽略总体已有的信息，降低了样本的代表性。例如，对某一地区的学生进行抽样，测试该地区学生的智力水平，重点学校与一般学校的学生是有差异的，如果不考虑这个因子，则所抽取的样本很可能抽到重点学校的学生多些，或根本没有重点学校的学生。这样，样本的代表性是不理想的，若充分考虑并利用重点与一般存在差异这一已有信息，可以设计出更好的抽样方法（见后面的分层随机抽样）。另外，在大规模的抽样研究时，用抽签法是不可能的，而用随机数字表一个一个地抽，又太费时费力。这时就得采用和简单随机抽样相似，但实施更简便的等距抽样方法。

二、等距抽样

等距抽样（interval sampling）也叫机械抽样或系统抽样（systematic sampling）。在实施时，将已编好号码的个体排列顺序，然后每隔若干个抽取一个。例如，调查某大学一个系（$N=200$）学生的兴趣爱好，采用等距抽样，$n=50$，则每隔 4 个人抽一个，如 1 号，5 号，9 号…或 2 号，6 号，10 号…

一般来说，这种抽样方法比简单随机抽样更简便易行，而且它比较均匀地抽到总体中各个部分的个体，样本的代表性比简单随机抽样好。至于究竟间隔多远抽一个，视总体大小和样本所需容量而定。但是，如果总体具有某种周期性变化，则等距抽样的代表性远不如简单随机抽样。例如，前面举的从大学抽样调查兴趣爱好的例子中，假如正好男、女生的编号分别为奇数或偶数，则隔 4 个抽一个很可能全抽到男生或全抽到女生，由于兴趣爱好在男、女生之间可能有明显差别，这时只用男生（或女生）的样本不能代表全体。另外，等距抽样同简单随机抽样一样也容易忽略已有信息。例如，从某个区县抽样调查高三学生智力水平，已知该区县有两所重点学校（高三学生分别为 150 人和 100 人），根据总体及样本容量的要求，决定每隔 200 人抽一个，设一所重点学校学生的编号是 510～609，另一所重点学校学生的编号是 1251～1400，进行等距抽样时若从第 10 号开始抽，则抽到的学生为 10，210，410，610，810，1010，1210，1410…这样，重点中学的学生一个没抽到，显然是不合适的。

三、分层随机抽样

（一）方法

分层随机抽样简称分层抽样（stratified sampling 或 hierarchical sampling）。具体做法是按照总体已有的某些特征，将总体分成几个不同的部分（每一部分叫一个层），再分别在每一部分中随机抽样。它充分利用了总体的已有信息，因而是一种非常实用的抽样方法。

对于一个总体究竟应该如何分层，分几层，要视具体情况而定。总的一个原则是，各层内的变异要小，而层与层之间的变异越大越好，否则就失去了分层的意义。例如，从某综合大学抽样调查学生逻辑推理能力，根据以往的研究结果，文科学生与理科学生的逻辑推理能力有显著差异，因而进行分层抽样时就按文、理科分为两层，或分成文、理、交叉学科三个层次。有些复杂问题，常常还需要按两个或两个以上的分层标准进行分层。例如，以儿童为对象，进行心理实验研究时，要考虑到遗传、环境、年龄、性别等对儿童有影响的各种因子，在选取样本时，应该按照这些因子进行多个分层标准的分层抽样。美国心理学家韦克斯勒（Wechsler）1966 年编制的"韦氏幼儿智力量表"（WPPSI），抽样时曾考虑到 6 个分层标准：①年龄（4～6.5 岁，每半岁为一组）；②性别；③种族（白人与非白人）；④地区（东北部、中北部、西部、南部）；⑤家长职业（8 种职业）；⑥城市与农村。这样，先按年龄分成 6 个年龄组，每组又按性别分为男女各半，然后再按照种族、地区、家长职业、城乡等继续分层。日本 1967 年修订 WPPSI 时，认为日本国情与美国不同，因此只按年龄、性别、地区三个标准进行分层。可见分层标准并不是一成不变的，即使是同一个研究课题，在不同的条件下，用什么标准进行分层以及对于每一个分层标准应当分为几层均需视具体情况而决定。

既然各个层之间的差异较大，那么各层的人数分配也不应一律等同。设总体为 N，所需样本容量为 n，如何合理地将 n 分配在各层，是分层抽样的一个重要问题。具体施行过程有两种方式。

1. 按各层人数比例分配

按各层人数比例分配是在各层内的标准差不知道的情况下常用的分配方式，基本思想是人数多的层多分配，人数少的层少分配。设各层的人数分别为 N_1，N_2，N_3，…，N_k，每层应分配的人数为 n_1，n_2，n_3，…，n_k，则

$$N = N_1 + N_2 + N_3 + \cdots + N_k$$

$$n = n_1 + n_2 + n_3 + \cdots + n_k$$

如果按人数比例分配，则

$$\frac{n}{N} = \frac{n_1}{N_1} = \frac{n_2}{N_2} \cdots$$

或 $\dfrac{N_i}{N} = \dfrac{n_i}{n}$

任意一层应分配的人数应当为：

$$n_i = \frac{N_i}{N} \cdot n \qquad （公式14-5）$$

2. 最佳分配

最佳分配不但根据各层人数比例，还考虑到了各层标准差。如果各层内的标准差已知，就应该考虑到标准差大的层要多分配，标准差小的层要少分配。这样，不但考虑了各层人数比例，还考虑到了各层标准差的分配，叫最佳分配。这时，任意一层应分配的人数 n_i 为：

$$n_i = \frac{N_i \cdot \sigma_i}{\sum\limits_1^k N_i \cdot \sigma_i} \cdot n \qquad （公式14-6a）$$

式中 σ_i 为任一层内的标准差，若 σ_i 没有现成资料，可以从该层抽一个小样本算出样本标准差 s_i 估计之，即

$$n_i = \frac{N_i \cdot s_i}{\sum\limits_1^k N_i \cdot s_i} \cdot n \qquad （公式14-6b）$$

（二）标准误

为了简化公式，先引入统计量 W_i，

令 $W_i = \dfrac{N_i}{N}$ （公式14-7）

1. 平均数的标准误

无限总体：

$$SE_{\bar{X}} = \sqrt{\sum_1^k \left(W_i^2 \cdot \frac{s_i^2}{n_i} \right)} \qquad （公式14-8）$$

公式 14-8 实际上与公式 14-1 意义相同，在公式 14-1 中以样本 s 估计总体 σ，而在公式 14-8 中是以各层的 s_i 联合估计全总体 σ。

有限总体：

$$SE_{\bar{X}} = \sqrt{\sum_1^k \left[\left(W_i^2 \cdot \frac{s_i^2}{n_i} \right) \left(\frac{N_i - n_i}{N_i} \right) \right]}$$

（公式14-9）

式中：N_i 为某一层的个体总数；

n_i 为某一层应分配的样本容量；

s_i 为某一层的标准差。

【例14-1】某大学为了调查新生推理能力，以分层抽样的方式从 1500 名新生中抽取 200 名进行瑞文推理测验。已知新生中文科 500 名、理科 800 名、边缘学科 200 名，根据历年同类调查的资料，新生瑞文推理测验成绩的标准差，文科是 $s_1 = 10$，理科是 $s_2 = 7$，边缘学科 $s_3 = 12$，试问这次调查时这 200 名被试如何在文、理、边缘学科中分配？样本平均数（$n = 200$）分布的标准误为多少？

解：$n_1 = \dfrac{N_1 \cdot s_1}{\sum\limits_1^k N_i \cdot s_i} \cdot n$

$= \dfrac{500 \times 10}{500 \times 10 + 800 \times 7 + 200 \times 12} \times 200$

$= \dfrac{5000}{13000} \times 200 = 77$

$n_2 = \dfrac{800 \times 7}{13000} \times 200 = 86$

$n_3 = \dfrac{200 \times 12}{13000} \times 200 = 37$

因此，200 人的样本应包括 77 名文科生，86 名理科生，37 名边缘学科学生。样

本平均数（$n=200$）分布的标准误为：

$$SE_{\bar{X}} = \sqrt{\sum_1^k \left[\left(W_i^2 \cdot \frac{s_i^2}{n_i} \right) \left(\frac{N_i - n_i}{N_i} \right) \right]}$$

$$= \sqrt{\left[\left(\frac{500}{1500}\right)^2 \times \frac{10^2}{77} \times \frac{500-77}{500} \right] + \left[\left(\frac{800}{1500}\right)^2 \times \frac{7^2}{86} \times \frac{800-86}{800} \right] + \left[\left(\frac{200}{1500}\right)^2 \cdot \frac{12^2}{37} \cdot \frac{200-37}{200} \right]}$$

$$= \sqrt{0.122 + 0.145 + 0.056} = 0.57$$

2. 比率的标准误（样本容量 n 较大时）

无限总体：

$$SE_p = \sqrt{\sum_1^k \left(W_i^2 \cdot \frac{p_i q_i}{n_i} \right)} \quad \text{（公式 14-10）}$$

有限总体：

$$SE_p = \sqrt{\sum_1^k \left[\left(W_i^2 \cdot \frac{p_i q_i}{n_i} \right) \left(\frac{N_i - n_i}{N_i} \right) \right]} \quad \text{（公式 14-11）}$$

式中：p_i 为某一层内的比率；

$q_i = 1 - p_i$；

W_i，N_i，n_i 意义同前。

（三）评价

分层抽样由于充分利用了总体已知的信息，其样本的代表性及推论的精确性一般优于简单随机抽样。比较两种抽样方式的标准误，能够说明这种分层的效果。

如前所述，一般总体方差并不易得到，常以样本方差 s^2 来估计，因而这里 s^2 代表总体的变异。在分层抽样中，总体变异实际上来源于层与层之间和各层内部，即层间与层内两部分。

从公式 14-8 中可知，在分层抽样时平均数的标准误为：

$$SE_{\bar{X}} = \sqrt{\sum_1^k \left(W_i^2 \cdot \frac{s_i^2}{n_i} \right)}$$

因为 $W_i = \frac{N_i}{N} = \frac{n_i}{n}$

所以 $SE_{\bar{X}} = \sqrt{\sum_1^k \left(W_i \cdot \frac{n_i}{n} \cdot \frac{s_i^2}{n_i} \right)}$

$$= \sqrt{\frac{\sum_1^k (W_i \cdot s_i^2)}{n}}$$

式中：$\sum_1^k (W_i \cdot s_i^2) = \frac{\sum_1^k (n_i \cdot s_i^2)}{n}$

即各层内部方差（s_i^2）的加权平均，称作层内变异，以 s_w^2 表示（相当于方差分析中的组内变异）。

即 $SE_{\bar{X}(分层)} = \sqrt{\frac{s_w^2}{n}}$ （公式 14-12）

公式 14-12 表明，尽管在分层抽样时，总变异被分解为层间与层内两部分来源，但平均数的标准误只与层内变异（s_w^2）有关。

对于同一总体，如果按简单随机方式抽样，则总变异不存在分解为两部分来源的问题。这时平均数的标准误与总变异有关，即

$$SE_{\bar{X}(简单)} = \sqrt{\frac{s^2}{n}} \quad \text{（见公式 14-1）}$$

显然，$s_w^2 < s^2$

故 $SE_{\bar{X}(分层)} < SE_{\bar{X}(简单)}$

这表明，对于同一个总体，分层抽样

与简单随机抽样在样本容量相同时，前者的抽样误差小于后者的抽样误差。

此外，从上述分析中还可以看到，当层间变异增大时，层内变异（s_w^2）减小（相对于同一总体），使$SE_{\bar{X}}$减小。也就是前面曾提到的，分层抽样中层与层之间变异越大，则分层的效果越好。

四、两阶段随机抽样

（一）方法

当总体容量很大时，直接以总体中的所有个体为对象，从中进行抽样，在实际调查或研究中存在很大困难。例如，调查全国某一年龄组城市儿童的认知能力，若直接从该年龄组的儿童中简单随机抽样，首先遇到的困难是将全国各城市该年龄组的儿童编号过程；其次所抽到的个体在全国范围分布得很散，使研究人员很难进行实际的调查。如果进行分层抽样，它只是把总体按某种特性分成不同的几个部分（层），在每一层中均需抽样，总的来说还是在原总体范围内抽取个体，当总体很大时仍然存在较大的人力、财力方面的困难。

在实际研究中，对于这类大范围的调查研究一般采取阶段抽样方法，像上面那样的调查，若第一阶段先以城市为抽取单位，从全国所有城市中随机抽取一部分城市（这样等于用这部分城市代表所有城市），第二阶段再从所选取的城市中随机抽取调查对象（个体），这就是两阶段随机抽样（two-stage random sampling）。

一般而言，进行两阶段抽样时，首先将总体分成 M 个部分，每一部分叫作一个"集团"（或"群"），第一步从 M 个"集团"中随机抽取 m 个作为第一阶段样本，第二步是分别从所选取的 m 个"集团"中抽取个体（n_i）构成第二阶段样本，可见第一阶段样本中的单位，在第二阶段又是总体（分总体）。

设总体容量为 N，某一个"集团"的容量为 N_i，所需样本容量为 n，从某一个"集团"所抽个体数为 n_i，

则 $N = \sum_1^M N_i$，$n = \sum_1^m n_i$。

若各个"集团"的容量 N_i 均相同，记作 $\bar{N}_i$，则各个 n_i 也应相同（$\bar{n}_i$），这时：

$$N = M \cdot \bar{N}_i，\quad n = m \cdot \bar{n}_i。$$

学习者应注意两阶段抽样与分层抽样的根本区别。从形式上看，似乎都分成两步：第一步将总体分成若干部分，第二步再分别从部分中抽取个体。但二者在第一步中有着根本区别。在分层抽样中，对于每一个部分总体（"层"）均需从中抽取个体，因而没有第一阶段样本的问题。而在两阶段抽样中，将总体分成若干个"集团"后，并不是对每一个"集团"都再进行第二阶段抽样，而是从所有的"集团"中先抽取一部分"集团"，这里实际上进行了第一阶段的抽样，构成了第一阶段样本，然后再对所选"集团"做第二阶段抽样。

（二）标准误

在进行两阶段抽样时，大部分情况是有限总体，这里给出在有限总体情况下的

抽样标准误。

1. 平均数的标准误

一般情况下（各 N_i 不相等）

$$SE_{\bar{X}}=\frac{1}{N} \cdot \sqrt{M\,(M-m)\,\frac{s_e^2}{m}+\frac{M}{m} \cdot \sum_1^m N_i\,(N_i-n_i)\cdot\frac{s_i^2}{n_i}}$$ （公式 14-13）

式中：N 为总体容量；

　　　M 为总体中所有的"集团"数；

　　　m 为第一阶段所选取的"集团"数（即第一阶段样本的大小）；

　　　N_i 为某一个"集团"所含个体的数；

　　　n_i 为从某一"集团"中抽取的个体数。$n=\sum_1^m n_i$；

$$s_e^2=\frac{1}{m-1} \cdot \sum_1^m\left[\left(\frac{N_i}{n_i}\sum_1^{n_i} X\right)-\frac{1}{m} \cdot \sum_1^m\left(\frac{N_i}{n_i}\sum_1^{n_i} X\right)\right]^2;$$

　　　s_i^2 为某一"集团"内的方差。

如果各"集团"大小（N_i）相同，则进行第二阶段抽样时，n_i 也应相同。这时各"集团"的大小记作 $\bar{N}_i$，从中抽取的个体数记为 $\bar{n}_i$。

将 $\bar{N}_i$、$\bar{n}_i$ 代替公式 14-13 中的 N_i 与 n_i，得：

$$SE_{\bar{X}}=\sqrt{\frac{M-m}{M} \cdot \frac{s_b^2}{m}+\frac{m}{M} \cdot \frac{\bar{N}_i+\bar{n}_i}{\bar{N}_i} \cdot \frac{s_w^2}{m\bar{n}_i}}$$

（公式 14-14）

式中：$s_b^2=\frac{1}{m-1} \cdot \sum_1^m\,(\bar{X}_i-\bar{X})^2$；

$$s_w^2=\frac{1}{m\,(\bar{n}_i-1)}\sum_1^m\sum_1^{\bar{n}_i}\,(X-\bar{X}_i)^2。$$

（$\bar{X}_i$ 为某一集团的抽样平均数，$\bar{X}$ 为整个样本的平均数）

2. 比率的标准误（样本较大时）

比率的标准误仍可使用公式 14-13 和公式 14-14，只是式中 s_i^2，s_e^2，s_b^2，s_w^2 的计算在形式上有所不同：

$$s_i^2=\frac{n_i}{n_i-1}p_i q_i$$

$$s_e^2=\frac{1}{m-1} \cdot \sum_1^m\,(N_i p_i-\overline{N_i p_i})^2$$

式中：$\overline{N_i p_i}=\frac{\sum N_i p_i}{m}$；

$$s_b^2=\frac{1}{m-1} \cdot \sum_1^m\,(p_i-p)^2；$$

$$s_w^2=\frac{n_i}{m\,(n_i-1)} \cdot \sum_1^m p_i q_i。$$

【例 14-2】某幼儿园大班有 4 个班，共 90 人。从中任选两个班（$N_1=20$，$N_2=27$），再从两个班中分别抽取一部分儿童 $n_1=13$，$n_2=17$，调查大班儿童每周看电视的时间，结果其中一个班（$n_1=13$）平均数 $\bar{X}_1=4$（小时），$s_1=2$；另一班（$n_2=17$）平均 $\bar{X}_2=4.6$，$s_2=2.5$。求用这种抽样方法所得的平均数标准误是多少。

解：$N=90$，$N_1=20$，$N_2=27$，$M=4$，$m=2$

　　　$n_1=13$，$n_2=17$，$s_1=2$，$s_2=2.5$

$$s_e^2 = \frac{1}{m-1} \cdot \sum_1^m \left[\left(\frac{N_i}{n_i} \sum_1^{n_i} X \right) - \frac{1}{m} \cdot \sum_1^m \left(\frac{N_i}{n_i} \sum_1^{n_i} X \right) \right]^2$$

$$= \frac{1}{m-1} \cdot \sum_1^m \left(N_i \cdot \overline{X}_i - \frac{1}{m} \cdot \sum_1^m N_i \cdot \overline{X}_i \right)^2$$

$$= \left(20 \times 4 - \frac{20 \times 4 + 27 \times 4.6}{2} \right)^2 + \left(27 \times 4.6 - \frac{20 \times 4 + 27 \times 4.6}{2} \right)^2$$

$$= (80 - 102.1)^2 + (124.2 - 102.1)^2$$

$$= 976.82$$

将上面各项值代入公式 14-13：

$$SE_{\overline{X}} = \frac{1}{N} \cdot \sqrt{M(M-m) \frac{s_e^2}{m} + \frac{M}{m} \cdot \sum_1^m N_i (N_i - n_i) \cdot \frac{s_i^2}{n_1}}$$

$$= \frac{1}{90} \cdot \sqrt{4 \times 2 \times \frac{976.82}{2} + 2 \times \left(20 \times 7 \times \frac{2^2}{13} + 27 \times 10 \times \frac{2.5^2}{17} \right)}$$

$$= 0.72$$

（三）评价

一般而言，两阶段抽样相对于简单随机抽样，标准误要大些（抽样误差大些），这主要是由于存在第一阶段的抽样，使得第二阶段抽样已经不是从全总体中抽取，而是从全总体的部分代表（第一阶段样本）中抽取。但是，两阶段抽样简便易行，节省经费，因而它是大规模调查研究中常被使用的抽样方法。

抽样方法还有一种分类是根据每次抽取的样本是否在下次抽样前放回总体中，分为有放回抽样和无放回抽样。有放回抽样（sampling with replacement）是指每次从总体中抽取一个个体，观测后放回总体中，再抽下一个，对这 n 个个体总体变量值做观测，所得到的样本（理论值）被称为"简单样本"（simple sample），或"IID 样本"（independent identically dis-tributed）。与此对应的是无放回抽样（sampling without replacement），即每次从总体中抽一个个体，观测后不放回总体中，再抽下一个，或者等价地，从总体中一下子取出 n 个个体进行观测。在无放回抽样下得到的样本，从理论上讲就不再是简单样本了，但是当总体中个体的数目很多（与样本大小比较）时，从总体中抽掉一些个体没有太大的区别。在这种情况下，即使是无放回抽样也可以近似地看成有放回抽样，即简单样本。

不管采用什么类型的抽样方法，为保证样本代表性，在抽样时必须遵循随机化原则，即在抽样时，总体中每一个个体被抽取的可能性是相等的，否则，样本研究就不会具备代表性。恰当选取各种随机抽样方法对保证这一环节的成功起着非常重要的作用。

第三节 样本容量的确定

一、基本问题

(一) 确定样本容量的意义

一个合理可行的抽样设计，一方面要求针对调查或实验研究的具体情况选择一种适宜的抽样方法；另一方面应该根据调查研究所要求的精确度及经费状况确定样本容量。样本容量过小，会影响样本的代表性，使抽样误差增大而降低了调查研究推论的精确性；而样本容量过大，虽然减小了抽样误差，但可能增大过失误差，而且无意义地增大经费开支。

另外，样本容量与抽样误差之间并不存在直线关系。随着样本容量的增大，抽样误差减小的速度越来越慢。例如，在简单随机抽样中，平均数的标准误 $SE_{\bar{X}} = \dfrac{\sigma}{\sqrt{n}}$。前面说过，标准误代表着抽样误差，因而分析 n 与 $SE_{\bar{X}}$ 的关系可以解释样本容量与抽样误差的关系，当 σ 及其他条件不变时，$SE_{\bar{X}}$ 是 n 的幂函数（见图 14-2），设 $SE_{\bar{X}} = \dfrac{\sigma}{\sqrt{n}}$ 式中 $\sigma = 1$，则 n 从 10 增到 20 时（$\Delta_n = 10$），$SE_{\bar{X}}$ 从 0.31 减小到 0.22，减小量 $\Delta_{SE} = 0.09$，如果 n 从 100 增加到 110，Δ_n 仍然为 10，但 Δ_{SE} 只有 0.005，此时若使 Δ_{SE} 仍等于 0.09 则需 n 从 100 增至 10000。

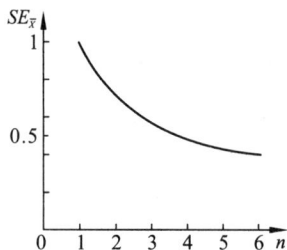

图 14-2　标准误与样本容量的关系

因此，按照本节后面内容介绍的方法，根据调查研究的要求确定了样本容量之后，如果样本较小，适当增加一些被试可以明显减小标准误，提高抽样效果，同时经费并不一定增加很多；如果确定的样本较大，则不宜随便增加被试，因为被试增加数量不太多时对于减小标准误无济于事，而增加数量太多又要受到经费的限制，同时会出现增大误差的可能。

(二) 确定样本容量时应该考虑的因素

采用抽样方式实施的调查或实验研究，就其目的而言大致可分为两类：一种是对总体的某个参数进行估计或预测，如要了解某人的闪光融合频率，给他测了 10 次，得到一个平均数（相当于 $n = 10$ 的一个样本平均数），然后以这个样本平均数对其闪光融合频率的真值（相当于总体平均数）进行区间估计。这种调查研究在统计学中称参数估计。另一种调查研究的目的主要在于检验统计量之间的差异，如比较实验组与控制组之间的差异，检验其能否说明总体上存在的差异，从而证明实验的有效与否，这就是假设检验问题。参数估计与假设检验在确定样本容量时应考虑的因素稍有不同。

1. 参数估计

本章对图 14-1 分析时，曾指出最大允许误差 d 是确定样本容量的一个因子：

在样本平均数的分布中 $\dfrac{|\overline{X}-\mu|}{SE_{\overline{X}}}=Z_{\alpha/2}$，

当 $\alpha=0.05$ 或 0.01 时，$Z_{\alpha/2}=1.96$ 或 2.58，此时，$|\overline{X}-\mu|=d$

而 $SE_{\overline{X}}=\dfrac{\sigma}{\sqrt{n}}$，

因此 $\dfrac{d}{\dfrac{\sigma}{\sqrt{n}}}=Z_{\alpha/2}$ （$\alpha=0.05$ 或 0.01）

$$n=\left(\frac{Z_{\alpha/2}\cdot\sigma}{d}\right)^2 \qquad\qquad \text{（公式 14-15）}$$

可以看到，在进行平均数的估计时，当 α 确定后（0.05 或 0.01），总体标准差 σ 和最大允许误差 d 是决定样本容量的两个因子。

2. 假设检验

在前面介绍假设检验时，讨论过 α 与 β 错误的关系。如图 14-3 所示。

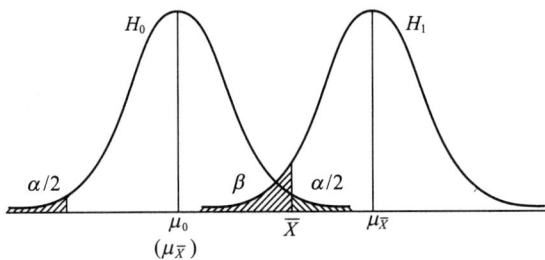

图 14-3　α 与 β 关系图示

设某总体平均数为 μ_0，样本平均数为 $\overline{X}$，当 H_0 为真时，意味着 $\overline{X}$ 所代表的总体平均 $\mu_{\overline{X}}$ 与 μ_0 重合（H_0：$\mu_{\overline{X}}=\mu_0$），这时如果拒绝 H_0，则犯 α 型错误：

$$\frac{\overline{X}-\mu_0}{SE_{\overline{X}}}=Z_{\alpha/2}$$

当 H_1 为真时，意味着 $\mu_{\overline{X}}$ 与 μ_0 有差异（H_1：$\mu_{\overline{X}}\neq\mu_0$），这时若拒绝 H_1，则犯 β 型错误，$\dfrac{\mu_{\overline{X}}-\overline{X}}{SE_{\overline{X}}}=Z_{\beta}$，也就是说，在假设检验中不但考虑 α 还需考虑 β，那么两式相加（一般设 H_1 与 H_0 分布的标准误相同）可得：

$$\frac{\mu_{\overline{X}}-\mu_0}{SE_{\overline{X}}}=(Z_{\alpha/2}+Z_{\beta})$$

即 $\dfrac{\mu_{\bar{X}} - \mu_0}{\dfrac{\sigma}{\sqrt{n}}} = (Z_{\alpha/2} + Z_{\beta})$

令 $\delta = \mu_{\bar{X}} - \mu_0$

则 $n = \left[\dfrac{(Z_{\alpha/2} + Z_{\beta})\ \sigma}{\delta} \right]^2$ （公式 14-16）

可见，在平均数的假设检验中，确定了 α 与 β 之后（由研究者自己确定），样本容量 n 取决于总体标准差 σ 和所假设的总体差异 δ，与参数估计相比，多考虑了一个 β 因子，且 δ 与参数估计中的 d 具有不同的含义。

二、确定样本容量的方法

（一）用公式计算样本容量

1. 平均数的估计或检验时样本容量的确定

公式 14-15 和公式 14-16 即简单随机抽样进行平均数的估计或假设检验时确定样本容量的公式，只是在实际应用中还需注意条件不同时，公式需要相应变化。

①当从有限总体抽样时，公式 14-15、公式 14-16 分别变化为：

$$\dfrac{d}{\dfrac{\sigma}{\sqrt{n}} \cdot \sqrt{\dfrac{N-n}{N}}} = Z_{\alpha/2}$$

$$n = \dfrac{N \cdot Z_{\alpha/2}^2 \cdot \sigma^2}{N d^2 + Z_{\alpha/2}^2 \cdot \sigma^2} \quad （公式 14-17）$$

或 $\dfrac{\delta}{\dfrac{\sigma}{\sqrt{n}} \cdot \sqrt{\dfrac{N-n}{N}}} = (Z_{\alpha/2} + Z_{\beta})$

$$n = \dfrac{N\ (Z_{\alpha/2} + Z_{\beta})^2 \sigma^2}{N\delta^2 + (Z_{\alpha/2} + Z_{\beta})^2 \sigma^2}$$

（公式 14-18）

②当总体标准差 σ 未知时，以样本标准差 s（或以往类似调查研究所得标准差）代替，公式中 $Z_{\alpha/2}$，Z_{β} 相应变为 $t_{\alpha/2}$，t_{β}。这时出现一个问题：$t_{\alpha/2}$，t_{β} 与 $Z_{\alpha/2}$，Z_{β} 不同，它们不是常数，根据自由度 $df = n-1$ 的变化而改变，但是在样本容量确定之前 df 不可能已知，对于这种情况，一般采取逐步接近的办法。

以公式 14-15 为例，当 σ 未知，公式变为：

$$n = \left(\dfrac{t_{\alpha/2} \cdot s}{d} \right)^2 \quad （公式 14-19）$$

$t_{\alpha/2}$ 要根据 $df = n-1$ 来确定，在 n 没确定时 $t_{\alpha/2}$ 未知，这时一般先用 $Z_{\alpha/2}$ 代替 $t_{\alpha/2}$，按上式算出 n_0，然后再根据 $df = n_0 - 1$ 查出 $t_{\alpha/2}$，代入公式 14-19 求出 n_1，接着再按 $df = n_1 - 1$ 查出 n_2，这样重复进行下去，直至两次先后求得的结果相同为止。例如，进行总体平均数的抽样调查，要求最大抽样误差 $d \leqslant 3$，总体标准差的估计值 $s = 12$ 计算样本容量多大为宜（定 $\alpha = 0.05$）。

根据公式 14-19，$n = \left(\dfrac{t_{\alpha/2} \cdot 12}{3} \right)^2$

先按 $Z_{\alpha/2}$ 计算：$n_0 = \left(\dfrac{1.96 \times 12}{3} \right)^2 = 61.5 \approx 62$

查 t 分布表 $df = 62 - 1 = 61$，$t_{0.05/2} = 2$

将 $t_{0.05/2} = 2$ 代入原式，得

$$n_1 = \left(\dfrac{2 \times 12}{3} \right)^2 = 64$$

当 $df = 64 - 1 = 63$ 时，$t_{0.05/2} = 2$ 仍然可以认为是 2

即 $n_2 = \left(\dfrac{2 \times 12}{3}\right)^2 = 64$

$n_1 = n_2 = 64$

同此样本容量 64 为宜。

在实践中为了简便，当样本容量 n 估计不会很小时，直接就按公式 14-20 计算，并不一定使用接近法。

$$n = \left(\dfrac{Z_{\alpha/2} \cdot s}{d}\right)^2 \quad \text{(公式 14-20)}$$

同样，公式 14-16、公式 14-18 等公式中的 σ 未知时均可以用样本 s 代替，而 $Z_{\alpha/2}$，Z_{β} 不变。

③以上所举的在进行差异检验时确定样本容量的公式只用于样本平均数与总体平均数的差异检验。当进行两样本平均数的差异检验时，确定样本容量的公式为：

无限总体：$n_1 = n_2 = 2\left[\dfrac{(Z_{\alpha/2} + Z_{\beta}) \cdot s_p}{\delta}\right]^2$

$$\text{(公式 14-21)}$$

有限总体：$n_1 = n_2 = \dfrac{2N(Z_{\alpha/2} + Z_{\beta})^2 s_p^2}{N\delta + 2(Z_{\alpha/2} + Z_{\beta})^2 s_p^2}$

$$\text{(公式 14-22)}$$

式中：s_p^2 为联合方差（见本书第八章）；

n_1，n_2 分别为两个样本的容量；

其他字母的意义与前面相同。

【例 14-3】某研究者要调查某大城市平均每个家庭每月花多少钱给孩子买玩具，要使误差不超过 0.5 元，且具有 95% 可信程度（$\alpha = 0.05$）则至少应该调查多少个家庭。（抽样方式为简单随机抽样，据以往有

关调查，估计 $s = 3$ 元。）

解：由于在全市范围调查，可以近似看成无限总体。

已知 $d = 0.5$，$\alpha = 0.05$，$s = 3$

因而 $n = \left(\dfrac{Z_{\alpha/2} \cdot s}{d}\right)^2$

$$= \left(\dfrac{1.96 \times 3}{0.5}\right)^2$$

$$= 138.3 \approx 140$$

若用接近法计算：

$n_0 = 138$，代入 $n = \left(\dfrac{t_{0.05/2} \cdot s}{d}\right)^2$

中，得

$$n_1 = \left(\dfrac{1.97 \times 3}{0.5}\right)^2 = 139.7 \approx 140$$

$$n_2 = \left(\dfrac{1.97 \times 3}{0.5}\right)^2 = 139.7 \approx 140$$

两种算法结果差不多。

所以，该调查应至少抽取 140 个家庭。

【例 14-4】韦氏智力测验平均智商 $\mu_0 = 100$，标准差 $\sigma = 15$，有关研究估计，某偏远地区儿童的智商至少比常模水平低 6 分。为了对这个估计进行检验，从该地区随机抽样，对儿童进行韦氏智力测验，若规定 $\alpha = 0.01$，$\beta = 0.10$，则至少应取多大样本。

解：本题属于样本平均数与总体平均数的差异检验，据题意 $\delta = 6$，$\sigma = 15$

单测检验 $Z_{0.01} = 2.32$，$Z_{0.10} = 1.28$

$$n = \left[\dfrac{(Z_{\alpha} + Z_{\beta}) \cdot \sigma}{\delta}\right]^2$$

$$= \left[\dfrac{(2.32 + 1.28) \times 15}{6}\right]^2 = 81$$

【例 14-5】欲调查两地区毕业生数学成

绩的差异是否达到 10 分，从两地区分别随机抽样，进行一次数学考试，如果限定，当实际上两地区无差异或差异很小时而在抽样调查（考试）中错误地判断为差异达到 10 分的概率 $\alpha=0.05$；当实际上两地区差异达 10 分，而错误地判断为无差异的概率 $\beta=0.20$ 时，则应各抽多少被试（据同类考试结果估计两地区标准差相等，$s_1=s_2=14.3$）。

解：据题意 $\delta=10$，$s_p=14.3$

应当用双侧检验，$Z_{\alpha/2}=1.96$，$Z_{\beta}=0.84$

代入公式 14-21

$$n_1=n_2=2\left[\frac{(Z_{\alpha/2}+Z_{\beta})\cdot s_p}{\delta}\right]^2$$

$$=2\left[\frac{(1.96+0.84)\times 14.3}{10}\right]^2$$

$$=32.06\approx 33$$

答：因此至少应从两地各抽 33 人。

④在使用公式 14-16 至公式 14-22 等有关假设检验的随机抽样公式时，还应注意单、双侧问题。同样是 $\alpha=0.05$，但单侧的 $Z_{0.05}$ 与双侧的 $Z_{0.05}$ 不同（单侧为 1.645，双侧为 1.96），因此公式中 Z_{α} 依单、双侧检验而有不同的值。对于 β 却无论检验是单侧还是双侧，上述公式中的 Z_{β} 均按单侧求之，从图 14-3 中可以看到，即使检验为双侧问题，对 β 也只讨论一侧的情况。因此在例 14-5 中进行双侧检验时，$\alpha=0.05$ 要查 $Z_{\alpha/2}=1.96$；$\beta=0.20$ 却仍按单侧查 $Z_{\beta}=0.84$。

至于 β 在事先究竟定为多少合适，并无固定准则。在假设检验中由于主要目的

在于检验"差异"，本来无差异而错判为有差异的概率一定要小，或者说拒绝无差假设的把握一定要大，故而 α 一般规定得很小（0.05 或 0.01）。对 β 错误往往并不予以重视，不必定得像 α 那样小，但 β 增大时，统计检验能力（$1-\beta$）降低（见本书第八章），所以 β 值也不宜定得太大，一般规定为 0.10、0.20 或 0.30 的占多数。

当然，如果样本容量已知，α 值及其他条件也已确定，则 β 就是个确定的值了，可以利用公式 14-16 等计算出来，从而可以对该检验的统计检验力做出评价。

2. 比率的估计或检验时样本容量的确定

前面所述关于平均数的估计或检验时确定样本容量的公式，尽管显得复杂，而且不止一种，其实基本公式只有两个：

做参数估计时，$\dfrac{d}{SE_{\overline{X}}}=Z_{\alpha/2}$ (A)

做假设检验时，$\dfrac{\delta}{SE_{\overline{X}}}=(Z_{\alpha/2}+Z_{\beta})$

(B)

根据总体标准差是否已知，抽样总体是有限还是无限，在假设检验时是样本 $\overline{X}$ 与总体 μ 比较还是两个样本 $\overline{X}$ 比较等不同条件，基本公式 $SE_{\overline{X}}$ 的计算要有所变化。因而从上述基本公式出发，引出了适用于不同条件的确定样本容量的公式。

对于比率的估计或检验，同样可以从上面基本公式出发，根据不同条件下比率的标准误 SE_p 公式得出各种条件下确定样本容量的公式。本章第二节已给出了在不

同情况下比率标准误的公式，对于样本容量的公式就不再一一给出了。

另外，前面所举的确定样本容量公式都是指简单随机抽样。无论是平均数还是比率的调查研究，不同的抽样方法，样本分布的标准误有所不同。将分层抽样或阶段抽样的标准误代入上面的两个基本公式，同样可得到在分层抽样或阶段抽样时样本容量公式。但是，在实践中为了方便，不管是哪种抽样方法，常常都按简单随机抽样时的公式来计算样本容量。例如，分层抽样时，按道理应该将公式 14-8、公式 14-9 等标准误公式代入 (A) 或 (B) 两个基本公式中，求出样本容量。但在实践中可以按简单随机抽样的样本容量公式直接计算出样本容量，然后再按比例或最佳方式将样本容量分配到各层。这样虽然算出的样本容量比应有的大一些（因为分层抽样的标准误比简单随机抽样的标准误小），但做起来很方便，尤其是简单随机抽样的样本容量不但可以用公式计算，还有现成的表可供查用。

（二）查表确定样本容量

本书附有不同统计量的简单随机抽样的样本容量确定表，在实际进行抽样调查研究时可直接根据不同条件查出应该抽取的样本容量，非常方便，下面分别举例介绍。

1. 有关平均数的抽样研究

（1）由样本平均数估计总体平均数时的样本容量

这时可查附表 20，只要确定了 α 并算出 s/d，即可在表中找到相对应的样本容量 n。表中左边纵列为 s/d 的整数值，上面横行为 s/d 值的一位小数值。例如，在 $\alpha=0.05$ 时，$s/d=7.4$，则从附表 20-A 中可查到与 $s/d=7.4$ 对应的值是 213，这就是所求的样本容量。

在本节【例 14-3】中，$d=0.5$，$s=3$，$\alpha=0.05$

即 $s/d=3/0.5=6.0$

在附表 20-A 中查得 $n=141$

在【例 14-3】的计算结果 $n=140$，可见查表的结果与用公式计算的结果出入很小。

（2）两个样本平均数进行差异显著性检验时的样本容量

这时可查附表 22（A～E），查表时先求 δ/s 值，然后根据单、双侧不同 α 值及 $(1-\beta)$ 值找出对应的样本容量 n，注意查得的 n 与前面用公式算得的 n 意义相同，表示两个样本各自应该具有的容量，即 $n=n_1=n_2$。

在本节【例 14-5】中，$\delta=10$，$s_p=14.3$

那么 $\delta/s=\dfrac{10}{14.3}=0.6993\approx0.70$

双侧检验 $\alpha=0.05$，$\beta=0.20$，$(1-\beta)=0.80$

查附表 22-C

$(1-\beta)=0.80$ 与 $\delta/s=0.70$ 相交处为 33。

即 $n=n_1=n_2=33$

与公式计算结果相同。

（3）样本平均数与总体平均数差异显著性检验时的样本容量

这时仍然利用附表 22（A～E），因为样本平均数与总体平均数差异显著性检验和两个样本平均数差异显著性检验之间存在着一定关系。

样本平均数与总体平均数差异检验时样本容量公式为

$$n = \left[\frac{(Z_{\alpha/2} + Z_{\beta}) \cdot \sigma}{\delta} \right]^2 \quad （见公式 14-16）$$

两个样本平均数之间差异检验时样本容量的公式为

$$n = n_1 = n_2 = 2\left[\frac{(Z_{\alpha/2} + Z_{\beta}) \cdot s_p}{\delta} \right]^2$$

（见公式 14-21）

一般两样本平均数差异检验要求方差齐性，可以认为 $s_p \approx s_1 \approx s_2$（这时 s_p 可用 s 表示），那么在其他条件都相同的情况下，公式 14-21 除以 2 即为公式 14-16，也就是说，样本平均数与总体平均数差异检验时确定样本容量仍查附表 22（A～E），将查得的结果除以 2 即可。

例如，在本节【例 14-4】中：

$$\delta / s = \frac{6}{15} = 0.4$$

单侧检验 $\alpha = 0.01$，$\beta = 0.10$，$(1-\beta) = 0.90$

查附表 22-D，得 164

164 /2＝82 即所需样本容量。

与【例 14-4】中用公式计算的结果基本一致。

2. 有关比率的抽样研究

（1）由样本比率估计总体比率时的样本容量

比率的抽样分布严格讲只有当总体比

率在 0.05 左右才可近似服从正态分布，总体比率偏离 0.05 越大则抽样分布也越偏离正态。

由于目的只是对总体比率进行估计，因此总体比率不可能已知，一般以样本比率代之，而在抽样之前样本比率也无从计算，只能根据经验或已有类似研究结果进行初步估计。

由于上述两方面的原因，进行总体比率的估计时，无论是用公式计算还是查表，都不是十分精确。附表 21 使用时仅供参考，表中左边一列表示最大允许误差 d，上面一横行为根据已有信息估算的样本比率。

【例 14-6】某城市对高三学生进行统一模拟数学考试之前，计划对及格率做抽样估计，误差要求不超过 4%，并规定 $\alpha = 0.05$，问需要抽多大的样本？（在前不久曾做过一次类似的模拟考试，当时对及格率抽样调查的结果为 65%）

解：0.65 可作为这次样本及格率的估算值

即 $p = 0.65$，$d = 0.04$，$\alpha = 0.05$

查附表 21-A，得

$n = 546$

（2）两个样本比率差异显著性检验时的样本容量 n（$n = n_1 = n_2$）

先利用附表 24 分别对两个样本比率进行反正弦转换，即 $\Phi = 2\arcsin\sqrt{p}$ 的转换，然后求 Δ。

$$\Delta = \Phi_1 - \Phi_2$$

根据 Δ 和 $(1-\beta)$ 及其他不同条件，查附表23来决定样本容量。

【例14-7】有一项关于父母对体罚学生所持态度的调查研究，目的在于检验父亲与母亲对体罚的赞成率是否有显著差异。据有关调查，母亲中大约有20%的人赞成体罚，父亲中可能赞成的人更多些，那么父亲中赞成体罚的人能否达到40%？若定 $\alpha = 0.05$，$\beta = 0.20$，则进行这个检验至少需抽多大的样本？

解：先查附表24，进行数据转换

$p_1 = 0.20$，与之对应的 $\Phi_1 = 0.927$

$p_2 = 0.40$，与之对应的 $\Phi_2 = 1.369$

即 $\Delta = 1.369 - 0.927 = 0.442$

又：$\alpha = 0.05$，$(1-\beta) = 0.80$ 单侧检验。

再查附表23-B，表中无 $\Delta = 0.442$，

在 $(1-\beta) = 0.80$ 一行：

$\Delta = 0.40$ 时 $n = 77$

$\Delta = 0.50$ 时 $n = 49$

因此本题 $\Delta = 0.442$，$n \approx \dfrac{77+49}{2} = 63$

即 $n_1 = n_2 = 63$

答：从父亲、母亲中至少各抽63人。

(3) 样本比率与总体比率差异检验时的样本容量

这种情况使用附表23和附表24。先根据附表24，算出 Δ 值，然后按 α、$(1-\beta)$、Δ 值查出相应的 n 再被2除即所需样本容量。

3. 有关相关系数的抽样研究

各种类型的相关研究中，一个很重要的问题就是样本的相关系数能否说明总体上存在着相关关系。因而必须对从样本算得的相关系数进行显著性检验（见第八章），即

H_0：$\rho = 0$

H_1：$\rho \neq 0$（双侧检验）

H_1：$\rho > 0$ 或 $\rho < 0$（单侧检验）

这时，所需样本容量可由附表25查出（表中 $\rho = \rho - 0$，它本身的意义与前面 δ 或 Δ 意义相同）。

【例14-8】某研究者对双生子进行韦氏儿童智力测验，结果相关系数 $r = 0.60$，为了检验这个结果，若定 $\alpha = 0.01$，$(1-\beta) = 0.80$，至少应取几对双生子？

解：据题意，$\rho = 0.60$，$\alpha = 0.01$，$1-\beta = 0.80$

需单侧检验，查附表25-D

$N = 23$

答：至少需要23对双生子作为被试。

在使用附表25时，有一点值得注意：一般认为，严格服从正态分布的研究结果（指抽样结果）不易得到，因而计算相关系数时 $N \geqslant 30$ 为宜。而附表25中相应的各个 N 值均指理论上为了保证样本的代表性而至少应取的值。如果查得的 $N < 30$（如【例14-8】），建议在实践中取 $N = 30$ 为宜。当然，若查附表25的结果 $N > 30$ 则实践中最好按所查结果决定样本容量，不宜随便减少，否则将使研究结果达不到所规定的 α 和 $(1-\beta)$ 水平。

确定研究中使用的样本量，是一个重要问题。在心理学研究中样本量大小，实验难以得出设计的效果，结果不稳定，会

增加错误风险；样本量太大，研究的成本和难度就会增加。如何把握这个度，这是研究者必须考虑的问题。除了前面介绍的方法之外，也可采用样本量计算软件计算。

【资料卡 14-2】

统计方法的国家标准和国际标准

整理、分析和解释科学研究中的数据，离不开统计方法。作为心理学中的一门基础学科，统计学中应用统计学的一个分支，心理统计学学科知识体系中，包括诸多统计方法。使用科学的统计方法，能够将心理科学研究的数据整理、排列得条理分明，能够用图表，或少量的统计特征值，或几个重要参数就可以准确表达研究样本数据或总体数据的特点，也可用样本数据来推断样本所属总体数据的特征，或比较几个样本组之间统计特征值的差异，或探索多个变量间的关系……这样，既可确保研究结果解释的正确性，也可最大限度地降低研究成本，提高研究和实践工作的质量和效率。

为了规范和引导科学研究和实践工作中相关人员正确、科学、有效运用各种统计方法，针对处理和解释数据的各种统计方法等，全国统计方法应用标准化技术委员会（SAC/TC21）组织国内有关单位和相关专家集体修订了多项推荐性国家标准，由国家标准局、国家标准化管理委员、国家质量监督检验检疫局等主管部门相继发布，并由使用者自愿采用。现行实施使用的相关标准具体有以下几种。

统计学词汇及符号，具体包括：一般统计术语与用于概率的术语（GB /T 3358.1—2009）、应用统计（GB /T 3358.2—2009）、实验设计（GB /T 3358.3—2009）三个部分。

主要的统计分布数值表，具体包括：正态分布（GB 4086.1—83）、χ^2 分布（GB 4086.2—83）、t 分布（GB 4086.3—83）、F 分布（GB 4086.4—83）、二项分布（GB 4086.5—83）、泊松分布（GB 4086.6—83）六种主要的数据分布类型。

多种数据统计处理和解释的方法，具体包括：统计容忍区间的确定（GB /T 3359—2009）、在成对观测值情形下两个均值的比较（GB 3361—82）、二项分布可靠度单侧置信下限（GB /T 4087—2009）、二项分布参数的估计与检验（GB /T 4088—2008）、泊松分布参数的估计和检验（GB /T 4089—2008）、正态性检验（GB /T 4882—2001）、正态样本离群值的判断和处理（GB /T 4883—2008）、正态分布完全样本可靠度置信下限（GB /T 4885—2009）、正态分布均值和方差的估计与检验（GB /T 4889—2008）、正态分布均值和方差检验的功效（GB 4890—85）、I 型极值分布样本离群值的判断和处理（GB /T 6380—2008）、T 分布（皮尔逊 III 型分布）的参数估计（GB /T 8055—2009）、指数分布样本离群值的判断和处理（GB /T 8056—2008）、测试结果的多重比较（GB /T 10092—

2009)、正态分布分位数与变异系数的置信限（GB /T 10094—2009）、中位数的估计（GB /T 17560—1998）。

有关这些标准的详情，可查询中国标准化研究院下设机构"国家标准馆"主办的国家标准文献共享服务平台"中国标准服务网"（http：//www. cssn. net. cn /）中提供的相关信息。这些标准对应的国际标准可参阅国际标准化组织统计方法应用标准化技术委员会（ISO /TC 69）颁布的国际标准，详见国际标准网（http：//www. iso. org /home. html）。

心理学研究中有关统计符号、统计方法、样本量、效果量的要求和使用规定，可参阅最新版的《APA 出版手册》。

小　结

良好的样本，是保证推论统计可靠性的前提和保证。本章主要介绍了抽样原理、基本的抽样技术以及确定样本容量的基本方法。

1. 抽样最基本的原则是随机化，即取样时要保证总体中的每一个个体被抽取的概率要相同，这样抽取的样本才会有代表性。否则，样本就不能有效地代表样本所在的总体。同时，随机抽样对于抽样误差的范围也可以进行预算和控制。

2. 根据总体的不同特点和不同的研究目的，在研究中常常应用不同的抽样方法。常用的抽样方法有简单随机抽样、等距抽样、分层随机抽样、两阶段随机抽样等。另外，还有有放回抽样和无放回抽样。

3. 根据不同的研究目的和研究类型，确定样本容量，使抽样误差尽量减小，同时又可以节省研究时间和经费。确定样本容量的方法有两种，一种是用公式计算，一种是查表。

进一步阅读资料

1. 埃维森（G. R. Iversen），格根（M. Gergen）. 统计学：基本概念和方法. 吴喜之，程博，柳林旭，等译. 北京：高等教育出版社，海德堡：施普林格出版社，2000：

19～44.

2. 弗里德曼（D. Freedman），皮萨尼（R. Pisani），柏维斯（R. Purves），阿德卡瑞（A. Adhikari）. 统计学（第 2 版）. 魏宗舒，施锡铨，林举干，等，译. 北京：中国统计出版社，1997：365～414.

3. 黄良文，吴国培. 应用抽样方法. 北京：中国统计出版社，1991.

4. 帕加诺（R. R. Pagano）. 行为科学中的统计学入门（第 6 版）（影印版）. 北京：中国统计出版社，2002：157～161.

5. 任栋. 抽样调查技术. 重庆：西南财经大学出版社，1992.

6. 佟哲晖. 抽样调查的理论与方法. 北京：中国统计出版社，1994.

计算机统计技巧提示

在 Excel 中，与抽样和确定样本容量有关的函数有 DVARP 函数、DVAR 函数、VARP 函数、VARPA 函数、STDEVPA 函数、STDEVP 函数、DSTDEV 函数、DSTDEVP 函数。另外在"数据分析"中有一个"抽样分析"工具。

在 SPSS 中，如果要从原始数据中按某种条件抽选样本，可使用 Select Cases 过程。单击"Data"→"Select Cases…"，在 Select Cases 过程主对话框中，根据研究要求选择筛选条件即行。或者使用"Data"→"Transform"→"Random Number seed"过程达成此目的。

在线资源

用随机数字表做简单随机抽样，网址为：https：//www. thoughtco. com /simple-random-samples-table-of-random-digits-3126350。

统计抽样的方法，网址为：https：//www. thoughtco. com /what-is-statistical-sampling-3126366。

盖洛普民意测验，网址为：https：//www. gallup. com /home. aspx。

思考与练习题

1. 什么是抽样误差？什么是最大允许抽样误差？

2. 在什么情况下要进行分层抽样，举例说明或以公式证明分层抽样的优点。

3. 决定样本容量时应考虑哪些因子？

4. 为了对中学教学改革提供有用信息，北京师范大学心理系在 20 世纪 80 年代对全北京市刚刚升入七年级的学生进行抽样，施测韦氏儿童智力量表，以了解智力水平（$\sigma=15$），若保证误差不超过 2（IQ 值），α 定为 0.01，则取多大样本为宜？

5. 某地区过去数年统计结果，新生儿体重超过 2500 克，其母亲分娩时平均年龄 26.5 岁，今欲检验体重在 2500 克以下新生儿的母亲在分娩时平均年龄与 26.5 岁有无显著差异，据数年资料可以假设 $\mu=26.5$，$\sigma=0.2$，若现定 $\alpha=0.05$，$(1-\beta)=0.90$，则至少应取多大样本？

6. 有研究者估计，棒框测验的误差量与谬勒-莱尔错觉量的相关系数至少为 0.40，为了验证，规定 $\alpha=0.05$，$(1-\beta)=0.80$，则样本容量多大为宜？

主要参考文献

埃维森（G. R. Iversen），格根（M. Gergen）. 统计学：基本概念和方法. 吴喜之，程博，柳林旭，等译. 北京：高等教育出版社，海德堡：施普林格出版社，2000.

艾伦（A. Aron），艾伦（E. N. Aron），库普思（E. Coups）. 心理统计（第4版）（影印版）. 北京：世界图书出版公司北京公司，2006.

爱德华兹（A. L. Edwards）. 心理研究中的实验设计（第5版）. 毛中正，戴闽，阎正民，等译. 成都：四川教育出版社，1996.

白雪梅，赵松山. 回归分析与方差分析的异同比较. 江苏统计，2000（10）.

边玉芳. 警惕心理学研究中的统计误用. 心理科学进展，2002，10（4）.

卞惠琳，丁连信. 教师素质测评的二元回归分析. 济南教育学院学报，2001，19（5）.

伯恩斯坦（S. Bernstein），伯恩斯坦（R. Bernstein）. 统计学原理（上册）——描述性统计学与概率. 史道济，译. 北京：科学出版社，2002.

布朗（J. D. Brown）. 外语教学研究方法——教育统计学导读. 北京：外语教学与研究出版社，北京：人民教育出版社，剑桥：剑桥大学出版社，2002.

李伟明，曹怡. 2000年APA统计推断特别工作小组的建议对我国心理统计教学的启示. 心理科学，2001，24（3）.

曾祥明，任佳慧. 使用SPSS软件对多项选择题作卡方检验的方法. 市场研究，2005（10）.

车宏生，王爱平，卞冉. 心理与社会研究统计方法. 北京：北京师范大学出版社，2006.

车宏生，朱敏．心理统计．北京：科学出版社，1987.

陈仁泽，陈孟达．数学学习能力的因素分析．心理学报，1997，29（2）.

陈希孺．数理统计引论．北京：科学出版社，1981.

陈雪东．列联表分析及在 SPSS 中的实现．数理统计与管理，2002，21（1）.

单志艳，孟庆茂．心理学中定量研究的几个问题．心理科学，2002，25（4）.

丁国盛，李涛．SPSS 统计教程：从研究设计到数据分析．北京：机械工业出版社，2006.

菲茨-吉本（C. T. Fitz-Gibbon），莫里斯（L. L. Morris）．如何进行统计分析．赵永年，纪明泽，江柏声，译．上海：上海翻译出版公司，1989.

弗里德曼（D. Freedman），皮萨尼（R. Pisani），柏维斯（R. Purves），阿德卡瑞（A. Adhikari）．统计学．魏宗舒，施锡铨，林兴趣干，等译．北京：中国统计出版社，1997.

复旦大学．概率论（第二册：数理统计）．北京：人民教育出版社，1979.

甘怡群，张轶文，邹玲．心理与行为科学统计．北京：北京大学出版社，2005.

郭志刚．社会统计分析方法——SPSS 软件应用．北京：中国人民大学出版社，2006.

哈里斯（P. Harris）．心理学实验的设计与报告（第 2 版）（英文版）．北京：人民邮电出版社．2004.

韩宝成．外语教学科研中的统计方法．北京：外语教学与研究出版社，2004.

郝德元，周谦．教育科学研究法．北京：教育科学出版社，1990.

郝德元．教育与心理统计．北京：教育科学出版社，1982.

郝德元，周谦，郭春彦，等．心理实验设计统计原理．北京：北京师范学院出版社，1989.

何晓群．现代统计分析方法与应用（第二版）．北京：中国人民大学出版社，2007.

洪楠．SPSS for Windows 统计产品和服务解决方案教程．北京：北方交通大学出版社，清华大学出版社，2003.

胡良平．简单线性相关与回归分析错误辨析与释疑．基础医学与临床，2007，27（10）.

黄良文，吴国培．应用抽样方法．北京：中国统计出版社，1991.

黄一宁．实验心理学：原理、设计与数据处理．西安：陕西人民教育出版社，1998.

霍格林（D. C. Hoaglin），莫斯特勒（F. Mosteller），图基（J. W. Tukey）．探索性数据分析．陈忠琏，郭德媛译．北京：中国统计出版社，1998.

姜风华．教育研究的定量分析法．中国教育学刊，1997（5）.

金志成，何艳茹．心理实验设计及其数据处理．广州：广东高等教育出版社，2005.

晶辰工作室．Excel 2000 中文版公式和函数应用实例指南．北京：电子工业出版社，2000.

卡尔顿（G. Kalton）．抽样调查导论．郝虹生，王文颖，译．北京：中国统计出版社，2003.

科克伦（W. G. Cochran）．抽样技术．张尧庭，吴辉，译．北京：中国统计出版社，1985.

拉森（R. Larson），法伯（B. Farber）．基础统计学（第2版）（影印版）．北京：清华大学出版社，2006.

莱斯（J. A. Rice）．数理统计与数据分析（第2版）（英文版）．北京：机械工业出版社，2003.

李会章．教育实验研究中的两因素混合设计及方差分析．天津职业技术师范学院学报，2001，11（4）．

李茂年，周兆麟．数理统计学．天津：天津人民出版社，1983.

李沛良．社会研究的统计应用（第2版）．北京：社会科学文献出版社，2002.

李志辉，罗平．SPSS for Windows 统计分析教程（第2版）．北京：电子工业出版社，2005.

梁（F. T. L. Leong），奥斯汀（J. T. Austin）．心理学研究手册．周晓林，訾非，黄立，译．北京：中国轻工业出版社，2006.

梁青山．Excel 统计函数在卡方检验中的应用．职业与健康，2004，20（5）．

廖福挺（T. F. Liao）．分组比较的统计分析．高勇，译．重庆：重庆大学出版社，2007.

林清山．心理与教育统计学（第15版）（修正版）．台北：东华书局股份有限公司，1989.

刘晓玲．卡方检验在语言研究中的应用．求索，2006（8）．

卢纹岱．SPSS for Windows 统计分析（第3版）．北京：电子工业出版社，2006.

鲁尼恩（R. P. Runyon），科尔曼（K. A. Coleman），皮滕杰（D. J. Pittenger）．行为统计学基础（第9版）．王星，译．北京：中国人民大学出版社，2007.

鲁尼恩（R. P. Runyon），科尔曼（K. A. Coleman），皮滕杰（D. J. Pittenger）．心理统计（第9版）（英文版）．北京：人民邮电出版社，2004.

陆璇．数理统计基础．北京：清华大学出版社，1998.

麦克劳夫林（J. A. McLaughlin）．行为科学统计学入门．严文蕃，严春，等译．南京：江苏教育出版社，2005.

美国心理协会．APA格式：国际社会科学学术写作规范手册（第6版）．席仲恩，译．重庆：重庆大学出版社，2011.

穆尔（D. S. Moore）. 统计学的世界（第 5 版）. 郑惟厚，译. 北京：中信出版社，2003.

倪安顺. Excel 统计与数量方法应用. 北京：清华大学出版社，1998.

帕加诺（R. R. Pagano）. 行为科学中的统计学入门（第 6 版）（影印版）. 北京：中国统计出版社，2002.

皮滕杰（D. J. Pittenger）. 心理统计学习指南（双语版）. 林丰勋，译. 北京：人民邮电出版社，2006.

乔治（D. George），麦勒瑞（P. Mallery）. 心理学专业：SPSS 13.0 步步通（第 6 版）（影印版）. 北京：世界图书出版公司，2006.

邱皓政. 社会与行为科学的量化研究与统计分析：SPSS 中文视窗版资料分析范例解析. 台北：五南图书出版公司，2000.

任栋. 抽样调查技术. 成都：西南财经大学出版社，1992.

阮桂海. 数据统计与分析：SPSS 应用教程. 北京：北京大学出版社，2005.

萨尔斯伯格（D. Salsburg）. 女士品茶——20 世纪统计怎样变革了科学. 邱东，等译. 北京：中国统计出版社，2004.

上海第一医学院卫生统计学教研组. 医学统计方法. 上海：上海科学技术出版社，1979.

沈宏峰，陈群. 实用的卡方检验法. 微型电脑应用，1997，13（5）.

舒华. 心理与教育研究中的多因素实验设计. 北京：北京师范大学出版社，2006.

斯皮格尔（M. R. Spiegel），斯蒂芬斯（L. J. Stephens）. 统计学（第 3 版）. 杨纪龙，杜秀丽，姚奕，等译. 北京：科学出版社，2002.

孙荣恒. 应用数理统计. 北京：科学出版社，1998.

塔姆黑尼（A. C. Tamhane），邓洛普（D. D. Dunlop）. 统计和数据分析：从基础到中级（改编版）（英文影印版）. 房祥忠，李东风，丁卉芬改编. 北京：高等教育出版社，2006.

特里奥拉（M. F. Triola）. 初级统计学（第 8 版）. 刘新立，译. 北京：清华大学出版社，2004.

佟庆伟，胡迎宾，孙倩. 教育科研中的量化方法. 北京：中国科学技术出版社，1997.

佟哲晖. 抽样调查的理论与方法. 北京：中国统计出版社，1994.

王汉澜. 教育统计学. 北京：教育科学出版社，1986.

王文中. Excel 在统计分析中的应用. 北京：中国铁道出版社，2003.

王晓林. 统计学. 北京：经济科学出版社，2001.

王孝玲. 教育统计学（修订 2 版）. 上海：华东师范大学出版社，2006.

王秀玲，刘兰英. 教育统计的基本理论与 SPSS 操作技术. 杭州：杭州出版社，2002.

韦斯（N. A. Weiss）. 统计学导论（第 6 版）（影印版）. 北京：高等教育出版社，2004.

韦义平. 心理与教育研究数据处理技术. 桂林：广西师范大学出版社，2002.

温忠麟，邢最智. 现代教育与心理统计技术. 南京：江苏教育出版社，2001.

沃肯巴赫（J. Walkenbach）. Excel 2002 公式与函数应用宝典. 路晓村，徐小青，李双庆，等译. 北京：电子工业出版社，2002.

吴明隆. SPSS 统计应用实务. 北京：中国铁道出版社，2000.

吴喜之. 非参数统计. 北京：中国统计出版社，1999.

伍兹（A. Woods），弗莱彻（P. Fletcher），胡格斯（A. Hughes）. 语言研究中的统计学（影印版）. 北京：外语教学与研究出版社，剑桥：剑桥大学出版社，2000.

希尔德布兰德（D. K. Hidebrand），爱沃森（G. R. Iversen），奥尔德里奇（J. H. Aldrich）. 社会统计方法与技术. 北京：社会科学文献出版社，2005.

谢小庆，王丽. 因素分析：一种科学研究的工具. 北京：中国社会科学出版社，1989.

谢小庆. 教育研究中定量方法的局限性. 心理发展与教育，1998，14（1）.

徐建平. 心理统计学教学的精髓：思想、原理、方法与技术. 中国大学教学，2004（7）.

徐向阳. 卡方检验在学生成绩差异性分析中的应用. 常州技术师范学院学报，2001，7（4）.

许燕. 心理学研究中的差异检验方法. 心理发展与教育，1997，13（3）.

颜金锐. 科研中常用的统计方法：自由分布统计检验. 北京：中国统计出版社，2002.

杨世莹. Excel 数据统计与分析范例应用. 北京：中国青年出版社，2005.

杨宗义，肖海. 教育统计学. 重庆：科学技术文献出版社重庆分社，1990.

叶佩华，陈一百，万梅亭，郝德元. 教育统计学. 北京：人民教育出版社，1982.

易丹辉. 非参数统计：方法与应用. 北京：中国统计出版社，1996.

于秀林，任雪松. 多元统计分析. 北京：中国统计出版社，1999.

余嘉元. 心理和教育研究中的非参数方法. 大连：大连海事大学出版社，1994.

约翰逊（R. Johnson），库贝（P. Kuby）. 基础统计学. 屠俊如，洪再吉，译. 北京：科学出版社，2003.

张厚粲，孟庆茂，冯伯麟. 心理与教育统计学. 北京：北京师范大学出版社，1993.

张厚粲，孟庆茂. 心理与教育统计. 兰州：甘肃人民出版社，1982.

张厚粲，徐建平. 现代心理与教育统计学. 北京：北京师范大学出版社，2003.

张厚粲，徐建平. 现代心理与教育统计学（第 2 版）. 北京：北京师范大学出版社，2004.

张厚粲，徐建平. 现代心理与教育统计学. 台北：心理出版社股份有限公司，2007.

张敏强. 教育与心理统计学（修订本）. 北京：人民教育出版社，2002.

张文彤，董伟. SPSS 统计分析高级教程. 北京：高等教育出版社，2004.

张文彤，闫洁. SPSS 统计分析基础教程. 北京：高等教育出版社，2004.

张尧庭，方开泰. 多元统计分析引论. 北京：科学出版社，1982.

张智勇，王垒，漆鸣. 中文人格特质词的基本维度研究：大学生自我评定的因素分析. 心理学报，1998，30（1）.

郑林科，万力萍，李志强. 学习压力对学生身心健康影响的线性回归分析. 中国学校卫生，2001，22（3）.

芝祐顺. 因素分析法. 曾亦薇，译. 北京：人民教育出版社，1999.

中国标准出版社. 统计方法应用国家标准汇编：统计分析与数据处理卷. 北京：中国标准出版社，1999.

中国心理学会. 心理学论文写作规范. 北京：科学出版社，2002.

周淮水. 教育与心理统计方法入门. 杭州：浙江人民出版社，1983.

朱建中，邵建利. 统计应用软件——EXCEL 和 SAS. 上海：上海财经大学出版社，2002.

左任侠. 教育与心理统计. 上海：华东师范大学出版社，1982.

Clarke G. M. Statistic and Experimental Design：An Introduction for Biologists & Biochemists. 3rd Ed. London：Edward Arnold，1993.

Cohen B. Explaining Psychological Statistics. Pacific Grove：Brooks & Cole Publishing Company，1995.

Dowdy S.，Wearden S. & Chilko D. Statistics for Research. New York：John Wiley & Sons，2004.

Dunbar G. Data Analysis for Psychology. London：Arnold，the Hodder Headline Group，2004.

Glass G. V. & Hopkins K. D. Statistical Methods in Education and Psychology. 3rd Ed. Boston, MA：Allyn & Bacon，1995.

Gravetter F. J. & Wallnau L. B. Essentials of Statistics for the Behavioral Sciences. 4th Ed. Belmont：Wadsworth /Thomson learning，2001.

Greene J. & d'Oliveria M. Learning to Use Statistical Tests in Psychology. 2nd Ed. Buckingham：Open University Press，1998.

Hays W. L. Statistics for the Social Sciences. 2nd Ed. New York：Holt, Rineheart and Winston, 1973.

Healey J. F. Statistics: A Tool for Social Research. Belmont, Calif: Wadsworth Pub. Co, 1984.

Hopkins K. D. , Glass G. V. & Hopkins B. R. Basic Statistics for the Behavioral Sciences. 2nd Ed. New Jersey: Prentice—hall, Inc, 1978.

Howell D. C. Statistical Methods for Psychology. 3rd Ed. Belmont: Duxbury Press, 1992.

Howell D. C. Fundamental Statistics for Behavioral Sciences. 4th Ed. Belmont: Wadsworth /Thomson Learning, 1999.

Hurlburt R. T. Comprehending Behavioral Statistics. 3rd Ed. Belmont: Wadsworth /Thomson Learning, 2003.

Jaccard J. & Becker M. A. Statistics for the Behavioral Sciences. 3rd Ed. Pacific Grove: Brooks /Cole Publishing Company, 1997.

Jessica M. , Utts R. & Heckard, F. Mind on Statistics. 2nd Ed. Belmont: Wadsworth /Thomson learning, 2004.

Kaplan R. M. Basic Statistics for the Behavioral Sciences. Boston: Allyn & Bacon, 1987.

Klught H. E. Statistics: The Essentials for Research. 2nd Ed. New York: John Wiley & Sons, 1974.

Levine D. M. , Stephan D. F. Even You Can Learn Statistics: A Guide for Everyone Who Has Ever Been Afraid of Statistics. 2nd, ed. Upper Sadde River, NJ: Prentice Hall, 2006.

Lind D. A. , Mason R. D. , & Marchal, W. G. Basic Statistics for Business and Economics. 3rd Ed. Irwin: McGraw-Hill Company, Inc, 2000.

McCall R. B. Fundamental Statistics for Behavioral Sciences. 7th Ed. Pacific Grove: Brooks /Cole Publishing Company, 1998.

McLanghlin J. A. Understanding Statistics in the Behavioral Sciences: Step by Step. Belmont: Wadsworth /Thomson Learning, 2002.

Ostle B. Statistics in Research: Basic Concepts and Techniques for Research Workers. 3rd Ed. Ames: Lowa State University Press, 1975.

Pedhazur E. J. & Kerlinger F. N. Multiple Regression in Behavioral Research: Explanation and Prediction. 2nd Ed. New York: Holt, Rinehart, and Winston, 1982.

Spatz C. Basic Statistics: Yales of Distributions. 7th Ed. Belmont: Wadsworth /

Thomson Learning, 2000.

Vernoy M. & Vernoy J. Behavioral Statistics in Action. 2nd Ed. Pacific Grove: Brooks /Cole Publishing Company, 1997.

Wilkinson L. & The APA Task Force on Statistical Inference. Statistical Method in Psychology Journals: Guidelines and Explanations. American Psychologist, 2000, 54 (8).

William M. Statistics for Psychology. 2nd Ed. Boston Daxbury Press, 1997.

附录

附表 1 正态分布表

（曲线下的面积与纵高）

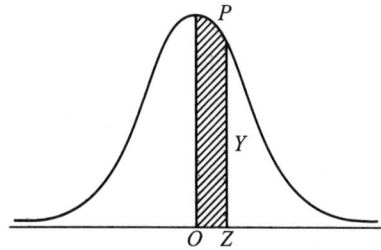

Z	Y	P	Z	Y	P	Z	Y	P
0.00	0.39894	0.00000	0.30	0.38139	0.11791	0.60	0.33322	0.22575
0.01	0.39892	0.00399	0.31	0.38023	0.12172	0.61	0.33121	0.22907
0.02	0.39886	0.00798	0.32	0.37903	0.12552	0.62	0.32918	0.23237
0.03	0.39876	0.01197	0.33	0.37780	0.12930	0.63	0.32713	0.23565
0.04	0.39862	0.01595	0.34	0.37654	0.13307	0.64	0.32506	0.23891
0.05	0.39844	0.01994	0.35	0.37524	0.13683	0.65	0.32297	0.24215
0.06	0.39822	0.02392	0.36	0.37391	0.14058	0.66	0.32086	0.24537
0.07	0.39797	0.02790	0.37	0.37255	0.14431	0.67	0.31874	0.24857
0.08	0.39767	0.03188	0.38	0.37115	0.14803	0.68	0.31659	0.25175
0.09	0.39733	0.03586	0.39	0.36973	0.15173	0.69	0.31443	0.25490
0.10	0.39695	0.03983	0.40	0.36827	0.15542	0.70	0.31225	0.25804
0.11	0.39654	0.04380	0.41	0.36678	0.15910	0.71	0.31006	0.26115
0.12	0.39608	0.04776	0.42	0.36526	0.16276	0.72	0.30785	0.26424
0.13	0.39559	0.05172	0.43	0.36371	0.16640	0.73	0.30563	0.26730
0.14	0.39505	0.05567	0.44	0.36213	0.17003	0.74	0.30339	0.27035
0.15	0.39448	0.05962	0.45	0.36053	0.17364	0.75	0.30114	0.27337
0.16	0.39387	0.06356	0.46	0.35889	0.17724	0.76	0.29887	0.27637
0.17	0.39322	0.06749	0.47	0.35723	0.18082	0.77	0.29659	0.27935
0.18	0.39253	0.07142	0.48	0.35553	0.18439	0.78	0.29431	0.28230
0.19	0.39181	0.07535	0.49	0.35381	0.18793	0.79	0.29200	0.28524
0.20	0.39104	0.07926	0.50	0.35207	0.19146	0.80	0.28969	0.28814
0.21	0.39024	0.08317	0.51	0.35029	0.19497	0.81	0.28737	0.29103
0.22	0.38940	0.08706	0.52	0.34849	0.19847	0.82	0.28504	0.29389
0.23	0.38853	0.09095	0.53	0.34667	0.20194	0.83	0.28269	0.29673
0.24	0.38762	0.09483	0.54	0.34482	0.20540	0.84	0.28034	0.29955
0.25	0.38667	0.09871	0.55	0.34294	0.20884	0.85	0.27798	0.30234
0.26	0.38568	0.10257	0.56	0.34105	0.21226	0.86	0.27562	0.30511
0.27	0.38466	0.10642	0.57	0.33912	0.21566	0.87	0.27324	0.30785
0.28	0.38361	0.11026	0.58	0.33718	0.21904	0.88	0.27086	0.31057
0.29	0.38251	0.11409	0.59	0.33521	0.22240	0.89	0.28848	0.31327

Z	Y	P	Z	Y	P	Z	Y	P
0.90	0.26609	0.31594	1.30	0.17137	0.40320	1.70	0.09405	0.45543
0.91	0.26369	0.31859	1.31	0.16915	0.40490	1.71	0.09246	0.45637
0.92	0.26129	0.32121	1.32	0.16694	0.40658	1.72	0.09089	0.45728
0.93	0.25888	0.32381	1.33	0.16474	0.40824	1.73	0.08933	0.45818
0.94	0.25647	0.32639	1.34	0.16256	0.40988	1.74	0.08780	0.45907
0.95	0.25406	0.32894	1.35	0.16038	0.41149	1.75	0.08628	0.45994
0.96	0.25164	0.33147	1.36	0.15822	0.41309	1.76	0.08478	0.46080
0.97	0.24923	0.33398	1.37	0.15608	0.41466	1.77	0.08329	0.46164
0.98	0.24681	0.33646	1.38	0.15395	0.41621	1.78	0.08183	0.46246
0.99	0.24439	0.33891	1.39	0.15183	0.41774	1.79	0.08038	0.46327
1.00	0.24197	0.34134	1.40	0.14973	0.41924	1.80	0.07895	0.46407
1.01	0.23955	0.34375	1.41	0.14764	0.42073	1.81	0.07754	0.46485
1.02	0.23713	0.34614	1.42	0.14556	0.42220	1.82	0.07614	0.46562
1.03	0.23471	0.34850	1.43	0.14350	0.42364	1.83	0.07477	0.46638
1.04	0.23230	0.35083	1.44	0.14146	0.42507	1.84	0.07341	0.46712
1.05	0.22988	0.35314	1.45	0.13943	0.42647	1.85	0.07206	0.46784
1.06	0.22747	0.35543	1.46	0.13742	0.42786	1.86	0.07074	0.46856
1.07	0.22506	0.35769	1.47	0.13542	0.42922	1.87	0.06943	0.46926
1.08	0.22265	0.35993	1.48	0.13344	0.43056	1.88	0.06814	0.46995
1.09	0.22025	0.36214	1.49	0.13147	0.43189	1.89	0.06687	0.47062
1.10	0.21785	0.36433	1.50	0.12952	0.43319	1.90	0.06562	0.47128
1.11	0.21546	0.36650	1.51	0.12758	0.43448	1.91	0.06439	0.47193
1.12	0.21307	0.36864	1.52	0.12566	0.43574	1.92	0.06316	0.47257
1.13	0.21069	0.37076	1.53	0.12376	0.43699	1.93	0.06195	0.47320
1.14	0.20831	0.37286	1.54	0.12188	0.43822	1.94	0.06077	0.47381
1.15	0.20594	0.37493	1.55	0.12001	0.43943	1.95	0.05959	0.47441
1.16	0.20357	0.37698	1.56	0.11816	0.44062	1.96	0.05844	0.47500
1.17	0.20121	0.37900	1.57	0.11632	0.44179	1.97	0.05730	0.47558
1.18	0.19886	0.38100	1.58	0.11450	0.44295	1.98	0.05618	0.47615
1.19	0.19652	0.38298	1.59	0.11270	0.44408	1.99	0.05508	0.47670
1.20	0.19419	0.38493	1.60	0.11092	0.44520	2.00	0.05399	0.47725
1.21	0.19186	0.38686	1.61	0.10915	0.44630	2.01	0.05292	0.47778
1.22	0.18954	0.38877	1.62	0.10741	0.44738	2.02	0.05186	0.47831
1.23	0.18724	0.39065	1.63	0.10567	0.44845	2.03	0.05082	0.47882
1.24	0.18494	0.39251	1.64	0.10396	0.44950	2.04	0.04980	0.47932
1.25	0.18265	0.39435	1.65	0.10226	0.45053	2.05	0.04879	0.47982
1.26	0.18037	0.39617	1.66	0.10059	0.45154	2.06	0.04780	0.48030
1.27	0.17810	0.39796	1.67	0.09893	0.45254	2.07	0.04682	0.48077
1.28	0.17585	0.39973	1.68	0.09728	0.45352	2.08	0.04586	0.48124
1.29	0.17360	0.40147	1.69	0.09566	0.45449	2.09	0.04491	0.48169

Z	Y	P	Z	Y	P	Z	Y	P
2.10	0.04398	0.48214	2.50	0.01753	0.49379	2.90	0.00595	0.49813
2.11	0.04307	0.48257	2.51	0.01709	0.49396	2.91	0.00578	0.49819
2.12	0.04217	0.48300	2.52	0.01667	0.49413	2.92	0.00562	0.49825
2.13	0.04128	0.48341	2.53	0.01625	0.49430	2.93	0.00545	0.49831
2.14	0.04041	0.48382	2.54	0.01585	0.49446	2.94	0.00530	0.49836
2.15	0.03955	0.48422	2.55	0.01545	0.49461	2.95	0.00514	0.49841
2.16	0.03871	0.48461	2.56	0.01506	0.49477	2.96	0.00499	0.49846
2.17	0.03788	0.48500	2.57	0.01468	0.49492	2.97	0.00485	0.49851
2.18	0.03706	0.48537	2.58	0.01431	0.49506	2.98	0.00471	0.49856
2.19	0.03626	0.48574	2.59	0.01394	0.49520	2.99	0.00457	0.49861
2.20	0.03547	0.48610	2.60	0.01358	0.49534	3.00	0.00443	0.49865
2.21	0.03470	0.48645	2.61	0.01323	0.49547	3.01	0.00430	0.49869
2.22	0.03394	0.48679	2.62	0.01289	0.49560	3.02	0.00417	0.49874
2.23	0.03319	0.48713	2.63	0.01256	0.49573	3.03	0.00405	0.49878
2.24	0.03246	0.48745	2.64	0.01223	0.49585	3.04	0.00393	0.49882
2.25	0.03174	0.48778	2.65	0.01191	0.49598	3.05	0.00381	0.49886
2.26	0.03103	0.48809	2.66	0.01160	0.49609	3.06	0.00370	0.49889
2.27	0.03034	0.48840	2.67	0.01130	0.49621	3.07	0.00358	0.49893
2.28	0.02965	0.48870	2.68	0.01100	0.49632	3.08	0.00348	0.49897
2.29	0.02898	0.48899	2.69	0.01071	0.49643	3.09	0.00337	0.49900
2.30	0.02833	0.48928	2.70	0.01042	0.49653	3.10	0.00327	0.49903
2.31	0.02768	0.48956	2.71	0.01014	0.49664	3.11	0.00317	0.49906
2.32	0.02705	0.48983	2.72	0.00987	0.49674	3.12	0.00307	0.49910
2.33	0.02643	0.49010	2.73	0.00961	0.49683	3.13	0.00298	0.49913
2.34	0.02582	0.49036	2.74	0.00935	0.49693	3.14	0.00288	0.49916
2.35	0.02522	0.49061	2.75	0.00909	0.49702	3.15	0.00279	0.49918
2.36	0.02463	0.49086	2.76	0.00885	0.49711	3.16	0.00271	0.49921
2.37	0.02406	0.49111	2.77	0.00861	0.49720	3.17	0.00262	0.49924
2.38	0.02349	0.49134	2.78	0.00837	0.49728	3.18	0.00254	0.49926
2.39	0.02294	0.49158	2.79	0.00814	0.49736	3.19	0.00246	0.49929
2.40	0.02239	0.49180	2.80	0.00792	0.49744	3.20	0.00238	0.49931
2.41	0.02186	0.49202	2.81	0.00770	0.49752	3.21	0.00231	0.49934
2.42	0.02134	0.49224	2.82	0.00748	0.49760	3.22	0.00224	0.49936
2.43	0.02083	0.49245	2.83	0.00727	0.49767	3.23	0.00216	0.49938
2.44	0.02033	0.49266	2.84	0.00707	0.49774	3.24	0.00210	0.49940
2.45	0.01984	0.49286	2.85	0.00687	0.49781	3.25	0.00203	0.49942
2.46	0.01936	0.49305	2.86	0.00668	0.49788	3.26	0.00196	0.49944
2.47	0.01889	0.49324	2.87	0.00649	0.49795	3.27	0.00190	0.49946
2.48	0.01842	0.49343	2.88	0.00631	0.49801	3.28	0.00184	0.49948
2.49	0.01797	0.49361	2.89	0.00613	0.49807	3.29	0.00178	0.49950

续表

Z	Y	P	Z	Y	P	Z	Y	P
3.30	0.00172	0.49952	3.55	0.00073	0.49981	3.80	0.00029	0.49993
3.31	0.00167	0.49953	3.56	0.00071	0.49981	3.81	0.00028	0.49993
3.32	0.00161	0.49955	3.57	0.00068	0.49982	3.82	0.00027	0.49993
3.33	0.00156	0.49957	3.58	0.00066	0.49983	3.83	0.00026	0.49994
3.34	0.00151	0.49958	3.59	0.00063	0.49983	3.84	0.00025	0.49994
3.35	0.00146	0.49960	3.60	0.00061	0.49984	3.85	0.00024	0.49994
3.36	0.00141	0.49961	3.61	0.00059	0.49985	3.86	0.00023	0.49994
3.37	0.00136	0.49962	3.62	0.00057	0.49985	3.87	0.00022	0.49995
3.38	0.00132	0.49964	3.63	0.00055	0.49986	3.88	0.00021	0.49995
3.39	0.00127	0.49965	3.64	0.00053	0.49986	3.89	0.00021	0.49995
3.40	0.00123	0.49966	3.65	0.00051	0.49987	3.90	0.00020	0.49995
3.41	0.00119	0.49968	3.66	0.00049	0.49987	3.91	0.00019	0.49995
3.42	0.00115	0.49969	3.67	0.00047	0.49988	3.92	0.00018	0.49996
3.43	0.00111	0.49970	3.68	0.00046	0.49988	3.93	0.00018	0.49996
3.44	0.00107	0.49971	3.69	0.00044	0.49989	3.94	0.00017	0.49996
3.45	0.00104	0.49972	3.70	0.00042	0.49989	3.95	0.00016	0.49996
3.46	0.00100	0.49973	3.71	0.00041	0.49990	3.96	0.00016	0.49996
3.47	0.00097	0.49974	3.72	0.00039	0.49990	3.97	0.00015	0.49996
3.48	0.00094	0.49975	3.73	0.00038	0.49990	3.98	0.00014	0.49997
3.49	0.00090	0.49976	3.74	0.00037	0.49991	3.99	0.00014	0.49997
3.50	0.00087	0.49977	3.75	0.00035	0.49991			
3.51	0.00084	0.49978	3.76	0.00034	0.49992			
3.52	0.00081	0.49978	3.77	0.00033	0.49992			
3.53	0.00079	0.49979	3.78	0.00031	0.49992			
3.54	0.00076	0.49980	3.79	0.00030	0.49992			

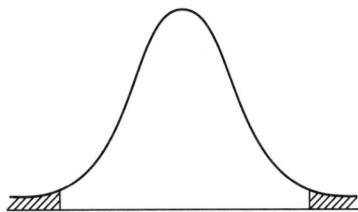

附表 2 t 值表

df	最大 t 值的概率（双侧界限）								
	0.5	0.4	0.3	0.2	0.1	0.05	0.02	0.01	0.001
1	1.000	1.376	1.963	3.078	6.314	12.706	31.821	63.657	636.619
2	0.816	1.061	1.386	1.886	2.920	4.303	6.965	9.925	31.598
3	0.765	0.978	1.250	1.638	2.353	3.182	4.541	5.841	12.941
4	0.741	0.941	1.190	1.533	2.132	2.776	3.747	4.604	8.610
5	0.727	0.920	1.156	1.476	2.015	2.571	3.365	4.032	6.859
6	0.718	0.906	1.134	1.440	1.943	2.447	3.143	3.707	5.959
7	0.711	0.896	1.119	1.415	1.896	2.365	2.998	3.499	5.405
8	0.706	0.889	1.108	1.397	1.860	2.306	2.896	3.355	5.041
9	0.703	0.883	1.100	1.383	1.833	2.262	2.821	3.250	4.781
10	0.700	0.879	1.093	1.372	1.812	2.228	2.764	3.169	4.587
11	0.697	0.876	1.088	1.363	1.796	2.201	2.718	3.106	4.437
12	0.695	0.873	1.083	1.356	1.782	2.179	2.681	3.055	4.318
13	0.694	0.870	1.079	1.350	1.771	2.160	2.650	3.012	4.221
14	0.692	0.868	1.076	1.345	1.761	2.145	2.624	2.977	4.140
15	0.691	0.866	1.074	1.341	1.753	2.131	2.602	2.947	4.073
16	0.690	0.865	1.071	1.337	1.746	2.120	2.583	2.921	4.015
17	0.689	0.863	1.069	1.333	1.740	2.110	2.567	2.898	3.965
18	0.688	0.862	1.067	1.330	1.734	2.101	2.552	2.878	3.922
19	0.688	0.861	1.066	1.328	1.729	2.093	2.539	2.861	3.883
20	0.687	0.860	1.064	1.325	1.725	2.086	2.528	2.845	3.850
21	0.686	0.859	1.063	1.323	1.721	2.080	2.518	2.831	3.819
22	0.686	0.858	1.061	1.321	1.717	2.074	2.508	2.819	3.792
23	0.685	0.858	1.060	1.319	1.714	2.069	2.500	2.807	3.767
24	0.685	0.857	1.059	1.318	1.711	2.064	2.492	2.797	3.745
25	0.684	0.856	1.058	1.316	1.708	2.060	2.485	2.787	3.725

续表

df	最大 t 值的概率（双侧界限）								
	0.5	0.4	0.3	0.2	0.1	0.05	0.02	0.01	0.001
26	0.684	0.856	1.058	1.315	1.706	2.056	2.479	2.779	3.707
27	0.684	0.855	1.057	1.314	1.703	2.052	2.473	2.771	3.690
28	0.683	0.855	1.056	1.313	1.701	2.048	2.467	2.763	3.674
29	0.683	0.854	1.055	1.311	1.699	2.045	2.462	2.756	3.659
30	0.683	0.854	1.055	1.310	1.697	2.042	2.457	2.750	3.646
40	0.681	0.851	1.050	1.303	1.684	2.021	2.423	2.704	3.551
60	0.679	0.848	1.046	1.296	1.671	2.000	2.390	2.660	3.460
120	0.677	0.845	1.041	1.289	1.658	1.980	2.358	2.617	3.373
∞	0.674	0.842	1.036	1.282	1.645	1.960	2.326	2.576	3.291
df	0.25	0.2	0.15	0.1	0.05	0.025	0.01	0.005	0.0005
	更大 t 值的概率（单侧界限）								

附表 3　F 值表（双侧检验）

（表内横行数值上面 α=0.05，下面 α=0.01）

分母 df	分子自由度 df																		
	1	2	3	4	5	6	7	8	9	10	12	15	20	24	30	40	60	120	∞
1	647.8	799.5	864.2	899.6	921.8	937.1	948.2	956.7	963.3	968.6	976.7	984.9	993.1	997.2	1001.0	1006.0	1010.0	1014.0	1018.0
	16211.0	20000.0	21615.0	22500.0	23056.0	23437.0	23715.0	23925.0	24091.0	24224	24426.0	24630.0	24836.0	24940.0	25044.0	25148.0	25253.0	25359.0	2546.5
2	38.51	39.00	39.17	39.25	39.30	39.33	39.36	39.37	39.39	39.40	39.41	39.43	39.45	39.46	39.46	39.47	39.48	39.49	39.50
	199.5	199.0	199.2	199.2	199.3	199.3	199.4	199.4	199.4	199.4	199.4	199.4	199.4	199.5	199.5	199.5	199.5	199.5	199.50
3	17.44	16.04	15.44	15.10	14.88	14.73	14.62	14.54	14.47	14.42	14.34	14.25	14.17	14.12	14.08	14.04	13.99	13.95	13.90
	55.55	49.80	47.47	46.19	45.39	44.84	44.43	44.13	43.88	43.69	43.39	43.08	42.78	42.62	42.47	42.31	42.15	41.99	41.83
4	12.22	10.65	9.98	9.60	9.36	9.20	9.07	8.98	8.90	8.84	8.75	8.66	8.56	8.51	8.46	8.41	8.36	8.31	8.26
	31.33	26.28	24.26	23.15	22.46	21.97	21.62	21.35	21.1	20.97	20.70	20.44	20.17	20.03	19.89	19.75	19.61	19.47	19.32
5	10.01	8.43	7.76	7.39	7.15	6.98	6.85	6.76	6.68	6.62	6.52	6.43	6.33	6.28	6.23	6.18	6.12	6.07	6.02
	22.78	18.31	16.53	15.56	14.94	14.51	14.20	13.96	13.7	13.62	13.38	13.15	12.90	12.78	12.66	12.53	12.40	12.27	12.14
6	8.81	7.26	6.60	6.23	5.99	5.82	5.70	5.60	5.52	5.46	5.37	5.27	5.17	5.12	5.07	5.01	4.96	4.90	4.85
	18.63	14.54	12.92	12.03	11.46	11.07	10.79	10.57	10.39	10.25	10.03	9.81	9.59	9.47	9.36	9.24	9.12	9.00	8.88
7	8.07	6.54	5.89	5.52	5.29	5.12	4.99	4.90	4.82	4.76	4.67	4.57	4.47	4.42	4.36	4.31	4.25	4.20	4.14
	16.24	12.40	10.88	10.05	9.52	9.16	8.89	8.68	8.51	8.38	8.18	7.97	7.75	7.65	7.53	7.42	7.31	7.19	7.08
8	7.57	6.06	5.42	5.05	4.82	4.65	4.53	4.43	4.36	4.30	4.20	4.10	4.00	3.95	3.89	3.84	3.78	3.73	3.67
	14.69	11.04	9.60	8.81	8.30	7.95	7.69	7.50	7.34	7.21	7.01	6.81	6.61	6.50	6.40	6.29	6.18	6.06	5.95

续表

分子自由度 df

分母 df	1	2	3	4	5	6	7	8	9	10	12	15	20	24	30	40	60	120	∞
9	7.21 / 13.61	5.71 / 10.11	5.08 / 8.72	4.72 / 7.96	4.48 / 7.47	4.32 / 7.13	4.20 / 6.88	4.10 / 6.69	4.03 / 6.54	3.96 / 6.42	3.87 / 6.23	3.77 / 6.03	3.67 / 5.83	3.61 / 5.73	3.56 / 5.62	3.51 / 5.52	3.45 / 5.41	3.39 / 5.30	3.33 / 5.19
10	6.94 / 12.83	5.46 / 9.43	4.83 / 8.08	4.47 / 7.34	4.24 / 6.87	4.07 / 6.54	3.95 / 6.30	3.85 / 6.12	3.78 / 5.97	3.72 / 5.85	3.62 / 5.66	3.52 / 5.47	3.42 / 5.27	3.37 / 5.17	3.31 / 5.07	3.26 / 4.97	3.20 / 4.86	3.14 / 4.75	3.08 / 4.64
12	6.55 / 11.75	5.10 / 8.51	4.47 / 7.23	4.12 / 6.52	3.89 / 6.07	3.73 / 5.76	3.61 / 5.52	3.51 / 5.35	3.44 / 5.20	3.37 / 5.09	3.28 / 4.91	3.18 / 4.72	3.07 / 4.53	3.02 / 4.43	2.96 / 4.33	2.91 / 4.23	2.85 / 4.12	2.79 / 4.01	2.72 / 3.90
15	6.20 / 10.80	4.77 / 7.70	4.15 / 6.48	3.80 / 5.80	3.58 / 5.37	3.41 / 5.07	3.29 / 4.85	3.20 / 4.67	3.12 / 4.54	3.06 / 4.42	2.96 / 4.25	2.86 / 4.07	2.76 / 3.88	2.70 / 3.79	2.64 / 3.69	2.59 / 3.58	2.52 / 3.48	2.46 / 3.37	2.40 / 3.26
20	5.87 / 9.94	4.46 / 6.99	3.86 / 5.82	3.51 / 5.17	3.29 / 4.76	3.13 / 4.47	3.01 / 4.26	2.91 / 4.09	2.84 / 3.96	2.77 / 3.85	2.68 / 3.68	2.57 / 3.50	2.46 / 3.32	2.41 / 3.22	2.35 / 3.12	2.29 / 3.02	2.22 / 2.92	2.16 / 2.81	2.09 / 2.69
24	5.72 / 9.55	4.32 / 6.66	3.72 / 5.52	3.38 / 4.89	3.15 / 4.49	2.99 / 4.20	2.87 / 3.83	2.78 / 3.99	2.70 / 3.69	2.64 / 3.59	2.54 / 3.42	2.44 / 3.25	2.33 / 3.06	2.27 / 2.97	2.21 / 2.87	2.15 / 2.77	2.08 / 2.66	2.01 / 2.55	1.94 / 2.43
30	5.57 / 9.18	4.18 / 6.35	3.59 / 5.24	3.25 / 4.62	3.03 / 4.23	2.87 / 3.95	2.75 / 3.74	2.65 / 3.58	2.57 / 3.45	2.51 / 3.34	2.41 / 3.18	2.31 / 3.01	2.20 / 2.82	2.14 / 2.73	2.07 / 2.63	2.01 / 2.52	1.94 / 2.42	1.87 / 2.30	1.79 / 2.18
40	5.42 / 8.83	4.05 / 6.07	3.46 / 4.98	3.13 / 4.37	2.90 / 3.99	2.74 / 3.71	2.62 / 3.51	2.53 / 3.35	2.45 / 3.22	2.39 / 3.12	2.29 / 2.95	2.18 / 2.78	2.07 / 2.60	2.01 / 2.50	1.94 / 2.40	1.88 / 2.30	1.80 / 2.18	1.72 / 2.06	1.64 / 1.93
60	5.29 / 8.49	3.93 / 5.79	3.34 / 4.73	3.01 / 4.14	2.79 / 3.76	2.63 / 3.49	2.51 / 3.29	2.41 / 3.13	2.33 / 3.01	2.27 / 2.90	2.17 / 2.74	2.06 / 2.57	1.94 / 2.39	1.88 / 2.29	1.82 / 2.19	1.74 / 2.08	1.67 / 1.96	1.58 / 1.83	1.48 / 1.69
120	5.15 / 8.18	3.80 / 5.54	3.23 / 4.50	2.89 / 3.92	2.67 / 3.55	2.52 / 3.28	2.39 / 3.09	2.30 / 2.93	2.22 / 2.81	2.16 / 2.71	2.05 / 2.54	1.94 / 2.37	1.82 / 2.19	1.76 / 2.09	1.69 / 1.98	1.61 / 1.87	1.53 / 1.75	1.43 / 1.61	1.31 / 1.43
∞	5.02 / 7.88	3.69 / 5.30	3.12 / 4.28	2.79 / 3.72	2.57 / 3.35	2.41 / 3.09	2.29 / 2.90	2.19 / 2.74	2.11 / 2.62	2.05 / 2.52	1.94 / 2.36	1.83 / 2.19	1.71 / 2.00	1.64 / 1.90	1.57 / 1.79	1.48 / 1.67	1.39 / 1.53	1.27 / 1.36	1.00 / 1.00

附表 4　F 值表（单侧检验）

分母 df	α	1	2	3	4	5	6	7	8	9	10	11	12	14	16	20	24	30	40	50	75	100	200	500	∞
1	0.05	161	200	216	225	230	234	237	239	241	242	243	244	245	246	248	249	250	251	252	253	253	254	254	254
	0.01	4052	4999	5403	5625	5764	5859	5928	5981	6022	6056	6082	6016	6142	6169	6208	6234	6258	6286	6302	6323	6334	6352	6361	6366
2	0.05	18.51	19.00	19.16	19.25	19.30	19.33	19.36	19.37	19.38	19.39	19.40	19.41	19.42	19.43	19.44	19.45	19.46	19.47	19.47	19.48	19.49	19.49	19.50	19.50
	0.01	98.49	99.01	99.17	99.25	99.30	99.33	99.34	99.36	99.38	99.40	99.41	99.42	99.43	99.44	99.45	99.46	99.47	99.48	99.48	99.49	99.49	99.49	99.50	99.50
3	0.05	10.13	9.55	9.28	9.12	9.01	8.94	8.88	8.84	8.81	8.78	8.76	8.74	8.71	8.69	8.66	8.64	8.62	8.60	8.58	8.57	8.56	8.54	8.54	8.53
	0.01	34.12	30.81	29.46	28.71	28.24	27.91	27.67	27.49	27.34	27.23	27.13	27.05	26.92	26.83	26.69	26.60	26.50	26.41	26.30	26.27	26.23	26.18	26.14	26.12
4	0.05	7.71	6.94	6.59	6.39	6.26	6.16	6.09	6.04	6.00	5.96	5.93	5.91	5.87	5.84	5.80	5.77	5.74	5.71	5.70	5.68	5.66	5.65	5.64	5.63
	0.01	21.20	18.00	16.69	15.98	15.52	15.21	14.98	14.80	14.66	14.54	14.45	14.37	14.24	14.15	14.02	13.93	13.83	13.74	13.69	13.61	13.57	13.52	13.48	13.46
5	0.05	6.61	5.79	5.41	5.19	5.05	4.95	4.88	4.82	4.78	4.74	4.70	4.68	4.64	4.60	4.56	4.53	4.50	4.46	4.44	4.42	4.40	4.38	4.40	4.36
	0.01	16.26	13.27	12.06	11.39	10.97	10.67	10.45	10.27	10.15	10.05	9.96	9.89	9.77	9.68	9.55	9.47	9.38	9.29	9.24	9.17	9.13	9.07	9.04	9.02
6	0.05	5.99	5.14	4.76	4.53	4.39	4.28	4.21	4.15	4.10	4.06	4.03	4.00	3.96	3.92	3.87	3.84	3.81	3.77	3.75	3.72	3.71	3.69	3.68	3.67
	0.01	13.74	10.92	9.78	9.15	8.75	8.47	8.26	8.10	7.98	7.87	7.79	7.72	7.60	7.52	7.39	7.31	7.23	7.14	7.09	7.02	6.99	6.94	6.90	6.88
7	0.05	5.59	4.74	4.35	4.12	3.97	3.87	3.79	3.73	3.68	3.63	3.60	3.57	3.52	3.49	3.44	3.41	3.38	3.34	3.32	3.29	3.28	3.25	3.24	3.23
	0.01	12.25	9.55	8.45	7.85	7.46	7.19	7.00	6.84	6.71	6.62	6.54	6.47	6.35	6.27	6.15	6.07	5.98	5.90	5.85	5.78	5.75	5.70	5.67	5.65
8	0.05	5.32	4.46	4.07	3.84	3.69	3.58	3.50	3.44	3.39	3.34	3.31	3.28	3.23	3.20	3.15	3.12	3.08	3.05	3.03	3.00	2.98	2.96	2.94	2.93
	0.01	11.26	8.65	7.59	7.01	6.63	6.37	6.19	6.03	5.91	5.82	5.74	5.67	5.56	5.48	5.36	5.28	5.20	5.11	5.06	5.00	4.96	4.91	4.88	4.86
9	0.05	5.12	4.26	3.86	3.63	3.48	3.37	3.29	3.23	3.18	3.13	3.10	3.07	3.02	2.98	2.93	2.90	2.86	2.82	2.80	2.77	2.76	2.73	2.72	2.71
	0.01	10.56	8.02	6.99	6.42	6.06	5.80	5.62	5.47	5.35	5.26	5.18	5.11	5.00	4.92	4.80	4.73	4.64	4.56	4.51	4.45	4.41	4.36	4.33	4.31

分子自由度 df

续表

分子自由度 df

分母 df	α	1	2	3	4	5	6	7	8	9	10	11	12	14	16	20	24	30	40	50	75	100	200	500	∞
10	0.05	4.96	4.10	3.71	3.48	3.33	3.22	3.14	3.07	3.02	2.97	2.94	2.91	2.86	2.82	2.77	2.74	2.70	2.67	2.64	2.61	2.59	2.56	2.55	2.54
	0.01	10.04	7.56	6.55	5.99	5.64	5.39	5.21	5.06	4.95	4.85	4.78	4.71	4.60	4.52	4.41	4.33	4.25	4.17	4.12	4.05	4.01	3.96	3.93	3.91
11	0.05	4.84	3.98	3.59	3.36	3.20	3.09	3.01	2.95	2.90	2.86	2.82	2.79	2.74	2.70	2.65	2.61	2.57	2.53	2.50	2.47	2.45	2.42	2.41	2.40
	0.01	9.65	7.20	6.22	5.67	5.32	5.07	4.88	4.74	4.63	4.54	4.46	4.40	4.29	4.21	4.10	4.02	3.94	3.86	3.80	3.74	3.70	3.66	3.62	3.60
12	0.05	4.75	3.88	3.49	3.26	3.11	3.00	2.92	2.85	2.80	2.76	2.72	2.69	2.64	2.60	2.54	2.50	2.46	2.42	2.40	2.36	2.35	2.32	2.31	2.30
	0.01	9.33	6.93	5.95	5.41	5.06	4.82	4.65	4.50	4.39	4.30	4.22	4.16	4.05	3.98	3.86	3.78	3.70	3.61	3.56	3.49	3.46	3.41	3.38	3.36
13	0.05	4.67	3.80	3.41	3.18	3.02	2.92	2.84	2.77	2.72	2.67	2.63	2.60	2.55	2.51	2.46	2.42	2.38	2.34	2.32	2.28	2.26	2.24	2.22	2.21
	0.01	9.07	6.70	5.74	5.20	4.86	4.62	4.44	4.30	4.19	4.10	4.02	3.96	3.85	3.78	3.67	3.59	3.51	3.42	3.37	3.30	3.27	3.21	3.18	3.16
14	0.05	4.60	3.74	3.34	3.11	2.96	2.85	2.77	2.70	2.65	2.60	2.56	2.53	2.48	2.44	2.39	2.35	2.31	2.27	2.24	2.21	2.19	2.16	2.14	2.13
	0.01	8.86	6.51	5.56	5.03	4.69	4.46	4.28	4.14	4.03	3.94	3.86	3.80	3.70	3.62	3.51	3.43	3.34	3.26	3.21	3.14	3.11	3.06	3.02	3.00
15	0.05	4.54	3.68	3.29	3.06	2.90	2.79	2.70	2.64	2.59	2.55	2.51	2.48	2.43	2.39	2.33	2.29	2.25	2.21	2.18	2.15	2.12	2.10	2.08	2.07
	0.01	8.68	6.36	5.42	4.89	4.56	4.32	4.14	4.00	3.89	3.80	3.73	3.67	3.56	3.48	3.36	3.29	3.20	3.12	3.07	3.00	2.97	2.92	2.89	2.87
16	0.05	4.49	3.63	3.24	3.01	2.85	2.74	2.66	2.59	2.54	2.49	2.45	2.42	2.37	2.33	2.28	2.24	2.20	2.16	2.13	2.09	2.07	2.04	2.02	2.01
	0.01	8.53	6.23	5.29	4.77	4.44	4.20	4.03	3.89	3.78	3.69	3.61	3.55	3.45	3.37	3.25	3.18	3.10	3.01	2.96	2.89	2.86	2.80	2.77	2.75
17	0.05	4.45	3.59	3.20	2.96	2.81	2.70	2.62	2.55	2.50	2.45	2.41	2.38	2.33	2.29	2.23	2.19	2.15	2.11	2.08	2.04	2.02	1.99	1.97	1.96
	0.01	8.40	6.11	5.18	4.67	4.34	4.10	3.93	3.79	3.68	3.59	3.52	3.45	3.35	3.27	3.16	3.08	3.00	2.92	2.86	2.79	2.76	2.70	2.67	2.65
18	0.05	4.41	3.55	3.16	2.93	2.77	2.66	2.58	2.51	2.46	2.41	2.37	2.34	2.29	2.25	2.19	2.15	2.11	2.07	2.04	2.00	1.98	1.95	1.93	1.92
	0.01	8.28	6.01	5.09	4.58	4.25	4.01	3.85	3.71	3.60	3.51	3.44	3.37	3.27	3.19	3.07	3.00	2.91	2.83	2.78	2.71	2.68	2.62	2.59	2.57
19	0.05	4.38	3.52	3.13	2.90	2.74	2.63	2.55	2.48	2.43	2.38	2.34	2.31	2.26	2.21	2.15	2.11	2.07	2.02	2.00	1.96	1.94	1.91	1.90	1.88
	0.01	8.18	5.93	5.01	4.50	4.17	3.94	3.77	3.63	3.52	3.43	3.36	3.30	3.19	3.12	3.00	2.92	2.84	2.76	2.70	2.63	2.60	2.54	2.51	2.49
20	0.05	4.35	3.49	3.10	2.87	2.71	2.60	2.52	2.45	2.40	2.35	2.31	2.28	2.23	2.18	2.12	2.08	2.04	1.99	1.96	1.92	1.90	1.87	1.85	1.84
	0.01	8.10	5.85	4.94	4.43	4.10	3.87	3.71	3.56	3.45	3.37	3.30	3.23	3.13	3.05	2.94	2.86	2.77	2.69	2.63	2.56	2.53	2.47	2.44	2.42

附录

续表

分子自由度 df

分母 df	α	1	2	3	4	5	6	7	8	9	10	11	12	14	16	20	24	30	40	50	75	100	200	500	∞
21	0.05	4.32	3.47	3.07	2.84	2.68	2.57	2.49	2.42	2.37	2.32	2.28	2.25	2.20	2.15	2.09	2.05	2.00	1.96	1.93	1.89	1.87	1.84	1.82	1.81
	0.01	8.02	5.78	4.87	4.37	4.04	3.81	3.65	3.51	3.40	3.31	3.24	3.17	3.07	2.99	2.88	2.80	2.72	2.63	2.58	2.51	2.47	2.42	2.38	2.36
22	0.05	4.30	3.44	3.05	2.82	2.66	2.55	2.47	2.40	2.35	2.30	2.26	2.23	2.18	2.13	2.07	2.03	1.98	1.93	1.91	1.87	1.84	1.81	1.80	1.78
	0.01	7.94	5.72	4.82	4.31	3.99	3.76	3.59	3.45	3.35	3.26	3.18	3.12	3.02	2.94	2.83	2.75	2.67	2.58	2.53	2.46	2.42	2.37	2.33	2.31
23	0.05	4.28	3.42	3.03	2.80	2.64	2.53	2.45	2.38	2.32	2.28	2.24	2.20	2.14	2.10	2.04	2.00	1.96	1.91	1.88	1.84	1.82	1.79	1.77	1.76
	0.01	7.88	5.66	4.76	4.26	3.94	3.71	3.54	3.41	3.30	3.21	3.14	3.07	2.97	2.89	2.78	2.70	2.62	2.53	2.48	2.41	2.37	2.32	2.28	2.26
24	0.05	4.26	3.40	3.01	2.78	2.62	2.51	2.43	2.36	2.30	2.26	2.22	2.18	2.13	2.09	2.02	1.98	1.94	1.89	1.86	1.82	1.80	1.76	1.74	1.73
	0.01	7.82	5.61	4.72	4.22	3.90	3.67	3.50	3.36	3.25	3.17	3.09	3.03	2.93	2.85	2.74	2.66	2.58	2.49	2.44	2.36	2.33	2.27	2.23	2.21
25	0.05	4.24	3.38	2.99	2.76	2.60	2.49	2.41	2.34	2.28	2.24	2.20	2.16	2.11	2.06	2.00	1.96	1.92	1.87	1.84	1.80	1.77	1.74	1.72	1.71
	0.01	7.77	5.57	4.68	4.18	3.86	3.63	3.46	3.32	3.21	3.13	3.05	2.99	2.89	2.81	2.70	2.62	2.54	2.45	2.40	2.32	2.29	2.23	2.19	2.17
26	0.05	4.22	3.37	2.89	2.74	2.59	2.47	2.39	2.32	2.27	2.22	2.18	2.15	2.10	2.05	1.99	1.95	1.90	1.85	1.82	1.78	1.76	1.72	1.70	1.69
	0.01	5.72	5.53	4.64	4.14	3.82	3.59	3.42	3.29	3.17	3.09	3.02	2.96	2.86	2.77	2.66	2.58	2.50	2.41	2.36	2.28	2.25	2.19	2.15	2.13
27	0.05	4.21	3.35	2.96	2.73	2.57	2.46	2.37	2.30	2.25	2.20	2.16	2.13	2.08	2.03	1.97	1.93	1.88	1.84	1.80	1.76	1.74	1.71	1.68	1.67
	0.01	7.68	5.49	4.60	4.11	3.79	3.56	3.39	3.26	3.14	3.06	2.98	2.93	2.83	2.74	2.63	2.55	2.47	2.38	2.33	2.25	2.21	2.16	2.12	2.10
28	0.05	4.20	3.34	2.95	2.71	2.56	2.44	2.36	2.29	2.24	2.19	2.15	2.12	2.06	2.02	1.96	1.91	1.87	1.81	1.78	1.75	1.72	1.69	1.67	1.65
	0.01	7.64	5.45	4.57	4.07	3.76	3.53	3.36	3.23	3.11	3.03	2.95	2.90	2.80	2.71	2.60	2.52	2.44	2.35	2.30	2.22	2.18	2.13	2.09	2.06
29	0.05	4.18	3.33	2.93	2.70	2.54	2.43	2.35	2.28	2.22	2.18	2.14	2.10	2.05	2.00	1.94	1.90	1.85	1.80	1.77	1.73	1.71	1.68	1.65	1.64
	0.01	7.60	5.52	4.54	4.04	3.73	3.50	3.33	3.20	3.08	3.00	2.92	2.87	2.77	2.68	2.57	2.49	2.41	2.32	2.27	2.19	2.15	2.10	2.06	2.03
30	0.05	4.17	3.32	2.92	2.69	2.53	2.42	2.34	2.27	2.21	2.16	2.12	2.09	2.04	1.99	1.93	1.89	1.84	1.79	1.76	1.72	1.69	1.66	1.64	1.62
	0.01	7.56	5.39	4.51	4.02	3.70	3.47	3.30	3.17	3.06	2.98	2.90	2.84	2.74	2.66	2.55	2.47	2.38	2.29	2.24	2.16	2.13	2.07	2.03	2.01
32	0.05	4.15	3.30	2.90	2.67	2.51	2.40	2.32	2.25	2.19	2.14	2.10	2.07	2.02	1.97	1.91	1.86	1.82	1.76	1.74	1.69	1.67	1.64	1.61	1.59
	0.01	7.50	5.34	4.46	2.97	3.66	3.42	3.25	3.12	3.01	2.94	2.86	2.80	2.70	2.62	2.51	2.42	2.34	2.25	2.20	2.12	2.08	2.02	1.98	1.96

续表

分子自由度 df

分母 df	α	1	2	3	4	5	6	7	8	9	10	11	12	14	16	20	24	30	40	50	75	100	200	500	∞
34	0.05	4.13	3.28	2.88	2.65	2.49	2.38	2.30	2.23	2.17	2.12	2.08	2.05	2.00	1.95	1.89	1.84	1.80	1.74	1.71	1.67	1.64	1.61	1.59	1.57
	0.01	7.44	5.29	4.42	3.93	3.61	3.38	3.21	3.08	2.97	2.89	2.82	2.76	2.66	2.58	2.47	2.38	2.30	2.21	2.15	2.08	2.04	1.98	1.94	1.91
36	0.05	4.11	3.26	2.86	2.63	2.48	2.36	2.28	2.21	2.15	2.10	2.06	2.03	1.98	1.93	1.87	1.82	1.78	1.72	1.69	1.65	1.62	1.59	1.56	1.55
	0.01	7.39	5.25	4.38	3.89	3.58	3.35	3.18	3.04	2.94	2.86	2.78	2.72	2.62	2.54	2.43	2.35	2.26	2.17	2.12	2.04	2.00	1.94	1.90	1.87
38	0.05	4.10	3.25	2.85	2.62	2.46	2.35	2.26	2.19	2.14	2.09	2.05	2.02	1.96	1.92	1.85	1.80	1.76	1.71	1.67	1.63	1.60	1.57	1.54	1.53
	0.01	7.35	5.21	4.34	3.86	3.54	3.32	3.15	3.02	2.91	2.82	2.75	2.69	2.59	2.51	2.40	2.32	2.22	2.14	2.08	2.00	1.97	1.90	1.86	1.84
40	0.05	4.08	3.23	2.84	2.61	2.45	2.34	2.25	2.18	2.12	2.07	2.04	2.00	1.95	1.90	1.84	1.79	1.74	1.69	1.66	1.61	1.59	1.55	1.53	1.51
	0.01	7.31	5.18	4.31	3.83	3.51	3.29	3.12	2.99	2.88	2.80	2.73	2.66	2.56	2.49	2.37	2.29	2.20	2.11	2.05	1.97	1.94	1.88	1.84	1.81
42	0.05	4.07	3.22	2.83	2.59	2.44	2.32	2.24	2.17	2.11	2.06	2.02	1.99	1.94	1.89	1.82	1.78	1.73	1.68	1.64	1.60	1.57	1.54	1.51	1.49
	0.01	7.27	5.15	4.29	3.80	3.49	3.26	3.10	2.96	2.86	2.77	2.70	2.64	2.54	2.46	2.35	2.26	2.17	2.08	2.02	1.94	1.91	1.85	1.80	1.78
44	0.05	4.06	3.21	2.82	2.58	2.43	2.31	2.23	2.16	2.10	2.05	2.01	1.98	1.92	1.88	1.81	1.76	1.72	1.66	1.63	1.58	1.56	1.52	1.50	1.48
	0.01	7.24	5.12	4.26	3.78	3.46	3.24	3.07	2.94	2.84	2.75	2.68	2.62	2.52	2.44	2.32	2.24	2.15	2.06	2.00	1.92	1.88	1.82	1.78	1.75
46	0.05	4.05	3.20	2.81	2.57	2.42	2.30	2.22	2.14	2.09	2.04	2.00	1.97	1.91	1.87	1.80	1.75	1.71	1.65	1.62	1.57	1.54	1.51	1.48	1.46
	0.01	7.21	5.10	4.24	3.76	3.44	3.22	3.05	2.92	2.82	2.73	2.66	2.60	2.50	2.42	2.30	2.22	2.13	2.04	1.98	1.90	1.86	1.80	1.76	1.72
48	0.05	4.04	3.19	2.80	2.56	2.41	2.30	2.21	2.14	2.08	2.03	1.99	1.96	1.90	1.86	1.79	1.74	1.70	1.64	1.61	1.56	1.53	1.50	1.47	1.45
	0.01	7.19	5.08	4.22	3.74	3.42	3.20	3.04	2.90	2.80	2.71	2.64	2.58	2.48	2.40	2.28	2.20	2.11	2.02	1.96	1.88	1.84	1.78	1.73	1.70
50	0.05	4.03	3.18	2.79	2.56	2.40	2.29	2.20	2.13	2.07	2.02	1.98	1.95	1.90	1.85	1.78	1.74	1.69	1.63	1.60	1.55	1.52	1.48	1.46	1.44
	0.01	7.17	5.06	4.20	3.72	3.41	3.18	3.02	2.88	2.78	2.70	2.62	2.56	2.46	2.39	2.26	2.18	2.10	2.00	1.94	1.86	1.82	1.76	1.71	1.68
55	0.05	4.02	3.17	2.78	2.54	2.38	2.27	2.18	2.11	2.05	2.00	1.97	1.93	1.88	1.83	1.76	1.72	1.67	1.61	1.58	1.52	1.50	1.46	1.43	1.41
	0.01	7.12	5.01	4.16	3.68	3.37	3.15	2.98	2.85	2.75	2.66	2.59	2.53	2.43	2.35	2.23	2.15	2.06	1.96	1.90	1.82	1.78	1.71	1.66	1.64
60	0.05	4.00	3.15	2.76	2.52	2.37	2.25	2.17	2.10	2.04	1.99	1.95	1.92	1.86	1.81	1.75	1.70	1.65	1.59	1.56	1.50	1.48	1.44	1.41	1.39
	0.01	7.08	4.98	4.13	3.65	3.34	3.12	2.95	2.82	2.72	2.63	2.56	2.50	2.40	2.32	2.20	2.12	2.03	1.93	1.87	1.79	1.74	1.68	1.63	1.60

续表

分母 df	α	分子自由度 df																							
		1	2	3	4	5	6	7	8	9	10	11	12	14	16	20	24	30	40	50	75	100	200	500	∞
65	0.05	3.99	3.14	2.75	2.51	2.36	2.24	2.15	2.08	2.02	1.98	1.94	1.90	1.85	1.80	1.73	1.68	1.63	1.57	1.54	1.49	1.46	1.42	1.39	1.37
	0.01	7.04	4.95	4.10	3.62	3.31	3.09	2.93	2.79	2.70	2.61	2.54	2.47	2.37	2.30	2.18	2.09	2.00	1.90	1.84	1.76	1.71	1.64	1.60	1.56
70	0.05	3.98	3.13	2.74	2.50	2.35	2.32	2.14	2.07	2.01	1.97	1.93	1.89	1.84	1.79	1.72	1.67	1.62	1.56	1.53	1.47	1.45	1.40	1.37	1.35
	0.01	7.01	4.92	4.08	3.60	3.29	3.07	2.91	2.77	2.67	2.59	2.51	2.45	2.35	2.28	2.15	2.07	1.98	1.88	1.82	1.74	1.69	1.62	1.56	1.53
80	0.05	3.96	3.11	2.72	2.48	2.33	2.21	2.12	2.05	1.99	1.95	1.91	1.88	1.82	1.77	1.70	1.65	1.60	1.54	1.51	1.45	1.42	1.38	1.35	1.32
	0.01	6.96	4.88	4.04	3.56	3.25	3.04	2.87	2.74	2.64	2.55	2.48	2.41	2.32	2.24	2.11	2.03	1.94	1.84	1.78	1.70	1.65	1.57	1.52	1.49
100	0.05	3.94	3.09	2.70	2.46	2.30	2.19	2.10	2.03	1.97	1.92	1.88	1.85	1.79	1.75	1.68	1.63	1.57	1.51	1.48	1.42	1.39	1.34	1.30	1.28
	0.01	6.90	4.82	3.98	3.51	3.20	2.99	2.82	2.69	2.59	2.51	2.43	2.36	2.26	2.19	2.06	1.98	1.89	1.79	1.73	1.64	1.59	1.51	1.46	1.43
125	0.05	3.92	3.07	2.68	2.44	2.29	2.17	2.08	2.01	1.95	1.90	1.86	1.83	1.77	1.72	1.65	1.60	1.55	1.49	1.45	1.39	1.36	1.31	1.27	1.25
	0.01	6.84	4.78	3.94	3.47	3.17	2.95	2.79	2.65	2.56	2.47	2.40	2.33	2.23	2.15	2.03	1.94	1.85	1.75	1.68	1.59	1.54	1.46	1.40	1.37
150	0.05	3.81	3.06	2.67	2.43	2.27	2.16	2.07	2.00	1.94	1.89	1.85	1.82	1.76	1.71	1.64	1.59	1.54	1.47	1.44	1.37	1.34	1.29	1.25	1.22
	0.01	6.81	4.75	3.91	3.44	3.13	2.92	2.76	2.62	2.53	2.44	2.37	2.30	2.20	2.12	2.00	1.91	1.83	1.72	1.66	1.56	1.51	1.43	1.37	1.33
200	0.05	3.89	3.04	2.65	2.41	2.26	2.14	2.05	1.98	1.92	1.87	1.83	1.80	1.74	1.69	1.62	1.57	1.52	1.45	1.42	1.35	1.32	1.26	1.22	1.19
	0.01	6.76	4.71	3.88	3.41	3.11	2.90	2.73	2.60	2.50	2.41	2.34	2.28	2.17	2.09	1.97	1.88	1.79	1.69	1.62	1.53	1.48	1.39	1.33	1.28
400	0.05	3.86	3.02	2.62	2.39	2.23	2.12	2.03	1.96	1.90	1.85	1.81	1.78	1.72	1.67	1.60	1.54	1.49	1.42	1.38	1.32	1.28	1.22	1.16	1.13
	0.01	6.70	4.66	3.83	3.36	3.06	2.85	2.69	2.55	2.46	2.37	2.29	2.23	2.12	2.04	1.92	1.84	1.74	1.64	1.57	1.47	1.42	1.32	1.24	1.19
1000	0.05	3.85	3.00	2.61	2.38	2.22	2.10	2.02	1.95	1.89	1.84	1.80	1.76	1.70	1.05	1.58	1.53	1.47	1.41	1.36	1.30	1.26	1.19	1.13	1.08
	0.01	6.66	4.62	3.80	3.34	3.04	2.82	2.66	2.53	2.43	2.34	2.26	2.20	2.09	2.01	1.89	1.81	1.71	1.61	1.54	1.44	1.38	1.28	1.19	1.11
∞	0.05	3.84	3.99	2.60	2.37	2.21	2.90	2.01	1.94	1.88	1.83	1.79	1.75	1.69	1.64	1.57	1.52	1.46	1.40	1.35	1.28	1.24	1.17	1.11	1.00
	0.01	6.64	4.60	3.78	3.32	3.02	2.80	2.64	2.51	2.41	2.32	2.24	2.18	2.07	1.99	1.87	1.79	1.69	1.59	1.52	1.41	1.36	1.25	1.15	1.00

附表 5 F_{max} 的临界值（哈特莱方差齐性检验）

$$F_{max} = 最大\ \sigma^2 / 最小\ \sigma^2$$

σ_i^2 的 df	α	k＝变异数的数目										
		2	3	4	5	6	7	8	9	10	11	12
4	0.05	9.60	15.5	20.6	25.2	29.5	33.6	37.5	41.4	44.6	48.0	51.4
	0.01	23.2	37.0	49.0	59.0	69.0	79.0	89.0	97.0	106.0	113.0	120.0
5	0.05	7.15	10.8	13.7	16.3	18.7	20.8	22.9	24.7	26.5	28.2	29.9
	0.01	14.9	22.0	28.0	33.0	38.0	42.0	46.0	50.0	54.0	57.0	60.0
6	0.05	5.82	8.38	10.4	12.1	13.7	15.0	16.3	17.5	18.6	19.7	20.7
	0.01	11.1	15.5	19.1	22.0	25.0	27.0	30.0	32.0	34.0	36.0	37.0
7	0.05	4.99	6.94	8.44	9.70	10.8	11.8	12.7	13.5	14.3	15.1	15.8
	0.01	8.89	12.1	14.5	16.5	18.4	20.0	22.0	23.0	24.0	26.0	27.0
8	0.05	4.43	6.00	7.18	8.12	9.03	9.78	10.5	11.1	11.7	12.2	12.7
	0.01	7.50	9.9	11.7	13.2	14.5	15.8	16.9	17.9	18.9	19.8	21.0
9	0.05	4.03	5.34	6.31	7.11	7.80	8.41	8.95	9.45	9.91	10.3	10.7
	0.01	6.54	8.5	9.9	11.1	12.1	13.1	13.9	14.7	15.3	16.0	16.6
10	0.05	3.72	4.85	5.67	6.34	6.92	7.42	7.87	8.28	8.66	9.01	9.34
	0.01	5.85	7.4	8.6	9.6	10.4	11.1	11.8	12.4	12.9	13.4	13.9
12	0.05	3.28	4.16	4.79	5.30	5.72	6.09	6.42	6.72	7.00	7.25	7.48
	0.01	4.91	6.1	6.9	7.6	8.2	8.7	9.1	9.5	9.9	10.2	10.6
15	0.05	2.86	3.54	4.01	4.37	4.68	4.95	5.19	5.40	5.59	5.77	5.93
	0.01	4.07	4.9	5.5	6.0	6.4	6.7	7.1	7.3	7.5	7.8	8.0
20	0.05	2.46	2.95	3.29	3.54	3.76	3.94	4.10	4.24	4.37	4.49	4.59
	0.01	3.32	3.8	4.3	4.6	4.9	5.1	5.3	5.5	5.6	5.8	5.9
30	0.05	2.07	2.40	2.61	2.78	2.91	3.02	3.12	3.21	3.29	3.36	3.39
	0.01	2.63	3.0	3.3	3.4	3.6	3.7	3.8	3.9	4.0	4.1	4.2
60	0.05	1.67	1.85	1.96	2.04	2.11	2.17	2.22	2.26	2.30	2.33	2.36
	0.01	1.96	2.2	2.3	2.4	2.4	2.5	2.5	2.6	2.6	2.7	2.7
∞	0.05	1.00	1.00	1.00	1.00	1.00	1.00	1.00	1.00	1.00	1.00	1.00
	0.01	1.00	1.00	1.00	1.00	1.00	1.00	1.00	1.00	1.00	1.00	1.00

附表 6 *q* 分布的临界值

（各平均数间差异显著时所需之 *q* 值）

dfw		*r*＝等级相差数								
	1－α	2	3	4	5	6	7	8	9	10
1	0.95	18.0	27.0	32.8	37.1	40.4	43.1	45.4	47.4	49.1
	0.99	90.0	135	164	186	202	216	227	237	246
2	0.95	6.09	8.3	9.8	10.9	11.7	12.4	13.0	13.5	14.0
	0.99	14.0	19.0	22.3	24.7	26.6	28.2	29.5	30.7	31.7
3	0.95	4.50	5.91	6.82	7.50	8.04	8.48	8.85	9.18	9.46
	0.99	8.26	10.6	12.2	13.3	14.2	15.0	15.6	16.2	16.7
4	0.95	3.93	5.04	5.76	6.29	6.71	7.05	7.35	7.60	7.83
	0.99	6.51	8.12	9.17	9.96	10.6	11.1	11.5	11.9	12.3
5	0.95	3.64	4.60	5.22	5.67	6.03	6.33	6.58	6.80	6.99
	0.99	5.70	6.97	7.80	8.42	8.91	9.32	9.67	9.97	10.2
6	0.95	3.46	4.34	4.90	5.31	5.63	5.89	6.12	6.32	6.49
	0.99	5.24	6.33	7.03	7.56	7.97	8.32	8.61	8.87	9.10
7	0.95	3.34	4.16	4.69	5.06	5.36	5.61	5.82	6.00	6.16
	0.99	4.95	5.92	6.54	7.01	7.37	7.68	7.94	8.17	8.37
8	0.95	3.26	4.04	4.53	4.89	5.17	5.40	5.60	5.77	5.92
	0.99	4.74	5.63	6.20	6.63	6.96	7.24	7.47	7.68	7.87
9	0.95	3.20	3.95	4.42	4.76	5.02	5.24	5.43	5.60	5.74
	0.99	4.60	5.43	5.96	6.35	6.66	6.91	7.13	7.32	7.49
10	0.95	3.15	3.88	4.33	4.65	4.91	5.12	5.30	5.46	5.60
	0.99	4.48	5.27	5.77	6.14	6.43	6.67	6.87	7.05	7.21
11	0.95	3.11	3.82	4.25	4.57	4.82	5.03	5.20	5.35	5.49
	0.99	4.39	5.14	5.62	5.97	6.25	6.48	6.67	6.84	6.99
12	0.95	3.08	3.77	4.20	4.51	4.75	4.95	5.12	5.27	5.40
	0.99	4.32	5.04	5.50	5.84	6.10	6.32	6.51	6.67	6.81
13	0.95	3.06	3.73	4.15	4.45	4.69	4.88	5.05	5.19	5.32
	0.99	4.26	4.96	5.40	5.73	5.98	6.19	6.37	6.53	6.67
14	0.95	3.03	3.70	4.11	4.41	4.64	4.83	4.99	5.13	5.25
	0.99	4.21	4.89	5.32	5.63	5.88	6.08	6.26	6.41	6.54
16	0.95	3.00	3.65	4.05	4.33	4.56	4.74	4.90	5.03	5.15
	0.99	4.13	4.78	5.19	5.49	5.72	5.92	6.08	6.22	6.35
18	0.95	2.97	3.61	4.00	4.28	4.49	4.67	4.82	4.96	5.07
	0.99	4.07	4.70	5.09	5.38	5.60	5.79	5.94	6.08	6.20
20	0.95	2.95	3.58	3.96	4.23	4.45	4.62	4.77	4.90	5.01
	0.99	4.02	4.64	5.02	5.29	5.51	5.69	5.84	5.97	6.09
24	0.95	2.92	3.53	3.90	4.17	4.37	4.54	4.68	4.81	4.92
	0.99	3.96	4.54	4.91	5.17	5.37	5.54	5.69	5.81	5.92
30	0.95	2.89	3.49	3.84	4.10	4.30	4.46	4.60	4.72	4.83
	0.99	3.89	4.45	4.80	5.05	5.24	5.40	5.54	5.56	5.76
40	0.95	2.86	3.44	3.79	4.04	4.23	4.39	4.52	4.63	4.74
	0.99	3.82	4.37	4.70	4.93	5.11	5.27	5.39	5.50	5.60
60	0.95	2.83	3.40	3.74	3.98	4.16	4.51	4.44	4.55	4.65
	0.99	3.76	4.28	4.60	4.82	4.99	5.12	5.25	5.36	5.45
120	0.95	2.80	3.36	3.69	3.92	4.10	4.24	4.36	4.48	4.56
	0.99	3.70	4.20	4.50	4.71	4.87	5.01	5.12	5.21	5.30
∞	0.95	2.77	3.31	3.63	3.86	4.03	4.17	4.29	4.39	4.47
	0.99	3.64	4.12	4.40	4.60	4.76	4.88	4.99	5.08	5.16

附表 7 积差相关系数（r）显著性临界值

$df = N - 2d$	0.10	0.05	0.02	0.01
1	0.988	0.997	0.9995	0.9999
2	0.900	0.950	0.980	0.990
3	0.805	0.878	0.934	0.959
4	0.729	0.811	0.882	0.917
5	0.669	0.754	0.833	0.874
6	0.622	0.707	0.789	0.834
7	0.582	0.666	0.750	0.798
8	0.549	0.632	0.716	0.765
9	0.521	0.602	0.685	0.735
10	0.497	0.576	0.658	0.708
11	0.476	0.553	0.634	0.684
12	0.458	0.532	0.612	0.661
13	0.441	0.514	0.592	0.641
14	0.426	0.497	0.574	0.623
15	0.412	0.482	0.558	0.606
16	0.400	0.468	0.542	0.590
17	0.389	0.456	0.528	0.575
18	0.378	0.444	0.516	0.561
19	0.369	0.433	0.503	0.549
20	0.360	0.423	0.492	0.537
21	0.352	0.413	0.482	0.526
22	0.344	0.404	0.472	0.515
23	0.337	0.396	0.462	0.505
24	0.330	0.388	0.453	0.496
25	0.323	0.381	0.445	0.487
26	0.317	0.374	0.437	0.479
27	0.311	0.367	0.430	0.471
28	0.306	0.361	0.423	0.463
29	0.301	0.355	0.416	0.456
30	0.296	0.349	0.409	0.449
35	0.275	0.325	0.381	0.418
40	0.257	0.304	0.358	0.393
45	0.243	0.288	0.338	0.372
50	0.231	0.273	0.322	0.354
60	0.211	0.250	0.295	0.325
70	0.195	0.232	0.274	0.302
80	0.183	0.217	0.256	0.283
90	0.173	0.205	0.242	0.267
100	0.164	0.195	0.230	0.254

附表 8 相关系数 r 值的 Zr 转换表

r	Zr	r	Zr	r	Zr	r	Zr	r	Zr
0.000	0.000	0.200	0.203	0.400	0.424	0.600	0.693	0.800	1.099
0.005	0.005	0.205	0.208	0.405	0.430	0.605	0.701	0.805	1.113
0.010	0.010	0.210	0.213	0.410	0.436	0.610	0.709	0.810	1.127
0.015	0.015	0.215	0.218	0.415	0.442	0.615	0.717	0.815	1.142
0.020	0.020	0.220	0.224	0.420	0.448	0.620	0.725	0.820	1.157
0.025	0.025	0.225	0.229	0.425	0.454	0.625	0.733	0.825	1.172
0.030	0.030	0.230	0.234	0.430	0.460	0.630	0.741	0.830	1.188
0.035	0.035	0.235	0.239	0.435	0.466	0.635	0.750	0.835	1.204
0.040	0.040	0.240	0.245	0.440	0.472	0.640	0.758	0.840	1.221
0.045	0.045	0.245	0.250	0.445	0.478	0.645	0.767	0.845	1.238
0.050	0.050	0.250	0.255	0.450	0.485	0.650	0.775	0.850	1.256
0.055	0.055	0.255	0.261	0.455	0.491	0.655	0.784	0.855	1.274
0.060	0.060	0.260	0.266	0.460	0.497	0.660	0.793	0.860	1.293
0.065	0.065	0.265	0.271	0.464	0.504	0.665	0.802	0.865	1.313
0.070	0.070	0.270	0.277	0.470	0.510	0.670	0.811	0.870	1.333
0.075	0.075	0.275	0.282	0.475	0.517	0.675	0.820	0.875	1.354
0.080	0.080	0.280	0.288	0.480	0.523	0.680	0.829	0.880	1.376
0.085	0.085	0.285	0.293	0.485	0.530	0.685	0.838	0.885	1.398
0.090	0.090	0.290	0.299	0.490	0.536	0.690	0.848	0.890	1.422
0.095	0.095	0.295	0.304	0.495	0.543	0.695	0.858	0.895	1.447
0.100	0.100	0.300	0.310	0.500	0.549	0.700	0.867	0.900	1.472
0.105	0.105	0.305	0.315	0.505	0.556	0.705	0.877	0.905	1.499
0.110	0.110	0.310	0.321	0.510	0.563	0.710	0.887	0.910	1.528
0.115	0.116	0.315	0.326	0.515	0.570	0.715	0.897	0.915	1.557
0.120	0.121	0.320	0.332	0.520	0.576	0.720	0.908	0.920	1.589
0.125	0.126	0.325	0.337	0.525	0.583	0.725	0.918	0.925	1.623
0.130	0.131	0.330	0.343	0.530	0.590	0.730	0.929	0.930	1.658
0.135	0.136	0.335	0.348	0.535	0.597	0.735	0.940	0.935	1.697
0.140	0.141	0.340	0.354	0.540	0.604	0.740	0.950	0.940	1.738
0.145	0.146	0.345	0.360	0.545	0.611	0.745	0.962	0.945	1.783
0.150	0.151	0.350	0.365	0.550	0.618	0.750	0.973	0.950	1.832
0.155	0.156	0.355	0.371	0.555	0.626	0.755	0.984	0.955	1.886
0.160	0.161	0.360	0.377	0.560	0.633	0.760	0.996	0.960	1.946
0.165	0.167	0.365	0.383	0.565	0.640	0.765	1.008	0.965	2.014
0.170	0.172	0.370	0.388	0.570	0.648	0.770	1.020	0.970	2.092
0.175	0.177	0.375	0.394	0.575	0.655	0.775	1.033	0.975	2.185
0.180	0.182	0.380	0.400	0.580	0.662	0.780	1.045	0.980	2.298
0.185	0.187	0.385	0.406	0.585	0.670	0.785	1.058	0.985	2.443
0.190	0.192	0.390	0.412	0.590	0.678	0.790	1.071	0.990	2.647
0.195	0.198	0.395	0.418	0.595	0.685	0.795	1.085	0.995	2.994

附表 9 斯皮尔曼等级相关系数显著性临界值

N	0.05	0.01
4	1.000	
5	0.900	1.000
6	0.829	0.943
7	0.714	0.893
8	0.643	0.833
9	0.600	0.783
10	0.564	0.746
12	0.506	0.712
14	0.456	0.645
16	0.425	0.601
18	0.399	0.564
20	0.377	0.534
22	0.359	0.508
24	0.343	0.485
26	0.329	0.465
28	0.317	0.448
30	0.306	0.432

附表 10 肯德尔 W 系数显著性临界值

（表中数字为实得平方和 SS）

k	N					$N=3$	
	3	4	5	6	7	k	SS
0.05 显著水平							
3			64.4	103.9	157.3	9	54.0
4		49.5	88.4	143.3	217.0	12	71.9
5		62.6	112.3	182.4	276.2	14	83.8
6		75.7	136.1	221.4	335.2	16	95.8
8	48.1	101.7	183.7	299.0	453.1	18	107.7
10	60.0	127.8	231.2	376.7	571.0		
15	89.8	192.9	349.8	570.5	864.9		
20	119.7	258.0	468.5	764.4	158.7		
0.01 显著水平							
3			75.6	122.8	185.6	9	75.9
4		61.4	109.3	176.2	265.0	12	103.5
5		80.5	142.8	229.4	343.8	14	121.9
6		99.5	176.1	282.4	422.6	16	140.2
8	66.8	137.4	242.7	388.3	579.9	18	158.6
10	85.1	175.3	309.1	494.0	737.0		
15	131.0	269.8	475.2	758.2	1129.5		
20	177.0	364.2	641.2	1022.2	1521.9		

附表 11 复相关系数显著性临界值

（表中横行上面 $\alpha = 0.05$，下面 $\alpha = 0.01$）

自由度 df	独立自变量 x 数				自由度 df	独立自变量 x 数			
	1	2	3	4		1	2	3	4
1	0.997	0.999	0.999	0.999	13	0.514	0.608	0.664	0.703
	1.000	1.000	1.000	1.000		0.641	0.712	0.755	0.785
2	0.950	0.975	0.983	0.987	14	0.497	0.590	0.646	0.686
	0.990	0.995	0.997	0.998		0.623	0.694	0.737	0.768
3	0.878	0.930	0.950	0.961	15	0.482	0.574	0.630	0.670
	0.959	0.976	0.983	0.987		0.606	0.677	0.721	0.752
4	0.811	0.881	0.912	0.930	16	0.468	0.559	0.615	0.655
	0.917	0.949	0.962	0.970		0.590	0.662	0.706	0.738
5	0.754	0.836	0.874	0.898	17	0.456	0.545	0.601	0.641
	0.874	0.917	0.937	0.949		0.575	0.647	0.691	0.724
6	0.707	0.795	0.839	0.867	18	0.444	0.532	0.587	0.628
	0.834	0.886	0.911	0.927		0.561	0.633	0.678	0.710
7	0.666	0.758	0.807	0.838	19	0.433	0.520	0.575	0.615
	0.798	0.855	0.885	0.904		0.549	0.620	0.665	0.698
8	0.632	0.726	0.777	0.811	20	0.423	0.509	0.563	0.604
	0.765	0.827	0.860	0.882		0.537	0.608	0.652	0.685
9	0.602	0.697	0.750	0.786	21	0.413	0.498	0.522	0.592
	0.735	0.800	0.836	0.861		0.526	0.596	0.641	0.674
10	0.576	0.671	0.726	0.763	22	0.404	0.488	0.542	0.582
	0.708	0.776	0.814	0.840		0.515	0.585	0.630	0.663
11	0.553	0.648	0.703	0.741	23	0.396	0.479	0.532	0.572
	0.684	0.753	0.793	0.821		0.505	0.574	0.619	0.652
12	0.532	0.627	0.683	0.722	24	0.388	0.470	0.523	0.562
	0.661	0.732	0.773	0.802		0.496	0.565	0.609	0.642

自由度 df	独立自变量 x 数				自由度 df	独立自变量 x 数			
	1	2	3	4		1	2	3	4
25	0.381	0.462	0.514	0.553	70	0.232	0.286	0.324	0.354
	0.487	0.555	0.600	0.633		0.302	0.351	0.386	0.413
26	0.374	0.454	0.506	0.545	80	0.217	0.269	0.304	0.332
	0.478	0.546	0.590	0.624		0.283	0.330	0.362	0.389
27	0.367	0.446	0.498	0.536	90	0.205	0.254	0.288	0.315
	0.470	0.538	0.582	0.615		0.267	0.312	0.343	0.368
28	0.361	0.439	0.490	0.529	100	0.195	0.241	0.274	0.300
	0.463	0.530	0.573	0.606		0.254	0.297	0.327	0.351
29	0.355	0.432	0.482	0.521	125	0.174	0.216	0.246	0.269
	0.456	0.522	0.565	0.598		0.228	0.266	0.294	0.316
30	0.349	0.426	0.476	0.514	150	0.159	0.198	0.225	0.247
	0.449	0.514	0.558	0.591		0.208	0.244	0.270	0.290
35	0.325	0.397	0.445	0.482	200	0.138	0.172	0.196	0.215
	0.418	0.481	0.523	0.556		0.181	0.212	0.234	0.253
40	0.304	0.373	0.419	0.455	300	0.113	0.141	0.160	0.176
	0.393	0.454	0.494	0.526		0.148	0.174	0.192	0.208
45	0.288	0.353	0.397	0.432	400	0.098	0.122	0.139	0.153
	0.372	0.430	0.470	0.501		0.128	0.151	0.167	0.180
50	0.273	0.336	0.379	0.412	500	0.088	0.109	0.124	0.137
	0.354	0.410	0.449	0.479		0.115	0.135	0.150	0.162
60	0.250	0.308	0.348	0.380	1000	0.062	0.077	0.088	0.097
	0.325	0.377	0.414	0.442		0.081	0.096	0.106	0.115

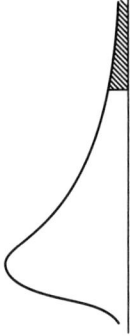

附表 12　χ² 分布数值表

χ² 大于表内所列 χ² 值的概率

df	0.995	0.990	0.975	0.950	0.900	0.750	0.500	0.250	0.100	0.050	0.025	0.010	0.005
1	0.00004	0.00016	0.00098	0.0039	0.0158	0.102	0.455	1.32	2.71	3.84	5.02	6.63	7.88
2	0.0100	0.0201	0.0506	0.103	0.211	0.575	1.39	2.77	4.61	5.99	7.38	9.21	10.6
3	0.0717	0.115	0.216	0.352	0.584	1.21	2.37	4.11	6.25	7.81	9.35	11.3	12.8
4	0.207	0.297	0.484	0.711	1.06	1.92	3.36	5.39	7.78	9.49	11.1	13.3	14.9
5	0.412	0.554	0.831	1.15	1.61	2.67	4.35	6.63	9.24	11.1	12.8	15.1	16.7
6	0.676	0.872	1.24	1.64	2.20	3.45	5.35	7.84	10.6	12.6	14.4	16.8	18.5
7	0.989	1.24	1.69	2.17	2.83	4.25	6.35	9.04	12.0	14.1	16.0	18.5	20.3
8	1.34	1.65	2.18	2.73	3.49	5.07	7.34	10.2	13.4	15.5	17.5	20.1	22.0
9	1.73	2.09	2.70	3.33	4.17	5.90	8.34	11.4	14.7	16.9	19.0	21.7	23.6
10	2.16	2.56	3.25	3.94	4.87	6.74	9.34	12.5	16.0	18.3	20.5	23.2	25.2
11	2.60	3.05	3.82	4.57	5.58	7.58	10.3	13.7	17.3	19.7	21.9	24.7	26.8
12	3.07	3.57	4.40	5.23	6.30	8.44	11.3	14.8	18.5	21.0	23.3	26.2	28.3
13	3.57	4.11	5.01	5.89	7.04	9.30	12.3	16.0	19.8	22.4	24.7	27.7	29.8
14	4.07	4.66	5.63	6.57	7.79	10.2	13.3	17.1	21.1	23.7	26.1	29.1	31.3
15	4.60	5.23	6.26	7.26	8.55	11.0	14.3	18.2	22.3	25.0	27.5	30.6	32.8

续表

χ² 大于表内所列 χ² 值的概率

df	0.995	0.990	0.975	0.950	0.900	0.750	0.500	0.250	0.100	0.050	0.025	0.010	0.005
16	5.14	5.81	6.91	7.96	9.31	11.9	15.3	19.4	23.5	26.3	28.8	32.0	34.3
17	5.70	6.41	7.56	8.67	10.1	12.8	16.3	20.5	24.8	27.6	30.2	33.4	35.7
18	6.26	7.01	8.23	9.39	10.9	13.7	17.3	21.6	26.0	28.9	31.5	34.8	37.2
19	6.84	7.63	8.91	10.1	11.7	14.6	18.3	22.7	27.2	30.1	32.9	36.2	38.6
20	7.43	8.29	9.59	10.9	12.4	15.5	19.3	23.8	28.4	31.4	34.2	37.6	40.0
21	8.03	8.90	10.3	11.6	13.2	16.3	20.3	24.9	29.6	32.7	35.5	38.9	41.4
22	8.64	9.54	11.0	12.3	14.0	17.2	21.3	26.0	30.8	33.9	36.8	40.3	42.8
23	9.26	10.2	11.7	13.1	14.8	18.1	22.3	27.1	32.0	35.2	38.1	41.6	44.2
24	9.89	10.9	12.4	13.8	15.7	19.0	23.3	28.2	33.2	36.4	39.4	43.0	45.6
25	10.5	11.5	13.1	14.6	16.5	19.9	24.3	29.3	34.4	37.7	40.6	44.3	46.9
26	11.2	12.2	13.8	15.4	17.3	20.8	25.3	30.4	35.6	38.9	41.9	45.6	48.3
27	11.8	12.9	14.6	16.2	18.1	21.7	26.3	31.5	36.7	40.1	43.2	47.0	49.6
28	12.5	13.6	15.3	16.9	18.9	22.7	27.3	32.6	37.9	41.3	44.5	48.3	51.0
29	13.1	14.3	16.0	17.7	19.8	23.6	28.3	33.7	39.1	42.6	45.7	49.6	52.3
30	13.8	15.0	16.8	18.5	20.6	24.5	29.3	34.8	40.3	43.8	47.0	50.9	53.7
40	20.7	22.2	24.4	26.5	29.1	33.7	39.3	45.6	51.8	55.8	59.3	63.7	66.8
50	28.0	29.7	32.4	34.8	37.7	42.9	49.3	56.3	63.2	67.5	71.4	76.2	79.5
60	35.5	37.5	40.5	43.2	46.5	52.3	59.3	67.0	74.4	79.1	83.3	88.4	92.0

附表 13（a） 二项分布上下置信界限（α＝0.05）

实计数 X	样品含量 n								实计分数 X/n	样品含量 n							
	10		15		20		30			50		100		250		1000	
0	0	31	0	22	0	17	0	12	0.00	0	7	0	4	0	1	0	0
1	0	45	0	32	0	25	0	17	0.02	0	11	0	7	1	5	1	3
2	3	56	2	40	1	31	1	22	0.04	0	14	1	10	2	7	3	5
3	7	65	4	48	3	38	2	27	0.06	1	17	2	12	3	10	5	8
4	12	74	8	55	6	44	4	31	0.08	2	19	4	15	5	12	6	10
5	19	81	12	62	9	49	6	35	0.10	3	22	5	18	7	14	8	12
6	26	88	16	68	12	54	8	39	0.12	5	24	6	20	8	17	10	14
7	35	93	21	73	15	59	10	43	0.14	6	27	8	22	10	19	12	16
8	44	97	27	79	19	64	12	46	0.16	7	29	9	25	11	21	14	18
9	55	100	32	84	23	68	15	50	0.18	9	31	11	27	13	23	16	21
10	69	100	38	88	27	73	17	53	0.20	10	34	13	29	15	26	18	23
11			45	92	32	77	20	56	0.22	12	36	14	31	17	28	19	25
12			52	96	36	81	23	60	0.24	13	38	16	33	19	30	21	27
13			60	98	41	85	25	63	0.26	15	41	18	36	20	32	23	29
14			68	100	46	88	28	66	0.28	16	43	19	38	22	34	25	31
15			78	100	51	91	31	69	0.30	18	44	21	40	24	36	27	33
16					56	94	34	72	0.32	20	46	23	42	26	38	29	35
17					62	97	37	75	0.34	21	48	25	44	28	40	31	37
18					69	99	40	77	0.36	23	50	27	46	30	42	33	39
19					75	100	44	80	0.38	25	53	28	48	32	44	35	41
20					83	100	47	83	0.40	27	55	30	50	34	46	37	43
21							50	85	0.42	28	57	32	52	36	48	39	45
22							54	88	0.44	30	59	34	54	38	50	41	47
23							57	90	0.46	32	61	36	56	40	52	43	49
24							61	92	0.48	34	63	38	58	42	54	45	51
25							65	94	0.50	36	64	40	60	44	56	47	53
26							69	96									
27							73	98									
28							78	99									
29							83	100									
30							88	100									

附表 13 （b） 二项分布上下置信界限 （$\alpha=0.01$）

实计数 X	样品含量 n								实计分数 X/n	样品含量 n							
	10		15		20		30			50		100		250		1000	
0	0	41	0	30	0	23	0	16	000	0	10	0	5	0	2	0	1
1	0	54	0	40	0	32	0	22	0.02	0	14	0	9	1	6	1	3
2	1	65	1	49	1	39	0	28	0.04	0	17	1	12	2	9	3	6
3	4	74	2	56	2	45	1	32	0.06	1	20	2	14	3	11	4	8
4	8	81	5	63	4	51	3	36	0.08	1	23	3	17	4	14	6	10
5	13	87	8	69	6	56	4	40	0.10	2	26	4	19	6	16	8	13
6	19	92	12	74	8	61	6	44	0.12	3	29	5	21	7	18	9	15
7	26	96	16	79	11	66	8	48	0.14	4	31	6	24	9	20	11	17
8	35	99	21	84	15	70	10	52	0.16	6	33	8	27	11	23	13	19
9	46	100	26	88	18	74	12	55	0.18	7	36	9	30	12	25	15	21
10	59	100	31	92	22	78	14	58	0.20	8	38	11	32	14	27	17	23
11			37	95	26	82	16	62	0.22	10	40	12	34	16	30	19	26
12			44	98	30	85	18	65	0.24	11	43	14	36	18	32	21	28
13			51	99	34	89	21	68	0.26	12	45	16	39	19	34	22	30
14			60	100	39	92	24	71	0.28	14	47	17	41	21	36	24	32
15			70	100	44	94	26	74	0.30	15	49	19	43	23	38	26	34
16					49	96	29	76	0.32	17	51	21	45	25	40	28	36
17					55	98	32	79	0.34	18	53	22	47	26	42	30	38
18					61	99	35	82	0.36	20	55	24	49	28	44	32	40
19					68	100	38	84	0.38	21	57	26	51	30	46	34	42
20					77	100	42	86	0.40	23	59	28	53	32	48	36	44
21							45	88	0.42	24	61	29	55	34	51	38	46
22							48	90	0.44	26	63	31	57	36	53	40	48
23							52	92	0.46	28	65	33	59	38	55	42	50
24							56	94	0.48	29	67	35	61	40	56	44	52
25							60	96	0.50	31	69	37	63	42	58	46	54
26							64	97									
27							68	99									
28							72	100									
29							78	100									
30							84	100									

附表 14　秩和检验表

n_1	n_2	T_1	T_2	n_1	n_2	T_1	T_2	n_1	n_2	T_1	T_2
				4	4	11	25	6	7	28	56
2	4	3	11	4	4	12	24	6	7	30	54
				4	5	12	28	6	8	29	61
2	5	3	13	4	5	13	27	6	8	32	58
2	6	3	15	4	6	12	32	6	9	31	65
2	6	4	14	4	6	14	30	6	9	33	63
2	7	3	17	4	7	13	35	6	10	33	69
2	7	4	16	4	7	15	33	6	10	35	67
2	8	3	19	4	8	14	38	7	7	37	68
2	8	4	18	4	8	16	36	7	7	39	66
2	9	3	21	4	9	15	41	7	8	39	73
2	9	4	20	4	9	17	39	7	8	41	71
2	10	4	22	4	10	16	44	7	9	41	78
2	10	5	21	4	10	18	42	7	9	43	76
				5	5	18	37	7	10	43	83
3	3	6	15	5	5	19	36	7	10	46	80
3	4	6	18	5	6	19	41	8	8	49	87
3	4	7	17	5	6	20	40	8	8	52	84
3	5	6	21	5	7	20	45	8	9	51	63
3	5	7	20	5	7	22	43	8	9	54	90
3	6	7	23	5	8	21	49	8	10	54	98
3	6	8	22	5	8	23	47	8	10	57	95
3	7	8	25	5	9	22	53	9	9	63	108
3	7	9	24	5	9	25	50	9	9	66	105
3	8	8	28	5	10	24	56	9	10	66	114
3	8	9	27	5	10	26	54	9	10	69	111
3	9	9	30	6	6	26	52	10	10	79	131
3	9	10	29	6	6	28	50	10	10	83	127
3	10	9	33								
3	10	11	31								

注：表中数值上行表示 0.025 显著性水平，下行表示 0.05 显著性水平。
　　（此表为单侧检验）

附表 15 符号检验表

N 对子数	0.01	0.05	0.10	N 对子数	0.01	0.05	0.10	N 对子数	0.01	0.05	0.10
1				31	7	9	10	61	20	23	23
2				32	8	9	10	62	20	22	24
3				33	8	10	11	63	20	23	24
4				34	9	10	11	64	21	23	24
5			0	35	9	11	12	65	21	24	25
6		0	0	36	9	11	12	66	22	24	25
7		0	0	37	10	12	13	67	22	25	26
8	0	0	1	38	10	12	13	68	22	25	26
9	0	1	1	39	11	12	13	68	23	25	27
10	0	1	1	40	11	13	14	70	23	26	27
11	0	1	2	41	11	13	14	71	24	26	28
12	1	2	2	42	12	14	15	72	24	27	28
13	1	2	3	43	12	14	15	73	25	27	28
14	1	2	3	44	13	15	16	74	25	28	29
15	2	3	3	45	13	15	16	75	25	28	29
16	2	3	4	46	13	15	16	76	26	28	30
17	2	4	4	47	14	16	17	77	26	29	30
18	3	4	5	48	14	16	17	78	27	29	31
19	3	4	5	49	15	17	18	79	27	30	31
20	3	5	5	50	15	17	18	80	28	30	32
21	4	5	6	51	15	18	19	81	28	31	32
22	4	5	6	52	16	18	19	82	28	31	33
23	4	6	7	53	16	18	20	83	29	32	33
24	5	6	7	54	17	19	20	84	29	32	33
25	5	7	7	55	17	19	20	85	30	32	34
26	6	7	8	56	17	20	21	86	30	33	34
27	6	7	8	57	18	20	21	87	31	33	35
28	6	8	9	58	18	21	22	88	31	34	35
29	7	8	9	59	19	21	22	89	31	34	36
30	7	9	10	60	19	21	23	90	32	35	36

注：此表为单侧检验，双侧检验的概率应为 0.02，0.10，0.20。

附表 16 符号等级检验表

N	单侧检验显著水平		
---	0.025	0.01	0.005
	双侧检验显著水平		
	0.05	0.02	0.01
6	0	—	—
7	2	0	—
8	4	2	0
9	6	3	2
10	8	5	3
11	11	7	5
12	14	10	7
13	17	13	10
14	21	16	13
15	25	20	16
16	30	24	20
17	35	28	23
18	40	33	28
19	46	38	32
20	52	43	38
21	59	49	43
22	66	56	49
23	73	62	55
24	81	69	61
25	89	77	68

附表 17 *H* 检验表

（克-瓦单因素等级方差分析时大于 *H* 观察值之概率）

n_1	n_2	n_3	H	p	n_1	n_2	n_3	H	p
2	1	1	2.7000	0.500	4	3	2	6.4444	0.003
								6.3000	0.011
2	2	1	3.6000	0.200				5.4444	0.046
								5.4000	0.051
2	2	2	4.5714	0.067				4.5111	0.093
			3.7143	0.200				4.4444	0.102
3	1	1	3.2000	0.300	4	3	3	6.7455	0.010
								6.7091	0.013
3	2	1	4.2857	0.100				5.7909	0.046
			3.8571	0.133				5.7273	0.050
								4.7091	0.092
3	2	2	5.3572	0.029				4.7000	0.101
			4.7143	0.048	4	4	1	6.6667	0.010
			4.5000	0.067				6.1667	0.022
			4.4643	0.105				4.9667	0.048
3	3	1	5.1429	0.043				4.8667	0.054
			4.5734	0.100				4.1667	0.082
			4.0000	0.129				4.0667	0.102
3	3	2	6.2500	0.011				7.0364	0.006
			5.3611	0.032	4	4	2	6.8727	0.011
			5.1389	0.061				5.4545	0.046
			4.5556	0.100				5.2664	0.052
			4.2500	0.121				4.5545	0.098
3	3	3	7.2000	0.004				4.4455	0.103
			6.4889	0.011	4	4	3	7.1439	0.010
			5.6889	0.029				7.1364	0.011
			5.6000	0.050				5.5985	0.049
			5.0667	0.086				5.5758	0.051
			4.6222	0.100				4.5455	0.099
4	1	1	3.5714	0.200				4.4773	0.102
								7.6538	0.008
4	2	1	4.8214	0.057	4	4	4	7.5385	0.011
			4.5000	0.076				5.6923	0.049
			4.0179	0.114				5.6538	0.054
4	2	2	6.0000	0.014				4.6539	0.097
			5.3333	0.033				4.5001	0.104
			5.1250	0.052				3.8571	0.143
			4.4583	0.100	5	1	1	5.2500	0.036
			4.1667	0.105	5	2	1	5.0000	0.048
4	3	1	5.8333	0.021				4.4500	0.071
			5.2083	0.050				4.2000	0.095
			5.0000	0.057				4.0500	0.119
			4.0556	0.093					
			3.8880	0.129					

续表

样本大小			H	p	样本大小			H	p
n_1	n_2	n_3			n_1	n_2	n_3		
5	2	2	6.5333	0.008	5	4	4	7.7604	0.009
			6.1333	0.013				7.7440	0.011
			5.1600	0.034				5.6571	0.049
			5.0400	0.056				5.6176	0.050
			4.3733	0.090				4.6187	0.100
			4.2933	0.122				4.5527	0.102
5	3	1	6.4000	0.012	5	5	1	7.3091	0.009
			4.9600	0.048				6.8364	0.011
			4.8711	0.052				5.1273	0.046
			4.0178	0.095				4.9091	0.053
			3.8400	0.123				4.1091	0.086
								4.0364	0.105
5	3	2	6.9091	0.009					
			6.8218	0.010	5	5	2	7.3385	0.010
			5.2509	0.049				7.2692	0.010
			5.1055	0.052				5.3385	0.047
			4.6509	0.091				5.2462	0.051
			4.4945	0.101				4.6231	0.097
								4.5077	0.100
5	3	3	7.0788	0.009					
			6.9818	0.011	5	5	3	7.5780	0.010
			5.6485	0.049				7.5429	0.010
			5.5152	0.051				5.7055	0.046
			4.5333	0.097				5.6264	0.051
			4.4121	0.109				4.5451	0.100
								4.5363	0.102
5	4	1	6.9545	0.008					
			6.8400	0.011	5	5	4	7.8229	0.010
			4.9855	0.044				7.7914	0.010
			4.8600	0.056				5.6657	0.049
			3.9873	0.098				5.6429	0.050
			3.9600	0.102				4.5229	0.099
								4.5200	0.101
5	4	2	7.2045	0.009					
			7.1182	0.010	5	5	5	8.0000	0.009
			5.2727	0.049				7.9800	0.010
			5.2682	0.050				5.7800	0.049
			4.5409	0.098				5.6600	0.051
			4.5182	0.101				4.5600	0.100
								4.5000	0.102
5	4	3	7.4449	0.010					
			7.3949	0.011					
			5.6564	0.049					
			5.6308	0.050					
			4.5487	0.099					
			4.5231	0.103					

附表 18 弗里德曼双向等级方差分析 χ_r^2 值表

（大于 χ_r^2 值的概率）$k=3$

$n=2$		$n=3$		$n=4$		$n=5$	
χ_r^2	p	χ_r^2	p	χ_r^2	p		
						0.0	1.000
0	1.000	0.000	1.000	0.0	1.000	0.4	0.954
1	0.833	0.667	0.944	0.5	0.931	1.2	0.691
3	0.500	2.000	0.528	1.5	0.653	1.6	0.522
4	0.167	2.667	0.361	2.0	0.431	2.8	0.367
		4.667	0.194	3.5	0.273	3.6	0.182
		6.000	0.028	4.5	0.125	4.8	0.124
				6.0	0.069	5.2	0.093
				6.5	0.042	6.4	0.039
				8.0	0.0046	7.6	0.024
						8.4	0.0085
						10.0	0.00077

现代心理与教育统计学

续表

$$k=3$$

χ_r^2	p	χ_r^2	p	χ_r^2	p	χ_r^2	p
n=6		n=7		n=8		n=9	
1.000	0.00	1.000	0.000	1.000	0.00	1.000	0.000
0.33	0.956	0.286	0.964	0.25	0.967	0.222	0.971
1.00	0.740	0.857	0.768	0.75	0.794	0.667	0.814
1.33	0.570	1.143	0.620	1.00	0.654	0.889	0.765
2.33	0.430	2.000	0.486	1.75	0.531	1.556	0.569
3.00	0.252	2.571	0.305	2.25	0.355	2.000	0.398
4.00	0.184	3.429	0.237	3.00	0.285	2.667	0.328
4.33	0.142	3.714	0.192	3.25	0.236	2.889	0.278
5.33	0.072	4.571	0.112	4.00	0.149	3.556	0.187
6.33	0.052	5.429	0.085	4.75	0.120	4.222	0.154
7.00	0.029	6.000	0.052	5.25	0.079	4.667	0.107
8.33	0.012	7.143	0.027	6.25	0.047	5.556	0.069
9.00	0.0081	7.714	0.021	6.75	0.038	6.000	0.057
9.33	0.0055	8.000	0.016	7.00	0.030	6.222	0.048
10.33	0.0017	8.857	0.0084	7.75	0.018	6.889	0.031
12.00	0.00013	10.286	0.0036	9.00	0.0099	8.000	0.019
		10.571	0.0027	9.25	0.0080	8.222	0.016
		11.143	0.0012	9.75	0.0048	8.667	0.010
		12.286	0.00032	10.75	0.0024	9.556	0.0060
		14.000	0.000021	12.00	0.0011	10.667	0.0035
				12.25	0.00086	10.889	0.0029
				13.00	0.00026	11.556	0.0013
				14.25	0.000061	12.667	0.00066
				16.00	0.0000036	13.556	0.00035
						14.000	0.00020
						14.222	0.000097
						14.899	0.000054
						16.222	0.000011
						18.000	0.0000006

续表

$k=4$

$n=2$		$n=3$		$n=4$			
χ_r^2	p	χ_r^2	p	χ_r^2	p	χ_r^2	p
0.0	1.000	0.2	1.000	0.0	1.000	6.3	0.094
0.6	0.958	0.6	0.958	0.3	0.992	6.6	0.077
1.2	0.834	1.0	0.910	0.6	0.928	6.9	0.068
1.8	0.792	1.8	0.727	0.9	0.900	7.2	0.054
2.4	0.625	2.2	0.608	1.2	0.800	7.2	0.054
3.0	0.542	2.6	0.524	1.5	0.754	7.5	0.052
3.0	0.542	2.6	0.524	1.5	0.754	7.8	0.036
3.6	0.458	3.4	0.446	1.8	0.677	8.1	0.033
4.2	0.375	3.8	0.342	2.1	0.649	8.4	0.019
4.8	0.208	4.2	0.300	2.4	0.524	8.7	0.014
5.4	0.167	5.0	0.207	2.7	0.508	9.3	0.012
6.0	0.042	5.4	0.175	3.0	0.432	9.6	0.0069
		5.8	0.148	3.3	0.389	9.6	0.0069
		6.6	0.075	3.6	0.355	9.6	0.0069
		7.0	0.054	3.9	0.324	9.6	0.0069
		7.4	0.033	4.5	0.242	11.1	0.00094
		8.2	0.017	4.8	0.200	12.0	0.00072
		9.0	0.0017	5.1	0.190	14.889	0.00054
				5.4	0.158	16.222	0.000011
				5.7	0.141	18.000	0.0000006
				6.0	0.105		

附表 19　一万个随机数字表

	00~04	05~09	10~14	15~19	20~24	25~29	30~34	35~39	40~44	45~49
00	88758	66605	33843	43623	62774	25517	09560	41880	85126	60755
01	35661	42832	16240	77410	20686	26656	59698	86241	13152	49187
02	26335	03771	64115	88133	40721	06787	95962	60841	91788	86386
03	60826	74718	56527	29508	91975	13695	25215	72237	06337	73439
04	95044	99896	13763	31764	93970	60987	14692	71039	34165	21297
05	83746	47694	06143	42741	38338	97694	69300	99864	19641	15083
06	27998	42562	65402	10056	81668	48744	08400	83124	19896	18805
07	82686	32323	74625	14510	85927	28017	80588	14756	54937	76379
08	18386	13862	10988	04197	18770	72757	71418	81133	69503	44037
09	21717	13141	22707	68165	58440	19187	08421	23872	03036	34208
10	18446	83052	31842	08634	11887	86070	08464	20565	74390	36541
11	66027	75177	47398	66423	70160	16232	67343	36205	50036	59411
12	51420	96779	54309	87456	78967	79638	68869	49062	02196	55109
13	27045	62626	73159	91149	96509	44204	92237	29969	49315	11804
14	13094	17725	14103	00067	68843	63565	93578	24756	10814	15185
15	92382	62518	17752	53163	63852	44840	02592	88572	03107	90169
16	16215	50809	49326	77232	90155	69955	93892	70445	00906	57002
17	09342	14528	64727	71403	84156	34083	35613	35670	10549	07468
18	38148	79001	03509	79424	39625	73315	18811	86230	99682	82896
19	23689	19997	72382	15247	80205	58090	43804	94548	83693	22799
20	25407	37726	73099	51057	68733	75768	77991	72641	95386	70138
21	25349	69456	19693	85568	93876	18661	69018	10332	83137	88237
22	02322	77491	56095	03055	37738	18216	81781	32245	84081	18436
23	15072	33261	99219	43307	39239	79712	94753	41450	30994	53912
24	27002	31036	85278	74547	84809	36252	09373	69471	15606	77209

续表

	50~54	55~59	60~64	65~69	70~74	75~79	80~84	85~89	90~94	95~99
00	70896	44520	64720	49898	78088	76740	47460	83150	78905	59870
01	56809	42909	25853	47624	29486	14196	75841	00393	42390	24847
02	66109	84775	07515	49949	61482	91836	48126	80778	21302	24975
03	18071	36263	14053	52526	44347	04923	68100	57805	19521	15345
04	98732	15120	91754	12657	74675	78500	01247	49719	47635	55514
05	36075	83967	22268	77971	31169	68584	21336	72541	66959	39708
06	04110	45061	78062	18911	27855	09419	56459	00695	70323	04538
07	75658	58509	24479	10202	13150	95946	55087	38398	18718	95561
08	87403	19142	27208	35149	34889	27003	14181	44813	17784	41036
09	00005	52142	65021	64438	69610	12154	98422	65320	79996	01935
10	43674	47103	48614	40823	78252	82403	93424	05236	54588	27757
11	68597	68874	35567	98463	99671	05634	81533	47406	17228	44455
12	91874	70208	06308	40719	02772	69589	79936	07514	44950	35190
13	73854	19470	53014	29375	62256	77488	74388	53949	49607	19816
14	65926	34117	55344	68155	38099	56009	03515	05926	35584	42328
15	40005	35246	49440	40295	44390	83043	26090	80201	02934	49260
16	46686	29890	14821	69783	34733	11803	64845	32065	14527	38702
17	02717	61518	39583	72863	50707	96115	07416	05041	36756	61065
18	17048	22281	35573	28944	96889	51823	57268	03866	27658	91950
19	75304	53248	42151	93928	17343	88322	28683	11252	10355	65175
20	97844	62947	62230	30500	92816	85232	27222	91701	11057	83257
21	07611	71163	82212	20653	21499	51496	40715	78952	33029	64207
22	47744	04603	44522	62783	39347	72310	41460	31052	40814	94297
23	54293	43576	88116	67416	34908	15238	40561	73940	56850	31078
24	67556	93979	73363	00300	11217	74405	18937	79000	68834	48307

续表

	00~04	05~09	10~14	15~19	20~24	25~29	30~34	35~39	40~44	45~49
25	66181	83316	40386	54316	29505	86032	34563	93204	72973	90760
26	09779	01822	45537	13128	51128	82703	75350	25179	86104	40638
27	10791	07706	87481	26107	24857	27805	42710	63471	08804	23455
28	74833	55767	31312	76611	67389	04691	39687	13596	88730	86850
29	17583	24038	83701	28570	63561	00098	60784	76098	84217	34997
30	45601	46977	39325	09286	41133	34031	94867	11849	75171	57682
31	60683	33112	65995	64203	18070	65437	13624	90896	80945	71987
32	29956	81169	18877	15296	94368	16317	34239	03643	66081	12242
33	91713	84235	75296	69875	82414	05197	66596	13083	46278	73498
34	85704	86588	82837	67822	95963	83021	90732	32661	64751	83903
35	17921	26111	35375	86494	48266	01888	65735	05315	79328	13367
36	13929	76341	80488	89827	48277	07229	71953	16128	65074	28782
37	03248	18880	21667	01311	61806	80201	47889	83052	31029	06023
38	50583	17972	12690	00452	93766	16414	01212	27964	02766	28786
39	10636	46975	09449	45986	34672	46916	63881	83117	53947	95218
40	43896	41278	42205	10425	66560	59967	90139	73563	29875	79033
41	76714	80963	74907	16890	15492	27489	06067	22287	19760	13056
42	22393	46719	02083	64248	45177	57562	49243	31748	64278	05731
43	70942	92042	22776	47761	13503	16037	30875	80754	47491	96012
44	92011	60326	86346	26738	01983	04186	41388	03848	78354	14964
45	66456	00126	45683	67607	70796	04889	98128	13599	93710	23974
46	96292	44248	20898	02227	76512	53185	03057	61375	10760	26889
47	19680	07146	53951	10935	23333	76233	13706	20502	60405	09745
48	67347	51442	24536	60151	05498	64678	87569	65066	17790	55413
49	95888	59255	06898	99137	50871	81265	42223	83303	48694	81953

续表

	50~54	55~59	60~64	65~69	70~74	75~79	80~84	85~89	90~94	95~99
25	86581	73041	95809	73986	49408	53316	90841	73808	53421	82315
26	28020	86282	83365	76600	11261	74354	20968	60770	12141	09539
27	42578	32471	37840	30872	75074	79027	57813	62831	54715	26693
28	47290	15997	86163	10571	81911	92124	92971	80860	41012	58666
29	24856	63911	13221	77028	06573	33667	30732	47280	12926	27276
30	16352	24836	60799	76281	83402	44709	78930	82969	84468	36910
31	89060	79852	97854	28324	39638	86936	06702	74304	39873	19496
32	07637	30412	04921	26471	09605	07355	20466	49793	40539	21077
33	37711	47786	37468	31963	16908	50283	80884	08252	72655	58926
34	82994	53232	58202	73318	62471	49650	15888	73370	89748	69181
35	31722	67288	12110	04776	15168	68862	92347	90789	66961	04162
36	93819	78050	19364	38037	25706	90879	05215	00260	14426	88207
37	65557	24496	04713	23688	26623	41356	47049	60676	72236	01214
38	88001	91382	05129	36041	10257	55558	89979	58061	28957	10701
39	96648	70303	18191	62404	26558	92804	15415	02865	52449	78509
40	04118	51573	59356	02426	35010	37104	98316	44602	96478	08433
41	19317	27753	39431	26996	04465	69695	61374	06317	42225	62025
42	37182	91221	17307	68507	85725	81898	22588	22241	80337	89033
43	82990	03607	29560	60413	59743	75000	03806	13741	79671	25416
44	97294	21997	11217	98087	79124	52275	31088	32085	23089	21498
45	86771	69504	13345	42544	59616	07867	78717	82840	74669	21515
46	26046	55559	12200	95106	56496	76662	44880	89457	84209	01332
47	39689	05999	92200	79024	70271	93352	90272	94495	26842	54477
48	83265	89573	01437	43786	52986	49041	17952	35035	88985	84671
49	15128	35791	11296	45319	06330	82027	90808	54351	43091	30387

续表

	00~04	05~09	10~14	15~19	20~24	25~29	30~34	35~39	40~44	45~49
50	54441	64681	93190	00993	62130	44484	46293	60717	50239	76319
51	08573	52937	84274	95106	89117	65849	41356	65549	78787	50442
52	81067	68052	14270	19718	88499	63303	13533	91882	51136	60828
53	39737	58891	75278	98046	52284	40164	72442	77824	72900	14886
54	34958	76090	08827	61623	31114	86952	83645	91786	29633	78294
55	61417	72424	92626	71952	69709	81259	58472	43409	84454	88648
56	99187	14149	57474	32268	85424	90378	34682	47606	89295	02420
57	13130	13064	36485	48133	35319	05720	76317	70953	50823	06793
58	65563	11831	82402	46929	91446	72037	17205	89600	59084	55718
59	28737	49502	06060	52100	43704	50839	22538	56768	83467	19313
60	50353	74022	59767	49927	45882	74099	18758	57510	58560	07050
61	65208	96466	29917	22862	69972	35178	32911	08172	06277	62795
62	21323	38148	26696	81741	25131	20087	67452	19670	35898	50636
63	67875	29831	59330	46570	69768	36671	01031	95995	68417	68665
64	82631	26260	86554	31881	70512	37899	38851	40568	54284	24056
65	91989	39633	59039	12526	37730	68848	71399	28513	69018	10289
66	12950	31418	93425	69756	34036	55097	97241	92480	49745	42461
67	00328	27427	95474	97217	05034	26676	49629	13594	50525	13485
68	63986	16698	82804	04524	39919	32381	67488	05223	89537	59490
69	55775	75005	57912	20977	35722	51931	89565	77579	93085	06467
70	24761	56877	56357	78809	40748	69727	56652	12462	40528	75269
71	43820	80926	26795	57553	28319	25376	51795	26123	51102	89853
72	66669	02880	02987	33615	54206	20013	75872	88678	17726	60640
73	49944	66725	19779	50416	42800	71733	82025	28504	15593	51799
74	71003	87598	61296	95019	21568	86134	66096	65403	47166	78638

续表

	50～54	55～59	60～64	65～69	70～74	75～79	80～84	85～89	90～94	95～99
50	58649	85086	16502	97541	76611	94229	34987	86718	87208	05426
51	97306	52449	55596	66739	36525	97563	29469	31235	79278	10831
52	09942	79344	78160	11015	55777	22047	57615	15717	86239	36578
53	83842	28631	74893	47911	92170	38181	30416	54860	44120	73031
54	73778	30395	20163	76111	13712	33449	99224	18206	51418	70006
55	88381	56550	47467	59663	61117	39716	32927	06168	06217	45477
56	31044	21404	15968	21357	30772	81482	38807	67231	84283	63552
57	00909	63827	91328	81106	11740	50193	86806	21931	18054	49601
58	69882	37028	41732	37425	80832	03320	20690	32653	90145	03029
59	26059	78324	22501	73825	16927	31545	15695	74216	98372	28547
60	38573	98078	38982	33078	93524	45606	53463	20391	81637	37269
61	70624	00063	81455	16924	12848	23801	55481	78978	26795	10553
62	49806	23976	05640	29804	38988	25024	76951	02341	63219	75864
63	05461	67523	48316	14613	08541	35231	38312	14969	67279	50502
64	76582	62153	53801	51219	30424	32599	89099	83959	68408	20147
65	16660	80470	75062	75588	24384	37870	20018	11428	32265	07692
66	60166	42424	97470	88451	81270	40070	72959	26220	59939	31127
67	28953	03272	31460	41691	57736	52052	22762	96323	27616	53123
68	47536	86439	95210	96386	38704	55484	07426	70675	06888	81203
69	73457	26657	26983	72410	30244	77711	25652	09375	66218	64077
70	11190	66193	66287	09116	48140	37669	02932	50799	17255	06181
71	57062	78964	44455	14036	36098	40773	11688	33150	07459	36127
72	99624	67254	67302	18991	97687	54099	94884	42283	63258	50651
73	97521	83669	85968	16135	30133	51312	17831	75016	80278	68953
74	40273	04838	13661	64757	17461	78085	60094	27010	80945	66439

续表

	00~04	05~09	10~14	15~19	20~24	25~29	30~34	35~39	40~44	45~49
75	52715	04593	69484	93411	38046	13000	04293	60830	03914	75357
76	21998	31729	89963	11573	49442	69467	40265	55066	36024	25705
77	58970	96827	18377	31564	23555	86338	79250	43168	96929	97732
78	67592	59149	42554	42719	13553	48560	81167	10747	92552	19867
79	18298	18429	09357	69436	11237	88039	81020	00428	75731	37779
80	88420	28841	42628	84647	59024	52032	31251	72017	43875	48320
81	07627	88424	23381	29680	14027	75905	27037	22113	77873	78711
82	37917	93581	04979	21041	95252	624150	05937	81670	44894	47262
83	14783	95119	68464	08726	74818	91700	05961	23554	74649	50540
84	05378	32640	64562	15303	13168	23189	88198	63617	58566	56047
85	19640	96709	22047	07825	40583	99500	39989	96593	32254	37158
86	20514	11081	51131	56469	33947	77703	35679	45774	06776	67062
87	96763	56249	81243	62416	84451	14696	38195	70435	45948	67690
88	49439	61075	31558	59740	52759	55323	95226	01385	20158	54054
89	16294	50548	71317	32168	86071	47314	65393	56367	46910	51269
90	31381	94301	79273	32843	05862	36211	93960	00671	67631	23952
91	98032	87203	03227	66021	99666	98368	39222	36056	81992	20121
92	40700	31826	94774	11366	81391	33602	69608	84119	93204	26825
93	68692	66849	29366	77540	14978	06508	10824	65416	23629	63029
94	19047	10784	19607	20296	31804	72984	60060	50353	23260	58909
95	82867	69266	50733	62630	00956	61500	89913	30049	82321	62367
96	26528	28928	52600	72997	80943	04084	86662	90025	14360	64867
97	51166	00607	49962	30724	81707	14548	25844	47336	17492	02207
98	97245	15440	55182	15368	85136	98869	33712	95152	30973	96889
99	54998	88830	95639	45104	72676	28220	82576	57381	34438	24565

续表

	50~54	55~59	60~64	65~69	70~74	75~79	80~84	85~89	90~94	95~99
75	57260	06176	49963	29760	69546	61336	39429	41985	18572	98128
76	03451	47098	63495	71227	79304	29753	99131	18419	71791	81515
77	62331	20492	15393	84270	24396	32962	21632	92965	38670	44923
78	32290	51079	06512	38806	93327	80086	19088	59887	98416	24918
79	28014	80428	92853	31333	32648	16734	43418	90124	15086	48444
80	18950	16091	29543	65817	07002	73115	94115	20271	50250	25061
81	17403	69503	01866	13049	07263	13039	83844	80143	39048	62654
82	27999	50489	66613	21843	71746	65868	16208	46781	93402	12323
83	87076	53174	12165	84495	47947	60706	64034	31635	65169	93070
84	89044	45974	14524	46906	26052	51851	84197	61694	57429	63395
85	98048	64400	24705	75711	36232	57624	41424	77366	52790	84705
86	09345	12956	49770	80311	32319	48238	16952	92088	51222	82865
87	07086	77628	76195	47584	62411	40397	71857	54823	26536	56792
88	93128	25657	46872	11206	06831	87944	97914	64670	45760	34353
89	85137	70964	29947	27795	25547	37682	96105	26848	09389	64326
90	32798	39024	13814	98546	46585	84108	74603	94812	73968	58766
91	62496	26371	89880	52078	47781	95260	83464	65942	99761	53727
92	62707	81825	40987	97656	89714	52177	23778	07482	91678	40128
93	05500	28982	86124	19954	80818	94935	61924	31828	79369	23507
94	79476	31445	59498	85132	24582	26024	24002	63718	79164	43556
95	10653	29954	97568	91541	33139	84525	72271	02546	64818	14381
96	30524	06495	00886	40666	68574	49574	19705	16429	90981	08103
97	69050	22019	74066	14500	14506	06423	38332	32191	32663	85323
98	27908	78802	63446	07674	98871	63831	72449	42705	26513	19883
99	64520	16618	47409	19574	78136	46047	01277	79146	95759	36781

附表 20 由样本平均数估计总体平均数时所需样本容量 n

A α＝0.05

s/d	0.0	0.1	0.2	0.3	0.4	0.5	0.6	0.7	0.8	0.9
1	7	8	9	9	11	12	13	14	15	17
2	18	20	22	23	25	27	29	31	33	35
3	38	40	42	45	47	50	53	56	58	61
4	64	68	71	74	77	81	84	88	91	95
5	99	103	107	111	115	119	123	128	132	137
6	141	146	151	156	160	165	170	176	181	186
7	191	196	202	207	213	219	225	231	237	243
8	249	255	261	268	274	281	288	294	301	308
9	315	322	329	336	343	351	358	366	373	381
10	389	396	404	412	420	428	437	445	453	462
11	470	478	487	496	505	514	523	532	541	550
12	559	569	578	588	597	607	617	626	636	646
13	656	667	677	687	697	708	718	729	740	750
14	761	772	783	794	805	816	828	839	851	862
15	874	885	897	909	921	933	945	957	969	982
16	994	1006	1019	1032	1044	1057	1070	1083	1096	1109
17	1122	1135	1149	1162	1175	1189	1203	1216	1230	1244
18	1258	1272	1286	1300	1311	1329	1343	1358	1372	1387
19	1402	1416	1431	1446	1461	1476	1491	1507	1522	1537
20	1553	1568	1583	1600	1616	1631	1647	1663	1680	1696

B $\alpha=0.01$

s/d	0.0	0.1	0.2	0.3	0.4	0.5	0.6	0.7	0.8	0.9
1	11	12	14	15	17	19	21	23	26	28
2	31	34	36	39	43	46	49	53	56	60
3	64	68	72	77	81	86	90	95	100	105
4	110	116	121	127	133	139	145	151	157	164
5	170	177	184	191	198	205	213	220	228	235
6	243	251	260	268	277	285	294	303	312	321
7	331	340	350	360	370	380	390	400	411	421
8	432	443	454	465	476	487	499	511	522	534
9	546	559	571	583	596	609	622	635	648	661
10	674	688	702	715	729	743	758	772	787	801
11	816	831	846	861	876	892	907	923	939	955
12	971	987	1004	1020	1037	1054	1070	1087	1105	1122
13	1139	1157	1175	1193	1211	1229	1247	1265	1284	1303
14	1321	1340	1359	1379	1398	1417	1437	1457	1477	1497
15	1517	1537	1558	1538	1599	1620	1641	1662	1683	1704
16	1726	1747	1769	1791	1813	1835	1858	1880	1903	1925
17	1948	1971	1994	2017	2041	2064	2088	2112	2136	2160
18	2184	2208	2232	2257	2282	2307	2332	2357	2382	2408
19	2433	2459	2485	2511	2357	2563	2589	2616	2643	2669
20	2696	2723	2750	2778	2805	2833	2860	2888	2916	2943

附表 21 由样本比率估计总体比率时所需样本容量 n

A

$\alpha = 0.05$

p / d	0.50	0.45 / 0.55	0.40 / 0.60	0.35 / 0.65	0.30 / 0.70	0.25 / 0.75	0.20 / 0.80	0.15 / 0.85	0.10 / 0.90	0.05 / 0.95
0.200	24	24	23	22	20	18	15			
0.180	30	29	28	27	25	22	19			
0.160	38	37	36	34	32	28	24			
0.140	49	49	47	45	41	37	31	25		
0.120	67	66	64	61	56	50	43	34		
0.100	96	95	92	87	81	72	61	49		
0.090	119	117	114	108	100	89	76	60	43	
0.080	150	149	144	137	126	113	96	77	54	
0.070	196	194	188	178	165	147	125	100	71	
0.060	267	264	256	243	224	200	171	136	96	
0.050	384	380	369	350	323	288	246	196	138	73
0.045	474	470	455	432	398	356	304	242	171	90
0.040	600	594	576	546	504	450	384	306	216	114
0.035	784	776	753	713	659	588	502	400	282	149
0.030	1067	1056	1024	971	896	800	683	544	384	203
0.025	1537	1521	1475	1398	1291	1152	983	784	553	292
0.020	2401	2377	2305	2185	2017	1801	1537	1225	864	456
0.015	4268	4226	4098	3884	3585	3201	2732	2177	1537	811
0.010	9604	9508	9220	8740	8067	7203	6147	4898	3457	1825
0.005	38416	38032	36879	34959	32269	28812	24586	19592	13830	7299

B　α=0.01

d \ p	0.50	0.45 0.55	0.40 0.60	0.35 0.65	0.30 0.70	0.25 0.75	0.20 0.80	0.15 0.85	0.10 0.90	0.05 0.95
0.200	41	41	40	38	35	31	27			
0.180	51	51	49	47	43	38	33			
0.160	65	64	62	59	54	49	41			
0.140	85	84	81	77	71	63	54	43		
0.120	115	114	111	105	97	86	74	59		
0.100	166	164	159	151	139	124	106	85		
0.090	205	203	197	186	172	154	131	104	74	
0.080	259	257	249	236	218	194	166	132	93	
0.070	339	335	325	308	284	254	217	173	122	
0.060	461	456	442	419	387	346	295	235	166	
0.050	664	657	637	604	557	498	425	338	239	125
0.045	819	811	786	746	688	614	524	418	295	156
0.040	1037	1026	995	944	871	778	664	529	373	197
0.035	1354	1341	1300	1232	1138	1016	867	691	488	257
0.030	1843	1825	1770	1677	1548	1382	1180	940	664	350
0.025	2654	2628	2548	2415	2230	1991	1699	1354	956	504
0.020	4147	4106	3981	3774	3484	3111	2654	2115	1493	786
0.015	7373	7299	7078	6710	6193	5530	4719	3760	2654	1401
0.010	16589	16424	15926	15096	13935	12442	10617	8461	5972	3152
0.005	66358	65694	63703	60386	55740	49768	42469	33842	23899	12608

附表 22 两个样本平均数的差异显著性检验所需样本容量 n（$n=n_1=n_2$）

A. 单侧检验 $\alpha=0.10$（双侧检验 $\alpha=0.20$）

δ/s $(1-\beta)$	0.10	0.20	0.30	0.40	0.50	0.60	0.70	0.80	1.00	1.20	1.40
0.25	74	19	8	5	3	3	2	2	2	2	2
0.50	329	82	37	21	14	10	7	5	4	3	2
0.60	471	118	53	30	19	14	10	8	5	4	3
0.70	653	163	73	41	27	19	14	11	7	5	4
0.75	766	192	85	48	31	22	16	13	8	6	4
0.80	902	226	100	57	36	26	19	14	10	7	5
0.85	1075	269	120	67	43	30	22	17	11	8	6
0.90	1314	329	146	83	53	37	27	21	14	10	7
0.95	1713	428	191	107	69	48	35	27	18	12	9
0.99	2604	651	290	163	104	73	53	41	26	18	14

B. 单侧检验 $\alpha=0.05$（双侧检验 $\alpha=0.10$）

δ/s $(1-\beta)$	0.10	0.20	0.30	0.40	0.50	0.60	0.70	0.80	1.00	1.20	1.40
0.25	189	48	21	12	8	6	5	4	3	2	2
0.50	542	136	61	35	22	16	12	9	6	5	4
0.60	721	181	81	46	30	21	15	12	8	6	5
0.70	942	236	105	60	38	27	20	15	10	7	6
0.75	1076	270	120	68	44	31	23	18	11	8	6
0.80	1237	310	138	78	50	35	26	20	13	9	7
0.85	1438	360	160	91	58	41	30	23	15	11	8
0.90	1713	429	191	108	69	48	36	27	18	13	10
0.95	2165	542	241	136	87	61	45	35	22	16	12
0.99	3155	789	351	198	127	88	65	50	32	23	17

C. 单侧检验 $\alpha=0.025$（双侧检验 $\alpha=0.05$）

$(1-\beta)$ $\diagdown$ δ/s	0.10	0.20	0.30	0.40	0.50	0.60	0.70	0.80	1.00	1.20	1.40
0.25	332	84	38	22	14	10	8	6	5	4	3
0.50	769	193	86	49	32	22	17	13	9	7	5
0.60	981	246	110	62	40	28	21	16	11	8	6
0.70	1235	310	138	78	50	35	26	20	13	10	7
0.75	1389	348	155	88	57	40	29	23	15	11	8
0.80	1571	393	175	99	64	45	33	26	17	12	9
0.85	1797	450	201	113	73	51	38	29	19	14	10
0.90	2102	526	234	132	85	59	44	34	22	16	12
0.95	2600	651	290	163	105	73	54	42	27	19	14
0.99	3675	920	409	231	148	103	76	58	38	27	20

D. 单侧检验 $\alpha=0.01$（双侧检验 $\alpha=0.02$）

$(1-\beta)$ $\diagdown$ δ/s	0.10	0.20	0.30	0.40	0.50	0.60	0.70	0.80	1.00	1.20	1.40
0.25	547	138	62	36	24	17	13	10	7	5	4
0.50	1083	272	122	69	45	31	24	18	12	9	7
0.60	1332	334	149	85	55	38	29	22	15	11	8
0.70	1627	408	182	103	66	47	35	27	18	13	10
0.75	1803	452	202	114	74	52	38	30	20	14	11
0.80	2009	503	224	127	82	57	42	33	22	15	12
0.85	2263	567	253	143	92	64	48	37	24	17	13
0.90	2605	652	290	164	105	74	55	42	27	20	15
0.95	3155	790	352	198	128	89	66	51	33	23	18
0.99	4330	1084	482	272	175	122	90	69	45	31	23

E. 单侧检验 $\alpha=0.005$（双侧检验 $\alpha=0.01$）

δ/s $(1-\beta)$	0.10	0.20	0.30	0.40	0.50	0.60	0.70	0.80	1.00	1.20	1.40
0.25	725	183	82	47	31	22	17	13	9	7	6
0.50	1329	333	149	85	55	39	29	22	15	11	9
0.60	1603	402	180	102	66	46	34	27	18	13	10
0.70	1924	482	215	122	79	55	41	32	21	15	12
0.75	2108	528	236	134	86	60	45	35	23	17	13
0.80	2338	586	259	148	95	67	49	38	25	18	14
0.85	2611	654	292	165	106	74	55	43	28	20	15
0.90	2978	746	322	188	120	84	62	48	31	22	17
0.95	3564	892	398	224	144	101	74	57	37	26	20
0.99	4808	1203	536	302	194	136	100	77	50	35	26

附表 23 样本比率差异检验时所需样本容量 n （$n=n_1=n_2$）

A. 单侧检验 $\alpha=0.10$ （双侧检验 $\alpha=0.20$）

Δ \ $(1-\beta)$	0.10	0.20	0.30	0.40	0.50	0.60	0.70	0.80	0.90	1.00	1.10	1.20
0.25	74	18	8	5	3	2	2	1	1	1	1	1
0.50	328	82	36	21	13	9	7	5	4	3	3	2
0.60	471	118	52	29	19	13	10	7	6	5	4	3
0.70	652	163	72	41	26	18	13	10	8	7	5	5
0.75	765	191	85	48	31	21	16	12	9	9	6	5
0.80	902	225	100	56	36	25	18	14	11	9	7	6
0.85	1075	269	119	67	43	30	22	17	13	11	9	7
0.90	1314	328	146	82	53	36	27	21	16	13	11	9
0.95	1713	428	190	107	69	48	35	27	21	17	14	12
0.99	2603	651	289	163	104	72	53	41	32	26	22	18

B. 单侧检验 $\alpha=0.05$ （双侧检验 $\alpha=0.10$）

Δ \ $(1-\beta)$	0.10	0.20	0.30	0.40	0.50	0.60	0.70	0.80	0.90	1.00	1.10	1.20
0.25	188	47	21	12	8	5	4	3	2	2	2	1
0.50	541	135	60	34	22	15	11	8	7	5	4	4
0.60	721	180	80	45	29	20	15	11	9	7	6	5
0.70	941	235	105	59	38	26	19	15	12	9	8	7
0.75	1076	269	120	67	43	30	22	17	13	11	9	7
0.80	1237	309	137	77	49	34	25	19	15	12	10	9
0.85	1438	359	160	90	58	40	29	22	18	14	12	10
0.90	1713	428	190	107	69	48	35	27	21	17	14	12
0.95	2164	541	240	135	87	60	44	34	27	22	18	15
0.99	3154	789	350	197	126	88	64	49	39	32	26	22

C. 单侧检验 $\alpha=0.025$（双侧检验 $\alpha=0.05$）

Δ $(1-\beta)$	0.10	0.20	0.30	0.40	0.50	0.60	0.70	0.80	0.90	1.00	1.10	1.20
0.25	330	83	37	21	13	9	7	5	4	3	3	2
0.50	768	192	85	48	31	21	16	12	9	8	6	5
0.60	980	245	109	61	39	27	20	15	12	10	8	7
0.70	1234	309	137	77	49	34	25	19	15	12	10	9
0.75	1388	347	154	87	56	39	28	22	17	14	11	10
0.80	1570	392	174	98	63	44	32	25	19	16	13	11
0.85	1796	449	200	112	72	50	37	28	22	18	15	12
0.90	2101	525	233	131	84	58	43	33	26	21	17	15
0.95	2599	650	289	162	104	72	53	41	32	26	21	18
0.99	3674	919	408	230	147	102	75	57	45	37	30	26

D. 单侧检验 $\alpha=0.01$（双侧检验 $\alpha=0.02$）

Δ $(1-\beta)$	0.10	0.20	0.30	0.40	0.50	0.60	0.70	0.80	0.90	1.00	1.10	1.20
0.25	546	136	61	34	22	15	11	9	7	5	5	4
0.50	1082	271	120	68	43	30	22	17	13	11	9	8
0.60	1331	333	148	83	53	37	27	21	16	13	11	9
0.70	1625	406	181	102	65	45	33	25	20	16	13	11
0.75	1801	450	200	113	72	50	37	28	22	18	15	13
0.80	2007	502	223	125	80	56	41	31	25	20	17	14
0.85	2262	565	251	141	90	63	46	35	28	23	19	16
0.90	2603	651	289	163	104	72	53	41	32	26	22	18
0.95	3154	789	350	197	126	88	64	49	39	32	26	22
0.99	4330	1082	481	271	173	120	88	68	53	43	36	30

E. 单侧检验 $\alpha=0.005$（双侧检验 $\alpha=0.01$）

Δ $(1-\beta)$	0.10	0.20	0.30	0.40	0.50	0.60	0.70	0.80	0.90	1.00	1.10	1.20
0.25	723	181	80	45	29	20	15	11	9	7	6	5
0.50	1327	332	147	83	53	37	27	21	16	13	11	9
0.60	1601	400	178	100	64	44	33	25	20	16	13	11
0.70	1922	481	214	120	77	53	39	30	24	19	16	13
0.75	2113	528	235	132	85	59	43	33	26	21	17	15
0.80	2336	584	260	146	93	65	48	36	29	23	19	16
0.85	2610	652	290	163	104	72	53	41	32	26	22	18
0.90	2976	744	331	186	119	83	61	46	37	30	25	21
0.95	3563	891	396	223	143	99	73	56	44	36	29	25
0.99	4806	1202	534	300	192	134	98	75	59	48	40	33

附表 24 √比率的反正弦转换表

$$\Phi=2\arcsin\sqrt{P}$$ （单位：弧度）

P	Φ	P	Φ	p	Φ	p	Φ
0.00	0.000	0.25	1.047	0.50	1.571	0.75	2.094
0.01	0.200	0.26	1.070	0.51	1.591	0.76	2.118
0.02	0.284	0.27	1.093	0.52	1.611	0.77	2.141
0.03	0.348	0.28	1.115	0.53	1.631	0.78	2.165
0.04	0.403	0.29	1.137	0.54	1.651	0.79	2.190
0.05	0.451	0.30	1.159	0.55	1.671	0.80	2.214
0.06	0.495	0.31	1.181	0.56	1.691	0.81	2.240
0.07	0.536	0.32	1.203	0.57	1.711	0.82	2.265
0.08	0.574	0.33	1.224	0.58	1.731	0.83	2.292
0.09	0.609	0.34	1.245	0.59	1.752	0.84	2.319
0.10	0.644	0.35	1.266	0.60	1.772	0.85	2.346
0.11	0.676	0.36	1.287	0.61	1.793	0.86	2.375
0.12	0.707	0.37	1.308	0.62	1.813	0.87	2.404
0.13	0.738	0.38	1.328	0.63	1.834	0.88	2.434
0.14	0.767	0.39	1.349	0.64	1.855	0.89	2.465
0.15	0.795	0.40	1.369	0.65	1.875	0.90	2.498
0.16	0.823	0.41	1.390	0.66	1.897	0.91	2.532
0.17	0.850	0.42	1.410	0.67	1.918	0.92	2.568
0.18	0.876	0.43	1.430	0.68	1.939	0.93	2.606
0.19	0.902	0.44	1.451	0.69	1.961	0.94	2.647
0.20	0.927	0.45	1.471	0.70	1.982	0.95	2.691
0.21	0.952	0.46	1.491	0.71	2.004	0.96	2.739
0.22	0.976	0.47	1.511	0.72	2.026	0.97	2.793
0.23	1.000	0.48	1.531	0.73	2.049	0.98	2.858
0.24	1.024	0.49	1.551	0.74	2.071	0.99	2.941
						1.00	3.142

附表 25　相关系数显著性检验所需样本容量 n

A. 单侧检验 $\alpha=0.10$（双侧检验 $\alpha=0.20$）

ρ \ $(1-\beta)$	0.10	0.20	0.30	0.40	0.50	0.60	0.70	0.80	0.90
0.25	39	11	6	4	3	3	3	3	3
0.50	165	42	19	11	7	5	4	3	3
0.60	236	59	27	15	10	7	5	4	3
0.70	326	81	36	20	13	9	6	5	4
0.75	383	95	42	23	14	10	7	5	4
0.80	450	112	49	27	17	11	8	6	4
0.85	536	133	58	32	19	13	9	6	4
0.90	655	162	71	39	24	16	11	7	5
0.95	864	213	93	50	31	20	13	9	6
0.99	1296	319	138	75	45	29	19	13	8

B. 单侧检验 $\alpha=0.05$（双侧检验 $\alpha=0.10$）

ρ \ $(1-\beta)$	0.10	0.20	0.30	0.40	0.50	0.60	0.70	0.80	0.90
0.25	99	24	12	8	6	4	4	3	3
0.50	277	69	30	17	11	8	6	5	4
0.60	368	92	40	22	14	10	7	5	4
0.70	470	117	51	28	18	12	8	6	4
0.75	537	133	58	32	20	13	9	7	5
0.80	618	153	68	37	22	15	10	7	5
0.85	727	180	78	43	26	17	12	8	6
0.90	864	213	93	50	31	20	13	9	6
0.95	1105	272	118	64	39	25	16	11	7
0.99	1585	389	168	91	55	35	23	15	10

C. 单侧检验 $\alpha = 0.025$（双侧检验 $\alpha = 0.05$）

$(1-\beta)$ \ ρ	0.10	0.20	0.30	0.40	0.50	0.60	0.70	0.80	0.90
0.25	166	42	20	12	8	6	5	4	3
0.50	384	95	42	24	15	10	7	6	4
0.60	489	121	53	29	18	12	9	6	5
0.70	616	152	66	37	23	15	10	7	5
0.75	692	171	74	41	25	17	11	8	6
0.80	783	193	84	46	28	18	12	9	6
0.85	895	221	96	52	32	21	14	10	6
0.90	1046	258	112	61	37	24	16	11	7
0.95	1308	322	139	75	46	30	19	13	8
0.99	1828	449	194	104	63	40	27	18	11

D. 单侧检验 $\alpha = 0.01$（双侧检验 $\alpha = 0.02$）

$(1-\beta)$ \ ρ	0.10	0.20	0.30	0.40	0.50	0.60	0.70	0.80	0.90
0.25	273	68	31	18	12	9	7	5	4
0.50	540	134	59	31	20	14	10	7	5
0.60	663	164	72	39	24	16	11	8	6
0.70	809	200	87	48	29	19	13	9	6
0.75	897	221	96	53	32	21	14	10	7
0.80	998	246	107	58	36	23	16	11	7
0.85	1126	277	120	65	40	26	17	13	8
0.90	1296	319	138	75	45	29	20	13	8
0.95	1585	389	168	91	55	35	23	16	10
0.99	2154	529	228	123	74	47	31	20	13

E. 单侧检验 $\alpha = 0.005$（双侧检验 $\alpha = 0.01$）

ρ $(1-\beta)$	0.10	0.20	0.30	0.40	0.50	0.60	0.70	0.80	0.90
0.25	362	90	40	23	15	11	8	6	5
0.50	662	164	71	39	24	16	12	8	6
0.60	797	197	86	47	29	19	13	9	7
0.70	957	236	102	56	34	23	15	11	7
0.75	1052	259	112	61	37	25	17	11	8
0.80	1163	286	124	67	41	27	18	12	8
0.85	1299	320	138	75	45	30	20	13	9
0.90	1480	364	157	85	51	34	22	15	9
0.95	1790	440	190	102	62	40	26	17	11
0.99	2390	587	253	136	82	52	34	23	13